Pfrouslschtaud und Tschuferniggele

Die mundartlichen Pflanzennamen Südtirols

Veröffentlichungen des Naturmuseums Südtirol Nr. 14, Bozen.

NATURMUSEUM SÜDTIROL
MUSEO SCIENZE NATURALI ALTO ADIGE
MUSEUM NATÖRA SÜDTIROL
BIODIVERSITY CENTER

Bildnachweis
Alle Fotos stammen von den Autoren (T. Wilhalm, J. Ortner)
mit Ausnahme der folgenden Pflanzenfotos:

Agrostemma githago (Joachim Winkler), *Arctostaphylos uva-ursi* (Joachim Winkler), *Convallaria majalis* (Josef Hackhofer), *Cyanus segetum* (Joachim Winkler), *Daphne mezereum* (Joachim Winkler), *Dryas octopetala* (Andreas Hilpold), *Echinops sphaerocephala* (Johann Madl), *Geum rivale* (Joachim Winkler), *Hippophaë rhamnoides* (Joachim Winkler), *Kobresia myosuroides* (Andreas Hilpold), *Laburnum alpinum* (Johann Madl), *Lilium bulbiferum* (Georg Aichner), *Nigritella rhellicani* (Richard Lorenz), *Primula farinosa* (Johann Madl), *Pulsatilla vernalis* (Kjirsten Wayman), *Ribes petraeum* in Blüte (Kjirsten Wayman), *Rosa glauca* (Petra Mair), *Rosa villosa* (Petra Mair), *Scabiosa triandra* (Johann Madl), *Solanum dulcamara* (Andreas Hilpold), *Sorbus aucuparia* in Blüte (Georg Aichner)

Herausgeber
Naturmuseum Südtirol
Betrieb Landesmuseen
Autonome Provinz Bozen – Südtirol

2., aktualisierte Auflage 2025

Pfarrhofstraße 2d, 39100 Bozen
Schönbrunner Straße 31, 1050 Wien
office@folioverlag.com

Grafik und Umbruch: Gruppe Gut, Bozen
Druckvorstufe: Typoplus, Frangart
Printed in Europe
ISBN 978-3-85256-916-1
www.folioverlag.com

Johannes Ortner
Angelika Ruele
Thomas Wilhalm

Pfrouslschtaud und Tschuferniggele

•

Die mundartlichen Pflanzennamen Südtirols

Folio Verlag Wien – Bozen
Veröffentlichungen des Naturmuseums Südtirol Nr. 14

INHALTSVERZEICHNIS

ZUR EINFÜHRUNG 9

Pfrouslschtaud und Tschuferniggele – nur Kindheitserinnerungen? 9

Warum mundartliche Pflanzennamen erheben? 10

Pflanzennamen als kulturelle Bedeutungsträger 11

Fragen, die wir uns stellten 12

DIE ERHEBUNG 13

Methodischer Ansatz 13

Quellen und Fachliteratur 13

Flurnamen-Datenbank 14

Citizen Science – das Wissen der Südtiroler Bevölkerung 14

Felderhebung 14

DER SÜDTIROLER PFLANZEN-WORTSCHATZ 17

Botanische Daten 17

Pflanze und Mensch – Anwendung, Gebrauch und Wahrnehmung 20

„Bäuerliche Systematik“ 22

- Gemeinschaftsnamen 24
- Formationen 27
- Schwierigkeiten bei der taxonomischen Zuordnung 29
- Ackerunkräuter 31
- Marbl und Mataun 32

Welcher Name für welche Pflanze? 33

- Optisch ähnliche Arten – ein Name 33
- Ein gemeinsamer Name für optisch unterschiedliche Arten 34
- Mehrnamigkeit 34
- Übertragungen 35
- Vergessene Namen 35

Tiere in Pflanzennamen 36
Tauf- und Rufnamen in Pflanzennamen 43
Kalender- und Heiligennamen in Pflanzennamen 45
Die Muttergottes in Pflanzennamen 48
Geweihte Kräuter 49
Regionale Besonderheiten in Südtirol 54
Pflanzen als Elemente geografischer Namen 64
Deutsche und alpenromanische Mengennamen 68
Wie alt sind Pflanzennamen? 75
Mundartliche Pflanzennamen im Porträt 78

Achillea millefolium 79
Achillea moschata 80
Aconitum 82
Alchemilla 84
Amelanchier ovalis 86
Anthyllis vulneraria 88
Arctostaphylos uva-ursi 90
Arnica montana 92
Artemisia mutellina 94
Artemisia vulgaris 96
Bellis perennis 98
Berberis vulgaris 100
Briza media 103
Caltha palustris 105
Cetraria islandica 107
Chenopodium album, Chenopodium bonus-henricus 109
Clematis vitalba, Clematis alpina 112
Colchicum autumnale 114
Convallaria majalis 117
Crataegus monogyna 119
Crocus albiflorus 120
Daphne 123
Elymus repens 125
Epilobium angustifolium 127
Euphrasia 128
Galinsoga 131
Gentiana acaulis 133
Gentiana verna 138
Geum rivale 140
Hepatica nobilis 141
Heracleum sphondylium 144
Juniperus 146
Knautia arvensis, Scabiosa columbaria agg. 151
Leucanthemum vulgare agg. 154
Lotus corniculatus 157
Myosotis 158
Nigritella nigra agg. 159
Oxalis acetosella 163
Papaver rhoeas 165
Phragmites australis 167
Pinus mugo 169
Plantago major 173
Polygala chamaebuxus 175
Primula farinosa 178

Primula hirsuta 180
Pulmonaria australis 181
Pulsatilla alpina, Pulsatilla montana, Pulsatilla vernalis 183
Ranunculus acris 189
Rhododendron ferrugineum, Rhododendron hirsutum 190
Ribes 195
Rosa 198
Rumex acetosa 202
Rumex alpinus 204
Salix 207
Silene dioica 211
Silene vulgaris 212
Sorbus aucuparia 216
Stipa pennata agg. 219
Tanacetum vulgare 221
Taraxacum 223
Thymus 227
Tragopogon 230
Trollius europaeus 231
Tussilago farfara 233
Vaccinium uliginosum agg. 235
Vaccinium vitis-idaea 238
Veratrum album 241
Verbascum 243
Viburnum lantana 245
Viscum album 247

MUNDARTLICHE PFLANZENNAMEN SÜDTIROLS ZUM NACHSCHLAGEN 250

INDEX 380

LITERATURVERZEICHNIS 389

ZUR EINFÜHRUNG

Die Sprachen, zumal die deutschen und Mundarten absonders enthalten einen unerschöpflichen Reichthum wohlgefälliger Blumennamen, denen man es ansehen muß, daß sie poetisch, ja wie ich mich immer besser überzeuge, großentheils episch sind.

— Jacob und Wilhelm Grimm, Altdeutsche Wälder 1, 1813, S. 138

PFROUSLSCHTAUD UND TSCHUFERNIGGELE – NUR KINDHEITSERINNERUNGEN?

Blumennamen wie *Pluetschwitzer, Pfnåtscha* oder *Prunelln* kennen die meisten von uns und diese Bezeichnungen können auch einer ganz bestimmten Art zugeordnet werden. Aber was ist mit dem *Huanzlgros*, den *Muattergottespatschlen* oder dem *G'schamigen Kattele?* Mit den *Kapinockn*, dem *Tuen* oder dem *Schobou*? Nie gehört, nicht wahr?

Innerhalb der mundartlichen Wort- und Sachgruppen weisen Pflanzennamen mit die größte Bandbreite an Benennungen auf, wie dies die Gebrüder Grimm Anfang des 19. Jahrhunderts treffend beschrieben haben. Phytonyme – die Namen der Blumen, Hecken, Bäume, Farne und Moose – unterscheiden sich in den Alpen bisweilen deutlich von Talschaft zu Talschaft, tauchen hingegen in abgelegenen Tälern in abgewandelter Form wieder auf.

Der Gebrauch bestimmter Pflanzennamen wird von vielen Menschen wie eine Familientradition gehütet und Blumennamen wehen als Nachhall aus sorglosen Kindertagen herauf: Hat man die Blume aus einer kindlichen Lust heraus selbst getauft oder hat man den Namen vielleicht doch von der Nachbarin, dem Kräuterweiblein oder dem Pfarrer gelernt?

Das Bestreben, mundartliche Pflanzennamen in Südtirol zu bewahren, besteht schon lange. Die Kulturzeitschrift *Der Schlern* rief schon 1921 ihre Leserschaft zum Sammeln mundartlicher Tier- und Pflanzennamen auf. Kurz zuvor war Südtirol von Österreich abgetrennt und Italien zugeschlagen worden. Dies stellte für den (deutschen) Tiroler Dialekt und die ladinischen Idiome eine plötzliche Bedrohungssituation dar, gerade was den mundartlichen Spezialwortschatz betraf. Die Reaktion auf den Aufruf des Schlern war eher dürftig – einzig Georg Prosch, damals Pfarrer in Lüsen, steuerte einen Artikel zu den Lüsner Pflanzennamen bei.

Ein Jahrhundert später wird nun dem Aufruf des Schlern – zumindest was die Pflanzennamen betrifft – durch das Forschungsprojekt „Pfrouslschtaud und Tschuferniggele“ Folge geleistet.

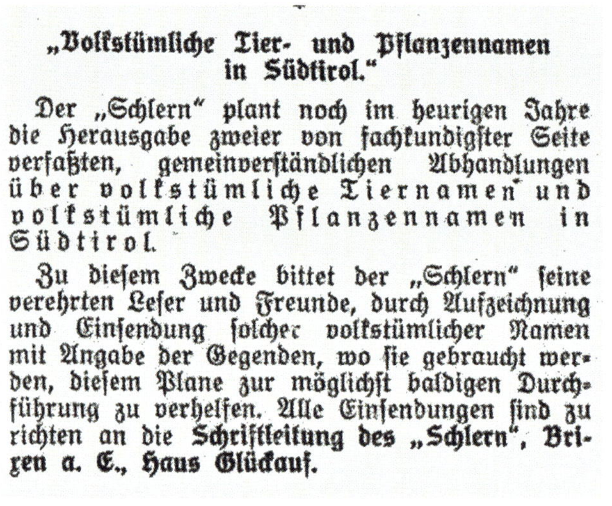

„Volkstümliche Tier- und Pflanzennamen in Südtirol.“

Der „Schlern“ plant noch im heurigen Jahre die Herausgabe zweier von fachkundigster Seite verfaßten, gemeinverständlichen Abhandlungen über volkstümliche Tiernamen und volkstümliche Pflanzennamen in Südtirol.

Zu diesem Zwecke bittet der „Schlern“ seine verehrten Leser und Freunde, durch Aufzeichnung und Einsendung solcher volkstümlicher Namen mit Angabe der Gegenden, wo sie gebraucht werden, diesem Plane zur möglichst baldigen Durchführung zu verhelfen. Alle Einsendungen sind zu richten an die Schriftleitung des „Schlern“, Brixen a. E., Haus Glückauf.

Aufruf zum Sammeln von mundartlichen Pflanzen- und Tiernamen. In: Der Schlern, 16 (1921), S. 327

Das Forschungsprojekt Pfrouslschtaud und Tschuferniggele unternimmt den Versuch, die mundartlichen Pflanzennamen Südtirols systematisch zu dokumentieren und auszuwerten. Das Neuartige dabei ist, dass man sich nicht darauf beschränkt, eine bloße Wörterliste herauszugeben, sondern jedem mundartlichen Südtiroler Pflanzennamen einen Belegort und eine möglichst exakt definierte Pflanzenart zuweisen möchte.

WARUM MUNDARTLICHE PFLANZENNAMEN ERHEBEN?

Der Fachbereich Botanik des Naturmuseums Südtirol verwendet neben der wissenschaftlich-lateinischen Nomenklatur schon seit Längerem auch eine einheitliche deutsche und italienische Nomenklatur hinsichtlich der in Südtirol nachgewiesenen Pflanzenarten (www.florafauna.it).

Ein Desiderat besteht nun darin, auch die volkstümlichen Pflanzennamen zu sammeln und sie den Standardbezeichnungen zur Seite zu stellen. Denn für ländlich geprägte Regionen wie Südtirol gilt, dass manche Pflanzen unter ihrer mundartlichen Bezeichnung bekannter sind als unter ihrem Büchernamen – von der lateinischen Bezeichnung ganz zu schweigen. Das galt früher noch in weit höherem Maße als heute, wie es der Lienzer Apotheker Candidus von Rauschenfels schildert.

Als Beispiel sei das Kohlröschen (*Nigritella* sp.) genannt, das den Pflanzenfreunden vor allem unter den Bezeichnungen *Prunelle*, *Prantele* oder *Nosepliata* („Nasenbluter“) geläufig sein dürfte.

Im Allgemeinen zeichnet sich jedoch eine gegenläufige Tendenz ab: Im Laufe der Zeit wurden mundartliche Pflanzennamen mehr und mehr durch die einschlägigen Büchernamen ersetzt. Auch dafür ein Beispiel: Die bekannte Heilpflanze →[1] *Arnica montana* wird heute fast ausschließlich als „Arnika“ bezeichnet. Die ältere Fachliteratur kennt aber noch eine Vielzahl an Benennungen, wie z. B. *Fallkraut*, *Altvatermark*, *Krieger* usw. Noch ein Beispiel: die Schafgarbe. Diese geschätzte Heilpflanze ist fast nur mehr unter ihrem Büchernamen, eben Schafgarbe, bekannt. Nur noch im Pustertal finden sich Dialektnamen wie *Gachel*, *Gochal* oder *Tochal*. Bücher- und Gelehrtennamen wirken durch die normative Kraft des Schriftlichen schon seit Jahrhunderten auf die bloß mündlich tradierten Volks- oder Vernakularnamen ein, mitunter verdrängen sie diese ganz. Schon anhand dieser Beispiele wird die Dringlichkeit der Dokumentation dieser Namen klar.

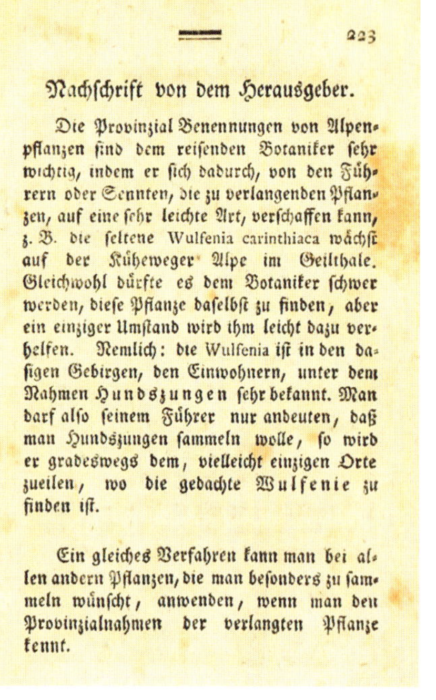

223

Nachschrift von dem Herausgeber.

Die Provinzial Benennungen von Alpenpflanzen sind dem reisenden Botaniker sehr wichtig, indem er sich dadurch, von den Führern oder Sennten, die zu verlangenden Pflanzen, auf eine sehr leichte Art, verschaffen kann, z. B. die seltene Wulfenia carinthiaca wächst auf der Kuheweger Alpe im Geilthale. Gleichwohl dürfte es dem Botaniker schwer werden, diese Pflanze daselbst zu finden, aber ein einziger Umstand wird ihm leicht dazu verhelfen. Nemlich: die Wulfenia ist in den dasigen Gebirgen, den Einwohnern, unter dem Nahmen Hundszungen sehr bekannt. Man darf also seinem Führer nur andeuten, daß man Hundszungen sammeln wolle, so wird er gradeswegs dem, vielleicht einzigen Orte zueilen, wo die gedachte Wulfenie zu finden ist.

Ein gleiches Verfahren kann man bei allen andern Pflanzen, die man besonders zu sammeln wünscht, anwenden, wenn man den Provinzialnahmen der verlangten Pflanze kennt.

Quelle: Candidus von Rauschenfels (1801), Botanisches Taschenbuch für die Anfänger dieser Wissenschaft und der Apothekerkunst, S. 223.

1 Der Pfeil verweist auf die ausführliche Beschreibung der Pflanzenart im Kapitel „Mundartliche Pflanzennamen im Porträt“

Die Erfassung der mundartlichen Pflanzennamen erweist sich in einer Zeit des Bruches mit zahlreichen Traditionen in allen Lebensbereichen auch als kulturhistorischer Auftrag, den das Naturmuseum Südtirol neben seiner naturwissenschaftlichen Kernausrichtung wahrnehmen möchte.

Bäuerinnen, die noch ohne angelesenes Bücherwissen aufgewachsen sind, oder Hirten, die ohne Schulmedizin und moderne veterinärmedizinische Ausstattung Krankheiten auf entfernten Berghöfen und Almen behandeln, sind zu Beginn des 21. Jahrhunderts sehr selten geworden. Traditionelle Kenntnisse, ob aus der Volksmedizin oder über Spezialkulturen des Flachs- und Getreideanbaus, sind kaum noch abrufbar.

Das Projekt „Pfrouslschtaud und Tschuferniggele" ist als interdisziplinäre Forschungsarbeit angelegt und bewegt sich in den Schnittmengen von Ethnologie, Linguistik und Botanik mit einem guten Schuss praktischer Anwendung von Pflanzenwissen. Am Projekt beteiligt waren daher gleichermaßen Botaniker/-innen und Kulturwissenschaftler/-innen. Der Gebrauch von Pflanzen bewegt sich nämlich in einem sehr breiten Spektrum, das sich von Ernährung, Heilkunde, Spiel und Genuss über Handwerk, Energiegewinnung und Architektur bis hin zu Schmuck, Kosmetik und Volksreligiosität erstreckt.

Das Projekt wurde vom Forschungsfonds der Südtiroler Landesmuseen finanziert und von der Autorin und den Autoren des vorliegenden Buches gemeinsam durchgeführt. Im Buch selbst ist ein Großteil der Projekt-Ergebnisse in einer Form aufbereitet, dass die breite Öffentlichkeit gleichermaßen wie das Fachpublikum einen umfassenden Einblick in die Thematik erhält. Das Buch kann somit als Spezial-Wörterbuch für (Süd-)Tiroler Pflanzennamen angesehen werden und bildet als solches eine Ergänzung einschlägiger Mundart-Wörterbücher sowie des Tiroler Sprachatlasses[2] (besonders hinsichtlich der mundartlichen Verbreitungskarten zu den Pflanzennamen). Angaben zu Herkunft und Bedeutung der Pflanzennamen, sprachhistorische Seitenblicke zu benachbarten Mundart- und Sprachräumen (wie z. B. den romanischen Idiomen im Süden und Westen des Landes) sowie die im Feld notierten praktischen Anwendungen des Pflanzenwissens gehen weit über die knappen Angaben der meisten Wörterbücher hinaus. Andererseits können manche Namen auch für rein botanisch interessierte Laien und für Fachbotaniker/-innen brauchbare Hinweise auf Verbreitung und Nutzung einiger Pflanzenarten enthalten.

2 Klein K. K., Schmitt L. E., Kühebacher E. (1965–1971)

Pflanzennamen als kulturelle Bedeutungsträger

Pflanzen- (und Tier-)Arten tragen, sofern sie überhaupt als solche entdeckt und beschrieben sind, einen Namen, allen voran einen wissenschaftlichen lateinischen Artnamen, z. B. *Hepatica nobilis*. Dieser steht – im besten Fall – für eine eindeutige Bezeichnung ein und derselben Art. In den meisten Standardsprachen werden viele dieser Pflanzenarten auch in der jeweiligen Landessprache benannt, in obigem Beispiel auf Deutsch als *Gewöhnliches Leberblümchen* oder auf Italienisch als *Erba trinità*. Solche Bücher- und gemeinsprachliche Namen, die einem fachlich-botanischen bzw. schriftsprachlichen Anspruch genügen, sind jedoch strikt von mundartlichen bzw. Vernakularnamen[3] zu unterscheiden. Um das Beispiel weiterzuführen: das Gewöhnliche Leberblümchen wird in Andrian – und nur dort – *Tschuferniggele* genannt.

Vernakular- bzw. volkstümliche Pflanzennamen entstammen also der nicht botanischen Volkssprache eines meist engeren Gebietes und werden damit zum unmittelbaren Kulturträger dieses Gebietes.[4]

3 „Mundartliche", „dialektale", „volkstümliche" bzw. „Vernakularnamen" sind Synonyme. Der Lienzer Apotheker Candidus von Rauschenfels verwendet dafür den Begriff „Provincial Benennungen". In der Fachsprache werden Pflanzennamen *Phytonyme* genannt, dies zu Altgriechisch *phytón* „Pflanze" und *ónyma* „Name".

4 Fischer (2006)

FRAGEN, DIE WIR UNS STELLTEN

Die Projektbeteiligten aus den Fachbereichen Botanik und Kulturwissenschaft wurden in ihrem Forschungsinteresse von konkreten Fragestellungen geleitet.

Welche Pflanzenarten haben in Südtirol überhaupt eine mundartliche Bezeichnung?

In Südtirol kommen, neben anderen Pflanzen wie Moosen und Algen, ca. 2900 Arten von Gefäßpflanzen (Farn- und Blütenpflanzen) in der freien Natur vor (samt Unterarten mehr als 3200)[5]. Davon sind ca. 2200 einheimisch und 700 nicht einheimisch. Unter den nicht einheimischen Arten ist wiederum ein Drittel eingebürgert und damit fester Bestandteil unserer Flora geworden. Von all diesen Pflanzenarten werden – so die Annahme – nicht alle von der Bevölkerung wahrgenommen, identifiziert und mit einem volkstümlichen Namen versehen.

Wir mussten davon ausgehen, dass Pflanzenbenennungen ein Akt der Auswahl aus einem breiten Fächer von real vorkommenden Pflanzenarten in einem bestimmten Gebiet vorausgeht. Pflanzennamen (Phytonyme) werden somit zu einem Indikator für die kulturelle Disposition einer namensgebenden Gemeinschaft.

Die Erfassung dieses Gesamtpools an mundartlichen Pflanzennamen gibt Auskunft darüber, wie stark Pflanzen im täglichen Leben der Bevölkerung eine Rolle spielen oder gespielt haben und wie sich Südtirol darin von vergleichbaren Nachbarregionen unterscheidet.

Welche mundartlichen Unterschiede bestehen hinsichtlich der Benennung ein und derselben Pflanzenart?

Mit der Klärung dieser Frage öffnet sich die ganze Bandbreite an Südtiroler Dialekten und der (ehemaligen) Bedeutung von Pflanzenarten im täglichen Leben in unterschiedlichen Gebieten des Landes. Auch ohne spezielle Dialekt-Kenntnisse weiß man, dass die Gattung Löwenzahn (→ *Taraxacum*) in den verschiedenen Talschaften Südtirols recht unterschiedliche Namen trägt. Dabei wird der von Kindesbeinen an verwendete Name als „gängig“ oder „normal“ betrachtet, während man bei einer unbekannten Namensform verwundert, ja beinahe ungläubig reagiert.

Gibt es gebietsbezogene Unterschiede zwischen differierenden Pflanzennamen?

Mit dieser Frage sollen lokale Unterschiede – etwa zwischen Talschaften – innerhalb Südtirols herausgearbeitet werden. Detailliertere Fragen dazu sind: Werden gewisse Pflanzengruppen lokal eher generalisierend benannt (z. B. alle „Gräser“ einheitlich als *Schmellen* oder *Schmelchen*) oder teilweise sogar differenzierend nach einzelnen Arten (z. B. *Litzn* für *Elymus repens*, der Acker-Quecke, im Obervinschgau)? Lassen sich solche Unterschiede in Abhängigkeit von besonderen klimatisch-geologisch-ökologischen Bedingungen bzw. von kulturellen und wirtschaftlichen Eigenheiten (verschiedene Anwendungen aufgrund unterschiedlicher Viehzucht) erkennen?

Wie alt sind Pflanzennamen?

Vernakularnamen weisen, weil sie neben der kulturellen Ausrichtung der Sprecher/-innen auch den örtlichen Dialekt widerspiegeln, neben ihrer semantischen Ebene auch eine sprachhistorische Dimension auf. Gerade der mittlere Alpenraum ist bis heute von unterschiedlichen Sprachschichten und Sprechergruppen geprägt. Die Etymologie der mundartlichen Pflanzennamen verweist in unseren Talschaften auf das Mittel- und Althochdeutsche, das Alpenromanische und sogar auf prähistorische Sprachsubstrate, die bis in die alpine Bronzezeit zurückreichen. Als besonders alt erweisen sich sogenannte alpine Reliktwörter, wie z. B. *Larch* oder *Zirm*.

---

5 Als taxonomische Referenz, d. h., was wir als Arten bzw. Unterarten auffassen, verwenden wir Fischer et al. (2008).

DIE ERHEBUNG

METHODISCHER ANSATZ

Das Projekt zur Erhebung der mundartlichen Pflanzennamen Südtirols verfolgt primär einen synchronen[6] Ansatz und umfasst eine Zusammenstellung heute noch verwendeter oder zumindest erinnerter Appellative[7]. Sekundär verfolgt das Projekt aber auch ein diachron-historisches Forschungsinteresse und untersucht dabei die Etymologie[8] von Pflanzennamen.

Wir beschränken uns auf die mundartlich deutschen und italienischen Pflanzennamen; die ladinischen Pflanzennamen sind Gegenstand eigenständiger Forschung des Ladinischen Kulturinstituts „Micurà de Rü“ und werden hier nur am Rande berücksichtigt.

Bei der Erhebung der Pflanzennamen griffen wir auf verschiedene Methoden zurück. Den Ausgangspunkt bildete die Sichtung und Auswertung der einschlägigen Fachliteratur zum Thema „Pflanzennamen“ sowie die über 180.000 Einträge umfassende Flurnamen-Datenbank[9] Südtirols.

Um die vorliegenden Angaben der Fachliteratur zu überprüfen, entschieden wir uns, die Südtiroler Bevölkerung direkt in die Sammelarbeit einzubinden. Dieser Forschungsansatz wird „Citizen Science“ genannt und bestand aus Aufrufen in Zeitschriften sowie Felderhebungen mit ausgewählten Gewährsleuten direkt vor Ort.

6 Synchron (zu Altgriechisch *syn* = „zusammen mit“ und *chrónos* = „Zeit“) bezeichnet in der Sprachwissenschaft eine Methode, die sich auf die Analyse der zu einer bestimmten Zeit bestehenden sprachlichen Erscheinungsformen beschränkt; im Gegensatz zur diachronen (zu Altgriechisch *día* = „hindurch“ und *chrónos* = „Zeit“) Betrachtung, die mehrere Zeitebenen vergleicht. Kurz gesagt: Die synchrone Analyse der mundartlichen Pflanzennamen betrifft den heutigen Sprachstand, die diachrone Analyse betrachtet alle vergangenen Sprachstufen und -schichten.

7 Ein Appellativ oder Gattungswort (*nomen appellativum*) ist – vereinfacht gesprochen – ein Wort und damit quasi das Gegenteil eines Eigennamens (*nomen proprium*). Streng genommen sind Pflanzennamen also „Pflanzenwörter“, denn alle *Schmëlzpfandlen* heißen in einem bestimmten Mundartareal so. Auch der *Kësch(t)pam* ist ein mundartliches Gattungswort für *alle* Exemplare der Esskastanie – aber: manche ehrwürdige Einzelbäume tragen einen Eigennamen wie z. B. „Himmelstützer“ in Verdins bei Schenna.

8 Die Etymologie (zu gr. *étymon* = „das Wahre, Ursprüngliche“ sowie *ónyma* = „Name“) ist die Lehre von der Herkunft und Bedeutung der Wörter und Namen.

9 https://flurnamen.natura.museum/ sowie: Die Flurnamen Südtirols – Inoms di posć de Südtirol – I nomi geografici della Provincia di Bolzano (2016)

QUELLEN UND FACHLITERATUR

Innerhalb der Fachliteratur existieren Monografien zu den Tiroler Mundarten und deren Wortschatz (Schöpf 1866, Schatz 1955, Fink 1972, Moser 2015). Spezifischer sind Talschafts-Wörterbücher (Haller & Lanthaler 2004, Gruber 2005) bzw. Orts-Wörterbücher (z. B. Bibliotheksgruppe Latzfons 2004, Zelger 2004, Wild 2005, Christensen 2014, Fulterer 2017, Stauder 2019) sowie Einzelbeiträge in Dorfbüchern (z. B. Joos 2010). Eine Durchmusterung dieser Wörterbücher bzw. -sammlungen ergab eine Fülle von mundartlichen Pflanzennamen. Die Lektüre spezifischer Aufsätze aus sprach- und kulturwissenschaftlicher Perspektive (Finsterwalder 1939, De Rachewiltz 1974) rundete die Durchsicht der Monografien ab.

Landeskundliche Zeitschriften wie *Der Schlern* mit seinen *Schlern-Mitteilungen* steuerten wertvolle Mosaiksteinchen zur Erstellung eines Gesamtbildes bei.[10]

Detaillierte Informationen konnten spezifischen Pflanzennamen-Sammlungen (Rauschenfels 1801, Dalla Torre 1895, Pfaff 1927, Matscher 1949, Insam 1954, Wirth 2021) entnommen werden. Bisher fehlte – vielleicht abgesehen von der umfangreichen Aufstellung in Wirth 2021 – allerdings eine Gesamtschau zu den mundartlichen Pflanzenbezeichnungen im deutschsprachigen Südtirol. Auch das bisher vollständigste Kompendium der deutschen Pflanzennamen (Marzell 1943–1979) kann diese Lücke nicht füllen. Mit Pedrotti & Bertoldi (1930) weist das Trentino mit seinem italienischen, semiladinischen und ladinischen Dialekt- und Sprachraum eine sehr gute Pflanzennamen-Sammlung samt etymologischen Deutungsversuchen auf.

Für das Grödnerische und Gadertalische liegen Wortlisten mit Pflanzennamen vor, die in den vom ladinischen Kulturinstitut „Micurà de Rü“ herausgegebenen Wörterbüchern Deutsch-Gadertalisch/

10 Oft mussten wir feststellen, dass botanisch unkundige Mundartsammler den mundartlichen Pflanzennamen mit einem falschen Artnamen versahen. Solche „falsch kolportierten“ Namen konnten wir bisweilen mittels Realprobe „überführen“.

Gadertalisch-Deutsch, Deutsch-Grödnerisch/Grödnerisch-Deutsch bereits eingearbeitet worden sind.

Ein Wort zur „Interpretation“ von Literaturangaben: Prinzipiell herrschen in der Literatur Büchernamen vor, oftmals ohne Angabe des wissenschaftlichen Artnamens. Trotzdem war es meist eindeutig, welche Art gemeint ist. Wo dies nicht der Fall war, geben wir der Nachvollziehbarkeit halber in der Fußnote die Originalangabe der jeweiligen Quelle wieder.

FLURNAMEN-DATENBANK

Neben dem lebendigen Wortschatz (Appellative) stecken in den geografischen Namen (Flur-, Hof- und Ortsnamen) zahlreiche Hinweise auf Pflanzennamen. Zu diesem Zweck wurde die Datenbank der südtirolweiten Flurnamenerhebung (1997–2012) systematisch auf Pflanzennamen abgesucht.

CITIZEN SCIENCE – DAS WISSEN DER SÜDTIROLER BEVÖLKERUNG

Um das mundartliche Wissen einer möglichst breiten Bevölkerungsschicht „abzugreifen“, wurde eine Auswahl der 50 wichtigsten, allgemein bekannten Pflanzenarten in Wort (Angabe des standarddeutschen und wissenschaftlichen Namens) und Bild (repräsentatives Foto der Pflanzenart) in Tageszeitungen, Wochen- bzw. Fernsehbeilagen, Dorf- und Gemeindezeitungen, im Internet und über WhatsApp veröffentlicht, verbunden mit der Frage nach der lokalen Benennung dieser Arten.

Mit dieser „Citizen Science“ (wörtlich „Bürgerwissenschaft“) genannten Methode konnten flächendeckend die gebräuchlichen oder zumindest heute noch bekannten oder erinnerten Namen erfragt werden, freilich nur in begrenzter Auswahl, weil nur eine beschränkte Zahl von Pflanzenarten so unverwechselbar sind, dass sie über ein bloßes Foto klar und ohne ein Risiko der Verwechslung mit ähnlichen Arten zu erkennen sind.

Auf der Website des Naturmuseums Südtirol (https://www.natura.museum/de/forschungsprojekte/pflanzennamen) können auch weiterhin die 50 wichtigsten allgemein bekannten Pflanzenarten in Wort und Bild abgerufen werden. Die Antwort kann über die eigens für das Forschungsprojekt eingerichtete

Wie heißen diese Pflanzen im Dialekt Ihres Heimatortes?

Das Naturmuseum Südtirol sucht mundartliche Pflanzennamen und bittet um Ihre Mithilfe. Wenn Sie für die abgebildeten Pflanzen eine eigene Bezeichnung in Ihrem Dialekt haben, teilen Sie uns diese bitte mit. E-Mail: pflanzennamen@naturmuseum.it
Besuchen Sie auch unsere Internetseite www.natura.museum/de/pflanzennamen für die Suche weiterer Pflanzennamen.

Brillenschötchen (*Biscutella laevigata*)

Wundklee (*Anthyllis vulneraria*)

Schopfteufelskralle (*Physoplexis comosa*)

Dolomiten-Fingerkraut (*Potentilla nitida*)

Vorlage für den Aufruf im „Progsa Gemeindeblattl“ (Januar 2021) mundartliche Pflanzennamen mitzuteilen (Citizen Science).

E-Mail-Adresse (pflanzennamen@naturmuseum.it) den Projekt-Mitarbeiterinnen und -Mitarbeitern gemailt werden.

FELDERHEBUNG

Alle Pflanzenarten, die nicht über „Citizen Science“ erfragt werden konnten, für die es aber möglicherweise auch mundartliche Benennungen gibt, mussten über eine aktive und differenzierte Erhebung erfasst werden.

Für die direkte Befragung vor Ort wurden lokale Wissensträger/-innen kontaktiert und aufgesucht: Mundartdichter/-innen und -sammler/-innen, Lehrer/-innen, Dorfchronist/-innen, Volksmediziner/-innen, Kräuterpädagog/-innen, aber auch in Vereinen und im Ehrenamt aktive Bürgerinnen und Bürger.

In den Sommermonaten 2020 und 2021 wurden zu diesem Zweck 99 Gewährspersonen aus 49 Ortschaften aufgesucht, repräsentativ über ganz Südtirol verteilt, mit Ausnahme der ladinischen Talschaften.

Vor Ort traf man sich zu mehreren in Bibliotheken, Gasthäusern und Bauernstuben, um im Gespräch das Wissen um mundartliche Pflanzennamen aufzufrischen. Dankenswerterweise haben viele Gewährspersonen schon im Vorfeld unseres Besuches Namenslisten aus dem Gedächtnis niedergeschrieben.

Um zu verstehen, von welchen Pflanzen geredet wird, bedienten wir uns bei solchen Treffen einer Bilderflora, etwa der Flora Helvetica[11]. Damit konnten wir einerseits bestimmte Arten abfragen, andererseits konnten die befragten Personen auf Fotos ihnen bekannte Pflanzen zeigen, von denen sie eine mundartliche Bezeichnung kannten. „Mini-Exkursionen" rund um das Haus bzw. den Hof der Gewährspersonen bildeten das Herzstück der Erhebung, da die mundartlich bezeichnete Pflanzenart direkt bestimmt bzw. überprüft werden konnte. Als noch ergiebiger in dieser Hinsicht erwiesen sich Tages-Exkursionen zu artenreichen Bergwiesen, da die Wissensträger/-innen den ganzen Tag das Augenmerk auf mundartliche Namen vieler verschiedenen Pflanzenarten lenken konnten: Einerseits wurden sie in der freien Natur, d. h. direkt am Wuchsort vieler mundartlich bezeichneter Pflanzen gezielt nach einer Palette von Arten aus der Volksmedizin, Landwirtschaft usw. befragt, andererseits sollte bei den Feldbegehungen klargestellt bzw. überprüft werden, welche Pflanzen die Gewährsleute mit welchem Namen tatsächlich verbinden. Hier kam die botanische Expertise des Projekt-Teams zum Einsatz.

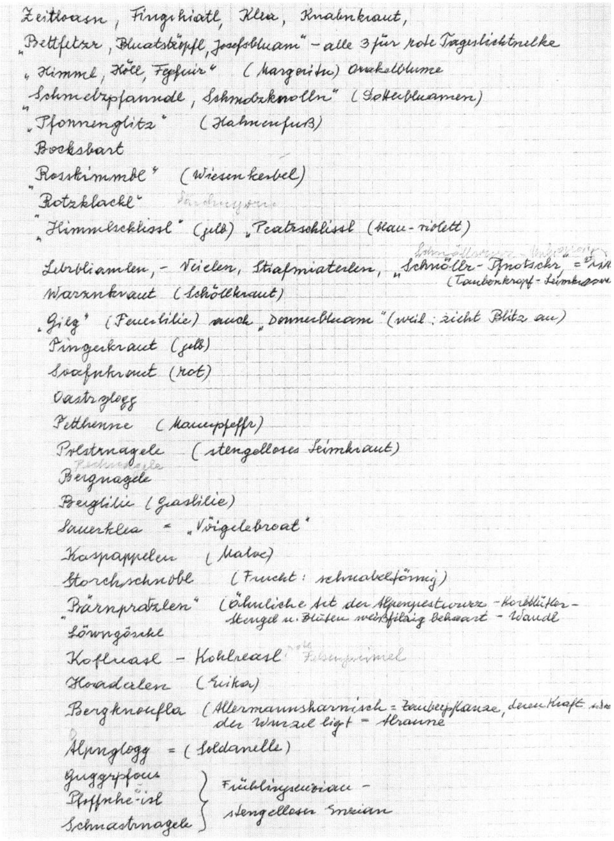

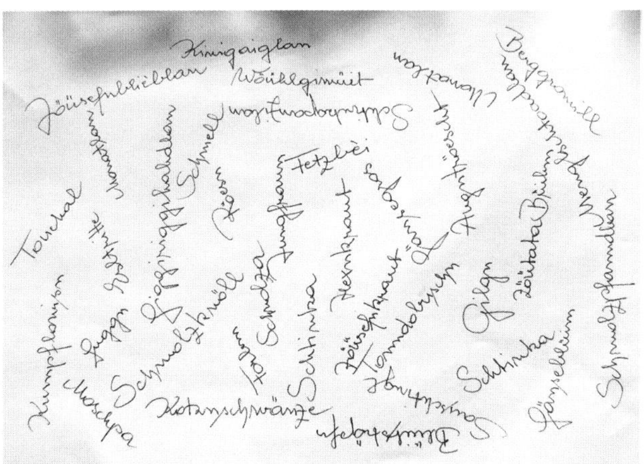

Beispiel von Listen mundartlicher Pflanzennamen, die von Privatpersonen festgehalten und gemeinsam mit den Projektbeteiligten diskutiert wurden.

Mit diesem Ansatz lässt sich für ausgewählte Gebiete im Land ein kompletter Bestand an mundartlichen Pflanzenbezeichnungen erfassen und vor allem lassen sich Namen von Pflanzen ermitteln, die bislang in der Literatur keinen Niederschlag fanden und die im Rahmen des vorliegenden Projektes weder über die Flurnamen-Datenbank noch über „Citizen Science" erfasst werden können.

Neben der botanischen Identifizierung der Pflanze im Feld wurde auch eine korrekte sprachliche Aufzeichnung des mundartlichen Pflanzennamens vorgenommen. Um die Lesbarkeit für Laien zu erleichtern, wurde dabei ein einfaches Transkriptionssystem angewandt (siehe unten: „Verwendete Abkürzungen und Zeichen").

Aufgrund der zunehmenden Mobilität im 20. Jahrhundert, konnte die lokale Verankerung eines Mundartnamens nicht immer eindeutig festgestellt werden. Einige Gewährspersonen haben nämlich „verschiedensprachige" Eltern, welche unterschiedlichen Dialekträumen entstammen. Somit lassen sich manche Pflanzennamen nicht mehr einem eindeutigen Ortsdialekt zuordnen. Beispielsweise stammt die Afinger Gewährsperson ursprünglich vom Ritten, jene für Villnöß aus Kastelruth. Der Vater einer Freienfelder Gewährsperson stammt aus Telfes (Gemeinde Ratschings), eine Gewährsperson aus Schlanders wuchs in Stilfs und in Prad auf. Andererseits: Eine innertiroler Mobilität zwischen dem einen und anderen Dialektraum hat es wohl seit jeher gegeben und diese mag auch zu zahlreichen Neubildungen und Mischformen unter den Pflanzennamen geführt haben.

11 Lauber K., Wagner G., Gygax A. (2012)

Exkursion zu den Plitschwiesen oberhalb von Trens (Gemeinde Freienfeld) zur Erfassung mundartlicher Pflanzennamen.

Felderhebung am Schludernser Berg

Felderhebung in Prags

DER SÜDTIROLER PFLANZEN-WORTSCHATZ

BOTANISCHE DATEN

Nach zwei Jahren Erhebungs- und Sammelarbeit (2020–2021) umfasst die Sammlung „Mundartliche Pflanzennamen" ca. **7600** Einträge mit eindeutiger Zuordnung zu einer bestimmten Art, Artengruppe oder Gattung. Eine weitere Namenssammlung enthält rund **400** Einträge mit unsicherer Artzuweisung sowie rund weitere **400** Einträge mit Allgemeinbezeichnungen (z. B. *Schmelln* u. a. für Süßgräser, *Pfårfl* für Farne, *Pimmisn* für Binsen bzw. binsenartige Pflanzen, *Gilgn* für verschiedene Lilienarten, *Nagelen* für eine Reihe von Nelken-Arten, hauptsächlich der Gattung *Dianthus*) und Benennungen von Pflanzenteilen (z. B. *Petschl* für Fruchtzapfen der Zirbe oder *Marbl* u. a. für junge Fichtensprosse).

Die rund **7600** Einträge mit eindeutiger Zuordnung zu einer Art, Artengruppe oder Gattung (also zu einem Taxon; im Folgenden vereinfacht als „Arten" bezeichnet) betreffen zum einen **504** Arten wildwachsender Gefäßpflanzen (**100** verschiedenen Pflanzenfamilien zugehörig) mit mindestens einer mundartlichen Bezeichnung. Ferner schließen sie **161** Arten rein kultivierter, nicht heimischer Gefäßpflanzen ein, sowie **4** (wildwachsende) Flechten- und **1** Moos-Art. Insgesamt weisen also in Südtirol **670** Arten eine eigenständige mundartliche Bezeichnung auf. Die angegebenen Zahlen schließen auch Arten ein, deren mundartliche Bezeichnung der Literatur entnommen werden konnte, sich aber entweder auf ganz Tirol (Süd- und Nordtirol) bezieht oder nur mit der Ortsangabe „Südtirol" versehen ist.

Betrachtet man das Spektrum der Lebensformen, denen die 504 wildwachsenden Gefäßpflanzen-Arten zuzuordnen sind, so spiegelt dieses ziemlich gut das der Gesamtflora Südtirols wider: Langjährige Stauden (also mehrjährige krautige Pflanzen) machen den größten Anteil aus und für diese Arten gibt es auch die meisten mundartlichen Bezeichnungen. Entsprechend deutlich weniger vertreten nach Arten und mundartlichen Bezeichnungen sind z. B. Zwergsträucher. Einzige Ausnahme dazu sind Geophyten (zu Altgriechisch *geo* = „Erde" sowie *phyton* = „Pflanze"), das sind solche Pflanzen, die unterirdische Speicherorgane bilden, um die ungünstige Jahreszeit zu überdauern, und zu denen vor allem die Zwiebelpflanzen zählen. Eine Erklärung dafür könnte sein, dass Alpen-Krokus, Bärlauch und Co. auffallend und früh blühende Arten sind, die entsprechend viel Aufmerksamkeit erregen und daher eine Bezeichnung erhalten.

Die 504 benannten Gefäßpflanzenarten entsprechen 21 Prozent der insgesamt 2385 Arten (ohne Unterarten) unserer Wildflora (davon 2201 einheimische und 184 nicht einheimische, aber fest eingebürgerte Arten). Damit ist die Annahme bestätigt, dass die Bevölkerung viele Pflanzen, rund drei Viertel, gar nicht erst ins Visier nimmt und nur jene zu einem Namen kommen, von denen man sich Heilwirkungen verspricht oder die als Nahrungspflanze für Mensch und Tier in Frage kommen, die optisch auffallen oder die man eben nicht haben möchte. Unterstrichen wird diese Sichtweise durch die Aussage einer Gewährsfrau: **Fir wos isch des Kraut guat?**

Ja, wozu ist dieses Kraut gut? Diese griffige Formulierung drückt den „selektiven" Blick des Bauern und der Bäuerin auf die sie umgebende Flora besonders gut aus. Benannt wird grundsätzlich nur das, was in den Radius der unmittelbaren Nutzanwendung fällt. Vieles andere, auch Auffallendes, wird ausgeblendet: z. B. tragen auffallende Gattungen wie die Fingerwurz (*Dactylorhiza*), Händelwurz (*Gymnadenia*) oder Knabenkraut (*Orchis*) – allgemein als „Knabenkräuter" bezeichnet –, überraschend wenig mundartliche Namen. Pflanzennamen sind also immer auch ein Spiegelbild der kulturellen Ausrichtung einer Gesellschaft.

Anteil der Familien (44) an Wildpflanzen in Südtirol mit 3 oder mehreren Arten, für die eine mundartliche Bezeichnung gefunden werden konnte. Nicht dargestellt sind die 66 Familien, aus denen 1–2 Arten eine mundartliche Bezeichnung tragen. Bezeichnung und Abgrenzung der Familien erfolgen nach Fischer et al. (2008).

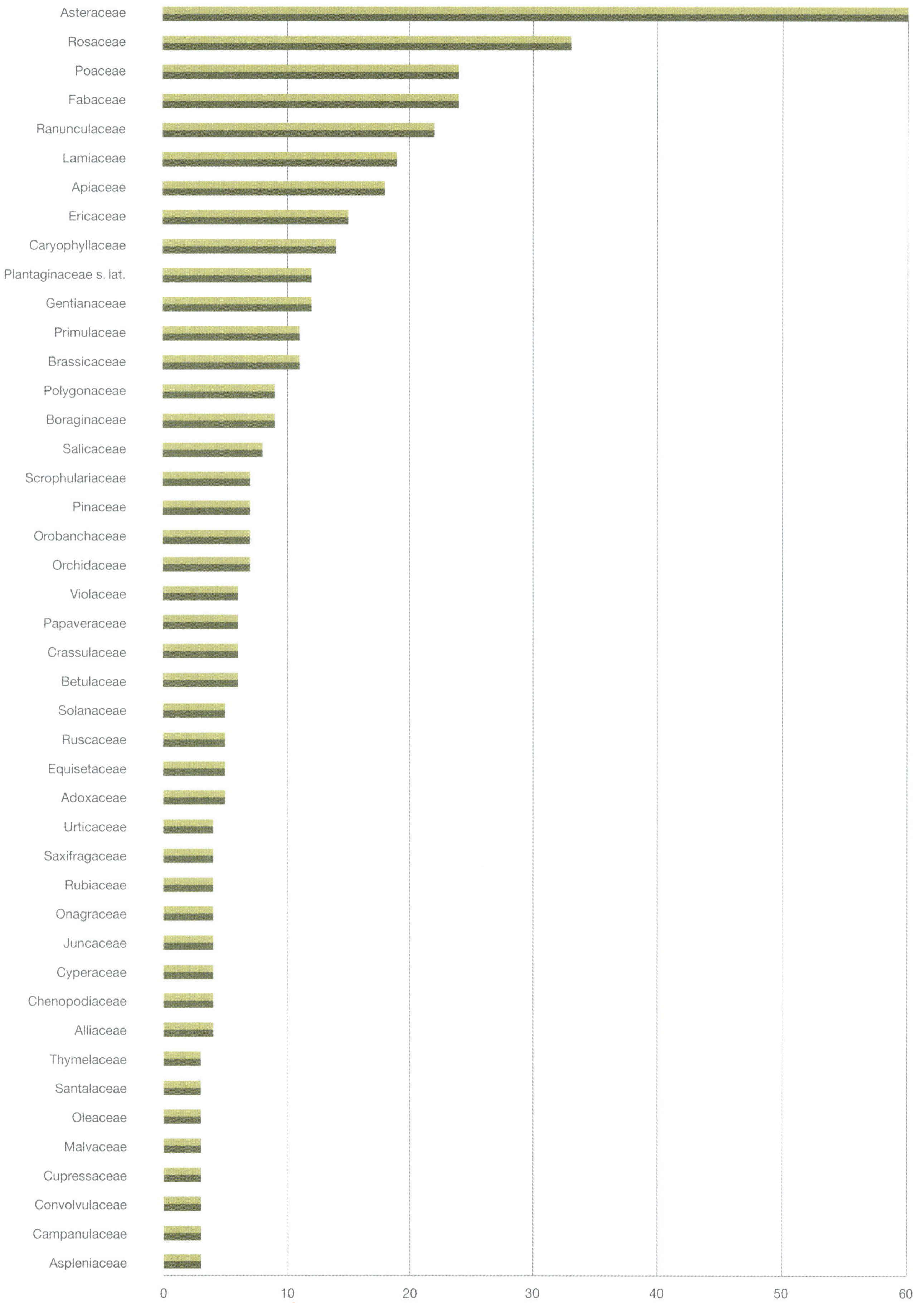

Eine Bäuerin am Schlanderser Sonnenberg hat sich zu den Pflanzen recht unverblümt geäußert: „Es gibt Kräuter, die ich **verehre** (z. B. die Heilkräuter des Kräuterbuschen) und Kräuter, die ich **verfolge**“. Verfolgt werden natürlich die Unkräuter, die nach Möglichkeit auszumerzen seien, wie z. B. die *Lutzn* (Acker-Quecke → *Elymus repens*), und die im Wortspiel als *Luzifer* bezeichnet werden. Dass gerade „Unkräuter“ den Aufstieg in die Liga der essbaren Salate geschafft haben (Giersch, Hühnerdarm, Franzosenkraut u. a.) soll zu ihrer Ehrenrettung auch gesagt werden.

Der Pool an Pflanzennamen verteilt sich über die gesamte Bandbreite ihrer Anwendungsmölichkeiten. Dabei kommt es natürlich zu Überschneidungen, z. B. sind Gewürzpflanzen auch Medizinalpflanzen, weil sie appetitanregend und verdauungsfördernd wirken. Unkräuter dienen – wie erwähnt – neuerdings als Beilage von Salaten auch der Ernährung; Gartenblumen werden aus ästhetischen Gründen angepflanzt, halten Abgas, Staub und vor allem Ungeziefer von den Gemüsepflanzen ab und locken Bienen an; der „heilige“ Kräuterbuschen oder *Waichnpinggl* findet medizinische aber gleichzeitig kultisch-religiöse Anwendung, etwa bei Unwetter mit Hagel. Die beiden Bereiche lassen sich nicht eindeutig voneinander abgrenzen.

Anteil der Lebensformen der wildwachsenden Gefäßpflanzen Südtirols mit mundartlicher Bezeichnung. Vertikalachse: Lebensform nach Raunkiaer (nach Lage der Überdauerungsorgane, vgl. Fischer et al. 2008), Horizontalachse: Anzahl der Arten.

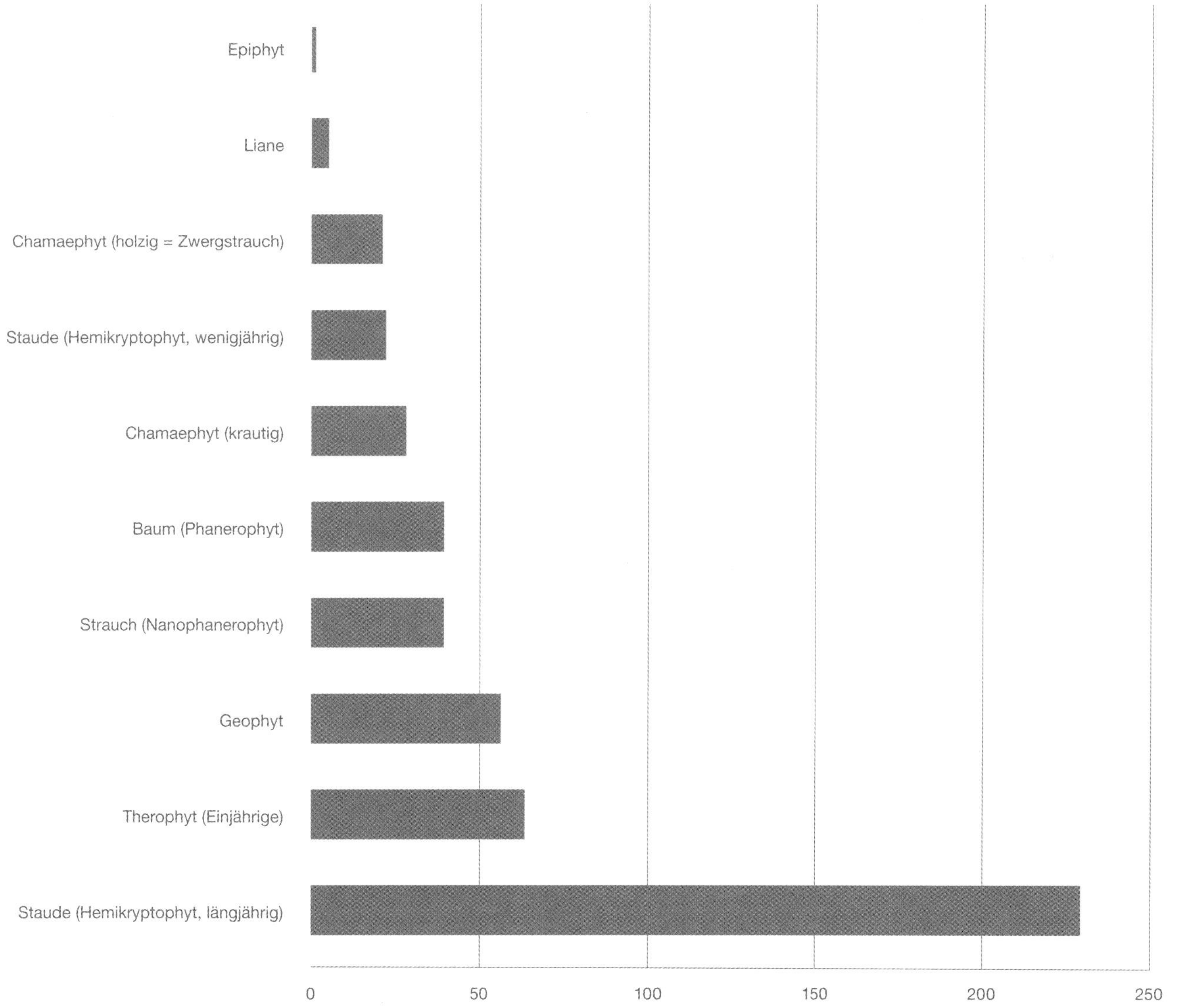

PFLANZE UND MENSCH – ANWENDUNG, GEBRAUCH UND WAHRNEHMUNG

Einen Eindruck von der Palette mundartlicher Pflanzennamen in Südtirol vermittelt die folgende Tabelle, in der für die wichtigsten Anwendungsbereiche ein paar stellvertretende Pflanzen samt mundartlicher Bezeichnung gelistet sind. Bei den mit # gekennzeichneten Arten handelt es sich um (ursprünglich) nicht heimische Kultur- und Gartenpflanzen.

Anwendungsbereich und Wahrnehmung			Mundartlich	Wissenschaftliche Bezeichnung
Ernährung	Mensch	Nahrungsmittel	*Roggn, Kourn* *Plent, Schwårzplent* *Tufl* (Truden, Altrei) *Piësl*	*Secale cereale* # *Fagopyrum esculentum* # *Solanum tuberosum* # *Beta vulgaris* convar. *cicla* #
		Gewürz	*Passlkuam, -gguam; Gasslgun* *Patzltoag* (Wipptal) *Glåndo* (Terenten)	*Ocimum basilicum* # *Satureja hortensis* # *Coriandrum sativum* #
	Nutztier		*Fueter, Hober* *Marbl* *Fåcknpletschn*	*Avena sativa* # *Mutellina adonidifolia* *Rumex alpinus*
Medizinalpflanzen[12]	Mensch		*Pockwurz* *Påldriåå*[13] (Ahrntal) *Linsat, Horsum*	*Pimpinella major* *Valeriana officinalis* *Linum usitatissimum* #
	Nutztier		*Muaterkraut* (Schnals)	*Achillea moschata*
Nasch- und Spielpflanzen		Naschen	*Siëslwurz* *Gugguproat*	*Polypodium vulgare* *Oxalis acetosella*
		Spielen	*Pfnåtscho* *Rearlkraut* (Eisacktal) *Poppaplerchn* (Matsch)	*Silene vulgaris* *Taraxacum* sp. *Rumex alpinus*
Genuss- und Rauschpflanzen		Rauchen	*Iëln* *Tawagg, Gaiz*	*Clematis alpina, C. vitalba* *Nicotiana rustica* #
		Alkohol	*Moschpeler*	*Sorbus aucuparia*
Giftpflanzen		Vergiftung von Raubwild	*Wolfswurz*	*Aconitum napellus, A. lycoctonum*
		Verbrennungen	*Fissikatori* (Schnals, Deutschnofen)	*Ranunculus acris*
		Toxizität	*Hemmern* *Glutschn* (Vinschgau), *Fåckn* (Eisacktal), *Lodn* (Prags)	*Veratrum album* *Colchicum autumnale*
Optische Auffälligkeit		Frühblüher	*Menglschtuandl* (Pustertal) *Pfåffnzagl* (Hinterpasseier) *Kåppinockn* (Pfitsch)	*Crocus albiflorus* *Pulsatilla vernalis*
		Hochsommer	*Schuischtoschtiëlile* (Pustertal) *Schpeckehåndl* (Ulten)	*Gentiana verna* *Polygala chamaebuxus*
		Spätblüher	*Schobou* (Sarntal)	*Euphrasia* sp.

12 Heilwirkungen wurden Pflanzen auch gemäß der Signaturenlehre zugeschrieben, wonach Aussehen, Farbe und Form der Pflanze die Heilwirkung explizit anzeigen (lat. *signum* = „Zeichen"): Das leberförmige Blatt des Gewöhnlichen Leberblümchens (→ *Hepatica nobilis*) zeigt die Anwendung bei Leberleiden, die Rote Bete (lok. mda. *Riffener Flaisch* = „Riffianer Fleisch") fördert die Blutbildung und gilt als Fleischersatz. In Vierschach hat man einen Absud aus dem Storchschnabel getrunken, um schwanger zu werden – der Storch bringt bekanntlich die Kinder.

13 Ein Spruch aus der Pestzeit lautet in „Teldraischer" Abwandlung: *Hasche ggëssn Pibernell, no wasche gstörbm nit so schnell, hasche ggëssn Påldriåå, wasche kemm gånz dofåå* („Hättest du Bibernelle gegessen, wärst du nicht so schnell gestorben, hättest du Baldrian gegessen, wärst du ganz davongekommen").

Anwendungsbereich und Wahrnehmung			Mundartlich	Wissenschaftliche Bezeichnung
Olfaktorische Auffälligkeit			*Nosepliëta* (Pustertal)	*Nigritella nigra* agg.
Unkräuter		Getreideunkräuter	*Tuan* *Rått*	*Galeopsis tetrahit* *Agrostemma githago*
		Wiesenunkräuter	*Tille*	*Cardamine pratensis* *Sinapis arvensis*
		Gartenunkräuter[14]	*Grämmen*	*Elymus repens*
Technologie	Architektur	Bauholz Inneneinrichtung, Möbel	*Larch, Lerch* *Zirm*	*Larix decidua* *Pinus cembra*
	Werkzeugholz	Schäfte, Mahlwerk	*Granelln*	*Cornus mas*
	Flechtholz	Körbe, *Këschtnriggl*	*Schlingpamene Widn*	*Viburnum lantana*
	Befestigen	Weinreben	*Fëler, Fëlerwit*	*Salix alba*
	Abdichten, Filtern und Reinigen		*Pigl* *Saichwurzer, Saichnschopp* (Martell) *Kåtznschweaf*	*Picea abies* *Eriophorum* sp. *Equisetum* sp.
Energiegewinnung		Kohle	*Puach*	*Fagus sylvatica*
Gewebe, Kleidung		Leintuch Hautschutz	*Hor* *Wildo Wërrmat* (Ahrntal)	*Linum usitatissimum* # *Artemisia vulgaris*
		Kleidung	*Hånnif*	*Cannabis sativa* #
Transport und Konservierung			*Påchpletschn*	*Petasites albus*
Schmuckpflanzen	Gartenblumen		*Ålte Puam* (Montan)	*Zinnia elegans* #
	Hausblumen		*Prennete Liëp*	*Pelargonium* sp. #
	Körperschmuck	Kleidungs-Accessoire	*Ëwigkaitl* *Grouplattlar* *Kastelruther Nagele*	*Helichrysum* sp. # *Pelargonium* sp. # *Dianthus caryophyllus* #
	Kosmetische Anwendungen	Haarwuchs Körper	*Praunelle* *Raischn* (Sarntal), *Miga* (Schlerngebiet)	*Nigritella nigra* agg. *Pinus mugo*
Religion, Volksglaube und Orakel	Friedhofsblume		*Toatnpusche*	*Calendula officinalis* #
	Wetterzauber (Apotropäikum)	„Blitzblumen"	*Tånderpuschn* *Himmlprånt* *Gilge*	*Rhododendron ferrugineum* *Verbascum* sp. *Lilium bulbiferum*
	Orakel[15]	Theologie	*Himml, Häll, Fëgfuir* *Sintnpletschn*	*Leucanthemum vulgare* agg. *Plantago major*
		Liebe	*Jungf^{e}rl^{e}r* (Sarntal)	*Leucanthemum vulgare* agg.
	Tabuisierende Namen	Erotik[16]	*Fotzwång* (Villnöß), *Frognetlång* (Pflersch)	*Dactylorhiza* sp.

14 Mda. *'s Jëte; 's Jëta, 's Gårschtnjëta* ist in Pfitsch die Bezeichnung für das Gartenunkraut, wörtlich „das, was gejätet wird" (Christensen 2014, S. 48, 85)
15 Mit Hilfe der beiden Orakelpflanzen Wiesen-Margerite und Breit-Wegerich werden Liebesglück, Lebensschicksal und Heilsstatus ermittelt.
16 Der mda. Name *Fotzwång* (*Dactylorhiza* sp. [Fingerwurz, -knabenkraut]; Villnöß) leitet sich vielleicht von der Anwendung bei Scheidenverengung und/oder Gebärmutterkoliken ab (Marzell 1939–1976, Bd. 4, Sp. 232), eine Anwendung, die sichtlich auf die Signaturenlehre zurückgeht. In den beiden Wurzelknollen der → „Knabenkräuter" wurden seit alters Knabenhoden (gr. *órchis* = „Hoden") erblickt (→ *Nigritella nigra* agg.). Der mundartliche Name *Frognetlång* („Frag nicht lang"; Pflersch) ist ein verneinender Befehlssatz und besagt, dass man die genaue Anwendung der Knabenkräuter als erotisches Orakel Kindern lieber verschweigen möchte.

Pflanzenarten in Südtirol mit mundartlicher Bezeichnung, einzelnen Anwendungsbereichen zugeordnet. Dargestellt sind 10 Anwendungsbereiche (horizontal) und der prozentuelle und numerische Anteil der Wildpflanzen (dunkelgrün) und Kulturpflanzen (hellgrün) am jeweiligen Anwendungsbereich. Die einzelnen Arten konnten zum Teil mehreren Bereichen zugeordnet werden, daher ist die Gesamt-Artenzahl höher als die Zahl der Arten mit mundartlicher Bezeichnung (vgl. Kapitel „Botanische Daten").

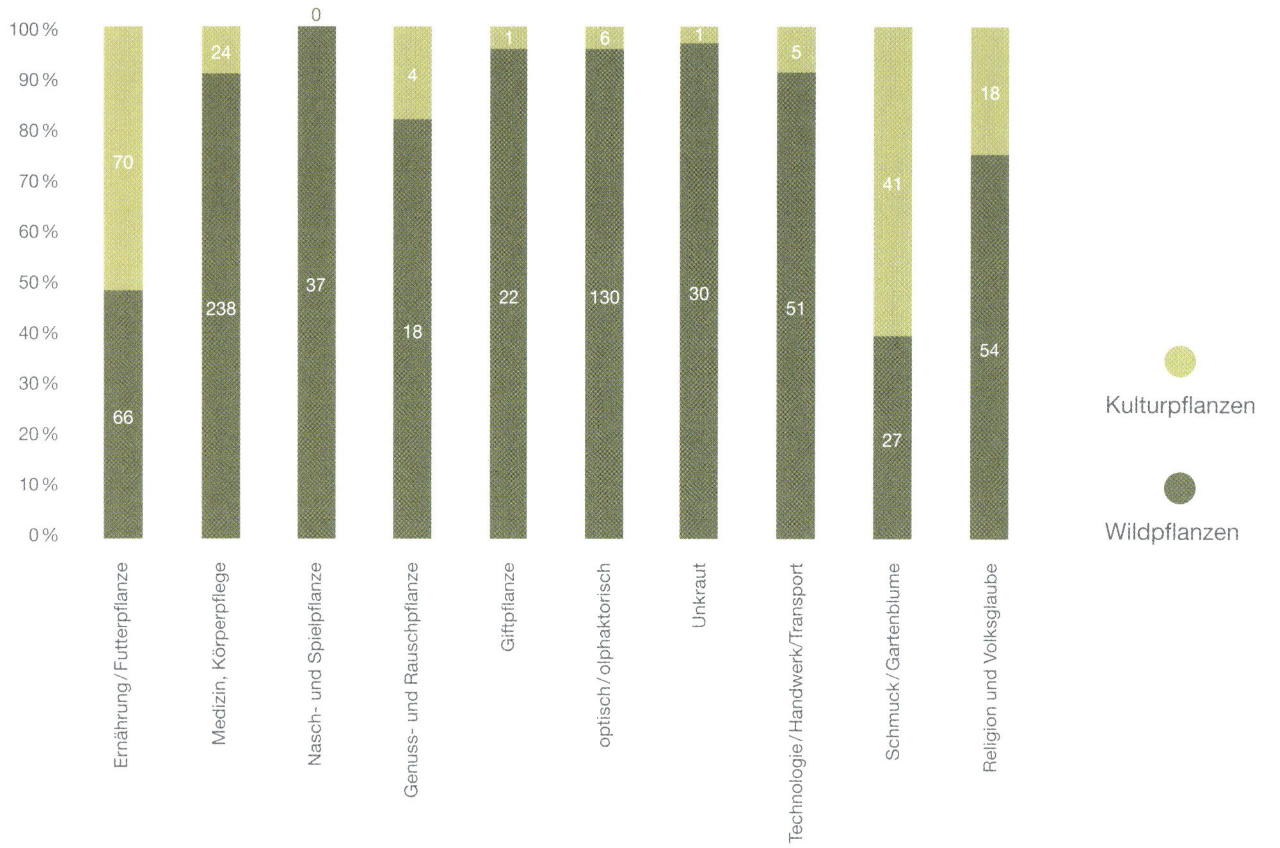

„BÄUERLICHE SYSTEMATIK"

Bauer und Bäuerin sehen und „kategorisieren" ihre pflanzliche Umgebung nicht mit den wissenschaftlichen Augen eines Botanikers, der die Pflanzen nach morphologischen und verwandtschaftlichen Kriterien in Familien, Gattungen und Arten einteilt.

Ein Landnutzer, in der Regel ein botanischer Laie, teilt die Pflanzen zwar auch aufgrund ihres Aussehens und ihres Habitats in größere Gruppen ein; diese Gruppen sind aber grobrastig und ihre Einteilung folgt praktisch-nützlichen und nicht botanisch-taxonomischen[17] Kriterien. Ähnliche Pflanzen erhalten Gemeinschaftsnamen: So werden für die Viehweide wenig geeignete Wald- und Almgräser generisch benannt, was mitunter schwer zu entwirren ist. Andererseits gelten Pflanzennamen nicht ausschließlich für eine Art und sind austauschbar – auch innerhalb einer Talschaft. Daneben sind mehrere Bezeichnungen für ein und dieselbe Pflanzenart üblich, wobei es sich um ältere und jüngere, weniger und stärker gebräuchliche Pflanzennamen handelt. Häufig sind auch Namensübertragungen, wenn eine Pflanzenart den Namen einer ganz anderen Art erhält. Oft werden auch Pflanzenteile gesondert benannt, besonders bei Nadelbäumen.

17 In der Botanik und Zoologie bezeichnet die Taxonomie einen Zweig der Systematik, der sich mit der Einordnung der Lebewesen in systematische Kategorien, wie Arten, Gattungen, Familien usw. und deren Beschreibung und Abgrenzung befasst.

● VERWENDETE ABKÜRZUNGEN UND ZEICHEN

Um die Lesbarkeit des Textes zu erhöhen, verwenden wir folgende Abkürzungen und Zeichen:

agg. = Aggregat (= Artengruppe, umfasst mehrere ähnliche Arten)
ahd. = althochdeutsch
alpenrom. = alpenromanisch
altgr. = altgriechisch
dt. = deutsch
engl. = englisch
frz. = französisch
gad. = gadertalisch
germ. = germanisch
gr. = griechisch
grödn. = grödnerisch
idg. = indogermanisch
i. e. S. = im engeren Sinn
it. = italienisch
lad. = ladinisch
lat. = lateinisch
mda. = mundartlich
mhd. = mittelhochdeutsch
nhd. = neuhochdeutsch
S. = Seite
Sp. = Spalte
sp. = spezies (= Art, ohne genaue Angabe)
subsp. = subspezies (= Unterart)
u. Ä. = und Ähnliche
→ siehe unter
* = rekonstruierte sprachliche Form
š = sch; tš = tsch; dž = dsch

Die mundartlichen Namen werden so lautgetreu wie möglich wiedergegeben.
Dabei verwenden wir folgende Sonderzeichen:

å = offenes „o" wie in *Påch* = „Bach"
ë = geschlossenes „e" wie in *Këschtn* = „Kastanien"
e = offenes „e" wie in *hell* = „hell"

Die Betonung zwei- oder mehrsilbiger Wörter ist durch Unterstrich gekennzeichnet (z. B. *Zaitoloasn*).
Kurzvokale werden durch Verdoppelung des Folgekonsonanten (z. B. *Gigger-*, *Wåsser-*, *Himml-*), Langvokale durch einfachen Folgekonsonanten (z. B. *Prum-*, *Schof-*, *Kase-*) kenntlich gemacht.
Langvokale vor Konsonantenhäufungen wie sch, ch, nt, nd u. Ä. werden mit einem Längenzeichen versehen (z. B. *Hāndler*, *Krāschtiz*).
Kaum hörbare Vokale und Konsonanten sind hochgestellt (z. B. *K*^{a}*rschigglan*, *Schwå*^{r}*schzpa*). Nasalierte Vokale werden durch eine Tilde gekennzeichnet (z. B. *Hĩërprennëisl*), aufgrund von Nasalierung ausgelassene Liquide werden durch Apostroph gekennzeichnet (z.B. *Spu'pëir*).
Im Italienischen wird die Betonung durch Akzente (á, í, ú) gekennzeichnet, der Akut (é, ó) zeigt darüber hinaus die geschlossenen Vokale (ë, o; z. B. *éghel, lusiói*), der Gravis (è, ò) die offenen Vokale (e, å) an (z. B. *cavei de vècia*, *òci de la Madòna*).

Gemeinschaftsnamen

Ein Beispiel für Gemeinschaftsnamen sind die verschiedenen **Disteln**, in den lokalen Mundarten allgemein als ***Tischggln*** (seltener *Tischtln*, *Ggischggln*) bezeichnet. Damit sind grundsätzlich einmal alle Arten der Gattungen *Carduus*, *Carlina* und *Cirsium* gemeint. Dies schließt jedoch nicht aus, dass einzelne Arten dieser Gattungen lokal sehr spezifische Bezeichnungen tragen können.

So kennt man in Tiers die Berg-Kratzdistel (*Cirsium alsophilum*) und auch die Klebrige Kratzdistel (*Cirsium erisithales*) unter der mundartlichen Bezeichnung ***Råmpfn*** („Rampfen"), nach denen auch das kleine *Råmpfntol* benannt ist. Freilich handelt es sich bei diesem Dialektwort um eine begriffliche Übertragung von „Saurampfer" („Sauerampfer"), der mit Disteln – abgesehen vom nährstoffreichen Standort – nichts gemein hat.

Im Vinschgau wird die Wollkopf-Kratzdistel (*Cirsium eriophorum*) häufig als ***Rosstischggl*** („Rossdistel"), in Katharinaberg lokal als ***Dånnertischggl*** („Donnerdistel") bezeichnet. Die Filz-Kratzdistel (*Cirsium heterophyllum*) mit ihrer hellen Blattunterseite kennt man im Hinterpasseier als ***Schofzunge*** („Schafzunge"), im Sarntal aber als ***Hosnoarn*** („Hasenohren").

Im Gegensatz zum Vinschgau wird im Sarntal die Alpen-Kratzdistel (*Cirsium spinosissimum*) als ***Rössgischggl*** („Rossdistel") bezeichnet, denn die Wollkopf-Kratzdistel kommt dort seltener vor. Wird das Weidegras knapp, graben Pferde die Alpen-Kratzdistel mit ihren Hufen aus und lassen sie welken, um sie anschließend zu fressen. Die Distel (man denke z. B. an die Artischocke) ist nahr- und schmackhaft und ergibt eine fette Milch. Das weiß man auch in Villnöß, wo die Alpen-Kratzdistel als ***Fåckntischggl*** („Schweinedistel") abgekocht und fein aufgehackt eine gute Schweinemast ergibt. Auch dort wird eine Flurbezeichnung, der *Fåcknpoudn*, mit dem Vorkommen der Alpen-Kratzdistel in Verbindung gebracht. In Antholz war früher die nahrhafte Silberdistel (*Carlina acaulis*) als ***Wissekas*** („Wiesenkäse") geschätzt.

Andere Gemeinschaftsnamen bilden **Farne**. Diese werden in den verschiedenen Mundarten ***Fårbr*** (Vinschgau), ***Fårm*** (Burggrafenamt, Ahrntal), ***Pfårbe, Pfårwe*** (Eisack- und Wipptal), ***Pfårm*** (Sarntal, Tschögglberg, Eisacktal), ***Pfårfl*** (Pustertal), ***Fëilsn*** (Kaltern) sowie ***Paiswurmgros*** („Beißwurmgras"[18]; Pfitsch, Gsies) genannt.

Einfach gefiederte Farne wie der Echte Wurmfarn (*Dryopteris filix-mas*) oder der Gewöhnliche Frauenfarn (*Athyrium filix-femina*) ähneln auffallend einer Sprossenleiter und werden daher mancherorts (Ulten, Laurein, Afing) als ***Loaterfårm*** bzw. ***-pfårfl*** (Kiens) bezeichnet. Eine Gewährsperson in Schnals unterscheidet sogar zwischen ***Loater-*** (Wurm-) und ***Stockfårm*** (Adlerfarn, *Pteridium aquilinum*). Letzterer wächst im Gegensatz zum Wurmfarn als einzelner Pflanzenstiel („Stock") aus dem Boden.

Mit Ausnahme der in Kaltern verwendeten ***Fëilsn*** (zu romanisch **feltše* = „Farn", lat. *filix*, *-icis*) leiten sich die mundartlichen Bezeichnungen von mhd. *varm*, ahd. *farm*, germ. *farna* ab.

In Flur- und Ortsnamen erscheinen Farne als häufiges Benennungsmotiv, z. B. im Marteller Hofnamen *Fårma*, im Riffianer und Dorf Tiroler Flurnamen *Fårm* und im Dorf Tiroler Hofnamen *Fårmer* (1299 *Varmach*[19], mhd. **varmach* = „Ort mit Farnbewuchs"). Auch in Martell findet sich ein Hofname mit dem Kollektivsuffix -ach, nämlich *Fårma*. Der Name eines schattigen und engen Tales gegenüber von Egg in der Gemeinde Freienfeld lautet Filzei, dies zu alpenrom. **filitsēdu* = „Stelle mit Farnbewuchs". Dieselbe Etymologie (**filisēdu* = „Gelände mit Farnkraut") liegt dem *Villscheider* (1187, 1287 *Valsit*[20]) am Pfeffersberg in der Gemeinde Brixen zugrunde. Der Hof ist Ausgangspunkt des Familiennamens Vielscheider. Der Name der Trentiner Berggemeinde Folgaria (zimbrisch *Folgrait*, dt. *Vielgereuth*; 1196 *Fulgarida*, 1559 *Fülgereit*[21]) lässt sich mit der romanischen Nebenform **filicāria* = „Farngesträuch"[22] rekonstruieren.

Ein taxonomisch schwieriges Feld bilden schließlich die Süßgräser, die im Allgemeinen die Gemeinschaftsnamen ***Schmelln*** (Pustertal), ***Schmelbm***

---

18 Mda. *Paiswurm* „Schlange" (wörtlich *Beißwurm*); diese hält sich gerne an Standorten mit Farnkraut auf
19 Tarneller (1909), S. 170
20 Finsterwalder (1994), S. 274
21 Finsterwalder (1995), S. 1192
22 Meyer-Lübke (1992), S. 248

Tischggln (*Cirsium alsophilum, Cirsium eriophorum, Carlina acaulis*)

Fårm, *Pfårfl*, Beißwurmgras (Farne am Beispiel von *Dryopteris filix-mas* und *Pteridium aquilinum*)

Schmelchn, Schmelbm, Schmelln (Gräser am Beispiel von *Arrhenatherum elatius, Dactylis glomerata* und *Festuca rubra*)

(Eisacktal) sowie ***Schmelchn*** (Vinschgau, Burggrafenamt, Wipptal) tragen. In Welschnofen lautet das Appellativ dagegen ***Schmelling*** (→ *Briza media*).

Von diesem allgemeinen Benennungsmuster weichen besondere Süßgräser ab: die ungeliebte Acker-Quecke, das Zitter- sowie das Federgras (→ *Briza media*, *Elymus repens*, *Stipa pennata* agg.). Geförderte Futtergräser wie die im Wipptal geschätzten ***Telfer Schmelchn*** (*Arrhenatherum elatius*) erhielten regionale Sondernamen.

Formationen

Bäume und Sträucher bilden Massenbestände bzw. Formationen. Auch unter diesen gibt es Gemeinschaftsnamen, der bekannteste unter ihnen betrifft die beiden Mundartwörter **Zeten** und **Zuntern**. Diese betreffen unterschiedliche Arten des alpinen Krummholzgürtels, aber nicht nur. Örtlich werden mit *Zëtn* und *Zuntern* die Hecke der Alpenrose (→ *Rhododendron ferrugineum*, *hirsutum*), Leg-Föhren oder Latschenkiefern (→ *Pinus mugo*) und vereinzelt Grün-Erlen (*Alnus alnobetula*) sowie die Schnee- (*Erica carnea*) und Besenheide (*Calluna vulgaris*) bezeichnet. Letztere sind in der Regel aber unter ihrem Mundartnamen *Lutter* bzw. *Lutterhëggn* bekannt. In Passeier[23] wird die Staude der Heidel- und Preiselbeere (→ *Vaccinium*) als *Zëte* bezeichnet. Nicht zum alpinen Krummholz gehört der Wilde Hopfen (*Humulus lupulus*), der am Ritten, in Laurein und vor allem im Südtiroler Unterland generalisierend mit *Zëitn* bezeichnet wird. In Mühlwald werden die Blätter der „geschnoateten" Eschen ebenfalls *Zöitn* genannt.

Pflanzenteile

Bei unserer landesweiten Erhebung notierten wir auch die mundartlichen Bezeichnungen von Pflanzenteilen wie Früchte, Zapfen, Zweige und Äste. Dies betrifft in erster Linie Bäume und Sträucher, unter den Bäumen vor allem Nadelbäume.

Die **Nadeln** der heimischen Koniferen werden je nach Region als *Plissn* (Eisacktal, Wipptal, Pustertal), *Plussn* (Kastelruth) oder *Agn*[24] (Burggrafenamt) bzw. *Agne*[25] (Passeier) bezeichnet. Mit der

---

23 In Passeier teilt man den Pflanzenwuchs in vier „Stockwerke" ein: *Zëtn* (Heidel- und Preiselbeerstrauch), *Zuntern* (Alpenrosen- und Grünerlen-Bestände), *Hëggn* (Hecken, Sträucher; z. B. Vogelbeere, Holunder) und *Pame* (Bäume)
24 Ahd. *agana* = „Spreu, Ähre, Granne, Spelze" < idg. **ak-* = „scharf, spitz, kantig"
25 Haller & Lanthaler (2004), S. 15

Zeit bilden die Nadeln eine tiefe, weiche Waldboden-Schicht, die in Passeier und in Ulten *Molt*[26] genannt wird. Der *Molt* wurde früher „abgebaut“ und als Stallstreu verwendet.

Die **Lärche** (*Larix decidua*; mda. *der Larch* bzw. *der* und *di Lerch*) ist eine Baumart, die Jahrhunderte lang stark gefördert wurde. Die parkartigen Lärchenwiesen am Tschögglberg, Regglberg, oder in Campill wurden gleich mehrfach genutzt: als Mahd, als Weide und als Quelle für Bau-, Zaun- und Schindelholz. Die durch Schneebruch und Wind herabgefallenen Zweige, Zapfen und Nadeln waren wichtiger Bestandteil der Stallstreu, während das aus dem angebohrten Stamm gewonnene Lärchenterpentin (mda. *di Le̱rget*[27] bzw. *di Le̱rgant*) als Heil- (Salben, Tinkturen) sowie Schmier- und Imprägniermittel Verwendung fand. Außerdem diente die Lörget zum Abdichten von Fässern und Schiffen, sie wurde für die Ölmalerei zu Terpentinöl destilliert und als Kolophonium für den Geigenbogen verwendet.

Die jungen grünen Lärchentriebe erscheinen je nach Höhenlage ab Mitte April und heißen im „Lärchental“ Schnals *Pross* (zu ahd. *broz* = „Knospe, junger Trieb“ < germ. **breutan* = „knospen“ < idg. **b*^{h}*reu-* = „sprießen, schwellen“[28]). Der *Pross* gilt den Schnalsern als Frühlingskünder und ist am Jörgentag (23. April) bereits bei der Örtlichkeit *Christplå̱tt* (1240 m) zu beobachten. Christplatt ist eine markante Geländebiegung und Katastergrenze unterhalb von Karthaus.

Mit dem *Pross* erscheinen die rötlichen weiblichen Blüten, im Mittel- und Untervinschgau *Fra̱nzelen* genannt, vielleicht weil sie kleine Fransen aufweisen. Die ausgewachsenen Lärchenzapfen werden in Prags dagegen *Tschi̱rtschlan* („kleine *Tschurtschn*“) genannt.

Die Fruchtzapfen der Nadelbäume werden allgemein als *Tschurtsch*, *Tschurtschl* (Vinschgau), *Tschërtsche* (Antholz) u. Ä. bezeichnet. Die vielen mundartlichen Varianten in den Tiroler Dialekten lassen sich unter einer nicht belegten Grundform *zürse* vereinigen, die auch im Slowenischen *šiška* = „Zapfen“ erscheint.[29]

Zëitn und *Zuntern*
(*Rhododendron ferrugineum, Pinus mugo*)

---

26 Haller & Lanthaler (2004), S. 140, Lösch (1989), S. 97
27 Alpenrom. **laricādu* = „Lärchenharz“ < lat. *laricātum*; vgl. dazu genauer: Unterhofer & Hager (2019), S. 49, 50
28 Köbler (2014), http://www.koeblergerhard.de/ahd/ahd_b.html; abgerufen am 11.08.2022
29 Moser (2015), S. 317

Lärchenholz ist ein begehrtes Bau- (Heustadel, Wohnhaus des Bauernhofes), Zaun- und Dachdeckholz. Dächer werden mit Schindeln gedeckt und eine als *Schintllarch* bezeichnete Lärche liefert das ideale Holz zum *Schintlkliëbm*.

Die **Zirbe** (*Pinus cembra*, mda. *der Zirm*) liefert nicht nur wohlduftendes Holz für Stubentäfelungen sowie ein beruhigendes ätherisches Öl, sondern auch Zirbelnüsse, die dem Tannenhäher (mda. *Zirmgrätsch*) als Nahrung und dem Menschen als Leckerbissen dienen. Die blau bereiften Zapfen mit den harzigen Nüssen wachsen zuoberst in den Baumwipfeln und sind nur von waghalsigen Kletterern zu ergattern. Sie heißen im Ober- und Mittelvinschgau durchwegs *Petschlan* – davon abgeleitet wird der ganze Baum zum *Petschlpam*. Diese Bezeichnung kennt auch das Vallader des Unterengadins, dort heißen die Zirbenzapfen *betschla* (alpenrom. *pitšula* = „Harz" bzw. *pitšja* = „Fichte", „Föhre" und dgl.). In Samnaun, der Tiroler Enklave im Engadin, heißen die Zapfen *Tåtscha* und in Passeier sowie im hinteren Ötztal (Vent) kennt man sie als *Grëitschn.* Um an die Nüsse zu gelangen, ohne sich mit Pech zu besudeln, wurden die *Grëitschn giprotn* oder in *tempfing Hai gitåån* („gebraten oder in dampfendes Heu gegeben"). Sobald sie das Pech verloren haben, musste man die Nüsse *riiblin* („reiben") und die *Puander* („Nüsschen") *sain auser*, wie uns Passeirer Gewährsfrauen versicherten.

Viele mundartliche Bezeichnungen gibt es auch rund um die **Gewöhnliche Fichte** (*Picea abies*; mda. *di Faicht*, *Foicht*), die häufigste Baumart unserer Wälder. Eine kleine und buschige Fichte wird *Tschupp(e)* (vgl. dazu ahd. *skoub* = „Büschel, Bund, Garbe" → *Pinus mugo*), *Tschugg(e)*, *Zuwisse*[30], *Pfëtsche*[31], *Fëitsche* (zu alpenrom. *pitšja*) oder *Posch*[32] (vielleicht Kreuzung aus alpenrom. *pitšja* = „Fichte" und dt. *Busch*) genannt.

Besonders viele Bezeichnungen trägt der junge Fichtentrieb: Aus dem *Marbl* (zu *mürbe* = „weich, zart") wird z. B. der hustenlindernde *Marblhëinig* (Fichtensirup) hergestellt. In Schluderns wird der Fichtentrieb *Spross* genannt, während man im Hochpustertal die beiden Ausdrücke *Maiwipfl* (erscheint im Mai) und *Zamm*[33] (Plural) bzw. *Zammlan* (Plural Diminutiv) kennt. Die dürren Zweige von Fichte und Lärche werden zum Feuermachen verwendet und heißen in Laurein *Rischpm* („Rispen").

Der Begriff **Tasen** („Ast, Zweig des Nadelholzes samt den Nadeln") erscheint in den verschiedenen Mundarten als *Tāschn*[34] (Vinschger Oberland), *Tagsn* (Ötztal, Stubai, Zillertal) oder als *Tëisn* (Deutschnofen)[35]. Das in der Mundart weit verbreitete Wort ist vorrömischen Ursprunges und kann mit **dagsja* rekonstruiert werden, eine Verwandtschaft mit lat. *taxus* = „Eibe" ist naheliegend.

Sehr häufig taucht das Wort *Tasn* in der Hof-, Flur- und Ortsnamengebung auf, besonders als Mengenbegriff *Tasach* = „Örtlichkeit mit zahlreichen Tasen; Nadelwald", wie z. B. im Falle von *Tasa* (1694 *Tassaguet*[36]) in Martell, beim Haufenhof *Tasach* (mda. *af Tase*; 1288 *hof ze Taesach*, 1694 *in Tässach*[37]) oberhalb von Platt in Passeier, beim *Taser* in Schenna-Berg und Muls/Sarntal, bei der *Taserin* in Vöran (Flurname), beim *Tasegger* in Untergasters auf dem Ritten, bei der im Kirchdorf von Mühlwald gelegenen Flur *Tasa* (nun Wohngebiet), beim *Taser* in St. Peter/Ahrntal und in Antholz/Niedertal, beim *Tasenbacher* jeweils in Vals/Mühlbach, Taisten, am Eggerberg in Niederdorf sowie in Kandellen/Toblach.

An Orten mit hoher Luftfeuchtigkeit bildet sich an den Nadelbäumen der *Råck* oder *Pampårt* (*Usnea* sp., Baumbart). Mit *Råck* wird auch der schlammige Niederschlag in Trögen, der Schimmel bzw. Bodensatz im Wein bezeichnet.[38] Zu guter Letzt sei erwähnt, dass man früher das Fichtenharz (mda. *'s Pech*) als *Kuipech* bzw. *Koiapech* („Kaupech") wie einen Waldkaugummi verwendet hat.

Schwierigkeiten bei der taxonomischen Zuordnung

Größere Schwierigkeiten bei der taxonomischen Zuordnung bereiteten uns im Zuge der Befragungen die vielen **Wald-** und **Almgräser**. Diese sind für Laien kaum unterscheidbar und für den Hirten

30 Bezeichnung einer kleinen Fichte im Ahrntal, wohl im Zusammenhang mit der *Oufnzussl* bzw. der *Züissl* „Fetzen zum Reinigen des Backofens", dazu verwendete man einen Fichtenzweig; vgl. dazu Schatz (1955), S. 738
31 Moser (2015), S. 218
32 Vgl. dazu den einstigen *Poschenhof* in Langtaufers sowie den Hof *Poschach* in Gurgl (Ötztal)
33 Vgl. dazu Schatz (1955), S. 719, Mittich-Steinwandter (2024, Nr. 1), S. 26
34 Die Haider (Einwohner von St. Valentin auf der Haide) und Rescher werden als *Täschaprenn'r* geneckt.
35 Schatz (1955), S. 633
36 Tarneller (1909), S. 664
37 Tarneller (1909), S. 214
38 Schatz (1955), S. 466, 467

war und ist eine artspezifische Differenzierung auch nicht erforderlich. Schließlich schienen uns Bezeichnungen wie **Eisengras**, **Rindergras**, **Gerstgras**, **Lisch** oder **Fåltsch** recht unspezifisch im Gebrauch. Allen Waldgräsern gemeinsam waren die Charakterisierungen „wenig nahrhaft“, „schneidend“ bzw. „stumpf“ und „schwer zu mähen“. Eine spezifische Befragung nach Waldgräsern in den verschiedenen Waldtypen Südtirols samt Artbestimmung vor Ort könnte ein vertiefendes und lohnendes Forschungsprojekt sein.

In Pfunders wird das ***Aisngråss*** („Eisengras“) folgendermaßen beschrieben: ein Gras auf trockenen Böden zwischen 1500 und 2000 m, mit dunklen „Tschöpfen“ („Büscheln“), „schneidig“ und mit ca. 50 cm langen Blättern. Der Volkskundler Hans Fink bezeichnet es als schwer mähbares, starres Gras auf hohen Almen (Mauls, Olang)[39].

In Ridnaun wurde das ***Rindergros*** als „kleines *zaches tamisches* Gras, das gejätet wurde“ bezeichnet, weiters als Unkraut in Kornäckern, das vom Korn selbst schwer zu unterscheiden sei.

Das ***Gerschtgros*** („Gerstgras“) begegnete uns vor allem im Vinschgau, aber auch im Burggrafenamt und im Wipptal. Wir konnten es in Langtaufers[40], Burgeis und Schlanders („schneidend, als Futtergras nicht beliebt, erst wenn das Vieh muss, wird es gefressen“) mit der Felsen-Zwenke (*Brachypodium rupestre*) identifizieren. In Stilfs wurde das Gerstgras als „schneidiges, hellgrünes Gras, das sich nur schwer ausreißen lässt und schlecht für die Milch ist“ bezeichnet, in Laurein als schwer mähbares Gras auf alpinem Rasen und in Pfunders als „Grasart, die in Lärchenwäldern wächst, das die Hunde bei Verdauungsbeschwerden fressen“. Das Fressen von Gras bei Verdauungsproblemen wurde uns aus Ritzail bestätigt, wo eine nicht genau identifizierbare Grasart *Kåtzn-* bzw. *Reachlgros*[41] genannt wird. H. Fink[42] notierte die Bezeichnung „Gerste“ in Mauls, Villnöß und Latzfons. Dort wurde es als schlechtes, widerspenstiges Gras, das dem Bürstling (*Nardus stricta*) ähnelt, bezeichnet. Übrigens ist Gerstgras auch der Name eines hochgelegenen Hofes in Schnals (1362 *auf daz Gerstgras*[43]), von dem sich der Familienname Gerstgraser ableitet. Einige Gräserbezeichnungen konnten nicht zugeordnet werden. Von einer aus Katharinaberg (Schnals) stammenden Gewährsperson erfuhren wir vom *Hårnschtkraut*, das gegen Blähungen beim Vieh eingesetzt wurde, aus Ulten werden in der Fachliteratur eine Reihe von Gräsernamen genannt, die heute wohl nicht mehr gebräuchlich sind: die *Ferlunzn*[44], *Fernunzn* oder *Ferunzn* (ein Unkraut), das *Mausgros*[45], die *Sinzn*[46] sowie die *Wisnpanzn*[47]. Für Feldthurns liegt der Name *Plovelitt*[48] vor, der dem Vinschger *Plobhuanz* („Blauer Heinz“; Artengruppe Walliser Schwingel, *Festuca valesiaca* agg.) entsprechen könnte; in Pfunders wurde von Hans Fink der Name *'s Gglais*[49] für ein halbmeterhohes, dem wilden Hafer ähnelnden Unkrauts in Roggenäckern notiert.

Eine häufig gehörte Allgemeinbezeichnung (Vinschgau, Passeier, Pustertal) für wertloses Waldgras, die mit dem deutschen Büchername Liesch[50] in Zusammenhang steht, lautet ***Lisch*** bzw. ***Lischngros***. In Passeier wurde der Lisch *g'schnåppit* („mit der verkürzten Sense, dem *Schnåpper*, gemäht“) und als „glatt und schwertartig“ beschrieben. In Matsch weiß man: „Wenn dieses Gras wächst, wächst sonst nichts mehr“. Dort wird die Kornsaat, die bereits im Herbst aufgeht, als Lisch bezeichnet (im Frühjahr verhinderte dieser Lisch dann, dass im Acker das Unkraut aufging). Mit Lisch sind in Südtirol jedenfalls nicht Arten der Gräsergattung *Phleum* gemeint, die den deutschen Büchernamen „Lieschgras“ tragen und sich nahezu alle durch einen hohen Futterwert auszeichnen.

Mit ***Fåltsch***, ***Åltfåltsch*** (Passeier) oder ***Åltraiche*** (Lappach, Antholz) wird das dürre Gras des Vorjahres bzw. der Vorjahre bezeichnet. Diese Begriffe sind mit alpenrom. *faltšare* = „mit der Sichel oder Sense mähen“ bzw. ahd. *riuhi* = „rauh, behaart, struppig“ zu erklären (vgl. dazu ausführlicher → *Stipa pennata* agg.).

39 Fink (1972), S. 67
40 Joos (2010), S. 572
41 Bei Verdauungsbeschwerden von Katzen gefressen – zwischen den Daumen eingelegt, konnte man während der Mahd darauf pfeifen. Dieser Pfiff klingt wie der Lockruf der Rehgeiß, der bewirkte, dass die Rehkitze im hohen Gras auf sich aufmerksam machten, daher der Name *Reachlgros*.
42 Fink (1972), S. 101
43 Tarneller (1909), S. 57
44 Lösch (1989), S. 93
45 Lösch (1989), S. 96
46 Lösch (1989), S. 99
47 Lösch (1989), S. 100
48 Wirth (2021), S. 373
49 Fink (1972), S. 103
50 Marzell (1943–1979), Bd. 1, Sp. 827, 828, führt den Namen für die Gattung *Phleum* (Lieschgras) auf die verschiedenen Grundformen **leskjō*, **liskjō*, **luskjō* bzw. romanisiert **liska* zurück, schlägt aber keine Etymologie vor.

Ackerunkräuter

Der Getreidefeldbau bildete bis vor ca. 50 Jahren die Grundlage der bäuerlichen Ernährung. Mit der weitestgehenden Aufgabe des Kornanbaues verschwanden auch die Ackerunkräuter aus dem Bewusstsein der Bevölkerung. Ältere Gewährsleute erinnern sich aber noch gut an die unliebsamen Kulturfolger, denen regelmäßig an den Leib zu rücken war. Dazu zählen die Kornblume (*Cyanus segetum*), in den Mundarten Südtirols als *Roggepluame* (Eisacktal), *Roggetoat* (Pustertal), *Kouraploam* (Vinschgau) oder *Kournpischiler* (Sarntal) bekannt.

In der früheren Kornkammer Vinschgau erinnert man sich an den *Rått* bzw. *Rout*, mit dem die giftige Kornrade (*Agrostemma githago*) bezeichnet wird. Diese Blume ist heute kaum mehr aufzufinden.

Gut identifizierbar ist ein „Unkraut“, das in den verschiedenen Südtiroler Dialekten als *Toam, Tuim, Tuen*[51] usw. erinnert wird. In Aldein traten Gewährsleute an einen Kornacker heran und rissen den Gewöhnlichen Hohlzahn (*Galeopsis tetrahit*) aus, den sie uns als *Tuen* vorstellten.

Größere Schwierigkeiten bereitete das Pusterer Namenspaar *do Gele* und *Waise Tille* („Gelber und Weißer Tille“). Beim *Gelen Tille* handelt sich um ein gelb blühendes Ackerunkraut, das von einigen Pusterer und Wipptaler Gewährsleuten mit dem Acker-Senf (*Sinapis arvensis*) identifiziert wurde. Als „Tille“ könnte jedoch auch das Gewöhnliche Barbarakraut (*Barbarea vulgaris*) in Frage kommen. Der *Weiße Tille* bzw. der *Lelle* wird in der Fachliteratur[52] mit dem Wiesen-Schaumkraut (*Cardamine pratensis*) gleichgesetzt. Auf dieses Phytonym könnten auch die beiden Flurnamen *Tillwiese* und *Tillgåmp* (Bergwiesen in St. Felix bzw. Unsere Liebe Frau im Walde) zurückgehen.

Das Vinschger Pendant zum Till heißt *Rowatschëil* bzw. *Rabatschëil* („Rabatschöl“), eine Bezeichnung, die sich von alpenrom. **rabatšolja* = „Rübenkraut“ ableitet.

Roggetoat (*Cyanus segetum*), *Rått* (*Agrostemma githago*) und *Tuen* (*Galeopsis tetrahit*)

51 Die Namensformen leiten sich von germ. **daujan* = „sterben“ ab und gehören zum Namenfeld der Taubnessel. Hohlzahn und Taubnessel brennen nicht, sind also „tot“ bzw. „taub“ (Marzell [1943–1979], Bd. 2, Sp. 550–552).

52 Prosch (1923), S. 255, Fink (1972), S. 175

Marbl und Mataun

Bereits während der südtirolweiten Flurnamenerhebung, aber auch im Gespräch mit Gewährspersonen sowie bei der Sichtung der Fachliteratur stößt man immer wieder auf das Begriffspaar „Marbl und Mataun“ (in Pfunders *Barbl und Måtaun*), mit dem hochgeschätzte Futterpflanzen der Alm- und Bergregion bezeichnet werden. Die beiden Pflanzennamen sind ein Synonym für sättigende Alpenpflanzen. Mehrfach überliefert ist der Ausspruch: *Ein Hut voll Marbl und Mataun machen eine Ziege (manchmal sogar eine Kuh!) an einem Tag satt!*

Marbltalspitz (Schlanders, Allitz, Matsch), Mappe des Franziszeischen Katasters 1855–1861

Eine Gewährsperson aus Dorf Tirol erinnert sich, dass die „fette und gesunde“ Alpenpflanze bis in die Höhe von 2500 m bei den Spronser Milchseen vorkomme. Die aus den Spronser Seen gefischten Fische wurden nach dem Fang in ein Tuch gewikkelt. Um sie frisch zu halten, wurde ihnen „Marbl“ beigegeben. Marbl und Mataun bilden auch die Leibspeise der *Murmentn* („Murmeltiere“).

Trotz des hohen Bekanntheitsgrades des Begriffspaares sahen sich die Gewährspersonen außer Stande, Marbl und Mataun zwei spezifischen Pflanzenarten zuzuordnen.

Glücklicherweise finden sich in der Fachliteratur Hinweise zur Identität dieser beiden Pflanzen. Den ***Marbl***[53] identifiziert Viktor Malfèr[54] bei seinen Befragungen in Gsies und im Ahrntal mit der „Gemeinen Hainsimse (*Luzula campestris*)“, örtlich könnte aber auch das Alpen-Rispengras (*Poa alpina*) dem Marbl zugerechnet werden. Mit *Luzula campestris* dürfte nach unserer Einschätzung allerdings die ganze Artengruppe *Luzula campestris* agg. gemeint sein, die neben der eigentlichen *Luzula campestris* tieferer Lagen auch typische Arten der Hochlagen (*Luzula alpina*, *L. multiflora*, *L. sudetica*) umfasst. Wahrscheinlich fallen sogar weitere alpine *Luzula*-Arten unter den Begriff Marbl, was zumindest für das Ötztal zutrifft. Dort hat Karl Wilhelm von Dalla Torre für „Marbel“ die Braune Hainsimse (*Luzula alpinopilosa*) ausgemacht[55]. In Deutschnofen wird zusätzlich der Alpen-Klee (*Trifolium alpinum*) als *Marbl* bezeichnet.[56]

Den ***Mataun***[57] identifiziert Malfèr mit der Alpen-Mutterwurz (*Mutellina adonidifolia*). Im alemannischen Sprachareal wird diese Pflanze *Muttern* genannt.

„Marbl und Mataun“ sind im Flurnamenbild prominent vertreten: In Langtaufers kennt man sowohl ein Marbltal als auch den Mataunkopf (2893 m; an der Grenze zu Nauders). An der Katastergrenze zwischen Schlanders, Matsch und Allitz liegt der im Franziszeischen Kataster als Grenzpunkt eingetragene Marbltalspitz (3070 m), im Matscher Hochtal Rems befindet sich das dazugehörige Marbltal.

Ein Marbltal und eine Marblpleis befinden sich jeweils im Felsgebiet der Plattenspitzen in der Gemeinde Schenna, einen Marblstein kennen die Jäger in den Porphyrabstürzen der Sarner Scharte. Das Marblegge liegt im hinteren Schalders, ein Waldgebiet namens Marbl oberhalb von Egg in der Gemeinde Freienfeld. Die Marblwände und den Marblsee kann man im hinteren Vals (Mühlbach) aufsuchen, die Marbltölder liegen im unzugänglichen Walburggraben bei Sand in Taufers, die Marblflecke bzw. der Marbler befinden sich in der Gemeinde Ahrntal.

In Passeier, Pfitsch und in Mühlwald gibt es zahlreiche Bergmähder namens Marbe, wo dem Namen nach besonders mürbes Almgras wächst. Allein in Mühlwald gibt es mindestens fünf voneinander getrennte Örtlichkeiten dieses Namens!

---

53 Der Pflanzenname leitet sich vom Adjektiv *mürbe*, mda. *marb* = „weich, zart“ ab. Marbl werden in verschiedenen Mundarten auch die jungen Fichtensprossen genannt.
54 Malfèr (1953), S. 369, 370
55 Dalla Torre (1882), S. 329
56 Zelger (2004), S. 54
57 Zu alpenrom. **montóne* = „weites Alm- bzw. Berggelände“, was auf den Standort hinweist. Der botanische Gattungsname *Mutellina* leitet sich vom alpenrom. **muntellina* = „kleines Almgelände“ ab.

Auch der „Mataun“ schlägt sich in den Flurnamen nieder: Neben dem erwähnten Langtauferer Mataunkopf gibt es am Schludernser Berg eine Flurgegend namens Mataun, während sich im Laaser Tal der Madaunboden und die Madaunpleisen befinden. Eine Bergwiese namens Mataun liegt am Weißenbacher Unterberg, die Mataunböden im Weißenbacher Oberberg und das Mataunloch in den Felsen der Plattenspitzen am Kratzberger See, allesamt in der Gemeinde Sarntal. Eine Gegend mit Namen Mataun gibt es wiederum in Vals, den Mataunpuggl kann man in Pfunders erklimmen.

Mataun (*Mutellina adonidifolia*) und *Marbl* (*Luzula alpina*)

All diese Bezeichnungen zeugen von der überaus großen Wertschätzung gegenüber fetten, die Milch fördernden Futterkräutern. Namentlich hervorgehoben werden dabei Weideplätze im Vinschgau, in den Sarntaler Alpen sowie die fruchtbaren Bergmähder im hinteren Vals (Gemeinde Mühlbach).

WELCHER NAME FÜR WELCHE PFLANZE?

Optisch ähnliche Arten – ein Name

Schon die weiter oben angesprochenen „Gemeinschaftsnamen“ der Disteln, Farne und Süßgräser zeigen, dass artübergreifende Bezeichnungen keine Seltenheit sind. Äußerlich ähnliche, für den botanischen Laien auf den ersten Blick kaum zu unterscheidende Pflanzen, die womöglich noch einen ähnlichen Lebensraum besiedeln, werden oft mit denselben Namen benannt. Prominentes Beispiel sind die beiden Glocken-Enziane, der eine kommt auf Silikat (→ *Gentiana acaulis*), der andere auf basischem Gestein (*Gentiana clusii*) vor. Die Benennung beider Arten überschneidet sich in weiten Bereichen, so z. B. in der Bezeichnung *G̲ugguschua*, die für den Kiesel-Glocken-Enzian, aber in Tiers auch für den Kalk-Glocken-Enzian vorkommt.

Dasselbe gilt für die beiden ähnlichen Arten Besenheide (*Calluna vulgaris*) und Schnee-Heide (*Erica carnea*), die sich aber in der Blütezeit unterscheiden. Die Schnee-Heide blüht im Spätwinter/Vorfrühling, die Besenheide im Frühherbst. Beide werden in der Regel als *Hoaderlen*, *Hoadara* usw., also als „Heidekraut“ bezeichnet. Für die Besenheide findet sich aber ab und zu die spezifizierende Umschreibung *Summer-*, *Hërb(i)scht-* oder *Jochhoaderlen,* bezogen auf die Blütezeit bzw. das Vorkommen in höherer Lage.

Ein weiteres Beispiel für die volkstümliche Ununterscheidbarkeit zweier (Pflanzen-)Arten sind die Wiesen-Witwenblume (→ *Knautia arvensis*) und die Artengruppe Tauben-Skabiose (*Scabiosa columbaria agg.*). Sie teilen sich die Bezeichnungen *Pi̲nterschlëigl* („Binderschlögl“), *Tru̲mmlschloger* („Trommelschläger“), *Wisn-*, *Hosn-* sowie *Pa̲terknopf*.

Ein gemeinsamer Name für optisch unterschiedliche Arten

Es kommt vor, dass unterschiedliche Arten an verschiedenen Orten denselben mundartlichen Namen tragen. Zwei Beispiele dazu: *Goaskiëchl* und *Iël*.

Mit *Goaskiëchl* („Geißküchl") wird im westlichen Südtirol im Allgemeinen das Schmalblättrige Weidenröschen (→ *Epilobium angustifolium*) bezeichnet. Zu unserer Überraschung präsentierte eine Gewährsperson aus Laurein das Breitblättrige Laserkraut (*Laserpitium latifolium*) als *Goaskiëchl*. Dieses kommt durchaus in vielen Landesteilen vor, trägt aber nur in Laurein einen eigenen mundartlichen Namen. Die Gemeinsamkeit könnte der Gebrauch als Futterpflanze für Ziegen sein.

Bekannter dürfte der Mundartbegriff *Iël* sein, mit dem am Regglberg (Aldein) der Alpen-Goldregen (*Laburnum alpinum*) bezeichnet wird. In Laurein und Kaltern heißt der auffallend blühende Strauch *Iglschtau*, in den italienischen Mundarten *éghel*. Dort, wo der kalkliebende Strauch oder Baum nicht oder nur selten vorkommt, nimmt eine andere Art den Namen *Iël* ein, nämlich die Waldrebe (→ *Clematis vitalba*, *C. alpina*). Dort, wo der Name *Iël* bereits durch den Alpen-Goldregen besetzt ist (vom Regglberg bis Tiers), wird die Waldrebe mit dem romanischen Lehnwort *Rafatschållln* bzw. *Rafatschoidn* angesprochen.

Goaskiëchl (Laserpitium latifolium), Iëlschtau/Éghel (Laburnum alpinum)

Sogar in einander angrenzenden Gemeinden kommt es zu „mundartlichen Besetzungen" durch verschiedene Arten. Ein Beispiel dafür sind die im Pustertal bekannten *Mössefåckn* (Antholz, Ahrntal, Gsies), womit im Wesentlichen die Kleinblättrige Rauschbeere (→ *Vaccinium uliginosum* agg.) bezeichnet wird. In Sexten, das ja auch im Pustertal liegt, kommt es zu einem auffälligen Artwechsel, denn dort heißt die Sumpfdotterblume (→ *Caltha palustris*) *Mossefåcke* („Moosschwein"), in Vierschach wiederum wird die Bärentraube (→ *Arctostaphylos uva-ursi*) so bezeichnet.

Mundartliche Bezeichnungen können schließlich auch andere Arten benennen als die deutschen Büchernamen: Ein bekanntes Beispiel ist die *Prunelle*, womit im Standarddeutschen die Gattung Brunelle (*Prunella*) bezeichnet wird, mundartlich aber durchwegs das Kohlröschen (→ *Nigritella nigra* agg.). Ein ähnlich gelagerter Fall ist der Speik (zu lat. *spica* = „Ähre"), mit dem in Südtirol und darüber hinaus ausschließlich die als Heilpflanze gesuchte hochalpine Klebrige Primel (*Primula glutinosa*) bezeichnet wird, als Büchername jedoch der Echte Speik (*Valeriana celtica*), eine hochalpine Baldrian-Art, die in Südtirol nicht vorkommt.

Mehrnamigkeit

Innerhalb eines Ortes kommt es vor, dass dieselbe Pflanze unterschiedliche Bezeichnungen trägt. Der eine Name mag bei der älteren Bevölkerung bekannt sein, der andere kann durch Zuzug von außen in das Dorf getragen worden sein. Schlussendlich kann sich ein dominierender jüngerer Name gegenüber dem alteingesessenen durchsetzen.

Ein Beispiel sind die beiden Antholzer Bezeichnungen *Kralfiusl* („Krähenfüßchen") und *Schuischtaschtiolile* („Schusterstühlchen") für den Frühlings-Enzian (→ *Gentiana verna*). Noch breiter ist die Nomenklatur für das Kohlröschen (→ *Nigritella nigra* agg.) in Ulten: Dort finden sich die Varianten *Prunellile* („Prunelle" ist als Grundwort weit über das Burggrafenamt hinaus verbreitet), *Veitsblume* oder *Vituskraut* (auch in Laurein), *Muffeler*, *Fetzeler* sowie *Mãuneler*. Die „authentische“ bzw. älteste Namensform könnte *Pfeitsblume* bzw. *-büscheler* sein. Diese ist vereinzelt noch in Laurein und Passeier belegt und bezieht sich auf die Blüte um den 15. Juni, dem Pfeitstag. *Muffeler* und *Fetzeler* sind „Spezialbezeichnungen“, die auf den durchdringenden Geruch zurückgehen. Die *Mãuneler* sind üblicherweise die Gänseblümchen (→ *Bellis perennis*), mit denen diese Pflanze die geringe Größe teilt.

Übertragungen

Bei mundartlichen Pflanzennamen sind Namensübertragungen keine Seltenheit. Die verschiedenen Vertreter der Gattung Glockenblumen (*Campanula* sp.) heißen z. B. im Vinschgau für gewöhnlich *Fingerhiëtlan* („Fingerhütchen“), während der Büchername „Fingerhut“ die Giftpflanze *Digitalis* bezeichnet.

Der standarddeutsche „Himmelschlüssel“ bezeichnet die beiden Arten *Primula elatior* und *Primula veris*. Auch in weiten Teilen Südtirols werden die beiden Arten *Himml-* oder *Peaterschlissl* genannt. An einigen Orten wurden diese beiden Vernakularnamen aber auf das Südliche Lungenkraut (→ *Pulmonaria australis*) übertragen, das zwar eine blau-rosa Blütenfarbe trägt, aber eben der Form nach unserer Schlüsselblume ähnelt. Um *Primula* von *Pulmonaria* zu unterscheiden, werden diese manchmal namentlich in *gele* und *plobe Himml-* bzw. *Peaterschlissl* unterteilt.

Der bekannte Name „Speik“ ist eine Entlehnung zu lat. *spīca* = „Ähre“ (mhd. Diphthongierung des ī zu ai), welche Pflanzen mit ährigem Blütenstand bezeichnete, ursprünglich den duftenden Lavendel (mda. *Schpigget*). Die Übertragung auf die Hochgebirgspflanze Klebrige Primel (*Primula glutinosa*) erfolgte wohl wegen der blau-violetten Blütenfarbe und des markanten Duftes. *Spic* steht in der italienischen Mundart der Salurner Gegend für den Rosmarin (*Rosmarinus officinalis*).

Eine Namensübertragung gibt es auch im Obervinschgau. Während der Faulbaum als Büchername die Art *Frangula alnus* bezeichnet, wird damit im Obervinschgau die Vogelbeere (→ *Sorbus aucuparia*) benannt, wahrscheinlich aufgrund des morschen Holzes. Der eigentliche Faulbaum (*Frangula alnus*) trägt in Südtirol keine mundartliche Bezeichnung.

Herrgottsblut (*Hypericum perforatum*), Bauchwehblüml (*Leontopodium nivale*)

Vergessene Namen

Die wechselseitige Durchdringung zwischen wissenschaftlichen Namen, Büchernamen und lokal beschränkten Volksnamen führt zum Verlust vieler autochthoner Pflanzenbezeichnungen. Diese sind nur mehr in der älteren Literatur dokumentiert, in der Alltagssprache aber ungebräuchlich geworden. Ein Beispiel dafür ist die geschätzte Heilpflanze *Arnica montana*, landläufig einfach *Arnika* genannt. Eine Ausnahme bildet das mundartkonservative Gsies, wo die Heilpflanze noch als *Ogsnpluime* („Ochsenblume“) bzw. *Modapusche* („Blume der Mähwiesen“) bezeichnet wird. Andernorts hat der lateinische Artname die vielfältigen Volksnamen verdrängt. Diese lauten *Altvater* (Sarntal), *Krieger* (Latzfons), *Kraftwurz* (Kitzbühel), *Kathreinwurz*

(Pustertal, Osttirol), *Fallkraut* oder *Schneeberger* (Lüsen). Zu Herkunft und Bedeutung dieser alten Volksnamen → *Arnica montana*.

Ein geradezu verehrtes Heilkraut ist das Echte Johanniskraut (*Hypericum perforatum*). Dieses wies abseits des Büchernamens volkstümliche und religiös konnotierte Bezeichnungen auf, wie z. B. *Christi Kreuzblut*, *Herrgottsblut*, *Unseres Herrn Wundkraut*[58], *Unser Herrgotts Wunderkraut*[59], *Unser Frauenkraut*[60], *Frauenpliester*[61] (Pitztal), *Teufelsflucht* bzw. *Jageteufel*[62] sowie *Liebskraut*[63].

Übrigens ist auch „Edelweiß" (*Leontopodium nivale*; lokal mda. auch *Iërlwais*[64]) eine jüngere Bezeichnung, die erst durch die folkloristische Vereinnahmung dieser Blume in den Tiroler Mundarten aufgenommen worden sein soll. Der bodenständige Name lautet *Bauchwehblüml*[65], aufgrund der volksmedizinischen Anwendung bei Bauchschmerzen und Darmkoliken.

TIERE IN PFLANZENNAMEN

Ein auffallend häufiges Benennungsmotiv für eine große Fülle an Pflanzennamen ist die Tierwelt, dies gilt für mundartliche Bezeichnungen, aber nicht weniger für die wissenschaftlichen Namen (*Ranunculus*, *Aegopodium* usw.) und die deutschen Büchernamen (*Hahnenfuß*, *Geißfuß* usw.) gleichermaßen. Der Hauptgrund wird wohl in der überragenden Bedeutung der Pflanzen als Nahrungsquelle unserer Nutz- und Wildtiere liegen, aber genauso im besonderen Aufbau und der Form der Blüten, welche die Phantasie des Menschen geradezu beflügelte.

Allgemein nach **Vögeln** werden z. B. das *Fëigelekraut* (Gewöhnlicher Vogelknöterich, *Polygonum aviculare*), die *Fouglflitschn* bzw. *-arbisn* (Vogel-Wicke, *Vicia cracca*) oder das *Fouglwirschtl*[66] („Vogelwürstl"; Breit-Wegerich → *Plantago major*) benannt, während innerhalb der Vogelwelt der **Kuckuck** (mda. *Guggu*) als Verkünder des Frühlings mit dem Ergrünen der Pflanzen assoziiert wird. Bekannt sind das *Gugguproat* (Wald-Sauerklee → *Oxalis acetosella*), die *Gugguhantsch*, *-schuach* oder *-schtifl* (Stängelloser Enzian → *Gentiana acaulis*) oder die *Guggulaber* (Blätter der Berberitze → *Berberis vulgaris*).

Hühnervögel sind Namensgeber vieler Blütenpflanzen. Vor allem der geschwollene Kamm des Hahnes hat es dem Volksmund angetan, wie die Vinschger *Giggerlan*, die *Giggerhounen* (Martell) bzw. *-schnabelen* (Matsch) und die Eisacktaler *Giggeriggīhāndlen* bzw. *-schiëdlan* (Lüsen) belegen (übrigens alles Namen für den Gewöhnlichen Hornklee → *Lotus corniculatus*). Im Ahrntal und in Pfitsch meint man mit dem *Giggeriggīhā(n)dl* allerdings die Rote Lichtnelke → *Silene dioica*.

Unter den vielen Bezeichnungen der Buchs-Kreuzblume (→ *Polygala chamaebuxus*) finden sich u. a. die *Gugguhāndlen*, die *Pullelen und Giggerlen* (Kastelruth) und das Ultner *Pegge-* bzw. *Speckehāndl*. Der Wipptaler *Hāndlklea* (Gewöhnliche Esparsette, *Onobrychis viciifolia*), der unverwüstliche *Hiënderdarm* (Gewöhnliche Vogelmiere, *Stellaria media*; it. mda. *pis de galina* bzw. *pisaváche*) und die Schnalser *Hīërprennëisl* (Weiße Taubnessel, *Lamium album*) gehören ebenso in diese Reihe wie die Traminer *Pulaggeggn* oder *Pulaleggn* (Großes Löwenmaul, *Antirrhinum majus*). *Glutsche* (Obervinschgau) bzw. *Glåtsche* (Laurein), beides Ausdrücke für die Gluckhenne, und *Henntoat* (Vintl) sind volkstümliche Namen für die Samenkapsel der Herbstzeitlosen → *Colchicum autumnale*, während der *Hennpfårfl*[67] (Wurmfarn, *Dyopteris* sp.) zum Fernhalten von Flöhen und Wanzen im Hennennest ausgebreitet wurde.

Auch die Füße der Hühner stechen als Benennungsmotiv ins Auge: man denke an die Pusterer *Hūnschtuzn* (Geißfuß, *Aegopodium podagraria*), die *Gigger-* oder *Hūnschtizn* (Wald-Geißbart, *Aruncus dioicus*), die Matscher *Hounaschtuzn* (Gelbe Alpen-Küchenschelle → *Pulsatilla alpina* subsp. *apiifolia*) oder an die *Hëinenschtizn*, womit in Kaltern das Gewöhnliche Hundszahngras (*Cynodon dactylon*) bezeichnet wird.

---

58 Lang-Reitstätter (1935), S. 81
59 Matscher (1949), S. 187
60 Insam (1954), S. 344
61 Dalla Torre (1895), S. 36
62 Pfaff (1927), S. 137; Jageteufel ist deutsche Übersetzung von lat. *fugadaemonium*. Dies spielt auf die der Pflanze zugeschriebene apotropäische Wirkung an.
63 Kerschbaumer-Sigmund (1985), S. 78
64 Dalla Torre (1895), S. 34
65 Matscher (1954), S. 158
66 Fink (1972), S. 84

67 Fink (1972), S. 122

An zierliche Füße von Dohlen und Krähen denkt man beim *Krafiësl*, dem *Kräschtiz* oder den *Krahaxn* (Frühlings-Enzian → *Gentiana verna*). Mit *Krafiës* wird in Kastelruth allerdings auch der Scharfe Hahnenfuß → *Ranunculus acris* bezeichnet.

Gänse, also daunenliefernde Wachtiere, die man auch verspeisen kann, sind Namenspaten für die *Genspliibm* und das *Gensegråss* (Löwenzahn → *Taraxacum*; Tauferer Ahrntal) sowie die *Påchganslan* (Huflattich → *Tussilago farfara*), aber natürlich auch für die standardsprachlichen Gänseblümchen (→ *Bellis perennis*), den Gänsefuß (→ *Chenopodium*) und das Gänse-Fingerkraut (*Potentilla anserina*).

Schweine werden in den Tiroler Mundarten *Fåckn* genannt, womit in verschiedenen Talschaften des Landes aber auch die Samenkapsel der Herbstzeitlosen (→ *Colchicum autumnale*) bezeichnet wird. *Schwain-* und *Fåckapluam*, *-puschn* oder *-zenn* drücken die „Gewöhnlichkeit" des Wiesen-Löwenzahns (→ *Taraxacum*) aus. Analoges kann man auch von der *Fåckntischggl* (Alpen-Kratzdistel, *Cirsium spinosissimum*) und den *Fåcknplertschn* bzw. *-plåttn* (Alpen-Ampfer → *Rumex alpinus*) behaupten. Darüber hinaus kennt der Volksmund noch die *Fåckntuttn* (Echtes Salomonssiegel, *Polygonatum odoratum*), *Fåckapëir* (Früchte der Gewöhnlichen Heckenkirsche, *Lonicera xylosteum*; Stilfs) den *Saumogn* (Klatsch-Mohn → *Papaver rhoeas*) oder die *Saunëssl* (Große Brennnessel, *Urtica dioica*; Terenten).

Die kapriziöse **Ziege** ist eine Feinschmeckerin. Daher überrascht es nicht, dass sie zur Namenspatin für Pflanzen wie dem Geißfuß (*Aegopodium podagraria*) oder dem Wald-Geißbart (*Aruncus dioicus*) wurde. Die Mundart kennt zusätzlich Bezeichnungen wie *Goaskiëchl* (meist das Schmalblättrige Weidenröschen → *Epilobium angustifolium*), *-haxn*, *-krapfl* (Grüner Alpendost, *Adenostyles alpina*), *-schtraubm* (Isländisches Moos → *Cetraria islandica*), *-tuttn* (Echtes Salomonssiegel, *Polygonatum odoratum*) oder *-zuggr* (Gewöhnlicher Spindelstrauch, *Euonymus europaeus*; Kaltern); die Italiener in Laag kennen das Berberitzenlaub (→ *Berberis vulgaris*) als *foie de cáora*. Der Ziegenbock verbirgt sich in Namen wie *Pockshërndl* bzw. den *Pugselen* (Johannisbrot), Bocksbart (→ *Tragopogon*) und *Pockwurz* (Bibernelle, *Pimpinella* sp.). Letztere verströmt einen Geruch, der entfernt an den eines brünstigen Ziegenbocks erinnert.

Nach dem genügsamen **Schaf** sind neben der hochsprachlichen Schafgarbe auch die *Schofzunge* (Filz-Kratzdistel, *Cirsium heterophyllum*; Breit-Wegerich → *Plantago major*), das *Schofmailele*[68] *Antirrhinum majus*; Pustertal) sowie die *Schofkëpflan* (Kugelblume, *Globularia* sp.; Tiers) benannt.

Meister Lampe steckt in den Bezeichnungen *Hosnpråtzn* (Echter Wundklee → *Anthyllis vulneraria*; Tschögglberg), *Hosnoarn* (Filz-Kratzdistel, *Cirsium heterophyllum*), *Hosnpletschn* bzw. *Hosngros* (Wiesen-Bärenklau → *Heracleum sphondylium*) sowie *Hosnklea* (Wald-Sauerklee → *Oxalis acetosella*).

Nach den **Rindern** sind die *Rinderwurzn* (Ausdauernder Lolch, *Lolium perenne*; Wiesen/Pfitsch), nach der Kuh die Kuhschellen (→ *Pulsatilla*), die *Kue-* (Pyramiden-Günsel, *Ajuga pyramidalis*; Südliches Lungenkraut → *Pulmonaria australis*) bzw. *Kuituttn* (Rote Lichtnelke → *Silene dioica*; Vals), weiters die *Kuadischggl* (Alpen-Kratzdistel, *Cirsium spinosissimum*) sowie die *Kiëpletschn* bzw. *Kuilåbissn* (Alpen-Ampfer → *Rumex alpinus*; Pfunders) benannt. Neben der Gsieser *Ogsnpluime* (→ *Arnica montana*) gibt es auch das *Schtiërkraut* oder *-gros*, womit die Sommerwurz (*Orobanche* sp.), eine Schmarotzerpflanze, bezeichnet wird. Sie soll die Kühe brünstig machen. Die Sommerwurz wurde aber auch in den *Kumpf* (Behälter für den Wetzstein) gesteckt, um den Wetzstein bzw. das Sensenblatt zu reinigen und somit richtige „Schneid" zu bewahren.[69]

Abgesehen von den Milch- und Fleischtieren fanden auch die Arbeits- und Lasttiere Eingang in die Welt der Pflanzennamen. Das **Pferd** heißt in der Mundart durchwegs *Ross*, daher auch die Rosskastanien, der *Rosskim* bzw. die *Rossschtingl* (Wiesen-Kerbel, *Anthriscus sylvestris*), die *Rosszigori* (Löwenzahn → *Taraxacum*), die *Rossgrantn* (Bärentraube → *Arctostaphylos uva-ursi*), der *Rossschpaik* (Zwerg-Primel, *Primula minima*; Hochpustertal), die *Rosstischggl* (u. a. Wollkopf-Kratzdistel, *Cirsium eriophorum*) sowie der *Rossdreck*, die *Rossgougl* bzw. *Rossschtinker* (Mehl-Primel → *Primula farinosa*). Dem Ross steht der **Esel** in

---

68 Pfaff (1927), S. 120 als „Schafmäulele" (*Antirrhinum majus*), Fink (1972), S. 226, als „Löwenmaul"

69 Fink (1972), S. 239, 247

Fouglflitschn (*Viccia cracca*), *Handlklea* (*Onobrychis viciifolia*), *Hiënderdarm* (*Stellaria media*), *Giggerschtizn* (*Aruncus dioicus*)

Goastuttn (*Polygonatum odoratum*), *Goaskrapfl* (*Adenostyles alpina*), *Pockwurz* (*Pimpinella major*), *Schofkëpflan* (*Globularia cordifolia*).

nichts nach, kennt man die Mehl-Primel doch auch unter dem Namen *Ëislfårz*. Die großen Blätter von Pestwurz (*Petasites* sp.) und Huflattich (→ *Tussilago farfara*) heißen *Ëisltritt*, im Italienischen des Unterlandes wird der Huflattich *pei de múl* genannt. Weitere „Eselspflanzen" sind die *Ëisldëirn* (Silber-Distel, *Carlina acaulis*; Laurein) sowie der *Ëisldourn* (Dornige Hauhechel, *Ononis spinosa*; Afing) und verschiedene Bezeichnungen für die Frühlings-Küchenschelle (→ *Pulsatilla vernalis*), die u. a. in Ulten *Ëisloarn*, in Laurein *Ëislschelln* und in Latzfons *Ëislglogg* genannt wird.

Unter den einheimischen Wildarten ragt die **Gämse** heraus, nach der einige Pflanzenarten des Hochgebirges benannt sind, wie z. B. die *Gamsrolln* (Alpen-Grasnelke, *Armeria alpina*; Vals, Wipptal), der bzw. die *Gamskrëss* (Gletscher-Hahnenfuß, *Ranunculus glacialis*), die standardsprachliche Gattung Gämswurz (*Doronicum* sp.), das *Gamshoad^{e}ra* (Gämsheide, *Kalmia procumbens*), der *Gamspårt* bzw. die *Gamsschmelche* (örtlich die Simse, *Juncus* sp., in Allitz die Artengruppe Federgras → *Stipa pennata* agg.).

Als *Keater* werden in der Mundart **Amphibien** und andere an Wasser gebundene Tiere sowie allgemein Ungeziefer bezeichnet, das Wort ist der Plural zu mda. *'s Koat* = „Kot, nährstoffreicher Morast". In den volkstümlichen Pflanzennamen erscheint so manches *Koat*, wie z. B. im Unterlandler *Schneggngros* (Glaskraut, *Parietaria* sp.), im Etschtaler *Krotnkraut* (Löwenzahn → *Taraxacum*) sowie in den Eisacktaler *Houzn*[70] („Kröten"), womit die Zypressen-Wolfsmilch (*Euphorbia cyparissias*) bezeichnet wird. Die Wolfsmilch trägt übrigens auch den Zweitnamen *Kroutngros*. Das Wechselblättrige Milzkraut (*Chrysosplenium alternifolium*) wird im Wipptal als *Froschpluame* bezeichnet, während eine der einheimischen Läusekraut-Arten (*Pedicularis* sp.) als *Froschgosch*[71] belegt ist.

Hosnoarn (Cirsium heterophyllum), Schtiërkraut (Orobanche artemisae-campestris), Rossschtingl (Anthriscus sylvestris), Rossschpaik (Primula minima), Ëisldourn (Ononis spinosa)

---

70 Schatz (1955), S. 303
71 Fink (1972), S. 86

Gamskrëss (*Ranunculus glacialis*), Gamshoad^{e}ra (*Kalmia procumbens*)

Schlangen werden in der Mundart als *Wurm* bzw. „Beißwurm" bezeichnet. Sie halten sich gerne im *Paiswurmgros* (Farnkraut) oder beim *Paiswurmkraut*[72] (Ehrenpreis, *Veronica* sp.) auf. Der Vollständigkeit halber seien noch die *Nåtternzungen* erwähnt, standarddeutsch Schlangen-Knöterich (*Persicaria bistorta*).

Zu den Kleinsäugern zählen die *Flēdomaise* (Blüten der Alpen-Waldrebe → *Clematis*, Sterzing), die *Mausoarn* (Mausohr-Habichtskraut, *Hieracium pilosella*, Ulten) sowie der standardsprachliche *Mäusedorn* (*Ruscus aculeatus*).

„**Ungeziefer**" ist schädlich, bestenfalls lästig, und wird mit Hilfe von Pflanzen in Schranken gehalten. So erklären sich Namen wie *Floakraut* (Echtes Labkraut, *Galium verum*; Taufers im Münstertal), *Floach-* bzw. *Fleachekraut*[73] (wahrscheinlich Klebriger Salbei, *Salvia glutinosa*; Kiens) oder die im Wipptal bekannten *Pfitscha Fleache* (→ *Briza media*). An die Läuse erinnert nicht nur das standardsprachliche Läusekraut (*Pedicularis* sp.), sondern auch die *Lausnudl* bzw. *Lauswurz* (Bärlapp, *Lycopodium* sp.), das *Lauskraut* (Weißer Germer → *Veratrum album*) sowie die *Lauspë^{i}r* (Kleinblättrige Rauschbeere → *Vaccinium gaultherioides*; Ritten). An Wanzen erinnert der Geruch des *Wånznkrauts* (Koriander, *Coriandrum sativum*).

Ganz im Gegensatz dazu werden die *Paidn* (**Bienen**) hoch in Ehren gehalten, sie liefern das Wachs für die Osterkerze und den Honig, früher einziges Süßmittel. Starkblüher wie der Quendel (→ *Thymus*) sind eine gute Bienentracht und werden

Schneggngros (*Parietaria officinalis*), Houzn (*Euphorbia cyparissias*), Lauswurz (*Lycopodium annotinum*)

72 Fink (2003), S. 372
73 Schatz (1955), S. 180

Kåtznschweaf (*Equisetum sylvaticum*), *Kåtznwurzl* (*Valeriana officinalis*)

als *Paidnplua*[74] bezeichnet. In Gröden ist *ciof dla eves* („Bienenblume“), eine der Bezeichnungen für den Löwenzahn (→ *Taraxacum*).

Nach den **Katzen** sind die weithin bekannten *Kåtznschweaf* bzw. *-schwenz* (Gattung Schachtelhalm, *Equisetum* sp.), das *Kåtznkraut* bzw. die *Kåtznwurzl* (Gattung Baldrian, *Valeriana* sp.), die *Kåtznpråtzn* (Gewöhnliches Katzenpfötchen, *Antennaria dioica*), der *Kåtzndreck* bzw. die *merda gáta* (übelriechende Früchte des Wolligen Schneeballs → *Viburnum lantana*), die *Kåtznaiglen* (Gattung Vergissmeinnicht → *Myosotis*) sowie die *Pålmkatzlen* (Blütenstand der Weiden → *Salix*) benannt.

Noch mehr Namen als die Katze liefert der **Hund**, nach dem die *Hunta* („Hunde“, Fuchsschwanz, *Amaranthus* sp.; Kastelruth), die *Huntnzenn* (Löwenzahn → *Taraxacum*; Deutschnonsberg; in Salurn *denti de cáin*), die *Wollhuntler* (Frühlings-

Verschiedene Hundsbeeren: *Solanum dulcamara*, *Lonicera xylosteum*, *Rhamnus cathartica*, *Frangula alnus*

74 Fink (1972), S. 28

Küchenschelle → *Pulsatilla vernalis*; Ulten) und die *Huntsroas* (→ *Rosa*) benannt sind. Der hochgiftige Eisenhut (→ *Aconitum*) trägt in Villgraten (Osttiroler Pustertal) den Namen *Huntspfitsche*[75]. Auffallend ist, dass einheimische Hecken mit giftigen oder rauscherzeugenden Früchten den Namen des Hundes führen. Mit *Huntis* - bzw. *Hunterspë^{i}r* wird die rote Beere des Bittersüßen Nachtschattens[76] (*Solanum dulcamara*; in Schlinig jedoch *Hiërschpëir*), die schwarzglänzende Tollkirsche[77] (*Atropa belladonna*) sowie die jeweilige Frucht des Gewöhnlichen Faulbaumes[78] (*Frangula alnus*), der Gewöhnlichen und Schwarzen Heckenkirsche[79] (*Lonicera xylosteum*, *Lonicera nigra*) sowie des Kreuzdorns[80] (*Rhamnus cathartica*) bezeichnet. Bezeichnungen mit „Hund" sind verächtlich gemeint, gleichzeitig schwingt in ihnen auch etwas Respekteinflößendes und Mächtiges mit. Aufgefallen ist uns, dass keine der befragten Gewährspersonen (2020, 2021) in der Lage war, die in der Literatur zahlreich belegten Hundsbeeren einer Pflanzenart zuzuordnen.

Nach dem **Fuchs** werden die von der Standardsprache beeinflussten *Fugsschweafe* (Wiesen-Fuchsschwanz, *Alopecurus pratensis*), der Fuchsschwanz (*Amaranthus* sp.) bzw. die *Fugsgrantn* (Echte Bärentraube → *Arctostaphylos uva-ursi*; Ritten) benannt.

Wir schließen unseren faunistischen Rundgang durch die Welt der Südtiroler Pflanzennamen mit den beiden großen Räubern **Wolf** und **Bär** ab, die in neuerer Zeit in die Schlagzeilen geraten sind.

Nach Meister Isegrim ist neben den standardsprachlichen Wolfsmilchgewächsen (Euphorbiaceae) die Frühlings-Küchenschelle (→ *Pulsatilla vernalis*) benannt, die in St. Valentin auf der Haide *Wolfpluam*, in Matsch *Wolfsgloggn* und in Ridnaun *Zaitiwëlfe* genannt wird. Allgemein bekannt sind auch die *Wolfswurzn* (Gattung Eisenhut → *Aconitum*).

Nach Meister Petz ist nicht nur der würzige Bärlauch (*Allium ursinum*) und die Bärentraube (→ *Arctostaphylos uva-ursi*) benannt, sondern auch die *Pëirnpratzler* bzw. *-pråtzn* (Gattung Katzenpfötchen, *Antennaria* sp.; Schnals, Martell), die gleichlautenden *Pëirnpråtzn* (Echter Wundklee → *Anthyllis vulneraria* – in Olang gar *Maulwurfpråtze*), die *Pëirngråmpm* bzw. *-gråntn* (Wiesen-Bärenklau → *Heracleum sphondylium*) sowie der *Përndreck* (Wolliger Schneeball → *Viburnum lantana*; Laag/Neumarkt).

TAUF- UND RUFNAMEN IN PFLANZENNAMEN

Ein weites Feld an Benennungsmotiven für Pflanzen bilden Tauf- und Rufnamen. Die Schönheit vieler Blütenblätter lässt an Mädchen in der „Blüte" ihres Lebens denken. Auch kann man mit Pflanzen vertrackte Herzensangelegenheiten einfach und ohne Umschweife ausdrücken.

Besonders die **Katharina** hat es den Pflanzenfreunden angetan: Das *G'schamige Kattele* (in etwa „Schamhaftes Katharinchen") etwa bezeichnet in Vals (Mühlbach) und in Lajen das Moosauge (*Moneses uniflora*). Diese Blume neigt ihre kleine weiße Blüte schamhaft zum bemoosten Waldboden. Will man ihren zarten Zitronenduft erschnuppern, muss man sich schon tief bücken und dem Katharinchen gut zureden. In St. Leonhard am Ploseberg bei Brixen kennt man die Schüchterne als *G'schamig's Lisele* („Schamhaftes Lieschen") und geradezu ängstlich zittert die *Zitterlisl* an ungedüngten Wiesenrändern. Dabei handelt es sich um den um Brixen verwendeten scherzhaften Namen des Gewöhnlichen Zittergrases (→ *Briza media*).

Doch zurück zur Katharina: In Tiers kennt man die *Nåckete Kattl* (Herbstzeitlose → *Colchicum autumnale*), denn den Namensgeberinnen erschien die „unbekleidete" Blüte (ohne Blätter) in den herbstlichen Wiesen als etwas zu freizügig. In vielen Gegenden des deutschen Sprachraums wird die nackte Blüte „Nackete Jungfrau", „Nacktarsch" oder derb „Nackete Hure" genannt[81].

Katraindl („Kathreindl") ist die mittlerweile in Vergessenheit geratene Bezeichnung für die Silberwurz (*Dryas octopetala*), die vom Heimatkundler Hans Fink noch aufgezeichnet werden konnte.[82]

75 Lang-Reitstätter (1935), S. 82
76 Pritzel & Jessen (1882), S. 381
77 Fink (2003), S. 377
78 Rauschenfels (1801), S. 217
79 Dalla Torre (1895), S. 41
80 Dalla Torre (1895), S. 57

81 Marzell (1943–1979), Bd. 1, Sp. 1079–1082
82 Fink (1966a), S. 485, 490

G'schamigs Kattele (*Moneses uniflora*),
Katraindl (*Dryas octopetala*)

Nach der hl. Katharina, dem *tåpfern Madl mitn Radl*, ist im Gadertal die Mehl-Primel (→ *Primula farinosa*) benannt. Sie heißt dort *ciüf de S. Tarina*, wohl aufgrund der Blütenform, die dem Attribut und Marterwerkzeug für die Heilige, dem Rad, ähnelt.

In Villnöß werden gleich drei Mädchennamen bestimmten Blumen zugeordnet: mit *Moideler* („Mariechen") werden die Mehl-Primeln (→ *Primula farinosa*; in Aldein *Stinkmoidel*) bezeichnet, *Nanneler* („Ännlein") heißen die Blüten der Gewöhnlichen Pechnelke (*Viscaria vulgaris*) und *Mëineler* („Filomenchen") werden die Arten des Vergissmeinnichts (→ *Myosotis*) genannt.

Nach dem zweiten *tåpfern Madl*, der **Margarethe** mit dem Wurm, sind die *Greateler* („Gretchen") benannt. Es handelt sich um zwei bekannte Wiesenblumen: In Welschnofen versteht man darunter die blasslila blühende Wiesen-Witwenblume (→ *Knautia arvensis*), in Matsch die Gewöhnliche Margerite (→ *Leucanthemum vulgare* agg.).

In den verschiedenfarbigen Blüten des Lungenkrauts (*Pulmonaria* sp.) und ebenfalls in der Wiesen-Witwenblume (→ *Knautia arvensis*) erblickt man, örtlich unterschiedlich, das märchenhafte Geschwisterpaar *Hansl und Greatl*, während die *Grettl in do Schtaude*[83] in Sexten ein Gewürzkraut, nämlich den nicht-heimischen Schwarzkümmel (*Nigella sativa*), bezeichnet.

Im Gegensatz zu den Frauen nehmen sich die Männer etwas bescheidener aus: Was Katharina bei den Frauen, ist **Heinrich** bei den Männern. Im Mittelalter waren Heinrich und die von diesem Namen abgeleiteten Kurzformen *Heinz*, *Hoanz* und *Huanz* die häufigsten Männernamen. Bekanntester Vertreter dieser Gruppe ist sicherlich der Gute Heinrich (→ *Chenopodium*). Der Heinz steckt aber auch im so genannten *Huanzl*- oder *Hoanzlgros* („Heinzlgras"), womit in Lana und im Sarntal der auf Trittwegen vorkommende Gewöhnliche Vogelknöterich (*Polygonum aviculare*) bezeichnet wird. Man kennt diese allgegenwärtige Pflanze auch als „Heinzl am Weg"[84]. Der Vinschger *Plobhuanz* („Blauer Heinz") bzw. *Schluzige Huanz* („Rutschiger Heinz") dagegen ist der Name des Walliser Schwingels (*Festuca vallesiaca* agg.), eines typischen Grases des Vinschgauer Sonnenbergs.

Was dem Heinz ziemt, kann dem **Hans** nur recht sein: In Martell wird die zerzaust in den Bergwiesen stehende Gelbe Alpen-Küchenschelle (→ *Pulsatilla alpina* subsp. *apiifolia*) als *Hansele* bezeichnet. Das *Hansele in der Heach* („Hänschen in der Höhe") ist in Ulten und im Sarntal die Große Malve (*Malva sylvestris*). Auch das *Hansele in der Lait*[85] („Hänschen in der Leite") wächst an sonnigen Ultner Böschungen, es ist der Mohn (*Papaver* sp.). Und weil wir schon bei den „Satznamen" sind: das *Mandl in t'Heach* („Männchen in der Höhe") ist in Schnals die Akelei (*Aquilegia* sp.), während mit dem *Frailn in der Ggūtschn* („Fräulein in der Kutsche") in Altrei[86] der seltene Frauenschuh (*Cypripedium calceolus*) angesprochen wird.

Der Tiroler *Pua* bzw. *Pui* („Bub") und seine *Gitsch* bzw. *Ggītsche* („Mädchen") erscheinen in sehr unterschiedlichen Pflanzennamen, die Wildarten und kultivierte Gartenpflanzen gleichermaßen betreffen. Mit *Püibm*- (Ahrntal) oder *Fotrkraut* (Vinschgau) wird z. B. der Rainfarn (→ *Tanacetum*

---

83 Stauder (2019), S. 77
84 Menghin (1884), S. 157
85 Lösch (1989), S. 94
86 Insam (1954), S. 346

Hoanzlgros (Polygonum aviculare), Plobhuanz (Festuca valesiaca), Mandl in t'Heach (Aquilegia atrata)

vulgare) bezeichnet. Als *Schpitzpuibm* oder *Ålta Puibm* werden in Getzenberg/Kiens bzw. in Olang die Blüten der Roten Lichtnelke (→ *Silene dioica*) bezeichnet, während die leuchtend pinken Blüten der Bart-Nelke (*Dianthus barbatus*) am Ritten mit „Fleißigen Buben" in Zusammenhang gebracht werden.

„Alte Buben" werden Pflanzenarten mit zottigem Aussehen benannt, in Sexten[87] z. B. der Gewöhnliche Hohlzahn (*Galeopsis tetrahit*) bzw. das Kletten-Labkraut (*Galium aparine*), in Villgraten der Andorn[88] (unklar, was damit gemeint ist, da die einzige wildwachsende *Marrubium*-Art in Mitteleuropa, *Marrubium vulgare*, nicht in Osttirol vorkommt). Im mittleren Pustertal wird die Gartenblume Sonnenhut (*Rudbeckia* sp.), in Montan die Zinnie (*Zinnia elegans*) als *Ålta Pui* bzw. *Ålter Pua* bezeichnet.

Zöetata Püibm und *Ggītschn* (Ahrntal), *Flånderer Ggītschn* (Villnöß, Kastelruth), *Ålte Ggītsche* (Sexten) wiederum sind lauter Namen für den zottigen Fruchtstand verschiedener Küchenschellen (→ *Pulsatilla*). Neben vielen anderen Bezeichnungen werden diese scherzhaft auch *Pergmandl*, *Wåltmandl* oder *Zourniger Jager* genannt.

87 Stauder (2019), S. 139
88 Lang-Reitstätter (1935), S. 83

KALENDER- UND HEILIGENNAMEN IN PFLANZENNAMEN

Der Bauernkalender ist bzw. war im Wesentlichen ein Heiligenkalender. Man sagte „zu Portiunkula isch die ërgschte Hitz" und meinte damit die erste Augustwoche, „pa der Wåschteskëlte isch nit fain drausn ummerstian" (Frostperiode um den 20. Januar zu St. Sebastian) und „um Josefi" (19. März) begannen die sonnigsten Leiten der Bergwiesen auszuapern.

Rund um den Nährvater **Josef** haben sich dann auch manche Namen herausgebildet, auch wenn die damit gemeinten Pflanzen nicht im März blühen. Es handelt sich um die *Jousefspluam* bzw. die *Jousila* (Rote Lichtnelke → *Silene dioica*; Taufers im Münstertal, Martell, Ridnaun) oder das *Jousefskraut* (Echter Ysop, *Hyssopus officinalis*; Kastelruth) bzw. *Jöüsefskraut* (Echte Goldrute, *Solidago virgaurea*; Ahrntal). Im Ahrntal verknüpft man mit den *Jöüsefnpliablan* die vorwitzigen gelben Blüten des Huflattichs (→ *Tussilago farfara*), die mit der Schneeschmelze wirklich um Josefi (Mitte/Ende März) herum zum Vorschein kommen. In Naturns wird übrigens das Bohnenkraut (*Satureja hortensis*), ein Gewürz, als *Seppele* bezeichnet.

Manche Pflanzennamen beziehen sich auf das Patrozinium eines oder einer Heiligen, wenn der Gedenktag auf den Zeitpunkt der Blüte der betreffenden Pflanze fällt. Im Gadertal wird der im Mai blühende Seidelbast (→ *Daphne mezereum*) *ciüf de S. Ijidoro* („Blume des hl. Isidor") genannt.

Das Patrozinium des Bauernheiligen **Isidor** fällt auf den 4. April.

Fronleichnam richtet sich nach Ostern und ist ein bewegliches Fest, unabhängig davon wird die Pusterer *Åntlassschtaude*[89] (Traubenkirsche, *Prunus padus*) durchschnittlich im Laufe des Monats Mai, vielleicht bis in den Juni hinein blühen. In Taufers im Münstertal hört man neben *Eltschn* für die weißblühende Traubenkirsche auch noch den Zweitnamen *Måidn* („Maien").

Der im Südtiroler Unterland und in Lajen belegte Pflanzenname *Antouniusglougg* bzw. *Tånnigglogg* (Schwarzviolette Akelei, *Aquilegia atrata*; am Tschögglberg aber die Bezeichnung der Rundblättrigen Glockenblume, *Campanula rotundifolia*) oder *Antouniuspluam* (Rote Lichtnelke → *Silene dioica*) ist weniger nach Antonius von Padua (13. Juni), als vielmehr nach dem wichtigen Bauernheiligen, nämlich **Antonius** dem Einsiedler (im Volksmund *Fåckn-Tånnig*, *Fåckn-Tëini*, *Fackl-Tunig* usw.; Gedenktag 17. Januar) benannt. Sein Attribut ist das Schwein, sein Erscheinen pflegte der große Eremit aber stets mit einer Bimmelglocke anzukündigen – daher die gedankliche Nähe zu glockenförmigen Blüten. Die zarten kleinen Zwerg-Soldanellen (*Soldanella pusilla*) heißen in Pflersch daher auch *Tuningsglëggler*.

Mitte Juni beginnt die „Veitsblume" zu blühen, womit in Laurein und in Ulten das Kohlröschen (→ *Nigritella nigra* agg.) bezeichnet wird. Der **Veitstag** (St. Vitus) fällt auf den 15. Juni, nach dem julianischen Kalender der Tag der Sommersonnenwende.

Der Gedenktag des hl. **Aloisius** von Gonzaga ist der 21. Juni. Nach ihm ist in Vöran der in dieser Zeit blühende *Luisschtearn* (Astlose Zaunlilie, *Anthericum liliago*) benannt.

Drei Tage nach Mittsommer, zum Geburtstagsfest **Johannes** des Täufers, erscheint idealerweise die Blüte des Echten Johanneskrauts (*Hypericum perforatum*) und in den Gärten reifen die ersten Johannisbeeren (→ *Ribes*) ab, in der Vinschger Mundart *Såntahånspëir*, in Kaltern und am Deutschnonsberg *Johanneswaimerlen*. Auch die Gewöhnliche Margerite (→ *Leucanthemum vulgare* agg.) blüht Ende Juni und wird im Dialekt des Vinschger Oberlandes folgerichtig *Såntige Hånser* („Sankt-Johannser") genannt. Nicht mehr gebräuchlich dürfte dagegen der Name „Johannisgurt" bzw. „Sonnwendgürtel" für den Beifuß (→ *Artemisia vulgaris*) sein. Die Feuerlilie (*Lilium bulbiferum*) wird in Naturns *Johannipuschn* und in Salurn *giglio de S. Gioán* genannt.

Den Reigen der für Pflanzennamen wichtigen Juni-Patrozinien beschließen die hl. **Peter** und **Paul** (Gedenktag 29. Juni). Der hl. Petrus verwahrt die Schlüssel zum Paradies und nach diesen Himmels- oder Peterschlüsseln (von den italienischen Bauern in Buchholz/Salurn *zao del Paradís* genannt) sind gleich mehrere Blumen der Wiesen und Waldränder benannt, wie etwa die Hohe Primel (*Primula elatior*), die Arznei-Primel (*Primula veris*) und das Südliche Lungenkraut (*Pulmonaria australis*). Im Eisacktal heißt die Aurikel (*Primula auricula*) *Peaterglëggl* bzw. *Peatergståmm*[90] (siehe dazu aber die jeweiligen kritischen Anmerkungen in der Tabelle am Ende des Buches). Im Gadertal hat der Kalk-Glocken-Enzian (*Gentiana clusii*) den Namen *ciüf de S. Pire* („Peterschlüssel").

Zum beweglichen **Herz-Jesu**-Fest, das Mitte bis Ende Juni gefeiert wird, gibt es im Wipptal den Namen *Herz-Jesu(s)-Glëggl* für die Bach-Nelkenwurz (→ *Geum rivale*), weil deren rote, an das Blut und das Herz Christi erinnernde Blüte um das Herz-Jesu-Fest herum erblüht.

---

89 Am „Antlasstag" erhält der gläubige Christ eine „Entlassung" aller Sünden. Dieser kirchliche Ablass wird am Gründonnerstag und zu Fronleichnam gespendet; die Fronleichnams-Prozession heißt *af Åntlass gien*.

90 Fink (1972), S. 31

Jöüsefskraut (*Solidago virgaurea*), *Luisschtearn* (*Anthericum liliago*), *Johannipuschn* (*Lilium bulbiferum*), *Peaterschlissl* (*Primula elatior*)

DIE MUTTERGOTTES IN PFLANZENNAMEN

Die Gottesmutter Maria ragt weit über alle anderen Heiligen hinaus, gerade was ihre Beziehung zu Heilkräutern, Blumen und allgemein zur Pflanzenwelt betrifft.[91] Überall, wo die Muttergottes auf ihren Wanderungen mit Pflanzen in Berührung kam, wurden diese geheiligt, wie z. B. der Haselstrauch, unter dem sie auf dem Weg zu ihrer Base Elisabeth Rast fand oder der Thymian, auf dem sie sich niederließ, um auszuruhen.

Maria allein gebührt die hohe Ansprache als „Frau". Dies tritt in den Pflanzennamen häufig zum Vorschein, z. B. im Frauenmantel (mda. u. a. *Framantele* → *Alchemilla*; es ist der Schutzmantel Mariens, unter dem die Menschen Zuflucht finden) oder in den Früchten des Eingriffeligen Weißdorns (→ *Crataegus monogyna*), die im Obervinschgau *Frauengl* bzw. *Frauen-* oder *Muatrgotteseëpfl* heißen. Das Schmalblättrige Weidenröschen (→ *Epilobium angustifolium*) wird in den ladinischen Tälern „Santamaries" genannt, im Sarntal ist es das „Rote Frauenkraut", die Goldrute (*Solidago virgaurea*) dagegen das „Gelbe Frauenkraut". Die Mehl-Primel (→ *Primula farinosa*) wird in der Literatur als *Frauenaigl* („Frauenäuglein") bezeichnet. Die Königskerze, gewöhnlich Himmelbrand, trägt auch den Beinamen „Frauenkerze", weil sie das Zentrum des zu Hochunserfrauen geweihten Frauenbesens oder Frauenbuschens bildet.

Die volkstümliche Ansprache Mariens lautet „Muttergottes". Unter diese Bezeichnung fallen viele Blumennamen, die besonders häufig auf die Fußbekleidung Bezug nehmen: *Muatrgottespatschlen*, *-schlapplen* und *-schiëchlen* heißen u. a. die Blüten des Eisenhutes (→ *Aconitum*; Obervinschgau), des Gewöhnlichen Hornklees (→ *Lotus corniculatus*; Mittelvinschgau, Brixner Raum, in Olang *Himblmuitopatschl*), der Buchs-Kreuzblume (→ *Polygala chamaebuxus*; Welschnofen – im Sarntal *Fraunschi*ᵉ*dlar* = „Frauenschühlein"), des Gewöhnlichen Stiefmütterchens (*Viola tricolor*; Passeier) sowie die Früchte der Platterbse (*Lathyrus vernus*; Ulten). „Muttergottes-Äuglein" hießen zumindest früher die Vergissmeinnicht-Blüte (→ *Myosotis*) in

91 Vgl. dazu ausführlich: Insam M. (1954): Blumen und Blumennamen um die Gottesmutter. In: Der Schlern 28, S. 341–346.

Mit dem Teufel im Bunde … *Tuiflwis* (*Silene acaulis*), *Tuifls-Oupis* (*Saxifraga oppositifolia*)

Lüsen, der Ehrenpreis (*Veronica* sp.) heißt in Laag auch *òci de la Madòna*.

Mehr der Hochsprache entstammen Namen wie Muttergottes-Lilie (Astlose Zaunlilie, *Anthericum liliago*) oder die Muttergottes-Tränen (Gewöhnliches Zittergras → *Briza media*).

Wo das Heilige segnet, liegt der Gottseibeiuns (Teufel) auf der Lauer und wartet auf eine günstige Gelegenheit. Viele Pflanzen führen daher den Unnennbaren im Namen: *Toiflskral* bzw. *Tuiflskåppm* (Schwarzviolette Akelei, *Aquilegia atrata*, Vintl, Völser Aicha), *Taiflwurz* (Knabenkraut), *Taiflswurz* (*Dioscorea communis*, Schmerwurz, Kaltern), *Toiflschlissl* (Kohlröschen → *Nigritella nigra* agg.), *Laitntuifelen* („Leitenteufelchen", Fiederblättriger Zweizahn, *Bidens bipinnata*, um Bozen), *Luggis-* bzw. *Lugistuifl* („Lügenteufel", Garten-Ringelblume, *Calendula officinalis*, Sarntal, Afing), *Tuiflhëirndlen* (Rundköpfige Teufelskralle,

Phyteuma orbiculare), *Tuiflwis* („Teufelwiese“, Stängelloses Leinkraut, *Silene acaulis*, Schnals – die winzigen, einen engen Polster bildenden Blätter kann nur der Teufel erschaffen haben), *Tuifls-Oupis* („Teufelsabbiss“, Gegenblättriger Steinbrech, *Saxifraga oppositifolia*, Schnals). Der Teufel wird in den Mundarten auch als *Pettl* bezeichnet, daher auch die *Pettlpråtzn* (Feigenkaktus, *Opuntia* sp., um Bozen; die Breitblättrige Fingerwurz[92], *Dactylorhiza majalis*, Dolomitengebiet; Artengruppe Schwarzes Kohlröschen → *Nigritella nigra* agg., Prags[93]) sowie der *Pettl-Opis* (Ähren-Blauweiderich, *Veronica spicata*, Ritten[94])

Die Hexen bildeten nach dem Volksglauben das Gefolge des Teufels, daher erscheinen diese auch in Pflanzennamen, wie z. B. dem *Hexnkraut* (Keulen-Bärlapp[95], *Lycopodium clavatum*; Rainfarn, *Tanacetum vulgare*, Ahrntal; Arznei-Baldrian, *Valeriana officinalis*, Kastelruth), dem *Hexnfuito* (Klatsch-Mohn → *Papaver rhoeas*) oder dem *Hexnpëⁱsn* (Weiße Mistel → *Viscum album*).

GEWEIHTE KRÄUTER

Einen wichtigen Bestandteil der Festmesse zu Maria Himmelfahrt (mda. *Hoachinserfraudn*, gadertalisch *Santa Maria dai Ciüfs*) am 15. August bildet die Kräuterweihe. Dabei werden zu einem Strauß gebundene Heil-, Gewürz- und Gartenkräuter, aber auch das grüne Laub gewisser Wildpflanzen, in Körbchen zur Kirche getragen und gesegnet. Zugelassen sind nur Kräuter, welche die Weihe „annehmen“. Diese haben namentlich einen Bezug zur Gottesmutter, denn der Legende nach fanden die Apostel das leere Mariengrab voll duftender Blumen und Kräuter vor.

Im Rahmen unserer Erhebung zu den mundartlichen Pflanzennamen konnte man die Verehrung, die dem „Kräuterbuschen“[96] vor allem von Frauen zuteilwird, förmlich spüren. Das auf der Stadelbühne, der „Dill“, getrocknete Kräuterbüschl dient übers Jahr als kleine Bauernapotheke. Zum Einsatz kommt der „Buschen“ aber in erster Linie als griffbereites, Unheil abwehrendes Instrument während eines Unwetters. Hagel kann binnen Minuten die Ernte eines Jahres zerstören, Sturm kann das Getreide niederdrücken, ein Blitz Weidetiere erschlagen und Scheunen in Brand setzen. Bei dieser Gelegenheit werden die *g'waichtn Kraito* im Herdfeuer verbrannt, oft gemeinsam mit den in der Osterwoche gesegneten *Pålmkatzlen* („Weidenkätzchen“).

> Der Herrgott gipps Kraitl, klaubm müisches selbo!
>
> — Spruch aus dem Pustertal

Erkrankt ein Stück Vieh, dann werden die Kräuter in das Viehfutter gemischt und verabreicht. Auch beim frühsommerlichen Gang auf die Alm wurden dem Vieh diese Kräuter gegeben, damit sie in der dämonischen Wildnis der Alm gegen Giftpflanzen, Schlangenbissen und hexerischen Schadenszauber gefeit sind.

In den winterlichen Raunächten, wenn ebenfalls dämonische Einflüsse „pelziger Wesen“ drohen, werden die Kräuter gemeinsam mit Weihrauch verbrannt.

Der Kräuterbuschen trägt in Südtirol verschiedene lokale Bezeichnungen: In Schnals und in Naturns kennt man den *Kraiterpinggl*, in Ulten den *Nẽinᵉrpuschn*, in Passeier die *waiche Miëte*. Im Pustertal ist es der *Waichnpuschn*, in Gsies die *waichn Kraito*, im Ahrntal der *Fraudnpesn*, in Vals (Gemeinde Mühlbach) der *g'waichta Tschippl*, um Brixen der *Fraudnpuschn*, sonst allgemein der *Kraiterpuschn* oder das *Kraiterpischl*.

---

92 Insam (1954), S. 345–346, als „Bettlprotzn“ für „*Orchis latifolia*“; grödn. *ciofs de malan* „Teufelsblumen“
93 Fink (1972), S. 32
94 Schatz (1955), S. 64
95 Stoiber (1994), S. 74
96 Vgl. dazu ausführlich: Pfaff W. (1927): Unsere heimatlichen Bauerngärten, bäuerlichen Fensterpflanzen und Dorffriedhöfe. In: Der Schlern, 4, S. 101–140. Bozen

Zu den geweihten Kräutern zählt das Echte Johanniskraut (*Hypericum perforatum*), das religiöse Verehrung erfährt, was die älteren volkstümlichen Bezeichnungen wie Christi Kreuzblut, Herrgottsblut, Unser Herrgotts Wunderkraut, Frauenkraut oder Jageteufel belegen, der Gewöhnliche Beifuß (→ *Artemisia vulgaris*), der als *Wilder Wërrmet* bekannt ist, unter seinem alten Namen aber auch als Sonnwendgürtel und Johannisgurt bezeichnet wurde sowie die Echte Goldrute (*Solidago virgaurea*), im Sarntal als Gelbes Frauenkraut, in Riol/Franzensfeste als Unserfrauenkraut[97] und im Pustertal als Johanniskraut[98], welchem es im Aussehen ähnelt, bezeichnet.

Ein geweihtes Kraut ist auch die Echte Schafgarbe (→ *Achillea millefolium*), im Pustertal noch als *Ggouchal*, *Tōchal* oder *Fouchal* bekannt sowie der Rainfarn (→ *Tanacetum vulgare*), der im Obervinschgau als Vaterkraut, im Etschtal als Mutterkraut bezeichnet wird. Im Ahrntal kennt man den Rainfarn als *Hexn-* oder *Püibmkraut*, örtlich heißt er Grimmen- oder Wurmkraut.

Ein schöner Pflanzenname ist Wohlgemut, mit dem üblicherweise der Gewöhnliche Dost (*Origanum vulgare*) bezeichnet wird. Es gibt aber auch eine Art „Gegenspieler", nämlich den Pflanzennamen Hochgemut („Hochmut, Stolz"), mit dem verschiedene Minzen (Pfefferminze, Bachminze usw.) bezeichnet werden, die dem Buschen seinen Wohlduft verleihen. Am Fuchsberg zwischen Naturns und Schnals wurde uns die Kleinblütige Bergminze (*Clinopodium nepeta*) als *Hoachmuet* vorgestellt. Diese Pflanze nimmt eine wichtige Position im lokalen *Kraiterpinggl* ein.

Der Quendel (→ *Thymus*), die sogenannten *Krawendelen*, weist eine besondere Beziehung zur Muttergottes auf, denn auf dem Weg zur Base Elisabeth hat sich die Gottesmutter Maria ermattet darauf niedergelassen, worauf das Kraut für alle Zeit geheiligt wurde.

Das Gelbe Labkraut (*Galium verum*) wurde uns im Vinschgau als *Nidrunsrfrauapluascht* („Niederunserfrauenblüte"; mit Niederunserfrauen ist Mariä Geburt am 8. September gemeint) vorgestellt, während man es im Pustertal als „Unser Frauen Bettstroh"[99] bezeichnete.

Die Königskerze (→ *Verbascum*) bildet als Wetterkerze bzw. Zepter Mariens den „feurigen" Mittelpunkt des Buschens. In der Mundart heißt sie für gewöhnlich *Himmlprånt* („Himmelbrand"). Die Pflanze gilt als Blitzschutz, weil sie – nach den Prinzipien der sympathischen Magie – selbst einer brennenden Fackel gleicht.

Die Anzahl der Arten, aus denen der Kräuterbuschen zusammengesetzt ist, entspricht mancherorts einer symbolischen Zahl: 3, 7, 9 (die potenzierte 3) oder 12. An anderen Orten ist die Anzahl freier. Auch die Zusammensetzung der Kräuter ist regional sehr verschieden: Im Obervinschgau enthält der Pinggl zusätzlich den Kren (*Armoracia rusticana*) und das *Goaskiëchl* (Schmalblättriges Weidenröschen → *Epilobium angustifolium*), im Mittelvinschgau den *Schtairauch* (Hängender Fuchsschwanz, *Amaranthus caudatus*) und vor allem die *Tundrkugl* (Bienen-Kugeldistel, *Echinops sphaerocephalus*), welche allein kraft ihres Namens Blitz vom Vieh und Hagel vom Kornacker abhält.

In Ulten kennt man den *Nẽin*^{e}*rpuschn* („Neunerbuschen"). Laut Ida Marsoner Staffler (†) vom Gigglhirn-Hof besteht er aus Arnika, Baldrian, Johanniskraut, Kamille, Königskerze, Pfefferminze, Schafgarbe, Tausendguldenkraut und Wermut.

Die *waiche Miëte* (Miete ist das mineralhaltige Kraftfutter der Weidetiere) aus Passeier besteht aus *Schofgårwe*, *Wërmp*, *roate Gilgn* (*de wilt in di Këifl wågsn*), *Hoachgimuet* (Rittersporn, *Consolida* sp.), Arnika, *Prunelln*, Johanniskraut, *Gårtnroasn*, *Karwendl* und *Ëchern* („Kornähren").[100]

Im Burggrafenamt enthält der Kräuterbuschen Quendel, Königskerze, Farn, Heidekraut, Minze, Wohlgemut, Hochgemut, Johanniskraut sowie die Gewürzkräuter Wein-Raute (*Ruta graveolens*), Basilikum (mda. *Passlgguem*), Rosmarin und Lavendel (mda. *Schpicket*). Im Sarntal wird nur ein Büschl Petersilie (mda. *Kraitl*) geweiht und am selben Tag als heilkräftiges Gemüse verzehrt.

---

97 Insam (1954), S. 344
98 Pfaff (1927), S. 138
99 Kerschbaumer-Sigmund (1985), S. 88
100 Insam (1954), S. 343

Geweihte Pflanzen: *Hoachmuet* (*Clinopodium nepeta*), *Tundrkugl* (*Echinops sphaerocephalus*)

Die Haselnussstaude nimmt innerhalb des Frauenstraußes eine besondere Stellung ein. Sie ist geheiligt, denn als sich die schwangere Maria bei großer Hitze auf den Weg zu ihrer Base Elisabeth machte, wuchs eine Haselnussstaude aus dem Boden und bot einen schattigen Rastplatz. Daher werden am ersten Sonntag im Juli, dem Festtag Mariä Heimsuchung, in Katharinaberg/Schnals Haselzweige geweiht.

Außerdem wurden, zumindest noch in den 1950er-Jahren, in der Montiggler Gegend am Tag Mariä Heimsuchung in aller Frühe Haselstauden abgeschnitten und auf den Fensterbalken, Dachfirsten und *in die Giëter* aufgesteckt. Haus und Flur waren dadurch gegen Blitz und Hagel gefeit. In Dorf Tirol gehört das *hoslene Lap* in den Frauenstrauß und nahm damit die höchste Weihe an. Nach Volksmeinung kann man Giftschlangen mit einer Haselgerte verjagen, weil sich der Überlieferung nach Maria vor einer Schlange unter einen Haselstrauch rettete.[101]

Die Zeit zwischen dem *hoachn* (Mariä Himmelfahrt, 15. August) und *niedern Unserfrauentog* (Mariä Geburt, 8. September) wird auch **Frauendreißger** genannt. Weil aber in dieser Zeitspanne nur 24 Tage verstreichen, wird der Dreißiger manchmal bis Mitte September, zum Festtag Mariä Namen (12. September) „verlängert".

In dieser Zeit werden die **Dreißgenkräuter**[102] gesammelt. Wie den Kräutern aus der Sammelperiode Ende Juni (Sommersonnwende, Herz Jesu, Johannistag) und der Karwoche (Gründonnerstag), wird den Dreißgenkräutern eine besondere Wirkmächtigkeit zugesprochen.

101 Insam (1954), S. 343

102 Vgl. dazu ausführlich: Matscher H. (1950): Die Dreißgenkräuter. In: Der Schlern, 12, S. 437–443. Bozen

Kraiterpuschn

Zin Kraiterpuschn an Hoachunserfraudn,
hobm mir Paurslait gånz a psunders Vertraudn,
er isch a Stuck Prauchtum in insrn Lånd,
er schitzt und sëgnt in Pauernstånt.

Kraiter prauchts an ordntlicha Zohl,
quer durchn Gårtn krot noch Wohl
aa wildgwåchsne kånnt man inninstëckn,
und der Puschn tuat aa gånz guet schmëckn.

Dëi Kraiter wearn in der Kircha geweiht,
sie sain når gsëgnt für Fiich und Lait,
und wenn an Unwëttr kimmp,
hilft des uungschiirta Kraut bestimmp

An Zweig kannt man aa untrn Kopfpolschter lëign
es soll das Ehelebm nou belëbm,
die Winter-Apotegga håt man aa in Haus
dou mâcht man når an guatn Tee draus

So schiana Praicha sölln mir ins kåltn,
übernummen hobm miersa fa insra Åltn,
Brauchtum isch ihman gånz wichtig giwëin,
und mir wëlln des in insra Jungen waitergëibm

— Anna Steinacher, Verdings

Ahrntaler Frauenbesen, 15. August 2022, zusammengebunden von Klothilde Oberarzbacher Egger aus Steinhaus. In den Ahrntaler *Fraunpesn* („Frauenbesen") gehören *Prennessl*, *Himpalap* („Himbeerlaub"), *Håsslnussschtaude*, *Johånniskraut*, *Jöüsefnkraut* (Echte Goldrute), *Wöülgimüit* (Dost) und *Touchal* (Echte Schafgarbe).

REGIONALE BESONDERHEITEN IN SÜDTIROL

Der mittlere Alpenraum weist eine große Fülle an unterschiedlichen Lebensräumen auf. Diese Vielfalt ist einerseits durch die unterschiedliche Exposition (Sonnen- und Schattseite) und Morphologie des Geländes gegeben, andererseits durch verschiedene Gesteinsarten und unterschiedliche Böden (basisch/sauer) bedingt. In Südtirol finden sehr unterschiedliche Pflanzenarten ideale Standortbedingungen vor, die geografisch oft gar nicht weit auseinander liegen. Aber nicht nur dies: Auch von der sprachlichen Entwicklung her sind die verschiedenen Großräume Südtirols mannigfach, so dass sich von mundartlicher Seite Unterschiede in der Pflanzenbenennung herauskristallisieren.

Der **Vinschgau** bildet die tief eingeschnittene Talschaft der jungen Etsch, flankiert durch die hohe vergletscherte Ortlergruppe und die Ötztaler Alpen. Gegliedert wird das Tal durch zahlreiche Mur- und Schwemmkegel.

Die Lage an der breitesten Stelle der Alpen, die Ost-West-Ausrichtung sowie die hohen Gipfel führen zu einer sehr geringen Jahresniederschlagsmenge. Die seit Jahrtausenden beweideten südexponierten Hänge, der sogenannte „Sonnenberg", birgt eine einzigartige Trocken- und Steppenflora.

Linguistisch betrachtet, gab es im Obervinschgau im Früh- und Spätmittelalter eine konsistente romanischsprachige Bauernbevölkerung. Aufgrund des Herrschaftsverlustes des Fürstbischofes von Chur über die eigenen Gotteshausleute und dem Ausscheiden Müstairs und Marienbergs aus dem Verband des Fürstbistums Chur schwand das Alpenromanische um die Mitte des 17. Jh. zur Gänze[103]. Zeugen des Alpenromanischen sind jedoch Tausende von romanischen Flurnamen und natürlich die lokalen Phytonyme, welche Parallelen mit den rätoromanischen Nachbarsprachen im Engadin und Münstertal aufweisen. Einige Beispiele: die Prader *Pummazainen* und Tauferer *Pummaduerzn* (Wolliger Schneeball → *Viburnum lantana*; im Vallader des Unterengadins *pomaduor* genannt), die Tauferer *Malånzn* (Weißer Germer → *Veratrum album*; im Unterengadin *malom*), *Rabatschëil* (Acker-Senf, *Sinapis arvensis*), die Matscher *K^{a}rschittlan* (Wiesen-Ampfer → *Rumex acetosa*; im Engadin *arschücla*), die Stilfser *Planatschn* (Alpen-Ampfer → *Rumex alpinus*) sowie die Matscher *Tschafraian* und Langtauferer *Tannafraia* (Langtaufers), womit junge Triebe des Beifußes (→ *Artemisia vulgaris*) benannt werden. Ebenfalls rätischer Herkunft sind die *Jochs-Ifrn* (Moschus-Schafgarbe → *Achillea moschata*; Rätoromanisch *iva*), die *Zaufn* (Johannisbeere → *Ribes*; Rätoromanisch *uzua*), die *Petschlan* (Zirbenzapfen; Rätoromanisch *betschla*), die *Lutzn* (Acker-Quecke → *Elymus repens*), die *Masigga* (Isländisches Moos → *Cetraria islandica*) sowie die Tauferer *Marunzkëschtn* (Esskastanien; im Unterengadin *marun* = „Esskastanie").

Die Vinschger kennen neben den *rumauntschanen* Pflanzennamen auch Heckenbezeichnungen, die in anderen Landesteilen fehlen, auch wenn diese Hecken über den Vinschgau hinaus verbreitet sind, jedoch ihr Holz, die Schösslinge oder Früchte dort vielleicht nicht verwendet wurden. Als Beispiele lassen sich die *Pockpëir* („Bockbeere"; Frucht der Steinweichsel, *Prunus mahaleb*), die *Plobdëirn* („Blaudornen"; Sanddorn, *Hippophaë rhamnoides* – die silbrig-grünen und schmalen Blätter schimmern grün-bläulich) und die *Prëizelepëir* („Prötzelebeere"; Frucht der Heckenkirsche, *Lonicera xylosteum*) anführen, deren Name auf die runden, paarweise aneinander gewachsenen Beeren anspielt, welche den Rädern eines kleinen Wagens ähneln. Auf dem einachsigen Ziehwagen der Bauern, dem *Protzn*, in der Verkleinerung *Prötzele*, wurden Bäume, Äste usw. aus den Wäldern „geschleipft" – heute gehört der Protzen zum Inventar eines Bauernmuseums. In der Schweiz heißt die Heckenkirsche übrigens *Wägelibeer*.

Zwei Arten werden nur im Vinschgau mit einem mundartlichen Namen versehen: der *Schpettldrot* (Feld-Beifuß, *Artemisia campestris*; die Pflanze ist zäh wie ein „Spettldraht", so heißt der Schusterzwirn im Vinschger Dialekt) und das *Hålbwais* („Halbweiß"; Nacktried, *Kobresia myosuroides*, eine grasartige Pflanze der Hochgebirge).

In das Talbecken von Meran münden verschiedene Talschaften mit jeweils eigenständigen Dialekträumen, wie z. B. Passeier oder Ulten. Das **Burggrafenamt** umfasst als historische Landschaft den ehemaligen Verwaltungsbezirk des Burggrafen von Schloss Tirol, eines „Spitzenbeamten" des Spätmittelalters.

103 Vgl. dazu ausführlicher: Ortner (2021), S. 7

Plobdëirn (*Hippophaë rhamnoides*), *Schpettldrot* (*Artemisia campestris*), *Hålbwais* (*Kobresia myosuroides*)

Das Burggrafenamt weist auf relativ engem Raum viele unterschiedliche Lebensräume und Klimazonen auf, mit der entsprechenden Vielfalt an Pflanzen – von der Flaumeiche zum Gletscher-Hahnenfuß auf nur 5 km Luftlinie.

Am Rande der Kastanienhaine, Obstwiesen und Weingärten gedeihen im Frühling die *Rotzklachlen* (Finger-Lerchensporn, *Corydalis solida* bzw. Honorius-Milchstern, *Honorius* sp.), ein eher unappetitlicher Name, der auf die an getrocknetes Nasensekret erinnernde Blütenform anspielt. Ebenfalls „in aller Munde" waren früher die *Iëln*, die verholzenden Sprossachsen („Lianen") der Gattung Waldrebe (→ *Clematis*), mit denen nicht nur halbstarke Burggräfler ihre ersten Rauchversuche unternahmen. Jedes Kind kannte auch die *Kaspappelen* (Früchte der Weg-Malve, *Malva neglecta*), weiters die auf mageren Standorten in der Osterzeit erblühenden *Oaschtergloggn* (Berg-Küchenschelle → *Pulsatilla montana*) sowie die *Pluatschwitzer* (Rote Lichtnelke → *Silene dioica*) in den Heimwiesen.

Wie überall im Land haben auch die Gemüsepflanzen, wie z. B. die *Fisëiln* (Garten-Bohne, *Phaseolus vulgaris*) oder die *Gimmerling* (Gurke, *Cucumis sativus*), sowie die Gewürzkräuter, wie z. B. das *Kraitl* (Echte Petersilie, *Petroselinum crispum*), der *Passlgguam* (Echter Basilikum, *Ocimum basilicum*) oder der *Maserun* (Majoran, *Origanum majorana*) eigene mundartliche Bezeichnungen. Zu den Feldfrüchten zählen auch die Herbstrüben (*Brassica rapa* subsp. *rapa*), die im Passeier *Påsslen*, in Laurein hingegen *Ganzl* (Rübe) bzw. *Rabitschn* (Kraut) genannt werden. Mit *Gansl* bzw. *Gansling*[104] werden die unzerschnittenen (im Ganzen belassenen) kleinen Rüben für das Vieh bezeichnet.[105]

Mitten durch das Burggrafenamt verläuft die Grenze zwischen den Bezeichnungen *Grantn* und *Glan* (Preiselbeere → *Vaccinium vitis-idaea*), während man in Passeier die *Glan klaup* („Preiselbeeren pflückt"), sind es südlich von Tall (Gemeinde Schenna) die *Grantn*. Auch die *Pfrouslen* (Früchte der Rose → *Rosa*) reichten früher bis ins Burggrafenamt herunter, verloren aber gegenüber den in den Stadtmundarten Merans und Bozens vorherrschenden *Hëtschepëtschn* an Boden. Nur

---

104 Schatz (1955), S. 204

105 Kulturpflanzen standen beim vorliegenden Forschungsprojekt nicht im Zentrum und sind daher innerhalb der Pflanzenporträts ausgeklammert. Diese Namen wurden jedoch, so gut es ging, mitgesammelt und können im Anhang nachgeschlagen werden.

mehr in Passeier konnte die *Poaslpëir* (Gewöhnliche Berberitze) erfragt werden. Die Berberitze weist im Burggrafenamt überhaupt eine große Varianz in den Benennungen auf (→ *Berberis vulgaris*).

Typisch Ultnerisch sind die *Knarbet* (Gewöhnlicher Wacholder → *Juniperus communis*), die *Peckehāndler* (Buchs-Kreuzblume → *Polygala chamaebuxus*), die *Ëisloarn* bzw. *Wollhuntler* (Frühlings-Küchenschelle → *Pulsatilla vernalis*), der *Guldige Oberraut* (Echte Edelraute → *Artemisia mutellina*) und innerhalb der Gartenblumen das *Hansele in der Heach* (Große Malve, *Malva sylvestris*).

Am Deutschnonsberg, der verwaltungsmäßig unter Österreich dem Kreis Trient und zwischen 1920 und 1948 zum Trentino gehörte, finden sich erwartungsgemäß Entlehnungen bzw. Lehnübersetzungen aus den Welschnonsberger Mundarten, wie z. B. die *Huntnzenn* (Übersetzung von it. *denti de cáin*) für den Löwenzahn → *Taraxacum*, die *Tschūtscha* (Laurein; it. *ciuciar* = „saugen, lutschen", Wiesen-Sauerampfer → *Rumex acetosa*) oder die *Schpāja* (Laurein; it. *erba spagna*, Blaue Luzerne, *Medicago sativa*). In Unsere Liebe Frau im Walde konnten die *Schpuelschpᵉrn* (Felsen-Himbeere, Steinbeere, *Rubus saxatilis*) erfragt werden. Ähnliche Namenformen sind außerhalb davon nur noch in Tiers (*Schueschpᵉr*) und in Pfitsch (*Schualapëire*) gebräuchlich.

Im **Etschtal** und im **Bozner Raum** mit seiner teils submediterranen Flora „stechen" die *Tuiflprātzn* (Kleiner Feigenkaktus, *Opuntia humifusa*, vor allem an den Südhängen bei Bozen; ursprünglich aus Mittelamerika stammend und in Südtirol zu Beginn des 19. Jahrhunderts vielfach ausgesetzt, verwildert und seitdem in den wärmsten Lagen fest eingebürgert) heraus, weiters die *Gosmånnschtaudn* (Mäusedorn-Bestände in Siebeneich, *Ruscus aculeatus*) sowie das Terlaner *Krotnkraut* (Löwenzahn → *Taraxacum*). An der orografisch rechten Etschtalflanke (Tisens, Prissian, Grissian, Nals, Andrian) und rund um den Gampen hat das Gewöhnliche Leberblümchen → *Hepatica nobilis* als *Pfuscheniggele*, *Tschufe(r)niggele* (Abwandlung zu lat. *saniculum*) seine kleine mundartliche Nische gefunden.

Typisch für das sprachgeschichtlich deutsch geprägte **Sarntal** sind Pflanzennamen wie der *Schobou* (Gattung Augentrost → *Euphrasia*), die *Raischn*, mit denen auch im orografisch rechten Eisacktal die Latschenkiefer (→ *Pinus mugo*) bezeichnet wird, die *Wållroᵃsn* (Rostblättrige Alpenrose → *Rhododendron ferrugineum*), der *Schüᵉschtᵃrzweck* (Frühlings-Enzian → *Gentiana verna*, statt dem *Schuischtoschtiëlile* im Pustertal und dem häufigeren *Schueschternagele*), die *Fåcknpuschn* (Löwenzahn → *Taraxacum*) bzw. die *Jungfᵉrlᵃr* (Artengruppe Gewöhnliche Margerite → *Leucanthemum vulgare* agg.).

Das **Südtiroler Unterland** weist botanisch gesehen aufgrund des submediterranen Einflusses eine innerhalb Südtirols recht eigenständige Flora auf. Sprachlich gesehen ist das Unterland (und teilweise auch das Überetsch) altes Kontaktgebiet zwischen dem deutschen und dem italienischen Sprachraum. Auch die italienischen und deutschen Mundarten sind „gespickt" mit gegenseitigen Entlehnungen.

Dies gilt bereits für einige Baum- und Straucharten, wie z. B. den in Kurtatsch belegten *Malgrant*[106] (Granatapfel, *Punica granatum*, zu lat. *malum granatum* bzw. it. *melograno*) oder die Früchte der Felsenbirne in Tramin, wo sie *Schpunikigalan* (zu Welschnonsbergerisch *sponi* = „Felsenbirne" → *Amelanchier ovalis*) genannt werden. Aus Kaltern kennen wir durch die Dokumentation des Heimatkundlers Hartmann Wirth[107] viele lokal gebrauchte Pflanzennamen, so z. B. das *Drëimala* (Zitterpappel, *Populus tremula*, zu it. *tremolare* = „zittern"), die *Plëinggjar* bzw. *Plëintjar* (Gewöhnliche Mehlbeere, *Sorbus aria*, zu it. mda. *biancár* = „Mehlbeere") sowie die *Fëilsn* (Farne; zu it. mda. **feltše* = „Farn"), während Pflanzen, die einen schlechten Boden anzeigen, als *Falidischtingl* (zu mda. *falidi* = „bankrott") abgetan werden. Dazu zählen z. B. das Kanadische Berufkraut (*Erigeron canadensis*, ein Neubürger) oder die Gewöhnliche Osterluzei (*Aristolochia clematitis*). Letztere wird in Kaltern auch *Pålfiëreschtaud* („Barbierstaude"?) genannt.

Manche Bäume haben ganz lokaltypische Bezeichnungen, wie z. B. die *Masolper*[108], die am Fennberg den Berg-Ahorn bezeichnet. Dieser Name weist eine Parallele zum dt. Büchernamen Maßholder auf, der im Allgemeinen für den Feld-Ahorn (*Acer campestre*) gilt. Der Name Maßholder setzt sich aus ahd. *maz*[109] = „Speise, Mahl" sowie

106 Fink (1972), S. 184
107 Vgl. dazu Wirth (2021)
108 Fink (1972), S. 187
109 Köbler (2014); http://www.koeblergerhard.de/ahd/ahd_m.html; abgerufen am 13.01.2023

holuntar = „Holunder" zusammen, denn als Sauerkraut zubereitete Ahornblätter bildeten eine Nahrungsergänzung. Eine weitere an die Wärme tiefer Lagen gebundene Baumart ist der Zürgelbaum (*Celtis australis*), in der Mundart *Zurgala-* (Kaltern, Kurtatsch) oder *Tschischggalapam* (Salurn). Die bei Penon große Bestände bildende Eibe (*Taxus baccata*) wird in Kaltern scherzhaft als *Rouzkigalapam* abgetan. Die *Rouzkigalan* („Nasenschleim-Kügelchen") zielen auf den schleimigen leuchtend roten Samenmantel (Arillus) ab, welcher die hochgiftigen Eibenkerne umschließt.

Eigenständige Unterlandler Pflanzennamen sind z. B. die nach der hakenförmigen Blüte benannten *Hagglziëcher* (Alpen-Zyklame, *Cyclamen purpurascens*; Kaltern), die *Taiflswurz* (Schmerwurz, *Dioscorea communis*; Kaltern), die *Schpīrschtaud* (Echtes Mädesüß, *Filipendula ulmaria*; Tramin), das *Rauschalap* (Europäischer Perückenstrauch, *Cotinus coggygria*; Tramin, Neumarkt, Montan), das *Schaisgrås* bzw. *-kraut* (Garten-Bingelkraut, *Mercurialis annua*; Kaltern) sowie das *Schneggngrås* (Glaskraut, *Parietaria* sp.; Kaltern, Tramin, Kurtatsch, Laag).

Auf der orografisch linken Talseite haben sich schon seit dem 18. Jh. Italiener aus den benachbarten Talschaften (wie dem Cembratal) dauerhaft niedergelassen. Genügsame italienische Kleinbauern, Steinbrucharbeiter und Arbeiterinnen in der Seidenraupenzucht brachten ihre italienischen Mundarten mit, die bis Leifers (*Laivesòtt*), Branzoll (*Bronsolòtt*), Laag und Buchholz gesprochen werden. Innerhalb der vorliegenden Pflanzennamen-Erhebung war es ein Desiderat auch diese, bisher in Südtirol übersehenen Namen, zu sammeln. Mit den Arbeiten von Pedrotti & Bertoldi (1930) sind die Trentiner Mundartnamen im Allgemeinen sehr gut abgedeckt.

Beispiele von it. mda. Pflanzennamen: *careváci* (Wiesen-Kerbel, *Anthriscus sylvestris*), *agriói* bzw. *pan e vín* (Wiesen-Sauerampfer → *Rumex acetosa*), *foie de cáora* (Gewöhnliche Berberitze → *Berberis vulgaris*), *coe de gát* (Acker-Schachtelhalm, *Equisetum arvense*), *merda gáta* (Wolliger Schneeball → *Viburnum lantana*), *pis de galína, pisaváche* bzw. *gentuél* (Vogelmiere, *Stellaria media*), *cavei de vècia* (Artengruppe Federgras → *Stipa pennata* agg.), *vedición* (Gewöhnliche Waldrebe → *Clematis vitalba*), *denti de cáin* (Löwenzahn → *Taraxacum*), *pei de múl* (Huflattich → *Tussilago farfara*), *bráncole* (Wiesen-Bärenklau → *Heracleum sphondylium*), *pagafráti* (Breitblättriger Rohrkolben, *Typha latifolia*), *òci de la Madòna* (u. a. Ehrenpreis, *Veronica* sp.), *paiòla* (in Obstwiesen wachsendes Gras, das schwer zu mähen ist), *stropacúi* (Hagebutten → *Rosa*), *lusiói* bzw. *nosiói* (Gewöhnlicher Feldsalat, *Valerianella locusta*), *fioranzési* (Echter Hopfen, *Humulus lupulus*). Beispiele für Baumnamen: *auníc* (Schwarz-Erle, *Alnus glutinosa*), *bagolár* (Zürgelbaum, *Celtis australis*), *vivalór* (Stechpalme, *Ilex aequifolium*; Wildvorkommen in Salurn), *nas* (Eibe, *Taxus baccata*), *mincerlár* (Sal-Weide → *Salix caprea*), *stropár* bzw. *salgár* (Weide → *Salix*), *morár* (Maulbeerbaum, *Morus* sp.), *teár* (Linde, *Tilia* sp.) und die drei *Sorbus*-Arten *témbel* (Vogelbeere → *Sorbus aucuparia*), *biancár* (Mehlbeere, *Sorbus aria*) sowie *ciavardél* (Elsbeere, *Sorbus torminalis*). Eine Auswahl an it. mda. Beeren-Bezeichnungen: *ampómole* bzw. *ampomári* (Himbeere, *Rubus idaeus*), *giásene* bzw. *giasenári* (Heidelbeere, *Vaccinium myrtillus*), *granéle* (Preiselbeere → *Vaccinium vitis-idaea*), *roái* (Brombeere, *Rubus* sp.).

Südöstlich der Landeshauptstadt Bozen liegt das Hochplateau des **Regglbergs** mit den Gemeinden Aldein, Deutschnofen und Welschnofen. Eine isolierte Mundart ist die der Deutschnofner und Petersberger, die statt des bairischen /oa/ bzw. /ua/ ein langes /a/ hat. Man sagt *ham* (statt *huam*), *Schtan* (statt *Schtuen*), *Gas* (statt *Goas*) – wie im Oberen Pustertal ab Olang. Auffällig ist auch die unterbliebene Sekundärumlautung (u. a. bei Verkleinerungen), man sagt *Bächl* (statt *Bachl*), *Nännel* (= kleine Anna) und *Wällel* (statt *Waldl*). Man neckt die Regglberger mit dem Satz: *'s Mändl håt an Käs in der Täsch!* Nicht umgelautet werden die mda. Pflanzenwörter *Tëisn* (*Tasen*; Nadelholzzweige) und *Krëimet* (Gewöhnlicher Wacholder → *Juniperus communis*).

Ein während der Blüte auffälliger Strauch bzw. Kleinbaum ist auf dem Regglberg die *Iël* bzw. *Iëlschtau* (Alpen-Goldregen, *Laburnum alpinum*), deren Mundart-Areal sich von Aldein bis nach Tiers erstreckt. In Laurein und Kaltern heißt der in gelben Trauben blühende und giftige Strauch *Iglschtau*, in den italienischen Mundarten *l'éghel*.[110]

---

110 Am Regglberg heißt es: „Wenn die *Iëlschtau*' stark blüht, folgt ein Sommer mit schweren Gewittern"

Der Pflanzenname *Iël* (zu ahd. *liola* bzw. *liela* = „Waldrebe“) ist außerhalb des Regglbergs jedoch für die Waldrebe (→ *Clematis vitalba, Clematis alpina*) reserviert. In Tiers, wo der Name *Iël* durch den Alpen-Goldregen besetzt ist, wird die Waldrebe mit dem romanischen Lehnwort *Rafatschålln* bzw. *Rafatschoidn* (alpenrom. **ravatšälja* = „Kletter-, Klammergewächs“) bezeichnet. Gerade in Welschnofen und in Tiers bezeugen die nicht-diphthongierten alpenromanischen Flurnamen (z. B. Fontanon, Runggun, Fistagun usw.), dass wenigstens Teile der Bauernbevölkerung bis in die Neuzeit ein romanisch-ladinisches Idiom sprachen. Neben den Rafatschollen/Rafatschoiden zeigt sich dies auch im (nicht mehr verwendeten) Pflanzennamen *Tschamaun*, mit dem in Tiers der Gute Heinrich (→ *Chenopodium bonus-henricus*) bezeichnet wird. In Deutschnofen und Eggen ist ebenfalls eine romanische Entlehnung belegt: der Scharfe Hahnenfuß (→ *Ranunculus acris*) heißt dort *Fissikatori*[111] (alpenrom. **vessikatōrju* = „Blasen bildend“), ein Name, der uns etwas überraschend in Schnals von einer Gewährsfrau bestätigt wurde. Auf Deutschnofen beschränkt scheinen die *Lenzeler*[112] (Gänse-Fingerkraut, *Potentilla anserina*) zu sein. In Welschnofen trägt die Hagebutte den Volksnamen *Porzl* (→ *Rosa*), während die Weißdornhecke (→ *Crataegus monogyna*) im Herbst die *Winterkerschn* trägt.

Damit sind wir jetzt beinahe im **Eisacktal**, das sich vom Brixner Becken im Norden bis vor die Tore der Landeshauptstadt Bozen erstreckt. Sprachlich gesehen ist beidseits des Eisacks ein starker alpenromanischer Einschlag in den Hof- und Flurnamen vorzufinden, Gröden ist ladinischsprachig.

Bei den Pflanzennamen fallen neben den *Rafatschoiden* vor allem die *Miga* bzw. *Migschtaudn* auf, womit zwischen Tiers, Völs und Seis die Leg-Föhre bezeichnet wird, mit derselben Wortwurzel wie das lateinische Art-Epitheton *mugo*. Auf der rechten Talseite herrscht hingegen der Typus *Raischn* vor (→ *Pinus mugo*). Ein alter Pflanzenname, der noch im Eisacktal und am Ritten gebräuchlich ist, lautet *Ëlderla* bzw. *Hëlderla* (Weiße Mistel → *Viscum album*).

111 Zelger (2004), S. 28
112 Zelger (2004), S. 52

Im Eisacktal fällt auf, dass die Bezeichnung der Hagebutte von der Benennung des Strauches unterschieden wird: die *Dornstaude* trägt die *Hetschepetschen*. Im übrigen Südtirol ist die Heckenbezeichnung bloß Ableitung von den primär benannten Hagebutten (*Pfrousln* > *Pfrouslschtaud*).

Aufgrund der Nähe zum Schlern werden die dichten Hecken der Schlehe (aufgrund der lautlichen Nähe zu *Schleachn*) zu *Schlearndëirn*, während die Herbstzeitlosen (→ *Colchicum autumnale*) vor allem im linken Eisacktal als *Fåckn* bezeichnet werden. Ebenfalls Eisacktalerisch ist die Bezeichnung *Rearlkraut* für den Löwenzahn (→ *Taraxacum*) ebenso wie die *Houzn* (Zypressen-Wolfsmilch, *Euphorbia cyparissias*). Mit *Houzn* sind übrigens die Kröten gemeint. Eine Besonderheit sind die Villnößer Pflanzennamen *Måideler* (Mehl-Primel → *Primula farinosa*), *Mëineler* (Vergissmeinnicht → *Myosotis*) und *Nanneler* (Gewöhnliche Pechnelke, *Viscaria vulgaris*).

Von der Franzensfeste bis Stift Wilten vor den Toren Innsbrucks erstreckt sich das **Wipptal**, ein Passtal mit der Brennerfurche als Scharnier. Der Ausgangspunkt des Namens Wipptal (rätisch **Uipitina* = „Gelände einer Person namens *Uipiti*“) ist das Sterzinger Becken, in das die beiden Talkomplexe von Ridnaun-Ratschings-Jaufental und Pfitsch einmünden.

Ausschließlich auf das Wipptal beschränkte Pflanzennamen sind z. B. die *Miëte* (häufig Zwerg-Wacholder, aber auch Gewöhnlicher Wacholder → *Juniperus communis* [subsp. *nana*]). *Miëte* bezeichnet unter anderem ein aus Kleie und Salz bestehendes Viehfutter. Möglicherweise hat man dieser *Miëte* fein zerhackten Wacholder beigegeben, wodurch es letztlich zu einer Namensübertragung kam. Weitere Wipptaler Pflanzennamen sind das *Milchpischl* (Löwenzahn → *Taraxacum*), die *Tuxta* (Bocksbart → *Tragopogon*), die *Risl* (Johannisbeere → *Ribes*) sowie die *Zati- bzw. Zaitiwëlfe* (Frühlings-Küchenschelle → *Pulsatilla vernalis*). Das Bohnenkraut (*Satureja* sp.) trägt im Wipptal (Gemeinde Freienfeld) die im übrigen Südtirol unbekannte Bezeichnung *Patzltoag*.

In Pfitsch finden sich auffällige, nur dort gebräuchliche Pflanzenbezeichnungen, allen voran die *Kåppinockn* (Frühlings-Küchenschelle, Berg-Küchenschelle → *Pulsatilla vernalis, P. montana*), ein Name, der sich wohl aus „Kappe“ und „Nocken“ zusammensetzt. Weiters fällt das *Mërschz-Waigerle* (wörtlich „kleines Märzenveilchen“, Huflattich → *Tussilago farfara*) und das *Millepliëml* für die Echte Kamille (*Matricaria chamomilla*) auf. Die bekannte Heilpflanze wird sonst als *Gramilln*, *Gomilbm* u. Ä. bezeichnet.

Das **Pustertal**, das sich von der Mühlbacher Klause bis zur Lienzer Klause erstreckt, ist die größte Talschaft Südtirols und neben Etschtal und Inntal der dritte große Landschaftsraum Tirols.

Siedlungsgeschichtlich betrachtet ist das Pustertal schon ab dem 6./7. Jh., also recht früh, unter bairischen Einfluss geraten. Viele Ortsnamen (Vintl, Olang, Prags, Toblach, Innichen) haben jedoch keltische Wurzeln. Die orografisch linke Talflanke bildet den Eingang zum ladinisch geprägten Dolomitenraum und weist einen schmalen Saum alpenromanischer Flurnamen (v. a. in Ellen, Hörschwang, Onach und Montal) auf. Das Pustertal bildete unter römischer Herrschaft einen Teil der Provinz Norikum, während der Vinschgau zur Provinz Raetia gehörte. Im Jahre 1500 wurde das Pustertal unter den Habsburgern der Grafschaft Tirol zugeschlagen.

Im Pustertal finden sich einige Pflanzennamen, die es in anderen Teilen Südtirols nicht gibt. Dazu zählen z. B. die *Fildrafaldra* (Maiglöckchen → *Convallaria majalis*) mit offensichtlichen Einflüssen aus Kärnten (*Filumfalum*) und der Steiermark (*Lillumlallum*), der *Gouchal* (auch *Touchal* bzw. *Fouchal*, Echte Schafgarbe → *Achillea millefolium*), die *Menglschtuandlan* oder *Ueschtokaslan* (Alpen-Krokus → *Crocus albiflorus*), *Kase und Proat* (Wald-Sauerklee → *Oxalis acetosella*) sowie die *Nosepliëta*, wie das Kohlröschen (→ *Nigritella nigra* agg.) gerne bezeichnet wird. Ein Phytonym, das vielleicht wie kein zweites für den Pusterer Dialekt steht und zumindest etwas Schmunzeln hervorruft, sind die *Mossefäcken*, die meist die Kleinblättrige Rauschbeere (→ *Vaccinium gaultherioides*) bezeichnen, aber auch andere Arten, wie die Sumpfdotterblume (→ *Caltha palustris*; Sexten, Vierschach).

In Bezug auf Pflanzenblätter wartet das Pustertal mit zwei romanischen Entlehnungen auf: Die *Låbissn* (üblicherweise Ampferblätter → *Rumex alpinus*) dienten einst als Schweinefutter, während die *Raditschn* (Löwenzahnblätter → *Taraxacum*; Prags, Vierschach) gern als Wildgemüse gesammelt werden. Früher wurde wohl auch der Blütenboden mancher Disteln gegessen. Die Silberdistel (*Carlina acaulis*) trägt in Antholz[113] den Namen *Wissekas* (Wiesenkäse) und in der Fachliteratur erscheint für die schöne Distel der mittlerweile fast vergessene Volksname *Oanhåggn* bzw. *Einhacken*[114]. Der Name könnte damit zusammenhängen, dass der Blütenboden zum Viehfutter „eingehackt“ (dazugegeben) wurde.[115]

Auch die Brotgewürze tragen im mundartkonservativen Pustertal noch bodenständige Bezeichnungen, so sagt man z. B. in Terenten: *In Pruet inne kemm Kiëm, Sennef, Glåndo* („Ins Brot hinein gehören Kümmel, Fenchel, Koriander“). Die *Puin* (Ackerbohne, *Vicia faba*) wurde einst als proteinhaltiges Grundnahrungsmittel besonders im Pustertal angebaut, was der Hof- und Flurnamentyp *Puinland* („Bohnenland“, Hof bei Bruneck südlich von Luns sowie Flurgegend bei St. Lorenzen) unterstreicht.

Die großen Pusterer Seitentäler bilden wiederum geschlossene Mundarträume mit einer teils eigenständigen Pflanzen-Nomenklatur. Den *Tëldra*-Dialekt des Ahrntals hört man in drei beerentragenden Sträuchern besonders gut heraus: in der *Fetzpëi* („Fetzbeere“, Roter Holunder, *Sambucus racemosa*), den *Schwåschzpa* („Schwarzbeeren“, Heidelbeere, *Vaccinium myrtillus*) und in den *Sauschzpa* („Sauerbeeren“, Felsen-Johannisbeere, *Ribes petraeum* → *Ribes*). Wenn eine Person gar verdrossen oder finster dreinschaut, dann *schaugg se hä wi a Sauschzpaschtaude* („schaut sie drein wie eine Sauerbeerstaude“).

In Antholz sind in der Literatur alte Bergblumen-Bezeichnungen belegt, die keiner Art zugeordnet werden konnten, wie z. B. das *Kernschlüsselkraut*[116] bzw. *Kearnkraut*[117], das *Hexenkraut*[118], die *Bergwolle*[119] (mutmaßlich eine *Salix*-Art der Gebirge), das *Scheiben-*[120] bzw. *Scheibköpfl*[121], der *Ochsenfüiß*[122] und das *Pechfeial*[123].

Von den Pusterer Seitentälern hat Gsies die am einfachsten zu begehenden Jöcher ins benachbarte Defereggen. Dieses gehört zum Iseltal und war bis ins Frühmittelalter teilweise alpenslawisch geprägt. Alpenslawischer Herkunft könnten somit auch

---

113 Pallhuber (2016), S. 141
114 Rauschenfels (1801), S. 221
115 Marzell (1943–1979), Bd. 1, S. 341, 1026
116 Müller (1985), S. 148
117 Fink (1972), S. 150
118 Müller (1985), S. 148
119 Müller (1985), S. 148
120 Müller (1985), S. 148
121 Fink (1972), S. 228
122 Müller (1985), S. 148
123 Müller (1985), S. 148

Gsieser Pflanzennamen wie *Hodell* (Frühlings-Küchenschelle → *Pulsatilla vernalis*) und *Schtållitzlen* (Alpen-Krokus → *Crocus albiflorus*) sein. Von den Flurnamen her ist Gsies alpenromanisch unterschichtet und romanisch ist auch die Bezeichnung für ein nicht näher bestimmbares, schwer aus der Erde zu reißendes Unkraut namens *Rafetsch* (**ravetša* = „rübenartiges Unkraut"). Dieses Wort gehört in die Reihe von *Rafitsch* (Villnöß, gelb blühender Kreuzblütler), *Rabitschn* (Blätter der Herbstrübe, Laurein), *Rabitscha* (Acker-Senf, *Sinapis arvensis*; Truden; vgl. dazu das Appellativ *ravitscha*[124] = „Spinat, Gänsefuß, Guter-Heinrich" im Vallader des Unterengadins) und *Rawatschëil* (Acker-Senf, *Sinapis arvensis*; Obervinschgau).

Auch in Sexten trifft man hinsichtlich der Pflanzenwelt auf mehrere Sonderbenennungen, wie z. B. den *Paucholdo* (Wiesen-Bärenklau → *Heracleum sphondylium*), den *Sigrant* (Buchs-Kreuzblume → *Polygala chamaebuxus*), die *Mosarelle* (Stachelbeere → *Ribes uva-crispa*), die *Schiftoprume* (Alpenrose → *Rhododendron*) oder die *Sutzëissl* (Weiße Taubnessel, *Lamium album*).

HERKUNFTSBEZEICHNUNGEN

Im Laufe unserer Erkundungen stießen wir immer wieder auf Pflanzen, die einen namentlichen Bezug zu einer bestimmten (Südtiroler) Gemeinde oder Ortschaft aufweisen. Im Falle des Franzosenkrauts (→ *Galinsoga*) kann dieser Bezug so eng sein, dass er sogar bestimmte Höfe, Familien, Berufsgruppen, Unternehmen und Ethnien betrifft!

Im Wipptal z. B. erinnern sich die Bauern gut an die **Telfer Schmelchen**. Dabei handelt es sich um den bis zu 150 cm hohen Glatthafer (*Arrhenaterum elatius*), der einen hohen Mähertrag bei Futterwiesen aufweist und sich als Ansaat auf trockenen Standorten eignet. Besonders im sonnseitig über den Taleingang von Ridnaun liegenden Doppeldorf Telfes wurde der Glatthafer gefördert. Dort dehnen sich die Altackerareale des Sterzinger Beckens aus mit ihren teils alpenromanischen und vorrömischen Flurnamen. Eine Gewährsperson erinnert sich:

„Man hat die Telfer Schmelchen mit der Sichel auf 50 cm Höhe geschnitten, daraus Schöberlen errichtet mit einer Garbe als Deckel. Bei Schönwetter hat man die Schöber draußen stehen gelassen, bei Schlechtwetter auf der Tenne zum Trocknen aufbewahrt, bevor man sich mit dem Wiggser, einem langen, am Ende gekrümmten Fichten- oder Birkenast, ans Dreschen machte. In jüngerer Zeit hat man die Telfer Schmelchen durch die Dreschmaschine gelassen. Die Samen wurden gesäubert, trocken gelagert und bei Bedarf verkauft, wobei man einen guten Erlös erzielte."

124 https://www.udg.ch/dicziunari/vallader/idx-nor-rm/ravitsch

Telfer Schmelchn

Obertelfes

Gegenüber von Telfes liegt der Eingang ins Hochtal von Pfitsch, der Heimat der *Pfitscha Fleache* (**Pfitscher Flöhe**). Damit wird im Wipptal das Gewöhnliche Zittergras (→ *Briza media*) bezeichnet, denn in den herzförmigen Ährchen dieser Grasart erblicken die Wipptaler Flöhe aus Pfitsch!

Eisackabwärts gelangen wir zur „Akropolis Tirols", dem Burgfelsen von Säben hoch über Klausen. Um die Mitte des 4. Jahrhunderts entstand hier die Urdiözese Gesamttirols, im 17. Jh. ein jüngst aufgelassenes Benediktinerinnenkloster. Alle drei Jahre unternehmen die Gadertaler eine mühevolle Fußwallfahrt über die Jöcher nach Villnöß, hinaus nach Klausen bis zur Kreuzkirche auf dem heiligen Berg. Als Mitbringsel nehmen die Wallfahrer – es sind ausschließlich Männer und Buben – geweihte Zweige des (nicht einheimischen) Buchsbaumes (*Buxus sempervirens*) mit, um Haus und Hof zu schützen. Daher wird der Buchs auf Gadertalisch **erba de Jeunn**[125] („Säbner Kraut") genannt. *Jeunn* ist das gadertalische Exonym für Säben.

Erba de Jeunn (*Buxus sempervirens*)

Gegenüber von Säben liegt das Hochplateau von Kastelruth und Seis. In den dortigen Bauerngärten wird das **Kastelruther Nagele** gepflanzt, eine rotblühende und duftende Garten-Nelke (*Dianthus caryophyllus*) mit charakteristischen weißen Federchen. Dieses *Nagele* wurde früher während der Prozession von den *Himmel-* und *Aloisiustrogern* hinter dem Ohr getragen.

Hoch über Seis und Völs ragt der Schlern, Symbolberg Südtirols, auf. Seine Geschichte reicht weit in die Vergangenheit zurück, denn auf dem Burgstall bzw. „Krauthaufen" ist ein bronzezeitlicher Brandopferplatz nachgewiesen. Die vorchristlichen

125 https://www.micura.it/de/woerterbuecher/vb/dlplus?q=Buchs&op=ct&f=&b=&k=&g=&-find=Suchen; abgerufen am 01.01.2023

Kloster Säben

Schlearnhex (*Armeria alpina*)

Prähistorischer Brandopferplatz Burgstall auf dem Schlern-Plateau

Laitiger Schtrëip (*Rosmarinus officinalis*), *Laitiger Puebm* (*Bidens bipinnata*)

Patzltoag (*Satureja hortensis*)

Kulte wurden in den Sagen zu Hexenwerk, während der Teufel auf dem Santnerspitz (grödnerisch *Piza dl Malan* = „Teufelsspitz") sein Unwesen trieb. Wie auch immer: Die Alpen-Grasnelke (*Armeria alpina*) heißt im Eisacktal, im Bozner Becken bis hinab ins Unterland *Schlearnhex* („**Schlernhexe**"), während man hingegen in Völser Aicha in den weißen Wattebäuschen des Wollgrases (*Eriophorum* sp.) ebenfalls Schlernhexen erblickt.

Die undurchdringliche Hecke des Schlehdorns (mda. *Schleachn*, *Prunus spinosa*) wird aufgrund der Lautähnlichkeit im Eisacktal und am Ritten zu *Schlearndëirn* („**Schlerndornen**").

Am Ausgang des Eisacktals bilden die steilen Hänge von Leitach (Gemeinde Bozen, mda. *Laitig*) einen einzigen Weingarten. Die milden Winter übersteht dort ein mediterranes Gewürzkraut, der Rosmarin (*Rosmarinus officinalis*), der scherzeshalber ***Laitiger Schtrëip***[126] („Leitacher Streu") genannt, während der Flugsamen des Zweizahnes (*Bidens bipinnata*) als *Laitiger Puebm*[127] („Leitacher Buben") bezeichnet wird.

Der Brixner Volkskundler Hans Fink hat u. a. besonders viele Spott- und Neckbezeichnungen gesammelt. Für den „Feldthymian" (→ *Thymus*) konnte er in Afing den Scherznamen ***Genëisiger***

Gossmannschtaudn (*Ruscus aculeatus*)

Schtrëip[128] („Jenesier Streu") notieren. Bei einer Nachfrage beteuerte eine in Afing wohnhafte Gewährsperson aber, dass mit der *Nëisinger Schtrëip* eben das Bohnenkraut (*Satureja hortensis*) gemeint sei, eine andere Afinger Gewährsperson bezeichnete damit wiederum die Schnee-Heide (*Erica carnea*)!

Im unteren Bereich des Greifensteiner Hangs, am breiten Saum zwischen Moritzing und Siebeneich – von den Archäologen als „Heiliger Winkel" bezeichnet –, bildet der Mäusedorn (*Ruscus aculeatus*) den Unterwuchs der dortigen Flaumeichenbestände. Die auffallende Staude mit den dornigen „Blättern" (flächig verbreitete Kurztriebe; die eigentlichen Blätter sind winzig und unscheinbar) und den roten Beeren ist in der Bozner Gegend unter dem volkstümlichen Namen *Gossmannschtaudn* (**Gosmannstauden**) bekannt. Dies kommt daher, weil der Mäusedorn im Bereich der früheren, nun profanierten Kirche, die den beiden Heiligen Kosmas und Damian gewidmet

Greifensteiner Hang

126 Fink (1972), S. 174
127 Fink (1972), S. 174

128 Fink (1972), S. 142

war, Massenbestände bildet. Der hl. Kosmas wird altmundartlich als Gosmann bezeichnet! Insbesondere Badkapellen mit einer nahen Heilquelle erhielten das Patrozinium der beiden heiligen Ärzte. Ein vorchristliches Wasserheiligtum beim so genannten Ölknott in der Nähe der Kirche oder bei der salzhaltigen Quelle Kressbrunn am Hangfuß wird vermutet.

Die Erd-Primel (*Primula vulgaris*) wird von den Einwohnern von St. Felix und Unsere Liebe Frau im Walde als ***Sankt-Romediger-Pischelen*** („St.-Romedius-Blumen") bezeichnet. Sie kommen massenhaft am Pilgerweg durch die Schlucht von S. Zeno in Richtung S. Romedio vor.

Bleibt uns noch ein Abstecher in das heutige Skigebiet Meran 2000, wo zwischen den beiden Gipfeln Ifinger und Plattinger das Höhenkirchlein zum hl. Oswald steht. Alljährlich am 5. August begehen dort die Schenner, Haflinger und Sarner den Oswaldtag, einen früher berühmt-berüchtigten Alm-Kirchtag. Der hl. Oswald war der Legende nach ein christlicher König, dessen Bildnis nach seinem Tod inmitten blühender Alpenrosen am Ifinger gefunden wurde. Daraufhin wurde ihm zu Ehren dort das Kirchlein erbaut. Aus diesem Grund wird die Hecke der Alpenrose (→ *Rhododendron ferrugineum, R. hirsutum*) in Hafling *Oaswålt-* bzw. *Doaswåltschtaudn* (**Oswaldstauden**) genannt.

PFLANZEN ALS ELEMENTE GEOGRAFISCHER NAMEN

Namen sind die ältesten Bestandteile einer Sprache. Der Grund dafür liegt in der besonderen Funktion von Namen innerhalb der menschlichen Kommunikation: Namen *bezeichnen* bzw. *identifizieren* etwas, während Wörter *bedeuten* und somit eine Semantik aufweisen.

Zur Klasse der Wörter („Gattungsnamen" oder „Appellative") gehören die mundartlichen Pflanzennamen, Gegenstand der vorliegenden Publikation, die genau genommen „Pflanzen-Wörter" sind und keine Eigennamen.

Einen Teilbereich der Namenkunde (Onomastik) bilden geografische Namen, zu denen die Orts- und Flurnamen zählen. Und innerhalb der Flurnamen zählt eine beträchtliche Anzahl zu den Pflanzennamen bzw. Phytonymen.

Viele „pflanzenbasierte" Flurnamen werden von versierten Dialektsprecher/-innen ohne weitere Erklärung verstanden, die Namen sind semantisch „transparent". Einige von den Leserinnen und Lesern werden bei Flurnamen wie „Lutterkopf", „Sålchris", „Zettacher" oder „Speikboden" die richtige Pflanze im Namen erkennen, denn ihnen sind mda. Wörter wie *Luttern* („Grünerlen-Gebüsch"), *Sålchn* („Sal-Weiden"), *Zëitn* „(Alpenrosen-Gebüsch") oder *Schpaik* („Klebrige Primel") ein Begriff.

Genauso gibt es aber auch Phytonyme, die auf ältere Sprachschichten des Alpenraums zurückgehen und deren Bedeutung „opak" – also dunkel – sind und sich somit einem spontanen Verständnis entziehen. Mit solchen (Pflanzen-)Namen stoßen wir eine Tür auf, die uns weit in die sprachliche Vergangenheit des Alpenraumes zurückblicken lässt.

Der Mittlere Alpenraum ist in den Jahrtausenden von den verschiedensten Sprechergemeinschaften besiedelt worden: Alpenindogermanen (Bronzezeit), Räter (Eisenzeit), Alpenromanen (ab der Zeitenwende) und Baiuwaren (ab dem Frühmittelalter). All diese Gruppen haben uns über den „indirekten" Weg der Flurnamen so manche Pflanzennamen überliefert.

Vorrömisches:

Träger der ältesten einigermaßen gut fassbaren Sprachschicht des Alpenraumes sind zwei Sprecherkollektive, die in der Innsbrucker Onomastik als „Ostalpenindogermanen" bezeichnet werden[129]. Zeitlich werden sie der alpinen Bronzezeit (2200–1000 v. Chr.) bzw. der Laugen-Melaun-Kultur (1200–600 v. Chr.) zugeordnet.

Ein Pflanzenname, der dieser Sprachepoche zugeordnet werden kann, ist z. B. **drausa* = „Alpenerle"[130] (unklar, was damit gemeint ist: allgemein eine in den Alpen vorkommende Erle oder die alpin wachsende Grün-Erle?); er begegnet uns in einigen Flurnamen, wie z. B. *Dross* (Waldhang in Radein), *Drossn* (Waldseite in Tschöfs bei Sterzing sowie ein Almgebiet in Pflersch) oder *Drosse* (Bergwiese in Pfunders). Auch der Vinschger Familienname *Verdross* (**val drossa* = „Erlental") könnte auf dieses Etymon zurückgeführt werden.

Das alpine Grünerlengebüsch der schattseitigen Lawinenhänge ist heute unter einem anderen Begriff, nämlich „Lutter", bekannt. Dieses Wort ist im

129 Anreiter, Chapman, Rampl (2009), S. 16
130 Finsterwalder (1994), S. 271; Schorta (1985), S. 130

Luttern (*Alnus alnobetula*) und *Eltschn* (*Prunus padus*)

gesamten bairisch-deutschen Sprachraum vertreten und strahlt sogar in das italienische Trentino aus, denn bei Caldonazzo ist der Name *lótri*[131] belegt. Die Südtiroler Flurnamendatenbank[132] enthält rund 100 verschiedene „Lutter"-Fluren, nur im Unterland und im linksseitigen Eisacktal scheint das Wort zu fehlen. Einige Beispiele: der „Lutterkopf" in Taisten und St. Peter/Ahrntal, verschiedene „Luttertäler" vor allem im Untervinschgau, Passeier, Wipptal und Sarntal, Geländerinnen namens „Lutterris" in Aschbach/Algund, Marling und Mühlbach/Gais, jeweils ein „Lutteregg" in Durnholz, Sprons/Tirol, Matsch, Schlinig und Ratschings usw. Das Wort „Lutter" ist vorrömischer Herkunft und bezeichnet „minderes" Gebüsch, ähnlich wie der „Lutter" den trüben Raubrand (im Gegensatz zum klaren Feinbrand) beim Schnapsbrennen bezeichnet.

Ein anderes Beispiel eines vorrömischen Pflanzennamens lautet **alausa* = „Elsbeere, Traubenkirsche"[133], im Vallader des Unterengadins *alossa*[134]. Das Wort wurde von der alpenromanischen Bevölkerung aufgegriffen und konnte den Villnößer und Lüsner Hofnamen *Laseid* (< **[a] la[u]sēdu* = „Ansammlung von Traubenkirschen") sowie den Geländenamen *Valdalasei* (< **val da lasēdu* = „Tal mit Traubenkirschen-Bewuchs") in Taufers im Münstertal bilden. Das deutsche Pendant zu *Laseid* lautet *Elza* (Alm- und Berggegend in Rein in Taufers). Zahlreich sind daraus gebildete Orts-, Hof- und Flurnamen, wie z. B. *Elzäcker* (Lothen), *Elzenbaum* (Pfalzen, Montal, Stefansdorf, Freienfeld) oder die Mengenbildung *Elznach* (1493 *Elsnach*[135]; Hof in Pill/Passeier). Im Gegensatz zu den Pusterer *Elzn* sind die Vinschger *Eltschn* (Traubenkirsche, *Prunus padus*) in der Mundart nach wie vor gebräuchlich. *Eltschn* haben im Obervinschgau jüngere Flurnamen gebildet, wie z. B. das *Eltschatal* in Trafoi oder das *Eltschaloch* in Schluderns. Beide Begriffe, das Vorrömische **alausa* sowie das mundartliche *Eltsch/Elz*, sind etymologisch verwandt und entsprechen dem standarddeutschen Pflanzennamen *Els-* (in „Elsbeere"), womit die Art *Sorbus torminalis* bezeichnet wird. Auf den ersten Blick ist zwischen der Elsbeere und der Traubenkirsche wenig Gemeinsames zu erkennen, vielleicht wurden beide Früchte als Notnahrung verspeist.

Die indogermanische (oder vorindogermanische?) Grundform des Namens lautete jedenfalls **alisā*[136], welche die deutschen Dendronyme „Erle" (zu ahd. **elira* > **erila* > *Erle*; niederdeutsch *Aller*, engl. *alder*) und eben „Els-" gebildet hat. Unmittelbarer Benennungsanlass von **alisā* könnte (aufgrund des Wortbestandteiles *el-* bzw. *ol-*) das rötlich-gelbe Holz der Schwarz-Erle sein.

Einem weiteren alpinen Pflanzenbegriff, nämlich *Rausch*, könnte das lateinische *rūscum* = „Strauch und dgl." zugrunde liegen (vgl. dazu den botanischen

---

131 Pedrotti & Bertoldi (1930), S. 20
132 Die Flurnamen Südtirols (2016), DVD 1 (Datenbank)

133 Schorta (1985), S. 10
134 Dicziunari Vallader, https://www.udg.ch/dicziunari/vallader/view-de/44883; abgerufen am 23.08.2022
135 Tarneller (1909), S. 218
136 Marzell (1943–1979), Bd. 1, Sp. 218

Artnamen *Ruscus aculeatus* für den Mäusedorn), der im Matscher Flurnamen *Raschneida* verbaut ist. Mit **ruskx* dürfte in alpenromanischer Zeit generalisierend das Krummholz (Alpenrose, Wacholder u. Ä.) gemeint gewesen sein. Der mundartliche „Staudenname" *Rausch* (→ *Arctostaphylos uva-ursi*, *Vaccinium* sp.), wie er auch im Flurnamen *Rauschegg* oberhalb von Allitz/Gemeinde Laas erscheint, ist wohl eine Weiterentwicklung des Begriffes *rūscum* > **rūsch* > *Rausch*.

Alpenromanisch:

Schon einige Jahrzehnte vor der Eroberung Rätiens durch das Römische Reich (Feldzug des Drusus 15 v. Chr.) sickerte das Vulgärlateinische in den mittleren Alpenraum. Aufgrund des hohen Prestiges als Verwaltungssprache einer Weltmacht konnte die Sprache der neuen Herren als *Lingua franca* Schritt für Schritt die vorrömischen Idiome ersetzen. Mit der Zeit etablierte sich im Tiroler Raum eine konsistente alpen- oder rätoromanische Bauernbevölkerung, die – je nach Talschaft – bis ins Früh-, Hoch- und Spätmittelalter Bestand hatte. Das heutige Dolomitenladinische (Gadertalisch, Grödnerisch, Fassanisch, Buchensteinisch, Ampezzanisch) ist der lebendige Fortläufer des Alpenromanischen.

Alpenromanische Namen treten uns in Tausenden von Flur-, Hof- und Ortsnamen entgegen. Darunter fallen natürlich viele Pflanzennamen. Einige Beispiele aus dem Obervinschgau: In Schlinig gibt es den Flurnamen *Sprelles*, der sich von rätoromanisch *asperella* = „Schachtelhalm"[137] ableiten lässt. Dies überrascht im romanisch unterschichteten Vinschgau keineswegs, wir finden in Langtaufers die *Zaufatëilr* (Zaufentäler → *Ribes*), in Matsch die Ackerflur *K^arschiggla* (→ *Rumex acetosa*), in Planeil die Gegend *Plamazigg* (→ *Cetraria islandica*) und in Burgeis das *Valdapetsch* (Zirbe, *Pinus cembra*).

Eine Überraschung stellt der Ahrntaler Flurname *Sibiduse* dar. Die mittlerweile zugewachsene Bergwiese befindet sich im orografisch rechten Frankbach-Tal, das sich bei St. Johann in die Eiswelt des Zillertaler Hauptkammes öffnet. Es handelt sich um einen der wenigen alpenromanischen Flurnamen im Tauferer Ahrntal, denn der Name „Sibiduse" leitet sich von alpenrom. *[*area*] *cibadōsa* = „Gelände, wo Futtergras wächst" < rom. *cibāre* = „füttern, speisen" > alpenrom. **cibāda* = „Futtergras; wilde Gerste oder wilder Hafer" ab[138]. Im Katalanischen und Spanischen bedeutet *civada* = „Hafer", im Portugiesischen und Spanischen bedeutet *cevada* = „Gerste". Eine deutsche Entsprechung dazu wäre der Schnalser Hofname *Gerstgras*!

Für den Passeirer Bergweiler Ulfas (1230 *ovf Ulves*[139]) und für die Ulfiswiese bei Innsbruck (heute Flugfeld) könnte das romanische Pflanzenwort *ulva* = „Sumpfgras"[140] Pate gestanden sein.

Deutsch:

Mit den Baiuwaren betrat Ende des 6. Jh. eine neue Sprechergruppe den Tiroler Raum. Der in der Folge Baiern genannte Stamm erreichte über das Mieminger Plateau das Inntal und drang bald darauf in das Pustertal vor. Der Zug des Baiernherzogs Grimoald wurde 610 mit der Niederlage gegen die Alpenslawen bei Aguntum (Lienz, Osttirol) gestoppt. Nach der Klostergründung in Innichen im Jahre 769 durch Herzog Tassilo und der Etablierung der bairischen Grafschaft Bozen in etwa derselben Zeit werden Baiern und Franken zum bestimmenden politischen Faktor im Frühmittelalter Tirols. Ab dieser Zeit setzt eine regional unterschiedlich schnell verlaufende Germanisierung der Bevölkerung ein, deren Beginn mit dem Frühalthochdeutschen (6. Jh.) und deren Ende mit dem Neuhochdeutschen (17. Jh.) datiert werden kann.

Ein in den Flur- und Ortsnamen häufig erscheinender Pflanzenname ist **Schlate** (mda. *Schlot-*), im Mhd. als *slāte* = „Schilfrohr, Riedgras"[141] belegt. Darauf geht der Name des Passeirer Streuweilers Schlattach (mda. *Schlote*, 1288 *Slatach*[142]) und des Ridnauner Gehöfts *Geschlote* (1306 *Slatthof*[143]) zurück, weiters der Flurname *Schlotich*, der einen dicht bewachsenen „nassen" Graben in Labers/Gemeinde Meran bezeichnet, die Schlotwiesen zwischen Gfrill und Platzers in der Gemeinde Tisens und die häufigen Flurnamen Schlot im Pustertal (Unterplanken und St. Martin-Niedertal/Gsies, Plunhof/Welsberg, Oberolang, Pfalzen, Mühlbach/

137 Meyer-Lübke (1992), S. 47

138 Finsterwalder (1974), S. 256
139 Tarneller (1909), S. 213
140 Meyer-Lübke (1992), S. 688
141 Köbler (2014); https://www.koeblergerhard.de/mhd/mhd_s.html; abgerufen am 02.01.2023
142 Tarneller (1909), S. 226
143 Auckenthaler (1954), S. 58

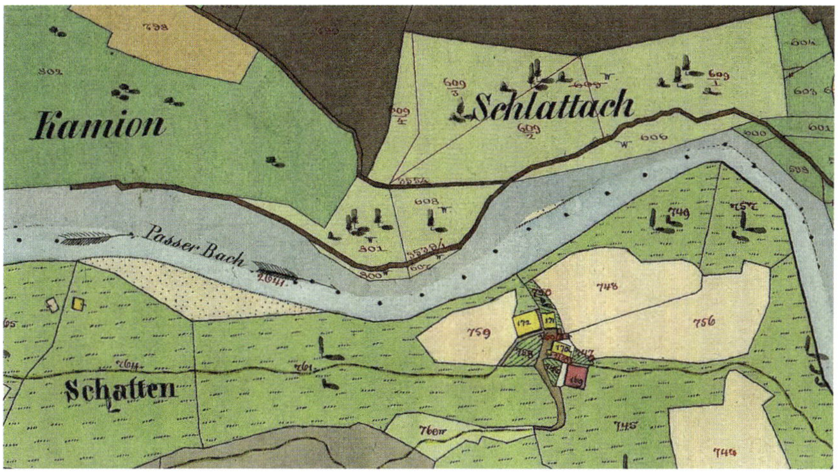

Schlattach, Gemeinde St. Leonhard in Passeier,
Mappe des Franziszeischen Katasters (1855–1861)

Gais sowie Bergwiesen hoch am sonnseitigen Hang in Mühlwald). Der Begriff ist sicherlich mit dem Wort *Schlot* (Kamin, Röhre, vergleiche dazu den Begriff „Röhricht") und der *Housnschlotter* verwandt, denn die mit *slāte* benannte Feuchtpflanze kann gut und gerne schlotförmige Blätter aufgewiesen haben.

In den Flurnamen Südtirols ist auch der **„Bürstling"** oder **„Borst"** prominent abgebildet. Es handelt sich dabei um ein Gras magerer Standorte. In den meisten Fällen ist damit das Borstgras *Nardus stricta* gemeint, aber gerade in niederen und vor allem trockenen Lagen auch eine Reihe horstförmiger Schwingel-Arten, vor allem *Festuca valesiaca* agg.

Der Flurname *Porscht* (z. B. für ein Heumahd oberhalb von Stuls/Passeier) ist dabei auf das Passeiertal, Teile des Burggrafenamtes, das Wipptal und den Vinschgau beschränkt. Die Namenform *Pirschtling* ist in Ulten, Sarntal, Eisacktal, Wipptal und Teilen des Pustertales anzutreffen. In Pfitsch wird das Gras *Pischtlig* (auch Flurname!), im Ahrntal *Pischtling* genannt. Der Name leitet sich vom ahd. *burst* = „Borste"[144] (idg. **b^{h}ar* = „Hervorstehendes, Borste, Spitze, Ähre, Granne") ab und bezieht sich auf die steifen Grashalme, die an Borsten (eines Schweines) erinnern.

In Gsies und in Toblach[145] ist das Borstgras der *Fåx* (Flurname *di fåxige Saite*), im Hochpustertal der *Ëggima*[146] (jeweils Name von Bergwiesen in Toblach und Winnebach) bzw. *Meggima* (See und Örtlichkeit in Mühlwald) und in Sexten *do Ëiggima*[147], womit aber die verschiedenen Seggen-Arten (*Carex* sp.) gemeint sind. Der Sprachwissenschaftler Andy Stauder erklärt den Namen durch Abtrennung des S von „Segge", ein Wort, das zur Sippe von „sägen" (schneiden) gehört und auf die schneidenden Blattränder verweisen könnte. Der zweite Wortbestandteil *-ma* könnte auf „Mahd" zurückgehen, insgesamt könnte Eggima also „Seggenmahd" bedeuten.[148]

Der Bürstling ist „berüchtigt", weil die dichten Horste dieses steifen Grases schwer zu mähen sind. In Laurein ist man sogar der Meinung, dass sich der Borst vor den Mähern „verneige". Für die Bürstlingmahd ist eine tüchtige Portion Erfahrung nötig. Dies drückt der oft kolportierte fiktive Dialog zwischen einem alten und einem jungen Borst aus, die beim Anblick der Mäher über ihre Überlebenschancen sinnieren.

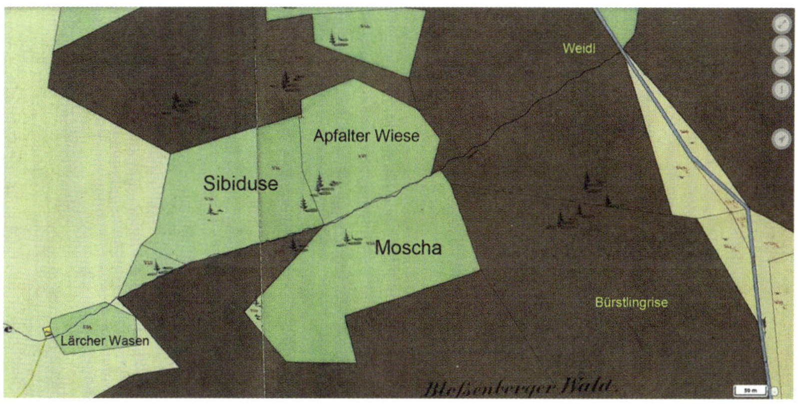

Wer findet die 6 Pflanzennamen (darunter die Sibiduse)? Frankbach, Gemeinde Ahrntal, Mappe des Franziszeischen Katasters (1855–1861), Bearbeitung: J. Ortner

„Pass au, iaz kimp a Mohder", hått'r Porscht gsågg. Hått'n der åndre Porscht gfrågg „Isch's a jungr odr an åltr?" Wenn dr uane hât gsågg „an

144 Köbler (2014); https://www.koeblergerhard.de/ahd/ahd_b.html; abgerufen am 02.01.2023

145 Mittich-Steinwandter (2022), S. 37
146 Schatz (1955), S. 141, Fink (1972), S. 213
147 Stauder (2019), S. 55
148 Stauder (2019), S. 55

Borstgras (*Nardus stricta*), *Klåff* (*Rhinanthus minor*)

åltr" håts ghoaßn „Sämm saim'r ållm hin", „Isch's ôbr a junger, noar tuck di!"[149] (Ridnaun)

Påll junge Puibm gimaant hobm, sågg do ålte Fåx zin jung: „Puck di la!", påll ålte Mando mit Tschoggl (= Holzschuhe) *kemm, no saimo volourn!* (Gsies)

Da hat der junge zum alten Bierstling gesagt: Vater, jetzt kommen Mähder. (Vater:) Was sein sie fir oane? (Sohn:) Junge Buebm mit Födern auf die Hüet. (Vater:) Duck di a wie, es got lei drüber aus. (Sohn:) Vater, jetzt kommen Mähder. Alte Mander mit weiße Bärt. (Vater:) Nacher sein mer schon verlorn.[150] (Aldein)

Und aus Stilfs im Vinschgau wird die Unerreichbarkeit des Borstes bis zuletzt bedauert: Der alte Hirte im Sterbebett. Der Pfarrer trägt ihm auf, allen Menschen, die ihm Unrecht taten, zu verzeihen. Daraufhin der Hirte: *„Oan kånni obr it frzaichn, in Pourscht af Trada* (= Flurgegend auf der Stilfser Alm) *doubm, in selm hånni it oorproocht!"*

Ein weiterer ungeliebter Begleiter magerer Wiesen ist der **Klåff**, **Klåpf** bzw. **Gschlåff** (Kastelruth, Seis). Es handelt sich um den Klappertopf (*Rhinanthus* sp.), einen Halbschmarotzer, der den Wiesenertrag schmälert. Im Sarntal heißt es: *Viel Klåpf, wiëni Klea*, in Rojen (Reschen) dagegen: *Viel Klåff, viel Hai* (Heu). Wenn der *Klåff* verblüht ist, klappert es regelrecht im Heu. Das Sich-Abfinden mit dem Schmarotzer kommt im ironischen Spruch *A Schtodl voll Klåff isch aa a Haistock* zum Ausdruck. In Taufers in Münstertal hat man uns erzählt: *Dr Klåff frisst's Kourn in Åckr, und dr Knoufla frissts nårr in Oufn.*

DEUTSCHE UND ALPENROMANISCHE MENGENNAMEN

Innerhalb der Gruppe der pflanzenbasierten Flurnamen gibt es zahlreiche Mengen- bzw. Kollektivnamen – sowohl aus der alpenromanischen als auch aus der deutschen Sprachschicht. Charakteristisch für diesen Typus an Flur- und Ortsnamen sind bestimmte Mengensuffixe. Im klassischen Latein lautet dieses Suffix *-ētum* (wie z. B. in *olivētum* = „Olivenhain", *melētum* = „Apfelwiese"

149 Wild (2005), S. 35
150 Wopfner (1997), S. 312

oder *castanētum* = „Esskastanienhain"), das im Alpenromanischen zu *-ēdu* wurde. Im Althochdeutschen dagegen lautete das Suffix *-ahi* (wie z. B. in *steinahi* = „Gegend mit Steinen" oder *stūdahi* = „Staudengegend"), im Mittelhochdeutschen entwickelte es sich zu *-ach* (Steinach, Staudach). Nun folgt eine Auflistung von Pflanzenarten, die im (Süd-)Tiroler Raum kollektive Orts- und Flurnamen herausbilden konnten. Dabei handelt es sich fast ausschließlich um Baum- und Heckenarten, die große Formationen bilden und viel stärker als krautige Pflanzen (Kräuter und Gräser) auf das Flurnamenbild einwirken konnten.

Abies alba (Gewöhnliche Tanne)

Aus der Gewöhnlichen Tanne, mda. *di Tånn*, *di Tåun*, *di Tånne*, konnte sich das Kollektiv **Tannach** = „Tannenwald" bilden, wie z. B. im zu Laurein gehörigen Weiler **Tonna** (1482 *Tannach*[151]), von dem der Familienname Tonner ausgeht, weiters die Flurnamen *Tånna* in Graun/Kurtatsch, in Welsberg und in Niederdorf sowie die Örtlichkeit *Af der Tånn* (Ritten). Die Tanne bildet gemeinsam mit der Buche im Süden und Südwesten Südtirols Laubmischwälder.

Acer pseudoplatanus (Berg-Ahorn)

Die Zweige und Äste des Bergahorns (mda. *di Ōcher*, *Åcho*, *Or*) wurden früher gestutzt (mda. *geschnoatet*), um das Laub im Winter zu verfüttern. Neben den Flurnamen *Ocher*, *Ocherle* (u. a. Bergmähder in Gfeis/Riffian, Videgg/Schenna) gibt es mit **Ahornach** (mda. *Fåchina*, Gemeinde Sand in Taufers) ein prominentes Beispiel eines Ortsnamens, der auf den Berg-Ahorn zurückgeht. Der Erstbeleg von 1197, *Ahernach*[152], entspricht dem mhd. Lautstand, der selbst auf ahd. **ahernāhi* = „Ahornbestand" zurückgeht.

Aus dem Alpenromanischen stammen noch mehr Ahorn-Namen: **Nass[e]reid** (mda. *Nåss[e]rait*), Hof im Pfossental, Alm und Schutzhaus in Partschins, Gehöft in Mareit, Wüstung *Massereid* in Spiluck. All diese Namen lassen sich aus **in ažerēdu* = „im Ahornwald" erklären, wobei eine Agglutinierung der Präposition *in* zu **nažerēdu* erfolgte. Über ahd. *Naserīd* erfolgte die mhd. Diphthongierung des 12. Jh., die zum heutigen *Naserait* führte. Der Oberinntaler Ortsname **Nasserein** geht auf alpenrom. **in ažerīna* = „kleiner Ahornbestand" zurück. Der Name der Sarner Nachbarschaft **Agratsberg** und der Enneberger Weilername **Aiarëi**[153] (dt. *Agreit*; Familienname *Agreiter*) geht auf die Nebenform **in agerēdu* = „im Ahornwald" zurück.

Alnus (Erle)

Grau-Erlen (*Alnus incana*; mda. *di Ëirl*) bilden gemeinsam mit Birken den natürlichen Bewuchs der mit Felsblöcken und grobem Schotter durchsetzten Wälder an den Gebirgsbächen, während Schwarz-Erlen-Auen (*Alnus glutinosa*; mda. ebenfalls *Ëirl* genannt) einst die dauernassen Talböden besiedelten.

Der Flurnamentyp **Erla** kommt häufig im Pustertal vor, so z. B. in Terenten, Pfalzen, Lothen, St. Lorenzen, Mühlwald, Antholz, Mellaten oder Sexten. Alpenromanischen Ursprunges ist der Familienname Allneider, der vom Hof **Alneid** in Enneberg/Pfarre abgeleitet wird. Das lad. Endonym lautet **Alnëi** < **alnēdu* = „Erlenbestand". Das romanische Kollektivsuffix *-ēdu* entwickelte sich im Ladinischen zu *-ëi*, was sich auch im Wolkensteiner Weilername **Daunëi** < *d'Aunëi* = „am Erlenwald, -gebüsch" zeigt.

Betula pendula (Gewöhnliche Birke)

Aus den belaubten Zweigen der Birke (mda. *di Pirch*, *Pirche*; davon der Familienname *Pircher*) wurden früher Bündel hergestellt (mda. *Schap gmåcht*), die dem Vieh zur Fütterung verabreicht wurden.

Dementsprechend häufig sind Flurnamen vom Typ **Pircha** (besonders im Pustertal, z. B. in Issing, Gais, Redensberg/Oberrasen, Weißenbach/Ahrntal, Ahornach, Taisten, Pichl/Gsies, Innichen) < mhd. *pirchach* = „Birkenwald" < ahd. *pirchahi*. Das Kollektivsuffix *-ach* hat sich im Pustertal typischerweise zu *-a* abgeschwächt. Der Ortsname **Percha** ist eine voralthochdeutsche Kollektivbildung zu Birke[154], einem Wort, das sich aus germ. **berkō*, **berkjō-* = „Birke" und schlussendlich aus

151 Tarneller (1909), S. 648
152 Kühebacher (1995), S. 27

153 Videsott (2000), S. 50, 51
154 Kühebacher (1995), S. 311, 312

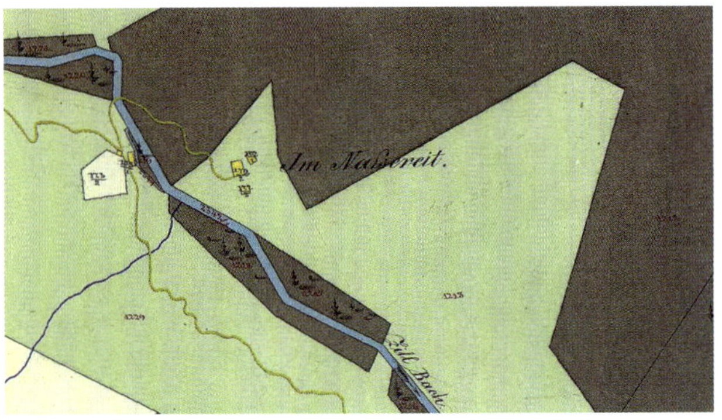

Nassereid, Zieltal, Gemeinde Partschins, Mappe des Franziszeischen Katasters (1855–1861)

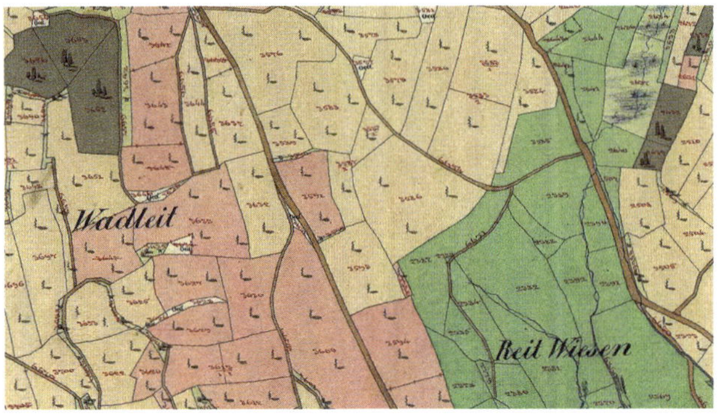

Wadleit, heute Barleit, Gemeinde Kaltern, Mappe des Franziszeischen Katasters (1855–1861)

idg. **b^{h}eregs*, **b^{h}ereg-* = „weiß, hell glänzend“[155] ableitet.

Wiederum finden sich im Alpenromanischen Kollektiv-Bildungen. Einige Beispiele: **Patleid** (Hofname am Naturnser Sonnenberg, Flurname in Plars/Algund), **Patlei** (Bergweide in Trafoi), **Barleit** (Weinriegel in Kaltern), **Parleit/ner** (Hofname in Spinges und in Mühlbach/Gais, davon abgeleitet der Familienname *Oberparleiter*), **Wutlei** (Flurname in Taufers im Münstertal), **Mutlei** (Wald in Taufers im Münstertal). All diese Namen leiten sich von alpenrom. **betullēdu* = „Birkenwald“ > ahd. *Patlīd* > mhd. *Patlait* ab. Das „r“ vor „l“ (wie z. B. in *Barleit*) ist sekundäre Erscheinung, das „w“ bzw. „m“ substituiert im Vinschgau das ursprünglich anlautende „b“ (*Wutlei*, *Mutlei*). Es gibt noch weitere romanische Flurnamen, die auf die Birke zurückgeführt werden können: **Obatlei** (Matsch) < **a betullēdu* = „bei den Birken“, **Patlein** (Schenna) < **betullīna* = „kleine Birke“, **Obatlun** (Matsch) < **a betullōne* = „ausgedehnter Birkenbestand“.

Im Ladinischen begegnen uns Flurnamen, wie z. B. **Costa dai Bedois** (Ciampëi/Wengen) oder **Pre Bedoi** (St. Kassian). In S. Lugano (Gemeinde Truden) befindet sich die Flurgegend **Bedoi**.

Corylus avellana (Europäische Hasel)

Die Nussfrüchte der Hasel (mda. *Hosl, Hoslhëggn*) werden in Anlehnung an die *Oachelen* (Eicheln) und *Puachelen* (Buchecker) im Südtiroler Unterland *Hasalen* genannt und bilden eine wichtige Nahrungsquelle für Nagetiere.

Die Kollektivbildung **Haslach** war im Alt- und Mittelhochdeutschen sehr häufig, sie bezeichnet z. B. die Gemeindeweide in Tabland/Naturns, einen Dorfteil der Gemeinde Tirol (mda. *Hosl*), eine ausgedehnte Flurgegend zwischen Obermais und Schenna, einen Graben zwischen Tscherms und Lana (Haslacher Tal), einen Stadtteil und Burgennamen (Haselburg) in Bozen oder die Gegend rund um die Mühlbacher Klause, die daher auch die Haslacher Klause genannt wird. Außerdem gibt es die Pusterer Flurnamen **Håssla** u. a. auf dem Schneeberg/Terenten oder im Gassl/Geiselsberg. All diese Namen leiten sich von ahd. *haslahi* = „Bestand an Haselstauden“ ab.

Ein entsprechender alpenromanischer Kollektivname steckt im Villnößer Hofnamen **Galreid** (1370 *ain hof haizzet Colreit*[156]) < **colurēdu* = „Gelände mit Haselhecken“ (mit Konsonantenumstellung von **corylu* zu **coluru*).

Erica carnea (Schnee-Heide) *Calluna vulgaris* (Besen-Heide)

Beide Heidekraut-Arten ähneln einander vom Erscheinungsbild und vom Lebensraum her, sodass sich die Volksnamen *Hoad^{e}ra*, *Huadra*, *Hadra*, *Hoaderlen* usw. überschneiden. Die Schnee-Heide (*Erica carnea*) wird manchmal als *Langeshoaderle* von der Besen-Heide (*Calluna vulgaris*, u. a. *Hërbschthoadera*, *Summerhoadra*, *Jochhoadere*) unterschieden.

Der Unterwuchs der lichten Rot-Föhrenwälder in der Gemeinde Feldthurns besteht hauptsächlich aus der Schnee-Heide. Diese ehemaligen Fraktionsweiden werden als *Hoad^{e}ra* („Heiderach“) bezeichnet, z. B. die *Garner*, *Tschiffnoner* und *Schnauderer Hoad^{e}ra*. Eine vordeutsche Entsprechung zu „Heiderach“

155 Pokorny (1959), S. 139

156 Tarneller (1984), S. 263

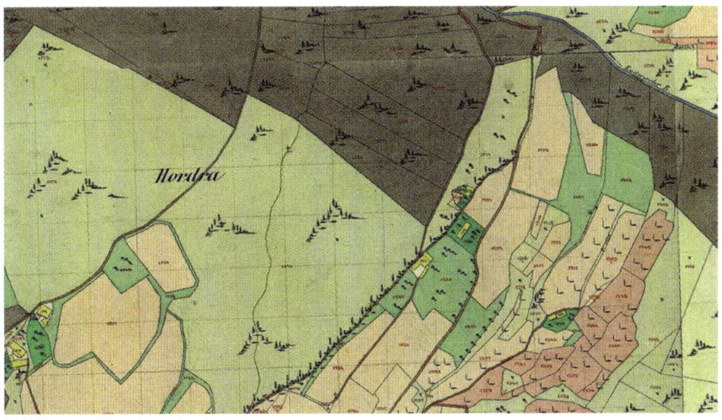

Hordra (*Hoad^{a}ra*), Gemeinde Feldthurns, Mappe des Franziszeischen Katasters (1855–1861)

steckt im Buchholzer Hofnamen **Bruggneid** (1288 *Prukenir*, 1425 *Prugkneid*). Dieser leitet sich aus keltoromanisch **braukonēdu* = „Gelände mit Heidekraut" (zu keltisch **braukos* = „Heidekraut") ab.[157] Vielleicht kann auch der Name des oberhalb von Sand in Taufers liegenden Hofes **Prugginol** ähnlich gedeutet werden, nämlich keltoromanisch **braukonāle* > alpenrom. **bruccināle* = „Gegend mit Heidekraut".

Fagus sylvatica (Europäische Buche)

Die Europäische Buche bildet im Süden Südtirols, besonders an den Mendelhängen von Kaltern bis Eppan, große Bestände und dringt im Etschtal über das Burggrafenamt bis ins Passeier vor. Auch am Deutschnonsberg und am Regglberg ist die Buche häufig, während sie im Vinschgau, im Wipptal, in Ladinien und im Pustertal fast völlig fehlt.

Die Früchte der Buche, die *Puachelen* („Bucheckern"), waren früher Bestandteil der Schweinemast. Buchenholz eignet sich vorzüglich für die Herstellung von Holzkohle. Deshalb erinnern sich die Einheimischen noch an die zahlreichen früheren Kohlbrennplätze (*Koulplatzl*, *Koulschtått*) gerade in den Wäldern des Regglbergs.

Flurnamen rund um die Buche beschränken sich auf das natürliche Vorkommen dieser Baumart. Oberhalb von Salurn liegt die Fraktion **Buchholz** (das it. mda. *Póchi* ist eine Übernahme aus dem Deutschen), oberhalb von St. Pankraz/Ulten der Haufenhof **Buchen**, in Proveis befindet sich das Gehöft **Bucha** (1695 *maso Puecher*[158]) und einer der Passeirer Schildhöfe ist **Buche** (1285 *curia Poachah*, 1288 *ze Puchach*[159]; mda. *Pueche* < mhd. *buochach* = „Buchenwald").

Auch das Alpenromanische kennt geografische Namen, welche die Buche zum Inhalt haben, z. B. die Margreider und Kurtatscher Bergfraktion **Fennberg** (mda. *af Fëin*) oder der buchenbestandene Waldhügel **Fenn** zwischen Klobenstein und Lengmoos am Ritten (1320 *curia Montfen*[160]). Beide Namen leiten sich von alpenrom. **fagōnja* = „Buchenbestand" > **faōnja* > mhd. *foenne* > nhd. *Fenn* ab. Oberhalb des Buchwald-Hofs in Eppan befindet sich der **Pfaunboden** (alpenrom. **fagōne* = „Großer Buchenwald"). Mehrere Waldparzellen in Proveis, die sich im Besitz der romanischsprachigen Nachbarn von Rumo befinden, nennen sich **Faédi** (**fagēdu* = „Buchenbestand"); im Trentino befinden sich die Ortschaften *Fai* und *Faédo*.

Fraxinus excelsior (Gewöhnliche Esche)

Bis heute prägen in Südtirol die Eschen das Landschaftsbild unserer Bergbauernhöfe: In Zeilen aufgereiht, dienen sie u. a. der Hangstabilisierung. Die Esche wurde regelmäßig entastet (mda. *gschnoatet*) und das anfallende Laub verfüttert.

Der mda. Name des Baumes lautet *Ësch(e)*, altmda. jedoch *Åsch(e)*. So heißt dann auch die Bergwiese *af Åsche* im Passeirer Almtal Fartleis, ein Name, der sich aus mhd. **aschach* = „Eschenbestand" ableitet. Möglicherweise liegt auch im Tschögglberger Ortsnamen **Aschl** (mda. *Åschl*) eine Diminutivform zur Esche vor, im Sinne von „kleiner Eschenbestand".

Ein alpenromanischer Eschenname ist im Tschögglberger Ortsnamen **Verschneid** (Gemeinde Mölten) „verbaut", dieser leitet sich von **frasinēdu* = „Eschenwald" (1333 *Versneit*[161]; mit Konsonantenumstellung *fra-* > *fer-*) ab. **Fraschneid** (1285 *ein Hof haizzet Vraschneit*[162]) ist der urkundlich belegte Name des jetzigen Moar in Tschivon in Schenna.

Juglans regia (Echte Walnuss)

Die Walnuss („welsche Nuss") ist der Hausbaum der tiefer gelegenen Höfe des Burggrafenamtes, um Bozen und des Brixner Beckens, der jedoch

157 Finsterwalder (1938), S. 651
158 Tarneller (1909), S. 644
159 Pfeifer et al. (2017), S. 156
160 Tarneller (1984), S. 367
161 Kühebacher (1995), S. 515
162 Tarneller (1909), S. 269

in Mischwäldern auch verwildert ist. *Viele Nussn, viele Puam*, hieß es früher.

Der deutsche Haus- und Hofname **Nussbamer** ist häufig, z. B. in Söll (Gemeinde Tramin), Villanders, Nafen (Gemeinde Villnöß), Mühlbach oder Nauders (Gemeinde Rodeneck).

Es gibt aber auch Flurnamen alpenromanischer Herkunft, die auf die Walnuss zurückzuführen sind, z. B. im Falle des Stabner Flurnamens **Legraun** (**nugarōne* = „Größeres Gebiet mit Nussbäumen") oder in der nur mehr historisch fassbaren Flurbezeichnung **Lagreid** in Mitterlana (1276 *pratum in Nugareide*, 1592 *auf der obern Lagreid*[163] < alpenrom. **nugarēdu* = „Menge an Nussbäumen").

Larix decidua (Europäische Lärche)

Die Lärche (mda. *Larch*, *Lerch*) ist ein Charakterbaum der Alpen. Die Wälder in Schnals oder in den höheren Lagen des Vinschger Sonnenberges bestehen fast ausschließlich aus dieser lichtbedürftigen Baumart. Das Wort *Larch* bzw. *Lerch* ist ein alpines Reliktwort und gehört zum ältesten Wortschatz der europäischen Sprachen.

Eine Abfrage in der Flurnamen-Datenbank des Landes ergab für die Westhälfte Südtirols (einschließlich Sarntal) rund 450 Flurnamen mit dem Bestandteil *Larch-*, darunter z. B. den Mengennamen **Larcha** am gleichnamigen Larcherberg in Ulten (1557 *Larchach*[164]). Die Osthälfte Südtirols (mit Eisacktal und Regglberg) kennt das Wort *Lerch* bzw. *Lärch*, eine Abfrage der Datenbank ergab hierfür immerhin auch an die 250 Flurnamen.

Lerch (gekürztes *Lerchach* = „Lärchenwald", 1910 amtlich noch *Lercha*[165]) ist Fraktion der Gemeinde Aldein, **Lärcha** sind Örtlichkeitsnamen u. a. in Pfunders, Mühlwald, Ahrntal, Pfalzen, Gsies, Prags, Toblach und Sexten.

Ladinisch ist der Wolkensteiner Hofname **Larciunëi**, eingedeutscht zu **Lartschneid** (1311 *curia in Larschyneid*[166]; Familienname *Lardschneider*) < alpenrom. **lartšinēdu* = „Lärchenwald" sowie der Flurnamentyp **Lorett** (Gehöft in Langtaufers, Flurnamen in Reschen, St. Valentin auf der Haide und Planeil, aber auch Hofname in St. Jörgen/Bozen) < alpenrom. **larettu* = „Lärchenwald" < lat. *larictum*[167] = „Lärchenwald".

Picea abies (Gewöhnliche Fichte)

Die Fichte (mda. *di Faicht*, *Foichte*) ist der häufigste Nadelbaum Südtirols.

Der deutsche Baumname leitet sich von mhd. *viehte* < ahd. *fiohta* < germ. **feuhtjō-* ab, dies – wie übrigens auch das lat. *picea* – von idg. *peuk-* = „spitz, stechend" (von den Nadeln).[168]

Es gibt zwar die Kollektivbezeichnungen vom Typ **Feichta** (Bergwiese im Antrattberg/Jaufental, Waldseite in Pfunders) oder **Foichte** (*zi Foichtn*, Hof in Weißenbach/Ahrntal sowie *an do Foichtn*, Hof oberhalb von Luttach), häufiger sind jedoch Bildungen mit dem Begriff **Tase** = „Nadelholzzweig", wie die vielen Flurnamen *Tasa* u. Ä., die überall in Südtirol vorkommen, bezeugen (vgl. dazu ausführlich das Kapitel „Pflanzenteile").

Alpenromanischen Ursprungs sind die Hofnamen **Patscheid** (Weiler in Langtaufers) und **Pitscheid** (Hof in der Gemeinde Karneid; jeweilige Familiennamen *Patscheider* und *Pitscheider*), die sich von **pitšēdu* = „Fichtenwald, Nadelwald" ableiten. Im Falle des Hofnamens **Patschid** (Gufidaun) sowie des Flurnamens **Patschida** (Latzfons) unterblieb die hochmittelalterliche Diphthongierung des /i/ > /ai/. Dies bedeutet, dass der Name *Patschid/a* erst im ausgehenden Mittelalter (15. Jh.) eingedeutscht wurde.

Pinus sylvestris (Rot-Föhre)

Die Rot-Föhre (mda. *di Forch*, *Fërche*, *Fëir*) besiedelt als anspruchslose, lichtliebende Art skelettreiche, karge Böden und tritt vielerorts auch als erste Baumart bestandsbildend nach Kahlschlägen, Bränden etc. auf. Sie bildet am Tschögglberg, auf dem Ritten, im Eisacktal, im Brixner Becken und im Pustertal, insbesondere in den Dolomiten, ausgedehnte Wälder.

Der Name dieser Baumart steckt im Mengennamen „Forchach" (< ahd. *forhahi* = „Föhrenwald"), wie z. B. in den Hof- und Flurnamen **Forra**

---

163 Tarneller (1909), S. 512
164 Tarneller (1909), S. 632
165 Kühebacher (1995), S. 218
166 Tarneller (1984), S. 205

167 Schorta (1985), S. 185
168 Kobler (2014); https://www.koeblergerhard.de/mhd/mhd_v.html; abgerufen am 10.01.2023

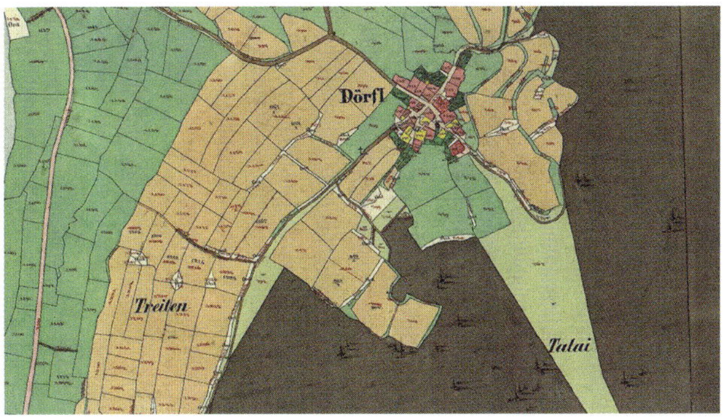

Talei, St. Valentin auf der Haide, Gemeinde Graun im Vinschgau, Mappe des Franziszeischen Katasters (1855–1861)

(Schlanders/Sonnenberg, St. Martin im Kofel, Martell/Sonnenberg; Altprags), **Forri** (Hafling), **Forcha** (Vahrn), **Forer** (Welschnofen), **Forrer** (Pichl/Gsies) sowie **Fahrer** (Mölten).

Die alpenromanische Entsprechung ist das häufige **Pineid** (Hofname in St. Peter/Lajen, Villnöß, Wüstung in Gufidaun, Flurname in Teis und in Truden), **Panid** (Flurname in St. Oswald/Kastelruth, Hofname in St. Konstantin sowie Hofname in St. Michael/Kastelruth, davon abgeleitet der Panider Sattel/Pas Pinëi, der den Übergang zwischen dem deutschen und ladinischen Kastelruther Gemeindeteil bildet), weiters der ladinische Hofname **Pinëi** (St. Vigil in Enneberg), der Flurname **Pinëies** (Runggaditsch/Kastelruth) sowie der Weilername **Pein** (Terenten). All diese Formen gehen auf alpenrom. **pinēdu* = „Föhrenwald; Nadelwald" zurück.

Der Wurzelstock der Föhre liefert das harzreiche und wohlduftende Kienholz, das einst für die Beleuchtung gebraucht wurde. Der Begriff „Kien" wurde zum Synonym für den Föhrenwald, das standarddeutsche Wort Kiefer ist eine Zusammenziehung aus „Kien-Föhre". Kien erscheint beispielsweise in den Hofnamen Kienegg (Vellau/Algund), Kienast (Ritten) sowie im **Kienberg** (Ehrenburg). Die alpenromanische Entsprechung dazu ist **Talei** (Wälder in St. Valentin auf der Haide) sowie **Taleid** (Flurname in Tarsch) < **taedulēdu* = „Föhrenwald" < lat. *taedula* = „kleine Föhre" < *taeda* =„Kien, Föhre, Fackel"[169] und möglicherweise auch **Talair** (Waldgegend am Nördersberg von Schlanders) < **taedulārja* = „Föhrengegend".

Populus tremula (Zitter-Pappel, Espe)

Die Zitter-Pappel (mda. *di Åschp*) besiedelt Mischwälder, Waldschläge und Feldränder und tritt insbesondere auf brachgefallenen Bergwiesen unangenehm in Erscheinung, wenn sich nach Jahren der fehlenden Mahd flächendeckende Kolonien ihrer Wurzelsprossen einstellen. Im leisesten Windhauch zittern ihre Blätter sprichwörtlich wie Espenlaub.

In den Flur- und Ortsnamen erscheint häufig der Namentyp **Aschbach** (Weilername in Algund, Hofern/Kiens sowie oberhalb von Nasen/Percha; Hofname in Pojen/Ahornach, Flurname in Pein/Terenten, Wald in St. Peter/Ahrntal), der sich von mhd. *aspach* < ahd. *aspahi* = „Espenwald" ableiten lässt.

Im Alpenromanischen gibt es eine genaue Gleichung dazu, nämlich **Alfreid** (Hofname in Schenna, Weiler bei Untermoj/Gadertal, lad. *Alfarëi*; davon der Familienname *Alfreider*), der sich von **alfarēdu* = „Pappelhain, Espenwald" ableitet. Der St. Pankrazer Hofname **Alpreid** leitet sich vom ähnlichen **albarēdu* = „Ansammlung von Zitterpappeln" ab, das idg. Ausgangswort **alb*^{h}*os-* = „weiß" konnte von zwei unterschiedlichen alpenindogermanischen Sprecherschichten zu **alb-* bzw. zu **alf-* werden. Das besonders im Vinschgau und im Burggrafenamt verbreitete mda. *Ålber* = „Schwarzpappel" (*Populus nigra*) leitet sich von lat. *albus* = „weiß" ab. Benennungsmotiv ist das weiße, raschwüchsige Pappelholz.

Quercus (Eiche)

Die trockenen unteren Hanglagen des Vinschgaus und Etschtals zwischen Meran und Salurn, des Bozner Beckens und des Eisacktals besiedelt die Flaum-Eiche (*Quercus pubescens*). Weniger häufig und vor allem auf bodenmächtigere Hangfußlagen konzentriert sind die Vorkommen der Trauben-Eiche (*Quercus petraea*), während die weniger Trockenheit vertragende Stiel-Eiche (*Quercus robur*) unsere seltenste Eichenart ist und nur lokal etwas häufiger auftritt.

---

169 Meyer-Lübke W. (1992), S. 642

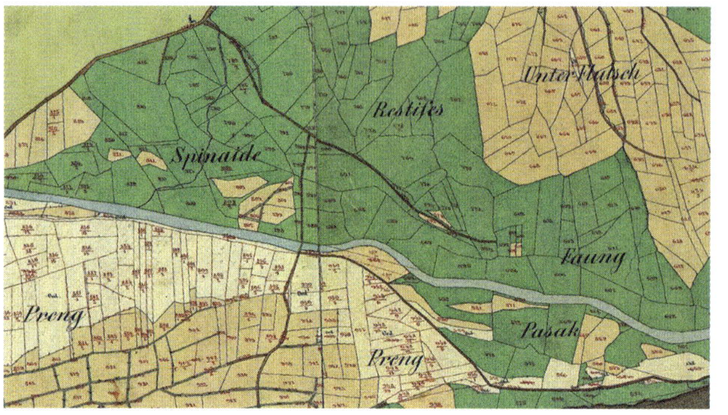

Spineida, Laatsch, Gemeinde Mals, Mappe des Franziszeischen Katasters (1855–1861)

In Castelfeder werden Eichen nach wie vor *gschnoatet* (entastet), um das Laub den Ziegen zu verfüttern und um das typische Landschaftsbild („Arkadien Tirols") zu erhalten.

Häufig sind die Mengennamen **Aicha** (mda. *Oacha*; Ortschaft der Gemeinde Natz-Schabs, Streuweiler der Gemeinde Völs am Schlern, Hofname *Bauer in Aicha* in Karneid), **Aich** (mda. *in Oach*; Fraktion der Gemeinde Tirol), **Aichberg** (Dorf Tirol, Lana), **Aichach** (Burgruine zwischen St. Oswald und St. Vigil in Kastelruth) sowie **Aiche** (mda. *Oache*; Wiese und ehemaliger Hof in St. Leonhard in Passeier). All diese Namen gehen auf ahd. *eihahi* = „Eichenwald" zurück.

Beispiele für alpenromanische Mengennamen: **Rufreid** (nicht mehr gebräuchliches Exonym für Rovereto), **Rafreid** (Hofnamen in St. Peter/Lajen, Villnöß und Lüsen), **Lafreid** (Flurnamen in Partschins, Algund, Tanürz; Hofname unterhalb Tisens/Kastelruth); im Falle von Lafreid erfolgte eine Substitution des anlautenden „r" durch „l" (Liquidtausch). All diese Namen leiten sich von alpenrom. **roburēdu* = „Eichen-Bestand" ab.

→ ***Salix*** (Weide)

Vgl. dazu das Kapitel „Mundartliche Pflanzennamen im Porträt".

Spinetum (Dornengestrüpp)

Mengennamen beschränken sich nicht nur auf bestimmte Baum- oder Straucharten, sondern können auch eine Gesamtheit bezeichnen. So ein mda. Allgemeinname ist *Dournhëggn* bzw. die *Dëirn*, mit dem dornige Hecken der Rose (*Rosa* sp.), Berberitze (*Berberis vulgaris*), Schlehe (*Prunus spinosa*) oder der Brombeere (*Rubus* sp.) benannt werden.

Im süddeutschen Sprachraum begegnet uns der Flurnamentyp **Dornach**, wie z. B. beim Obermaiser Hof Dorner (1369 *Dornach*[170]) oder im Falle des Hofes Dorna in Salurn (1288 *hof in Dornach*[171]). Im Romanischen findet sich der entsprechende Flurname **Spinei** bzw. **Spineid** (Malser Gemeindeweide *Spinei*, Flurname *Spineida* in Laatsch, *Spinei* zwischen Tartsch und Schluderns; Hofname *Spineid* in Kastelbell), der sich aus alpenrom. **spinēdu* = „Dornengestrüpp" ableitet. Neben dem Grundwort *spina* = „Dorne" konnte auch der romanische Begriff **rūvu* = „Brombeer-, Dornenhecke" Mengennamen bilden, z. B. im Siebeneicher (1303 *Rubatschhube*[172]) und Geiselsberger Hofnamen **Rubatsch**, beides alpenrom. **rubatšja* = „Schlechtes, ausgedehntes Dornengestrüpp".

Ein allgemeiner Mengenname ist auch **Staudach** („Ansammlung von Stauden, Hecken"), der im Deutschen recht produktiv war, z. B. als *Schtaudich* (Hof auf der Mittermut, Dorf Tirol) oder *Staudach* (jeweils Hof in St. Pankraz, Buchholz/Salurn, zwischen Lengstein und Mittelberg am Ritten sowie oberhalb von Mellaun/Ploseberg). Die Verkleinerung *Staidacher* („Städacher") ist ein Hofname in Antlas (Ritten), das Kollektiv *Gstaud* eine Bergwiese und ehemalige Hofstelle in Prissian (Gemeinde Tisens).

Ulmus glabra (Berg-Ulme)
Ulmus minor (Feld-Ulme)

Für die Ulmen (mda. Sg. *di Ilp*) gilt Ähnliches wie für den Ahorn und die Esche. Ihre Zweige wurden regelmäßig geschnitten, weil das Laub zur Fütterung verwendet wurde. In Malgasott und St. Felix (Deutschnonsberg) sind die Berg-Ulmen nach wie vor landschaftsprägend.

Der Mengenname Illmach begegnet uns im Rabensteiner Gehöft **Ilmach** (mda. *af Ilbme*), wovon sich auch der Familienname Illmer bzw. Ilmer ableitet. Auf ein alpenrom. **ulmo* bzw. **olmo* könnten die Flurnamen **Ulm** (Tisens, Oberfennberg, Glen, Tagusens) sowie **Ulmes** (Albions) zurückgehen.

---

170 Tarneller (1909), S. 282
171 Finsterwalder (1938), S. 652
172 Tarneller (1909), S. 438

Neben den genannten Baum- und Straucharten gibt es noch weitere Baum- und Pflanzennamen, die in Flurnamen erscheinen und Mengennamen bilden, z. B. die Linden (Winter-Linde, *Tilia cordata*, Sommer-Linde, *Tilia platyphyllos*). Diese erscheinen in Hofnamen wie **Lint** (am Naturnser Fuchsberg und Nörderberg), im Flurnamen **Linda** (Lindach), einem Ortsteil von Kiens, sowie im Salurner Flurnamen **Tó dei teári** („Lindenris“).

Ein romanischer Mengenname könnte im Salurner Ansitznamen **Garneid** (mda. *Granait*, 1322 *Garbneyt*, 1376 *Grabeneyt*[173]) stecken, nämlich alpenrom. **carpinēdu* = „Hainbuchen-Bestand“, wobei der Bezug hier wohl die sehr ähnliche Hopfenbuche ist, nachdem die Hainbuche selbst in Südtirol fehlt. Und selbst die Brennnessel, die stickstoffreiche Weideplätze und Viehläger anzeigt (Lägerflora), erscheint als **Essla** bzw. **Nessla** „Nesselreiches Gelände“ (Almweide *Nëssla* in Klapfberg/Innerulten sowie in Pfunders, Almweide *Ësslaplåtz* in Proveis und in Gsies). Die romanische Entsprechung begegnet uns im lad. **Urtijëi** < **urtižēdu* = „Brennnesselplatz“ sowie in den Flurnamen **Nurtjera** bzw. **Urtriola** (Taufers im Münstertal).

WIE ALT SIND PFLANZENNAMEN?

Im vorhergehenden Abschnitt wurden Beispiele vorrömischer, alpenromanischer und deutscher Flur- und Ortsnamen, die Pflanzennamen inkorporieren, vorgestellt. Damit haben wir das Tor in die Sprachgeschichte von Pflanzennamen aufgestoßen. Wenn man durch dieses Tor hindurchblickt, stellt sich ganz von selbst die Frage nach dem Alter von Pflanzennamen.

Wenn wir mit den ältesten, also im weitesten Sinne vorrömischen Wörtern beginnen, stoßen wir auf früheste Spuren in den sogenannten **alpinen Reliktwörtern**. Dabei handelt es sich um endemische Begriffe, die Baum- und Tierarten bzw. Erscheinungen der natürlichen Umwelt benennen, die sehr eng an den Alpenraum gebunden sind, wie z. B. Larch, Zirm, Gams, Gand und die, je nach Sichtweise, in „rätische“, indogermanische oder gar vorindogermanische Sprachschichten zurückreichen könnten. Jede Sprachgruppe, die im Laufe der Geschichte in die Alpen vordrang, musste eventuell angetroffene Bewohner nach den Namen der Gams oder eben der Zirmen fragen, weil man diese Tiere bzw. Bäume vom eigenen Herkunftsort her nicht kannte.

Das Wort **Lärche** (mda. *Larch*, *Lerch*) erscheint in den europäischen Sprachen als *larch* (engl.), *larice* (it.), *larix, -icis* (lat.), *larix* (gr.). In dieser Wortwurzel wird eine Verwandtschaft mit dem Proto-Keltischen **daru* angenommen, dies zu idg. **dóru*, **dréws* (Genitiv) = „Baum“ < idg. **drew* = „hart, stark, massiv“.[174] Nach anderer Ansicht lässt sich das Wort mit vorrömisch **lari-k-s* rekonstruieren, mit dem Suffix *-ks*, was auf eine vorindogermanische Herkunft schließen lässt.

Ein anderer typischer Vertreter der Alpen ist die **Zirbe** (mda. *Zirm*), die in der Flurnamendatenbank des Landes rund 180 Mal erscheint. Die Zirbe bildet große Bestände und erscheint in Flurnamen wie Vielzirm (Lüsen; zu alpenrom. **val cier* = „Zirmtal“), Zirmeid (alpenrom. **tsirmēdu* = „Zirbenwald“), Zirmbichl, Zirmtal (Gem. Kastelbell), Cirspitzen (Gröden) usw. Das Wort ist im Mhd. als *zirm, zirben*[175] belegt.

Die Grundform erscheint im Deutschen als *zirm-*, da die romanischen Sprachen (lad. *cier* = „Zirbe“, it. mda. *cirmolo*) diesen vorrömischen Baumnamen mit *-m* sprechen. Rekonstruiert wird der Baumname mit vorröm. **kíramo*[176], eine überzeugende Etymologie steht noch aus. Das Grundwort für Zirm im Bündnerromanischen lautet dagegen *dschember*, wie im lat. Artnamen *Pinus cembra*. Das Wort wird mit vorröm. **gimberu*[177] rekonstruiert, dies könnte mit dem Rätischen **kimru* bzw. **gimru*[178] einen etymologischen Ansatz finden.

Als weitere Nadelhölzer sind die Tanne und die Eibe zu nennen. Das Wort **Tanne** stammt aus mhd. *tanne*, ahd. *tanna*, germ. **danwo*, **dannjō-*, **dannjōn* = „Tanne, Fichte“, idg. **dhanu-* oder **dhonu-* = „eine Baumbezeichnung“; altindisch *dhan-u* = „Bogen“. Das Etymon scheint sich also ursprünglich auf das Holz zu beziehen, das für die Bogenherstellung geeignet war[179].

173 Finsterwalder (1938), S. 657

174 Wiktionary; https://en.wiktionary.org/wiki/larix#Latin; abgerufen am 19.01.2023
175 Köbler (2014); https://www.koeblergerhard.de/mhd/mhd_z.html; abgerufen am 19.01.2023
176 Kühebacher (2000), S. 214
177 Schorta (1985), S. 162
178 Quartu et al. (1982–1988), S. 397
179 Pokorny (1959), S. 234

Das Wort **Eibe** (mhd. *īwe*, *ībe*, ahd. *īwa*) leitet sich von germ. **īgwa-* und idg.**(e)i-u̯o-* bzw. **(e)i-u̯ā* = „Eibe" ab. Zugrunde liegt ein Farbadjektiv **ei-* = „rot, bunt, farbig". Verwandt mit dem Wort Eibe ist das griechische *oié* = „Vogelbeerbaum" (hier allerdings sicherer Bezug zu den roten Früchten) sowie das lat. *uva* = „blaue Traube". Bezugspunkt war dabei weniger der scharlachrote Samenmantel (Arillus) als vielmehr das rotbraune Holz, das bereits in der Prähistorie Ausgangsmaterial für die Herstellung von Beilschäften und Bögen war. Die außergewöhnlichen Eigenschaften des Eibenholzes – es ist sehr dicht, dauerhaft und elastisch – haben diese Baumart vielerorts an den Rand der Ausrottung gebracht.

Die indogermanische Grundform des Baumnamens **Erle** lautete **alisā*[180], die zu den deutschen Dendronymen „Erle" und eben „Else" (wie in „Elsbeere") führte. Unmittelbarer Benennungsanlass von **alisā* könnte (aufgrund des Wortbestandteiles *el-* bzw. *ol-*) das rötlich-gelbe Holz der Schwarz-Erle gewesen sein.

Wie man aus der freilich nicht immer restlos gesicherten Etymologie alpiner Baumnamen erkennt: Das Benennungsmotiv zielt meist auf das Holz ab. Bezugspunkt ist die Färbung, noch mehr sind es die Materialeigenschaften. Für unsere Vorfahren standen technologische bzw. militärische Einsatzmöglichkeiten des Materials Holz im Vordergrund. Die Nutzung als Speisebaum bzw. Viehfutter (Blätter) scheint sekundär gewesen zu sein.

Im Gegensatz zu den Baumnamen sind Namen krautiger Pflanzen in der Regel jünger. Zwar stießen wir bei unserer Felderhebung auch auf mundartliche Pflanzennamen, die bereits in ahd. Glossen (Wortsammlungen) gut belegt sind, wie die Bezeichnungen **Zeitlose** (ahd. *zitilosa* → *Crocus albiflorus*), **Zi<u>ë</u>lånt** (ahd. *cilant, cyland* → *Daphne*; in Martell dokumentiert) oder **Hemmern** (ahd. *hemera* → *Veratrum album*). In der Regel sind aber die deutschen Büchernamen besser belegt und geografisch weiter verbreitet als die strikt mundartlichen (Süd-)Tiroler Benennungen, die wir für dieses Forschungsvorhaben gesammelt haben. Büchernamen erscheinen bereits in den Kräuterbüchern des 15., 16. und 17. Jh. (V. Auslasser, H. Bock, P. Matthiolus, J. Camerarius, J. T. Tabernaemontanus → Literaturverzeichnis), konnten sich durch die Schriftlichkeit etablieren und wurden schließlich zum standardisierten Büchernamen (z. B. Augentrost, Bärenklau, Hornklee, Leberblümchen usw.).

Neophyten, das sind Pflanzen, die erst in jüngerer Zeit eingeschleppt wurden, tragen freilich jüngere Bezeichnungen. Die Globalisierung und die erhöhte Mobilität der letzten beiden Jahrhunderte haben zur Verbreitung neuer Pflanzenarten geführt, die als invasive Arten mitunter die einheimische Flora bedrohen wie das Schmalblättrige Greiskraut, das Drüsige Springkraut, der Japanische Staudenknöterich oder der Sommerflieder. Die genannten Arten traten erst ab der zweiten Hälfte des 20. Jh. in Südtirol in Erscheinung und tragen keine mundartlichen Bezeichnungen. Ältere Neophyten dagegen werden benannt, wie z. B. der Fiederblättrige Zweizahn (*Bidens bipinnata*), der als *L<u>ai</u>tntuifele*[181] bzw. *Scht<u>u</u>pferle* rund um Bozen und als *pétole* in Laag bekannt ist. Die Früchte sind in der Gegend von Bozen als *L<u>ai</u>tiger Puebm*[182] bekannt. Das allseits bekannte Franzosenkraut (→ *Galinsoga*) weist eine überraschend große Vielfalt an Bezeichnungen auf, welche die Umstände seiner Ausbreitung thematisieren.

Im Anblick der schieren Breite und Vielfalt mundartlicher Pflanzennamen stellt sich abschließend die Frage nach ihrer Evolution und Diffusion. Diese Frage drängt sich auf, weil mda. Südtiroler Pflanzennamen in entfernten Gebieten des (ehemaligen) deutschen Sprachraumes wieder auftauchen. Der großräumige Vergleich zwischen Pflanzennamen wurde erst durch das groß angelegte Wörterbuch der deutschen Pflanzennamen[183] von Heinrich Marzell ermöglicht. Dieses erhebt den Anspruch, die Gesamtheit an Pflanzennamen im deutschen Sprachraum sowohl synchron (räumlich) als auch diachron (zeitlich) zu dokumentieren. Beispiele: die *Weißblumen* in Ulten tauchen als *Wasbloam* im Böhmerwald wieder auf (Gewöhnliche Margerite → *Leucanthemum vulgare* agg.), die *Fahndler* (Klatsch-Mohn → *Papaver rhoeas*; Laurein) kommen als *Fani* (bei Bern), *Roggenfahnln* (Hallstatt)

---

180 Marzell (1943–1979), Bd. 1, Sp. 218

181 Wirth (2021), S. 368
182 Fink (1972), S. 174
183 Marzell (1943–1979), Wörterbuch der deutschen Pflanzennamen, 5 Bde., Köln, Leipzig, Stuttgart-Wiesbaden

und *confalone* (Pavia) wieder zum Vorschein und die *Spitzbuben* bzw. *Alten Buben* kennt man im Schwäbischen als *Bubennägele* (Rote Lichtnelke → *Silene dioica*).

Wie können diese Gemeinsamkeiten erklärt werden?

Es wird genetische Verbindungen gegeben haben. Alt- und mittelhochdeutscher Wortschatz hat seinen Ursprung im hochdeutschen, sprich süddeutschen Sprachraum. Dieser liegt topographisch höher als der niederdeutsche Sprachraum, daher der Terminus „hoch"deutsch. Im Laufe der Zeit geht der Gebrauch bestimmter mda. Pflanzennamen an bestimmten Orten immer stärker zurück, so dass Pflanzennamen irgendwann wie Mundartinseln aus einem Meer von anderen jüngeren Namen herausragen. Demzufolge haben die meisten Pflanzennamen einen gemeinsamen „genetischen" Ursprung. Dasselbe gilt für die romanischen Pflanzennamen, von denen es in Südtirol doch recht viele gibt. Sie sind trotz des eingetretenen Sprachwandels von Alpenromanisch zu Deutsch vor Ort erhalten geblieben (z. B. *Rafatschoidn*, *Fissikatori*, *Malånzn*).

Den Gegensatz zum sprachgenetischen Ursprung bildet die Diffusion von Pflanzennamen. Unter Diffusion versteht man die Wanderung von Namen (und Sprechern) von einem Ausgangspunkt in benachbarte Regionen. Ein Beispiel: Über die alpenslawischen Besiedler des Drau- und Iseltales (ab dem 3., 4. Jh. n. Chr.) gelangten alpenslawische Pflanzenwörter wie *Hodell*, *Stållitzlen* oder *Mosarelle* nach Gsies bzw. Sexten.

Und drittens ist es schließlich möglich, dass Pflanzennamen vollends unabhängig voneinander entstehen können und zwar allein aufgrund einer geteilten, allgemein menschlichen Anschauungsweise. Ein Beispiel: die Früchte des Weißdorns werden im gesamten deutschen Sprachraum mit Kultursorten (Äpfel, Birnen, Kornelkirschen, Hagebutten, Trauben) verglichen, in Welschnofen heißen sie *Winterkerschn*. Im entfernten Rheinland sind es die „Mehlkirschen" und in Mähren/Aussig die „Mehlweichseln". Gemeinsam ist allen dreien das Vorbild der alten Kirschbäume im Obstanger und unabhängig voneinander konnten dieselben Namensformen entstehen.

MUNDARTLICHE PFLANZENNAMEN IM PORTRÄT

Im folgenden Kapitel werden die mundartlichen Bezeichnungen von 70 Pflanzenarten (bzw. -gattungen) im Detail vorgestellt. Dabei wurden solche Arten ausgewählt, die eine besondere Vielfalt an mundartlichen Bezeichnungen aufweisen und über deren Herkunft und Bedeutung spannende Geschichten erzählt werden können. Unter den vorgestellten Arten finden sich die bekanntesten Gräser, Kräuter und Sträucher.

Die angeführten Pflanzen sind nach ihrem wissenschaftlichen Artnamen[184] gereiht. Sollte dieser den Leserinnen und Lesern nicht bekannt sein, kann man sich mit dem Index am Ende des Buches behelfen. Nach dem lateinischen Artnamen folgen die deutschen, italienischen, grödnerischen und gadertalischen „Bücher-“ bzw. Standardnamen.[185]

Es folgt eine botanische Kurzcharakterisierung sowie auf Südtirol bezogene Informationen zu Vorkommen und vertikaler und horizontaler Verbreitung einschließlich, wo sinnvoll, einer Verbreitungskarte. Die Verbreitungskarte ist als Rasterkarte dargestellt: Ein Punkt in einem Rasterfeld bedeutet das (nachgewiesene) Vorkommen der Art in diesem Feld, wobei die Farbe des Punktes auf den Zeitraum der letzten Beobachtung im Rasterfeld hinweist: rot = Nachweis nach 2000, dunkelorange = Nachweis im Zeitraum 1980–1999, hellorange = Nachweis im Zeitraum 1920–1979, gelb = Nachweis vor 1920.

Anschließend folgt die Auflistung der verschiedenen Südtiroler Mundartbezeichnungen, weitestgehend nach Benennungsmotiven geordnet. Aus der Literatur erschlossene Pflanzennamen sind immer quellenmäßig belegt, indem das Kurzzitat in der Fußnote aufscheint. Volkstümliche Bezeichnungen ohne Fußnote wurden von Gewährsleuten direkt erfragt oder gehen auf Einsendungen („Citizen Science“) im Zuge des Forschungsprojektes zurück (Befragungszeitraum 2020–2021).

Abschließend folgen Angaben zur Herkunft und Bedeutung der mundartlichen Pflanzennamen, gefolgt von volkskundlichen und volksmedizinischen Angaben, wie diese uns von den Gewährsleuten mitgeteilt wurden. Diese Angaben reflektieren in etwa das heutige „Gebrauchswissen“ rund um die Pflanzenarten.

Mundartgedichte und Merksprüche, in denen Pflanzen eine Rolle spielen, „befeuchten“ manche „dürren“ sprachgeschichtlichen Ausführungen.

Unter den Belegorten erscheinen freilich jene Orte gehäuft, die wir bei unseren Felderhebungen aufgesucht haben: Es sind die Heimatorte der Gewährspersonen dieses Forschungsprojektes. Bei manchen Orts-Belegen wurde manchmal „ausigegrost“, denn Mundart-Areale halten sich nicht an Staats- oder Regionsgrenzen; daher sind kursorisch Belege aus den ladinischen Teilen des Veneto (Buchenstein), aus dem Trentino, dem Engadin, dem Ötztal oder aus dem Osttiroler Pustertal (z. B. Villgraten) in die Aufstellung einbezogen worden.

Im Zuge der Befragungen wurde uns hie und da klar, dass es sich bei einigen wenigen Pflanzennamen quasi um „Familien-Interna“ handelt – Namen, die ansonsten im Dorf unbekannt sind und aus der Kinderzeit der Gewährspersonen herrühren könnten. Dazu könnten etwa Eigenprägungen wie das *Frånznkittele* (Soldanelle oder Alpenglöckchen, *Soldanella* sp.; Kastelruth) oder die *Kapelliler* (Gewöhnliches Fettkraut, *Pinguicula vulgaris*; Ulfas) zählen.

Gar einige mundartliche Bezeichnungen konnten trotz Bemühungen keiner eindeutigen Pflanzenart zugeordnet werden, weder durch eine Abbildung noch durch eine Feldbegehung. Entweder kommt diese Pflanze zu weit vom Wohnort entfernt vor oder die betreffende Pflanze war zum Zeitpunkt der Erhebung nicht zu identifizieren.

Eine solche Pflanzennamen-Sammlung ist im Grunde nie abgeschlossen und wohl auch nie abschließbar – dafür ist der *„unerschöpfliche Reichthum wohlgefälliger Blumennamen“*[186] einfach zu groß.

---

184 Taxonomie und Nomenklatur der in diesem Buch behandelten Arten richten sich nach Fischer et al. (2008).

185 Referenz für die lateinischen, deutschen und italienischen Artnamen ist das Portal FloraFaunaSüdtirol (www.florafauna.it), für die ladinischen die Wörterbücher Deutsch-Gadertalisch und Deutsch-Grödnerisch, hgg. vom Ladinischen Kulturinstitut Micurà de Rü; https://www.micura.it/de/woerterbuecher

186 Grimm (1813), S. 138

• Achillea millefolium

Echte Schafgarbe | Millefoglio comune | Ciarí mac | Ciarinac

Asteraceae – krautig, mehrjährig, 10–50 cm hoch. Blütezeit Juni–Oktober. Vorkommen auf Wiesen, Weiden, Äckern und in Halbtrockenrasen. In ganz Südtirol vom Tal bis ins Hochgebirge verbreitet. Eigentlich handelt es sich um eine Gruppe aus schwer unterscheidbaren „Kleinarten" (*Achillea millefolium* agg.), von denen in Südtirol bislang folgende sicher nachgewiesen sind: *Achillea millefolium* s.str. (Echte Schafgarbe), *A. distans* (Zahnblättrige Schafgarbe), *A. pratensis* (Dichtrasige Schafgarbe).

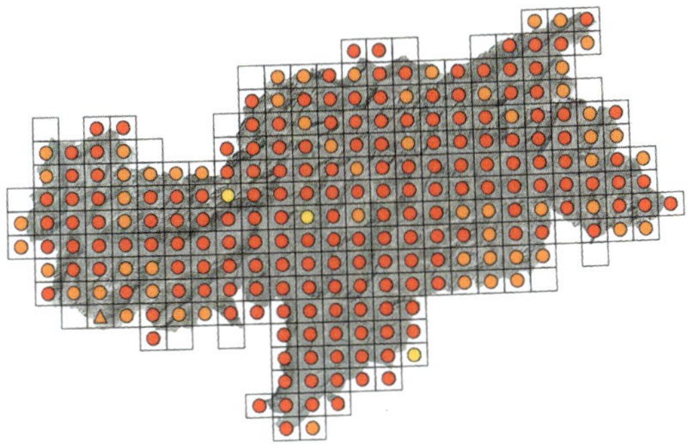

Mundartlich	Belegorte
Gouchal[187]*, Ggouchal, Gouchl (m.)*	Antholz, Olang, Ridnaun
Kōchal, Fōchal[188] *(m.)*	Sexten
Kāchlblüah[189] *(f.)*	Lüsen
Touchal, Tōchal (m.)	Ried/Reischach, Ahrntal, Mühlwald, Gsies
Åchalkraut, Ōchalkraut[190] *(n.)*	Pustertal
Pauchweakraut (n.)	Vierschach
Tiëschlplui[191] *(n.)*	Pustertal (alt)
Kråmpfkraut (n.)	Kastelruth

HERKUNFT UND BEDEUTUNG

Der im Pustertal und früher auch im Wipptal, im Brixner Raum und wohl noch weiter verbreitete Name **Gochal** bzw. Kochal leitet sich von ahd. *gahheila* = „die schnell Heilende" ab, ein Wort, das bereits in Glossaren des 11. und 12. Jahrhunderts aufscheint. Die 1482 belegte Form *gachel*[192] kommt den verschiedenen Mundartbezeichnungen schon recht nahe. Die ähnlichen Namensformen Åchal- bzw. Ochalkraut sind durch Abfall des Anlautes /g/ erklärbar, Fochal (Sexten) erhielt umgekehrt ein /f/. In Ried/Reischach, Ahrntal, Mühlwald und Gsies (Tochal) ist ein /t/ als Anlaut angewachsen. Aus Villgraten ist uns das *heilsame Gacherl*[193] überliefert.

187 Müller (1985), S. 148
188 Kerschbaumer-Sigmund (1985), S. 120
189 Prosch (1923), S. 256
190 Moser (2015), S. 13, 207
191 Fink (1979), S. 86
192 Marzell (1943–1979), Bd. 1, Sp. 87
193 Lang-Reitstätter (1935), S. 81

Die wohl schon vergessene Tüchlblüte (mda. *'s Tiëschlplui*) im Pustertal wird eine Verkleinerung bzw. Variante zu „Tochal“ sein.

Das Krampfkraut aus Kastelruth und das Bauchwehkraut aus Vierschach verweisen auf die krampflösende und beruhigende Wirkung dieses hochgeschätzten Heilkrautes, das vor allem zur Wundheilung verwendet wird.

Der deutsche Name **Schafgarbe**, der mittlerweile auch in der Mundart vorherrscht, kommt von den Schafen, die zwar die Blätter fressen, aber Stängel und Blütenköpfe verschmähen. Der zweite Wortbestandteil, Garbe, geht vielleicht auf germ. *garwa* = „die Bereitgestellte“ zurück, was einer Empfehlung gleichkommt, das Wundkraut stets in Griffweite zu haben[194].

Das lat. *Achillea* verweist auf den griechischen Helden Achill, der vor den Toren Trojas die im Kampf erlittenen Wunden mit diesem Kraut geheilt haben soll.[195]

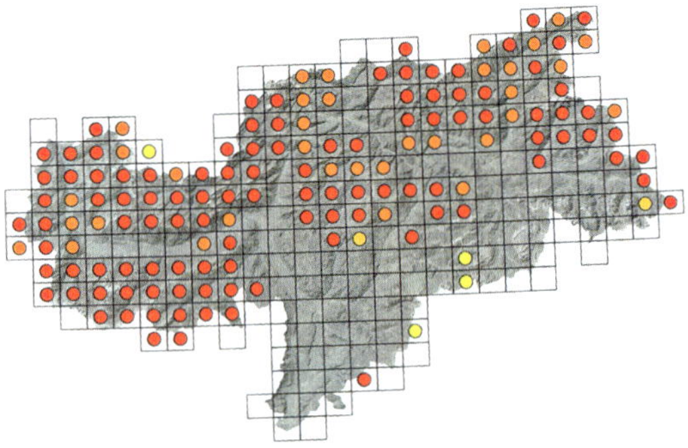

• Achillea moschata

Moschus-Schafgarbe | Achillea moscata

Asteraceae – krautig, mehrjährig, 5–20 cm hoch, stark aromatisch riechend. Blütezeit Juni–September. Vorkommen: lückige Rasen und Steinschuttfluren hauptsächlich der alpinen Stufe, kalkmeidend, 1700–3000 m.

Mundartlich	Belegorte
Jochsëifa (m.)	Rojen, Langtaufers[196], St. Valentin a. d. H.
Jochsifer (m.)	Schlanders
Jochifer (m.)	Taufers i. M., Schluderns, Matsch, Stilfs, Trafoi, Prad, Eyrs
Jochifi[197]	Martell
Muaterkraut (n.)	Schnals, Naturns, Lana
Oberraut (m.)	Ulten, Laurein, Proveis
Weißes Oberraut (n.)	St. Gertraud/Ulten
Hoberraut (m.)	Villanders, Verdings, Latzfons, Lüsen[198]
Ogeraut, Joch-Ogiraut (m.)	Durnholz, Sarntal[199]
Jochgråmille (f.)	Passeier[200], Pfitsch, Pfunders
Perk-Gromille (f.)	Ahrntal
Jöch-Tschenggilar (Pl.)	Sarntal, Tschögglberg
Perg-Schofgårbe (f.)	Vierschach
Jochgårbe (f.)	Ried/Reischach

194 Marzell (1943–1979), Bd. 1, Sp. 82
195 Spohn et al. (2015), S. 176
196 Joos (2010), S. 569
197 Pfitscher (2001), S. 47, als „kleine Schafgarbe“
198 Prosch (1923), S. 256, als „(*Achillea*-Art) … mit fein zerschlissenen, schön grünen Blättern auf dem Urgebirge (Plosegebiet)“
199 Gruber (2005), S. 95, als „Alpenschafgarbe“
200 Haller & Lanthaler (2004), S. 110

HERKUNFT UND BEDEUTUNG

Beim Zerreiben dieses Krautes entströmt ein würziger Duft, daher lautet der lateinische Artname *moschata* „moschusartig".

Die Bezeichnung **Ifer** erinnert an das bündnerromanische *iva* = „Moschus-Schafgarbe", dabei handelt es sich um einen vorrömischen Pflanzennamen. Im Gallischen wird als Entsprechung zu **īva* der Günsel (*Ajuga*) angeführt und eine Verwandtschaft zu gallisch **ivus* = „Eibe" angenommen[201]. *Jochsëifer* im Vinschger Oberland dürfte eine Genitivbildung sein, zumal der Bezug zu *Sëifn* (→ *Juniperus sabina*) wenig plausibel erscheint, da diese Art im Gebiet fehlt.

Die Formen **Oberraut**, Hoberraut und Ogeraut sind allesamt Übertragungen. *Oberraut* bzw. *Og(e)raut* sind nämlich mundartliche Bezeichnungen der Echten Edelraute (→ *Artemisia mutellina*).

Auch der Name **Mutterkraut** ist eine Übertragung eines anderen volkstümlichen Pflanzennamens, nämlich der *Muttern* (Alpen-Mutterwurz, *Mutellina adonidifolia*), die bei uns gewöhnlich *Mataun* heißen. Mit dieser Pflanze teilt die Moschus-Schafgarbe die medizinische Anwendung bei Verdauungsbeschwerden.

Die Bezeichnung **Joch-** oder **Berggramillen** verweist auf die Kamillen, denen sie in Geruch, Aussehen und Anwendung ähnelt – mit dem Unterschied, dass die Jochgramillen wie die Jochifern hoch oben auf dem „Joch" bzw. am „Berg" wachsen.

Der Ausdruck Tschenggilar lässt sich nicht zuordnen, denn mda. *tschenggat* = „link" oder *tschanggn* = „ruckweise zerren, hacheln" sind negativ konnotiert und passen nicht recht in das Bild des geschätzten Heilkrautes.

VOLKSKUNDLICHES UND VOLKSMEDIZINISCHES

Die Moschus-Schafgarbe ist ein begehrtes Heilkraut bei Durchfall und Verdauungsbeschwerden, *Jochsöifa klaupm* („Moschus-Schafgarbe sammeln") bildete für die Hirten in Langtaufers der 1960er-Jahre einen kleinen Nebenverdienst[202]. Das Kraut wurde zwischen Juni und September gesammelt und an Händler und Apotheker verkauft.

In Ried (Reischach) wurden je nach Schweregrad einer Magenverstimmung vier Kräuter als Tee verabreicht: bei leichten Beschwerden die *Goasschtraubm* (Isländisches Moos), danach die *Jochgårbe* (Moschus-Schafgarbe), dann der *Tochal* (Gemeine Schafgarbe) und schließlich als wirksamstes Mittel der Echte Wermut (*Artemisia absinthium*).

Litten Weidetiere an Durchfall, wurde ihnen in Villanders *Hoberrautmilch* verabreicht.

Eine Gewährsperson aus Naturns erinnert sich, dass eine Ziege einmal *Hemmern* (Weißer Germer → *Veratrum album*) fraß, daraufhin wurde ihr der bittere Auszug des *Muaterkrauts* eingeflößt, worauf sich die Ziege erholte. *Muaterkrautschnåps* wurde in Schnals als Mittel gegen Magenschmerzen eingenommen.

---

201 Meyer-Lübke (1992), S. 329
202 Thöni (2010), S. 51

• Aconitum

Blauer Eisenhut, Gelber Eisenhut (Wolfs-Eisenhut) | Aconito napello, Aconito strozzalupo | Lovara börna/Faus mates/Soldá bröm, Lovara ghela | Coda de lëuf/Ierba dal lëuf, Coda de lëuf ghiela

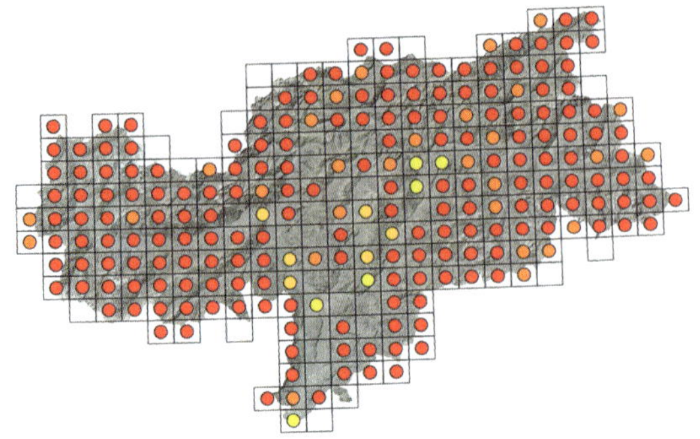

Der Eisenhut (Familie Ranunculaceae), eine mehrjährige krautige Pflanze, ist in Südtirol durch mehrere Arten vertreten. Vier davon sind blaublühend: die kompaktblütigen *Aconitum napellus* (Blauer Eisenhut) westlich der Achse Salurn–Passeier und *Aconitum tauricum* (Tauern-Eisenhut) östlich der Achse Bozen–Brenner sowie die rispenblütigen *Aconitum degenii* (Rispen-Eisenhut) in ganz Südtirol und der seltene *Aconitum variegatum* (Bunter Eisenhut) mit Schwerpunkt im Vinschgau. Zum gelblühenden Wolfs-Eisenhut zählen mehrere Kleinarten, von denen in Südtirol je nach Artabgrenzung 2 oder 3 vorkommen. Diese Artengruppe ist im ganzen Land vertreten mit Schwerpunkt in den Kalkgebieten.
Die genannten Arten können drei Artengruppen zugeordnet werden:
Artengruppe Blauer Eisenhut (*Aconitum napellus* und *A. tauricum*) – 50–150 cm hoch. Blütezeit Juni–Oktober, tiefblaue bis blauviolette Blüten. Vorkommen: an feuchten und nährstoffreichen Standorten im Berggebiet, Hochstaudenfluren, Almweiden und Lägerfluren.
Artengruppe Bunter Eisenhut (*Aconitum degenii* und *A. variegatum*) – 50–150 cm hoch. Blütezeit Juli–September, blaue, bei *A. variegatum* manchmal grünlich oder weiß gescheckte Blüten. Vorkommen: Hochstauden, Bachufer, feuchte Wälder.
Artengruppe Wolfs-Eisenhut (*Aconitum lycoctonum* agg.) – 50–200 cm hoch. Blütezeit Juni–September, blassgelbe Blüten. Vorkommen: lichte Wälder, Waldsäume, Hochstaudenfluren.

Die meisten volkstümlichen Namen werden mit wenigen Ausnahmen sowohl für blau- als auch für gelbblühende Arten verwendet, wobei für den Wolfs-Eisenhut keine eigenständigen Bezeichnungen vorliegen. Manchmal wird durch den Zusatz „gelb" (seltener „blau") differenziert.

Blauer und Gelber Eisenhut (*Aconitum napellus*, *Aconitum lycoctonum* agg.)

Mundartlich	Belegorte
Wolfswurzn (Pl.)	Langtaufers, Laas, Katharinaberg, Schlanders, Kastelruth
Wolfwurz, -wurzn	Matsch, Stilfs
Wolfiswurze[203]*, -wurzn*	Lüsen, Antholz, östliches Pustertal
Wolfwurschzn (Pl.)	Pfunders
Wolfiswuschze (f.)	Ahrntal
Muatergottes-Schlapplen (Pl.)	Taufers i. M.
Muatergottes-Patschlen (Pl.)	Burgeis
Muttergottes-Schühlen[204]	ohne genaue geografische Angabe *(A. variegatum)*
Paterpåtschn[205] *(Pl.)*	um Klausen
Paterknoschpm[206]	ohne genaue geografische Angabe *(A. napellus)*
Patterknoschpm (Pl.)	Pfitsch
Nollwūschze (f.)	Rein in Taufers
Nårrnkappl[207] *(n.)*	Passeier
Gēlschtern[208] *(Pl.)*	Ulten

HERKUNFT UND BEDEUTUNG

Die **Wolfswurzen**, auch Wolf- bzw. Wolfiswurzen, beziehen sich auf die hohe Giftigkeit der gesamten Pflanze und besonders auf die rübenartig verdickte Wurzel, die in pulverisierter Form dem Wolfs- oder Fuchsköder beigemischt wurde, um die unliebsamen Räuber zu vergiften. In ahd. Glossaren des 10. und 11. Jh. ist von *luppewurz* (lat. *lupus* = „Wolf") und *wolueswurz* die Rede.[209] In Villgraten (Osttiroler Pustertal) kennt man den Eisenhut als *Hundspfitsche*[210].

Gerne wird aber auch die auffallende Blüte mit dem oberen, kapuzenartig gewölbten Blütenhüllblatt und den zwei kappenförmigen Honigblättern als Benennungsmotiv herangezogen. Der Helm (Büchernamen Eisen- und Sturmhut) erinnert im Obervinschgau offenbar an die Pantoffeln der Gottesmutter (**Muttergottespatschlen**, **-schlapplen**). Daneben wurde die Blüte aber auch mit der bescheidenen Fußbekleidung eines Ordensbruders verglichen (**Paterknospen**, **-påtschen**).

In Passeier erinnerte die Blüte wohl an eine kleine Narrenkappe, ein Name, der bereits im 16. Jahrhundert belegt ist.[211] In Rein in Taufers konnte die Bezeichnung **Nollwurze** erfragt werden, vielleicht in Zusammenhang mit dem mda. Substantiv *Noll*[212] = „rundliche Erhebung, Anhöhe", das hier auf die rübenförmige Wurzel anspielen könnte.

Die Namensform **Gëlschtern** scheint heute nicht mehr gebräuchlich zu sein, ist im 19. Jh. aber noch im Zillertal (*Blaue Gëlstrn*) belegt. Dies erinnert an das Schweizerische *vergalstere* = „verzaubern", zu ahd. *galstar* = „Giftmischerei, Verzauberung", womit wir wieder bei der außerordentlichen Giftigkeit der Pflanze angelangt sind. In Welschnofen ist ein *Gelsterer* ein greller spukhafter Schrei.[213]

---

203 Schatz (1955), S. 711; Müller (1985), S. 148
204 Pfaff (1927), S. 120
205 Fink (1972), S. 25, als „Blauer Eisenhut"
206 Pfaff (1927), S. 120
207 Fink (1972), S. 199, als „Blauer Eisenhut"
208 Schatz (1955), S. 232; Lösch (1989), S. 94, als „blauer Eisenhut"
209 Marzell (1943–1979), Bd. 1, Sp. 105, 106
210 Lang-Reitstätter (1935), S. 82
211 Marzell (1943–1979), Bd. 1, Sp. 100
212 Schatz (1955), S. 454
213 Schatz (1955), S. 232

VOLKSMEDIZINISCHE ANWENDUNGEN UND BESONDERHEITEN

Eine Gewährsfrau aus Taufers im Münstertal erzählte, dass die giftige Wurzel der Muttergottes-Schlapplen in Apotheken abgegeben wurde, wofür man „schönes Geld" erhielt. In Stilfs und in Rein in Taufers wurde früher bei Läusebefall (des Viehs) ein brennend scharfer Sud aus Blauem oder Gelbem Eisenhut angesetzt. Damit wurden die Kälber am Hals eingerieben.

Die giftigste Pflanze unserer Alpen, die auf gut gedüngten Viehlägern massenhaft vorkommt, wird bei Plinius dem Älteren in seiner *Historia naturalis* „pflanzliches Arsen" genannt und spielte bei den Giftmorden der Antike eine berüchtigte Rolle. Prominentestes Opfer soll der vierte römische Kaiser Claudius gewesen sein. Der griechische Mythos lässt die Zauberin Medea einen Giftanschlag auf den Helden Theseus verüben, wobei ein Trank aus *Aconitum* die Hauptrolle spielte. Bereits 1–2 g der Pflanze wirken tödlich. Das Alkaloid Aconitin erregt zuerst die Nerven und lähmt sie dann. Der Tod tritt unter starken Schmerzen durch Herzstillstand oder Atemlähmung ein. Das Gift durchdringt auch die intakte Haut, daher ist beim Ausreißen der Pflanze auf den Almen das Tragen von Handschuhen ratsam![214]

• Alchemilla

Frauenmantel | Alchemilla | Mantel dla Madona/Ierba da ruscel

Rosaceae – krautig, mehrjährig. Die Gattung *Alchemilla* umfasst eine Reihe von ähnlichen, schwer unterscheidbaren Arten. In Südtirol sind 50 davon nachgewiesen. Die meisten Arten besitzen typische kreis- bis nierenförmige Blätter, die an den Mantel der Gottesmutter erinnern. Vorkommen hauptsächlich im Berggebiet, in Hochstaudenfluren, an Bachufern, auf Weiden. Einige Arten sind weit verbreitet, andere ziemlich selten.

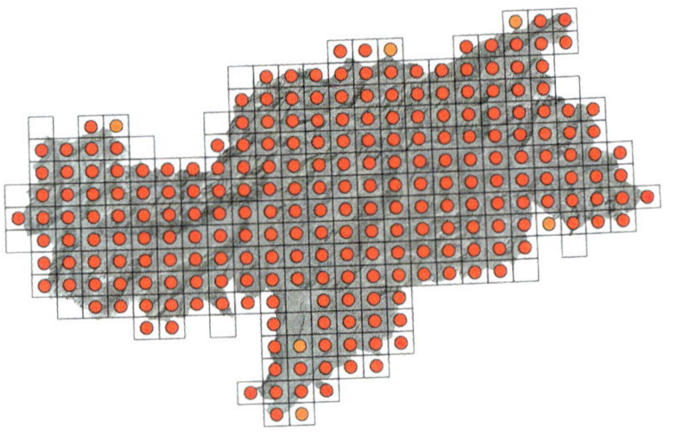

Mundartlich	Belegorte
Framantele, -ile (n.)	Prad, Schlanders, Kaltern, Tramin, Fleins/Freienfeld, Sterzing, Ridnaun, Pflersch, Kiens, Ahrntal
Fra(u)mantala (n.)	Rojen
Muitomantilan (Pl.)	St. Magdalena/Gsies
Mantele-, Mantilekraut (n.)	Platt/Passeier, Schenna, Lana, St. Walburg/Ulten, Kastelruth
Måntlkraut (n.)	Schnals
Schiënau, Schiënauplattl[215] (n.)	Latzfons
Schiënaukraut[216] (n.)	Feldthurns, Latzfons, Pustertal
Zinausplattl[217] (n.)	Lüsen
Taumantele, -ile (n.)	Prags, Vierschach

214 Spohn et al. (2015), S. 230
215 Bibliotheksgruppe Latzfons (2004), S. 102
216 Fink (1972), S. 241; Kerschbaumer-Sigmund (1985), S. 58; Bibliotheksgruppe Latzfons (2004), S. 102
217 Fink (1972), S. 313

Alchemilla monticola (Bergwiesen-Frauenmantel), eine der häufigsten Frauenmantel-Arten Südtirols.

Alchemilla fissa (Schlitzblättriger Frauenmantel), vor allem in den Zentralalpen verbreitet. Steigt von allen Frauenmantel-Arten am höchsten.

Alchemilla glomerulans (Knäuel-Frauenmantel), eine in Südtirol seltene Art.

HERKUNFT UND BEDEUTUNG

Das **Fraumantele** (mda. *Framantele*, *-mantile*) steht besonders bei kräuterkundigen Frauen hoch im Kurs, schon aufgrund des Namens besteht eine enge Beziehung zu Frauen. Der botanische Name ist Namensgeber des Frauenkalenders *Alchemilla*, herausgegeben vom Südtiroler Landesbeirat für Chancengleichheit.

Der bereits um 1500 als *Vnser frowen mantel*[218] erwähnte Name geht auf die mantelförmigen Blätter zurück, die mit dem Schutzmantel Mariens verglichen werden. Verbreitet ist das christliche Motiv der Schutzmantel-Madonna, in Anlehnung an das Mariengebet des Bernhard von Clairvaux: „Unter Deinen Schutz und Schirm fliehen wir, o heilige Gottesgebärerin". In der bodenständigen Mundart wird nur Maria mit „Frau" angesprochen (vgl. *Hochunserfrauen* „Maria Himmelfahrt").

In Gsies wird der Muttercharakter Marias durch die *Muitomantilan* („Muttermäntelchen") unterstrichen, während das verbreitete Mantelekraut (Passeier, Burggrafenamt, Ulten) den Schutzmantel betont.

In Latzfons und Feldthurns ist ein anderer Name gebräuchlich, nämlich **Schienauplattl** bzw. Schienaukraut. Diese Bezeichnung ist bereits Ende des 15. Jh. als *Synauwe*, *Synnow* bzw. *Sinndawe*[219] belegt. Dieses Wort ist aus dem mhd. *sim* = „beständig, immerwährend" und *tou* = „Tau" zusammengesetzt und kann mit „Pflanze, auf der immer Tau liegt" übersetzt werden. Die ursprüngliche Bedeutung wurde mit der Zeit nicht mehr verstanden und der Name zu Schienau („Schönauf") umgedeutet.

Ebenso auf den Tau bezieht sich das Pusterer **Taumantele**. Das Besondere am Frauenmantel ist, dass er an den Blatträndern aktiv flüssiges Wasser abgibt. Die Tropfen (Guttationstropfen) bleiben wie silberne Perlen in der vertieften Blattmitte liegen, deshalb hielt man die Pflanze im Mittelalter für ein alchemistisches Wunderkraut der Goldmacherei. Und genau daher rührt auch das lateinische *alchemilla* „Alchimistenkraut".

VOLKMEDIZINISCHE ANWENDUNGEN

Der Frauenmantel wurde zum Blutstillen bei Schnittverletzungen verwendet. In Villgraten (Osttirol) schätzten es die Bergbauern sehr, wenn viel *Framantele* und *Mattau* (Alpen-Mutterwurz, *Mutellina adonidifolia*) in den Bergwiesen vorkamen[220]. Die Pflanze enthält Gerbstoffe und kann Durchfälle und Ekzeme lindern. Früher galt sie als eines der besten Wundheilmittel.[221]

---

218 Marzell (1943–1979), Bd. 1, Sp. 175
219 Marzell (1943–1979), Bd. 1, Sp. 178
220 Lang-Reitstätter (1935), S. 82
221 Spohn et al. (2015), S. 260

• Amelanchier ovalis

Gewöhnliche Felsenbirne |
Pero corvino comune | Për de sas |
Ciucejines, Ducejines

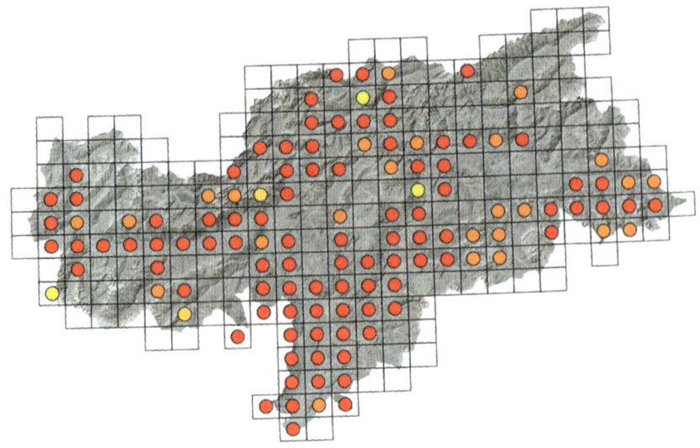

Rosaceae – Strauch, 1–3 m hoch. Blütezeit April–Mai, Blüte vor der Blattentfaltung, lang gestielte, kugelige, bläulich bereifte Apfelfrüchte. Vorkommen an trocken-warmen Felshängen, in sonnigen Eichen- und Föhrenwäldern.

Mundartlich	Pflanzenteil	Belegorte
Zischpl (f.)	Frucht	Naturns
Zischpm (Pl.)		Schnals
Zischgge[222] *(f.)*		Passeier
Zischpeler (Pl.)		Ulten
Zischpelen, Zīschpelen (Pl.)		Laag, Kurtatsch
Zwischpalan (Pl.)		Burgeis, Taufers i. M., Schluderns
Zwischprlan (Pl.)		Stilfs
Ciasponári (Pl.)		Laag
Schpuni[223] *(m.)*	Frucht	Kaltern, Tramin
Schpuni-, Gschpunikigelen (Pl.)		Tramin
Schpuniraiser[224] *(Pl.)*	Triebe	Bozner Unterland
Schpu'pëi^{e}r[225] *(m.)*	Frucht	Laurein
Schpunt (m.)		Deutschnofen[226]
Kësslpëirschtau' (f.)	Pflanze	Sarntal, Aldein
Kësslpëir (f.)	Frucht	Afing[227], Deutschnofen[228], Völser Aicha
Këislpëirn (Pl.)		Villnöß
Mëlper (f.)		Platt/Passeier
Ëidlwaisschtaud, -schtaude	Pflanze	Montan[229], Villnöß
Fålsche Ëidlwais		Ritten, Laag
Amerikanische Ëdlwais		Laurein

222 Haller & Lanthaler (2004), S. 252
223 Wirth (2021), S. 357
224 Moser (2015), S. 288
225 Kollmann (2012), S. 140
226 Zelger (2004), S. 75
227 Fink (1966b), S. 151
228 Zelger (2004), S. 45
229 Schweiggl (2003), S. 16

HERKUNFT UND BEDEUTUNG

Die im Westen und Süden Südtirols vorkommenden Bezeichnungen **Zischpe**(le), Zischgge usw. sind Lehnwörter aus dem Alpenrom. **tsišpa* = „Hecke, Strauch", dies zu lat. *cispis* bzw. *caespes* = „Rasenstück"[230]; vgl. dazu rätoromanisch *tschispla* sowie it. *cespuglio* = „Strauch". Die Obervinschger Mundartvarianten Zwischpe(r)le sind vielleicht unter dem Einfluss von mda. *Zwëschpm* („Zwetschken") entstanden.

Im Überetsch, im Unterland, am Deutschnonsberg sowie am Regglberg kennt man hingegen die **Spuni**, die Spunbeere bzw. den Spunt, lauter Bezeichnungen für die Früchte der Felsenbirne. Die Herkunft dieses Wortes ist der italienische Nonsberg, denn *sponár*, *spont* und *sponi* werden die Früchte der Felsenbirne in Cloz genannt. Viele Welschnonsberger siedelten sich in früheren Jahrhunderten zeitweilig im Überetsch an. Davon zeugen Kalterer Flurnamen wie *Chiampi*, *Lavardi* oder *Malga*. Der Bedarf an Messwein – und nicht nur – hat viele *Nònesi* zum Erwerb eines Weingutes im Überetsch bewogen. In Laag (Neumarkt) verwenden die Italiener für die Felsenbirne die „Vollform" *ciasponár* bzw. *ciasponári* – diese Formen leiten sich auch aus lat. *caespes* ab.[231]

Die Sarner und Regglberger **Kesselbeere** lässt einen Zusammenhang mit einem Kessel vermuten, der genaue Bezug bleibt jedoch unklar. „Kesselbeeren" werden übrigens in Sexten die „Sumpfheidelbeere"[232] (unklar, was damit genau gemeint ist, ob wirklich → *Vaccinium uliginosum*?) und in Tiers der Wollige Schneeball (→ *Viburnum lantana*) genannt.

Der Tiroler Botaniker Karl Wilhelm von Dalla Torre führt als Tiroler Bezeichnungen für die Felsenbirne außerdem noch die *Quantelbeere* und die *Bergnöspelen* (Paznaun) an.[233]

Die Bezeichnungen Edelweißstaude oder Falsches bzw. Amerikanisches Edelweiß sind wohl der weißen Blüte bzw. den weiß-filzigen jungen Blättern geschuldet, die von der Ferne an die berühmte Alpenblume erinnern.

---

230 Meyer-Lübke (1992), S. 112
231 Pedrotti & Bertoldi (1930), S. 36
232 Fink (1972), S. 151; Stauder (2019), S. 102
233 Dalla Torre (1895), S. 12

VOLKSKUNDLICHES, VOLKSMEDIZINISCHES UND FLURNAMEN

In Laag wurden die *ciasponári* anlässlich von Hochzeiten zu Blumenkränzen gewunden, während in Tramin der Strauch als Besen verwendet wurde.

Im Passeier hatte man stets eine Handvoll *zischggine Zinde* (Rechenzähne aus Felsenbirnen-Holz) in der Tasche, die man sich zurecht schnitzte und einsetzte, sobald ein Zahn gebrochen war.[234]

Die Früchte der Felsenbirne sind essbar. Im Trentino legte man die Beeren sogar in Schnaps ein, der Trunk galt als Stärkungsmittel für Wöchnerinnen und körperlich angeschlagene Personen[235]. Darüber hinaus wurde die rote Rinde des Wurzelstocks volksmedizinisch zum Abtreiben des Wassers bei der Bauchwassersucht (Aszites) eingesetzt[236].

Der Flurname „Auf der Zischggl“ in Welschnofen, der an eine der zahlreichen mundartlichen Bezeichnungen der Felsenbirne erinnert, lässt sich auf alpenrom. **tsiškulu* = „Gesträuch“ (in diesem Fall auf Latschen, Zirben u. Ä. bezogen) zurückführen.

• Anthyllis vulneraria

Echter Wundklee | Vulneraria comune | larines/Trafëi da tai | Gialines

Fabaceae – krautig, mehrjährig, 15–30 cm hoch. Blütezeit Mai–August, Blütenstand ein vielblütiges dichtes Köpfchen, das von handförmigen Hüllblättern umgeben ist. Vorkommen in Mager- und Trockenrasen, an Böschungen, in trockenen Föhrenwäldern, alpinen Rasen. Häufig in ganz Südtirol, besonders auf Kalk. Die Art ist in mehrere Unterarten aufgeteilt, die sich morphologisch und standörtlich (z. B. subsp. *alpicola* in alpinen Kalkrasen, subsp. *carpatica* in Trockenrasen) unterscheiden.

Karpaten-Wundklee (*Anthyllis vulneraria* subsp. *carpatica*) und Kalkschutthalde mit Alpen-Wundklee (*Anthyllis vulneraria* subsp. *alpicola*).

---

234 Lanthaler (2022), https://lanthaler.net/artikel/spuren-der-vergangenheit/; abgerufen am 01.10.2022
235 Pedrotti & Bertoldi (1930), S. 36
236 Dalla Torre (1895), S. 12

Mundartlich	Belegorte
Pearnprâtzn (Pl.), -prâtza (f.) *-pratzl (n.)*	Flaas, Ritten, Eggen, Welschnofen, Latzfons, Villnöß, Feldthurns[237], Ploseberg/Brixen[238], Ritzail
Perisprâtze (f.), -prâtzn (Pl.)[239]	Sexten
Pëirntâtzn, Pëirnstâtzn (Pl.)	Afing, Pfitsch
Kâtznprâtzn (Pl.)	Ritten
Maulwurfprâtze (f.)	Olang
Hosnprâtzn (Pl.)	Vöran, Mölten
Muitogottespatschl (n.)	Vierschach
Himmlschlissl (m.)	Sarntal, Bozner Unterland, Bruneck, Prags
Peaterschlissl (m.)	Sarntal
Schlisslpluime (f.)	Pfalzen
Apothekerklee (m.)	Weitental
Knëdl (m., Pl.)	Taufers i. M.

HERKUNFT UND BEDEUTUNG

Das krallenartig gekrümmte „Schiffchen" der Wundkleeblüte erinnert an die Pranken (Pratzen bzw. Tatzen) von Wildtieren, wie jene des Bären, des Wildhasen, der Katze und sogar des Maulwurfs. In Ladinien erblickt man darin Hennenkrallen (Iarines, Gialines).

Andererseits erinnert der Blütenstand an einen Schlüsselkopf, daher die Übertragung des Namens Himmelschlüssel oder Schlüsselblume (üblicherweise die Hohe Primel, *Primula elatior* bzw. die Arznei-Primel, *Primula veris*) auf diesen Klee.

Der Verweis auf die Muttergottes (wie bei den *Muitogottespatschlen*) bezieht sich auf die Blütenform, die im Allgemeinen mit Schuhen und *Patschlen* verglichen wird (vgl. dazu auch die Blüte der Buchs-Kreuzblume → *Polygala chamaebuxus*). Der bairische Botaniker Vitus Auslasser erwähnt bereits 1479 das *Unser frawen schuechel*[240] und meinte damit unseren Wundklee. Aus dem 19. Jh. sind für das Pustertal *Unser Frauen Krapflein*[241] belegt, weil man in den Blüten kleine herausgebackene Krapfen der Muttergottes sah.

Die Bezeichnung Knödel für den Blütenkopf bzw. die wollenen Blütenstände ist wohl der Kindersprache entlehnt.

VOLKSKUNDLICHES UND VOLKSMEDIZINISCHES

Die *Schlisslpluime* war in Pfalzen beliebte Schmuckblume der *Zeggalan*, den „Blumenkindern" bei der Prozession.

Heilkundige schätzten die Blüten früher als Wundheilmittel. Die nachgesagte Wirkung geht wahrscheinlich auf einen Vergleich der roten Knospen mit einer blutenden Wunde zurück, da sich beim Aufblühen die Blutfarbe verliert.[242]

---

237 Fink (1972), S. 29, als „Alpenwundklee"
238 Jocher (2010), S. 511
239 Stauder (2019), S. 147
240 Marzell (1943–1979), Bd. 1, Sp. 341
241 Rauschenfels (1801), S. 220; Schöpf (1866), S. 740
242 Spohn et al. (2015), S. 322

• Arctostaphylos uva-ursi

Echte Bärentraube | Corbezzolo verdeggiante | Granëta de laurs | Fueia dla lores/Rauscia/Granëta mata/Granëta foscia

Ericaceae – teppichartig wachsender Zwergstrauch mit immergrünen Blättern, 5–10 cm hoch. Blütezeit April–Juli, Beeren rot, mehlig. Vorkommen in ganz Südtirol vom Tal bis über die Waldgrenze, in lichten Föhrenwäldern, Latschengebüsch, trockenen Zwergstrauchheiden.

Mundartlich	Belegorte
Rauschgrant (f.), -grantn (Pl.)	Sarnthein, Durnholz, Ritten, Villanders, Kastelruth, Villnöß, um Brixen[243], Kiens, Ahrntal
Jauschgrantn (Pl.), Wilder Jausch	Barbian, Villnöß
Rauschpëir (f.), -pëirn (Pl.)	Langtaufers[244], Matsch, Ulten, Mölten, Flaas, Sarntal, Ritten, Tiers[245]
Grantnrautsch (m.), Përngrantn (Pl.)	Laurein
Rausch (f.)	Afing, Ritten
Mëlgrant(e) (f.), -grantn (Pl.)	Lana, Truden[246], Welschnofen, Vals/Mühlbach, Pfunders, Olang
Melgrante (f.), -grantn (Pl.)	Getzenberg/Kiens, Terenten, Prags, Sexten[247]
Mëlgrentn (Pl.)	Aldein
Mealgrantn (Pl.)	Vöran, Tiers
Melligrante (f.)	Gsies
Mellpa (Pl.)	Vierschach
Mëlpëir (f.) (Pl.)	Rojen, Langtaufers[248], Burgeis, Schluderns, Matsch, Stilfs, Schnals, Passeier, Vöran, Völser Aicha
Mealëpfelen (Pl.)	Ritten
Fugsgrantn (Pl.)	Ritten
Rossgrante (f.)[249]	Latzfons
Wilda Grantn (Pl.)	Pustertal[250]
Fålsche Glan (Pl.)	Platt/Passeier
Fetzkraut (n.)	Eisacktal[251], St. Leonhard/Brixen, Pustertal[252]
Mosse-, Mousfåckn (Pl.)	Prags, Vierschach

243 Schatz (1955), S. 475, als „Bärentrauben, falsche Preiselbeerstauden"
244 Joos (2010), S. 572
245 Robatscher (2003), S. 148 (die offenkundige Bärentraube wird hier „Traubenblätterbeere" genannt)
246 Ortner (2005), S. 428
247 Stauder (2019), S. 130
248 Joos (2010), S. 572
249 Fink (1972), S. 219, als „Immergrüne Bärentraube"
250 Kerschbaumer-Sigmund (1985), S. 36
251 Fink (2003), S. 372, als „Bärentraube"
252 Kerschbaumer-Sigmund (1985), S. 36

HERKUNFT UND BEDEUTUNG

Die mundartlichen Bezeichnungen der Bärentraube spielen auf die Ähnlichkeit von Blüte und Beere mit der Preiselbeere an: Rauschgranten, Mehlgranten oder Falsche Glan, seltener Fuchs- oder Rossgrantn, auf Grödnerisch *granëta mata*. *Glan* und *Grantn* sind die beiden verbreiteten dialektalen Bezeichnungen für die Preiselbeere.

Den Wortbestandteil „**Rausch**" – im Grödnerischen liegt die Entlehnung *rauscia* vor – teilt sie mit dem Almrausch (in den überwiegenden Fällen die Bewimperte Alpenrose → *Rhododendron hirsutum*) und der Artengruppe Rauschbeere (→ *Vaccinium uliginosum* agg.), wobei sich der Rausch auf jenen Schwindel bezieht, der sich nach dem Verzehr größerer Mengen einstellen soll. Der etwas unscharfe Pflanzenname „Rausch" könnte möglicherweise auch eine deutsche Entlehnung zu lat. *rūscum* = „Strauch, Mäusedorn" sein[253].

Auf die „mehlig-trockene" Konsistenz der Beerenfrucht gehen die häufig vorkommenden Namen **Mehlbeere**, Mehlgrante oder Mehläpfele ein.

All diese Mundartnamen der Bärentraube verdeutlichen jedenfalls, dass diese im Gegensatz zur Preiselbeere keine größeren Gaumenfreuden bereitet.

Zu *Mossefåckn* → *Vaccinium uliginosum* agg., *Caltha palustris*.

WISSENSWERTES

Die Blätter der Bärentraube, in Villanders *Rauschplattler* genannt, ergeben einen guten Blasentee. Gegen Bakterien wirksame Hydrochinone desinfizieren den Harn. Der Strauch kann bis zu 100 Jahre alt werden.[254]

253 Hubschmied (1950), S. 84
254 Spohn et al. (2015), S. 146

• Arnica montana

Arnika | Arnica | Arnica/Pilot | Arnica/Stranudela

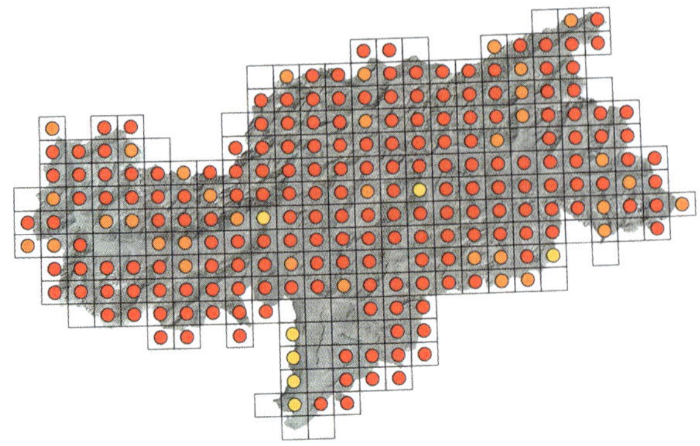

Asteraceae – krautig, mehrjährig, mit grundständiger Blattrosette, 20–50 cm hoch. Blütezeit Mai–August, Stängel mit 1–3 Blütenkörben. Vorkommen in mäßig trockenen bodensauren Magerwiesen und -weiden zwischen 1000 und 2600 m Höhe.

Mundartlich	Pflanzenteil	Belegorte
Arnika		allgemein verbreitet
Anika (n.)		Prettau[255], Pustertal[256]
Mandl-Arnika[257] *(m.)*		St. Andrä/Brixen
Ogsnpluime (f.)		St. Magdalena/Gsies, Sexten[258], Oberpustertal[259]
Modapusche[260] *(m.)*		Oberpustertal
Mahdebluim[261] *(f.)*		Innervillgraten
Åltvoter[262], *Altvatermark*[263]		Sarntal
Krieger[264]		Latzfons
Fallkraut[265]		Südtirol
Schneaperga[266]	Wurzel	Lüsen
Kathreinwurz[267]	Wurzel	Osttiroler Pustertal

HERKUNFT UND BEDEUTUNG

Die Namen der Arnika sind ein gutes Beispiel dafür, wie der botanische Gattungsname *Arnica* die vielen früheren Volksbezeichnungen mittlerweile verdrängt hat. Bis auf die „Ochsenblume" und die „Mahderbuschen" ist die ehemals reiche Nomenklatur dieser bekannten Heilpflanze nur mehr aus der Fachliteratur erschließbar.

Die meisten Bezeichnungen weist der Osten Südtirols auf. Im Süd- und Osttiroler Pustertal ist die Arnika als **Mahderbuschen** bzw. -blume bekannt, da sie auf den mageren Mähwiesen (mda. Pl. *Mader*) häufig vorkommt und während der Heuernte (Ende Juni/Anfang Juli) zu blühen beginnt. In Defereggen ist das *Modapischele*[268] zusätzlich der Name der Roten Lichtnelke (→ *Silene dioica*). Die **Ochsenblume** verweist auf Rinderweiden oder aber auf die Anwendung der Arnika als Tierarznei, wenn Rinder Giftpflanzen gefressen haben oder an Appetitlosigkeit leiden.[269]

255 Kerschbaumer-Sigmund (1985), S. 33
256 Schatz (1955), S. 30
257 Fink (1972), S. 184, als „Bergwohlverleih"
258 Fink (1972), S. 205
259 Kerschbaumer-Sigmund (1985), S. 33
260 Fink (1972), S. 182
261 Lang-Reitstätter (1935), S. 81
262 Schöpf (1866), S. 786
263 Matscher (1954), S. 157
264 Kerschbaumer-Sigmund (1985), S. 33
265 Dalla Torre (1895), S. 12
266 Fink (1966d), S. 50
267 Rauschenfels (1801), S. 221, Dalla Torre (1895), S. 12
268 Schatz (1955), S. 408
269 Marzell (1943–1979), Bd. 1, Sp. 405

Nur mehr der Literatur ist der Sarner Pflanzenname **Altvater** bzw. Altvatermark zu entnehmen. Gut möglich, dass die Pflanze gegen den „Altvater“ (Mangelernährung bei Kindern) eingesetzt wurde.[270] Altvater hieß jedoch auch ein im 19. Jh. beliebter goldgelber Kräuterlikör des mährischen Unternehmens Gessler, benannt nach dem Altvater (1491 m), dem höchsten mährischen Berg. Vielleicht war Arnika aus dem Altvatergebirge Teil der Likör-Rezeptur und konnte ab 1800 dementsprechend auch auf die Tiroler Volksnamen einwirken[271].

Der Name **Krieger** wurde in den 1980er-Jahren noch in Latzfons dokumentiert, ihm wurde vielleicht eine aufputschende Wirkung zugeschrieben, ähnlich wie im Falle der Kraftwurz, so heißt die Arnika nämlich in Kitzbühel. Die Bezeichnung **Fallkraut** lässt sich mit der Anwendung bei Stürzen, Prellungen und äußerlichen Verletzungen erklären. Der Osttiroler Name Kathreinwurz dagegen hängt mit der hl. Katharina (als Patronin der Chirurgen?) zusammen.

Schneeberger ist der Name einer Schnupftabakart („Schneeberger Schnupftabak“; nach der Stadt Schneeberg im Sächsischen Erzgebirge), der pulverisierte Wurzeln der Arnika und des Maiglöckchens beigemischt wurde[272]. In Lüsen wurde mit „Schneeberger“ die gesamte Arnika-Pflanze bezeichnet[273]. In Laas ist der *Schneawårgr* eine der Arnika ähnelnde Blume, nämlich die Clusius-Gämswurz (*Doronicum clusii*). Das grödnerische *stranudela* (grödn. *stranudé* = „niesen“) entspricht der deutschen Nieswurz und weist auf die ätherischen Öle besagten Schnupftabaks hin, welche die Schleimhäute reizen und das Niesen fördern. Im Englischen wird die Arnika mitunter als *mountain tobacco*, im Französischen als *tabac sauvage* bzw. *tabac suisse* bezeichnet[274].

Im Volksmund hat sich, wie erwähnt, mittlerweile „Arnika“ durchgesetzt, in Prettau als *Annika* ausgesprochen. In St. Andrä am Ploseberg unterschied man sogar zwischen *Mandl-Arnika* (Arnika) und *Waiwele-Arnika* (Eberrauten-Greiskraut, *Jacobaea abrotanifolia*)[275].

Der Name **Arnika** selbst erscheint im 14. Jh. als *arnich* (aus Mittellateinisch *arnica*), dies vielleicht zu gr./lat. *ptarmica* = „Niesen erregend“ oder zu gr. *arén*, *arnós* = „Widder, Lamm, Schaf“[276].

Der eigentliche deutsche Büchername der Arnika lautet **Wohlverleih** bzw. Bergwohlverleih, offenbar als Heilkraut, das „Wohl verleiht“, zu lesen. Hildegard von Bingen überlieferte uns den ältesten Beleg dieses Phytonyms. Die kräuterkundige Heilige nannte die Pflanze im 12. Jh. *wolfesgelegena*[277] = „Wolfsgelege, -lager“(?), was mit Wohlverleih nun nichts zu tun hat. Womöglich meinte Hildegard den Eisenhut, mit dessen Wurzeln man einst Wölfe vergiftete (→ *Aconitum*). Belege aus dem 16. und 17. Jh. wie *Wolffeleie* oder *Wolfferley*[278] beziehen sich bereits auf unsere Arnika.

---

270 Marzell (1943–1979), Bd. 1, Sp. 407
271 https://de.wikipedia.org/wiki/Gessler_(Unternehmen); abgerufen am 18.10.2022
272 Marzell (1943–1979), Bd. 1, Sp. 405, 406
273 Fink (1972), S. 238
274 Marzell (1943–1979), Bd. 1, Sp. 405
275 Fink (1972), S. 300
276 Marzell (1943–1979), Bd. 1, Sp. 406
277 Marzell (1943–1979), Bd. 1, Sp. 400
278 Marzell (1943–1979), Bd. 1, Sp. 400

VOLKSHEILKUNDE

Die duftenden Arnikablüten werden in Schnaps angesetzt, der drei Wochen in der Sonne ruhen soll. Die äußerlich angewendete Tinktur ist *das* Volksheilmittel bei Prellungen, Quetschungen, Rheuma, Insektenstichen sowie Entzündungen. Mit Arnika-Wickel werden offene Wunden verbunden, bei Muskelkater wird die betroffene Muskelpartie eingerieben. In heißer Milch getrunken, lindert die Tinktur Husten. Vor innerlicher Anwendung muss aber gewarnt werden, denn diese kann je nach Dosierung zu Vergiftungen mit Erbrechen, Herzrhythmusstörungen und Kollaps führen.[279]

• Artemisia mutellina

Echte Edelraute | Genepì bianco | Artemisia nobla/Röta dal bun tof | Ierba dala nvidia

Asteraceae – krautig, mehrjährig, aromatisch duftend, 5–15 cm hoch. Blütezeit Juli–August. Vorkommen in Fels- und Moränenschutt, Felsspalten, meist über kalkarmem Gestein in Höhen von 1800–3000 m. In Südtirol in allen Gebirgsgruppen vorkommend mit Schwerpunkt in den Zentralalpen.

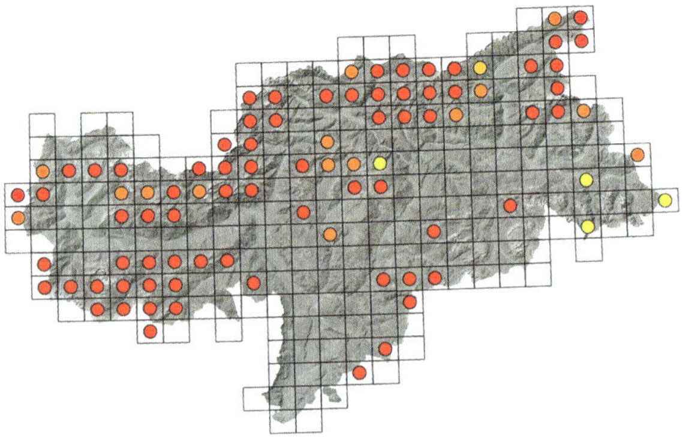

Mundartlich	Belegorte
Ob^{e}rraut (f.) (n.)	Martell, Schnals, Tschars[280]
Owerraut	Ulfas/Passeier
Guldiger Oberraut (m.)	Ulten
Hoberraut (n.)	Freienfeld
Howerraut[281] (m.)	Jaufental
Håbboraut (m.)	St. Magdalena/Gsies
Ëidl-Hoberraut (m.)	Villanders
Ëidlåbboraut[282]	Antholz
Ëidlaraut	Schluderns
Ëidlarauta (Pl.)	Rojen

279 Vgl. dazu Kerschbaumer-Sigmund (1985), S. 33; Spohn et al. (2015), S. 292
280 Kaserer (2007), S. 34, als „Edelraute"
281 Schatz (1955), S. 7, als „Edelraute"
282 Pallhuber (2016), S. 139, als „Edelraute"

Ograut (n.)	Schenna, Dorf Tirol
Ogiraut (n.)	Sarntal, Ridnaun
Ëidl-Ogiraut[283] *(n.)*	Sarntal
Åggeraut[284] *(m.)*	Pustertal
Jochgramilln (Pl.)	Pflersch

HERKUNFT UND BEDEUTUNG

Der Name ist mit kleinen lautlichen Abwandlungen immer derselbe: **Oberraut** (Mittelvinschgau, Ulten, Sölden[285]), Owerraut (neben Passeier auch in Gurgl[286] belegt) und Hoberraut (Wipptal, Eisacktal, Pustertal), Letzterer mit angewachsenem /h/, wohl in Anlehnung an mda. *Hober* = „Hafer". Die Sarner, Wipptaler und Passeirer Formen Ogeraut bzw. Ograut sind vom Pflanzennamen „Raute" (lat. *Ruta graveolens*) beeinflusst, eine Pflanze mit ebenfalls aromatischem Geruch. Das Obervinschgerische *Ëidlaraut* („Edlaraute") ist nahe am Büchernamen.

Jochgramillen (Pflersch) werden verschiedene würzig duftende Almkräuter genannt, in erster Linie die Moschus-Schafgarbe. Sie teilen Aussehen und Heilwirkung der echten Kamille (mda. *Gramilln*). Auch das Gadertalische *röta dal bun tof* spielt auf den Wohlgeruch an.

Die Namen Oberraut, Ograut u. Ä. leiten sich vom lateinischen Pflanzennamen *abrotanum* ab, der heute nur für die Art *Artemisia abrotanum* (Eberraute) gilt. Im Althochdeutschen, dem Deutschen des Frühmittelalters, bedeutet *abruta* = „Eberreis", bereits im 10. Jh. als *auaruza* und im 11. Jh. als *auarata*[287] belegt. Das lat. *abrotanum* bzw. *abrotonum* kommt letztlich von gr. *abrótonon* = „Stabwurz", die weitere Herkunft ist unklar.

VOLKSKUNDLICHES UND FLURNAMEN

In Ulten ist die Echte Edelraute der Guldige Oberraut, die Moschus-Schafgarbe der Weiße Oberraut. Diese Nomenklatur richtet sich nach der Blütenfarbe (gelb bzw. weiß), aber auch nach Ansehen innerhalb der Bevölkerung, die um die Heilwirkung bei Verdauungsbeschwerden weiß.

Die Echte Edelraute erscheint auch in Flurnamen: Edlerautenknott (Rojen, Langtaufers, Matsch), Edlerautenkopf (Planeil), Aberrautknöttlen (Allitz), Aberrautknöttler (St. Walburg), Agrautwand (Sprons, Tirol) sowie Agrautbichl (Untere Schenner Alm, Passeier).

---

283 Gruber (2005), S. 131, als „Edelraute"
284 Schatz (1955), S. 7, als „Edelraute"
285 Ötztaler Dialektwörterbuch, http://oetztalermuseen.at/dialektwoerterbuch/?dir=32&name-directory-search-value=edelraute&dir=32#name_directory_position; abgerufen am 15.09.2022
286 Schatz (1955), S. 7
287 Marzell (1943–1979), Bd. 1, Sp. 412

• Artemisia vulgaris

Gewöhnlicher Beifuß | Artemisia selvatica/Assenzio selvatico | Aussënt | Scienz mat/Scienz da mont

Asteraceae – krautig, mehrjährig, 50–150 cm hoch. Blütezeit Juli–Oktober. Vorkommen an Wegrändern, auf Schuttplätzen, Ödland, an Bachufern. In ganz Südtirol verbreitet bis in die montane Stufe.

Mundartlich	Belegorte
Wilder Wërrmuet; -met; -mat (m.)	Burgeis, Taufers i. M.; Kurtatsch, Villnöß; St. Leonhard/Brixen, Martell, Stilfs
Wildo Wërrmat (m.)	Steinhaus/Ahrntal
Fålscher Wërrmet; -mat (m.)	Vöran; Pfunders
Schousmålte, Schusmålte[288] *(f.)*	Freienfeld, Ritten
Rousmålte[289] *(f.)*	Afers
Johånnisgurt[290] *(m.)*	Afing
Sunnwendgirtl[291] *(m.)*	um Bozen
Tschafraian (Pl.)	Schluderns
Tschafraia-Schtingl (Pl.)	Matsch
Tånnafraia-Schtëck[292] *(Pl.)*	Langtaufers
Tschiggfraiaschtingl (Pl.)	Tartsch

HERKUNFT UND BEDEUTUNG

Der Beifuß wird als wilde oder falsche Variante des Echten Wermuts (*Artemisia absinthium*) angesehen, der in den verschiedenen Mundarten Südtirols als *Wërrmuet*, *-mat*, *-met*, *-mit*, *-wat*, *Wërmp*, *Mërmat*, *Përmant*, *-mat* geläufig ist – lauter Abwandlungen des Büchernamens Wermut.

Die heute nur mehr selten gehörte Bezeichnung *Schous-* bzw. *Schusmålte* („**Schoßmalte**") verweist darauf, dass sich die Kuh unter Gabe von Beifuß-Absud leichter *saiwrt*, also die Nachgeburt (mda. *'s Gsaiwer*) nach dem Kalben ausstößt. Schon in ahd. Glossen (Wortlisten) kennt man den Beifuß als *scozmalta* bzw. *scosmalta*[293], denn die Pflanze wurde als Gebärkraut über dem Schoß (Mutterleib) getragen. Mit *Målte* („Melde") wird in der Mundart meist der Gänsefuß (→ *Chenopodium album, Chenopodium bonus-henricus*), manchmal auch die Gattung Melde (*Atriplex* sp.) bezeichnet. Deren häufige mundartliche Bezeichnung *Scheißmåltn* (wächst auf Misthäufen) ähnelt dem Ausdruck „Schoßmalte", der auch mit dem „Schießen" (Schnellwachstum) des Unkrautes in Zusammenhang gebracht werden kann. Auch die Rossmalte aus Afers wird wohl eine Abwandlung zu „Schoßmalte" sein.

Im klassischen Altertum war der Beifuß ein Frauenkraut, der bei „Beschwerden der monatlichen Reinigung, bei allzu lange zurückliegender Nachgeburt, und verschiedenen anderen Frauenzimmerkrankheiten überaus (anzuwenden sei)", so der niederländische Naturforscher Maarten Houttuyn im 18. Jh.[294] Der lateinische

288 Schatz (1955), S. 558, als „Beifußart"
289 Fink (1972), S. 219, als „wilder Wermut"
290 Fink (1972), S. 142
291 Fink (1972), S. 267
292 Joos (2010), S. 569
293 Marzell (1943–1979), Bd. 1, Sp. 442
294 zit. n. Marzell (1943–1979), Bd. 1, Sp. 438

Gattungsname *Artemisia* ist nach der antiken Geburtsgöttin Artemis benannt und weist somit ebenfalls einen deutlichen Bezug zu Gesundheitsfragen rund um die Geburt auf!

Die beiden Pflanzennamen **Sonnwendgürtel** und **Johannisgurt** müssen bis vor rund 50 Jahren im Bozner Raum und Afing noch verbreitet gewesen sein. Man kannte sie einst im gesamten süddeutschen Raum: der Botaniker Vitus Auslasser erwähnt 1479 nämlich den *S. Johansgürtel*[295], Hieronymus Brunschwyg im Jahre 1500 den *Sunnenwendelgurtel*[296]. Im Unterengadin ist die Pflanze immerhin als *tschinta da San Jon*[297] („St.-Johannes-Gürtel") belegt. Die Pflanze spielte früher wohl in den Kulten der Sonnenwende (21. Juni) und des Johannesfeuers (24. Juni) eine große Rolle. Man umgürtete sich mit den Stängeln des Beifußes und sprang durch das Sonnwendfeuer.

Alpenromanische Namen trägt der Beifuß dagegen in Schluderns, Matsch und in Langtaufers. Die Schludernser und Matscher **Tschafraian** bzw. Tschafraia-Stingl erinnern frappierend an die *Tschifraidn* aus Ulten (Färberginster bzw. Galgant, *Genista tinctoria*). Aus Langtaufers kennt man die Stängel des Beifußes als *Tånnafraia-Schtëck.* Dies erinnert an den Flurnamen *Tannafraida* („Kaltbrunn" < alpenrom. **fontāna frigida*), was hinsichtlich des Beifußes jedoch keinen Sinn ergibt. Könnte das geschätzte Frauenkraut in Analogie zur antiken Artemis vielleicht in Zusammenhang zu Rätoromanisch *duonna* = „Frau" oder gar zu einer alpinen Göttin namens *Tanna*[298] gebracht werden, verstärkt durch den Bestandteil *-fraia* („Salige *Fraia*lan")? Wilde Fräulein bevölkern die Sagen und Mythen des Oberen Vinschgaus geradezu.

Das gadertal. *aussënt* und das grödn. *scienz mat* („mat" für „wild, falsch") sind jeweils Ableitungen zum botanischen Artnamen *absinthium* (dies zu gr. *absinthion*). In Ladinien ist der Beifuß Teil des „Frauenbuschens".

WISSENSWERTES

Der Büchername **Beifuß**, der sich als Normalwort für die Pflanze immer mehr durchsetzt, leitet sich von ahd. *bībōz* ab. Dies hat nichts mit dem Fuß zu tun, sondern wird mit ahd. *bōzen* = „stoßen, schlagen" erklärt – übrigens gleich wie bei „Amboß" oder dem „Kniepoas" (Kniepass) östlich von Kiens, ein buchstäblicher „Kniestoß".

Nach Jakob Grimm könnte dieser Name auf einen rituellen Schlag (*bībōz* = „Beischlag" oder „Ringsumschlag") des Kräuterbündels auf den Körper des Menschen zu tun haben, der reinigend und segnend wirkt; in ähnlicher Weise wird bei der finnischen Sauna mit Birkenruten auf den Rücken geschlagen.

Einem angelsächsischen Neunkräutersegen aus dem 11. Jahrhundert zufolge verleiht der Beifuß gar übernatürliche Stärke.

---

295 Marzell (1943–1979), Bd. 1, Sp. 439
296 Marzell (1943–1979), Bd. 1, Sp. 439
297 Dicziunari Vallader, hgg. von der Uniun dals Grischs; https://www.udg.ch/dicziunari/vallader/idx-nor-de/beifu%C3%9F; abgerufen am 02.01.2023
298 Wolff (2009), S. 117–127

VOLKSMEDIZINISCHE UND KULINARISCHE ANWENDUNGEN

Beifuß und Wegerich wurden im Pustertal früher zu den „Schuichfetze" (Leinenfetzen als Sockenersatz) hinzugelegt, um Scheuerstellen und Blasenbildung vorzubeugen, dies wohl aufgrund der falschen Auslegung des Namens „Beifuß", der „beim Fuß" zu tragen ist (siehe oben).

Kulinarisch wird der Beifuß als Pfefferersatz bei fettem Fleisch zugesetzt, er ist außerdem beliebte Beilage zu Wild- und Gänsegerichten, da er die Verdauung fördert.

• Bellis perennis

Gewöhnliches Gänseblümchen | Pratolina comune | Alcina, Picia margarita | Aucina

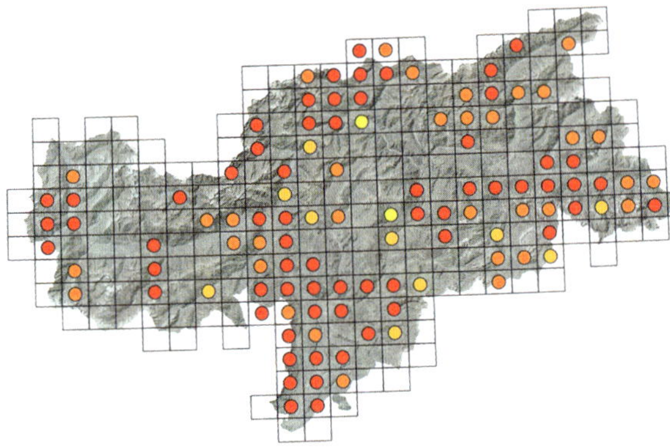

Asteraceae – krautig, mehrjährig, 5–10 cm hoch. Blütezeit März–November. Vorkommen in Fettweiden und -wiesen, Hausgärten, Parkrasen, an Wegrändern. Nährstoffzeiger. In ganz Südtirol, aber mit größeren Verbreitungslücken.

Mundartlich	Belegorte
Mounatlen (Pl.)	Matsch, Schnals
Mouniler (Pl.)	Martell
Mounalan (Pl.)	Tramin
Munelen (Pl.)	Ritten
Mumeler, Muneler; Muniler (Pl.)	Villanders; Kastelruth
Munila, Muniler (Pl.)	Ridnaun, Pfitsch
Munatl (n.), Munatlan (Pl.)	Olang, Antholz[299], Prags, Sexten[300], Toblach[301]
Månatlan (Pl.)	Ahrntal
Månalan (Pl.)	Weißenbach/Ahrntal, Terenten
Muinelen (Pl.)	Lana, St. Gertraud/Ulten
Muinggele (n.)	Algund
Margerittelen (Pl.)	Taufers i. M.
Moidila (Pl.)	Feldthurns
Muetergottesbleaml (n.), Marienbischelen (Pl.)[302]	Unteres Etschtal

299 Pallhuber (2016), S. 140
300 Stauder (2019), S. 134
301 Mittich-Steinwandter (2023, Nr. 1), S. 29
302 Insam (1954), S. 344

HERKUNFT UND BEDEUTUNG

Die häufigste Bezeichnung des Gänseblümchens, nämlich **Monatl** (*Munatl, Mounatl, Månatl*), bezieht sich auf das mda. Wort *Munet, Mounat* „Monat“, meist in der Verkleinerung und im Plural, wie es sich für die kleine Schwester der Margerite auch gehört!

1479 erwähnt Vitus Auslasser, Benediktinermönch aus Vomp und Verfasser eines Kräuterbuches, den Namen *Aller moneyt plued*, 1714 ist das *Monatblümlein* belegt. Weitere mundartliche Formen in bairischen Mundarten lauten *Manerl* im Ennstal, *Monadli* in Baden sowie *Maunderla* in Bayerisch-Schwaben.[303]

Warum Monatsblume? Vielleicht aufgrund der frühen und langen Blütezeit, denn die Pflanze blüht fast alle Monate des Jahres hindurch. Dass sich die mit Monat zusammengesetzten Namen vor allem im Süden und Westen des deutschen Sprachgebietes finden, erklärt sich mit dem milderen Klima dieser Gegenden.

Eine Variante in Lana und in Ulten ersetzt die *Muniler* durch die ähnlich lautenden *Muinelen* oder *Muinggelen* (Algund). Muina und Muinz sind bekanntlich Schmeichelnamen der Katze. Auch für das *Mumele* (Villanders) findet sich eine Parallele zu *Mummeli*[304] in Herisau (Kanton Appenzell/Schweiz), beschrieben wird damit das „Versteckte, Geduckte“ der Blume – oder aber es werden die Samtpfoten einer Katze mit den samtigen Blüten der Kultursorten des Gänseblümchens verglichen?

Zum deutschen Büchernamen **Maßliebchen**: Dieser ist im Mittelniederländischen des 15. Jh. als *matelieve* belegt und erscheint in niederländischen Dialekten als *maagdelieve* = „der Magd lieb“, d. h. „der Jungfrau Maria lieb“.[305] Der Muttergottesname erklärt auch das mda. *Moidila* („kleine Maria“, Feldthurns). In vielen deutschen Mundarten heißt die Pflanze auch „Marienblümchen“ bzw. „Margerittchen“.

Der Volkskundler, Dialektforscher und Mundartdichter Matthias Insam (1905–1992) erzählt die im unteren Etschtal verbreitete Legende, wie die schneeweißen Zungenblüten des Gänseblümchens zu ihren roten Rändern gekommen sind: Einst sind die Muttergottesblümchen (Gänseblümchen) schneeweiß gewesen. Die hl. Gottesmutter hat dem Jesuskind ein „Hematl“ gemacht, und dabei hat sie sich gestochen. Die Blutstropfen sind auf die kleinen Blumen zu ihren Füßen gefallen. Seitdem sind sie rot oder haben einen kleinen roten Rand.[306]

Der Name „Gänseblümchen“ dagegen verweist auf die Gewöhnlichkeit und das häufige Vorkommen gleich wie die Bezeichnungen „Kuh-“ oder „Ochsenblume“.

WISSENSWERTES

Die Blütenkörbchen schließen sich nachts und bei kühlem Wetter. Bei trockener Luft können die Blüten bis –15 Grad ertragen. Nach kalten Nächten färben sie sich rötlich. Gefüllte Formen sind als „Tausendschönchen“ beliebte Gartenpflanzen.[307]

---

303 Marzell (1943–1979), Bd. 1, Sp. 560
304 Marzell (1943–1979), Bd. 1, Sp. 552
305 Marzell (1943–1979), Bd. 1, Sp. 546
306 Insam (1954), S. 344
307 Spohn et al. (2015), S. 174

• Berberis vulgaris

Gewöhnliche Berberitze | Crespino comune | Bromamosch | Spinacian/Vin

Berberidaceae – 1–3 m hoher Strauch, Zweige mit 1–5-teiligen Dornen. Blütezeit April–Juni, Blüten unangenehm riechend. Vorkommen an Waldrändern, in Hecken, auf sommerwarmen, nährstoffreichen Böden, vom Tal bis zur Waldgrenze.

Mundartlich	Pflanzenteil	Belegorte
Pumml, -n, -en, -an (f., Pl.)	Frucht	Rojen, Langtaufers[308], St. Valentin a. d. H.,
-pë^{i}r (f.)	Frucht	Matsch, Schluderns, Taufers i. M.,
-schtaud(n) (f., Pl.)	Strauch	Stilfs, Prad, Eyrs, Schlanders,
-dë^{i}rn (Pl.)	Strauch	Martell[309], Schnals, Naturns, St.Walburg/ Ulten
Proml[310] (f.)	Frucht	Welschnofen
Prumml (f.)	Frucht	Lüsen[311], Telfes, Pfitsch, Vals/Mühlbach, Pfunders, Terenten, Antholz[312], Olang, Prags, Sexten[313], Vierschach
-schtau; -schtaude (f.)	Strauch	Ahrntal; Telfes
-për[314] (f.)	Frucht	Antholz; [Brixen, Sarntal][315]
Pfrumbl (f), Pfrumml (f.)	Frucht	Ridnaun, Wipptal[316]
Poaslpë^{i}r; -pa (f.)	Frucht	Ulfas/Passeier; Innervillgraten[317]
Poaslschtaude; -dorn[318]	Strauch	Ulfas/Passeier; Sarntal
Dourn-, Doarnschtau (f.)	Strauch	Laurein, Afing
Dournstaud(e) (f.)	Strauch	Martell, Pfitsch, Lüsen[319], Getzenberg/Kiens

308 Joos (2010), S. 566
309 Pfitscher (2001), S. 87
310 Schatz (1955), S. 101
311 Prosch (1923), S. 255
312 Pallhuber (2016), S. 139
313 Stauder (2019), S. 167
314 Pallhuber (2016), S. 139
315 Dalla Torre (1895), S. 14 (als „Brummelbör“)
316 Schricker (1989), S. 67
317 Lang-Reitstätter (1935), S. 83
318 Marzell (1943–1979), Bd. 1, Sp. 572
319 Prosch (1923), S. 255

Döirnstaude[320] (f.)	Strauch	Antholz
Sauerdournschtaude (f.)	Strauch	St. Leonhard/Brixen
Dournwaimerlen[321] (Pl.)	Früchte	Truden
Dourn-, Tournwaimerleschtaude (f.)	Strauch	Kastelruth, Villnöß
Draidourn (m.)	Strauch	Vöran
Schtupfaschtaude (f.)	Strauch	Olang, Antholz[322]
Hågedoan, Hågedourn[323] (m.)	Strauch	Sarntal, Pustertal
Hogldëirn[324] (Pl.)	Strauch	Grissian, Sirmian
Zëitnwaimerlen (Pl.)	Früchte	Kaltern
Ëisigwaimerlen (Pl.)	Früchte	Unterland, Altrei[325]
Ëssigpanzelen (Pl.)	Früchte	Lana, Andrian, Eppan[326], Oberinn
Ëssigpëir (f.)	Früchte	Prad
Plitzerlen (Pl.)	Früchte	Klobenstein
Sauerpenzeler[327] (Pl.)	Früchte	Deutschnofen
Sauerplattlen (Pl.)	Blätter	Kastelruth
Sauerlap[328] (n.)	Blätter	Kaltern
Guggulaber (Pl.)	Blätter	Tramin
Foie de cáora (f. Pl.)	Blätter	Laag
Pan e vín	Blätter	Buchholz

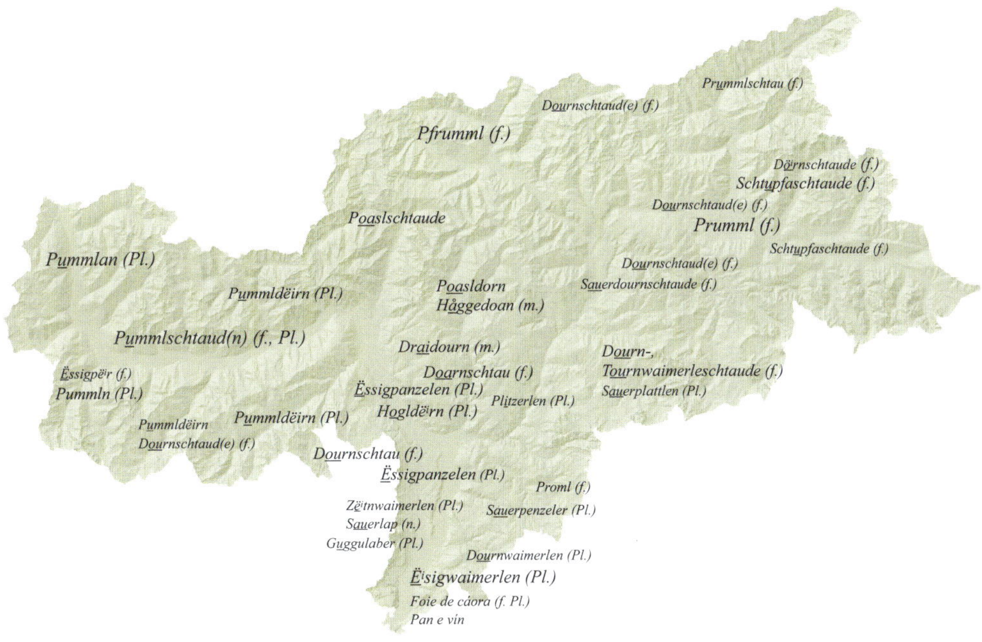

320 Pallhuber (2016), S. 139
321 Ortner (2005), S. 428
322 Müller (1985), S. 148
323 Schatz (1955), S. 270
324 Insam (1936), S. 72
325 Abram (2006), S. 855
326 Wirth (2021), S. 352
327 Zelger (2004), S. 67
328 Wirth (2012), S. 356

HERKUNFT UND BEDEUTUNG

Die Berberitze ist ein kleiner „Star" unter den heimischen Sträuchern und weist eine große Vielfalt an mundartlichen Bezeichnungen auf. Die Namen beziehen sich einerseits auf die roten säuerlichen Früchte (*Sauer-, Essig-, -waimerle*), andererseits auf den dornenbewehrten Strauch (*Stupfer-*, *Dornstaude*, *-dëirn*, Grödnerisch *spinacian*) mit den ebenfalls säuerlich schmeckenden Blättern.

> Eechrn hoobm Saachrn,
> unt Pummlan hoobm Deirn,
> unt Prennessln prennan
> wia sollzi inzruans weirn?
>
> — Luis Stefan Stecher, Korrnliadr, S. 53

Der Name **Prumml** (Pustertal) leitet sich von ahd. *brama* bzw. *bramo* = „Dornbusch, Brombeere" ab. Mit Pruma bzw. Proma werden in einigen Pusterer Mundarten kollektiv die Sträucher von Heidel- und Preiselbeeren (→ *Vaccinium*) bezeichnet. Im Ennebergischen verwendet man die deutsche Entlehnung *Bromamosch*. Die Vinschger **Pummlen** bzw. Pummlan, die als Pumbln früher bis nach Partschins, Dorf Tirol sowie Lana und Ulten herunter reichten[329], können nur von den Prummlen hergeleitet werden, wobei das /r/ unter dem Einfluss von *pummeln* „baumeln, schwanken" (der Früchte) ausgefallen ist.

Berberitzen bilden ein undurchdringliches Gestrüpp, das als natürliche Einzäunung der Weidetiere, als „Viehhag", genutzt wurde. Daher stammen die Namen **Hagedorn** (Sarntal, Pustertal) sowie Hogldörn (Grissian, Sirmian). Nach den dreiteiligen Dornen wird der Strauch in Vöran **Dreidorn** genannt.

Den intensiv säuerlichen Geschmack der Früchte unterstreichen Bezeichnungen wie **Essigwaimerlen** („nach Essig schmeckende Weinbeeren") und die **Sauerpanzelen**. Die „sauren Waimerlen" begegnen uns im Salurnerischen *pan e vin* („Brot und Wein", im Cembran *pane vin del cuco*[330], „Brot und Wein des Kuckuck") sowie im Grödnerischen *vin* („Wein").

Die Bezeichnung **Poaßlbeere** war früher weit verbreitet, wie die ältere Fachliteratur (C. von Rauschenfels, J. B. Schöpf, W. Pfaff, M. Insam) belegt, nämlich von Passeier über Schenna, Labers, Hafling, Vöran, Gargazon bis zum Deutschnonsberg. Im Passeier ist die *Poaslpëir* nach wie vor bekannt, im Ötztal als *Poaslas-Schtauda*[331], die Früchte sind dort die *Poaslan*. Der Name leitet sich von mhd. *beize* = „Beize, Lauge" ab, weil man den Beerensaft wie Essig zum Beizen benutzen konnte. Darüber hinaus verwendete man die gelbe, aus den Wurzeln bereitete Lauge zum Beizen von Holzwaren.[332]

---

329 Insam (1936), S. 74
330 Pedrotti & Bertoldi (1930), S. 51
331 Ötztaler Dialektwörterbuch, http://oetztalermuseen.at/dialektwoerterbuch/?dir=32&name-directory-search-value=berberitze&dir=32#name_directory_position; abgerufen am 15.09.2022
332 Marzell (1943–1979), Bd. 1, Sp. 572

Der Volkskundler Matthias Insam zeigt sich über manche Unsicherheit hinsichtlich der Bezeichnungen der Berberitze verwundert: *„In Grissian, Sirmian schien völlige Verwirrung zu herrschen: Wainsaierling, Waimerledëirn, Hånggendëirn, Hogldëirn, Pesndëirn oder einfach Dëirn!*"[333]

Der Name der Berberitzenblätter, wie z. B. **Guggulaber** („Laub des Kuckuck", Tramin), weist Parallelen zum Sauerklee (*Gugguproat*) auf, die *foie de cáora* („Geißblätter", Laag) deuten darauf hin, dass das Berberitzenlaub gerne von Ziegen gefressen wird.

Die **Panzelen** – Regglbergisch *Penzelen* – verweisen auf die Zylinderform der Früchte, die einem kleinen Weinfass, eben einem Panzele, ähneln. Dafür haben die Rittner wiederum die *Plitzerlen*, das ist ein kleiner Kürbis, ein kleiner „Plutzer".

Die Osttiroler *Dabernitze* (Matrei) teilt sich dort den Namen mit der Felsen-Johannisbeere (*Ribes petraeum*), nämlich *Dobernatsch*, und ist sicher alpenslawischer Herkunft.

In manchen Gegenden wird genau zwischen Strauch, Blatt und Frucht unterschieden, z. B. in Kastelruth. Dort heißt der Strauch *Dournwaimerle-Schtauda*, die Früchte sind die *Dournwaimerlen* und die Blätter die *Sauerplattlen*. In Lüsen sind die *Prummlpëirn* die Früchte der *Dournschtaud*.

VERWENDUNG DER BLÄTTER UND DES STRAUCHES

In Laag riet man den Kindern, Berberitzenblätter zu kauen, wenn sie der Durst plagte: *Se te ven sé, mágna na foia de cáora*! Dasselbe galt für die Blätter des Sauerklees (pan de cuco → *Oxalis acetosella*). Und auch im Wipptal weiß man um die vielseitige Verwendung der *Pfrumbl*: „Die Pfrumbl sind gut gegen den Durst. Früher sind sie beim Dreschen in den Pausen zur Stärkung gegessen worden. Und Marmelade kann man auch davon kochen"[334]. In Vöran und in Vierschach wurde uns mitgeteilt, dass die Zweige des Strauches als Stallbesen Verwendung fanden. In Pfunders und in Vierschach erfuhren wir, dass aus dem *gliëbign* (biegsamen) Holz der Berberitze *Rechnzinde* (Zähne des Holzrechens) angefertigt wurden.

• Briza media

Gewöhnliches Zittergras | Sonaglini comuni | larines/Pules | Podli

Poaceae – krautig, mehrjährig, 20–50 cm hoch. Blütezeit Mai–Juli, den Blütenstand bildet eine zierliche Rispe mit rundlichen herzförmigen grünen und violetten Ährchen an dünnen Stielen. Vorkommen auf trockenen bis feuchten Magerwiesen, in lichten Wäldern. Magerkeitszeiger. In Südtirol weit verbreitet, vom Tal bis zur Waldgrenze.

333 Insam (1936), S. 72
334 Schricker (1989), S. 67

Mundartlich	Belegorte
Zittrli[335] *(n.)*	Langtaufers
Zitt^{e}rlen, -lan (Pl.)	Burgeis, Taufers i. M., Matsch, Prad, Schlanders, Naturns, Tramin
Zitt^{e}rgros (n.)	Naturns
Zitergrås[336] *(n.)*	Kaltern
Zitterschmelbm (Pl.)	Kastelruth
Zitterschmelliler (Pl.)	Afing
Zittoschmelle[337] *(f.)*	Oberes Pustertal
Zitterkraut (n.)	Vöran
Zitterlisl (f.)	St. Leonhard/Brixen
Zitterpappele (n.)	Flaas
Zitt^{e}rherzlen (Pl.)	Schlanders
He^{a}rzlan (Pl.)	Stilfs
Herzlschmelln (Pl.)	Sarntal, Villnöß
Herzlschmelbm (Pl.)	Verdings, Villanders, Kastelruth
He^{r}schzlschmelle (f.)	Olang
Heschzlschmell (Pl.)	Ahrntal
Herzlschmelling (m.)	Welschnofen
Pfitscha Fleache (Pl.)	Ridnaun, Sterzing, Pfitsch, Pflersch
Wånzn (Pl.)	Villnöß
Trēnengros (n.)	Völser Aicha
Muattergottestrēnen (Pl.)	Völser Aicha
Muettergotteshe^{a}rzlan (Pl.)	Stilfs

Zittrherzl

Af der Wies do stiahn sie ummr
uhne Numen, uhne Nummr
uhne Geld und uhne Guat
uhne Gwond und uhne Huat
mit an Herzl
mit an Herzl
des va Huamweah zittrn tuat

— Maridl Innerhofer, A Kraut mit tausnd Guldn, S. 70

335 Joos (2010), S. 572
336 Wirth (2021), S. 382
337 Wirth (2021), S. 382

HERKUNFT UND BEDEUTUNG

Schon 1551 erklärt sich Hieronymus Bock in seinem *Kreutterbuch* den Namen des Grases: *darumb das sollche körnlin* (= Ähren) *stets weben vnd zittern / nent man es auch im Gaw* (= Landgemeinde) *Zedern*[338]. In der Tat – beim geringsten Windhauch zittern die Ährchen, was zu den volkstümlichen Bezeichnungen **Zitterlen**, Zittergras (Vinschgau) u. Ä. führte.

Im Falle der Zitterlisl (bei Brixen) wird in den bebenden Rispen eine ängstlich zitternde Lisl gesehen (in der Pfalz als „Zitterliesel" belegt[339]), wie allgemein viele weibliche Vornamen in den Pflanzennamen erscheinen. Das Zitterpappele (Flaas bei Jenesien) mag an die keks- oder brotförmige „Schmelle" angelehnt sein.

Das andere Benennungsmotiv bezieht sich auf die herzförmigen Ährchen der „Schmelche" (**Herzlschmelche**). Das Grundwort für alle Süßgräser lautet im Westen Südtirols *Schmelch(e)*, im Eisacktal *Schmelb(a)*, in Welschnofen *Schmelling* und im Pustertal *Schmelle*, dies zu mhd. *smelche*, ahd. *smelha*.[340]

Einen humorvollen Namen für das Zittergras kennt das Wipptal, dort erkennt man in den Ährchen Flöhe aus Pfitsch, eben *Pfitscha Fleache*! In einem dortigen Kinderspiel wird man scherzhaft ermahnt: *Pfitscha Floach, hupf net hoach!*

Die *Fleache* erinnern an das Grödnerische *podli* „Läuse" und an die *Wånzn* in Villnöß – wie übrigens auch in den schlesischen Gemeinden des Riesengebirges[341]! Das Gadertalische kennt *pules* bzw. *iarines*, also „Hennen", für *Briza media*. In Völser Aicha erkennt man im Gras keine Herzen, sondern Tränen der Gottesmutter, in Stilfs erblickt man darin ihr Herz.

BESONDERHEITEN

Durch die verstärkte Düngung verschwinden die *Zittrlen* und *Herzlschmelln* immer mehr, denn die Art ist ein Magerkeitszeiger. Wer noch Standorte kennt: Das Zittergras eignet sich besonders gut für das Pflücken eines Trockenstraußes.

• Caltha palustris

Gewöhnliche Sumpfdotterblume |
Calta palustre | Ciüf (ghel) de parü/Erba dla plöia | Ciof/lerba dala plueia/Ciof di aghei

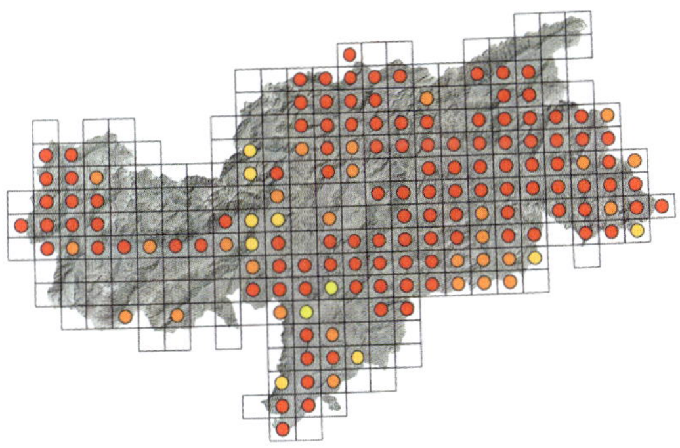

Ranunculaceae – krautig, mehrjährig, 15–30 cm hoch. Blütezeit April–Juni. Vorkommen in Sumpfwiesen, an Quellen, Bächen und Gräben; bevorzugt nasse nährstoffreiche Lehm- und Tonböden. Vom Tal bis zur Waldgrenze, in Südtirol vor allem in der östlichen Landeshälfte.

---

338 Bock (1551), S. 257, https://www.digitale-sammlungen.de/de/view/bsb00091270?page=554,555; abgerufen am 27.10.2022
339 Marzell (1943–1979), Bd. 1, Sp. 664
340 Köbler (2014), http://www.koeblergerhard.de/ahd/ahd_s.html; abgerufen am 17.11.2021
341 Marzell (1943–1979), Bd. 1, Sp. 670

Mundartlich	Belegorte
Schmålzpluam (f.); -pliamlan (Pl.)	Burgeis, Taufers i. M.; Langtaufers[342]
-pluama (f.)	Kastelruth
Schmålzkåchl (f.)	Laas
Schmëlzkachile[343] *(n.)*	Oberes Pustertal
Schmålzpundl[344] *(f.)*	Sarntal
Schmëlzpfandl (n.)	Latzfons, Mareit, Spinges, Terenten
Glitznpfandl[345] *(n.)*	Pfitsch
Putterknolln[346] *(m.)*	Latzfons
Puttoknolle (f.)	Vintl
Butterblume[347]	Antholz
Putterpliamlan[348]	Langtaufers
Dottopluame (f.)	Meransen
Dottopuschn (m.); -pischl (m.)	Mühlbach, Rodeneck; Ridnaun/Braunhofe
Mouspischl (m.)	Ridnaun/Gasse
Mousefåcke (m.) -n (Pl.)	Sexten, Vierschach
Fetzkåchlen (Pl.)	Naturns, Plaus

HERKUNFT UND BEDEUTUNG

Die glänzenden gelben Blüten werden mit zerlassenen tierischen Fetten (Butterschmalz, Eidotter) verglichen, meist in Kombination mit einem Gefäß (*Pundl*, *Kåchl*), worin Butter transportiert wurde, oder mit einer Pfanne, in der üblicherweise Butter zum Braten von Speisen verwendet wird. Das zerlassene Fett glänzt in der Pfanne, in der Mundart sagt man *glitzn* = „glitzern, schimmern".

Den Namen *Schmålz* (zerlassene Butter oder tierisches Fett; ahd. *smalz*) oder *Schmëlz* teilt sich die Sumpfdotterblume mit anderen gelb glänzenden Arten (→ *Ranunculus acris*, *Trollius europaeus*, *Potentilla* sp.). Der Namensbestandteil „Dotter" weist auf die dunkelgelbe Blütenfarbe hin, und *Pischl* ist in den Mundarten um Sterzing die Allgemeinbezeichnung für „Blume".

Das Mundartwort *Mousefåcke* ist auf den Osten Südtirols beschränkt, üblicherweise wird damit aber die Kleinblättrige Rauschbeere (→ *Vaccinium gaultherioides*) sowie die Moor-Rauschbeere (*Vaccinium uliginosum*) benannt. „Moos" verweist auf das Vorkommen der Pflanze in Sumpfwiesen und entlang von Wasserläufen; die *Fåckn* = „Schweine" sind vielleicht ein Kraftausdruck für die großen Blätter – oder liegt ein Hinweis auf „Mooswesen" vor, wie die Berner Belege *Moosgogg* oder *Moosputz*[349] nahelegen? 1801 erwähnt Candidus von Rauschenfels

342 Joos (2010), S. 567
343 Wirth (2021), S. 376
344 Gruber (2005), S. 169
345 Christensen (2014), S. 55, 232
346 Bibliotheksgruppe Latzfons (2004), S. 95
347 Müller (1985), S. 148
348 Joos (2010), S. 567
349 Marzell (1943–1979), Bd. 1, Sp. 745

für Lienz die *Moosevaccen*, meint dabei aber die Moor-Rauschbeere (*Vaccinium uliginosum*). Ist es also etwa auch denkbar, „Moosefacken“ als frühe Entlehnung aus lat. *vaccinum* = „Beerenstrauch“ zu deuten?

BESONDERHEIT

Aus Latzfons weiß man, dass bis zu Beginn der 1970er-Jahre die „Pater“ (Kapuziner aus Klausen) im Juni „Butterknollen“ sammelten.

• Cetraria islandica

Isländisches Moos | Lichene islandico | Pössl de cioura | Puessl/Puestl de cëura

Parmeliaceae – polsterförmige Strauchflechte, 4–12 cm hoch. Vorkommen in lichten Föhrenwäldern, Bergnadelwäldern und hauptsächlich in alpinen Zwergstrauchheiden.

Mundartlich	Belegorte
Goasschtraubm (Pl.)	Platt/Passeier, Schenna, Sarntal, Afing, Ritten, Latzfons[350], Villanders, Villnöß, Brixen, Freienfeld, Ridnaun, Pfitsch, Lüsen[351], Terenten, Getzenberg/Kiens, Olang, Antholz[352]
-schtrauwe[353] *(f.)*	Ploseberg/Brixen
-pårt[354] *(m.)*	Eisacktal
Gasschtraube (f.), -schtraubm (Pl.)	Olang, Prags, St. Magdalena/Gsies, Innervillgraten[355]
Gaseschtraube[356] *(f.), -schtraubm (Pl.)*	Sexten
Gaslschtraube (f.)	Vierschach
Lunglmiës (n.)	Schnals, Naturns, Aldein, Welschnofen[357], Kastelruth
Lunglkraut (n.)	Ulten, Laurein, Tisens, Flaas, Afing, Ritten
Turatee, Duratee	Schluderns, Stilfs, Laas, Martell[358]
Turltee	Tanas, Allitz
Masigga; Masigg	Rojen, Langtaufers[359], Burgeis, Planeil; Taufers i. M.
Masitt; Mesitta; Musitt	Burgeis, Mals[360]; Matsch; Stilfs
Iserear[361]*; Isere, Misere*[362]	Ulten; Passeier

350 Bibliotheksgruppe Latzfons (2004), S. 41
351 Prosch (1923), S. 255
352 Pallhuber (2016), S. 139
353 Jocher (2010), S. 511
354 Fink (2003), S. 377
355 Lang-Reitstätter (1935), S. 82
356 Stauder (2019), S. 67
357 Schatz (1955), S. 399
358 Pfitscher (2001), S. 119
359 Joos (2010), S. 568
360 Fink (1972), S. 187
361 Lösch (1989), S. 95; Schöpf (1866), S. 288, 439
362 Dalla Torre (1895), S. 24

HERKUNFT UND BEDEUTUNG

Unter den Flechten weist das Isländische Moos die größte Bandbreite an volkstümlichen Bezeichnungen auf, was in erster Linie auf die phytotherapeutische Anwendung bei trockenem Husten, Erkältungen und Entzündungen im Mund-Rachen-Raum zurückzuführen ist.

Die verbreitetste Namenform lautet **Geißstrauben** (mda. *Goasschtraubm*). So wird die Flechte in Passeier, im Burggrafenamt, Sarntal, Eisacktal, Wipptal und gesamten Pustertal bezeichnet – ab der „innerpustererischen" Dialektgrenze bei Rasen und Olang sagt man freilich *Gas(e)schtraubm* bzw. *Gaslschtraube* (Vierschach). Die Bezeichnung rührt von der aufgerollten, krausen Form des Flechtenlagers (Thallus) her, die an Strauben, einer in heißem Fett gebackenen Süßspeise, erinnert. Süß schmecken die Geißstrauben wahrlich nicht, sie wurden dennoch im Winter abgebrüht und an Schweine verfüttert, die Ziegen fraßen sie in „frischem" Zustand – was wohl zur Bezeichnung beigetragen haben mag. Im Gadertalischen heißt die Strauchflechte *pössl de cioura*, im Grödnerischen *puessl de cëura*, wörtlich „Geißschmarren".

Der Namentyp **Lunglmiës** und **Lunglkraut** kommt in voneinander getrennten Dialekträumen vor, nämlich einerseits im Unteren Vinschgau, in Ulten und am Deutschnonsberg, andererseits am Regglberg, in Jenesien und in Kastelruth. In Prettau ist die Rentierflechte (*Cladonia* sp.) als *Lunglgrous* belegt. Der Name setzt sich aus mda. *Lungl* = „Lunge" und *Mias* = „Moos" (der Volksmund zählt die Flechten zum „Moos") zusammen. Es ist das „Moos", das bei Atemproblemen und hartnäckigem Husten schleimlösend wirkt. In Ulten wird zusätzlich die Gewöhnliche Mondraute (*Botrychium lunaria*) als *Lunglkraut* bezeichnet.

Im Vinschgau zwischen Stilfs und Martell, beidseits des Tales mit Zentrum in Laas, ist die Bezeichnung **Duratee** oder **Turltee** geläufig – in Anlehnung an das „dürre" Moos –, der als bitter schmeckender Absud („Tee") eingenommen wird.

Im Obervinschgau hat sich eine rätoromanische Bezeichnung erhalten: **Masigga** oder **Masitt** mit unterschiedlichem Nebenton (*a, e, u*) und Endung (meistens *-gg*, manchmal *-tt*). Der Ausdruck lässt sich mit alpenrom. **muscu siccu* = „trockenes Moos" erklären und widerspiegelt ziemlich genau das deutsche „Duratee". In Matsch kennt man den Flurnamen Plamazigg (aus **plan da muscu siccu* = „Boden, wo *Masigga* wächst"). *Massegge* und *Massigge* findet sich auch in Graubünden, im Oberen Gericht sowie in Vorarlberg.[363]

Aus Ulten und Passeier ist ein kaum mehr gebräuchlicher Name überliefert, nämlich **Iserear**, Misere bzw. Isere (jeweils endbetont). In Langtaufers wird die Rentierflechte als *Miserëi*[364] bezeichnet und als Grabschmuck verwendet – auch im Oberinntal (Prutz, Pfunds) wird das *Miseri* von der *Masigge* unterschieden[365]. Der Name könnte sich auf das „Miserere" (lat. „erbarme dich"), die alte Bezeichnung für die vollständige Verstopfung, beziehen. Vielleicht wurde es als starkes Abführmittel eingesetzt – und in der Tat – eines der ältesten Namen des Isländischen Mooses lautet *Muscus catharticus* („abführendes Moos")[366]. Im Französischen wird der Mauerpfeffer (*Sedum*) „misère" genannt, weil diese Pflanze auf magerem Boden gedeiht, ein Umstand, der auch für das Isländische Moos gilt, das in Hungerzeiten auch als Notnahrung Verwendung fand.[367] Nach einer Tiroler Sage war das Iseré

---

363 Marzell (1943–1979), Bd. 1, Sp. 907
364 Joos (2010), S. 568
365 Schatz (1955), S. 428
366 Marzell (1943–1979), Bd. 1, Sp. 905
367 Marzell (1943–1979), Bd. 1, Sp. 908

einst ein üppig grünes Gras und ergab gedeihliches Futter, damit es stets Milch im Überfluss gab. Weil aber die Älpler mit der Gottesgabe Missbrauch trieben, wandelte sich Gottes Segen in Fluch: *Iserear! Grad nimmer mear!* und von Zeit an verdorrte es und die reichliche Milch versiegte.[368]

Die im Nordosten Tirols verwendete Bezeichnung „Rispal-Raspal" bzw. „Rispra-Raspra" kommt in Südtirol nicht vor, erscheint aber gehäuft in Pusterer Flurnamen (*Rispental* in Vals, *Risperboden* in Reischach, *Rispa* in Toblach, *Rischbachseite* in Antholz, *Rischtölder* in Gsies, *Rispl* in St. Johann in Ahrn). Die Bezeichnung Rispl muss demnach früher zumindest im Pustertal verbreitet gewesen sein. Der Ausdruck kommt von mhd. *rispen* = „sich kräuseln".

• Chenopodium album, Chenopodium bonus-henricus

Weißer Gänsefuß, Guter Heinrich | Farinello comune, Farinello buon-enrico | Ciamalta | Giamëta, Spinot mat

Die Gattung *Chenopodium* ist in Südtirol durch ein gutes Dutzend Arten vertreten, von denen die beiden hier behandelten die häufigsten sind. Während der Gute Heinrich auch vom Laien klar unterscheidbar ist, sind die restlichen Arten, zumal die Verwandtschaft des Weißen Gänsefußes, sehr schwer auseinanderzuhalten. Es ist daher davon auszugehen, dass sich die mundartlichen Bezeichnungen für Letzteren zumindest auf die ganze Artengruppe, möglicherweise aber auch auf andere sehr ähnliche Arten beziehen. Eine Ausnahme dürfte lediglich der Erdbeerspinat (*Chenopodium foliosum*) machen, der anhand seiner roten Beeren klar unterschieden ist. Von diesem kennen wir lediglich die Bezeichnung *Pëͥramåltn* aus dem Obervinschgau.

Weißer Gänsefuß (*Chenopodium album*): Amaranthaceae (s. lat.) – krautig, einjährig, 10–200 cm hoch. Blütezeit Juni–Oktober, Blüten knäuelig angeordnet, in den Blattwinkeln, Blattform sehr variabel (oval, lanzettlich oder rhombisch). Vorkommen an Schuttplätzen, Wegen, Straßenrändern, in Äckern und an Misthäufen. Sehr erfolgreiche Pionierpflanze auf nährstoffreichen Böden aller Art und durch mehrere Unterarten vertreten. In ganz Südtirol, vor allem in niederen Lagen, lokal bis 2000 m.
Guter Heinrich (*Chenopodium bonus-henricus*): Amaranthaceae (s. lat.) – krautig, mehrjährig, 10–80 cm hoch. Blütezeit April–Oktober, Blüten in einer endständigen blattlosen Scheinähre. Vorkommen in dörflichen Ruderalfluren, im Bereich von Almställen und Viehlägern, hauptsächlich zwischen 1000 und 2000 m. Pionier auf ammoniakreichen Standorten. In ganz Südtirol.

368 Schöpf (1866), S. 288

Die volkstümlichen Namen des Weißen Gänsefußes und des Guten Heinrichs werden hier gemeinsam vorgestellt, da die Bezeichnungen häufig für beide Arten gelten.

Weißer Gänsefuß

Mundartlich	Belegorte
Måltn (Pl.)	Ridnaun, Wiesen, Fleins/Freienfeld, St. Leonhard/Brixen, Villanders, Kastelruth, Tiers, Tramin, Ritten, Mölten, Vöran
Moltnschtau (f.); Moltn (Pl.)	Tisens; Kastelruth
Målggn (Pl.)	St. Walburg/Ulten, Afing, Neumarkt
Schaismålggn (Pl.); -målt (Sg., f.)	Schlanders, Martell, Prad, Lana; Schlanders
Schaismelggn (Pl.)	Schluderns
Schaiskraut (n.)	Burgeis, Taufers i. M., Laas
Ribes (m.)	Laurein
Farinèi (Pl.)	Laag

Guter Heinrich

Mundartlich	Belegorte
Schaiskraut (n.)	Burgeis, Tartsch, Matsch, Schluderns, Taufers i. M., Stilfs, Ritten
-måltn (Pl.)	Schnals, Ulfas/Passeier
-målbme[369] *(f.)*	Passeier
Huamkraut (n.); Ho^{a}mkraut (n.), Hoamolan[370]	St. Walburg/Ulten, Laurein; Sarntal
Fuamkraut (n.)	Ridnaun
Hauslobise; -låbisse (f.)	Vals/Mühlbach; Ahrntal
Tschamaun[371] *(m.)*	Tiers
Fåckak^{a}rschigglan (Pl.)	Matsch
Wilder Schpinat (m.)	Vöran, Ritten, Kastelruth, Villanders, Wiesen, St. Leonhard/Brixen, Getzenberg/Kiens, Terenten, Gsies, Prags, Vierschach
Fålscher Schpinat (m.)	Vöran
Fållischa Schpinat (m.)	Getzenberg/Kiens
Plëtschnkraut (n.)	Afing
Sëliger Hainrich (m.)	Trens
Feltschpinat (m.)	Toblach[372]

---

369 Haller & Lanthaler (2004), S. 193
370 Fink (1966a), S. 487
371 Robatscher (2003), S. 157, als „wilder Spinat, der in der Nähe von Misthäufen wächst"
372 Mittich-Steinwandter (2023, Nr. 2), S. 25

HERKUNFT UND BEDEUTUNG

Das mundartliche Grundwort für beide Arten, den Weißen Gänsefuß und den Guten Heinrich, lautet **Malten** (*Måltn, Målggn*), in der seltenen Singularform in Tiers *di Målta*. Diese Bezeichnung leitet sich vom Büchernamen Melde ab. In ahd. Glossaren des 11. Jh. ist der Pflanzenname u. a. als *malta* belegt, bei Hildegard von Bingen als *melda* (12. Jh.)[373]. Die rekonstruierte germ. Form **meldō* geht auf die idg. Wurzel **meld^{h}-* = „schlagen, mahlen, zermalmen“[374] zurück – das Mahlen bezieht sich auf etwas Gemahlenes, also „Mehl“, da die weißlich bestäubten Blätter das auffälligste Merkmal des Weißen Gänsefußes sind (vgl. dazu it. *farinello* bzw. *farinaccio* und die in Laag gebräuchliche mundartliche Form *farinèi*).

Beide Arten werden als *Schaismåltn* oder *Schaiskraut* näher bestimmt, denn das Unkraut gilt als wertlos und wächst mit Vorliebe nahe bei Misthäufen und Jauchegruben. Der Autor des fünfbändigen Wörterbuchs der deutschen Pflanzennamen, Heinrich Marzell, vermutet zusätzlich einen Zusammenhang mit der abführenden Wirkung des Krauts.[375]

Der Laureiner Beleg *Ribes* erinnert an den botanischen Namen der Johannisbeere (*Ribes*). Als Erklärung könnte man das mda. Substantiv *die Riben* „Sandige Ablagerungen, Muren“ heranziehen, allerdings ist diese Erklärung unsicher, da sie besser für Pestwurz oder Huflattich passen würde.

> Di Måltn tian di Milch zruggkåltn!
>
> — Spruch aus dem Wipptal

Im Gegensatz zum Gänsefuß wird der Gute Heinrich sehr geschätzt. Seine Blätter werden nämlich als Gemüse (Wilder, Falscher Spinat) zubereitet. Im Sarntal bilden sie die Füllung der *gria' Kråpfn* und der Schlutzer. In Stilfs erinnert man sich noch daran, dass die italienischen „Finanzer“ in den 1930er-Jahren Guten Heinrich sammelten, um ihn als Spinat zuzubereiten.

Die Matscher *Fåckakarschigglan* sind eine genauere Bestimmung der *Karschigglan*, so heißt in Matsch nämlich der Wiesen-Sauerampfer → *Rumex acetosa*.

Die Nähe zu Haus und Stall – man hat das Kraut stets griffbereit – zeigt sich besonders schön in der Namensform **Heimkraut** (*Huam-*, *Hoamkraut*). In Ulten erzählt man sich, dass das *Huamkraut* gegen Heimweh helfe, z. B. wenn jemand im Sommer auf die Alm ging oder gar in den Krieg ziehen musste. Das Ridnauner *Fuamkraut* wird ein verhörtes *Huamkraut* sein und hat nichts mit mda. *Fuam* = „Schaum“ zu tun. Im Pustertal unterstreicht die *Hauslåbisse* die Nähe zum Haus (*Lobisn* → *Rumex alpinus*). Auch im ladinischen Namen *ciamalta* bzw. *giamëta* (Zusammensetzung aus dt. *Målte* und lad. *ciasa* = „Haus“?) ist dieses Benennungsmotiv vorherrschend. Eine Besonderheit stellt in Tiers der wohl in Vergessenheit geratene Begriff *Tschamaun* für den Guten Heinrich dar, vielleicht zu alpenroman. **tšamonna* = „Hütte“ (Nebenform zu *capanna*) – abermals ein Hinweis auf die Hausnähe.

Der Beleg *Seliger Heinrich* aus Trens ist eine Abwandlung zum Guten Heinrich mit Bezugnahme auf den Seligen Heinrich von Bozen (1250–1315).

373 Marzell (1943–1979), Bd. 1, Sp. 511
374 Köbler (2014), http://www.koeblergerhard.de/ahd/ahd_m.html; abgerufen am 02.12.2021
375 Marzell (1943–1979), Bd. 1, Sp. 934

BÜCHERNAMEN

Der deutsche Büchername „Gänsefuß“ ist eine Übersetzung aus dem Griechischen *Chenopodium* (*chen* = „Gans“ und *podion* = „Füßchen“), in Anspielung auf die Form der Blätter.

Was aber hat es mit Heinrich auf sich? Heinrich oder Huanz taucht als Pflanzennamen öfter auf (*Huanzlgros*, Vogelknöterich; *Plobhuanz*, Walliser Schwingel). Ein Seitenblick auf den europäischen Volksglauben erhellt Einiges: Man hat heilkundigen Kobolden („Heinzelmännchen“) und Märchengestalten („Der arme Heinrich“) die Heilkraft dieses Krautes zugesprochen. Nach schwedischem Volksglauben hat der hl. Henrik aus dem Guten Heinrich unter Zusatz anderer Inhaltsstoffe ein Heilpflaster für alle Wunden hergestellt.[376]

Heinrich war im ausgehenden Mittelalter der beliebteste Männername. Dieser leitet sich von *Haimrich* (ahd. *heim* = „Haus“ und *rîhhi* = „Fürst, mächtig“) ab und bedeutet übersetzt „Herrscher des Heims“, womit sich unser Kreis zum „Heimkraut“ schließt.

• Clematis vitalba, Clematis alpina

Gewöhnliche Waldrebe, Alpen-Waldrebe | Clematide vitalba, Clematide alpina | Rëibes

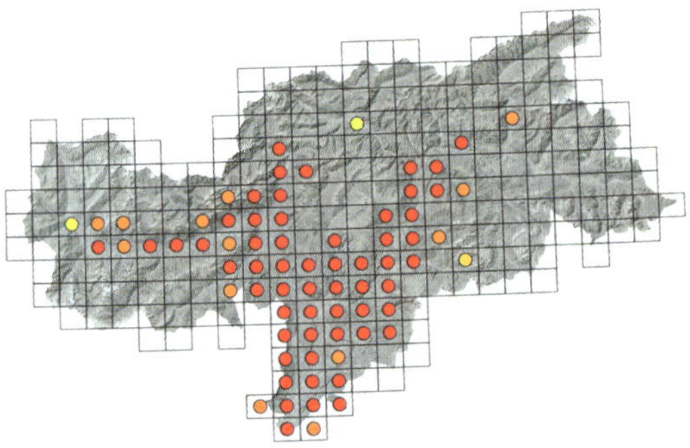

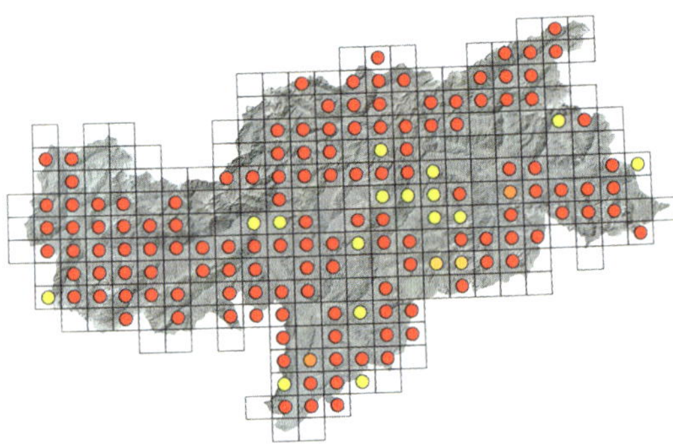

Gewöhnliche Waldrebe (*Clematis vitalba*): Ranunculaceae – verholzend, mehrjährig, kletternd (Liane), 2–10 m lang. Blütezeit Juni–August, die federigen Früchtchen bilden Wuschelköpfe. Vorkommen in Auen- und Edellaubwäldern, an Busch- und Waldrändern, auf Waldschlägen, vom Tal bis etwa 1700 m. Stickstoffzeiger, mit hautreizendem Pflanzensaft.

Alpen-Waldrebe (*Clematis alpina*): Ranunculaceae – Kletterstrauch (Liane), mehrjährig, 1–2 m lang. Blütezeit Mai–August. Vorkommen in lichten Blockwäldern, Leg-Föhren- und Alpenrosen-Gebüsch, in tiefen Lagen auch in Laubwäldern, Schwerpunkt in der montanen und subalpinen Stufe, lokal auch bis auf 500 m herab (Etschtal).

---

376 Marzell (1943–1979), Bd. 1, Sp. 937

Die volkstümlichen Bezeichnungen der beiden häufigsten Waldreben werden gemeinsam behandelt, da sich die Namen der beiden Arten überschneiden, allerdings selten an einem Ort.

Mundartlich	Art	Belegorte
Niëln (Pl.); Niëlrëip (f.)		Schlanders, Rabenstein/ Passeier, Schenna, Proveis, Lana; Andrian
Iëln (Pl.)		Mölten, Radein
Iëlrëip (f.), -rëibm (Pl.)		Ritten, Kaltern, St. Pauls, Tramin, Kurtatsch
Hialerrëibm (Pl.)		St. Michael/Eppan
Ealrëibm (Pl.)		Tramin
Rafatschålln, Rafatscholln (Pl.)		Welschnofen
Råggatschålln[377] *(Pl.), Gråfatscholln (Pl.)*		Deutschnofen, Eggen
Råfatschoidn (Pl.)		Tiers, Völser Aicha
Flëdomaise (Pl.)	*C. alpina*	Sterzing
Wilder Ëfai (m.)	*C. alpina*	Pfitsch
Wilder Hopfn (m.)	*C. alpina*	Stilfs
Zëitn (Pl.)	*C. vitalba*	Truden[378], Montan, Branzoll
Puebmholz[379]	*C. alpina*	Pfeffersberg/Brixen
Kinderholz[380] *(n.)*	*C. recta*	Brixen
Schellplue[381] *(n.)*	*C. alpina*	Eisacktal
Kunreiwe[382] *(f.)*	*C. recta*	Natz
Gummreiwe[383] *(f.)*	*C. recta*	Pfeffersberg/Brixen
Vedición, cavicióni	*C. vitalba*	Laag

HERKUNFT UND BEDEUTUNG

Im Burggrafenamt und im Mittelvinschgau heißen die Waldreben **Niëln**, im Unterland leicht abgewandelt *Iëln* oder *Iëlrëibm*. Reben daher, weil die Stängel wie Weinreben an den Bäumen emporklettern, worauf auch der deutsche Büchername „Waldrebe“ und das lat. *vitis* = „Rebe“ hinausläuft. Im Unterland dient der wichtige Zusatz „Rebe“ der Unterscheidung von der *Iël-* bzw. *Iglschtau*, womit speziell am Regglberg der Alpen-Goldregen (*Laburnum alpinum*) bezeichnet wird.

Niël bzw. *Iël* kommt von ahd. *liola* bzw. *liela* = „Waldrebe“. Das anlautende /l/ ist aufgrund Dissimilation durch das /n/ ersetzt worden, in der Folge wurde das /n/ als unbestimmter Artikel („ein“) aufgefasst und ist entfallen. Die weitere Herkunft des Wortes bleibt ungeklärt – eine Urverwandtschaft mit lat. *ligāre* = „binden“ (< idg. *leig-* = „binden“) ist anzunehmen. Das frz. „Liane“ ist erst ab dem 17. Jh. belegt und damit als Wortursprung – so naheliegend dies auch scheinen mag – auszuschließen.

Zwischen dem Regglberg und dem unteren linken Eisacktal hat sich ein romanisches Phytonym für *Clematis* sp. erhalten: **Rafatschallen** (*Rafatschålln*,

377 Zelger (2004), S. 62
378 Ortner (2005), S. 428
379 Fink (1972), S. 55
380 Fink (1979), S. 81
381 Fink (1972), S. 229
382 Fink (1979), S. 82
383 Fink (1979), S. 80

Welschnofen), *Raggatschålln* (Deutschnofen) bzw. *Rafatschoidn* (Tiers). Diese Bezeichnung geht möglicherweise auf ein alpenrom. **ravatšālja* = „Kletter-, Klammergewächs" zurück, mit Parallele zum it. Verb *arrappare* = „wegreißen" (bei Mirandola/Modena *raparas* = „sich anklammern", Provenzalisch *rapar* = „wegreißen, klettern"), das wiederum auf germ. *raubōn* = „abreißen, rauben" zurückgeführt wird.[384]

Das in Laag verbreitete, ursprünglich aus Cembra stammende *vedición* leitet sich von oberitalienisch *vítice* (lat. < *vitex, -icis*) ab, einer Nebenform zu *vite* = „Rebe".[385]

Weitere mundartliche Bezeichnungen für die Waldrebe sind: Kinder- und Bubenholz (Brixen, Pfeffersberg), was auf kindliche Rauchversuche anspielt, weiters *Zëitn* (Montan), Wilder Hopfen (Stilfs) bzw. Wilder Efeu (Pfitsch) aufgrund der rankenden Eigenschaften der Pflanze sowie Fledermäuse (Sterzing) und *Schellplua* (wörtlich „Glockenblüte") aufgrund der Blütenform der Alpen-Waldrebe (*Clematis alpina*).

Die in der Literatur für Brixen bezeugten Bezeichnungen *Kunreiwe* bzw. *Gummreiwa* erinnern an den Pflanzennamen Gundelrebe (in ahd. Glossaren des 9./10. Jh. u. a. *gundreba*[386]) und scheinen daraus entlehnt, vielleicht unter späterem Einfluss von mda. *Gunggl* = „Spinnrocken", an dem sich die Waldrebe hochrankt?

BESONDERHEIT

Kinder und Jugendliche machten mit den porösen Stängeln ihre ersten Raucherfahrungen, bei tiefen Lungenzügen wurde ihnen dabei recht schwindlig und übel. In Tiers erzählt man sich, dass die „Rafatschoidn" als Tabakersatz für Hirten zum Einsatz kamen. In Oetz am Eingang des Ötztals heißt die Pflanze *Wålt-Tschigg*[387].

• Colchicum autumnale

Herbstzeitlose | Colchico d'autunno |
Milandora (da d'altonn) |
Ciof dla ronia, Mauch blanch, Ciof dla mort

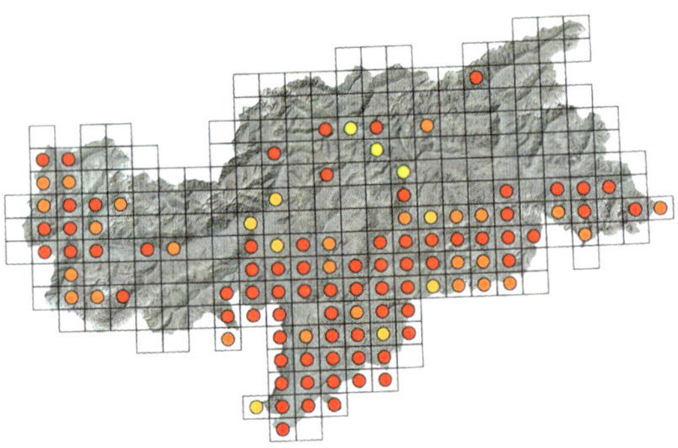

Colchicaceae – Geophyt mit tief im Boden sitzender Sprossknolle, 5–30 cm hoch. Blütezeit August–November, selten im Vorfrühling. Blätter tödlich giftig. Vorkommen auf feuchten frischen (Fett-)Wiesen, Weiden vom Tal bis zur Waldgrenze. In Südtirol mit deutlichem Verbreitungsschwerpunkt im Obervinschgau, im Süden der Provinz und in den Dolomiten. Sonst vielfach fehlend.

---

384 Meyer-Lübke (1992), S. 529, 530
385 Pedrotti & Bertoldi (1930), S. 94
386 Marzell (1943–1979), Bd. 2, Sp. 700
387 Ötztaler Dialektwörterbuch, http://oetztalermuseen.at/dialektwoerterbuch/?dir=32&name-directory-search-value=waldrebe&dir=32#name_directory_position; abgerufen am 15.09.2022

Mundartlich		Belegorte
Blüte (Herbst)	Kapselfrüchte (Frühling)	
Zaizlen (Pl.)	*Schmålzer (Pl.)*	Aldein
Zaitloasn (Pl.)		Mölten, Welschnofen, Kastelruth
Zaitiloase[388] *(f.)*		Pfitsch
Zaitloasn (Pl.)	*Glutschn*[389] *(Pl.)*	Taufers i. M., Matsch, Glurns
Hërbeschtmangeler (Pl.)	*Glåtsche (f.)*	Laurein
	Ggungglan[390] *(Pl.)*	Langtaufers
	Facklan (Pl.)	Stilfs, Salurn[391]
	Fåckn (Pl.)	Unsere Liebe Frau im Walde, Seis[392], Villnöß
Nåckete Kattl[393] *(f.)*	*Fåckn (Pl.)*	Tiers
	Wilde Gens (Pl.)	Vöran
	Lodn (m., Pl.)	Prags
Henntoat[394] *(m.)*		Vintl
Pergjagerle[395] *(n.)*		um Bozen
Schemmer[396]		Pustertal (Lienz)

HERKUNFT UND BEDEUTUNG

Die auffallende Erscheinung, dass die Früchte (Frühling) scheinbar vor der Blüte (Herbst) erscheinen, hat nicht nur zu vielen Benennungen im gesamten deutschen Sprachraum[397] geführt, sondern auch zu unterschiedlichen Bezeichnungen für Blüte und Kapselfrucht.

Die Blüte der Herbstzeitlose trägt gewöhnlich denselben Namen wie jene des Alpen-Krokus, nämlich **Zeitlose** (→ *Crocus albiflorus*) – in Aldein leicht abgewandelt *Zaizlen*, in Laurein *Mangeler* (→ *Crocus albiflorus*; unterscheidend *Hërbeschtmangeler*), wobei festgestellt wird: *påll di Mangeler kemmen, ischt Hërbescht!*

Die für Tiers nur mehr in der Fachliteratur belegte *Nåckete Kattl* spielt auf den Umstand an, dass die Blüte ohne Blätterkleidung dasteht! In vielen Gegenden des deutschen Sprachraums wird die Blüte „Nackte Jungfrau", „Nacktarsch" oder in derber Weise „Nackte Huren" genannt.[398]

Der Henntod (Vintl) spielt auf die Giftigkeit der Pflanze an (Hühner verendeten nach deren Genuss), während das scherzhafte Bergjagerle (Bozen) damit zu tun hat, dass die Bozner Sommerfrischler mit der Blüte der Herbstzeitlosen vom Ritten vertrieben, also vom „Berg verjagt" wurden.[399]

388 Christensen (2014), S. 202
389 Fink (1972), S. 104; fälschlicherweise als „Frühlingssafran"
390 Wirth (2021), S. 363
391 Schatz (1955), S. 154, als „Zeitlosen"
392 Marzell (1943–1979), Bd. 1, Sp. 1087, führt den Seiser Beleg *Fåcknpletschn* für die Blätter der Herbstzeitlosen an
393 Fink (1972), S. 199
394 Fink (1972), S. 122, als „Zeitlose"
395 Fink (1972), S. 30, als „Zeitlose"
396 Rauschenfels (1801), S. 219
397 Marzell (1943–1979), Bd. 1, Sp. 1070–1109, führt an die 500 an – geringe mundartliche Abwandlungen nicht eingerechnet
398 Marzell (1943–1979), Bd. 1, Sp. 1079–1082
399 zit. nach Marzell (1943–1979), Bd. 1, Sp. 1074

Der Schemmer[400] (Lienz) wird bei Marzell mit den Hemmern (→ *Veratrum album*) erklärt, findet jedoch überraschende Parallelen im Münstertalerischen *schiombla* (< **sciamula* = „Bilsenkraut“[401]?).

Interessant sind die volkstümlichen Namen der Kapselfrüchte. Diese werden mit Tieren verglichen: die Obervinschger *Glutschen* (im Vallader des Unterengadins *cluotschas*), die Laureiner *Glåtsche* (die Kernchen in der Kapsel erinnern an die Eier, die von der „Glutsch“, der Gluckhenne, ausgebrütet werden) sowie die Eisacktaler *Fåckn* bzw. *Facklen* (in den Kernen werden Ferkel, mda. *Facklen*, gesehen, die von der *Facklsau* gesäugt werden). In Vöran kennt man die Wilden Gänse, die bekanntlich auch in Gruppen auftreten. Aus dem Böhmerwald gibt es den Beleg *Ganseln*[402]. Für Langtaufers liegt der Hinweis *Gungglan* vor, nach der Ähnlichkeit mit einem *Gunggl* = „Haarknoten“.

Die pralle Kapselfrucht (*Schmålzer*) wird in Aldein wohl mit Schmalz (Butterfett) verglichen, während sich der Pragser *Lodn* wahrscheinlich auf die Kerne bezieht, die so aussehen, als ob sie zwischen Holzbretter bzw. Fensterläden (mda. *Lodn* = „Laden, langes Brett“) eingezwängt wären.

BESONDERHEITEN

Die Samenkapseln der Herbstzeitlose wurden früher an Apotheken verkauft. So weiß man aus Aldein, dass die *Schmålzer* im Schulhaus zum Trocknen ausgebreitet und als Arznei verkauft wurden, dasselbe erzählt man sich von der *Glutsch* in Taufers im Münstertal und von den *Fåckn* in St. Felix und Unsere Liebe Frau im Walde am Deutschnonsberg. Genau dosiert stand die Pflanze lange als Standardmittel bei akuter Gicht in Verwendung, heute gibt es ungefährlichere Medikamente.

Beim Hüten wusste man genau um die Giftigkeit der Herbstzeitlose und die Gefahr für Kühe und deren Milch. *Ass Kindo sammo af di Wisn gång Lodn ze ziachn assas di Kia nit fressn*, erinnern sich Pragser Gewährsfrauen. Die Hütekinder mussten bei der Frühlingsweide danach trachten, dass das Vieh nicht in die Nähe der *Plërtschn* der *Wildn Gens* („Blätter der Herbstzeitlose“) gelangte (Vöran).

WISSENSWERTES

Die Herbstzeitlose enthält das giftige Alkaloid Colchicin, das zu Krämpfen, Lähmungen und Tod führt. Colchicin greift außerdem in die Verteilung des Erbgutes bei Pflanzenzellen ein und eignet sich damit zur Züchtung von neuen Pflanzensorten.[403]

---

400 Rauschenfels (1801), S. 219
401 Zamboni (2009), S. 247–256; abgerufen am 20.12.2021
402 Marzell (1943–1979), Bd. 1, Sp. 1089
403 Spohn et al. (2015), S. 72

• Convallaria majalis

Maiglöckchen | Mughetto | Confolia | Cunfolia

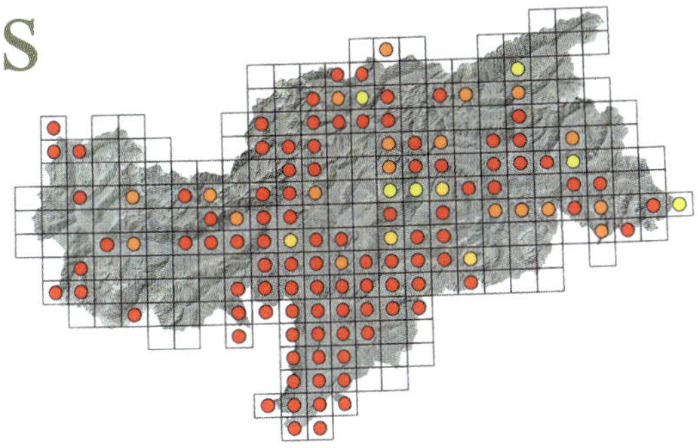

Ruscaceae – Rhizomgeophyt, 10–20 cm hoch. Blütezeit Mai–Juni, Blüten glockig in einer Traube, stark duftend, rote Beerenfrucht. Vorkommen in trockenen Wäldern vom Tal bis (fast) zur Waldgrenze.

Mundartlich	Belegorte
Fildrafaldra	Terenten, Kiens, Pfalzen, St. Lorenzen
Fålgerlen (Pl.)	Tisens
Konfol[404]	Jenesien
Köflreasl (n.)	Mühlwald
Moidnriaslan (Pl.)	Gais
Maigloggn; -glëggl; -glëggilan	Naturns; Olang; Meransen, Vintl

Ich bin eine Blume auf den Wiesen des Scharon, eine Lilie der Täler

— Hohes Lied 2,1

HERKUNFT UND BEDEUTUNG

Das Maiglöckchen hat in Südtirol nicht viele Bezeichnungen, aber die wenigen sind dafür auffällig – gleich wie der betörende Duft der Blüten, der an warmen Maientagen in die Nase steigt.

Im unteren Pustertal mit dem Kerngebiet Terenten, Pfalzen und St. Lorenzen heißt die Waldblume **Fildrafaldra** bzw. *Filrafalra*. Woher stammt dieser Name, der wie ein melodischer Kinderreim daherschwebt? Es handelt sich um eine Entlehnung aus mittellateinisch *Lilium convallium* („Lilie der Täler“, vgl. engl. „Lily of the Valley“) – dem früheren botanischen Namen der Pflanze. Botaniker haben nämlich im Maiglöckchen die alttestamentliche „Lilie der Täler“ gesehen.

404 Schatz (1955), S. 349

Ab dem 17. Jahrhundert sind die niederdeutschen, baltischen und skandinavischen Formen *Lilgen Convalligen*, *Lilienkonfaljen* oder *Liliekanfaljen* u. Ä. belegt.[405] Im südbairischen Dialektraum kennt man aus dem Schrifttum die Formen *Filumfalum* (Kärnten), *Filam Folum* (Unterinntal), *Lillumlallum* (Steiermark) oder *Fildron Faldron* (Lienz).[406] In diese Reihe gehören natürlich auch die Puschtra *Fildrafaldra*. Das anlautende /f/ in *Fildra* (< *lilia*) ist wohl durch Angleichung an das /f/ in *Faldra* (< *vallia*) entstanden. Der Bestandteil „Faldra" könnte zusätzlich vom mundartlichen *Faldrian* = „Baldrian" beeinflusst worden sein. Im Trentino kennt man die ähnlich lautenden Benennungen *filànfole* (Pergine) bzw. *filèfole* (Canal S. Bovo).[407]

Gemäldeausschnitt: Paradiesgärtlein, Oberrheinischer Meister, 15. Jh. – wo sind die Fildrafaldra?

Die *Fålgerlen* aus Tisens sind eine alpenromanische Entlehnung zu _*convalja_ > _*Valga_ > *Fålgen* und werden volksetymologisch zum Fålgerhof in Völlan gezogen. Für Jenesien konnte noch die romanische Vollform *Konfol* abgefragt werden. Im Gadertalischen wird das Maiglöckchen *confolia*, im Grödnerischen *cunfolia* genannt.

Nahe am Büchernamen liegen die *Maigloggn* bzw. das *Maiglöggl*. Aufgrund des Wohlduftes wird die Blume auch mit der Rose in Verbindung gebracht, wie die Namen *Moidnriasl* („Maienrösl"; Gais) oder *Köflreasl* (Mühlwald) belegen. Das Maienröslein ist früh bezeugt (1542 *Meyenryßlin*, 1549 *Meyenrößlin*[408]) und im alemannischen Raum (Deutschschweiz, Schwäbische Alb, Vorarlberg) sowie im Banat der volkstümliche Name des Maiglöckchens.

BESONDERHEITEN

In der christlichen Ikonografie gilt das Maiglöckchen neben der Lilie und der Rose als Marienblume, als Symbol der Demut, Keuschheit und Bescheidenheit. Im Unterengadin heißt das Maiglöckchen *fluor signuria* = „Marienblume".

Die Pflanze enthält herzwirksame Glykoside, die genau dosiert bei altersbedingter Herzschwäche helfen. Eine Zeitlang wurde die Pflanze daher *salus mundi* = „Heil der Welt" genannt und war Berufsemblem der Ärzte. Überdosierungen führen jedoch zu Vergiftungen mit Kopfschmerz, Benommenheit und unregelmäßigem Herzschlag bis hin zu Herzstillstand. Gefährlich wird die Verwechslung des Blattes mit jenem des Bärlauchs, eines beliebten Wildgemüses.[409]

---

405 Marzell (1943–1979), Bd. 1, Sp. 1130
406 Marzell (1943–1979), Bd. 1, Sp. 1131
407 Pedrotti & Bertoldi (1930), S. 102f
408 Marzell (1943–1979), Bd. 1, Sp. 1126
409 Spohn et al. (2015), S. 184

• Crataegus monogyna

Eingriffliger Weißdorn | Biancospino comune | Spinalb | Spinacialba

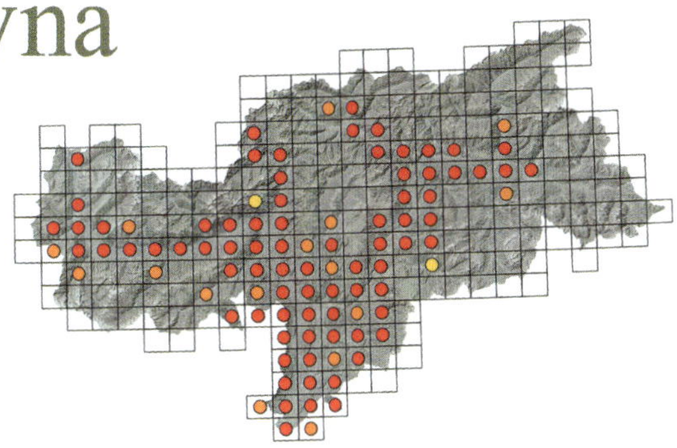

Rosaceae – dorniger Strauch, 2–6 m hoch. Blütezeit Mai–Juni. Vorkommen an Waldrändern und auf Lichtungen, in trockenen Gebüschen, lichten (Auen-) Wäldern vom Tal bis ca. 1500 m.

Mundartlich

Früchte	Hecke	Belegorte
Mëlëpfeler (Pl.)		St. Walburg/Ulten
-ëipfala (n.); -ëipfelen (Pl.)		Kaltern; Tramin[410], Kurtatsch
Meal-, Mëlëpfeler (Pl.)		Vöran, Mölten
Mëlpë^{i}r (f.)		Wiesen
	Melperdëirn (Pl.)	Ulten
Muitogottes-, Fraudnëpfilan[411] (Pl.)		Pustertal
Muatrgottesëpfelen (Pl.)		Burgeis, Schluderns
Frauenëpfl[412] (m.); Frauëpfl (Pl.)		Glurns; Stilfs
Frauengl (Pl.)		Taufers i. M.
Muetergottesbirlen[413] (Pl.)		Truden
Winterkearschn, -kearschtn (Pl.)		Welschnofen, Deutschnofen[414]
	Dörnstaude[415] (f.)	Antholz

HERKUNFT UND BEDEUTUNG

Beim Weißdorn werden in erster Linie die Früchte benannt. Benennungsanlass sind die essbaren, aber mehligen roten Früchte, die zwei bis drei Steinkerne enthalten und im Herbst am Strauch erscheinen. In ihnen werden kleine mehlige Äpfel (*Ëpfelen*) gesehen (ähnlich die Echte Bärentraube → *Arctostaphylos uva-ursi*), die in Trentiner Mundarten *farinèi*[416] genannt werden.

Ein zweiter Benennungsstrang sieht in den kugeligen bis länglich eiförmigen Früchten Äpfel und Birnen der Muttergottes (in Glurns Frauenäpfel, in Truden Muttergottes-Birnlein). „Frau" ist bekanntlich die hohe Ansprache der Muttergottes (vgl. dazu die Mundartwörter *Frauen*dreißiger, Hochunser-*frauen*), wozu auch der in Taufers im Münstertal gehörte Ausdruck Frauengel passt. Dieser entstand vielleicht in Anlehnung an die Weißdornhecke, aus der laut volksreligiöser Überlieferung die Dornenkrone Christi hergestellt wurde.

Auf dem Regglberg kennt man die Früchte des Weißdorns als **Winterkirschen**. Es handelt sich um Kirschen, die nicht im Sommer, sondern im Herbst reifen und

410 Wirth (2021), S. 354
411 Kerschbaumer-Sigmund (1985), S. 135
412 Fink (1972), S. 86
413 Insam (1954), S. 345
414 Zelger (2004), S. 86
415 Müller (1985), S. 148
416 Pedrotti & Bertoldi (1930), S. 116

bis zum Winter von den Kindern wie Kirschen vom Strauch verzehrt werden. Die Früchte des Weißdorns werden übrigens im gesamten deutschen Sprachraum mit Kultursorten verglichen: u. a. mit Birnen, Weichseln, Kornelkirschen, Hagebutten und Trauben – und natürlich auch mit Kirschen („Mehlkirsche" im Rheinland und in Mähren sowie „Mehlweichsel" in Aussig[417]).

BESONDERHEITEN

Blätter, Blüten und Früchte des Weißdorns enthalten Flavonoide, die bei leichtem Bluthochdruck und leichter Herz- und Kreislaufschwäche helfen. Arzneimittel mit Weißdorn gehören zu den am häufigsten verkauften pflanzlichen Präparaten. Der wissenschaftliche Gattungsname *Crataegus* leitet sich von gr. *kratáios* = „hart, mächtig" ab und bezieht sich auf die Härte des Holzes. Das zähe, dauerhafte Weißdornholz eignet sich für Holzschnitte, Drechselarbeiten und Spazierstöcke – ein ähnlicher Anwendungsbereich wie beim noch härteren Kornelkirschenholz.[418]

• Crocus albiflorus

Alpen-Krokus | Zafferano alpino | Milandora (da d'aisciöda) | Mauch (-cs)

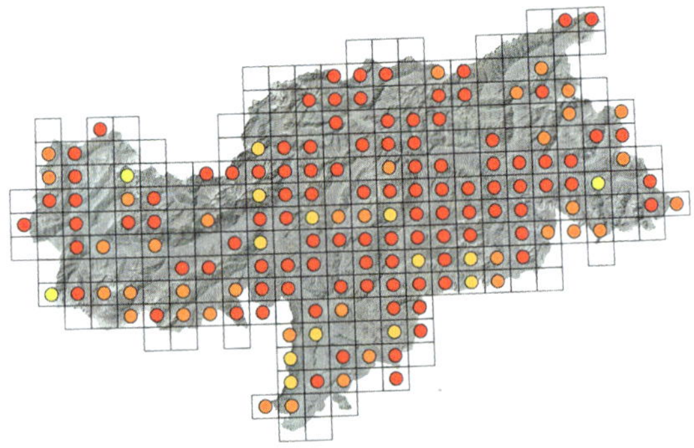

Iridaceae – Geophyt mit Knollen, 4–15 cm hoch, einblütig. Blütezeit März–Juni, typischerweise während und nach der Schneeschmelze. Vorkommen in frischen bis feuchten Wiesen und Weiden, hauptsächlich zwischen 1000 und 2200 m.

Der Alpen-Krokus gehört aufgrund seiner Auffälligkeit zu den bekanntesten Alpenblumen. Er trägt regional verschiedene mundartliche Bezeichnungen, von denen er einige mit der Herbstzeitlosen (→ *Colchicum autumnale*) teilt.

Mundartlich	Belegorte
Zaitloasn (Pl.)	Langtaufers[419], Rojen, St. Valentin a. d. H., Schluderns, Taufers i. M., Matsch, Prad, Stilfs, Martell, Schnals, Vent, Naturns, Platt/Passeier, Algund, Ulten, Vöran, Mölten, Afing, Sarntal, Deutschnofen[420]
Zaiti-; Zaitoloasn (Pl.)	Ridnaun, Flains, Pflersch; Pfitsch
Zaitiloase (f.)	Schalders

417 Marzell (1943–1979), Bd. 1, Sp. 1227–1229
418 Spohn et al. (2015), S. 414
419 Joos (2010), S. 566
420 Zelger (2004), S. 88

Zaiteloase, Saiteloase (f.)	St. Leonhard/Brixen, Ploseberg/Brixen[421]
Zentiloasn (Pl.)	Telfes
Zaitëisl (Pl.)	Gasse/Ridnaun
Zaiterloasn (Pl.)	Villanders
Schaiterloasn (Pl.), -loasa (Sg. f.)	Latzfons
Saiteleaslan (Pl.)	Rodeneck
Mangele (n. Sg.), Mangeler (Pl.)	Proveis, Laurein, Unsere Liebe Frau im Walde, St. Felix
Menglschtuandl, -schtoandl (n. Sg.), -an (Pl.)	Meransen, Vintl, Weitental, Pfunders, Oberwielenbach, Gais, Antholz[422]
Månglschtoandl[423] (n.)	Lüsen
Menglschtoatlan (Pl.)	Steinhaus
Menglschtualan (Pl.)	Weißenbach/Ahrntal
Mengilan (Pl.)	Prettau
Menglschtane, -schtanlan (Pl.)	Vierschach, Winnebach
Englschtan (m. Sg.), -schtane (Pl.)	Sexten[424]
Tschåndl (Sg., Pl.)	Mühlbach
Gåndl (Sg., Pl.)	Vals/Mühlbach
Oaschto-, Ueschtokaslen (Pl.)	Vintl, Kiens, Terenten
Oaschtogglaslan (Pl.)	Getzenberg/Kiens
Eartkas[425]	um Sterzing
Schtålitzlan (Pl.)	Gsies
Prolasslen, Parliesken[426]	Osttiroler Pustertal, Drautal
Poliësggn (Pl.)	Nikolsdorf/Osttirol

Die mundartliche und lautliche Bandbreite dieses Pflanzennamens ist enorm – allein im deutschsprachigen Südtirol sind fünf Haupttypen gebräuchlich: Zeitlosen, Mengel- oder Engelsteinlein, Tschandl/Gandl, Osterkasl/Erdkäse und Stallitzl. Dazu kommen noch die ladinischen Bezeichnungen *milándora* (Gadertal) und *mauch* (Gröden).

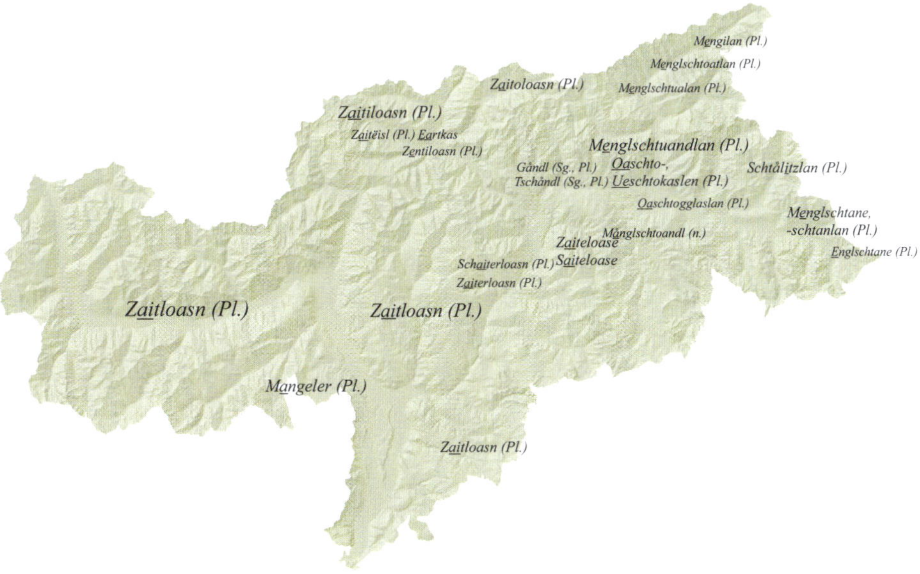

421 Jocher (2010), S. 511, als „Frühlingszeitlose"
422 Pallhuber (2016), S. 140
423 Fink (1972), S. 184, als „Frühlingssafran"
424 Stauder (2019), S. 56, als „Frühlingskrokus"
425 Fink (1972), S. 69
426 Schöpf (1866), S. 517

HERKUNFT UND BEDEUTUNG

Die Bezeichnung **Zeitlose** und deren mundartliche Varianten weisen die größte geografische Verbreitung auf. Sie erstreckt sich vom westlichen über das zentrale Südtirol bis ins Brixner Becken. „Zeitlose" ist heute Büchername für die Herbstzeitlose (→ *Colchicum autumnale*), bezeichnete aber von alters her den Alpen-Krokus. Das ahd. Adjektiv *zitlos* bedeutet „vorzeitig" (vgl. ahd. *zi unziti* = „unreif") und die daraus gebildeten Substantive ahd. *zitilosa, -o* bzw. mhd. *zîtelôse* = „Zeitlose" beziehen sich auf das frühzeitige Erscheinen der Blüte, die noch vor der vollen Blattentwicklung einsetzt. Eingeräumt werden muss, dass in ahd. Glossen verschiedene Pflanzen als *citelosa, citelose* oder *zitlos* benannt werden.[427]

Die mda. Varianten *Zaiti-*, *Zaito-*, *Scheiterloasn* haben die mhd. Zweisilbigkeit *zîte-* bewahrt und sind daher die ältesten. Häufig sind Einblendungen[428]: von Zähnen (*Zentiloasn*), (Holz-)Scheiten (*Schaiterloasen*) und von Eseln (Zeitesel, wohl aus *Zeit-Lëisl* = „Zeit-Lösl" entstanden). Die engadinischen Formen *tschentaloscha, tschiantlosas*[429] usw. sind Entlehnungen zu dt. *Zeit(e)lose*.

Die **Mangelen** oder *Menglschtoanlen* erinnern freilich an die ähnlich großen *Mengelen*, das sind die Halsglöckchen der Ziegen, sowie an die Kapselfrüchte („Schtoanlen") der Herbstzeitlosen. Die *Englschtane* (Sexten) gehen wohl auf eine volksetymologische Eindeutung von „Engel" zurück, da das anlautende /m/ von „Mengl" als Präposition „beim, am" aufgefasst und falsch abgetrennt wurde. Die *Mangelen* (Deutschnonsberg) und *Menglschtuanlen* (orografisch rechtes Pustertal) zeigen einen entfernten lautlichen Anklang an Gadertalisch und Fassanisch *milándora* (Alpen-Krokus und Herbstzeitlose). Dieser Name könnte auf ein vorrömisches kelto-iberisches Pflanzenwort, nämlich *milimindrum* (galizisch *milmendro*, portugiesisch *meimendro*) zurückgehen, das von Isidor von Sevilla im 6. Jh. als Bilsenkraut (*Hyoscyamus niger*) identifiziert wird. Herbstzeitlose und Bilsenkraut sind beides Gift- bzw. Rauschpflanzen und wurden medizinisch ähnlich verwendet.

In Vals (Mühlbach) wird der Alpen-Krokus **Tschandl** (*Tschåndl*) genannt. Auch hier gibt es eine überraschende Parallele: in Artegna/Friaul kennt man die *ciandule* und im Val Müstair das Wort *schiombla*, beides wiederum Bezeichnungen für die Herbstzeitlose. V. Pedrotti schlägt als Etymologie den rekonstruierten Pflanzennamen **cigamula*[430] vor. Nach neuerer Ansicht könnte der Name jedoch auf **sciamula* < *(Hyo)scyamula* = „kleines Bilsenkraut"[431] zurückgehen. *Al fa sigàmbula* bedeutet in lombardo-romanischen Mundarten so viel wie „betrunken, berauscht sein".

Zum Ausdruck **Gandl** (*Gåndl*, Mühlbach) kam es wohl im Zuge der Angleichung an *Gråndl* = „Körnchen" (lat. *granum* = „Korn"; in Nordtirol *Grandlan*), weil die Samen (in diesem Falle der Herbstzeitlosen) bzw. die Erdknollen des Krokus als *Patergrålln* (Kügelchen des Rosenkranzes) verwendet wurden – *i paternòster* heißt die Herbstzeitlose am Sulzberg[432] und *Paternisslan* im Kärntner Gailtal.

427 Marzell (1943–1979), Bd. 1, Sp. 1072
428 Unter Einblendung versteht die Sprachwissenschaft das Phänomen, wenn ein lautlich ähnliches (und vertrautes) Wort das ursprüngliche, nicht mehr verständliche (und nicht mehr vertraute) Wort ersetzt.
429 Zamboni (2009), S. 247; abgerufen am 20.12.2021
430 Bertoldi (1923), S. 132
431 Zamboni (2009), S. 252; abgerufen am 20.12.2021
432 Pedrotti & Bertoldi (1930), S. 117

Nana, do Langis, der gibmo in Schupf! Dohinto Schnea, vöur die grien Waslan und zwischen geschto und heint a Tschippl Ueschtokaslan

— Maria Feichter, Terenten

Klarer einzuordnen sind die Namen **Osterkaslen** (Kiens, Terenten), teilweise *Osterglaslen* (Getzenberg/Kiens). Benennungsanlass sind die essbaren Knollen des Alpen-Krokus, die an Käsestücke erinnern und natürlich die Blüte, die zu Ostern erscheint. Im Kärntner Katschtal kennt man die *Kaserlen*[433], im Trentino die *formate* oder *formaiele*[434]. In der Gegend von Lusern und Lavarone (Trentino) waren die Knollen zur Zeit der Hungersnot 1816, dem „Jahr ohne Sommer", infolge des Ausbruchs des Vulkans Tambora, Notnahrung[435]. In Prettau hat man die Knollen in den Salat geschnitten, im Gadertal dienten sie als Schweinefutter.

Die Namensformen **Stallitzlen** (*Stållitzlen*, Gsies), *Poliësggn* (Osttiroler Drautal), *Parliesken* (Kärnten), *Prolasslen* (Osttiroler Pustertal, Drautal?) sowie *Parloisslen* (Defereggen) sind alpenslawischer Herkunft. Die Form *Stållitzl* könnte vielleicht auf *Stãnlitzl* und dies auf „Steinlieske" (mda. *Schtan* = „Stein" + slaw. Endung *-liesk)* zurückgeführt werden. Slowenisch *podlesek* (> *Parlieske*) bedeutet „Herbstzeitlose" sowie „Alpen-Krokus" und setzt sich aus *pod* = „unter" und *les* = „Wald" bzw. *lešnik* = „Haselstaude" zusammen: also „Blume unter dem Wald" bzw. „Blume unter den Haselhecken".[436] Eine andere Interpretationsmöglichkeit: Die kleine, sich nach oben verbreiternde Blume ähnelt einem „Starnitzl", also kleinen gedrehten Papiertüten.

• Daphne

Seidelbast und Steinröslein | Dafne |
Ciüf de San Ijidoro/Ciüf dal bun tof | Pilon, Tëunesc

Die Gattung *Daphne* (Familie Thymeleaceae) umfasst Klein- und Zwergsträucher und ist in Südtirol durch drei Arten vertreten: *Daphne mezereum* (Gewöhnlicher Seidelbast, 30–100 cm hoch, Blütezeit Februar–Mai, in ganz Südtirol in Wäldern verbreitet), *Daphne striata* (Kahles Steinröslein, 10–35 cm hoch, Blütezeit Mai–Juli, in den meisten Gebirgen Südtirols in lichten Nadelwäldern und alpinen Zwergstrauchheiden verbreitet), *Daphne cneorum* (Flaumiges Steinröslein, sehr ähnlich *D. striata*, Blütezeit April–Juni, Vorkommen in tiefer gelegenen Kalk-Föhrenwäldern und Trockenrasen von Laurein, Unterland bis zu den Dolomiten).
Die Pflanze enthält giftige Diterpene, die im Hals Brechreiz und Entzündungen verursachen. Innerlich aufgenommen kommt es zu Übelkeit, Herzklopfen, Nierenschäden, Schock und Kreislaufkollaps.

433 Marzell (1943–1979), Bd. 1, Sp. 1243
434 Pedrotti & Bertoldi (1930), S. 117
435 Pedrotti & Bertoldi (1930), S. 118
436 Marzell (1943–1979), Bd. 1, Sp. 1247

Kahles Steinröslein (*Daphne striata*), Gewöhnlicher Seidelbast (*Daphne mezereum*), Flaumiges Steinröslein (*Daphne cneorum*)

Die drei Arten werden gemeinsam behandelt, weil die mundartlichen Bezeichnungen nicht immer sehr artspezifisch sind.

Mundartlich	Art	Belegorte
Ziëlånt (m.)	*D. striata*	Martell
Schtoanreasl (n.)	*D. cneorum, D. striata*	um Bozen[437], Laag, Kastelruth
Schtanreasl (n.)		Innichen
Koufl-, Knottnreasl (n.)	*D. striata*	Ulten[438]
Schtuannagiler (Pl.)	*D. striata*	Pflersch
Tånderpuschn (Pl.)	*D. striata*	Aldein
Laitnpischeler (Pl.)	*D. striata*	Laurein
Ålmerle (n.), Almerlen (Pl.)	*D. striata*	Mals[439]
Ålmrausch (m.)	*D. striata*	Ritten, Pfunders
Wilder Flider (m.)	*D. striata*	Vals/Mühlbach
Pockpëirschtaud (f.)	*D. mezereum*	Schnals
Kellerhåls[440] (m.)	*D. mezereum*	Truden

HERKUNFT UND BEDEUTUNG

Zu unserer großen Überraschung konnte in Martell noch der älteste dokumentierte Name des Seidelbasts festgestellt werden, nämlich **Zielant,** der in Martell das Kahle Steinröslein (*Daphne striata*) bezeichnet. *Zielant* ist bereits im 10. Jh. als Kompositum *ziulinberi* = „Seidelbastbeere“ belegt, dessen erstes Glied mit **ziulint* bzw. **ziulinta* anzusetzen ist. Im 11. Jh. erscheint der ahd. Pflanzenname *cilant* bzw. *cyland*. Jacob Grimm deutet den Namen als „Zius' Lint“, also „Bast des (Kriegs-)Gottes **Ziu*“, worauf auch die spätere Übersetzung „Seidelbast“ zurückgeht. Der Götternamme Ziu selbst geht auf das germ. **Teiwaz* zurück, dies schlussendlich zu idg. **deiuos* = „Gott“.[441] Aus der linden, sprich „weichen“ Bastfaser, wurde im alten China sogar Papier geschöpft.

---

437 Wirth (2021), S. 379
438 Lösch (1989), S. 96, als „Steinröschen“
439 Laner (1950), S. 339, 340
440 Wirth (2021), S. 367
441 Marzell (1943–1979), Bd. 2, Sp. 30f

Die verbreiteten Bezeichnungen Stein-, Knott- oder Kofelrösl sind mit dem Büchernamen **„Steinröslein“** gleichzusetzen und benennen die an Rosen erinnernde wohlduftende Blütenpflanze. Dasselbe gilt für das Pflerer Steinnagele. Die mundartlichen Namen Donnerbuschen (Aldein), Almrausch (Ritten, Pfunders) sowie Tëunesc („Donnerer“, Gröden) rücken die verschiedenen *Daphne*-Arten in die Nähe der Alpenrosen (→ *Rhododendron ferrugineum, R. hirsutum*) und weisen ihnen einen symbolhaften Bezug zu Blitz und Feuer zu, am ehesten aufgrund der rosafarbenen Blüte. Das Kahle Steinröslein (*Daphne striata*) blüht im Gegensatz zu den früher blühenden Arten *D. mezereum* und *cneorum* zur selben Zeit wie die Alpenrose.

Die Bezeichnung Leitenbüschele („kleine Blume der Leiten“) aus Laurein nimmt auf den sonnigen Standort an warmen Halden („Leiten“) Bezug, während das Almerle ein Kosewort für eine attraktive Almblume ist.

Der Name Wilder Flieder ist auf die große Ähnlichkeit der Blüten mit denen des Gewöhnlichen Flieders (*Syringa vulgaris*) zurückzuführen, während die Schnalser Bockbeerstaude an die „bockige“ bzw. giftige Beere erinnern könnte. „Bockbeeren“ werden im Obervinschgau allerdings die Früchte der Steinweichsel (*Prunus mahaleb*) genannt.

Im Gadertal notierte V. Pedrotti die *ödli de malan* („Teufelsaugen“)[442], im Ladinischen Wörterbuch ist der Name *ciüf de San Ijidoro* („Blume des hl. Isidor“) angegeben, dessen Gedenktag, der 4. April, in die Blütezeit des Gewöhnlichen Seidelbasts (*Daphne mezereum*) fällt. In Gröden ist außerdem noch die Bezeichnung *pilon* belegt, vielleicht aufgrund der Ähnlichkeit der Blüte mit einem Stößel bzw. Stampfer (grödn. *pilon*).

Der Pflanzenname **Kellerhals** erscheint in einer Glosse des 14. Jh. als *Kellerhalss,* 1482 ist der *kelrßhals* belegt.[443] Die Bezeichnung lebt im Niederländischen, Dänischen und Schwedischen fort, daher ist der Beleg aus Truden doch in Zweifel zu ziehen. „Kellerhals“ bezieht sich jedenfalls auf den scharfen brennenden Geschmack von Beere und Rinde des Seidelbasts und setzt sich aus mhd. *queln* = „quälen, drängen, drücken, plagen“ und dem Substantiv *Hals* zusammen.[444]

• Elymus repens

Acker-Quecke, Kriech-Quecke | Elimo comune, Gramigna comune | Erba da orde, Jërjo | Ierba d'orde, Jërja

Poaceae – krautig, mehrjährig, mit langem Rhizom und langen unterirdischen Ausläufern. Blütezeit Juni–August. Vorkommen auf Äckern, Trockenböschungen, in Gärten und Ruderalfluren, vom Talboden bis 2000 m. Verbreitet in ganz Südtirol. Die morphologisch sehr ähnlichen, aber deutlich selteneren Arten *Elymus athericus* und *E. hispidus* sind hier mit eingeschlossen, weil sie vom Laien nicht zu unterscheiden sind.

---

442 Pedrotti (1926), S. 127
443 Marzell (1943–1979), Bd. 2, Sp. 36
444 Marzell (1943–1979), Bd. 2, Sp. 35

Mundartlich	Belegorte
Grå̲mmen (Pl.); Grå̲mme (f.)	Kastelbell-Tschars[445], Naturns, Schenna, Ulten, Laurein, Lana, Vöran, Mölten; Passeier
Grå̲å̲men (Pl.)	Aldein, Kurtatsch
Gråm (f.), Graml (n. Dim.), -lar (Pl.)	Sarntal[446]
Gro̲u̲men (Pl.)	Sarnthein, Tramin
Gru̲men (Pl.), Grum (m. Sg.)	Pens, Afing, Ritten, Welschnofen, Tiers, Völser Aicha, Villanders
Gru̲mmen (Pl.)	Kastelruth
Ggrå̲mmlwurze[447] (f.)	Eisacktal
Lutzn (Pl.)	Burgeis, Matsch, Taufers i. M., Stilfs[448]
Luzn (Pl.)	Sonnenberg/Schlanders
Litzn (Pl.)	Schlanders
Gå̲rtnlitzn (Pl.)	Schnals
Ë̲cherlegros, E̲a̲cherlegros (n.)	Albeins[449]
Ri̲nderwurzn (Pl.)	Wiesen/Pfitsch
Wurza (f. Sg.), Wurzn (Pl.)	Völs am Schlern
Å̲ckowuschze, Wuschze (f.)	Olang
Wu̲'schzgros (n.)	Terenten
Spu̲lwurz[450]	Pustertal

Die Acker-Quecke ist das von den Gärtnerinnen Südtirols zum „Hauptfeind" erklärte Garten- und Ackerunkraut. Wegen der tiefliegenden Wurzelstöcke, von denen schon kleine Stücke zu neuen Pflanzen heranwachsen, ist sie kaum auszurotten. Diese ambivalente Nähe zum Menschen hat der unverwüstlichen Quecke einige volkstümliche Namen beschert.

HERKUNFT UND BEDEUTUNG

Im zentralen Südtirol, im Burggrafenamt, Sarntal, Unterland und Eisacktal wird das Unkraut meist im Plural als **Grammen** (*Grå̲mmen, Grumen*) bezeichnet. Es handelt sich dabei um ein Lehnwort aus lat. *gramen* = „Gras" > it. *gramigna*. Es gibt einige Flurnamen mit dem Wortbestandteil „Grammen": z. B. den *Grå̲mmesbichl* in Tall, die *Grå̲mmenköfel* in Stuls sowie die Bergwiese *Grå̲mmisar* in Weißenbach/ Sarntal.

Einen zweiten Namenstyp trifft man im oberen und mittleren Vinschgau an, wo die Acker-Quecke als **Lutzen**, *Luzn* oder *Litzn* bezeichnet wird. Die „Litzen" leiten sich mutmaßlich von lat. *līcium* = „Aufzug am Gewebe; Faden" ab (> furlanisch *lits*)[451] mit den ähnlichen *Litzn* = „Schnürsenkel" in der mundartlichen Verwandtschaft. Die Vinschger Gärtnerinnen bringen den Namen freilich mit dem Höllenfürsten Luzifer in Verbindung.

Weitere Benennungen lauten *Echerlegras* (Gras mit kleinen *Ëchern* = „Ährchen"; Albeins) sowie Wurzgras bzw. Ackerwurzen (Pustertal), die auf das Hauptmerkmal, die langen Ausläufer, Bezug nehmen.

445 Kaserer (2007), S. 15
446 Gruber (2005), S. 71
447 Fink (1972), S. 106, als „Schließgras"
448 Fink (1972), S. 181
449 Fink (1972), S. 66 als „Schließgras", Fink (2003), S. 374
450 Rauschenfels (1801), S. 216
451 Meyer-Lübke (1992), S. 362

Die Bezeichnung **Rinderwurzen** in Wiesen/Pfitsch gilt dort auch für den Ausdauernden Lolch (*Lolium perenne*), welcher der Acker-Quecke sehr ähnlich sieht. Viele Gewährspersonen erinnern sich auch an das Rindergras, das keiner bestimmten Grasart zuzuordnen ist. In Ridnaun musste das *kluane, zache, tamische Rindergros* gejätet werden und in den Äckern war es kaum vom Korn zu unterscheiden. Es ist also denkbar, dass es sich beim Rindergras u. a. um die Acker-Quecke handelt.

Und der deutsche Büchername Quecke? Dieser kommt von *quick* (< germ. **quiqua*) = „lebendig, zählebig".

VOLKSKUNDLICHES

Ein Gewährsmann aus Kurtatsch erwähnt, dass die *Grååmen* trockenen, lehmigen, *glaimen* („dichten") Boden bevorzugen, wobei sie die „Reben abwürgen". Als Buben mussten sie früher hinter dem Pflug hergehen und dabei *Grååmen* und *Wīntn* (Ackerwinde) aufklauben.

Sarner und Welschnofner Bäuerinnen merkten an, dass die *Gråmmen* vorzugsweise in der Nähe von Schnittlauch wachsen. Auf dem Tschögglberg wird die Quecke als „Scheißgråmmen" geradewegs verflucht! In Matsch wusste man sich aber zu helfen: Wenn ein Acker „verlutzt" war, wurden Erdäpfel gepflanzt, weil dadurch der Boden drei Mal (beim *Innitian*, *Putzn* und *Haiflen*) aufgewühlt werden musste und man so auch die *Lutzn* los wurde.

In Notzeiten stellte man übrigens aus dem Wurzelstock der Quecke Mehl, Kaffeeersatz und Alkohol her. Dieser enthält verschiedene Zucker und schmeckt leicht süßlich. Zu etwas taugt sie also doch, die Quecke![452]

• Epilobium angustifolium

Schmalblättriges Weidenröschen | Epilobio a foglie strette, Garofanino | Santamaria (-ies) | Santa Maries

Onagraceae – krautig, mehrjährig, 60–150 cm hoch. Blütezeit Juni–August, Blüten in langen Trauben. Vorkommen auf Waldlichtungen, Kahlschlägen und Windwurfflächen, an Ufern. Häufig in ganz Südtirol, schwerpunktmäßig zwischen 1000 und 2200 m.

Mundartlich	Belegorte
Goaskiachl (n., m., Pl.)	Langtaufers[453], St. Valentin a. d. H., Schluderns, Matsch, Stilfs, Martell[454], Schnals, Flaas
Goashaxn (Pl.)	Pfitsch
Foirkraut (n.)	Rodeneck, Terenten
Foirprånt (m.)	Vals/Mühlbach
Roats Fraudnkraut (n.)	Sarntal
Fetzkraut (n.)	Ridnaun

452 Spohn et al. (2015), S. 456
453 Joos (2010), S. 570
454 Pfitscher (2001), S. 35

HERKUNFT UND BEDEUTUNG

Die Pflanze weist vor allem im Vinschgau eine durchgängige Bezeichnung auf: **Geißküchl** „kleiner Kuchen der Ziegen", wahrscheinlich weil Blätter und Blüten gerne von den Ziegen gefressen werden. Im Vinschgau bildeten die *Goaskiachl* auch einen Teil des Kräuterbuschens[455]. Im rätoromanischen Unterengadin ist die gleichbedeutende Bezeichnung *vaischlas d'chavras*[456] („Geiß-Pfannkuchen") gebräuchlich.

Mit derselben Bezeichnung wird in Laurein am Deutschnonsberg jedoch das Breitblättrige Laserkraut (*Laserpitium latifolium*) bezeichnet. Dies verwundert nicht, denn Übertragungen von Pflanzennamen von einer Art auf die andere gibt es öfter. Die Abwandlung *Geißhaxen* konnte aus Pfitsch belegt werden.

Auf die purpurrote feuerähnliche Blütenfarbe und -form beziehen sich die Namen **Feuerkraut** und Feuerbrand im unteren Pustertal. Aus Villgraten ist in Anlehnung an die Königskerze (→ *Verbascum*, „Himmelbrand") der *Rote Himmelbrand* überliefert.

Ein Name mit Bezug zur Gottesmutter ist das Rote Frauenkraut, eine Einzelnennung aus dem Sarntal. Im Ladinischen finden wir mit den *Santamaries* dasselbe Benennungsmotiv. Vielleicht bildeten die zu Mariä Himmelfahrt erscheinenden großblütigen „Kerzen" einen Teil des „Frauendreißigers".

Der Name *Fetzkraut* aus Ridnaun wird damit erklärt, dass es als Heilkraut gegen Blasen- und Nierenkrankheiten eingesetzt wurde. Tatsächlich wird die Pflanze in der Volksheilkunde gegen Prostatavergrößerungen empfohlen.

WISSENSWERTES

Eine Pflanze kann viele tausend Samen bilden, die bis 10 km weit fliegen können. In Russland verwendet man die Blätter für Koptischen Tee, einen Ersatz für Schwarztee. Junge Blätter und Triebe eignen sich auch für Wildgemüse.[457]

• Euphrasia

Augentrost | Eufrasia | Altonara | Flëures dal lat, Ciof dala nëif

Die Gattung *Euphrasia* (Familie Orobanchaceae) umfasst krautige, einjährige Arten; rund 10 Arten kommen in Südtirol vor. Der bekannteste und am weitesten verbreitete Vertreter ist der Gewöhnliche Wiesen-Augentrost (*Euphrasia officinalis* subsp. *rostkoviana*), der auf frischen (Mager-)Wiesen und Weiden wächst, vor allem zwischen 1000 und 2200 m.

---

455 Pfaff (1927), S. 138
456 Dicziunari Vallader, http://www.udg.ch/dicziunari/vallader/idx_nor_rm/q:vaisch; abgerufen am 08.01.2022
457 Spohn et al. (2015), S. 28

Gewöhnlicher Wiesen-Augentrost (*Euphrasia officinalis* subsp. *rostkoviana*) und Scheckiger Wiesen-Augentrost (*Euphrasia officinalis* subsp. *picta*)

Der Augentrost wird in Südtirol zumeist mit seinem Büchernamen bezeichnet. Trotzdem haben sich lokal besondere Mundartbezeichnungen erhalten. Diese dürften sich wohl insbesondere auf den Wiesen-Augentrost (*Euphrasia officinalis*) beziehen, aber sicher nicht ausschließlich.

Mundartlich	Belegorte
Schobou, Schowo (m.)	Sarntal
Hërwischtgreggn (Pl.)	Telfes, Jaufental
Milchteater (m.), -teate (m.)	Ulten[458], Deutschnonsberg[459], Antholz[460]
Milchschimpl[461] (m.)	Seiser Alm
Zigerkraut[462] (n.)	um Sterzing
Hīrnkraut[463] (n.)	ohne geografische Angabe, möglicherweise Eisacktal
Wissegrint (m.)	Mühlwald, Villgraten[464]

Der Hå^{a}dre und der Schobou måchn in der Wå^{a}' in Gorou[465]

— Sarner Sprichwort

HERKUNFT UND BEDEUTUNG

Die auffällige Benennung *Schobou* bzw. *Schowo* („**Schabab**") ist innerhalb Südtirols auf das Sarntal beschränkt. Das mhd. *schaben* bedeutet neben „scharren, abschaben" auch „vertreiben, tilgen".[466] Der Augentrost ist nämlich ein Halbschmarotzer, der den Pflanzen der Umgebung anorganische Salze entzieht, so dass die Wirtspflanzen schlecht gedeihen. Hinzu kommt, dass er am Ausgang des Sommers blüht, wo Weideertrag und Milchleistung des Viehs ohnehin abnehmen. Diese Beobachtung wird im eingangs zitierten Sarner Merkspruch griffig

458 Lösch (1989), S. 96
459 Insam (1959), S. 98
460 Müller (1985), S. 148
461 Fink (1972), S. 191
462 Fink (1972), S. 312
463 Fink (1972), S. 128
464 Lang-Reitstätter (1935), S. 83
465 „Heidekraut und Augentrost machen der Weide den Garaus"
466 Köbler (2014), https://www.koeblergerhard.de/mhd/mhd_s.html; abgerufen am 08.01.2022

formuliert. Der Augentrost, so die Sarner, *ischs lëschte Plua, wos pliant* („die letzte Blüte, die blüht“). Aber nicht nur im Sarntal, auch in Oberbayern und in Füssen heißt der Augentrost „Schabab“. „Schabab machen“ heißt im Schwäbischen „ein Ende machen“ und in der älteren schwäbischen Mundart bedeutet das Adjektiv *schabab* = „wertlos“. Im Salzburgischen gibt es einen ähnlichen Spruch wie im Sarntal: „*Wird d'Woad sper, so kimt der Schabab*“ („Wird die Weide karg, kommt der Schabab“).[467] Im Tiroler Lechtal wird die Pflanze *Schowerle*[468] genannt.

Der Augentrost – so betonen die Bauern – läutet den Übergang vom Sommer in den Herbst ein, was in der Bezeichnung **Herbstgreggen** (*Hërwischtgreggen*, Telfes, Jaufental; in Matrei am Brenner *Herbeschtgreggelen*[469]) wiederum treffend ausgedrückt wird. Die kleinen, in Massenbestand auftretenden Blumen werden geringschätzig *Greggn* genannt, womit etwas Mickriges, Kleines bezeichnet wird. Der Bezug zu den Augen besteht darin, dass getrocknetes Augensekret in der Mundart auch *Greggn* heißt!

Im Gadertal wird die Pflanze *altonara* („Herbstblume“, gad. *altonn* = „Herbst“) genannt.

Die Senner machen den Augentrost für das Abnehmen der Milchleistung beim Vieh verantwortlich, was aber allein mit dem fortgeschrittenen Sommer erklärt werden kann. Es wird sogar angenommen, dass Kühe, die Augentrost fressen, weniger Milch geben. Daher die Bezeichnungen Milchtöter (Deutschnonsberg, Ulten, Antholz) und Milchschimmel (Seiser Alm; wohl Abwandlung zu *Schëlm*). Ähnliche Bezeichnungen sind *Milchrawer* (Stubaital), Milchdieb (Hochfilzen, Heiligenblut) und *Milchschëlm* (Defereggen)[470] sowie das Grödnerische *flëures dal lat* („Milchblume“).

In Mühlwald und Villgraten heißt der Augentrost **Wiesengrind** (mda. *do Wi̱ssegrint*), er macht sich grad breit wie ein schädlicher Grind (mda. „Schorf“). Wo viel davon wächst, ist die Wiese „grad für nicht“.

Für die Umgebung von Sterzing ist in der Literatur das Zigerkraut belegt. Ziger ist der Molkenkäse, der durch Ausfällen des Resteiweißes entsteht. Wahrscheinlich kommt dieser Name von der farblichen Ähnlichkeit des Augentrostes mit dem gesprenkelten Ziger.

Das Hirnkraut (mda. *Hiern* = „Stirn“) kann für Südtirol geografisch nicht eindeutig zugeordnet werden. Bereits 1592 ist der Augentrost als *Hyrnkrautt* belegt. *Wider den Schwindel deß Hirns sol man nemen Augentrost zwey Untz*[471] empfahl bereits der Arzt Tabernaemontanus Ende des 16. Jahrhunderts.

VOLKSMEDIZINISCHES UND GESCHICHTLICHES

Der Name Augentrost taucht Ende des 15. Jh. als *augetrost* bzw. *Ougentrost*[472] auf. Die hübsch gezeichneten Blüten erinnern an bewimperte Augen. Bereits die Kräuterbücher des 16. Jh. empfahlen die Pflanze gegen verschiedene Augenkrankheiten.[473]

---

467 zit. n. Marzell (1943–1979), Bd. 2, Sp. 401
468 Schatz (1955), S. 507
469 Marzell (1943–1979), Bd. 2, Sp. 397
470 Marzell (1943–1979), Bd. 2, Sp. 395, 396
471 Tabernaemontanus (1591), S. 533, https://www.digitale-sammlungen.de/de/view/bsb11200334?page=244&q=hepatica; abgerufen am 20.01.2022
472 Marzell (1943–1979), Bd. 2, Sp. 390
473 Spohn et al. (2015), S. 192

Paracelsus schrieb in „Vom Irrgang der Ärzte" 1537/38: *eufragia (Euphrasia) hat in ir die form und biltnus der augen, daraus folget nun, so sie eingenommen wird, so stellet sie sich in ir glit und in die form des glits, also das eufragia ein ganz aug wird (...)*[474]. Dem Halbschmarotzer konnte man also – zumindest in früheren Jahrhunderten – durchaus Einiges abgewinnen.

• Galinsoga

Franzosenkraut | Galinsoga

Asteraceae – krautig, einjährig, 10–50 cm hoch. Blütezeit Mai–Oktober. Vorkommen in sandigen, lehmigen, stickstoffreichen Äckern, Gärten und an Ruderalstellen, vor allem in niederen und mittleren Lagen.

Galinsoga ciliata (Zottiges Franzosenkraut): Stängel dicht behaart, Zungenblüten mindestens ½-mal so lang wie der Durchmesser des Blütenkorbes. In Südtirol weit verbreitet, lediglich in den peripheren Gebieten und höheren Seitentälern fehlend.

Galinsoga parviflora (Kleinblütiges Franzosenkraut): Stängel kahl oder spärlich behaart, Zungenblüten weniger als ½-mal so lang wie der Durchmesser des Blütenkorbes. In Südtirol vor allem in den Haupttälern und etwas weniger verbreitet als *G. ciliata*.

Die beiden in Südtirol vorkommenden Arten sind Neubürger aus Mittel- bzw. Südamerika. Die ersten Angaben in Südtirol gehen auf die 1890er-Jahre zurück, seitdem haben sich beide Arten ziemlich stark im ganzen Land ausgebreitet.

Mundartlich	Belegorte
Poneler-, Ponelekraut (n.)	Brixen
Aisnponerkraut (n.)	Kastelruth
Mussolinikraut (n.)	Lana
Rusnkraut[475] *(n.)*	um Brixen
Mischtkraut (n.)	Welschnofen
Nåchtschotn (m.)	Sarntal
Kluen-Tuenschtaudn (Pl.)	Ridnaun
Giftigs Gros (n.)	Welschnofen
Kamillngros (n.)	Teis
Wilder Plentn (m.)	Prad
Tartaråttigros (n.)	Laas, Schlanders
Këiflguatergros, Knopfgros (n.)	Kastelbell
Schmigros (n.)	Laurein
Pökschigros, Wëbergros (n.)	Afing
Rëgglagros[476] *(n.)*	Brixen
Schëllpagråss (n.)	Weißenbach/Ahrntal

474 zit. n. Marzell (1943–1979), Bd. 2, Sp. 391, 392
475 Fink (1966c), S. 298
476 Fink (1972), S. 214

HERKUNFT UND BEDEUTUNG

Das Unkraut ist allgemein als Franzosenkraut bekannt, denn alle europäischen Pflanzen stammen wahrscheinlich von Beständen des Botanischen Gartens in Paris ab, wo man die Art 1794 erstmals aussäte. Anfang des 19. Jh. breitete sie sich gleichzeitig mit dem Vormarsch der französischen Armee nach Osten aus.[477]

Zottiges Franzosenkraut (*Galinsoga ciliata*)

Neben der Bücherbezeichnung sind allein in Südtirol eine überraschende Fülle an geografisch eng begrenzten Benennungen gebräuchlich und zwar dort, wo ein Hof oder eine Familie explizit genannt werden oder wo das Kraut „zum ersten Mal erschienen ist". Gut möglich, dass es noch weitere volkstümliche Überlieferungen gibt, die sich rund um die Verbreitung des Franzosenkrauts ranken.

In Brixen und Kastelruth sollen Eisenbahnarbeiter (mda. *Poneler* = „Bahnarbeiter") um 1900 die Pflanze verbreitet haben, aber auch Russen und sogar Mussolini (Lana) werden für das Aufkommen des Unkrauts verantwortlich gemacht.

Kleinblütiges Franzosenkraut (*Galinsoga parviflora*)

In Welschnofen wird die Pflanze wenig schmeichelhaft Mistkraut bzw. Giftiges Gras genannt. Auf die angebliche Schädlichkeit weist die Sarner Bezeichnung Nachtschatten hin, womit sonst nur *Solanum*-Arten (*S. nigrum, S. dulcamara*) bezeichnet werden. Der Name Nachtschatten für das Franzosenkraut ist auch aus Schlesien belegt[478].

Der Name Klein-Tuenstauden spielt auf das Getreideunkraut *Tuen, Toan, Toam, Tuim, Tüi* (Gewöhnlicher Hohlzahn, *Galeopsis tetrahit*) an, dessen Name von germ. **dawen-* < **daujan* = „sterben" abgeleitet wird[479]. Diesen Namenbestandteil weist auch die Taun- oder Taubnessel auf, wobei es sich also um die „tote", nicht brennende Nessel handelt.

Die Bezeichnung Wilder Plenten aus Prad bzw. das Kamillengras aus Teis rührt daher, dass die blühende Pflanze an Buchweizen (mda. *Plentn*) bzw. Kamillen erinnert. Die aus Passeier verbürgte Unkraut-Bezeichnung *Russischer Plenten*[480] lässt ebenfalls an das Franzosenkraut denken.

Eine Besonderheit in der Benennung stellt, wie eingangs erwähnt, der enge geografische Bezug zu Hofstellen oder Familien dar. In Laas und Schlanders z. B. kennt man das Franzosenkraut als Tartarottigras. Tartarotti war der Familienname eines Gemischtwarenhändlers in Latsch, der u. a. auch Gras- und Kleesamen verkaufte. Als in Tarsch in den 1970er-Jahren der Murkegel melioriert wurde, säte

---

477 Spohn et al. (2015), S. 174
478 Marzell (1943–1979), Bd. 2, Sp. 561
479 Marzell (1943–1979), Bd. 2, Sp. 550
480 Haller & Lanthaler (2004), S. 190

man zur Begrünung Samen aus. Nichts ging auf, dafür wuchs das wenig geschätzte Franzosenkraut, das sogleich scherzhalber Tartarottigras genannt wurde. Eine ähnliche Geschichte weiß man vom Köfelgutergras in Kastelbell zu erzählen. Durch den Import von Saatkartoffeln gelangte das Franzosenkraut vor einigen Generationen auf die Felder des Köfelguts in Kastelbell.

Das Schellberggras in Weißenbach kann auch mit einer besonderen Geschichte aufwarten: Der Name leitet sich vom Schellberg-Hof zwischen Luttach und Weißenbach ab. Die Schellberger entschieden sich während der Option fürs Dableiben und erhielten von den Optanten keinen Mist zur Düngung ihres Kornackers mehr. Schließlich sahen sie sich gezwungen, Eselmist vom Truppenübungsplatz („campo") des italienischen Heeres in Sand in Taufers zu holen. In diesem Mist befanden sich Samen des Franzosenkrautes. Vom *Schellpaåcko* ausgehend, breitete es sich dann im gesamten Ahrntal aus.

Das Lafrenger Schmiedgras erschien erstmals beim *Schmi' dernid* („beim Schmied unten"; Hof in Laurein), während in Afing das Bockschin-Gras beim früheren Gasthaus Bockschin auftauchte. Nur der Bockschin-Wirt nannte es Webergras, da das Unkraut beim Weber über eine Gärtnerei eingeschleppt worden sein soll. Das Rögglagras, so meint man in Brixen, sei zuerst beim Röggla in Kranebitt gesehen worden.

Auch andernorts wird das Auftauchen des unliebsamen Krauts den lieben Nachbarn in die Schuhe geschoben: die Weißrussen nennen es *Polnisches Unkraut*, nach dem Anschluss Siebenbürgens an Rumänien wurde es von den dortigen Deutschen sogleich *Bukaräster Gekraidich* getauft.[481]

• Gentiana acaulis

Kiesel-Glocken-Enzian (Stängelloser Enzian i. e. S.) | Genziana di Koch | Stlopët, Cancun, Cuch | Stlupët

Gentianaceae – krautig, mehrjährig, 8–15 cm hoch. Blütezeit Mai–August, Blüte glockenförmig, Blütenkrone dunkelblau, innen olivgrün gefleckt oder gestreift. Vorkommen auf bodensauren Magerrasen, schwerpunktmäßig zwischen 1000 und 2500 m. In ganz Südtirol verbreitet, außer in den tiefsten Lagen der Haupttäler.

Stängelloser Enzian (*Gentiana acaulis*) und der sehr ähnliche Clusius-Enzian (*Gentiana clusii*)

481 Marzell (1943–1979), Bd. 2, Sp. 559

Der Kiesel-Glocken-Enzian oder Stängellose Enzian ist neben der Alpenrose und dem Edelweiß *die* Symbolblume der Alpen, die Tassen und Gebrauchsgegenständen einen „älplerischen“ Anstrich verleiht und in Schlagern besungen wird. Alle befragten Gewährspersonen konnten für den „blauen Enzian“ spontan einen mundartlichen Namen nennen, insgesamt notierten wir in unserer Feldforschung knapp hundert Mal eine mundartliche Namenform! *Gentiana acaulis* ähnelt äußerlich der Art *G. clusii* (Kalk-Glocken-Enzian, Clusius-Enzian; Blüten innen ohne grüne Streifen, Blätter starr und zugespitzt statt weich und abgerundet), daher teilen sich die beiden Arten viele mundartliche Bezeichnungen. Während *G. acaulis* auf sauren Böden wächst – auch über Kalkgestein, sofern eine saure Humusschicht darüber liegt – und im ganzen Land vorkommt, ist *G. clusii* nur auf anstehendem Kalk zu finden und daher vor allem in den Dolomiten, den Pfunderer Bergen und dem Vinschger Oberland anzutreffen.

Der Ggugguschua

Af aner hahln Aunäwond
in sein schiaplobm Feirtägwond
steat stolz und fesch in voller Blueh
a junger Ggugguschua.
Und wias holt zuegeat afn Lond
greift noch ihm a Kindrhond.
Do sogg uas fling: „Mei liabr Bua,
dös isch gschitzt, dös losch in Ruah!“

– Ida Marsoner-Staffler, St. Walburg/Ulten
in: J. Lösch, Hearsch n Guggnei, 1989, S. 139

Mundartlich	Belegorte
Guggu (m. Sg., Pl.)	Vöran, Mölten, Flaas, Afing, Ritten, Sarntal, Tiers
Gugge (f.), Guggez (m.), Guggn (Pl.)	Vals/Mühlbach
Gugga (m.), Guggn (Pl.)	Ahrntal
Gugguschua (m. Sg., Pl.)	Aldein, Deutschnofen, Eggen, Welschnofen, Tiers, Ulten, Unsere Liebe Frau im Walde
Guggu-, Guggnschua (Pl.)	Laurein, Proveis
Cuchi[482]*, Kukoschua*[483] *(m.)*	Fersental
Guggnschüiche (Pl.)	Ahrntal
Guggrschua (Pl.)	Sulden
Gugguschtifl (Pl.)	Tisens, Völser Aicha
Guggapfous (m.)	Katharinaberg
Guggerpfousn (Pl.)	Unser Frau/Schnals, Naturns
Gugguhantsch (m.)	Latzfons, Verdings, Villanders
-hantschag (Pl.)	Ridnaun
-hantschig (Pl.)	Pflersch, Fleins/Freienfeld, Jaufental[484]
Guggohantscha (Sg., Pl.)	Meransen, Pfunders, Terenten
Gugguhantscha (Sg., Pl.)	St. Leonhard/Brixen, Lüsen, Rodeneck, Meransen, Vintl, Terenten, Kiens, Getzenberg/Kiens, Oberwielenbach, Gais, Gsies, Winnebach
-hantschar (m.)	Schalders
-hatscha (Pl.)	Winnebach
-hantsche (m.) (Pl.)	Schenna, Passeier
Guggerhantsch, -er (Pl.)	Milland, Sulden
-hantschigg (Pl.)	Dorf Tirol
Guggehantsche (m. Sg.), -hantschare (Pl.)	Pfitsch
Gugguhåntscha, Guggihåntscha (Pl.)	Vierschach
Guggohåntsche (m.), -håntschn (Pl.)	Sexten
Hantschigg (Pl.)	Villnöß
Pfåffn (Pl.)	Langtaufers, Mühlbach
Pfåffahousn (Pl.), -hëisl (n.)	Schlanders, Martell, Stilfs
Heargottshëisl[485] *(n.), -er*[486] *(Pl.)*	Vinschgau, Obervinschgau
Plobhousn (Pl.)	Matsch
Pfnåtscha (m.)	Taisten, Gsies, Prags
Pfnåtschar (m.)	Sarntal
Pfnåtschantscha (Pl.)	Olang, Antholz
Pfåtscha (Pl.)	Vierschach, Innichen
Pfloud^{e}rn (Pl.)	Dörfl/St. Valentin a. d. H.
Tuscher (m.)	Kastelruth
Schlouppm[487] *(Pl.)*	Altrei
Sklopper[488] *(m.)*	Fersental
Flópi (Pl.)	Laag
Popp[489] *(m.)*	Fersental

482 Pedrotti & Bertoldi (1930), S. 176
483 Marchesoni & Toller (2015), S. 218
484 Schatz (1955), S. 263
485 Fink (1972), S. 123, als „kurzstengliger Enzian"
486 Insam (1954), S. 345, als „großblütiger Enzian"
487 Abram (2006), S. 857, als „Enzianblüten"
488 Marchesoni & Toller (2015), S. 218
489 Marchesoni & Toller (2015), S. 218

HERKUNFT UND BEDEUTUNG

Aus der großen Fülle an Belegen lassen sich einzelne Mundarträume mit bevorzugten Bezeichnungen erkennen: Die Grundform (Simplex) **Guggu**, *Guggn* u. Ä. sind vom Tschögglberg über das Sarntal und den Ritten verbreitet, eine Insel bildet das Ahrntal. Die Art wird mit dem Kuckuck in Verbindung gebracht, da die frühe Blütezeit mit dem charakteristischen Ruf des Vogels zusammenfällt, so erzählt man es sich zumindest in Vals/Mühlbach. Frühlingsblüher werden gerne nach dem Kuckuck, dem „Künder des Lenz", benannt (Sauerklee → *Oxalis acetosella*). In der deutschen Sprachinsel des Fersentales kennt man die *cuchi* und im Gadertal den *cuch*.

> Pringsche 18 Pfnåtscha unto an Huit, nå wäschs Zeit, 's Vich auszilåddn!
>
> — Spruch aus St. Magdalena/Gsies[490]

Verbreitete Benennungen des Kiesel-Glocken-Enzians bezeichnen verschiedene Kleidungsstücke des Kuckucks: Schuhe (Regglberg, Ulten, Deutschnonsberg, Fersental), Stiefel (Tisens), Strümpfe (mda. *Pfousn*; Schnals, Unterer Vinschgau) sowie Handschuhe (mda. *Hantsch*, *Hantsche*, *Hantschig* usw.). Die vielen mundartlichen Spielarten der Gugguhandschuhe bilden dabei die am stärksten verbreiteten Bezeichnungen dieser Blume (Burggrafenamt, Eisacktal, Wipptal, Pustertal).

Mit *Pfous* (ahd. *pfoso* = „Beutel, Säckel") ist der Wadenstrumpf ohne Socken, also die Gamasche, gemeint, die Verkleinerung, das *Pfëisl*, bezeichnet den Fingerling (ansteckbarer Verband für wunde Finger), womit es eine inhaltliche Nähe zu den *Hantsch* gibt. Mit *Pfousn* wird außerdem das zerfranste Tuch am Ende der Geißelschnur[491] benannt sowie die Federn, die manche Vögel an den Beinen aufweisen.

Im italienischen Rumo, dem Nachbardorf von Proveis am Nonsberg, kennt man die *braghie del cucù*[492] („Gugguhosen").

Den Benennungsanlass liefert wohl die Pflanze selbst, denn sobald die Glocken verblüht sind, sieht es so aus, als ob dunkelblaue Strümpfe unten an den kurzen Stängeln enden bzw. in den Schuhen (sprich Stängeln) selbst stecken würden.

Im Mittleren und Oberen Vinschgau wird die Blume mit der dunklen Soutane eines Geistlichen bzw. Pfarrers (altmda. *Pfåff*) verglichen, die um den Leib eng gebunden ist und unten weit ausläuft. Wenn man den Stängellosen Enzian umdrehe, so eine Gewährsfrau aus dem Vinschgau, dann schaue dies genauso aus! Zu den Pfaffenhosen gesellt sich im Obervinschgau das passende Herrgottshösl.

---

490 „Bringst du 18 Pfnatscher unter einen Hut, wird es Zeit das Vieh (auf die Weide) zu lassen"
491 Schatz (1955), S. 73
492 Pedrotti & Bertoldi (1930), S. 176

Gugguhiatl[493]

Sein Werchtiggwantl
isch lei fad und grau
obr a Hiatl hotr,
frisch und grian und blau,
und olm, wennr „guggu“ schreit
lupft er’s a bißl au.

— Maridl INNERHOFER, A Kraut mit tausnd Guldn, S. 54

Die Bezeichnungen **Pfnatscher** (*Pfnåtscha*, Hochpustertaler Seitentäler) bzw. *Tuscher* (Kastelruth) sind auf das Kinderspiel zurückzuführen, bei dem mit der flachen Hand auf die Blüte geschlagen wird und ein dumpfer Knall entsteht: Es *pfnåtscht* bzw. *tuscht* = „knallt“. Eine dialektale Mischung aus *Hantscha* und *pfnåtschn* (*Pfnåtschantscha*) ist in Antholz und Olang gebräuchlich. Lautmalerisch erklären lassen sich die in St. Valentin auf der Haide dokumentierten *Pfloudern* (vgl. *ploudrn* = „plaudern“ bzw. Murmeln des Wassers). Dieser Name erinnert an die Lechtaler *Pfloutscho*[494].

Im Ladinischen verweist die Bezeichnung *stlopët* (Gadertal) bzw. *stlupët* (Gröden) ebenso auf das knallende Geräusch beim Zerplatzen des Blütenkelchs. In Predazzo und Ampezzo kennt man den gleichbedeutenden Ausdruck *s-ciopetín*[495], im Unterengadin die *schlops*. In Altrei ist die romanische Entlehnung *Schlouppm*, im Fersental der *sklopper* und in Laag die *flopi*, eine Entlehnung aus dem Cembratal, gebräuchlich. Zu „knallenden“ Blumen siehe auch Klatschnelke → *Silene vulgaris*.

Der im Gadertal ebenfalls dokumentierte Name *ciuf de San Pire*[496] weist auf die Blüte des Kalk-Glocken-Enzians (*Gentiana clusii*) zu Peter und Paul (29. Juni) hin.

Die Bezeichnungen für *Gentiana acaulis* bzw. *clusii* überschneiden sich teilweise mit jenen des Frühlings-Enzians (→ *Gentiana verna*).

493 Die Bezeichnung *Gugguhiatl* ist mundartlich nicht belegt
494 SCHATZ (1955), S. 72
495 PEDROTTI & BERTOLDI (1930), S. 176, 177
496 PEDROTTI & BERTOLDI (1930), S. 177

• Gentiana verna

Frühlings-Enzian | Genziana primaverile, G. primaticcia | Sanmartin, Martin, Ciof de San Ujep

Gentianaceae – krautig, mehrjährig, 3–15 cm hoch. Blütezeit März–August. Vorkommen in Magerwiesen und -weiden, alpinen Rasen, Niedermooren und Zwergstrauchheiden, schwerpunktmäßig zwischen 1000 und 2500 m. In ganz Südtirol, mit kleineren lokalen Verbreitungslücken.

Die tiefblaue Blüte macht den Frühlings-Enzian zu einer viel bewunderten Alpenblume. Ausnahmslos alle Gewährsleute waren in der Lage, spontan eine volkstümliche Bezeichnung für diese Pflanze zu nennen. In Südtirol kommen viele Enzian-Arten vor, die dem Frühlings-Enzian ähneln und daher denselben Namen tragen: Bayerischer Enzian, *G. bavarica*; Kurzblättriger Enzian, *G. brachyphylla*; Schnee-Enzian, *G. nivalis*; Rundblättriger Enzian, *G. orbicularis*; Triglav-Enzian, *G. terglouensis*; Schlauch-Enzian, *G. utriculosa*. Die Wahrnehmung der Bauern und Hirten fügt Ähnliches – besonders wenn es sich, wie hier, nicht um eine Heilpflanze handelt – nomenklatorisch zusammen.

Mundartlich	Belegorte
Schueschternagelen (Pl.)	Schenna, Tisens, Unsere Liebe Frau im Walde, Laurein, Andrian, Tiers, Kastelruth, Milland, St. Leonhard/Brixen, Lüsen
-nagalan (Pl.)	Sulden, Stilfs, Schluderns, Matsch, Taufers i. M., Rojen, Langtaufers
-nageler (Pl.)	Aldein, Welschnofen, Ritten, Villnöß
-nagiler (Pl.)	Pflersch, Ridnaun
Schueschtanagilen (Pl.)	Pfitsch
Schu^{i}schtonaggilan (Pl.)	Pfunders, Getzenberg/Kiens, Vals/Mühlbach
Schüischtanougl (m.), -nëggl (Pl.)	Weißenbach/Ahrntal, Steinhaus
Schueschterschtiëlele (n.)	Unser Frau/Schnals, Katharinaberg, Vöran, Mölten, Afing
-schtiëlile (n.)	Platt/Passeier
Schuischtaschtiolile (n.), -lan (Pl.)	Olang, Antholz, St. Magdalena/Gsies, Prags, Sexten
Schü^{e}schtarzweck (m.)	Pens
Schuesterfailele[497] *(n.)*	Reinswald
Kräschtiz (m.)	Sarnthein, Reinswald[498]
Krahaxn (Pl.)	Terenten, Unterinn
Krafiëslen (Pl.)	Percha, Getzenberg/Kiens
Kralfiuslan (Pl.)	Antholz
Grahaxler (Pl.)	Ritten

497 Fink (1972), S. 243
498 Fink (1972), S. 159

Guggemoidile (n.)	Pfitsch
Gugguschiëchlen[499] *(Pl.)*	Montan
Muatergottes-, Fraudnschiëchler[500] *(Pl.)*	Unterland
Pfåffahousn (Pl.)	Martell
Pfåffahëisl (n.), -er (Pl.)	St. Walburg/Ulten
Pfåffahëislen (Pl.)	Schlanders
Housapfeffer (m.)	Prad
Paterschtifl (Pl.)	Ulten
Herrgottsnagalan (Pl.)	St. Valentin a. d. H., Stilfs
Tintnpliaml (n.)	Vierschach
Ciúci (Pl.)	Buchholz

HERKUNFT UND BEDEUTUNG

Auffallend viele mundartliche Bezeichnungen dieser Pflanze beziehen sich auf Schusterwerkzeug. Ein großes, aber etwas zerstückeltes Verbreitungsareal kennt die **Schusternagelen**. Dieses umfasst den Obervinschgau, das Burggrafenamt bis Wipptal, das Eisacktal sowie das untere Pustertal. Die Namensgeber verglichen offenbar die kleinen Blüten und die Kelchblätter mit jenen Nägeln, mit denen die *group G'nogltn* („grob Genagelten") erst geländetauglich gemacht wurden. Das mda. *Nagele* = „Näglein" bezeichnet üblicherweise die Nelke (*Dianthus* sp.).

Mit dem Schusternagel könnte jedoch auch die Schusterahle gemeint sein, mit deren Hilfe das Schuhleder gelocht wird. Weil wir gerade zu Besuch beim Schuster sind: als *Schpettldrot* (= der mit Pech eingeriebene Schusterzwirn) wird im Vinschgau der Feld-Beifuß (*Artemisia campestris*) bezeichnet. Der Namensbestandteil „Schuster" drückt allgemein Geringschätzigkeit aus: *schueschtern* = „Pfuscharbeit verrichten", *der Schueschter* = „Ewiger Jude".

Mit dem **Schusterstühlele** ist der runde dreibeinige Schemel gemeint, auf dem der Schuhmacher bei seiner Arbeit sitzt, während mit Schusterzweck[501] (Pens) der kurze Stift bzw. das Keilholz bezeichnet wird, mit dem der Schuster das Leder auf den Leisten nagelt. Das Schusterfeilele (Schusterveilchen) kommt vom Vergleich

499 Insam (1954), S. 345
500 Insam (1954), S. 345
501 Schatz (1955), S. 739

mit dem Veilchen (Farbe), das Tintenblüml[502] aus Vierschach bezieht sich hingegen auf die königsblaue Blütenfarbe.

In zwei voneinander getrennten Gebieten (Sarntal/Ritten sowie Mittleres Pustertal) erscheint der Namentyp **Krähenfuß**, und zwar als *Krahaxn*, *-fiaslen* oder *-schtizn*. Die Form der Blüte wird mit Vogelfüßchen verglichen, während das schwarze Gefieder der Krähen an die tiefblaue Blütenfarbe erinnert. Aus Villgraten ist der Name *Krahschinklen*[503] („Krähenschenkel") überliefert.

Die **Guggemoidilen** aus Pfitsch bilden einen Gegensatznamen zu den *Guggehantschare* (Kiesel-Glocken-Enzian → *Gentiana acaulis*). Durch das *Moidile* (Verkleinerungsform zu *Maria*) besteht ein Zusammenhang zur Muttergottes. Und in der Tat: auf den Höhen des Bozner Unterlandes ist der Frühlings-Enzian in der älteren Literatur als *Muttergottes-* bzw. *Frauenschühlein* belegt. Auch die Herrgottsnagelen im Obervinschgau beinhalten einen religiösen Namen und erinnern an die Nägel, mit denen der Herrgott ans Kreuz genagelt wurde.

Die **Pfaffenhosen** (Martell, Ulten) sind im Westen Südtirols teilweise auch die Bezeichnungen für den Kiesel-Glocken-Enzian (→ *Gentiana acaulis*). Beim Hosenpfeffer (Prad) ersetzte das scharfe Gewürz wohl die „Pfaffen", während die Paterstiefel (Ulten) ihren Namen von den bis 2 cm langen Kronröhren haben, die vom dicht anliegenden Kelch umschlossen werden. Dies schaut so aus, als ob die „Beinchen" der Blüte in Stiefelröhren stecken würden. Außerdem schauen die *Pfåffahëisler* („Pfaffenhöslein") wie *pfåmpfete Housn* („aufgeplusterte Hosen") aus, so versicherte man uns in Ulten.

• Geum rivale

Bach-Nelkenwurz | Cariofillata dei rivi

Rosaceae – krautig, mehrjährig, 25–70 cm hoch. Blütezeit Mai–Juli, Blüten glockig, nickend mit purpurbraunem Kelch und rosa bis gelblicher Krone. Vorkommen an Bachufern, in Hochstaudenfluren und Moorwiesen, hauptsächlich zwischen 1000 und 2000 m. Verbreitet in ganz Südtirol mit Verbreitungslücken im (trockenen) Vinschgau.

Mundartlich	Belegorte
Pluatstropfn	Wipptal
Pluitstropfn	Niederdorf
Pluitstrëpfl (n.)	Vierschach
Pluatstrëpfler (Pl.)	Pflersch
Pluatschwitzer	Pustertal
Herz-Jesu-Glëggl (n.)	Sterzing, Wiesen/Pfitsch, Trens
Påchprunelle (f.)	Pfitsch
Wåsserglëggl (n.)	Deutschnofen
Kuischelle (f.)	Pfalzen
Wolwurz (f.)	Ulten

502 Rauschenfels (1801), S. 218, erwähnt die *Dinteblum*
503 Lang-Reitstätter (1935), S. 82

HERKUNFT UND BEDEUTUNG

Die hübsche Blume der Bachufer mit der braunroten Blüte erinnert den Pustertaler und Wipptaler Volksmund an einen **Blutstropfen**. Rotblühende Pflanzen bzw. Pflanzen mit rotfärbenden Wurzeln werden häufig mit Blut assoziiert, z. B. die Rote Lichtnelke (→ *Silene dioica*, mda. *Pluatschwitzer*), der Rote Hartriegel (*Cornus sanguinea*, im Unterland und Überetsch *Pluatruatn* bzw. *Pluatfetzn*, in Salurn *sanguignól*), der Tormentill bzw. die Blutwurz (*Potentilla erecta*, mda. *Pluatwurzn*), der Große Wiesenknopf (*Sanguisorba officinalis*, in Prags mda. *Pluitstropfe*) sowie das Kohlröschen (→ *Nigritella nigra* agg., mda. u. a. *Nosnpliata*, *Pluatstrěpfl*). Der Name Bachbrunelle für die Bach-Nelkenwurz verweist darüber hinaus auf die Ähnlichkeit mit der Blütenfarbe des Kohlröschens.

Der Name Blutschwitzer hat religiöse Konnotation, gleich wie die Bezeichnung Herz-Jesu-Glöggl, die auf die Blütezeit Mitte bis Ende Juni rund um das Fest „Herz Jesu" verweist.

Auf den bevorzugten Standort am Bach bzw. am Waal beziehen sich die Namen Wasserglöggl, Bachbrunelle und Waalwurz.

Als Kuhschelle teilt die Bach-Nelkenwurz den Namen mit der weit bekannteren Küchenschelle (→ *Pulsatilla*). Dalla Torre führt für Tirol auch den Namen *Herrgottsschellen*[504] (ohne geografische Zuordnung) an.

BESONDERHEIT

Die Früchtchen tragen noch den verlängerten Griffel, der vorn fedrig behaart und hakig gekrümmt ist und an Tieren hängen bleiben kann. Die Volksheilkunde empfiehlt die Wurzeln gegen Durchfall und Entzündungen im Mund-Rachen-Bereich.[505]

• Hepatica nobilis

Gewöhnliches Leberblümchen | Erba trinità | Erba da tai | Ierba da tai, Fuiadela, Merzin

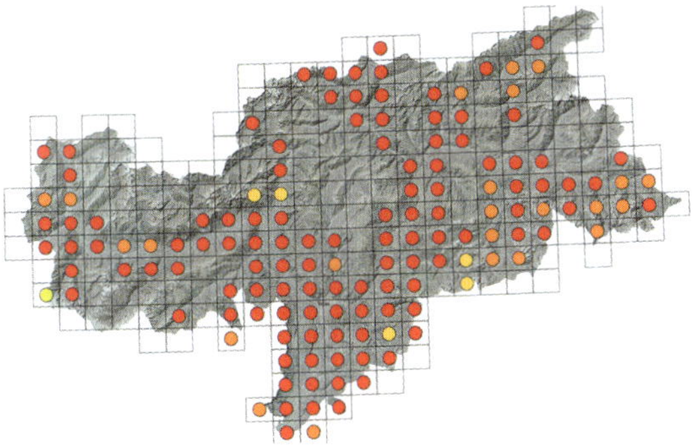

Ranunculaceae – krautig, mehrjährig, 8–15 cm hoch. Blütezeit Februar–April (Juni). Vorkommen vor allem in Laubwäldern, lokal auch in Misch- und Nadelwäldern, besonders auf Kalk. Vom Tal bis 2000 m.

Geum rivale

Hepatica nobilis

504 Dalla Torre (1895), S. 34
505 Spohn et al. (2015), S. 46

Mundartlich	Belegorte
Sch^{a}rniggelen (Pl.)	Prad, Taufers i. M.
Pfuscheniggele, Puscheniggele (n.)	Tisens, Unsere Liebe Frau im Walde, Völlan
Pfutscheniggelen (Pl.)	Prissian
Tschufeniggelen (Pl.)	Nals, Terlan
Tschuferniggelen (Pl.)	Andrian, Vilpian
Niggelen (Pl.)	Terlan
Fåschtnschtearn (m.)	Kaltern, Branzoll, Auer, Neumarkt, Montan, Aldein
-faielen (Pl.)	Kurtatsch
Faililar (Pl.)	Südliches Sarntal
Toatnfaileler (Pl.)	Villanders
Hundsfailele[506] *(n.)*	Eisacktal
Viòle mate (Pl.)	Laag
Viòle (Pl.)	Buchholz
Himmlpliamlen (Pl.)	Stilfes
Himmelsstern[507] *(m.)*	Unterland
Mërznpecher (m.)	Karneid
-pischelen (Pl.)	Steinegg
-pliëmlen (Pl.)	Ritten, Kastelruth
-pleaml (n.)	Tramin

HERKUNFT UND BEDEUTUNG

Auffällig ist, dass Frühblüher im Verhältnis zu den Sommerblühern häufiger eine mundartliche Bezeichnung tragen. Dies könnte damit zusammenhängen, dass frühe Blüten aus dem kahlen Laub herausleuchten und damit den ersehnten Frühling einläuten. So ist es gerade beim Leberblümchen, das dort, wo es vorkommt, mit vielen volkstümlichen Namen angesprochen wird.

Im Obervinschgau (**Scharniggele**), am Deutschnonsberg (*Pfuscheniggele*) und vor allem im Etschtal von Tisens (*Puscheniggele*) über Nals (*Tschufeniggele*), Andrian (*Tschuferniggele*) bis nach Terlan (*Niggelen*) hat sich eine Entlehnung aus dem Lateinischen erhalten. Der lat. Gattungsname *sanicula* = „die Heilende" (zu *sanare* = „heilen") ist als *Sanikel* bzw. *Saniggel* eingedeutscht worden und bezeichnet in der Regel die Europäische Sanikel (*Sanicula europaea*). In Südtirol kam es zu einer Namensübertragung auf das Leberblümchen, zunächst als *Saniggl*, dann als *Puscha(r) niggele* – wohl mit einem Vorsatz, der sich an das mda. *Pusch* = „Blume" anlehnt. Über eine sogenannte Metathese (Lautumstellung /pf/ und /sch/) entstand schließlich das Andrianer *Tschuferniggele*, das dem gesamten Forschungsprojekt „Mundartliche Pflanzennamen in Südtirol" seinen Titel gab.

506 Fink (1972), S. 134
507 Menghin (1884), S. 156

Das Europäische Sanikel wird im Süddeutschen u. a. *Zanniggele*, *Scharniggel* oder auch *Sauniggel*[508] genannt, die Neunblatt-Zahnwurz (*Cardamine enneaphyllos*) ist in Deutschnofen als Scharniggl[509] belegt. Beide Kräuter weisen dasselbe Verbreitungsgebiet auf (hauptsächlich Etschtal, Deutschnonsberg, Überetsch, Unterland, Regglberg) und besiedeln ein ähnliches Habitat wie das Leberblümchen. Es scheint so, dass Wald- und Heilkräuter der Buchenwälder Südtirols artübergreifend als „Sanikel" bezeichnet wurden.

Der **Fastenstern** bzw. das Fastenfaiele („Fastenveilchen") im Unterland und Überetsch bezieht sich auf die 40tägige Fastenzeit, darüber hinaus blüht es in der liturgischen Farbe lila. Das Leberblümchen teilt mit dem Veilchen (mda. *'s Faiele*) die Blütenfarbe, die Blütezeit und den Standort. Den Namen *Fåschtfaielan* tragen laut J. Schatz auch die „Buschwindröschen" in Salurn[510]. Der Autor verwendet den Büchernamen Buschwindröschen, ohne aber den wissenschaftlichen Artnamen *Anemone nemorosa* hinzuzufügen. Das eigentliche Buschwindröschen tritt im Unterland und speziell in Salurn stark zurück zugunsten des oberflächlich ähnlichen, aber weitaus häufigeren und viel auffallenderen Dreiblättrigen Windröschens (*Anemone trifolia*). Mit den *Fåschtfaielan* dürfte, wenn nicht beide Arten, so doch eher *Anemone trifolia* gemeint sein.

Im Eisacktal kennt man hingegen die Bezeichnung **Toten**- bzw. **Hundsfaileler**, womit ebenfalls auf die Fastenzeit und das Leiden Christi in der Karwoche verwiesen wird, eine Zeit, in der sich gerade der Vorfrühling Bahn bricht. Die Villanderer erklären sich den Namen freilich damit, dass das Totenveilchen im Gegensatz zu den Veilchen nicht duftet, also „tot" sei.

Italienische Gewährspersonen in Laag und Salurn sprechen von den „falschen" Veilchen, den *viòle mate*, während in Stilfes die Benennung Himmelblümler auf die blass- bis rosablaue Blütenfarbe anspielt.

Im unteren Eisacktal (Ritten, Karneid, Steinegg bis Kastelruth) heißt das Leberblümchen **Märzenblume** bzw. -becher, auch hier gilt der Hinweis auf die frühe Blütezeit im Vorfrühling. Das *Mërzapliaml* ist im Vinschgau dagegen der Name einer anderen vorwitzigen Pflanze, nämlich des Huflattichs (→ *Tussilago farfara*).

Bei Dalla Torre ist für Tirol der ältere Name Haselmünich[511] („Haselmönch") angegeben, mit Verweis auf das Ökotop (oft unter Haselhecken zu finden → *Crocus albiflorus*) und vielleicht mit einer Verbindung zur Buß- und Fastenzeit, wofür der Mönch (mhd. *münech*) stehen könnte.

WISSENSWERTES

Im Mittelalter galt die Pflanze wegen der leberförmigen Blattform als heilsam bei Leberleiden[512] (gr. *hepas* = „Leber"), in Gröden ist sie u. a. als *fuiadela* (lad. *fuià* = „Leber"), im Trentino als *erba fegadela*[513] bekannt. Der Arzt Jacob Theodor Tabernaemontanus schreibt in seinem *Neuw Kreuterbuch* Ende des 16. Jh.: *Es wirdt diß kraut sonderlich gerühmet vnnd gelobet die Leber zu stercken vnd sie zu eröffnen wann sie verstopffet ist / in Wein gesotten vnnd darvon getruncken*[514].

508 Marzell (1943–1979), Bd. 4, Sp. 100–102
509 Moser (2015), S. 253
510 Im Contrafayt Kreuterbuch (1532) von Otho Brunfels wird es Wilder Sanickel genannt, zit. n. Marzell (1943–1979), Bd. 1, Sp. 290
511 Dalla Torre (1895), S. 11
512 Spohn et al. (2015), S. 220
513 Pedrotti & Bertoldi (1930), S. 24
514 Tabernaemontanus (1591), S. 226; https://www.digitale-sammlungen.de/de/view/bsb11200334?page=244&q=hepatica; abgerufen am 20.01.2022

• Heracleum sphondylium

Wiesen-Bärenklau | Panace comune | Ciaüta, Stria

Apiaceae – krautig, mehrjährig, 50–150 cm hoch. Blütezeit Juni–Oktober. Die in Südtirol überall weit verbreitete Unterart subsp. *sphondylium* kommt in frischen Fettwiesen, auf Waldlichtungen und -schlägen vom Tal bis zur Waldgrenze vor und tritt auf stark gedüngten Wiesen massenhaft auf. Die weit weniger verbreiteten Unterarten subsp. *elegans* und subsp. *pollinianum* sind hingegen in Hochstaudenfluren und mageren Bergwiesen bzw. Kalkgeröllhalden zu finden.

Mundartlich		Belegorte
Pflanze	Frucht	
Prånggn (Pl.)		Ulten, Proveis, Laurein, Tisens, Lana
Pråntn (Pl.)		Ulten
Gråmpm (Pl.), Gråmpe (f., Sg.) *Ggråmpe (f.), -m (Pl.)*		Martell, Passeier, Verdings, St. Leonhard/Brixen, St. Andrä/Brixen, Lüsen[515], Ridnaun, Pfunders, Antholz[516]
Kråmpm (Pl.)		Villnöß
Grånkn (Pl.)		Vöran
Bráncole (f. Pl.)		Laag
Pearapråtzn (Pl.) *-gråmpm (Pl.)* *-gråmpfn (Pl.)* *-gråntn (Pl.)*		Burgeis, Taufers i. M. Stilfs, Schluderns Rojen Matsch, Langtaufers[517]
Pë̈rntåtzn (Pl.)		Schlanders, Welschnofen
Pë̈rn-, Pearngråmpm (Pl.)	*Rosskim (m.)*	Naturns, Schnals
Pearnprånggn (Pl.)		Vöran
	Rosskim (m.)	Tiers
	Rouskimbl[518] (m.)	Truden
Gråmpmschtingl (Pl.)		Martell
Gruametschtingl (Pl.)		Tisens
Groametschtingl (Pl.)		Kastelruth, Villanders
Rossschtingl, -fenichl[519]		Pustertal
Rosskimschtingl (Pl.)		Getzenberg/Kiens
Schterf (Pl.)		St. Valentin a. d. H.
Fåcknpletschn (Pl.)		Villanders
Hosnpletschn (Pl.), -plëtschn	*Rosskime (m.)*	Pflersch, Gasteig, Vierschach, Innichen
Hosngros (n.)		Flains
Hosnkraut (n.)		Martell
Milchmåltn (Pl.)		Stilfs
Låwise (f.)		Olang
Paucholdo, -oldon[520] (Pl.)	*Roussekime (m.)*	Sexten, Innichen
Ggouchar (f.)	*Rosskim (m.)*	Sarntal

515 Prosch (1923), S. 256
516 Pallhuber (2016), S. 140
517 Joos (2010), S. 568, verschriftlicht als *Bäiragrontn*
518 Wirth (2021), S. 375
519 Rauschenfels (1801), S. 214
520 Stauder (2019), S. 148

HERKUNFT UND BEDEUTUNG

Der Wiesen-Bärenklau ist ein typischer Vertreter der Fettwiesen. Auffallend ist, dass es neben der mundartlichen Allgemeinbezeichnung gesonderte Benennungen für Blätter – diese dienen als Tierfutter – und Früchte gibt.

Das Simplex **Pranggen** (*Prånggn*) bzw. **Grampen** (*Gråmpm*) wird meist im Plural verwendet. Das einzelne Blatt ist *die Gråmpe*, was in den Tiroler Mundarten so viel wie „Tatze eines Raubtieres" bedeutet. In Pusterer Dialekten bezeichnet die *Gråmpe* zudem eine schwere Haue bzw. eine Kralle, mitunter auch grobe und derbe Hände („Krallen"). Etymologisch gesehen bezieht sich das Wort auf etwas Gekrümmtes (ahd. *krumb* = „gekrümmt, krumm").

Das standarddeutsche Wort „Pranke" leitet sich von spätlateinisch *branca* = „Pfote" ab (vgl. dazu das it. *bráncole*, womit in Laag der Wiesen-Bärenklau bezeichnet wird). Die Ultner *Prântn* finden eine Parallele in der waidmännischen Benennung der Bärentatze als „Brante"[521].

Das Grundwort *Prångge* bzw. *Gråmpe* kommt meist in Verbindung mit dem Bären vor (Büchername Bärenklau; alter Büchername *branca ursina*[522]), nämlich als *Bärengråmpe*, *-grånte*, *-grånke*, *-prånke* und *-tåtze.* In der Tat: das drei- oder mehrlappige Blatt ähnelt dem Abdruck einer Bärentatze.

Der grobe Stängel (mda. *Schtingl*) älterer *Heracleum*-Pflanzen bietet ebenfalls einen Benennungsanlass: Der *Groamet*- oder *Gruemetschtingl* unterstreicht, dass der Wiesen-Bärenklau den Hauptaspekt der Grünmahdwiesen bildet. Das *Groamet* oder *Gruemet* („Grünmahd") ist der zweite Grasschnitt.

Das Gadertalische *ciaüta* leitet sich vom alten lateinischen Namen für den Gefleckten Schierling (*Conium maculatum*), nämlich *cicuta*[523] = „gekerbt, schartig", ab. Der Gefleckte Schierling ähnelt als Doldenblütler dem Wiesen-Bärenklau.

Die Früchte des mit dem Echten Kümmel (*Carum carvi*) eng verwandten Bärenklaus heißen durchwegs *Rosskim* = „Rosskümmel" (ahd. *kumi* = „Kümmel"). Für Osttirol ist sogar der *Rossfennichl*[524] = „Rossfenchel" belegt. „Ross" ist dabei ein Kraftausdruck für den „groben", also unechten Kümmel. In Fai (Trentino) werden die Bärenklau-Früchte *le ciarele*[525] = „Kümmel" genannt.

Die Blätter des Wiesen-Bärenklaus werden üblicherweise an Schweine und Stallhasen verfüttert, weil sie vom Rind verschmäht werden, daher die Bezeichnungen *Fåcknpletschn* (Pletschen sind große Pflanzenblätter; in Olang wird der Wiesen-Bärenklau *Låwise* → *Rumex alpinus* genannt, in Villgraten *Lawaspletschen*[526]) und Hasengras, -kraut u. Ä. In Gsies fertigte man aus den hohlen und harten Stängeln kleine *Wischpl* („Flöten") an, um ihnen spielerisch Töne zu entlocken.

In Sexten und Innichen kommt ein besonderer Name für den Wiesen-Bärenklau vor, nämlich *Paucholdo*, womit in erster Linie die jungen Triebe und Blätter bezeichnet werden. Der Bestandteil *-oldo* könnte mit dem Holunder

---

521 Marzell (1943–1979), Bd. 2, Sp. 820
522 zit. n. Marzell (1943–1979), Bd. 2, Sp. 820
523 Meyer-Lübke (19926), S. 152
524 Rauschenfels (1801), S. 218
525 Pedrotti & Bertoldi (1930), S. 189
526 Lang-Reitstätter (1935), S. 82

zusammenhängen, da dessen Blüten der Dolde des Wiesen-Bärenklaus ähnlich sehen. Der erste Bestandteil „Bauch“ ist vielleicht Erinnerung an die einstige Verwendung des Wiesen-Bärenklaus als Heilpflanze (gr. *pánakes Herákleion* = „Allheilmittel des Herakles“) gegen Bauchweh. In Zips (Mähren) wurde aus den Früchten ein Absud gewonnen, um bei heftigen Durchfällen den Magen zu erwärmen[527].

Zu unserer Überraschung erfuhren wir, dass die Pflanze im Sarntal *Ggouchar* heißt. Dies ist in Teilen des Pustertals der Name der Echten Schafgarbe (→ *Achillea millefolium*). Zur Bedeutungsübertragung kam es wohl wegen der (entfernten) Ähnlichkeit der Blütendolden mit dem Blütenstand der Schafgarbe.

• Juniperus

Wacholder | Ginepro | Jenier | Jenever

Die Gattung *Juniperus* (Familie Cupressaceae) umfasst Sträucher (selten Bäume) mit nadel- oder schuppenförmigen Blättern und (bei den in Mitteleuropa vorkommenden Vertretern) blauschwarzen Beerenzapfen. In Südtirol kommen zwei Arten vor:

Juniperus communis (Gewöhnlicher Wacholder), vertreten durch zwei Unterarten:

subsp. *communis* (Aufrechter Wacholder): Strauch oder kleiner Baum mit geraden, stechenden Nadeln, 1–3 m hoch, Vorkommen an Felshängen, in Weiderasen und Föhrenwäldern vom Tal bis zur Waldgrenze, in ganz Südtirol verbreitet;

subsp. *nana* (Zwerg-Wacholder), niederer, meist ausgebreiteter Strauch mit gebogenen, wenig stechenden Nadeln, 30–60 cm hoch, Vorkommen in hochgelegenen Weiderasen und Zwergstrauchheiden der Gebirge Südtirols.

Juniperus sabina (Stink-Wacholder), reichverzweigter Strauch mit niederliegenden Zweigen und schuppenförmigen Blättern (Ausnahme Jungpflanzen, die nadelförmige Blätter besitzen), 50–150 cm hoch, Vorkommen in Trockenrasen und Felsfluren, hauptsächlich zwischen 1000 und 2000 m. In Südtirol im Wesentlichen beschränkt auf den Untervinschgau (v. a. Schnals), Hinterpasseier, mittlere Dolomiten, Wipptal und Tauferer Tal.

Die Arten bzw. Unterarten werden gemeinsam behandelt, weil die mundartlichen Bezeichnungen nicht immer sehr spezifisch sind.

Aufrechter Wacholder (*Juniperus communis* subsp. communis), Zwerg-Wacholder (*Juniperus communis* subsp. nana), Stink-Wacholder (*Juniperus sabina*)

527 Marzell (1943–1979), Bd. 2, Sp. 832

Iss Kranewitt und Bibernell, noa påckt di do Tisl nit so schnell![528]

— Spruch aus Vierschach

Mundartlich	Belegorte
Gewöhnlicher Wacholder (*Juniperus communis*)	
Kranewitt(e), -bitt(e), -wittn, -bittn	Matsch, Schlanders, Martell, Naturns, Andrian, Afing, Sarntal, Aldein, Welschnofen, Völser Aicha, Kastelruth, Terenten, Ahrntal, Olang
-schtaude; -schtaud; -schtau	Pfitsch, Klerant, St. Leonhard/Brixen, Vals/Mühlbach, Pfunders, Getzenberg/Kiens; Vöran, Mölten; Flaas
-hëgge, -hëggn	Passeier
Granewitt	Ritten
Kranawitt, -bitt (f.)	Stilfs, Prad, Schluderns, Tramin, Tiers
-schtauda (f.)	Latzfons
Kranawet, -bet	Kurtatsch, Kaltern
Kranebitter (m.)	Aldein, Deutschnofen
Kranewitta (m.)	Prags, Vierschach
Krannewitta (m.)	Sexten
-schtaude	Antholz
Kranewetter (m.)	Tisens
Knarbet (f.), -betn (Pl.)	St. Pankraz, St. Walburg/Ulten, Unsere Liebe Frau im Walde, Laurein, Proveis
Knërbet (f.), Knårbet[529]*, Krarbet*	St. Nikolaus/Ulten, St. Gertraud/Ulten
Krëimet[530]	Deutschnofen
Miëte (f.)	Pflersch, Ridnaun
Ginèver (m.)	Buchholz
Reckolda[531] *(m.)*	Kiens

528 Abwandlung des Rats aus der Pestzeit: *Iss Kranewitt und Bibernell, dann stirbst du nicht so schnell!*
529 Schöpf (1866), S. 327
530 Schatz (1955), S. 353
531 Schatz (1955), S. 481

Zwerg-Wacholder (*Juniperus communis* subsp. *nana*)

Miëta, Miëteschtauda (f.)	Latzfons
Miëte, -schtaudn (f.)	Pfitsch[532], St. Andrä/Brixen, St. Leonhard/Brixen, Getzenberg/Kiens
Knarbet (f.)	Ulten
Joch-, Bergkranewitt[533]	ohne genaue geografische Angabe
Zatn (Pl.)	Ahrntal

Stink-Wacholder (*Juniperus sabina*)

Säifat	Schlanders
Säifetn (Pl.)	Schnals
Säifᵉrshëgg (f.)	Naturns
Säfn; Säifn (Pl.); Säife (f.)	Pfitsch, Fleins/Freienfeld; Jaufental[534]
Säiflschtaude (f.)	Platt/Passeier
Säifte[535] *(f.)*	Latzfons
Tuien (Pl.)	Sterzing

Die Wacholderhecke wird als *Kranewittschtau, -schtaud* oder *-hëgg(e)* bzw. *Knarbetschtaud* bezeichnet, die Beeren als *Kranewittpëir, -kigelen* (Kastelruth) oder *-kugilan* (Pustertal).

Holz, Beeren und Nadeln finden in der Volksmedizin breite Anwendung.

HERKUNFT UND BEDEUTUNG

Das Grundwort in Tirol und überhaupt im süddeutschen Mundartraum ist **Kranebitt** bzw. **Kranewitt** mit lautlichen Abwandlungen wie z. B. der Pusterer Vokalkürzung bei mehreren Folgesilben *Kranne-* und der maskulinen Endung *Kranewitter*.

Die ältesten Belege des Wortes stammen aus dem 9. Jh.: *chranawitu, khranauuitu* bzw. *kranwitpoum*[536]. Das ahd. Gemeinwort lautet *kranawitu*. Traditionell wird das Wort mit ahd. *krano* = „Kranich" und *witu* = „Holz" erklärt, also „Kranichholz", u. a. weil Kraniche diese Beeren fressen bzw. Kraniche und Wacholder denselben (nordostdeutschen) Lebensraum teilen.

Diese Deutung befriedigt jedoch nicht, da der Begriff Kranewitt auf den Süden des deutschen Sprachraumes begrenzt ist und Kraniche in Nordosteuropa ihr Brutgebiet haben und in Nah-, Mittel- und Fernost überwintern. Der Innsbrucker Namensforscher Karl Finsterwalder[537] stellte daher die Überlegung an, dass **kran* ein altes, freilich nicht belegtes Wort für einen Beeren tragenden Strauch gewesen sein muss. Dieses lebt noch in der Mühlwalder Bezeichnung *Krãpa* („Kranbeeren") für die Kleinblättrige Rauschbeere (→ *Vaccinium uliginosum* agg.). Der Begriff „Kran-" erscheint dann auch in Orts-, Hof- und Flurnamen wie Kranztal (Latsch), Kranzl (Schloss Annenberg), Kranzes (Völs am Schlern), Kronberg

---

532 Christensen (2014), S. 114, als „Bergwacholder"
533 Matscher (1949), S. 189; Dalla Torre (1895), S. 38
534 Schatz (1955), S. 567, als „Sebenbaum"
535 Fink (1972), S. 247
536 Marzell (1943–1979), Bd. 2, Sp. 1082
537 Finsterwalder (1990), Bd. 1, S. 351–355

(Aldein), Kronsbühl (Dorf Tirol), Krantal (Toblach), Kranter (Rodeneck) und weist eine Urverwandtschaft zu lat. *granum* = „Korn“ bzw. lad. *granëta* = „Körnchen“ (ladinisch auch für die Preiselbeere) auf. Zudem besteht eine große Ähnlichkeit zwischen engl. *cranberry* = „Preiselbeere“, dem mda. *Glan* (Preiselbeeren) und unseren *Kranewitten*.

Die Mundartvariante *Knarbet*, *Krarbet*, *Knårbet*, *Knerbet* ist auf Ulten und den Deutschnonsberg beschränkt und das Ergebnis einer Konsonantenumstellung: *Kranebet* > *Kranbet* > *Knarbet*. In Laurein nennt man die Einwohner von Tonna, einem hochgelegenen Streuweiler, scherzhaft *Knarbeter*. In Ulten gibt es den Flurnamen *Knarbetleiten*.

Das Deutschnofner *Krëimet* (aus *Kranawit* > *Krënwit* > *Krëmet*) bewahrt die durch das /i/ in der Folgesilbe ausgelöste Primärumlautung /a/ > /ë/. Im Ötztal ist *Kramat*[538] (Staude) bzw. *Kramatpër* (Frucht) das Normalwort für den Wacholder.

Flur- und Ortsnamen mit dem Bestandteil Kranewitt sind häufig, so im Falle von *Kranebitt* bei Brixen oder *Kranebitten* in Innsbruck. Ärmliche Häuseransammlungen oder jene von Handwerkern, Sagmühlen usw. werden mitunter als „Kranebittstadt“ verspottet.

Als **Miate** wird zumeist der Zwerg-Wacholder, mitunter aber auch der Gewöhnliche Wacholder bezeichnet. Die Triebspitzen des Zwerg-Wacholders wurden fein aufgehackt und der sogenannten Miate beigegeben. *Miate* oder *Lecka* bezeichnet das würzige, mineralstoffreiche Kraftfutter der Almtiere und leitet sich von mhd. *miete* = „Lohn, Geschenk“ ab.

Die Bezeichnung *Reckoldo* ist in der Literatur nur aus Kiens belegt. Es muss ein Überbleibsel eines früher größeren Verbreitungsgebietes sein, denn der Name ist heute vor allem in schwäbisch-alemannischen Mundarten verbreitet. Ahd. Glossen aus dem 9. und 10. Jh. kennen den *reckalterpoum, recholdir, rekolterber*[539]. Der Name ist eine Abwandlung zu Wacholder, indem man in den ersten Wortteil das Verb „recken“ (von den sich „reckenden“, ausbreitenden Zweigen) eingeblendet hat.

Die romanischen Bezeichnungen in Südtirol lauten in Buchholz *ginèver*, in Gröden *jenever*, im Gadertal *jenier*, alles Ableitungen vom lat. Gattungsnamen *Juniperus*. In Villnöß gibt es den Hofnamen *Tschinefreid*, der sich von alpenrom. **džineverēdu* = „Menge an Wacholder-Sträuchern“ ableitet.

Das lat. *juniperus* kommt von vorlateinisch **ioiniquos* > lat. *iuncus* = „Binse“[540] (lat. *iungere* = „binden“). Das Motiv des Bindens liegt auch dem deutschen Standardnamen Wacholder zugrunde, der mit **wekltriu* = „Baum zum Binden“[541] (zu idg. **ueg-* = „binden, knüpfen, weben“) rekonstruiert wird. Die Endsilbe *-ter* bedeutet nichts anderes als „Baum“ und erscheint auch in den Dendronymen *Holunder*, *Rüster* (Ulme), *Masholder* (Feld-Ahorn), *Flieder* und *Apfalter* (Apfelbaum).

ERNÄHRUNG, GENUSS- UND HEILMITTEL, VOLKSGLAUBEN

Die Früchte des Gewöhnlichen Wacholders enthalten ätherische Öle und rund 30 % Zucker und werden als Gewürz für Sauerkraut und Wild verwendet. Für Gin, Genever und Steinhäger werden sie destilliert und verleihen den Destillaten ihren besonderen Geschmack.[542]

---

538 Ötztaler Dialektwörterbuch, http://oetztalermuseen.at/dialektwoerterbuch/?dir=32&name-directory-search-value=wacholder&dir=32#name_directory_position; abgerufen am 15.09.2022
539 Marzell (1943–1979), Bd. 2, Sp. 1080
540 Marzell (1943–1979), Bd. 2, Sp. 1073
541 Marzell (1943–1979), Bd. 2, Sp. 1073
542 Spohn et al. (2015), S. 392

Im Vinschgau war es üblich aus den Beerenzapfen ein Destillat, den *Kranewittr*, zu brennen, aus dem auch das heilkräftige Kranewittöl gewonnen wurde. In Passeier wurde früher unter Zuhilfenahme von Gerste und Feigen eine Art Bier, das erfrischende *Kranewittwåsser*[543], gebraut.

Über dem herb würzigen Rauch von Wacholderfeuer geräucherter Speck und Würste erhalten einen typischen Geschmack. In Pflersch *sain se zin Speckselchn Miëte houln gångin*. Der Rauch des Wacholders gilt allgemein als desinfizierend und krankheitsvertreibend, besonders beim Vieh.

Auch am Getzenberg/Kiens weiß man um seine Heilwirkung: *die Miëtewipfl* (Triebspitzen des Zwerg-Wacholders) *måchn an guitn Tee fir di Huischte*. Der Joch-Kranewitt mit seinen stumpfen Nadeln wurde im Vergleich zum Gemeinen Wacholder als heilkräftiger erachtet. Um z. B. Ischias zu kurieren, wurde Joch-Kranewitt grün auf das Hüttenfeuer gelegt und der entsprechende Körperteil längere Zeit dem heißen Rauch ausgesetzt.[544]

In Ulten war es früher üblich im Herbst zwei, drei Tage *ob Holz in die Knërbet* zu gehen, um Triebe des Zwerg-Wacholders mit dem Reber abzuschneiden und tiefer unten im Wald in einer Grube schattig zu lagern. Im Winter wurden immer wieder Zweige des Zwerg-Wacholders mit dem Schlitten geholt und dem Vieh verfüttert. Besonders die Ziegen waren begierig auf das Futter und die Milch gewann an Qualität.[545]

In Ridnaun, Sterzing und im Ahrntal wurde der Wacholder (er gilt als reinigend und unheilabwehrend) für den *Pålmpesn* (Palmbuschen am Palmsonntag) verwendet. Der Sterzinger Palmbesen bestand aus *Miate, Pålmkatzla* und *Hoadra*, also aus Zwerg-Wacholder, Sal-Weide und Heidekraut.

Stink-Wacholder (*Juniperus sabina*)

Die mundartliche Bezeichnung des Stink-Wacholders ist dort, wo dieser wächst, einheitlich, er lautet **Söfen** (*Sëifn*, *Sëifet* bzw. *Sëifershëgg*, im Ötztal *Sëiflat* bzw. *Sëiflen*[546]). Es handelt sich um eine Ableitung zum lateinischen Art-Epitheton *sabīna*. Bereits den klassischen Autoren Plinius, Cato und Vergil war der Stink-Wacholder als *herba Sabina* = „Kraut der Sabiner" bekannt. Aus dem Romanischen *savīna* entwickelte sich das ahd. *s̱evine*, das im Dialekt Söfen ergab. Belege aus dem 9. und 10. Jh. lauten dann auch *seuina* und *seuinboum*[547].

In Südtirol gibt es überraschend viele Flurnamen, die sich auf diese Wacholder-Art beziehen: *Sefna̱r* (Hof im Pfelderer Tal), *Sefena̱r* (Waldseite im Pfossental, Schnals), beides zu **(area) savinārja* = „Gegend mit Söfen"; weiters der *Söfetauf* (Unser Frau/Schnals), der *Söfelahner* (St. Nikolaus/Ulten), der *Söfner* (Hof im Sarntal), die *Söfwand* (Mittewald/Franzensfeste) sowie die *Söfenwand* (Tulfer/Pfitsch).

Die Häufung im Flurnamenbild hat möglicherweise ihren Grund in der abortiven Wirkung dieser Giftpflanze. Aus Fleins (Freienfeld) und Pflersch wurde uns berichtet, dass sie den Kühen zum *Saiwern*, d. h. zum Ausstoßen der Nachgeburt nach dem Kälbern, verabreicht wurde. Volkstümliche Bezeichnungen in Deutschland, wie *Mägdebaum*, *Jungfern-Rosmarin* und *Kindermord*[548], umschreiben die

---

543 De Rachewiltz (1982), S. 81
544 Matscher (1949), S. 189
545 De Rachewiltz (1982), S. 80, 81
546 Ötztaler Dialektwörterbuch, http://oetztalermuseen.at/dialektwoerterbuch/?dir=32&name-directory-search-value=wacholder&dir=32#name_directory_position; abgerufen am 15.09.2022
547 Marzell (1943–1979), Bd. 2, Sp. 1095
548 Marzell (1943–1979), Bd. 2, Sp. 1098, 1099

abtreibende Wirkung des Stink-Wacholders. Hieronymus Bock berichtet: *Alte huren geniessen des Seuenbaums am besten.*[549]

Aus dem Absud der *Sëifte* wurde in Latzfons das *Sëiftnwåsser* gewonnen, das früher als Gärmittel zum Brotbacken verwendet wurde.[550]

Der Stink-Wacholder galt wie der Gewöhnliche Wacholder als unheil- und dämonenvertreibend. Lassen wir H. Bock nochmals zu Wort kommen: *Die Pfaffen pflegen auff den Palmtag den Seuenbaum mit andern grünen gewächsen zu weihen / geben für / der donder vnnd Teüffel können nichts schaffen / wa solche geweihete stengel inn heüsern gefunden werden.*[551]

• Knautia arvensis, Scabiosa columbaria agg.

Wiesen-Witwenblume, Artengruppe Tauben-Skabiose | Ambretta comune, Gruppo di scabiosa colombaria | Sgrofia

Knautia arvensis (Wiesen-Witwenblume): Dipsacaceae – krautig, mehrjährig, 25–75 cm hoch. Blütezeit Juni–August, Blütenkrone 4-spaltig. Vorkommen in trockenen Fettwiesen und an Weg- und Waldrändern vom Tal bis 2000 m. In ganz Südtirol mit kleineren Verbreitungslücken in reinen Gebirgsgegenden.

Scabiosa columbaria agg. (Artengruppe Tauben-Skabiose): Dipsacaceae – krautig, mehrjährig, Blütenkrone 5-spaltig. In Südtirol sind zwei Arten aus der Verwandtschaft vertreten:

Scabiosa triandra (Südliche Skabiose): 30–80 cm hoch, Blütezeit Juli–Oktober. Vorkommen in trockenen Wiesen und Trockenrasen bis ca. 1500 m. Verbreitet in den niederen Lagen der Haupttäler Südtirols.

Scabiosa lucida (Glanz-Skabiose): 10–40 cm hoch, Blütezeit Juli–September. Vorkommen in Kalkmagerrasen, Magerweiden, Föhrenwälder hauptsächlich zwischen 1000 und 2500 m. Verbreitet in den höheren Lagen Südtirols mit größeren Verbreitungslücken entlang der Haupttäler.

Wiesen-Witwenblume (*Knautia arvensis*) und Südliche Skabiose (*Scabiosa triandra*)

---

549 Bock (1551), S. 403
550 Fink (1972), S. 247
551 Bock (1551), S. 403

Obwohl die genannten Arten teils zu verschiedenen Gattungen gehören, müssen sie hier gemeinsam behandelt werden. Die äußerlichen Unterschiede sind für den Laien zu gering und die Namensbezeichnung bezieht sich offensichtlich nahezu ausschließlich auf die sehr ähnlichen Blütenköpfe. Ob die Bezeichnungen für *Knautia arvensis* teils auch für die beiden anderen *Knautia*-Arten Südtirols, *Knautia maxima* (Wald-Witwenblume, in Hochstaudenfluren und frischen Wäldern) und *Knautia longifolia* (Langblättrige Witwenblume, in Hochstaudenfluren und Weiderasen höherer Lagen) gelten, ist unklar.

Fogissmainicht (Ausschnitt)

gangat do la do wiisnknopf au
poll di polmkazzlan peetn
und di ggloggnpluim laitn

— Wolfgang Sebastian Baur, Puschtra Mund Art, S. 15

Pintrschleigl

Groaße Neigl
kluane Neigl
und drzua
a Pintrschleigl
Klopft und hammrt
und pfeift drzua
und dr Pintr
sell isch mein Bua

— Maridl Innerhofer, A Kraut mit tausnd Guldn, S. 13

Mundartlich	Belegorte
Wisnknopf, -knëpf, -knëpfe (m., Pl.)	Vöran, St. Leonhard/Brixen, Ridnaun, Vierschach
Wisaknëpfl (n.)	Mittelvinschgau
Höüsnknëpflan (Pl.), Housnknopf (m.)	Ahrntal, Rodeneck
Paterknëpf, -e (Pl.)	Aldein, Villnöß
Knëpfe (Pl.)	St. Magdalena/Gsies
Pinterschlëigl (m., Pl.); -schlëigele (n.)	Martell, Ulten, Schenna, Sarntal, Afing; Meran
Trummlschloger (m.), -schlëger (m.), -schlëgl	Lana, Ritten, Schnals
Hansl und Greatl	Villanders
Greateler (Pl.)	Welschnofen
Huischtnplieml (n.)	Olang

HERKUNFT UND BEDEUTUNG

Die Wiesen- und Feldblumen *Knautia arvensis* und *Scabiosa columbaria* agg. tragen Namen, die sich auf ihre runden und flach-ellipsoiden Blütenstände beziehen. Diese werden mit Knöpfen und Schlagwerkzeugen verglichen.

Das Simplex im Plural **Knöpfe** bzw. Wiesenknöpfe ist im Oberpustertal und im Vinschgau gebräuchlich. Etwas spezifischer sind die Hosenknöpflein im Ahrntal und in Rodeneck sowie die Paterknöpfe in Villnöß und Aldein. *Hosenknöpfe*[552] sind auch in Kärnten, der Steiermark und Salzburg belegt, während Bildungen mit *Pater* und *Pfaffen* (Geistliche) bei Pflanzennamen nicht ungewöhnlich sind (Kiesel-Glocken-Enzian → *Gentiana acaulis*, Frühlings-Enzian → *Gentiana verna*).

Fassbinder (Küfer) mit einem Schlegel in seiner rechten Hand, der damit ein Weinfass bereift; Christoforo und Nicolao da Seregno, um 1460; Monatsbild September, S. Maria del Castello, Misox, Graubünden, Schweiz

Im Untervinschgau, im Burggrafenamt und vom Sarntal bis zum Ritten herrschen Vergleiche des Blütenkopfes mit Schlagwerkzeugen vor. In der Weingegend von Marling, Meran und Schenna liegt es nahe, die Blüten mit dem **Binderschlegel**, dem Schlagknüppel der Fassbinder, zu vergleichen. Mit dem Stock eines Trommlers (**Trommelschläger**), der am Ende einen Schlagballen aufweist, wird die Blume in Lana, auf dem Ritten und in Schnals gleichgesetzt. Auch in Reith bei Brixlegg (Nordtirol) ist der Name *Trumm(e)schloga*[553] belegt.

Die Namen *Greateler* („Gretchen") sowie *Hansl und Greatl* („Hänsel und Gretel", aufgrund der verschiedenen Farbschattierungen?) reihen sich in die Blumennamen ein, die nach heiligen Frauen benannt sind. Die Hauptblütezeit der Wiesen-Witwenblume fällt auf die Tage rund um den 20. Juli, Namenstag der hl. Margarethe. Das Olanger Hustenblüml rührt von der alten Anwendung der „Skabiosen" als

552 Marzell (1943–1979), Bd. 2, Sp. 1110
553 Marzell (1943–1979), Bd. 2, Sp. 1114

Heilpflanze bei Husten her. In Friedland/Böhmen ist ebenfalls das *Hustenblieml*[554] belegt. Der Arzt J. T. Tabernaemontanus schreibt im Zusammenhang mit der Skabiose: *[diese] benimpt den häfftigen vnd vnruhigen Husten / machet weit vmb die Brust / vnd einen leichten Athem*[555].

Der Büchername Skabiose leitet sich von lat. *scabies* = „Krätze, Räude, Schorf" ab und hängt mit der früheren Anwendung bei Hautkrankheiten zusammen. Im Grödnerischen wird die Pflanze *sgrofia* = „Schorf, Grind" genannt. Das Art-Epitheton *columbaria* bezieht sich auf die taubenblaue Blütenfarbe.[556]

• Leucanthemum vulgare agg.

Artengruppe Gewöhnliche Margerite | Gruppo di Margherita comune | Margarita, Ciüf dla falc, Sonsela | Ciof da n bel y n burt, Margherita

Asteraceae – krautig, mehrjährig, 30–50(70) cm hoch.
Es handelt sich um eine Gruppe von nahe verwandten und morphologisch sehr ähnlichen Arten, von denen die Wiesen-Margerite (*Leucanthemum ircutianum*, Vorkommen in Wiesen, Weiden, an Wegrändern in ganz Südtirol) bei weitem die häufigste ist, gefolgt von der Südalpen-Berg-Margerite (*L. heterophyllum*, Vorkommen in Magerrasen und offenen Wäldern der mittleren und östlichen Dolomiten), der Magerwiesen-Margerite (*L. vulgare*, zerstreute Vorkommen in Magerrasen und an Ruderalstellen), der Angebrannten Margerite (*L. adustum*, nur im Obervinschgau) und der Gaudin-Margerite (*L. gaudinii*, äußerst selten).

Mundartlich	Belegorte
Himmlhëll	Stilfs
Himmlhëllare (Pl.)	Pfitsch
Himmlhëllpluamen (Pl.)	Martell
Himml-Hëll(e)-Fëgfuir	Prad, Schlanders, Naturns, Schnals, Platt/ Passeier, Ulten, Ridnaun, Afing, Ritten, Welschnofen
Himml-Hëlla-Fëgfoir	Tiers
Himml-Hëlle-Feggfuir	Villanders, Kiens, Terenten
Himml-Hëlle-Feggföire	Antholz
Himml-Hëlle-Wegfuir[557]	Ridnaun
Fegfairpuschn, Himmlhëllpischeler[558] *(Pl.)*	ohne genaue geografische Angabe
Jungf^{e}rle (n.), Jungf^{e}rl^{a}r (Pl.)	Durnholz, Sarntal
Junkfraudn (Pl.)	Ahrntal
Greatlan (Pl.)	Matsch
Såntiga Hånsr[559] *(Pl.)*	Langtaufers
Kuipluame (f.)	Winnebach
Waispluamen[560] *(Pl.)*	Ulten

554 Marzell (1943–1979), Bd. 2, Sp. 1119
555 Tabernaemontanus (1613), S. 461
556 Spohn et al. (2015), S. 248
557 Wild (2005), S. 58
558 Insam (1954), S. 344
559 Joos (2010), S. 568, unter „*Leucanthemum ircutianum*"
560 Lösch (1989), S. 100

HERKUNFT- UND BEDEUTUNG

Wiesen-Margerite
(*Leucanthemum ircutianum*)

Durch das Ausreißen der einzelnen Blütenblätter erfragen Kinder und junge Mädchen das künftige Schicksal in Bezug auf Liebe und Ehe, Familienstand und Seelenheil. Beim Auszupfen wird ein Orakelspruch aufgesagt.

In Südtirol wurde jener Abzählspruch zum Pflanzennamen, der das Seelenheil betrifft. Was erwartet mich nach meinem leiblichen Tod: Himmel, Hölle oder Fegfeuer? Das Blütenblatt, das beim Abzählen am Ende übrig bleibt, sagt das Schicksal voraus. Ratsam ist: so lange Margeriten abzupfen, bis das Ergebnis stimmt.

In manchen Gegenden (Pfitsch, Obervinschgau) stehen nur zwei Möglichkeiten zur Auswahl: Himmel oder Hölle. Um Trient wird die Blume dementsprechend *Paradis-infern*[561] genannt.

Symbol der Jungfräulichkeit

Hairatn, leddig plaibm, ins Klöeschto gie? So lautete die bange Frage so mancher Tëldra Ggītsche beim Abzupfen der Zungenblüten. Mit Hilfe der Margerite sollte die Frage nach der Heirat ein für alle Male geklärt werden: *Jungferle woll, Jungferle net?*[562]. Aus diesem Grund werden die Margeriten im Ahrntal Junkfraun und im Sarntal Jungferler genannt. Im Achental ist die Bezeichnung Jungfernblume[563] belegt. Ihr Verblühen (meist Anfang Juli) ist im Sarntal das Signal zur Heumahd:

> Four di Jungf^{e}rl^{a}r nit f^{e}rpliant sain, wert nit g'mant
>
> — Spruch aus dem Sarntal

Der Büchername **Margerite** leitet sich übrigens von frz. *marguerite* < altgr. *margarītes* = „Perle" ab. Die Perle ist bekanntlich seit dem Altertum ein Symbol der Jungfräulichkeit, in der christlichen Ikonografie freilich mit Bezug zur Jungfräulichkeit Mariens. Aus der Lautähnlichkeit zwischen *Marguerite* und *Margarethe* erklären sich dann auch die *Greatlen* (Matsch).

Liebesorakel

Ist der Entschluss zur Heirat einmal gefasst, stellt sich die Frage, ob es zu einer standesgemäßen Vermählung kommt. In Stilfs bieten sich beim Orakeln vier Möglichkeiten: „Edelmann, Knödelmann, Bettlbua, Bauer"! In Pfunders wird noch der Bürgersmann eingeschoben: „Edelmann, Knödelmann, Bürgersmann, Bettelmann,

---

561 Pedrotti & Bertoldi (1930), S. 87
562 Insam (1954), S. 344
563 Marzell (1943–1979), Bd. 1, Sp. 966

Bauer". In Gröden heißt die Blume übrigens *ciof da n bel y n burt.* Wird es ein Schöner oder ein Hässlicher werden?

Ist das Mädchen endlich verliebt, stellen sich neuerlich Fragen: vom einfachen „Er liebt mich, er liebt mich nicht" bzw. „verliebt, verlobt, verheiratet" bis zum in Ridnaun gebräuchlichen „Er liebt mich mit Herzen, mit Schmerzen, klein wenig, fast gar nicht". Dalla Torre führt gar sechs Optionen an: *Er liebt mich von Herzen, mit Schmerzen, in Geheim, ohne Schein, ein wenig oder gar nicht*[564].

Übrigens dient auch das Echte Johanniskraut (*Hypericum perforatum*) als Liebesorakel. Zweifelnde Mädchen zerdrückten die Blüten des Johanniskrauts in einem Leintüchlein: *Ist die Liebe gut, kommt rotes Blut, ist die Liebe aus, kommt Wasser raus!*[565]

Nach erfolgreichem Liebeswerben stellt sich die Frage nach den Kindern: *Madele, Biabele, Pipepi.* Daher sind die Margeriten auch unter dem Lallnamen *Pipepi* bekannt[566]. Im Obervinschgau hat man die abgerissenen Blüten zunächst *in t'Heach g'schutzt* („in die Höhe geworfen"). Die Anzahl der Blüten, die beim Herabfallen auf den Händen landeten, verriet, wie viele Kinder man bekommen würde.

Wie man aus der großen Vielfalt an Versen sieht, hat die Margerite eine enge Beziehung zu heranwachsenden Mädchen. Sie waren früher dem sozialen Geschehen meist passiv ausgesetzt und konnten nur mutmaßen, welches Schicksal ihnen „blühte".

Neben dem divinatorischen Aspekt gibt es für die Margerite noch andere Benennungsfelder: Auf den Blühzeitpunkt Ende Juni, Anfang Juli verweist die Bezeichnung **Santige Hanser** (Langtaufers), dies ist die Zeit der Sommersonnenwende und das Fest Johannes des Täufers (24. Juni). In der Innerschweiz sind ähnliche Bezeichnungen wie *Santihanser* oder *Zantihanse* gebräuchlich[567]. Das mda. *Sånta* oder *Sånte* bedeutet jedenfalls „Sankt"! In der einschlägigen Literatur sind zudem die *Sonnwendblume* bzw. die *Sunewendblier*[568] (Nordtirol, Defereggen, Kärnten) belegt. In Mittel- und Süddeutschland spielt die Margerite eine große Rolle bei den Sonnwendfeiern. So bindet man in Vorarlberg und in der Eifel am Johannisabend oder am Johannistag aus der Margerite die Johanneskränze, die an Türen und Scheunen aufgehängt (Vorarlberg) oder auf Dächer geworfen (Eifel) werden, um das Haus vor Blitzschlag und Feuersbrunst zu schützen.[569]

Weitere volkstümliche Bezeichnungen der Margerite sind Kuhblume (Winnebach) und Weißblume (*Wasbloama*[570] im Böhmerwald). Sie deuten auf die Gewöhnlichkeit der Blume mit den weißen Blütenblättern hin. Und es gibt noch weitere Namen: *Floachkraut*[571], *Gänseblumen*[572] und *Antlaßgitschen*[573] (Villgraten), Letztere wahrscheinlich daher, weil sich die Mädchen zur Fronleichnamsprozession mit dieser Blume schmücken.

---

564 Dalla Torre (1895), S. 25
565 Matscher (1950), S. 440
566 Insam (1954), S. 344
567 Marzell (1943–1979), Bd. 1, Sp. 964
568 Wirth (2021), S. 379, Marzell (1943–1979), Bd. 1, Sp. 964, 965
569 Marzell (1943–1979), Bd. 1, Sp. 965
570 Marzell (1943–1979), Bd. 1, Sp. 960
571 Moser (2015), S. 80
572 Dalla Torre (1895), S. 25
573 Lang-Reitstätter (1935), S. 82

• Lotus corniculatus

Gewöhnlicher Hornklee | Ginestrino comune | Pizaghel | Trafuei da corn

Fabaceae – krautig, mehrjährig, 5–40 cm lang. Blütezeit Juni–August. Vorkommen in trockenen bis feuchten Wiesen und Weiderasen, an Böschungen, vom Tal bis in die alpine Stufe. Häufig in ganz Südtirol.

Mundartlich	Belegorte
Muetergo̲ttesschiëchl[574] *(n.)*	Ploseberg/Brixen
Muitogo̲ttesschiëchl (n.)	Terenten
Muetergo̲ttespatschler, -patschlen (Pl.)	Flaas, Untervinschgau
Muitogo̲ttespatschl, Hi̲mmlmuitopatschl (n.)	Olang
Hi̲mblschlappalan (Pl.)	Rodeneck
Mari̲enschüe (Pl.)	Afing
Frauenschühlein[575] *(n.)*	Pustertal
Gi̲ggrlen, Gi̲ggrlan (Pl.)	Taufers i. M., Stilfs, Schlanders
Gi̲ggrschnabelen (Pl.)	Matsch
Gi̲ggerhounen (Pl.)	Martell
Giggeriggīhāndlen (Pl.)	St. Leonhard/Brixen
Ggiggeriggīschiëdlan[576] *(Pl.)*	Lüsen
Gele Kra̲pfelen, Muttergottes Schüechelen[577] *(Pl.)*	Villgraten

HERKUNFT UND BEDEUTUNG

In Südtirol sind zwei Bezeichnungen des Hornklees verbreitet: Auf der einen Seite werden die Blüten des Schmetterlingsblütlers mit der Fußbekleidung (Schuhe, Schühlein oder Patschlen, also Pantoffel) der Gottesmutter Maria verglichen (siehe auch Eisenhut → *Aconitum*, Buchs-Kreuzblume → *Polygala chamaebuxus*, Echter Wundklee → *Anthyllis vulneraria*).

Andererseits ähnelt die senkrecht stehende Blütenfahne einem Hahnenkamm, so dass die häufigen Blumen besonders im Obervinschgau und in der Brixner Gegend zum Hahn, dem „Gigger", gezogen werden. In Martell wird sogar verdoppelt: *Gigger* und *Hahnen*, für die Matscherinnen und Matscher ähnelt das Schiffchen einem Hahnenschnabel und in der Brixner Gegend wird der Schrei des Hahnes, das *Giggeriggi*, zum Blumennamen.

In Stilfs berichtet man uns, dass die Butter ihre gelbe Farbe verliert, sobald der gelbe Hornklee verblüht ist.

---

574 Jocher (2010), S. 511
575 Rauschenfels (1801), S. 221
576 Prosch (1923), S. 255
577 Lang-Reitstätter (1935), S. 81

• Myosotis

Vergissmeinnicht | Nontiscordardimé | Saliëta | No te desmincë de mé

Boraginaceae – krautig, einjährig bis mehrjährig. Von den insgesamt 9 *Myosotis*-Arten, die in Südtirol vorkommen, sind vier weit verbreitet: Alpen-Vergissmeinnicht (*Myosotis alpestris*; mda. *Joch-Vergissmeinnicht*[578], verbreitet im Gebirge), Acker-Vergissmeinnicht (*M. arvensis*, Vorkommen in Äckern und an Ruderalstellen), Sumpf-Vergissmeinnicht (*M. scorpioides,* Vorkommen in Feuchtlebensräumen) sowie Wald-Vergissmeinnicht (*M. sylvatica,* Vorkommen in Fettwiesen, Hochstaudenfluren und auf Waldschlägen).

Die wenigen mundartlichen Bezeichnungen betreffen wohl alle Arten, vor allem aber sicher das auffallendste und überall anzutreffende Wald-Vergissmeinnicht.

Mundartlich	Belegorte
Kåtznaiglan[579] *(Pl.)*	Weißenbach/Ahrntal
Kinnigaiglan (Pl.)	Steinhaus/Ahrntal
Waiberaigler[580] *(Pl.)*	Ulten
Mëineler (Pl.)	St. Valentin/Villnöß
Muttergottesäuglein[581] *(n.)*	Lüsen
Marienschtearn[582] *(m.)*	Kurtatsch
Himmlpliëmlen (Pl.)	Franzensfeste

Du aber auch mit deinen Vergißmeinnicht-Augen!

— Friedrich Schiller, Kabale und Liebe, Zweiter Akt, Vierte Szene

Der Blumenname **Vergissmeinnicht** ist ein Lehnwort aus der Schriftsprache und wird durchwegs schriftdeutsch ausgesprochen: *Vergiss mein nicht!* Der einprägsame Name hat sich so weit durchgesetzt, dass er die echten volkstümlichen Bezeichnungen fast verdrängt hat.

Bereits der Bozner Dichter Hans Vintler († 1418/19) schreibt im moralischen Lehrgedicht *Die pluemen der tugent*, Vers 8554/8555: *und mit frawen minnicleich / sol man reden von claidern reich / und von pluemen vergissmeinnicht / und von hübscher minne sitt*[583] – ob er dabei schon unser Vergissmeinnicht vor Augen hatte? Jedenfalls ist in der Blumensprache des 16. Jh. das Vergissmeinnicht Sinnbild der Liebenden und der Treue. Mit dem Männertreu (*Veronica* sp.) gibt es eine weitere „Augenblume" mit ähnlicher Symbolik.

---

578 Dalla Torre (1895), S. 43
579 Duregger et al. (2009), S. 171
580 Lösch (1989), S. 100
581 Prosch (1923), S. 255
582 Fink (1972), S. 185
583 Zingerle (1874), S. 286

Die wenigen echten Volksnamen für das Vergissmeinnicht beziehen sich auf die blaue (Himmelblümlein) Blütenfarbe, die an kleine Augen (mda. *Aiglen*) erinnert, der gelbe Fleck ist die Pupille. Im Ahrntal sieht man in der Blüte **Katzen**- bzw. **Königsäuglein**. *Kåtzn*- und *Kinigaigl* sind in Südtirol aber auch die Bezeichnungen für die ähnliche Mehl-Primel (→ *Primula farinosa*). In Graubünden, Appenzell und Aargau ist das Vergissmeinnicht als *Chatzenäugli*, auf der Schwäbischen Alb als *Katzenäugle* bekannt.[584] Die kleinen Vergissmeinnicht-Blüten werden mit den himmelblauen Augen der Frauen und Mädchen verglichen, wie uns die Ultner Weiberäugler (mda. *Waiber* „Frauen") oder die Villnößer *Mëineler* verraten. Letzterer Name geht auf den Taufnamen Filomena (Verkleinerung *'s Mënele*) zurück, die manchen Burschen wohl schöne Augen machte.

Wie viele Blumen weist auch das Vergissmeinnicht eine Beziehung zu Maria (Marienstern, Muttergottesäuglein) auf. In Laag heißen Ehrenpreis-Arten (*Veronica* sp.), die dem Vergissmeinnicht ähnelnde Blüten haben, *òci de la Madòna*, im Gadertalischen heißt der Ehrenpreis *edli de S. Maria* („Muttergottes-Augen").

• Nigritella nigra agg.

Artengruppe Schwarzes Kohlröschen | Gruppo di Nigritella comune | Brunsin de munt, Paroncinch (Ennebergisch) | Sangon

Orchidaceae – Geophyt, 5–25 cm hoch. Blütezeit Juni–August. Vorkommen in subalpinen und alpinen Rasen. Die Artengruppe ist in Südtirol durch 3–4 Arten (je nach Art-Auffassung) vertreten:

Nigritella rhellicani (Gewöhnliches Kohlröschen) mit schokoladebraunen bis dunkelroten, auf dem Puflatsch/Seiser Alm auch mit rosa-, ziegelfarbigen, weißlichen und gelben, stark nach Vanille und Schokolade duftenden Blüten in einem kegelförmigen Blütenstand; verbreitet auf sauren, aber auch auf kalkreichen Böden in ganz Südtirol.

Nigritella austriaca (Österreichisches Kohlröschen) mit dunkelbraunroten, eher unangenehm riechenden Blüten in einem halb- bis kugeligen Blütenstand; verbreitet in Kalkmagerrasen der Dolomiten und des Wipptales.

Nigritella miniata inklusive *N. dolomitensis* (Rotes Kohlröschen) mit leuchtend tief roten, stark nach Vanille duftenden Blüten in einem eiförmigen Blütenstand; verbreitet in Kalkmagerrasen vor allem der Dolomiten.

Gewöhnliches Kohlröschen (*Nigritella rhellicani*)

Das Gewöhnliche Kohlröschen (*Nigritella rhellicani*) ist der Hauptvertreter dieser Artengruppe in Südtirol, dessen namengebende Art, das Schwarze Kohlröschen (*Nigritella nigra* s.str.), in Skandinavien beheimatet ist. Aufgrund der schwarzpurpurnen Blüte und des unverkennbaren Duftes ist die Orchidee eine der bekanntesten Alpenblumen und weist eine hohe Anzahl mundartlicher Bezeichnungen auf. In Südtirol ist das Kohlröschen meist unter seinem Vernikularnamen bekannt, der Büchername ist weit weniger geläufig.

---

584 Marzell (1943–1979), Bd. 3, Sp. 245

Mundartlich	Belegorte
Praunell(e) (f.), -nelln (Pl.)	Schlanders, Tirol, Passeier, Schenna, Vöran, Mölten, Sarntal, Ploseberg/Brixen[585], St. Leonhard/Brixen, Lüsen[586], Pflersch
Praunellile (n.); -er (Pl.)	Vals/Mühlbach; Villanders
Prunell; -e (f.)	Algund, Aldein, Ritten, Kastelruth; Fleins/Freienfeld, Ridnaun, Sexten[587] (hier Prunell [= Pl.])
Pruneln (Pl.)	Kaltern
Prũnelliler (Pl.)	Ulten
Prunellilaʼ, -ila (Pl.)	Telfes, Vals/Mühlbach
Prantali (n.)	Langtaufers[588], St. Valentin a. d. H.
Prantalen (Pl.)	Rojen, Schluderns, Matsch, Taufers i. M., Stilfs, Martell
Prantelen (Pl.)	Schnals, Naturns
Mearl (n.), Mëirler (Pl.)	Welschnofen, Deutschnofen[589]
Pfaitspischele (n.)	Laurein
Pfaitspliëmler (Pl.)	Proveis
Veitsblume[590], Vituskraut[591]	Ulten
Pfaitspluame[592]	Passeier
Nosepliëta (Pl.); Nousepliëta[593] (Pl.)	Mühlbach, Pfunders, Terenten, Getzenberg/Kiens; Antholz, Rodeneck
Nosnpliëta (m. Sg., Pl.)	Kiens, Vierschach, Pfitsch (hier: *Nosnpliëtare* [= Pl.])
Nosnpliëtolan (Pl.)	Gsies
Pluatschwitzer (m. Sg., Pl.)	Villnöß
Pluitschwitza (m. Sg., Pl.); -lan	Olang, Kiens, Rein in Taufers; Gsies
Plüitströpfn (Pl.)	Ahrntal
Pluatstrëpfl (n.)	St. Leonhard/Brixen
Fetzelen (Pl.), Muffeler[594] (Pl.)	Ulten
Moda, Modalan (Pl.)	Gsies
Mãuneler[595] (Pl.)	Ulten
Ålmmunilan (Pl.)	Rodeneck
Toiflschlissl[596] (m.)	Rein in Taufers
Pettlpråtz[597]	Prags

585 Jocher (2010), S. 511
586 Prosch (1923), S. 256
587 Stauder (2019), S. 168
588 Joos (2010), S. 571
589 Wirth (2021), S. 369
590 Heyl (1897), S. 795, als „Brunelle“
591 Lösch (1989), S. 99, als „Brunelle“
592 Haller & Lanthaler (2004), S. 168
593 Pallhuber (2016), S. 141
594 Lösch (1989), S. 97, als „Brunelle“
595 Lösch (1989), S. 96
596 Insam (1954), S. 346, gemeint sind allgemein „Knabenkräuter“
597 Fink (1972), S. 32, als „Brunelle“

HERKUNFT UND BEDEUTUNG

Allein in Südtirol lassen sich grob sechs Grundtypen an Benennungen unterscheiden: Prantele (Vinschgau), Praunelle/Prunelle (Burggrafenamt, Wipptal, Passeier, Sarntal, Tschögglberg, Brixen, Unterland), Veitsblume (Deutschnonsberg, früher auch Ulten und Passeier), Mörl (Regglberg), Nasenbluter (Pustertal) sowie Blutschwitzer/-tropfen (Pustertal, Eisacktal, Ahrntal). Daneben gibt es weitere Bezeichnungen (Mahder, Muneler, Fetzelen/Muffelen, Teufelschlüssel, Bettlbratze usw.). Wie bei Pflanzennamen häufig, sind ältere Bezeichnungen für das Kohlröschen nur mehr aus der Literatur zu erschließen. Diese Namen wurden von den Hauptvarianten – welche sich wiederum wechselseitig durchdringen – verdrängt.

Hauptbenennungsmotiv ist die dunkle Blütenfarbe. Dies gilt für das im Vinschgau und in den alemannischen Mundarten der Schweiz und Vorarlbergs vorkommende **Prantele** („kleiner Brand"), denn die Blüte sieht aus, als wäre sie angebrannt. *Prantele* ist auch die mda. Bezeichnung für den Garten- und Hausrotschwanz.

Der Name **Mörl** (mda. *Mearl*) ist auf Welsch- und Deutschnofen beschränkt. Dabei handelt es sich um eine Verkleinerung zu „Mohr" (dunkelhaarige, -häutige Person). In manchen Südtiroler Mundarten werden auch die Sommersprossen *Mëirlen* genannt.

Das größte mundartliche Verbreitungsareal weist jedoch die **Prunelle** bzw. **Praunelle** auf. Dieser Name führt mitunter zu Verwechslungen mit der Gewöhnlichen Brunelle (*Prunella vulgaris*), die als Lippenblütler mit dem Kohlröschen aber nichts gemein hat und bereits in ahd. Glossen als *brunelle*[598] belegt ist. So erlangt die „Brunelle" für *Nigritella* in mancher Südtiroler Literatur sogar den Status eines deutschen Büchernamens (siehe Fußnoten [588], [591], [594]). Ähnlich wie beim Prantele ist auch Braunelle der Name einer heimischen Vogelgattung (Alpen- und Hecken-Braunelle).

Das Namenspaar Praunelle/Prunelle wurde analog zu „Blauwelle" (Kriechender Günsel, *Ajuga reptans*) gebildet und bedeutet in etwa „die Schwarzbraune" (vgl. dazu Gadertalisch *brunsin de munt*), zu ahd. *brûn* = „braun". Eine Namensherleitung von lat. *prunus* = „pflaumenfarben, violett" ist nicht anzunehmen, der lateinische Artname *prunella* wurde wahrscheinlich aus dem Deutschen oder Französischen gebildet[599].

Die dunkelrote Blütenfarbe des Kohlröschens erinnert freilich auch an Blut, worauf die Namen **Blutschwitzer** (Rote Lichtnelke → *Silene dioica*), **Blutstropfen** sowie das Grödnerische *sangon* verweisen.

Aus Kitzbühel ist der Name *Schweissblüml* (mit „Schweiß" wird in der Jägersprache das Blut des verletzten Wildes bezeichnet), aus Osttirol das *Blutkraut* bzw. *Blutrösl* überliefert.[600]

---

598 Marzell (1943–1979), Bd. 3, Sp. 1087
599 Marzell (1943–1979), Bd. 3, Sp. 1087
600 Dalla Torre (1895), S. 44

Im Pustertal und in Pfitsch ist der Namentyp **Nasenbluter** verbreitet. Dieser Name kombiniert gewissermaßen den Duft mit der blutroten Blütenfarbe, denn im Pustertal wird der Name mit folgendem Warnhinweis genannt: Wer zu intensiv an der Blüte riecht, bekommt davon Nasenbluten!

Einer Gewährsperson aus dem Pustertal erzählte ein Almsenner aus Gsies (vermutlich von der Ochsenfelder Alm) folgende Geschichte:

Der Name *Nosnpliatolan* geht auf ein Spiel der Hirtenbuben zurück, die im Sommer zum Aufpassen auf das Vieh auf die Alm mussten: um sich die Langeweile zu vertreiben, hätten sich die Buben die Blütenköpfe der „Nosnpliaterlen" in die Nase gesteckt und so lange gedreht, bis es blutete. Wer als Erster blutete, hatte verloren.

Auf den starken Geruch beziehen sich die in Ulten belegten *Muffeler* (mda. *muffln* = „modrig riechen") und *Fetzelen*. Für Letzteren wurde mitgeteilt, dass der Geruch so durchdringend sei, dass es beinahe nach Harn rieche. In St. Veit/Defereggen ist der Name *Stinkelen*[601] überliefert. Diese Beschreibung kann man kaum nachvollziehen, wenn man einmal den Duft der „Almvanille" bzw. der „Schokoladenblume" in der Nase hatte.

Die in Laurein und Proveis benannten **Pfeitsbüschelen** oder -blumen beziehen sich auf die Blütezeit Mitte Juni oder um Sonnwend herum. Der 15. Juni ist der Tag des hl. Veit, Sonnwendtag vor der Gregorianischen Kalenderreform. In Laurein ist auch die Pfarrkirche dem hl. Veit geweiht. Der Name muss früher auch in Ulten und Passeier verbreitet gewesen sein.

Die Gsieser Mahder (*Moda*, *Modalan*) beziehen sich wahrscheinlich auch auf die Blüte in der Zeit des Heumahdes Ende Juni/Anfang Juli.

Die Bezeichnungen *Ålmmunilar* (Rodeneck) bzw. *Mauneler* (Ulten) erinnern an die volkstümlichen Namen des Gänseblümchens (→ *Bellis perennis*). Vielleicht, weil sie ähnlich klein sind und rund einen Monat lang blühen (mda. *Mun* bzw. *Mãu* = „Mond").

Magisches bzw. Apotropäisches, also Unheil Abwehrendes, wird der „Wurzel" (eigentlich Sprossknolle) des Kohlröschens nachgesagt: *Die Wurzel gleicht oft zwei kleinen Händchen: die weiße Wurzel heißt Gotteshand oder auch Liebfrauenhand und gereicht dem, der sie trägt, zu Heil und Schutz, die schwarze heißt Teufelspratze und leistet, um Mitternacht ausgegraben, Hexenkünste. Die weiße Wurzel wurde auf dem Ritten bei Bozen viel als Amulett getragen*[602]. Wohl daher stammen Bezeichnungen wie *Teufelschlüssel*, *-hand*, *-pratze*[603] *und Teufelwurz*, die aber auch für andere „Knabenkräuter"[604] (v. a. für die Breitblättrige Fingerwurz, *Dactylorhiza majalis*) gelten – oder besser gesagt – galten, denn diese Namen geraten mehr und mehr in Vergessenheit.

Die handförmige Knolle des Kohlröschens (und anderer Orchideenarten) ist Treue- und Liebeszeichen, wie aus der Vinschger Sage *Das Blümlein Brunelle*[605] hervorgeht. Eine alte Waltnerin aus Passeier erzählte dem Mundartforscher M. Insam folgende Geschichte:

---

601 Marzell (1943–1979), Bd. 3, Sp. 331
602 Matscher (1950), S. 439
603 Schatz (1955), S. 638
604 Insam (1954), S. 346
605 Winkler (20003), S. 32, 33

Fa di Brunelln, hopes dös nia nicht gheart? Döi hobm an di Wurzln zwoa Hänte und uane isch welch. Do isch a Bua und a Madl gewesn, und der Bua hot gemiat ins Militär inrukchn, und do hobm si anonder di Ea fersprochn und assi anonder trai blaibm, und di Brunelle hobm si zen an Zaign genommen. Nor hobm si des Bliaml ausgegroben, und hobm gsogg, dös Bliaml sai ihmelen Zaign. Nor isch ofer di Braut untrai gewortn, und derewegn isch di kchluene Hont fa der Brunelle durr gewortn. Ös wert olm ba di Wurzln fa den Bliaml di kchlienere welch und durr finden oder gor faul. – Dös terf man öibm nit, dassi an Monn auzuich.[606]

Eine kosmetische Anwendung der „Praunelleler“ kennt man in Villanders: Dort werden die Blüten in Öl eingelegt und sorgen für einen guten Haarwuchs.

• Oxalis acetosella

Wald-Sauerklee | Acetosella dei boschi | Pan dl cuch

Oxalidaceae – krautig, mehrjährig, 5–12 cm hoch. Blütezeit April–Mai. Vorkommen in bodensauren Wäldern, sehr schattenverträglich. Vom Tal bis zur Waldgrenze, häufig. Verbreitet in ganz Südtirol.

In der Literatur ist, wenn der wissenschaftliche Artname nicht angegeben ist, stets vom „Sauerklee“ die Rede. Es ist davon auszugehen, dass damit durchwegs die einzige einheimische Art, der weißblühende Wald-Sauerklee gemeint ist. Die drei anderen in Südtirol vorkommenden *Oxalis*-Arten sind gelbblühend und nicht einheimisch.

Mundartlich	Belegorte
Gguggupróut (n.)	Bozen, Langtaufers[607] [auch *Gugguklea*]
Gguggupreatlen (Pl.)	Stilfs, Matsch, Laas, Schlanders
Gguggupreatlan, -plattlan (Pl.)	Burgeis, Taufers i. M.
Gugguspreatl (n.)	Schluderns
Gguggupreatler, -plattler (Pl.)	Aldein
Gguggupláttln (Pl.)	Kastelruth, Tiers[608], Schlerngebiet
Gguggugskraut (n.)	Niederdorf
-klea (m.)	Brixen, St. Leonhard/Brixen
Pan de cúco (m.)	Laag
Fëigeleproat (n.)	Naturns
Zuggerpreatl[609] *(n.)*	Lüsen
Himml(s)prout; -proat (n.)	Partschins, Missian, Eppan, Ratschings, Mareit; Ridnaun, Pfitsch, Gais, Prags, Gsies, Innichen, Winnebach

606 Insam (1954), S. 345
607 Joos (2010), S. 570
608 Wirth (2021), S. 363
609 Prosch (1923), S. 255

Himmlpreatlen (Pl.)	Plaus, Naturns
Himmlpappiler (Pl.)	Pflersch
Himmlpröet (n.)	Steinhaus
Himmlmilch und Himmlpröet	Weißenbach/Ahrntal
Sauerpappelen (Pl.)	Tisens
Pitterla (Pl.)	Pfitsch, Zillertal?
Kaspappele (n.)	Bruneck
Kasepappilan (Pl.)	Sexten, Toblach
Kassepappilan[610] *(Pl.)*	Antholz
Kas(e) und Proat	Vierschach, Sexten, Innichen, Toblach, Getzenberg/Kiens
Goaspappelen (Pl.)	Matsch
Putterpreatler[611] *(Pl.)*	Ulten
Nunnafirzlen[612] *(Pl.)*	Glurns
Hosnklea (m.)	Mühlbach
Fiëberklea (m.)	Mals

HERKUNFT UND BEDEUTUNG

Fast jede Gewährsperson konnte einen Namen für den im Frühling erscheinenden Klee nennen. Mit seinem säuerlichen Geschmack lädt der Sauerklee Kinder und Junggebliebene zum Naschen ein.

Allgemein wird der Sauerklee ironisch als Brot, als Haupt- (Plattl) und vor allem als Süßspeise (*Zugger-*, *-pappele*, *-preatl*) angesehen, die vom Kuckuck verzehrt wird – daher die vielen Bildungen als **Kuckucksbrot**, im Ladinischen *pan dl cuch* und im Italienischen *pan de cuco*.

Mda. *Preatl* ist Verkleinerung zu Brot, bezeichnet in Laas aber das Süßgebäck (Keks). Das mda. *Pappele* = „Kinderbrei" bedeutet in etwa dasselbe und mit *Plattln* wird eine Speise aus Teigblättern bezeichnet, z. B. die Erdäpfelplattln. Als *Nunnenfürzlein*[613] werden leichte Krapfen bezeichnet. Viele Frühlingsblüher sind nach dem Kuckuck, dem Künder des Frühlings, benannt. In Glossen des 11.–14. Jh. wird als Entsprechung zu *Guggulun* das lat. *cuculo panis* angeführt[614].

Der Sauerklee kann aber auch als Himmelsgeschenk, als „Manna", gesehen werden, daher auch die im Überetsch, Wipptal und im Pustertal verbreitete Bezeichnung als **Himmelsbrot**, auch hier wieder in Kombination mit Süßspeisen (*Himmlpappele*). In Gasteig ist mit Bezug zum Sauerklee der Spruch *Manna, Manna Himmlproat!* in Hinblick auf den Sauerklee verbreitet.

Auf den sauren Geschmack verweisen überraschenderweise nur wenige Namen wie *Sauerpappele* und *Pitterle*. Letztere Bezeichnung wurde in Pfitsch notiert und könnte nach Angabe der Gewährsfrau aus dem Zillertal stammen.

Die schöne Kombination **Käse und Brot** (*Kase und Proat*) findet sich im Hochpustertal. In Toblach sah man in der zarten weißen Blüte den Käse und in den kleeartigen Blättern das Brot. In Weißenbach ist es ähnlich: Die Blüte heißt Himmelmilch, die Blätter Himmelbrot. Der Name *Kaspappele* ist üblicherweise für die Wegmalve (*Malva neglecta*) reserviert, im Hochpustertal wird aber auch der Sauerklee so genannt. Auf ein Milchprodukt bezieht sich weiters das *Butterbreatl*

---

610 Pallhuber (2016), S. 140
611 Lösch (1989), S. 93
612 Fink (1972), S. 203
613 Schatz (1955), S. 457
614 Marzell (1943–1979), Bd. 3, Sp. 482

(Ulten), während das Matscher *Goaßpappele* besagt, dass nicht nur naschhafte Vögel und Kinder, sondern auch kapriziöses Vieh die erfrischenden Blätter des Sauerklees schätzen.

BESONDERHEIT

Wenn die Kinder früher durstig waren, riet man ihnen, Sauerklee-Blätter zu kauen. Im Ahrntal rät man: „*Esst la Himmlpröet, no håpps nit Durscht und Hungo*“! Vgl. dazu auch die Gewöhnliche Berberitze (→ *Berberis vulgaris*).

Zu viel sollte man aber nicht davon essen. Denn der saure Geschmack kommt von der Oxalsäure und deren Salzen. Größere Mengen der Pflanze, z. B. als Salat oder Suppenzusatz, reizen den Magen und können zu Nierensteinen führen. Kleesalz diente früher als Bleichmittel und Fleckensalz gegen Blut- und Rostflecken.[615]

• Papaver rhoeas

Klatsch-Mohn | Papavero comune |
Pavé salvare/Pavé mat

Papaveraceae – krautig, einjährig, 25–80 cm hoch. Blütezeit Mai–Juli. Vorkommen in Getreideäckern, trockenen Ruderalfluren, an Wegrändern und Böschungen, verbreitet in niederen Lagen, vor allem der Haupttäler, häufig auch angesät. *Papaver rhoeas* wird hier stellvertretend für die drei rotblühenden wildwachsenden Mohn-Arten Südtirols behandelt, weil alle drei von der Bevölkerung und offenbar auch in der Literatur unter „Klatsch-Mohn“ zusammengefasst werden. Von den beiden anderen Arten ist der Schmalköpfige Mohn (*Papaver dubium*) ebenfalls häufig, während der Sand-Mohn (*P. argemone*) eine äußerst seltene Art sandiger Äcker ist. Beide werden nicht vom eigentlichen Klatsch-Mohn unterschieden.

Mundartlich	Belegorte
Mogn (Pl.)	Deutschnofen[616], Eggen, Telfes
Mougn (Pl.), Mouge (Sg.)	Pustertal[617]
Wilder Mogn[618] (m.)	Ridnaun
Saumogn, -måågn (m.)	Naturns, Kurtatsch
Paterpuschn, Patterpuschn (Pl.)	Kaltern[619], Tramin, Überetsch[620]
Hegsnfuito[621] (n.)	Pfunders
Fāndlkraut (n.)	Lajen
Fāndler (Pl.)	Laurein

615 Spohn et al. (2015), S. 154
616 Zelger (2004), S. 57
617 Kerschbaumer-Sigmund (1985), S. 28
618 Wirth (2021), S. 381
619 Umweltgruppe Kaltern (2015), Kalenderblatt Monat Mai
620 Fink (1979), S. 77, als „wilder Mohn“
621 Kerschbaumer-Sigmund (1985), S. 28

Der Klatsch-Mohn – wie auch der sehr ähnliche Schmalköpfige Mohn (*Papaver dubium*) – verschönert im Mai mit seinen scharlachroten Tupfen öde Böschungen. Er ist der wilde Verwandte des Schlaf-Mohns (*Papaver somniferum*), daher heißt er einfach **Wilder Mogn** (in ahd. Glossen *wiltmago*[622]), in den ladinischen Tälern entsprechend *pavé mat* bzw. *pavé salvare*. In Naturns und Kurtatsch, aber auch in der deutschen Sprachinsel Lusern[623], ist es der *Saumogn*, wohl weil er gegenüber dem Schlaf-Mohn geringgeschätzt wird. In Kastelruth wird eine andere Art, nämlich die Dornige Gänsedistel (*Sonchus asper*), als *Saumougn* bezeichnet.

Die **Paterbuschen** im Überetsch und im Unterland erklärt man sich damit, dass die Kinder früher aus den Knospen durch Umschlagen der noch nicht entfalteten Blütenblätter paterähnliche Figuren anfertigten. Der Volkskundler Hans Fink meint, dass allein schon die Fruchtkapsel den braunen Paterkutten ähnelt. In Trient haben Kinder aus den *pòpe* bzw. *pòpole*[624] (Klatsch-Mohn) Püppchen mit Kleidern aus den Kronblättern gebastelt.

Die bekannteren „Paterbuschen" sind aber die Ringelblumen (*Calendula officinalis*). Nebenbei: „Pater" sind beliebte Benennungsmotive für Blumen, z. B. die Paterknospen (Eisenhut → *Aconitum*), die Paterstiefel (Frühlings-Enzian → *Gentiana verna*) und die Paterknöpfe (→ Wiesen-Witwenblume, Tauben-Skabiose → *Knautia arvensis*, *Scabiosa columbaria* agg.).

Das **Fahndlkraut** (Eisacktal) und die *Fahndler* (Laurein am Deutschnonsberg) finden Parallelen im *Mognfadl*[625] (Mohnblüte) in Defereggen sowie in den Pflanzennamen *Fani* (Hasletal bei Bern), in den *Roggenfahnln* (Hallstatt) und im italienischen *confalone* (im Umland von Pavia belegt).[626] Mit den Fahnen sind die wehenden roten Kirchenfahnen gemeint, die bei den Flurgängen die betende Menge überragen, so wie sich die roten Klatsch-Mohnblüten aus den wogenden Getreideähren abheben.

BESONDERHEITEN

Jede Klatsch-Mohnblüte bildet rund 2,5 Millionen Pollenkörner, die besonders morgens bis etwa 10 Uhr abgegeben werden. Hummeln erhöhen die Abgabe durch Vibrieren, das als lautes Brummen hörbar ist. Die Pflanze enthält Alkaloide, jedoch kein Opium. Legt man ein Kronblatt auf die Hand und schlägt mit der anderen flach darauf, ergibt das den namengebenden „Klatsch".[627]

Der **Schlaf-Mohn** (*Papaver somniferum*) ist eine uralte Kulturpflanze, die man in den Bauerngärten Südtirols noch häufig vorfindet. In der Mundart heißt er durchwegs *die Mogn* (Plural), seltener *die Moge* (Pfitsch).
Der ahd. Pflanzenname lautet *mago* = „Mohn", dies zu germ. **megō-*, **megon-*, **magon-*[628], weiters zu idg. **māken-* = „Mohn", dem die Verbalwurzel **māk-* = „kneten, quetschen, drücken"[629] zugrunde liegt. Diese Bearbeitung bezieht sich auf den seit der Jungsteinzeit belegten Gebrauch der Mohnsamen als Ölfrucht.

---

622 zit. nach Marzell (1943–1979), Bd. 3, Sp. 536
623 Marzell (1943–1979), Bd. 3, Sp. 537
624 Pedrotti & Bertoldi (1930), S. 267
625 Dalla Torre (1895), S. 46
626 Marzell (1943–1979), Bd. 3, Sp. 542
627 Spohn et al. (2015), S. 18
628 Köbler (2014); http://www.koeblergerhard.de/ahd/ahd_m.html; abgerufen am 19.10.2022
629 Pokorny (1959), S. 698

Wenn man Mohn sät, sollte man währenddessen lauthals lachen, damit er gut wächst …, so der Rat im Pustertaler Villgraten[630]. In diesem Lachen ist wohl der Rest einer „heidnischen“ Kulthandlung zu sehen.

Im Laufe des Wachstums wurde der Mohn im Bauerngarten *ggschtanglt* („an einer Stange festgebunden“), damit er nicht umfiel. Nach der Ernte wird der *Mognsum* („Mohnsamen“) im *Mognschtåmpf* zerstoßen (auf Pustererisch *ginoit*). Der *ginoite* Mohnsame wird zur Herstellung traditioneller Süßspeisen wie die *Mognkråpfn*, die *Mognkiëchlen*, der *Plattlstock* oder der *Mogschodn* verwendet. Der „Magschaden“ war eine Festtagsspeise, die aus Semmelschnitten in Milch bestand, worüber Honig gegossen wurde; zuletzt wurde *Mogn* darüber gestreut.[631]

In Sexten bereitete man die so genannte *Mungge* zu, eine Mischung aus Mohn und Zuckerwasser, mit der Gebackenes übergossen wurde. Ebenso kannte man im Pustertal das Fastengericht *Mogn und Puin* („Mohn und Ackerbohne“), das in der Silvesternacht inmitten der Raunächte verspeist wurde und dem etwas „Jenseitiges“ anhaftete. Mohn und Ackerbohne wurden einst zusammen im Acker gebaut. Der Acker war der Wohnort des *Mognschink*, einer Mohnschreckgestalt.[632]

Der aus Pfunders belegte Name *Hegsnfuito* („Hexenfutter“) für den Mohn deutet die einschläfernde Wirkung der im Schlaf-Mohn enthaltenen Opiate an. Diese Wirkung hat man sich früher beim Beruhigen von Schreikindern zunutze gemacht. In Pfitsch hat man die *Mognkrāndla* (grüne Kapseln) in Milch *ggsouttn* und die Milch auf die *Lulle* („Schnuller“) geträufelt – danach sind die Kleinkinder rasch eingeschlafen.

In Ulten erinnert man sich noch an den Gebrauch der Mohnwurzeln als Mittel gegen dickes Blut. Die Mohnwurzel wurde zunächst gedörrt und zerrieben, dann im Wasser abgebrüht. Nach dem Abkühlen wurde der Absud getrunken.

Die dekorativen grünen Mohnkapseln heißen in den verschiedenen Mundarten *Mognkriandlen*, *-krë*^{i}*ndl*^{e}*r* (Deutschnofen), *-krāndla* (Pfitsch), *Mognschlë*^{i}*gel*^{e}*r* (Deutschnofen) oder *Mognguggl*[633] (Pustertal).

• Phragmites australis

Gewöhnliches Schilf | Canuccia di palude | Ciana | Cana

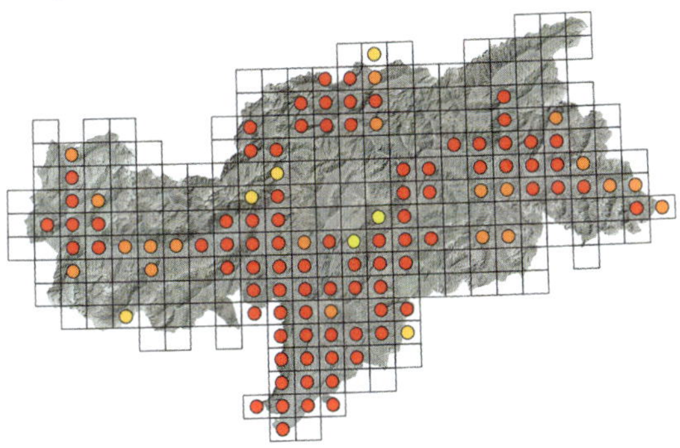

Poaceae – krautig, mehrjährig, 1–3 m hoch, mit (oft meterlangen) Ausläufern. Blütezeit Juli–September, Blüten in bis zu 60 cm langen, rotbraunen Rispen. Vorkommen an Gewässerrändern, in Röhrichten (bestandsbildend), nassen Wiesen, auch an trockenen, aber grundnassen Stellen. Verbreitet in den Haupttälern bis etwa 1500 m.

---

630 Lang-Reitstätter (1936), S. 19
631 Dalla Torre (1895), S. 46
632 De Rachewiltz (2015), S. 13, 14
633 Schatz (1955), S. 408

Mundartlich	Belegorte
Pimmise[634] *(f.), Pimmisn (Pl.)*	Pfitsch, Fleins/Freienfeld
Peanzggn[635] *(Pl.); Pea^{n}schgn*[636] *(Pl.)*	Glurns, Prad, Eyrs; Vinschgau
Schtrëip (f.)	Lana, Tramin
Schtrëipear (f.)	Kaltern
Carécia (f.)	Laag
Mosefëdo[637] *(f.)*	Sexten
Mouskolbm[638] *(m.)*	Vinschgau
Nunnen[639] *(Pl.)*	Passeier

HERKUNFT UND BEDEUTUNG

Die mda. Form *Pimmisn* (Sg. *Pimmise*) entspricht dem Standarddeutschen **Binse**, ein Wort, das sich üblicherweise auf *Juncus*-Arten (Binsengewächse) bezieht. Das ahd. *binuz*, auch *binuzza*, lässt sich auf germ. **binuta*, und dieses auf idg. **amb^{h}i* + **net* > **bi-net* = „drehen, umwickeln, verknoten" zurückführen[640]. Die Formen *Bim(i)s-*, *Pims* (/ms/ < /ns/ wie in mda. *Pemsl* = „Pinsel") finden sich im gesamten süddeutsch-bairischen sowie alemannischen Sprachgebiet, außerdem in den früheren deutschsprachigen Gebieten von Mähren, dem Böhmerwald und Transsilvanien. Die Ableitung *Pinzgen* oder *Peanzggn* (Vinschgau) ist auch aus Schwaben, Baden und dem Sudetenland belegt[641] und umfasst wohl sämtliche Röhricht-Arten, d. h. neben Schilf auch Binsen (*Juncus*), Teichbinsen (*Schoenoplectus*) und andere.

In Plaus gibt es die Obstwiese *'s Piënzet* („Ansammlung von Riedgras, Binsen, Schilf") und in Jenesien liegt unweit des Remppenhofs die *Pimesenlåck*, ein von Schilf gesäumter Teich.

Der Vinschger Familienname Pinzger kommt nicht von den *Pinzgen*, sondern von einem Zuwanderer aus dem Pinzgau. Die Salzburger Talschaftsbezeichnung leitet sich von den Ambisonten, einem keltischen Stamm, ab.

Im Etschtal und Unterland wurde früher das Schilf gemäht und als Stallstreu, **Ströb** (*Schtrëip*), verwendet. Strebmöser („Streumöser") waren ein wirtschaftlicher Faktor, um Wiesen und Äcker dauerhaft mit Nährstoffen zu versorgen, besonders wenn das Einbringen der Waldstreu schwierig war. Die Kalterer Bezeichnung *Schtrëibear* = „Ströb-Öde" (d. h. nur sporadisch genutztes Gelände, auf dem Schilf als Streu geerntet wurde) für das Schilf zeugt von der früheren Schilfmahd. Diese wird heute am Schilfgürtel des Kalterer Sees gefördert, um die schleichende Verlandung des Sees zu verhindern.

Auf die großen Rispen bezieht sich der Name Moosfeder, während die Vinschger und Oberinntaler „Mooskolben" wohl auf eine Verwechslung mit dem Rohrkolben zurückgehen.

---

634 Christensen (2014), S. 142, als „Binse–Schilf"
635 Fink (1972), S. 27, als „Schilf"
636 Schatz (1955), S. 60, als „Binsen"
637 Fink (1972), S. 194, als „Schilfrohr"
638 Schatz (1955), S. 432, als „Schilfrohr"
639 Fink (1972), S. 203, als „Schilfgräser"
640 Köbler (2014); http://www.koeblergerhard.de/ahd/ahd_b.html; abgerufen am 22.02.2022
641 Marzell (1943–1979), Bd. 2, Sp. 1057, 1058

Das italienische *carécia* (zu lat. *carex*, d. i. die wissenschaftliche Bezeichnung der Segge) kann sich ursprünglich auf stechende, kratzende Riedgräser bezogen haben. Die Bezeichnung Nunnen ist von der Schweiz („Nune") über Westdeutschland bis Dänemark bekannt und wird lautmalerisch für das Geräusch, das der Wind im Röhricht verursacht, erklärt[642].

Der Namentyp Rohr bzw. Rohra erscheint häufig im Flurnamenbild. In Innichen liegt schattseitig oberhalb des Drau-Ursprungs der *Rohrwald*, unweit davon, zwischen Bahngleis und Straße, liegt ein wertvolles Biotop namens *Rohra* (< Rohrach = „Röhricht").

Der Flurname Gnaid (Dorf Tirol) leitet sich von alpenrom. **cannēdu* = „Röhricht" ab, zusammengesetzt aus **canna* = „Schilfrohr" und dem Mengensuffix *-ēdu*. Am talseitigen Ende der Weingüter befinden sich Wasseraustritte mit einem kleinen Schilfbestand. Von rom. *cannēdu* leiten sich auch die Hofnamen Kaneid (Lüsen) und Ganoi (Villnöß) ab. In Neumarkt gibt es den Flurnamen *Ggan* (< **canna* = „Schilfrohr").

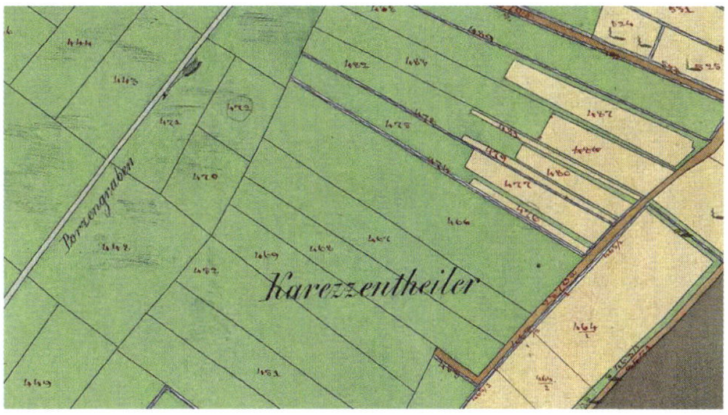

Flurname Karezzentheiler,
Franziszeische Katastermappe 1855–1861, Mappenblatt Salurn

Im Ladinischen ist das Schilfrohr als *ciana* bzw. *cana* bekannt. Zahlreichen ladinischen Orts-, Hof- und Flurnamen liegt das Schilf zugrunde, wie z. B. *Cianacéi* (Gemeinde im Fassatal), *Cianacëi* (Hof in Abtei; 1296 *Canazscheyt*; zu **cannatšēdu* = „Gelände mit Schilfbewuchs"), oder den beiden Familiennamen *Kanetscheider* und *Kontschieder*.[643]

WISSENSWERTES

Schilf gehört zu unseren wuchsstärksten und fortpflanzungsfreudigsten Pflanzen. Dabei helfen ihm neben der starken Samenbildung und hohen Keimungsrate vor allem die bis zu 20 m langen Ausläufer sowie Halme, die, wenn sie niedergedrückt werden, sich an den Knoten bewurzeln und neue Sprosse hervorbringen können. Schilfbestände breiten sich durch eine Art „Phalanx"-Strategie mit einer geschlossenen Front aus und vermögen so bei günstiger Wasser- und Nährstoffversorgung in kurzer Zeit freie Flächen zu besiedeln und andere Pflanzenarten zu verdrängen – und am Ende natürliche Monokulturen zu bilden. In Norddeutschland sind die Halme Grundlage der Reetdächer.[644]

• Pinus mugo

Leg-Föhre, Latsche | Pino mugo | Barantl

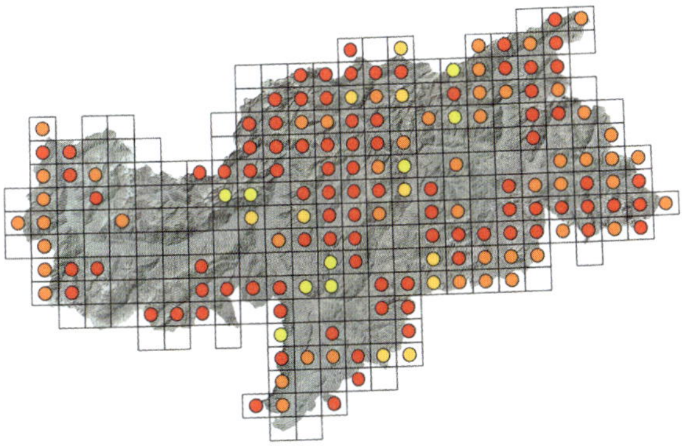

Pinaceae – Strauch, mit vielen bogig aufsteigenden Stämmen („Krummholz"), 1–3 m hoch. Die dunkelgrünen spitzen Nadeln stehen paarweise an den Kurztrieben und

642 Marzell (1943–1979), Bd. 3, Sp. 701, 702
643 Finsterwalder (1994), S. 348, 349
644 Spohn et al. (2015), S. 444

sind ca. 5 cm lang. Die Leg-Föhre gehört zu einer Gruppe eng verwandter Sippen, von denen in Südtirol noch die Berg-Föhre oder Spirke (*Pinus uncinata*) sowie die Moor-Föhre (*Pinus x rotundata*, sehr selten, teils wohl auch übersehen) vertreten ist. Die Leg-Föhre ist aber bei weitem die häufigste. Sie ist im ganzen Land vertreten mit einigen größeren Fehlgebieten in den Ötztaler und Ortler-Alpen. Vorkommen an mäßig trockenen, felsigen, von Lawinen geprägten Hängen, wo andere Baumarten nicht aufkommen können, vornehmlich auf Kalk (landschaftsprägend in den Dolomiten!), aber auch auf Kristallin (Sarntal!) und in Hochmooren (Villanders!) zwischen 1000 und 2500 m.

Mundartlich	Belegorte
Zuntr (f.), Zuntrn (Pl.)	Rojen, Langtaufers[645], St. Valentin a. d. H., Burgeis, Taufers i. M., Trafoi, Ulten, Pflersch
Zundrn (Pl.)	Schluderns
Zūntrn (Pl.), Zūntrschtaud (f.)	Kurtatsch, Kaltern
Zëtn (Pl.)	Aldein, Eggental[646], Trens
Zëietschtau[647] *(f.)*	Welschnofen
Zatn (Pl.)	Steinhaus, Ahrntal, Kiens, Villnöß[648]
Zatschtaudn[649] *(Pl.)*	Kiens
Zetn[650] *(Pl.)*	Innichen
Zette (f.), Zettn[651] *(Pl.)*	Sexten
Tschugge[652] *(f.)*	Pfitsch
Tschupp[653] *(f.)*	St. Valentin a. d. H.
Zurgglschtaudn[654] *(Pl.)*	Lüsen
Fërchschtaude (f.)	Pfitsch
Zirmen (Pl.), Eazirb	Laurein
Raisch(e) (f.), Raischn (Pl.)	Vöran, Sarntal, Durnholz, Latzfons, Verdings, Feldthurns[655], Schalders
Raisch(n)schtauda, -schtaud (f.)	Villanders, Ritten
Miga (f.), Mign, Migschtaudn (Pl.)	Völs am Schlern, Tiers, Seis[656]
Lātsch (f.), Lātschn (Pl.)	Naturns, Kastelruth, Meran
Leachtschuppe[657] *(f.)*	Antholz
Kniëholz (n.)	St. Leonhard/Brixen, Brenner[658]
Tschirpe[659] *(f.)*	Schalders

HERKUNFT UND BEDEUTUNG

Die Leg-Föhre oder Latsche hat allein in Südtirol eine Vielzahl an mundartlichen Bezeichnungen. Im Obervinschgau werden die Latschen *Zuntrn* genannt. Dabei handelt es sich um einen Überbegriff für das Krummholz der Waldgrenze, wo – je nach Gegend – Latsche, Alpenrose (→ *Rhododendron ferrugineum, R. hirsutum*) und Grün-Erle undurchdringliche Bestände (Formationen) bilden. Das Wort **Zunter** leitet sich von ahd. *zuntara* = „Zunderschwamm, Zündstoff;

645 Joos (2010), S. 565
646 Kühebacher (1975), S. 387
647 Schatz (1955), S. 726, als „Zwergkiefer"
648 Kühebacher (1975), S. 387
649 Schatz (1955), S. 722
650 Kühebacher (1975), S. 387
651 Stauder (2019), S. 240
652 Christensen (2014), S. 205
653 Schatz (1955), S. 662
654 Prosch (1923), S. 256
655 Wirth (2021), S. 356
656 Marzell (1943–1979), Bd. 3, Sp. 774
657 Fink (1972), S. 173
658 Fink (1972), S. 156
659 Fink (1972), S. 253, 283, als „aufrecht stehende Legföhre, Spirke"

Fackel“ (< germ. **tundrō*) ab und bezog sich ursprünglich auf das Föhrenholz, das wegen seines Harzreichtums zum Feuermachen (Heizen, Kochen, Aromatisieren) auf den Almen genutzt wurde und das wertvolle Latschenöl ergab. Das Abbrennen und Aushacken des Krummholzes hatte zudem den Vorteil, die Almweide zu verbessern. Die Bezeichnung Zunter hat sich als *zuondra* auch auf das romanischsprachige Engadin ausgebreitet.

Ein weiterer Kollektivname für Sträucher des Krummholzgürtels, worunter auch die Latsche fällt, lautet **Zeten** (*Zëitn*, v. a. Regglberg; *Zatn*, v. a. Tauferer Ahrntal; *Zettn*, Hochpustertal). In erster Linie wird damit der Strauch von Heidel- und Preiselbeere bezeichnet. Das Wort stammt aus ahd. *zata, zote*, *zotte*, mhd. *zote*, *zotte* = „Zottiges; Haarbüschel, Flausch“[660] und bildet gerade in Passeier viele Flurnamen, wie z. B. Zeppichl, Zetticher oder Zettwald (Heidelbeere, *Vaccinium myrtillus*; Preiselbeere → *Vaccinium vitis-idaea*). Der Brixner Volkskundler Hans Fink erwähnt die *Zodern*[661] als Bezeichnung „einer Legföhren-Art“, die angeblich nur im Bereich der Rodelwiesen zwischen Afers, Villnöß und Lüsen wächst. Es dürfte sich um die gewöhnliche *Pinus mugo* handeln, nachdem *Pinus uncinata* aus dem Gebiet nicht bekannt ist.

Ein kleiner buschiger Nadelbaum wird in den Tiroler Mundarten *Tschupp(e)* bzw. *Tschugg(e)* genannt. Meist ist damit ein kleines Fichtenbäumchen gemeint, örtlich wird damit aber auch die Leg-Föhre bezeichnet. Das Wort **Tschuppe** kann mit mhd. *schoup*, *schübel*, ahd. *skoub*, *skubil* = „Büschel, Bund, Garbe“ erklärt werden[662]. Im Veltlinischen gibt es den Begriff *džupp* = „Alpenrosengebüsch“, im Surselvischen (Graubünden) den Begriff *tšuppina* = „gerodete Losparzelle“, der auf ein Kollektiv **tšippina*[663] = „Dickicht, Rodung“ zurückgehen könnte. Daher ist nicht auszuschließen, dass ein vordeutsches Alpenwort **džupp* oder **tšukk* = „Nieder-, Krummholz“ für die „Tschuppe“ Pate gestanden ist.[664]

Vereinzelte Bezeichnungen der Leg-Föhre, wie die Zurgglstauden (Lüsen; mda. *Zurggl* = „Zürgelbaum“), Förchstauden (Pfitsch; mda. *Fërch* = „Föhre“) oder Zirm (Laurein; mda. *Zirm* = „Zirbelkiefer“), sind Übertragungen von anderen Baumarten, wenn diese in den betreffenden Gebieten nicht heimisch sind.

Vom Tschögglberg bis zum rechtseitigen Eisacktal mit Schwerpunkt Sarntal tragen die Latschen die verbreitete Bezeichnung **Raischen**, in der Einzahl *Raisch*, *Raische* oder *Raischa*. Dieser Name leitet sich von mda. *Raischte*, *Raischtl* = „Strähne; Zopf von gehecheltem Flachs, Hanf; zopfartiges Büschel von Zwiebeln, Knoblauch“[665] ab. Benennungsmotiv sind dabei die verdrehten Äste.

Die *Raischn* stecken auch in Sarner Flurnamen wie den *Raischporzen* oder die *Hohe Raisch*, wie die Anhöhe der „Steinernen Mandln“ am Tschögglberg auch genannt wird. Eine Entlehnung aus dem Romanischen findet sich in den Schlern-Gemeinden Tiers und Völs sowie in der Ortschaft Seis. Dort werden die Leg-Föhren *Migschtaudn* genannt. Ein einzelnes Exemplar ist die **Miga**. Gleich hinter

660 Köbler (2014), https://www.koeblergerhard.de/mhd/mhd_z.html; abgerufen am 23.02.2022
661 Fink (1972), S. 309
662 Köbler (2014), http://www.koeblergerhard.de/ahd/ahd_s.html; abgerufen am 23.02.2022
663 Schorta (1985), S. 94
664 Schatz (1955), S. 662, 663
665 Schatz (1955), S. 480

der Sesselschwaige am Schlern (Gem. Völs) liegt ein kleines Weide- und Waldgebiet, die *Veiten-Miga*. Bei den *Mign* handelt sich wohl um ein vorrömisches Wort **mūgja* (vgl. lat. und it. *mugo*) = „Latsche“, dessen genauere Herkunft dunkel ist.

Ein gleichfalls sehr altes Wort in dieser Reihe ist das grödn. und gad. *barantl* (vgl. fassanisch *barankje*, buchensteinerisch *barancli*), das auf ein vorrömisches Alpenwort **baranklo-* zurückgeführt werden kann. Als Basis ließe sich idg. **b^{h}ar-* = „Hervorstehendes, Spitze, Borste“ bzw. **b^{h}aru-* = „Nadelbaum, Baum, Wald“[666] ansetzen.

Das Wort **Latsche** ist heute in Südtirol allgemein gebräuchlich, hat seinen Ursprung in der Inn-Salzach-Gegend und hat sich von dort über den deutschsprachigen Alpenraum ausgebreitet. In Kufsteiner Weistümern ist von *lätschen*[667] die Rede. Volksetymologisch wird der Name mit mda. *lātschn* = „schleppend gehen“ und *latsch* = „schlaff“ in Verbindung gebracht. Denkbar ist aber auch eine frühe Entlehnung zu lat. *laqueus* = „Strick“[668] (it. *laccio* = „Schlinge“) aufgrund der schlingenförmigen, kriechenden Äste. Diese Herkunft ist auch beim Matscher Flurnamen *Lutscheares* (< **latšera* = „Krummholzgegend“) anzunehmen.

Die Antholzer *Leach-Tschuppe* könnte als Variante der *Legtschuppe* gelesen werden, d.i. die Tschuppe mit niederliegenden, am Boden kriechenden Ästen. Auch das in St. Leonhard/Brixen notierte Knieholz bezieht sich auf das nur kniehohe Gewächs[669].

Die **Spirke** (*Pinus uncinata*) kommt in Südtirol natürlich wohl nur im Vinschger Oberland (bei Graun) vor, wo sie Anschluss an ihr westalpisches Areal hat. Die zerstreuten (Einzel-)Vorkommen in Ulten, am Deutschnonsberg und anderswo gehen wahrscheinlich auf ehemalige Pflanzungen zurück. Die Spirke tritt, anders als die Leg-Föhre, in zwei Wuchsformen auf – als aufrechter Baum mit geradem Stamm (auf stabilem Untergrund) und als Krummholz (auf Rutschhängen). Als Krummholz ist sie kaum von der Leg-Föhre zu unterscheiden.

Für Schalders ist die *Tschirpe* (Konsonantenumstellung zu Spirke) belegt. Das Wort Spirke stammt aus ahd. *spurka*, *sporah*[670] und bezeichnete ursprünglich den Wacholder. Die Toblacher Berggegend *Birkental* mit dem *Birkenkofel* soll altmundartlich noch *Schpirknto(u)l*[671] gelautet haben. Der Bezug zur Spirke ist sowohl im Falle von Schalders als auch von Toblach unklar, da die echte Spirke (*Pinus uncinata*) in diesen Gebieten nicht vorkommt oder jedenfalls nicht am Aufbau der landschaftsprägenden Leg-Föhrengebüsche beteiligt ist. Möglicherweise handelt es sich also um eine Namensübertragung.

MEDIZINISCH-KOSMETISCHE ANWENDUNGEN

Im Sarntal und im Eisacktal ist das „Raischenbrennen“ in eigens dafür errichteten Brennereien nach wie vor ein wirtschaftliches Standbein der Bauern. Aus dem harzreichen Raischenholz wird per Wasserdampf-Destillation ätherisches Öl zu Heil- und Kosmetikzwecken gewonnen. In Villanders wurden Personen, die

666 Pokorny (1959), S. 108, 109
667 Schatz (1955), S. 376
668 Meyer-Lübke (19926), S. 354
669 Fink (1972), S. 156
670 Köbler (2014), http://www.koeblergerhard.de/ahd/ahd_s.html; abgerufen am 23.02.2022
671 Kühebacher (1995), S. 38

das Holz der Leg-Föhren gegen Entgelt verarbeiteten, *Raischeler* genannt. Aus den *Raischn-* und *Zirmzipfeler* (Triebspitzen der Leg-Föhre und der Zirbe) wurde zudem ein Honig gegen Husten hergestellt. In Kiens heißt das aus den *Zatschtaudn* gewonnene Öl das *Zatëile*[672]. Im Obervinschgau wird aus den Zapfen der Leg-Föhre der *Zuntrnschnåps* gewonnen.

• Plantago major

Breit-Wegerich | Piantaggine Maggiore |
Erba dales baujies/Piscialet | Piscianliet

Plantaginaceae – krautig, mehrjährig, 5–40 cm hoch. Blütezeit Juni–Oktober. Vorkommen auf Wegen, in Trittrasen („Betrittzeiger"), auf frischen Ruderalfluren. In ganz Südtirol sehr häufig, vom Tal bis zur Waldgrenze.

Die von der Bevölkerung gekannten Wegeriche sind hauptsächlich der Breit-Wegerich (*Plantago major*), der Spitz-Wegerich (*Plantago lanceolata*) und der Mittlere Wegerich (*Plantago media*). Ihre jeweiligen volkstümlichen Bezeichnungen fließen ineinander.

Mundartlich	Belegorte
Weggra (m.)	Ahrntal, Prags
Proatwëig^{e}r (m.)	Martell
-wëigr (m.)	Obervinschgau
-wëg^{a}ra[673] *(m.)*	Ulten
-wëg^{a}r (m.)	Sarntal
-wëgerit (m.)	Passeier
-wegra (m.)	Terenten
-weggra[674] *(m.)*	Antholz
Wëigplattler (Pl.)	Vöran
Wegeblattlan[675] *(Pl.)*	Innervillgraten
Lügenblattl, Lugenblatt[676] *(n.)*	ohne genaue geografische Angabe
Lugnkraut[677] *(n.)*	Villanders
Sintnpletschn (Pl.)	Ridnaun
Fouglfuater (n.)	Kurtatsch
-wirschtl[678] *(n.)*	um Klausen
Hatala (n.)	Kaltern
Schofzunge[679] *(f.)*	Eisacktal, Pustertal
Pëttfetzer[680] *(Pl.)*	Ploseberg/Brixen

672 Schatz (1955), S. 722
673 Lösch (1989), S. 93
674 Müller (1985), S. 148
675 Lang-Reitstätter (1935), S. 81
676 Dalla Torre (1895), S. 52
677 Fink (1972), S. 180, „Wegerich"
678 Fink (1972), S. 84
679 Fink (1972), S. 226, „Wegerich", Kerschbaumer-Sigmund (1985), S. 126 „Spitzwegerich"
680 Jocher (2010), S. 512

HERKUNFT UND BEDEUTUNG

Der deutsche Gattungsname **Wegerich** lautet in den meisten Mundarten Südtirols Weger (im Westen *Wë*^{i}*g*^{e}*r*, im Pustertal *do Weggra*). Unterschieden wird meist zwischen Spitz- und Breit-Wegerich, diese enthalten das entsprechende Adjektiv *proat* und *schpitz*.

In ahd. Glossen erscheint das Substantiv *wegarih*, *wegerich* und *wegrich*, das sich aus ahd. *rihhi* = „Herrschaft, Macht, Reich", gotisch *reiks* = „König" und „Weg" zusammensetzt und mit „König bzw. Herrscher der Wege" erklärt wird. Der „Pflanzennamen-Papst" Heinrich Marzell deutet den Namen jedoch als altdeutschen Männernamen Wegerich, ähnlich wie Friederich, Roderich, Heinrich usw.[681]

Eine Besonderheit stellt die Namensgruppe **Sündenpletschen** (Trentinisch u. a. *erba dai pecài*[682]) bzw. Lügenblatt oder -kraut (Gadertalisch *erba dales baujies* = „Lügenkraut") dar. In Ridnaun hat man sich erzählt, dass man früher beim Hüten das siebennervige Blatt des Breit-Wegerichs zerriss und dabei die heraushängenden Fäden (Blattnerven, Leitbündel) zählte. Jeder einzelne Faden bedeutete eine Sünde oder im Falle des „Lugenkrauts" eine Lüge am betreffenden Tag.

Um Grindelwald (Kanton Bern) gab es das Spiel „die Lugi ziehen". Dabei zogen zwei Kinder gleichzeitig an einem der Blätter, bis es riss. Wer die größere Zahl an Blattnervenfasern in Händen hielt, *had meh glogen*.[683] Dieses Spiel ist auch in Südtirol bekannt. Damit gehört der Wegerich in die Reihe der Orakelpflanzen, deren bekannteste Vertreterin die Wiesen-Margerite („Himmel-Höll-Fegfeuer" → *Leucanthemum vulgare* agg.) ist.

Mit den wurstähnlichen Fruchtähren des Wegerichs wurden einst Stubenvögel gefüttert, daher die Wegerich-Namen Vogelfutter und Vogelwürstl. Die Bezeichnung Schafzunge (in ahd. Glossen *scafeszunga*[684]) im Eisacktal und im Pustertal kann sich nur auf die Blattform beziehen, während das Kalterer *Hatala* („Hattele") eine Verkleinerung zu mda. *Håttl* = „Rispe des Hafers, der Hirse; Spross; Lappen, Franse"[685] ist. Der Name bezieht sich auf einen Spross (Ähre?) oder etwas Ausgefranstes. Mit Bettfetzer (grödn. *piscianliet*) wird im Allgemeinen eine ganz andere Pflanze bezeichnet, nämlich die Rote Lichtnelke (→ *Silene dioica*). Im Frz. wird mit *pissenlit* („Bettfetzer") der Löwenzahn bezeichnet. Der Name könnte mit einer etwaigen diuretischen Wirkung des Wegerich-Absuds zusammenhängen. Früher wurde der Breit-Wegerich tatsächlich in Milch gesotten und gegen die Ruhr getrunken[686]. Heute wird aus dem Spitz-Wegerich ein Hustensirup gewonnen.

WISSENSWERTES

Nordamerikanische Indianer nannten die Pflanze „Fußstapfen des weißen Mannes". Der Wegerich kam mit den Weißen ins Land und breitete sich entlang ihres Eroberungszuges aus. Der lat. Gattungsname *Plantago* kommt von lat. *planta* = „Fußsohle" und bezieht sich auf die Blattform.[687]

---

681 Marzell (1943–1979), Bd. 3, Sp. 816
682 Pedrotti & Bertoldi (1930), S. 288
683 zit. nach Marzell (1943–1979), Bd. 3, Sp. 829
684 Marzell (1943–1979), Bd. 3, Sp. 823
685 Schatz (1955), S. 281
686 Dalla Torre (1895), S. 52
687 Spohn et al. (2015), S. 356

• Polygala chamaebuxus

Buchs-Kreuzblume | Poligala falso-bosso |
Poligala (*Pitza ghäl, Pitza cöce*[688]) | Gëi

Polygalaceae – immergrüner Zwergstrauch, 5–15 cm hoch. Blütezeit Februar–Juni, Blüten weiß-gelb oder purpurrot-gelb. Vorkommen in lichten Föhrenwäldern, in Magerrasen, häufig über Kalkböden. Verbreitet in allen Landesteilen, wenn auch nicht überall häufig und mit kleineren Verbreitungslücken; vom Tal bis über die Waldgrenze.

Zu unserer Überraschung entpuppte sich die kleine Pflanze mit dem feinen Pfirsichduft als Blume, die allein in Südtirol mit 21 unterschiedlichen Namen bezeichnet wird.

Mundartlich	Belegorte
Muatergottesschiëchlen (Pl.)	Eppan, Tramin, Neumarkt, Gummer
-patschlen (Pl.)	Montan, Pinzon, Steinegg
-patschler (Pl.)	Welschnofen
Muitogottespatschlan (Pl.)	Vals/Mühlbach
Scarpete de la Madòna, scarpéte (Pl.)	Laag
Fraudnschiëchlen; -schiëchlan (Pl.)	Ritten; Vals/Mühlbach, Terenten
-schi^{e}dlar (Pl.)	Sarntal
-schua (Pl.)	Ritten
-krapflan[689] *(Pl.)*	ohne genaue geografische Angabe
Peggehãndl, -hãndler (Pl.)	Tisens, Ulten
Peckehãndlen (Pl.)	Passeier
Schpeckehãndler (Pl.)	Ulten
Hãndler (Pl.)	Proveis
Gugguhãndlen (Pl.)	Villnöß
Hunfuas (m.), Hunfiëslen (Pl.)	Villanders
Taibala (n. Sg.), Taibalan (Pl.)	Kaltern
Oar in Schmålz	Ulten, Afing
Pullelen und Ggiggerlen (Pl.)	Kastelruth
Honigkampelen (Pl.)	Andrian
Honigplattlen (Pl.)	Laag
Holzhåckale (n.); -håckolan (Pl.)	Sand in Taufers; Vintl, Ellen
Hölzknechte (Pl.)	Ahrntal, Weißenbach
Kiëgrantn (Pl.)	Mühlbach
Erpslan (Pl.)	Naturns, Plaus
Schmëckale (n.)	Toblach
Sigrant[690] *(m.)*	Sexten
Wåltmyrte (f.)	Meransen

688 Pedrotti & Bertoldi (1930), S. 478
689 Insam (1954), S. 345
690 Stauder (2019), S. 205

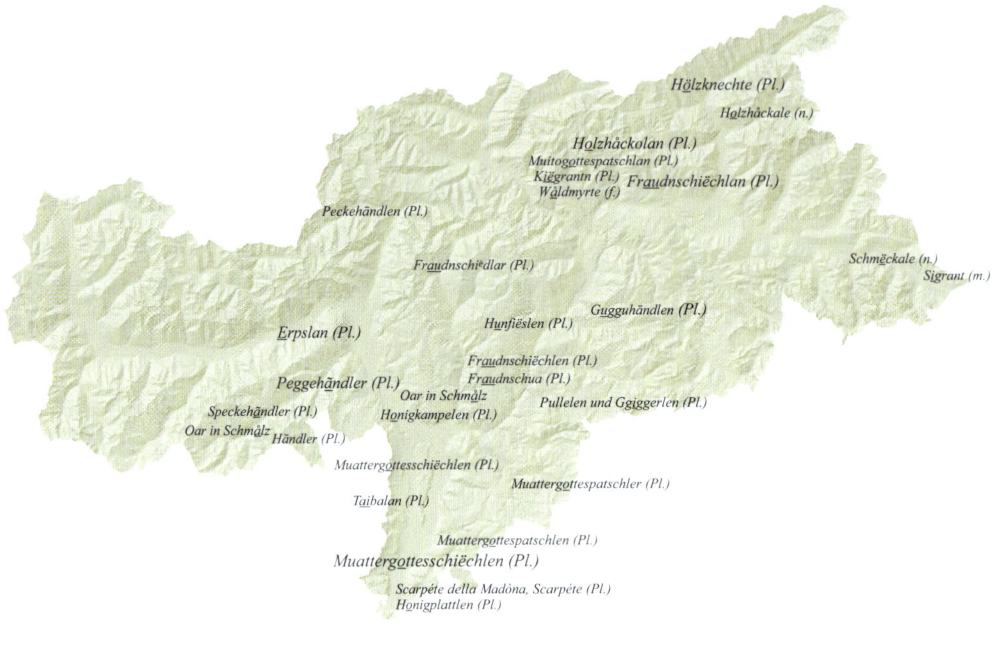

HERKUNFT UND BEDEUTUNG

Die Fülle an Südtiroler Mundartbezeichnungen lässt sich in größere Gruppen einteilen:

Im Überetsch, Unterland, am Regglberg bis ins untere Eisacktal, am Ritten und im Sarntal, vereinzelt auch im unteren Pustertal wird die besondere Blütenform mit der Fußbekleidung der Gottesmutter verglichen: **Muttergottespatschlen** und *-schiachlen* bzw. *Frauenschiedlar* sind auch Bezeichnungen für den Hornklee (→ *Lotus corniculatus*) und den Eisenhut (→ *Aconitum*).

s Speckehahndl

Gonz entn afn sticklan Rua
wogst a Speckehahndl – weitummr allua
grod asou, als wenns si schamen tat,
weils nit woaß, daß s schianigst Reasl Döirn hot

— Ida Marsoner-Staffler, St. Walburg/Ulten
in: J. Lösch, Hearsch n Guggnei, 1989, S. 139

Eine zweite Gruppe an Mundartnamen (Passeier, Ulten, Proveis, Tisens), **Hahndler** (bzw. Pecke- und Speckehahndler), vergleicht die Blüte mit ihrer besonderen Stellung der Kron- und Kelchblätter mit dem pickenden Schnabel eines Hahnes. Die gelben Kelchblätter ähneln außerdem einem krähenden Hahn. In Ulten wurde das Pecken des Hahns um den Speck erweitert. Der Hahn erscheint häufig in Blumennamen (Gewöhnlicher Hornklee → *Lotus corniculatus*).

Ebenfalls auf Tiere beziehen sich die Gugguhahndlen (auch der Kuckuck kommt in Blumennamen oft vor), die Hahnfüßlein und die entzückenden Täubchen (mda. *Taibala*) in Kaltern.

Die auffälligste Besonderheit ist die zweifarbige Blüte, die je nach Pflanze in der Kombination weiß-gelb oder purpurrot-gelb erscheint. Der Name *Oar in Schmålz* („Eier in Schmalz") ist die mundartliche Bezeichnung für die Spiegeleier, wo *Oare* („Eier") in *Schmålz* („Fett") gebraten werden. Das bekannte Gericht mit dem gelben Dotter und dem Eiweiß ähnelt der Blütenfarbe der Kreuzblume. Auch der Doppelname *Pullelen und Ggiggerlen* („Hennlein und Hähnlein") weist auf die Zweifarbigkeit hin. Für Welschnofen ist das Namenpaar *Muttergottesschialeler* (purpurne Blüte) und *-patschler* (gelbe Blüte) belegt[691].

Eine sprachliche Kombination aus der leichten Pfirsichnote, welche die warme Maiensonne der Blüte auf Waldschlägen entlockt, und dem Hahn bilden das *Honigkampele* („kleiner Honigkamm", Andrian), das *Honigplattl* („Honigblättchen") sowie das *Schmëckale* (mda. *schmëckn* = „riechen, duften").

Auf den typischen Standort, den Waldschlagflächen, verweisen die im Pustertal verbreiteten **Holzhackerlen** und Holzknechte, dabei wird der Name zu den Wald- und Holzarbeitern gerückt.

Weitere Bezeichnungen lauten Kühgranten (die Blätter ähneln jenen der *Grantn*, also der Preiselbeere), Waldmyrte (aufgrund der Ähnlichkeit der Blätter mit der immergrünen Myrte; um Trient heißt die Buchs-Kreuzblume *martèl*[692]) sowie Erbslen (Ähnlichkeit mit Schmetterlingsblütlern).

Einmal mehr hat sich in Sexten altes Namensgut erhalten. Der Name **Sigrant** soll mit lat. *sacrum* = „Heiligtum" zusammenhängen, die Endung *-nt* ist in Sexten eine Wortklasse, die Material, eine Substanz oder eben eine Pflanze bezeichnet[693].

WISSENSWERTES

Wo die Buchs-Kreuzblume außerhalb der Alpen wächst, gilt sie als Eiszeitrelikt. Griechisch *polygala* bedeutet „viel Milch". Die Pflanze wurde stillenden Frauen zur Anregung der Milchsekretion empfohlen.[694]

Der deutsche Büchername **Kreuzblume** kommt daher, dass diese Blume in den Zeiten der Flur-, Kreuz- und Bittgänge (Kreuzwoche) Anfang Mai blüht. Der alte katholische Gedenktag der Kreuzauffindung durch die hl. Helena ist der 3. Mai. Der Arzt Hieronymus Bock schreibt 1539: *Solchen blümlin hab ich nye anderst hören sagen dann Creützblumen, darumb das man sie in der Creutzwochen am volkömmlichsten findet / darauß machen die Creutzjunkfrawen ire krentzlin*[695]. In Ostthüringen, in Schlesien und in Kärnten heißt die Pflanze „Himmelfahrtsblümlein", weil sie um das Fest Christi Himmelfahrt blüht[696].

691 Insam (1954), S. 345; Pedrotti & Bertoldi (1930), S. 291, berichten aus Serrada (Folgaria, Trentino), dass die roten Blüten *Scarpete del Sioredìo* und die weißen *Scarpete della Madonna* genannt werden.
692 Pedrotti & Bertoldi (1930), S. 291
693 Stauder (2019), S. 205
694 Spohn et al. (2015), S. 328
695 Bock (1539), S. 169
696 Marzell (1943–1979), Bd. 3, Sp. 871

• Primula farinosa

Mehl-Primel | Primula farinosa |
Ciüf de Santa Tarina

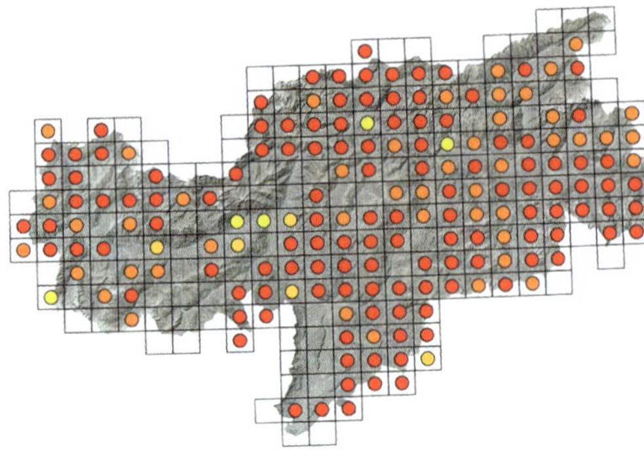

Primulaceae – krautig, mehrjährig, 5–20 cm hoch. Blütezeit April–Juli. Vorkommen in Quell- und Niedermooren, Magerwiesen, alpinen Rasen, hauptsächlich zwischen 1000 und 2300 m. In ganz Südtirol, aber nur lokal etwas häufiger und mit einigen kleineren Verbreitungslücken.

Die zarte Primel der Niedermoore weist allein in Südtirol eine stattliche Anzahl an volkstümlichen Namen auf.

Mundartlich	Belegorte
Maipliëml (n.)	Flaas
Måidnpliëndl[697] *(n.)*	Sarntal
Måidile (n.), -er (Pl.)	Latzfons, Lajen[698], Villnöß, Ploseberg/Brixen
Schtinkmåidel[699] *(n.), -måideler*[700] *(Pl.)*	Aldein, Ploseberg/Brixen
Mousaigl[701] *(n.), -primele (n.)*	Sarntal
Mousfetzerle[702] *(n.)*	Eggental
Mousreasl[703] *(n.)*	Sterzing
Prunnaigilan (Pl.)	Taisten, Gsies
Praunaigla[704] *(Pl.)*	Pfitsch
Ki(n)nigaigl (n.), -aiglan (Pl.)	Pfunders, Getzenberg/Kiens, Weißenbach/Ahrntal[705], Olang, Antholz[706], Prags, Sexten[707], Vierschach, Innichen
Kåtzanaiglan (Pl.)	Stilfs
Kåtznaugn (Pl.)	Mittelvinschgau
Rossprimelen (Pl.)	Schluderns
Rossgougln, -schtinker (Pl.)	Vöran, Mölten
Rossschtinker (Pl.), -drëck (m.)	Ritten
Ëislfårz (m.)	Völser Aicha, Gufidaun
Haislschtinker (Pl.)	Tiers
Zinthëlzler (Pl.)	Ulten

HERKUNFT UND BEDEUTUNG

Im Eisacktal und im Sarntal beziehen sich die **Moideler** (*Måideler*) auf die Blütezeit Anfang Mai. Gegen diese Lesart mag man protestieren, denn *Måidl*, *Måidele* ist bekanntlich mundartlich für Maria und somit läge zum wiederholten Male ein Blumenbezug zur Muttergottes vor. Im Falle der Mehl-Primel könnten die *Måideler* das Ergebnis einer Einblendung der „Maid" in die „Maienblume" (so

---

697 Gruber (2005), S. 119
698 Insam (1954), S. 344
699 Fink (1979), S. 84
700 Jocher (2010), S. 511
701 Gruber (2005), S. 123
702 Fink (1972), S. 194
703 Fink (1972), S. 194
704 Mair (2017), S. 348
705 Duregger et al. (2009), S. 171
706 Pallhuber (2016), S. 140
707 Stauder (2019), S. 103

in Flaas belegt) sein. In der älteren Mundart fallen die Wörter *Måi* („Mai“) und *Måidl* („Maria“) lautlich zusammen – und nebenbei ist der Wonnemonat Mai auch ein Marienmonat.

Im Sarntal, Eggental und Sterzing ist der nasse Standort der Mehl-Primel an Mooren namenprägend: **Moosprimele**, *-äugl*, *-fetzerle* (es riecht ein wenig „streng“) sowie *-reasl*.

Ein drittes Namenmotiv bezieht sich auf die Blüte und vor allem den gelben Schlund mit dem weißen Ring, der einem kleinen Auge ähnelt. So ist das Moosäugl, das in Pfitsch und Gsies dokumentierte Brunn- bzw. Braunäugl (mda. *Prunn* = „Quelle“; mda. *Praun-* wohl Abwandlung zu *Prunn* und Anlehnung an „braun“) sowie das im Pustertal sehr verbreitete **Kinigäugl** zu verstehen. Gerade für das *Kinigäugl* konnten viele Belege gesammelt werden – wen wundert's, kommt die Mehl-Primel im Pustertal doch noch recht häufig vor – solange die Niedermoore nicht der um sich greifenden „Meliorierung“ der Nasswiesen zum Opfer fallen. Das *Kinigaigl* wird generell als Königsäugl interpretiert, aber hier könnte der *Kinighous* („Königshase“), also das Kaninchen, seine Pfoten im Spiel gehabt haben. In Bern ist die Mehl-Primel nämlich als *Hasenüügi*[708] („Hasenäuglein“) belegt.

Katzenauge ist der Name der Mehl-Primel im Vinschgau, dazu passt das *Chatzenäugli*[709] aus dem benachbarten Graubünden.

Einen eigenständigen Namen weist die Mehl-Primel im Gadertal und in Gröden auf: *ciüf de S. Tarina* bzw. *ciofs de S. Catarina* bzw. *Catarines*[710], im Engadin *flur sontga Cathrina*[711], in Sargans, St. Gallen *St. Katharinablüemli*[712]. Der Namenstag der hl. Katharina von Alexandrien ist der 25. November, an der Blütezeit kann es also nicht liegen. Es ist das Attribut der Märtyrerin, das Rad, das uns auf die Sprünge hilft, denn die tief eingebuchteten Blütenblätter werden mit einem sich drehenden Rad in Verbindung gebracht. In Thurgau ist der Name *Mühlerädli*[713] belegt.

Ein fünftes Benennungsmotiv ist der unangenehme Geruch der Blüten. Diese erinnern an **Rossäpfel** (*Rossgogl* auf dem Tschögglberg sowie in Fulpmes/Stubai[714], *Rossstinker* und *-dreck* am Ritten) bzw. an Eselsfürze, so die humorvolle Bezeichnung der Mehl-Primel zwischen Gufidaun und Völs. Auch die beiden Namen Häuslstinker (Tiers; mda. *Haisl* = „Abtritt“, der am Ende des Solder bzw. etwas vom Wohnhaus entfernt stand) sowie Zündhölzler (Ulten; die Blüte riecht nach Schwefelhölzern) beziehen sich auf den Geruch.

In der älteren Literatur[715] ist für Tirol der Name Kreuzblüml angegeben. Dies daher, weil die Blume zur Zeit der Kreuzwoche blüht, in der traditionellerweise die Flur- und Bittgänge mit dem Kreuz stattfinden. Diese Woche liegt meist Anfang Mai rund um den alten Kreuzauffindungstag (Buchs-Kreuzblume → *Polygala chamaebuxus*).

---

708 Marzell (1943–1979), Bd. 3, Sp. 1043
709 Marzell (1943–1979), Bd. 3, Sp. 1043
710 Insam (1954), S. 344
711 Marzell (1943–1979), Bd. 3, Sp. 1043
712 Marzell (1943–1979), Bd. 3, Sp. 1042
713 Marzell (1943–1979), Bd. 3, Sp. 1042
714 Marzell (1943–1979), Bd. 3, Sp. 1045
715 Schöpf (1866), S. 345

• Primula hirsuta

Drüsige Primel | Primula irsuta

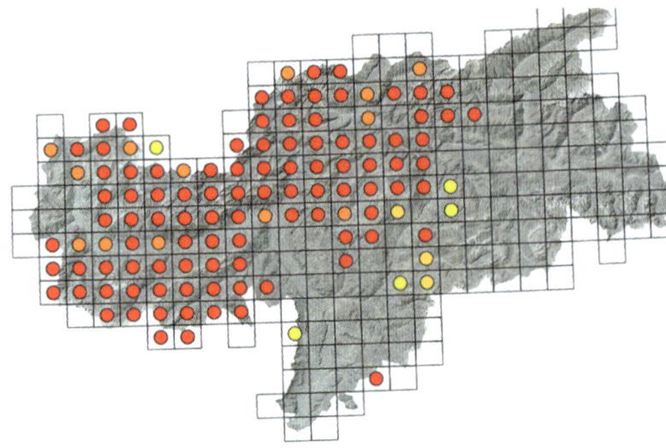

Primulaceae – krautig, mehrjährig, 2–7 cm hoch. Blütezeit April–Juli. Vorkommen in Felsspalten, Gesteinsfluren, alpinen Krummseggenrasen, kalkmeidend. In Südtirol im westlichen und zentralen Teil des Landes vor allem in den Silikat-Gebirgen verbreitet (fehlt im Großteil der Dolomiten und der Zillertaler Alpen) in nahezu allen Höhenlagen von 500 m bis über 3000 m.

Mundartlich	Belegorte
Kouflreasl (n.), -er (Pl.)	Schnals, Naturns, Lana, Schenna, Passeier
Knöttnre^{a}sl (n.), -re^{a}slar (Pl.)	Sarntal
Knottnreaslen (Pl.)	Ulten, Martell
Knottreasl (n.)	Schlanders
Schroufnroase[716] *(f.)*	Afers
Kouflnagila (n.)	um Sterzing
Plåttinigl (n.), -er (Pl.), Roats Plåttenigl (n.)	Pflersch
Plåttntinigl (n.), -er	Fleins/Freienfeld
Plåttntinile (n.), -tiniler, -tinila (Pl.)	Mareit, Ridnaun
Plåttennigl[717] *(n.)*	Pfitsch

Volkstümliche Namen sind natürlich auf jene Regionen beschränkt, wo diese auffallende Primelart vorkommt und im Frühjahr aus dunklen Felsspalten geradezu hervorleuchtet.

HERKUNFT UND BEDEUTUNG

Die purpurrosa blühende Pflanze und das Vorkommen auf den Felsen hat zu den Namen **Kofelrösl** und **Knottrösl** geführt. Kofel (mda. *Koufl*) ist das Grundwort für „Stein, Fels“, dieses wird zunehmend durch den jüngeren Begriff *Knott* (eigentlich „knotenartiger, rundlicher Felsblock“) ersetzt. Die aus Afers belegte Form Schrofenrose bezieht sich auch auf ein weiteres „Felswort“, nämlich die Schrofe = „rauher Felsen“, vgl. dazu das Adjektiv *schroff* = „ruppig, grob“. Um Sterzing wurden die „Reasler“ durch das *Nagele* („Nelke“) ersetzt.

716 Fink (1972), S. 242, als „Leimprimel, primula viscosa“
717 Christensen (2014), S. 143, als „Felsenprimel“

Die besondere Bezeichnung ist allerdings das **Plattennigl** (Pfitsch, Pflersch) bzw. *Plattinigl*, *Plattentinele* oder *Plattentinigl* (mit Betonung auf dem Unterstrich). Das „Rote Plattennigl" in Pflersch soll sich vom „Gelben Plattenigl" (Alpen-Aurikel) unterscheiden. In Prags trägt die Alpen-Aurikel (*Primula auricula*) ebenfalls den Namen *Plåttennigl*. In Innichen heißt die Alpen-Aurikel *Plåttëënile*.

All diese volkstümlichen Bezeichnungen haben ihren Ursprung im spätlateinischen Pflanzennamen *betonica*, bei Plinius noch *vettonica* (benannt nach dem kelto-iberischen Volksstamm der Vectonier)[718]. In ahd. Glossen erscheint der Pflanzenname *battonie*, *patonie*[719], im Mhd. als *batonje*, *batenje*, *patonige*[720]. Welche Pflanze damit genau benannt wurde, lässt sich nicht mehr mit Sicherheit feststellen. Der Beschreibung nach könnte damit *Betonica officinalis*, die Echte Betonie, ein Lippenblütler, gemeint gewesen sein. Spätestens ab dem 16. Jh. ist der Pflanzenname „Betonie" aber auf Primelarten übertragen worden, vielleicht aufgrund der ähnlichen medizinischen Verwendung. Im Alpenraum wurden schließlich zwei auffällige Pflanzen der Felsspalten damit benannt: die Drüsige Primel auf saurem Gestein und die Alpen-Aurikel auf Kalk. Das alpine *Plattenigl* stammt wohl aus dem mhd. Diminutiv **bateniglin*. An *betonica* wurde das Diminutiv *-la* > *betónicla* angehängt. In Angleichung an die Diminutivendung *-gl* erhielt der Anlaut ein *Pl-*, wenigstens im Tiroler Raum. Die Silbenverlängerung *Plåttntinigl* ist jünger, vielleicht durch die Eindeutung von Fels*platten*.

In Schwaben ist die Frühlings-Primel als *Paténgele*, in der alemannischen Schweiz durch M-Substitut des Anlauts /b/ gar als *Maténgen* u. Ä. bekannt.[721]

• Pulmonaria australis

Südliches Lungenkraut | Polmonaria meridionale | Erba di fiá/Ciüf da mil | Ierba dl melsëch

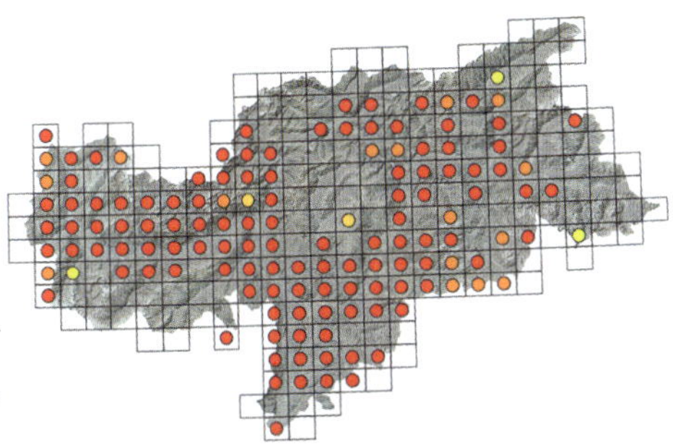

Boraginaceae – krautig, mehrjährig, 15–30 cm hoch. Blütezeit März–Mai. Vorkommen in lichten, trockenen Wäldern, Trockenwiesen, Lärchenweiden vom Tal bis zur Waldgrenze, mit Schwerpunkt in der montanen-subalpinen Stufe.

Die Literatur spricht meist unspezifisch von „Lungenkraut". Aus unseren Erhebungen gingen entweder spezifische Bezeichnungen für das Südliche Lungenkraut (*Pulmonaria australis*, in ganz Südtirol, vor allem auf trocken-mageren Standorten verbreitet) oder gemeinsame Bezeichnungen für das Südliche und Gefleckte Lungenkraut (*Pulmonaria officinalis*, verbreitet vor allem in den feucht-milderen Tieflagen der Haupttäler) hervor.

---

718 Marzell (1943–1979), Bd. 4, Sp. 461
719 Marzell (1943–1979), Bd. 4, Sp. 462
720 Köbler (2014); https://www.koeblergerhard.de/mhd/mhd_b.html; abgerufen am 03.03.2022
721 Marzell (1943–1979), Bd. 3, Sp. 1072–1075

Mundartlich	Belegorte
Himmlschlissl (Pl.)	Ulten, Lana, Flaas
Plobe, -w-, plouba, -w- Himblschlissl (Pl.)	Obervinschgau[722], Martell, Untervinschgau, St. Gertraud/Ulten, Laurein, Mölten, Kaltern[723], Aldein, Villanders, Vals/Mühlbach, St. Leonhard/Brixen
Wilde Himmlschlissl (Pl.)	St. Leonhard/Brixen
Peaterschlissl (Pl.)	Matsch, Sonnenberg/Schlanders, Schnals, Naturns, Tisens, Vöran, Afing, Ritten
Peatrusschlissl (m.)	Kastelruth
Peatoschlissl (Pl.)	Rodeneck
Plober Peaterschlissl (m.)	Mölten
Antouniusschlissl (m.)	Kaltern
Hansl und Greatl [Hänsl und Gretl]	Stilfs, Fleins/Freienfeld, Franzensfeste, Terenten
Kuatuttn (Pl.)	Wiesen/Pfitsch
Pëttfetzer (m.)	Welschnofen
Pockkraut[724] *(n.)*	Pfeffersberg/Brixen
Wåldstinker[725] *(m.)*	ohne genaue geografische Angabe

HERKUNFT UND BEDEUTUNG

Manchen Leserinnen und Lesern wird es vielleicht neu sein: Nicht nur die Hohe Primel (*Primula elatior*) und die Arznei-Primel (*Primula veris*) tragen das bekannte Namenspaar **Peterschlüssel / Himmelschlüssel**, sondern auch das Lungenkraut, das in den meisten Gebieten Südtirols vor allem durch das Südliche Lungenkraut (*Pulmonaria australis*) vertreten ist. Dieses wird als „blauer" oder *plober* Himmel- bzw. Peterschlüssel farblich vom gelben Himmel- bzw. Peterschlüssel abgegrenzt. Der heilige Petrus hat als Hüter des Himmelstores einen Schlüssel als Attribut. Und einem alten handgeschmiedeten Kirchenschlüssel ähneln die Blüten der Primeln und des Lungenkrautes. Der aus Kaltern belegte Antoniusschlüssel geht auf die St. Antöniger, die Einwohner von St. Anton in Kaltern, zurück.

Matthiolus & Camerarius schreiben im 16. Jh.: [das Lungenkraut] *wirt auch an etlichen orten genannt blaw Schlüsselblumen*[726]. Kaum mit dem Himmel- bzw. Peterschlüssel in Verbindung gebracht wird hingegen das Gefleckte Lungenkraut (*Pulmonaria officinalis*).

Die offenbar für beide Lungenkraut-Arten geltende Bezeichnung *Hansl und Greatl* hat mit der zweifarbigen Blüte (rot die jungen und blau-violett die alten Blüten) des Lungenkrauts zu tun. Die einzelnen Blüten werden mitunter auch als Brüderchen und Schwesterchen betrachtet.

Die beiden Bezeichnungen Bettfetzer und Kuhtutten sind im Allgemeinen für eine andere Wiesenblume, nämlich die Rote Lichtnelke (→ *Silene dioica*), reserviert. Im Eggental wird der Pyramiden-Günsel (*Ajuga pyramidalis*) mit „Kuhtutten" angesprochen.

---

722 Wirth (2021), S. 373, als „Lungenkraut" (im Obervinschgau kommt ± ausschließlich *Pulmonaria australis* vor)
723 Wirth (2021), S. 373, als „Lungenkraut"
724 Fink (1972), S. 46, als „Lungenkraut"
725 Schatz (1955), S. 685, als „Lungenkraut"
726 Matthiolus & Camerarius (1590), S. 363

Es ist nicht gesichert, ob die beiden in der Literatur belegten Bezeichnungen Bockkraut und Waldstinker das Gefleckte Lungenkraut (*Pulmonaria officinalis*) oder das Südliche Lungenkraut benennen. Jedenfalls erinnern diese beiden Namen eher an die mda. Bezeichnung der Bibernelle (*Pimpinella* sp.), deren Wurzel den charakteristischen Bocksgeruch aufweist.

Eine *Lunckwurcz* kennt schon Hildegard von Bingen (12. Jh.), es ist aber nicht gesichert, ob damit unser Lungenkraut gemeint war. Matthiolus & Camerarius gestatten uns einen Blick in die medizinische Behandlung im 16. Jh.: *Diß Kraut ist bey vielen in beruff kommen / es heyle die Geschwäre an der Brust / Ich habs zwar versucht im Blutspeyen / vnd treffenliche hilff befunden. Habs aber lassen in Wasser sieden / mit Rosenzucker abbereiten und die Brühe den Krancken zu trincken allwegen frühe darreichen*[727].

Im Bayerischen Wald wurde das Lungenkraut in Bier gesotten, abgeseiht und in Flaschen an einem kühlen Ort aufbewahrt. Unter dem Namen „Lungenbier" wird es, angeblich mit Erfolg, gegen Lungenkrankheiten eingesetzt.[728]

Die gadertalischen Namen *erba di fiá* („Atemkraut", Anwendung bei Lungenschwäche) und *ciüf da mil* („Honigblume", gute Bienenweide) sowie das grödnerische *ierba dl melsëch* („Schwindsucht-Kraut") weisen auf die Heilkraft hin, die der Pflanze zugeschrieben wird.

• Pulsatilla alpina, Pulsatilla montana, Pulsatilla vernalis

Alpen-Küchenschelle, Berg-Küchenschelle, Frühlings-Küchenschelle | Pulsatilla alpina, montana, primaverile | Anemona, Pulsatila, Stria, Tataciores[729], Sgnofognes[730] | Snofia violeta, de mont

Ranunculaceae – krautig, mehrjährig

Pulsatilla alpina: 15–40 cm hoch (blühende Pflanzen), Blütezeit Mai–Juli, Blüten aufrecht. In Südtirol wächst die weißblühende Unterart subsp. *alba* (Österreichische Alpen-Küchenschelle; vor allem in der nordöstlichen Landeshälfte) und die gelbblühende Unterart subsp. *apiifolia* (Gelbe Alpen-Küchenschelle bzw. Schwefelanemone; in ganz Südtirol). Vorkommen besonders in subalpinen und alpinen bodensauren Magerrasen.

Pulsatilla montana: 10–20 cm hoch (blühende Pflanzen), Blütezeit März–Mai, Blüten nickend, braunviolett. Vorkommen in lückigen Trockenrasen (bes. Weiden), in lichten Föhren- und Flaumeichenwäldern. In allen Haupttälern Südtirols, vom Tal bis etwa 1500 m, im Vinschgau bis 2000 m.

Pulsatilla vernalis: 5–10 cm hoch (blühende Pflanzen), Blütezeit März–Juli, Blüten anfangs nickend, später aufrecht, außen blass-violett, zottig goldgelb behaart, innen weiß. Vorkommen in bodensauren Magerrasen hauptsächlich der alpinen Stufe. In allen Gebirgen Südtirols.

---

727 Matthiolus & Camerarius (1590), S. 363
728 Marzell (1943–1979), Bd. 3, Sp. 1188
729 Pedrotti & Bertoldi (1930), S. 26; Enneberg
730 Pedrotti & Bertoldi (1930), S. 26; Kolfuschg

Schwefelanemone (*Pulsatilla alpina* subsp. *apiifolia*), Berg-Küchenschelle (*Pulsatilla montana*)
Frühlings-Küchenschelle, Pelzanemone (*Pulsatilla vernalis*)

Die in Südtirol vorkommenden Küchenschellen-Arten werden gemeinsam behandelt, da deren volkstümliche Bezeichnungen in den verschiedenen Belegorten zwei, manchmal alle Arten betreffen.

Mundartlich	Pflanzenteil	Belegorte
***Pulsatilla alpina* subsp. *apiifolia* (Gelbe Alpen-Küchenschelle, Schwefelanemone)**		
Hansele (n.), Hanselan[731] *(Pl.)*		Martell
Waudiler (Pl.)		Stuls
Pergmandlen (Pl.)		Rojen
Wilde Buben[732] *(Pl.)*		Trafoi
Wåltmandl[733] *(n.)*	Fruchtstand	Ulten
Zourniger Jager (m.)		Passeier
Flånderer Ggītschn, Flånderer Huern (Pl.)		Villnöß
Honenfiës (Pl.)		Laurein
Hounaschtuzn (Pl.)		Matsch
Kuaschell[734] *(f.)*		Eggental
Anemonen (Pl.)		Ridnaun
***Pulsatilla montana* (Berg-Küchenschelle)**		
Oaschterglogg(e) (f.), -gloggn (Pl.)		Schluderns, Schlanders, Latsch, Naturns, Algund, Lana, Andrian, Laag, Vöran, Mölten, Welschnofen, Ritten, Villanders, Villnöß, Pairdorf, St. Leonhard/Brixen,

731 Pfitscher (2001), S. 41
732 Dalla Torre (1905), S. 20
733 Losch (1989), S. 100
734 Fink (1972), S. 164, als „Alpen-Windröschen"

		Fleins/Freienfeld, Pflersch, Kiens
-glougg (f.)		Kaltern
-glëggl (n.)		Tramin, Kurtatsch
Ueschtoglogge (Pl.)		Mühlbach, Terenten
Wolfgloggn, Wolfsglëgglan (Pl.)		Matsch, Schluderns
Pfåffngloggn (Pl.)		Telfes, Flains
Pfåffn (Pl.); -plue (m.)		Verdings, Latzfons, Villnöß, Pfeffersberg[735]; Ploseberg[736]
Pfaffenblumen[737] *(Pl.)*		Klausen
Pfåffnkëchin[738] *(f.)*		Schalders
Pfåffnkåppm (Pl.)		Sarntal
Pfåffokåppm (Pl.)		Vals/Mühlbach
Kåppinocke (f.), -nockn (Pl.)		Pfitsch
Kuchaschell (f.)		St. Walburg
Kuaschell (f.)		Laurein, Vöran, Mölten
Cioíte (Pl.)	Fruchtstand	Laag
Ålte Ggītsche (f.)	Fruchtstand	Sexten
Rotzkiëchl[739] *(n.)*		ohne genaue geografische Angabe

Pulsatilla vernalis (Frühlings-Küchenschelle)

Oaschtergloggn (Pl.)		Afing, Vöran, Villanders
-glöggn (Pl.)		Antholz
-glëëggln (Pl.)		Kurtatsch
Oaschtogloggn (Pl.)		Getzenberg/Kiens
Ueschtogloggn (Pl.)		Terenten
Rossgloggn (Pl.)		Allitz (Flurname *Rossgloggnpichl*)
Schneagloggn (Pl.)		Vernagt/Schnals
-glëgglan (Pl.)		Schluderns
-flocke[740] *(f.)*		Ploseberg/Brixen
Wolfsgloggn (Pl.)		Matsch
Wolfpluam (f.)		St. Valentin a. d. H.
Zaitiwëlfe, Zatiwëlfe (Pl.)		Ridnaun
Kuchaschell (f.), -schelln (Pl.)		Langtaufers[741], Stilfs
Kuaschell (f.)		Aldein
Ålte Ggītsche (f.), -n (Pl.)	Fruchtstand	Sexten, Vierschach
Zöetata Ggītschn (Pl.)	Fruchtstand	Weißenbach/Ahrntal
Zöetata Püibm (Pl.)	Fruchtstand	Steinhaus
Gåmpermandler (Pl.)	Fruchtstand	Proveis
Wollhuntler (Pl.)	Fruchtstand	Ulten
Waudile (n.), -er (Pl.)	Fruchtstand	Platt, Hinterpasseier
Pfåffn (Pl.)		Pfunders
Pfåffnzagl (m., Pl.)		Rabenstein, Hinterpasseier

735 Fink (1972), S. 33, als „Bergwindröschen"
736 Jocher (2010), S. 511, als „Osterglocke" (unklar, ob *P. montana* und/oder *P. vernalis* gemeint)
737 Dalla Torre (1895), S. 11
738 Fink (1972), S. 33, als „Bergwindröschen"
739 Wirth (2021), S. 375, als „Küchenschelle"
740 Fink (1966d), S. 50
741 Joos (2010), S. 568

-kappl (n.)	Ritten
-kåppm (Pl.)	Sarntal
Pfåfferkåpp (f.)	Durnholz
Pfåffo'skåppe (f.), -kåppm (Pl.)	Vals/Mühlbach
Kåppinocke (f.), -nockn (Pl.)	Pfitsch
Ëisloarn (Pl.)	Ulten
Ëislschëlln (Pl.)	Laurein
Ëislglogge[742] (f.)	Latzfons
Hodell (f.)	St. Magdalena/Gsies
Draihell[743] (f.)	Villgraten
Kuchlmuinzn (Pl.)	Vierschach

FRUCHTSTAND

Viele volkstümliche Namen für *Pulsatilla* sp. beziehen sich auf den Fruchtstand und nicht auf die auffällige Blütenfarbe (schwefelgelb bzw. tiefviolett). Die Früchtchen mit dem fedrig behaarten Griffel bilden einen perückenartigen Schopf, der in der Mundart *Waudl* genannt wird; im Pustertal ist man *dowaudilat*[744], wenn man zerzaust ist.

Das Zottige ist bei Männern Sinnbild für das Wilde, bei Frauen für das Zügellose. So erblickt man im Fruchtschopf der Küchenschelle wilde Männer der Berge und Wälder (Zottige Buben, Wilde Buben, Berg- bzw. Waldmandl, Hansele, Zorniger Jager). Das *Gåmpermandl* in Proveis kann sich auf die zentralen Gampenhöfe beziehen.

In den Augen der sittsamen Gemeinschaft, in der die Frau ihr Haar kämmt und bändigt, werden ungekämmte Frauen als „schlampig" und „liederlich", ja als Hexen angesehen. Der Beiname der als Hexe auf dem Scheiterhaufen im Sarntal verbrannten Barbara Pächlerin lautet nicht von ungefähr „Pachler-Zottl". Die Fruchtschöpfe der Küchenschelle werden mit solchen Frauen (Alte Gitsche, Zottelige Gitsche) verglichen. Es überrascht nicht, dass der Fruchtschopf der Küchenschellen

---

742 Fink (1972), S. 70, als „Frühlingsanemone"
743 Lang-Reitstätter (1935), S. 83
744 Schatz (1955), S. 692

im Gadertalischen *stria* = „Hexe“ heißt. In Laag findet sich der italienische Name *cioite* für den Fruchtstand.

BLÜTEZEIT

Weil die Blüte in die Osterzeit fällt, werden die glockenförmigen Blüten von *Pulsatilla montana* und *P. vernalis* in weiten Teilen Südtirols **Osterglocke** oder -glöcklein genannt. Da *P. vernalis* bald nach der Schneeschmelze in den Bergwiesen erscheint, heißt sie in Schnals und Schluderns auch Schneeglocke.

Die auffallenden Blumen erscheinen auch in lokalen Flurnamen: Oberhalb von Allitz (Gem. Laas) gibt es den Rossgloggenbichl, in Tschengls und in Burgstall jeweils einen Ostergloggenbichl, in Vetzan und in Morter einen Gloggenbichl, in Ackpfeif (Gem. Lana) einen Osterblumbichl und in Eppan einen Osterbichl.

BEHAARUNG

Die zottige Behaarung der ganzen Pflanze (*P. vernalis*, *P. montana*) bietet Anlass zum Vergleich mit pelzigen Tieren. Auch hier liegt ein Bezug zur Sphäre der Wildheit und des Animalischen vor: Wolfsglocken, Wolfsblume (Schluderns, Matsch, St. Valentin auf der Haide), Zati- bzw. Zaitiwölfe (Ridnaun; dieser Name beinhaltet die *Zatn*, also „zottiges“ Gesträuch; die Variante „Zaitiwölfe“ ist wohl beeinflusst von den „Zeitlosen“, die auch zeitig im Frühjahr blühen).

Pelziges haben auch die **Eselsohren**, -glocken und -schellen (Ulten, Laurein, Latzfons), die Wollhundler (Ulten) sowie die *Kuchlmuinzn* (Vierschach; mda. *Muinzn* = „Katzen“) an sich.

KLEIDUNGSSTÜCKE VON GEISTLICHEN

Im Sarntal, im rechten Eisacktal und im Brixner Becken bis Mühlbach und Vals besteht der Name von *Pulsatilla vernalis* und *P. montana* aus verschiedenen Zusammensetzungen mit mda. *Pfåff* = „Pfarrer, Geistlicher“. Das Wort Pfaff ist ein Lehnwort aus dem Altgriechischen *pappas* = „Kleriker“. Die abwertende Bedeutung kam erst in der Reformationszeit auf.

Das Simplex **Pfaffen** kommt im Eisacktal und um Brixen vor, die Pfaffenglocken kennt man in Telfes bei Sterzing. Am häufigsten findet sich der Bezug zur Kopfbedeckung der Geistlichen (Pfaffenkappe im Sarntal, Pfaffenkappl am Ritten, *P. vernalis*). In Schalders ist die Bezeichnung Pfaffenköchin (Widumhäuserin, abträglich auch Konkubine des Pfarrers) belegt. Es handelt sich dabei um eine dämonische Sagengestalt, die dem Teufel bis zu ihrer einstigen Erlösung als Reitpferd dienen muss, da sie zu Lebzeiten ihren Pfarrherren schlecht behandelte[745]. Wiederum liegt ein Bezug zur liederlichen Frau vor.

Eine Besonderheit, nämlich ein „endemischer“ Pflanzenname, sind die Pfitscher **Kapinocken** (*P. vernalis*, *P. montana*). Wir halten diesen Namen für eine Zusammensetzung aus „Kappe“ und „Nocken“, also „Kappennocken“. Die Kappen erinnern an den Pileolus des Papstes, gleich wie die Früchte des Pfaffenhütchens bzw. des Spindelstrauches (*Euonymus europaeus*) dem Birett katholischer Priester ähneln, das mittig auf der Oberseite eine Quaste trägt.

In Hinterpasseier ist eine weitere Bildung mit Pfaff verbreitet, nämlich Pfaffenzagl, zu mhd. *zagel* = „Schwanz“. Grimms Wörterbuch gibt unter „Zagel“ die

---

745 Vgl. dazu Fink (1989), S. 11–14

Nebenbedeutung „mit Fasern oder Büschelchen versehene Pflanzentheile“[746] an, was auf *P. vernalis* durchaus zutrifft.

In Gsies ist uns eine mundartliche Besonderheit für *Pulsatilla vernalis* begegnet, nämlich **Hodell**. Dieser Name ist ähnlich wie Dreihell, der für das Nachbartal Villgraten belegt ist. In Villgraten wächst die Pflanze nur oben „in die Rane“, wo man nicht „baut“. Die verblühte Dreihell heißt in Unterfelden (Villgraten) „alte Gitsche“, weil sie so *derzaust* ist.

Entfernte Parallelen zu Hodell/Dreihell sind in Unterfranken, in Bad Mergentheim (Württemberg) und Rothenburg ob der Tauber dokumentiert, nämlich *Hullalale*, *Hullele*, *Hullala*, *Hulalaliblumen* bzw. *Lulle*, *Lula*. Heinrich Marzell deutet diese Formen vorsichtig als Verballhornung zu „Halleluja“, weil der Priester zu Ostern (während der Blütezeit) in der Kirche das Halleluja singt[747]. Die lautliche Brücke zwischen Hodell/Dreihell könnte man sich am ehesten mit einer bereits vor dem Jahr 1050 eingesetzten Akzentretraktion von *Hallelui zu Halell* > *Hadell* > *Hodell* vorstellen. Diese Herleitung bleibt letztendlich aber fragwürdig.

Überzeugender ist die Parallele, die sich im Drautaler Namen Haarelle[748] für die Stachelbeere (→ *Ribes uva-crispa*) auftut. Benennungsmotiv wäre in diesem Falle der „haarige“ Aspekt der Pflanze, der für beide Arten, die Küchenschelle und die Stachelbeere, zutrifft.

BÜCHERNAMEN

Die Hahnenfüße aus Laurein und Matsch leiten sich von der Familie der Hahnenfußgewächse ab, der die Küchenschellen angehören. In Matsch werden die *huara Hounaschtuzn* („verdammte Hahnenfüße“) nicht gern gesehen, da diese vom Vieh auf der Weide verschmäht werden.

Kuh-, Kuchaschell und Anemonen sind Büchernamen, die auch in Südtirol verbreitet sind. Der Name Küchen- bzw. **Kuhschelle** ist ab dem 16. Jh. belegt und wird weder mit Kuh noch Küche in Verbindung gebracht, sondern am ehesten mit dem Substantiv *die Gucke* = „hohle, halbe Eierschale“ mit Bezug zur Blütenform und einer Verdeutlichung durch *Schelle* („Glocke“). Auch der Kuckuck als Frühlingsbote kann seine „Finger“ bei der Namensgebung im Spiel gehabt haben.

VOLKSKUNDLICHE ANWENDUNGEN

In Laag (Gem. Neumarkt) erklärt man sich den Namen „Osterglocke“ damit, dass die Frauen früher die Blüten auf die Ostereier pressten, in einen Strumpf einwickelten, kochten und die Eier dadurch den blauen Abdruck der Blüte erhielten. Auch in Villanders erinnert man sich daran, dass die Blüten beim Eierfärben verwendet wurden.

Die Schneeglocken wurden in Schnals dem Rheuma-Kranken ins Bett gelegt. Im Hühnerstall wurden sie als Mittel gegen Ungeziefer eingesetzt.

---

746 Grimm, https://woerterbuchnetz.de/?sigle=DWB#1; abgerufen am 06.03.2022
747 Marzell (1943–1979), Bd. 1, Sp. 301
748 Rauschenfels (1801), S. 217

• Ranunculus acris

Scharfer Hahnenfuß | Ranuncolo comune | Ranuncul | Ciazes, Fanuces

Ranunculaceae – krautig, mehrjährig, 40–60 cm hoch. Blütezeit April–Oktober. Vorkommen auf frischen Fettwiesen und -weiden, Nährstoffzeiger. Verbreitet in ganz Südtirol, sehr häufig, vom Tal bis zur Waldgrenze.

Die mundartlichen Bezeichnungen gelten wohl für mehrere gelb blühende *Ranunculus*-Arten, darunter vor allem die weit verbreiteten Arten *R. bulbosus, R. repens* und *R. montanus*.

Mundartlich	Belegorte
Schmëlzpfandl (n.), -en, -an, -er, -ar (Pl.)	Martell, Partschins, Algund, Schenna, Lana, Ulten, Tramin, Welschnofen, Flaas, Ritten, Pens, Ridnaun, Telfes, Völser Aicha, Latzfons, Villnöß, St. Leonhard/Brixen, Vals/Mühlbach, Terenten, Kiens, Olang, Antholz, Prags, Vierschach
Schmålzpfandl, -er (n.)	Ahrntal, Passeier[749], Vöran
Schmålzkachelen (Pl.)	Schlanders, Tisens, Andrian
-kachlen (Pl.)	Matsch
-kachala (n.)	Kaltern
Schmålzpluam (n.), -pleamlen (Pl.)	Obervinschgau, Schluderns
Schmålzpliamlan, Putterpliamlan[750] (Pl.)	Langtaufers
Putterknëlleler (Pl.)	Welschnofen
Glitzerpfånne (f.), -in (Pl.)	Platt/Passeier, Stuls
Glitzerpfandl (n.), -ar; -an (Pl.)	Durnholz, Sarntal; Antholz
Glitznpfånnen (Pl.)	Pflersch
Glitznpfandl (n.), -en, -er (Pl.); -an (Pl.)	Ritten, Afing, Lüsen[751], Pfitsch; Vent/Ötztal
Galizenpfandl[752] (n.)	Zillertal
Pfånnenglitz, Pfånneglitz (m.)	Naturns, Prissian
Krafiës (Pl.)	Kastelruth, Tiers, Völs[753]
Fissikato^{u}ri (m.)	Schnals, Katharinaberg, Eggen, Deutschnofen[754]
Milchteater (Pl.)	St. Walburg
Hanslblueme[755] (f.)	ohne genaue geografische Angabe

HERKUNFT UND BEDEUTUNG

Die in weiten Teilen Südtirols geläufigen Bezeichnungen richten sich nach Farbe, Glanz und Form der Blüte. Diese ähnelt einer kleinen Pfanne, in der ein Gericht mit Schmalz (zerlassene Butter) übergossen und darin gegart wird. Mundartlich wird dieser Vorgang *oschmëlzn* (abschmelzen; mhd. *smalzen* = „zerfließen, fettig machen") genannt, dementsprechend kennt man Bauerngerichte wie *G'schmëlzte Nudl* oder *G'schmëlzte Eartëpfl.* Diese „wiache" Küchenmetapher wurde zum

749 Haller & Lanthaler (2004), S. 200
750 Joos (2010), S. 567
751 Prosch (1923), S. 255, als „Hahnenfuß-Arten"
752 Schöpf (1866), S. 170
753 Wirth (2021), S. 368, als „Hahnenfuß"
754 Zelger (2004), S. 28
755 Fink (1966a), S. 485

Ausgangspunkt der Blumennamen **Schmelzpfanne** (*Schmëlz-* oder *Schmålzpfandl*, *Schmålzkåchl*, mda. *Kåchl* = „Topf"), Schmalzblume sowie Butterknölleler. Der Namensbestandteil „Butter" wird gerne an gelb blühende Blumen vergeben (Europäische Trollblume → *Trollius europaeus*, Sumpfdotterblume → *Caltha palustris*). In Kastelruth wird ausschließlich das Gänse-Fingerkraut (*Potentilla anserina*) als *Schmëlzpfandl* bezeichnet. Auch im Obervinschgau trägt das Fingerkraut den Namen *Schmålzpleaml*[756].

Im Wipptal, Passeier, Sarntal, in Teilen des Eisacktales und im Brixner Becken herrscht der Name **Glitzen**- bzw. **Glitzerpfanne** (in Naturns und Prissian *Pfannenglitz*) vor, zu mda. *glitzn* = „glänzen, blinken, schimmern"[757], damit wird die von Fett glänzende Pfanne bezeichnet.

Der Büchername **Hahnenfuß** ist schon in ahd. Glossaren als *hanenvuoz* belegt und Fortsetzung der lat. Bezeichnung *pes pulli* bzw. *pes galli*[758]. Benennungsanlass sind die handförmig geteilten Blätter, die an einen Vogelfuß erinnern. So ist auch der nur am Schlernplateau verbreitete Name *Krafias* („Krähenfüße") für den „Hahnenfuß" zu verstehen (Frühlings-Enzian → *Gentiana verna*).

Auf die Giftigkeit der Wiesenblume verweist die Bezeichnung **Milchtöter** (St. Walburg/Ulten), denn das Weidevieh meidet die scharf schmeckende Pflanze. Sie enthält nämlich Ranuncolin, aus dem bei Verletzung der Pflanze das giftige Protoanemonin entsteht. Beim Trocknen wandelt sich dieses in das ungiftige Anemonin um. Hahnenfuß-Heu ist daher ungiftig.[759]

In Deutschnofen und Schnals hat sich eine romanische Entlehnung erhalten, nämlich **Fissikatori**. Die auffällige Bezeichnung leitet sich aus alpenrom. **vessikatōrju* = „Blasen bildend" (lat. *vessica* = „Blase") ab. In Trient sind die *fiori da le vescighe*, in Friaul die *vissigànt* belegt[760]. In Osttirol und Kärnten wird für verschiedene Hahnenfußarten die Bezeichnung „Zängerkraut"[761] angegeben, dies zu mhd. *zanger* = „beißend scharf"[762].

Die Pflanze ist einer der Auslöser der „Wiesendermatitis", die manchmal nach dem Gehen oder Liegen auf Wiesen auftritt. Sie äußert sich in lokalen Hautentzündungen, Rötungen und Blasen.[763]

• Rhododendron ferrugineum, Rhododendron hirsutum

Rostblättrige Alpenrose, Bewimperte Alpenrose | Rododendro rosso, Rododendro irsuto | Ciüf dl tonn | Ciof, Siena dal tëune, Tëunesc

Ericaceae – Strauch, mehrjährig, mit wintergrünen Blättern, 30–100 cm hoch.
Blütezeit (Mai) Juni–Juli.

756 Schatz (1955), S. 538
757 Schatz (1955), S. 242
758 Marzell (1943–1979), Bd. 3, Sp. 1221
759 Spohn et al. (2015), S. 270
760 Marzell (1943–1979), Bd. 3, Sp. 1230
761 Rauschenfels (1801), S. 220
762 Köbler (2014); https://www.koeblergerhard.de/mhd/mhd_z.html; abgerufen am 09.03.2022
763 Spohn et al. (2015), S. 270

Rhododendron ferrugineum: Blätter unterseits im Alter rostbraun, ohne Wimpern. Vorkommen in frischen, meist bodensauren Nadelwäldern, Krummholzgebüschen und Zwergstrauchheiden mit Schwerpunkt zwischen 1500 und 2500 m. In ganz Südtirol.
Rhododendron hirsutum: Blätter unterseits auch im Alter grün, bewimpert. Vorkommen besonders in Latschengebüschen auf kalkreichen Substraten zwischen 1300 und 2300 m. In allen Kalkgebirgen Südtirols.
Wo *Rhododendron ferrugineum* und *hirsutum* zusammen vorkommen, ist auch die Hybridsippe *Rhododendron x intermedium* oftmals zu finden.

Die beiden Alpenrosen-Arten bilden besonders an und oberhalb der Waldgrenze große Bestände und sind typischer Bestandteil des Krummholzgürtels. Neben Edelweiß und blauem Enzian ist die Alpenrose *die* Symbolpflanze der Alpen. Die Bezeichnungen gelten meist für beide Arten, daher werden diese gemeinsam behandelt.

Wenn in der Auflistung nur *Rhododendron hirsutum* gemeint ist, folgt in Klammern ein (*h*).

Mundartlich		Belegorte
Blüte	Strauch	
Ålbroas (f.)		Rojen, St. Valentin a. d. H., Burgeis, Stilfs, Schlanders
-roasn (Pl.)	*Zëtn (Pl.)*	Matsch
-reaslan (Pl.)		Taufers i. M.
Ålmroas[764] *(f.)*		Völs am Schlern, Gsies, Sexten
Ålpmroasn (Pl.)	*Zëtn (Pl.)*	Laurein, Tisens[765], Truden, Aldein
Ålpmrousn (Pl.)		Kaltern, Kurtatsch (h), Altrei[766]
	Zë^{i}tn (Pl.)	Schluderns, Schlanders, Naturns, Ulten
Zëtnpuschn[767] *(Pl.)*		Vöran, Aberstickl
	Zettnschtaude (f.)	Olang
	Zettn (Pl.)	Antholz[768], Vierschach
	Zëtn (Pl.)	Gsies
Ålmrësn (Pl.)	*Zëtn (Pl.)*	Pfunders

764 Wirth (2021), S. 351
765 Wirth (2021), S. 351
766 Wirth (2021), S. 351
767 Insam (1936), S. 76
768 Pallhuber (2016), S. 141

Ålmrausch (m.)		Naturns, Kaltern (h), Welschnofen (h), Kastelruth (h), St. Leonhard/Brixen (h), Olang (h)
Zuntrplie[769] *(m.)*	*Tånderzëtn*[770] *(Pl.)*	Jaufental
	Zunterschtaudn (Pl.)	Ridnaun
	Zuntern (Pl.)	Platt/Passeier
	Zundrschtaudn (Pl.)	Schnals
Sunntaroasn (Pl.)		Martell
Tånderpischl (m.)		Telfes, Mareit, Ridnaun, Pfitsch
Tånderpuschn (Pl.)		Platt/Passeier, Unsere Liebe Frau im Walde, St. Felix, Deutschnofen, Eggen, Lajen[771], Villnöß, St. Leonhard/Brixen
Tåndopusche (m.), -puschn (Pl.)		Rodeneck, Vals/Mühlbach, Terenten, Kiens, Getzenberg/Kiens, Oberwielenbach, Weißenbach/ Ahrntal, Prettau[772]
	Zatn (Pl.)	Ahrntal, Prettau, Weißenbach[773]
	Zäschtn (Pl.)	Weißenbach/Ahrntal
Tåundrpuschn (Pl.)		Truden
Tunderpuschn (Pl.)		Welschnofen
Tånderschtauda[774] *(f.)*		Kastelruth, Völs, Tiers
Tånderroasn[775] *(Pl.)*		Lüsen
Wållroas (f.), -roasn (Pl.)		Vöran, Mölten, Afing, Flaas, Ritten
Wållro^{a}*s (f.)*	*Zë*^{i}*tn, -puschn (f.)*	Sarntal, Durnholz
Wållroasa (f.)		Latzfons
Wåltroasa (f.)	*Roaswåltschtauda (f.)*	Villanders
	Doaswåltschtaud[776] *(f.)*	Hafling
	Oswaldstaude, -strauch[777]	Hafling, Sarntal
Melcherroase[778] *(f.)*		Brennergegend
Holzpluime[779] *(f.)*		Olang (h)
Pugsschtau[780] *(f.)*		Laurein
	Schiftoprume[781] *(f.)*	Sexten
	Lutter[782] *(f.)*	Fersental
Pëttlapluama (f.)		Vent
	Pëttlarpuschn[783] *(Pl.)*	Sölden

---

769 Schatz (1955), S. 92
770 Schatz (1955), S. 726
771 Fill (2016), ohne Seitenangabe
772 Duregger et al. (2009), S. 172
773 Duregger et al. (2009), S. 173
774 Wirth (2021), S. 357
775 Prosch (1923), S. 255
776 Fink (1972), S. 63
777 Zingerle (1856), S. 91, Dalla Torre (1895), S. 58
778 Fink (1972), S. 189
779 Fink (1972), S. 131
780 Fink (1972), S. 54; Wirth (2021), S. 356
781 Stauder (2019), S. 189
782 Marchesoni & Toller (2015), S. 218
783 Ötztaler Dialektwörterbuch, http://oetztalermuseen.at/dialektwoerterbuch/?dir=32&name-directory-search-value=alpenrose&dir=32#name_directory_position; abgerufen am 15.09.2022

HERKUNFT UND BEDEUTUNG

Die **Alpenrose** weist die stärkste Ausbreitung im Krummholzgürtel der Almen auf, wo sie Massenbestände bildet und daher von den Hirten wenig geschätzt wird. In Kombination mit der leuchtenden Blüte wird die Pflanze in Adaption zum Büchernamen Alm-, Alb- oder Alprose usw. genannt.

Mit **Almrausch** hingegen wird meist die Bewimperte Alpenrose (*Rhododendron hirsutum*) bezeichnet. Der etwas unscharfe Pflanzenname „Rausch" könnte eine Entlehnung zu lat. *rūscum* = „Strauch; Mäusedorn" sein und eine allgemeine Bezeichnung für alpines Krummholz sein. Dem Matscher Flurnamen *Raschneida* könnte ein alpenromanisches Kollektiv **rusculēdu* = „Alpenrosen-Gebüsch" zu Grunde liegen; vgl. dazu die Rauschbeeren (→ *Vaccinium uliginosum* agg.) und die mda. *Rauschgrantn* (Echte Bärentraube → *Arctostaphylos uva-ursi*).

Die Tschögglberger, Sarner und Eisacktaler **Waldrosen** weisen darauf hin, dass die Alpenrose das Unterholz in ausgelichteten und schneesicheren Waldflanken bildet. Die Waldrosen-Blüte ist außerdem eine gute Bienentracht. In Villanders behaupten die Imker: *Wenn die Wåldroasn blühen, ist der Bienenstock in drei Tagen voll!*

Mit dem massenhaften Vorkommen in der Nähe der Almhütten haben die Namen Melcherrosen (Brennergegend) und Sennerrosen[784] zu tun.

Auf den Volksglauben beziehen sich die vor allem im Wipptal, Passeier und Pustertal verbreiteten Bezeichnungen **Donnerbuschen**, -bischl, -staude, -rose. Das Wipptaler *Pischl* bedeutet „Blume". Im Ladinischen heißt die Alpenrose *ciüf dl tonn* bzw. *tëunesc* („Donnerblume"), in Buchenstein und Anpezo *ciof de la sita* („Pfeilblume")[785]; mit dem Pfeil ist der Blitz gemeint. Die gallartige Wucherung, die man auf der Pflanze beobachten kann, wird im Hinterpasseier *Tånderëpfl* („Donnerapfel") genannt. Es handelt sich dabei um einen Pilz, die Alpenrosen-Nacktbasidie (*Exobasidium rhododendri*).

Aufgrund der purpurroten Blütenfarbe, die zur Zeit der ersten Sommergewitter erscheint, wird der Pflanze ein Bezug zum Blitz nachgesagt. Gleich wie die Feuerlilie, die *Gilge*, soll sie den Blitz geradezu anziehen; daher soll man sie bei Gewitter auch vom Hut nehmen[786]. Das mda. *Tånder* bzw. *Tunder* bezeichnet übrigens

---

784 Dalla Torre (1895), S. 54
785 Pedrotti & Bertoldi (1930), S. 324f
786 Matscher (1954), S. 158

weniger den Donner als vielmehr den Blitz! Dies bezeugen Flurnamen wie „Donnerschlag" für Anhöhen, wo gerne der Blitz einschlägt, „beim Donnerbaum" oder wenn es heißt *pan Tånder ingschlognen Larch* („bei der Lärche, wo der Donner eingeschlagen hat").

Den Namen **Oswaldstaude** hört man in Hafling und Umgebung. Dieser geht auf eine lokale Volkssage rund um den hl. Oswald von Northumbrien zurück:

Der hl. Oswald war ein christlicher König im Etschlande und regierte sein Land mit Weisheit und Milde. Solange er im Lande war, waren die guten Zeiten; denn da gab es weder Hunger noch Teuerung, weder Krieg noch Not. Friede und Recht herrschten, solange Oswald auf dem Throne saß. Dann aber wurde er von Heiden und anderen bösen Menschen, die es nicht ertragen konnten, dass unter einer christlichen Regierung so viel Glück und Zufriedenheit herrschten, vom Thron gestoßen und vertrieben. Er flüchtete sich zum Ifinger hinauf, wo ihm die Leute noch treu geblieben waren, und wohnte dort bis zu seinem seligen Ende. Später baute man dem heiligmäßigen König zu Ehren da oben unterm Ifinger eine Kapelle. Dort, wo diese Kapelle nun steht, fanden Hirten im Alpenrosengesträuch eine Statue des hl. Oswald. Sie brachten diese nach Schenna hinab und stellten sie dort in der Kirche auf. Aber schon in der nächsten Nacht war der hl. Oswald aus der Kirche verschwunden und wieder zum Ifinger hinauf zurückgekehrt. Man fand die Statue neuerdings und brachte sie wiederum nach Schenna hinunter. Doch als der Heilige abermals auf wunderbare Weise aus der Kirche verschwand und zum Ifinger zurückkehrte, verstand man den Willen Gottes und erbaute dem hl. Oswald zu Ehren da oben eine kleine Kapelle. Weil diese Statue in den Alpenrosen gefunden wurde, nennt man in der dortigen Gegend diese schönen Alpenpflanzen heute noch „Oswaldstauden".[787]

St. Oswald am Ifinger

Noch heute findet alljährlich am 5. August, dem Gedenktag des hl. Oswald, ein Bittgang zum Oswaldkirchlein hoch oben zwischen Ifinger und Plattinger statt. Nach der hl. Messe begehen die Schenner, Haflinger und Sarner zu Ehren des „Wetterherren" Oswald ein großes Almfest. Oswalds Symboltiere, die schwarzen Raben, umkreisen bei drohenden Gewittern kreischend die Granitfelsen des Ifingers und müssen besänftigt werden. Von sprachwissenschaftlicher Seite wurde auf die Nähe von *Wållroas* und *Oswållstaude* verwiesen.[788]

Das Alpenrosengebüsch wird allgemein **Zunterstauden** oder **Zeten** genannt. Dies sind alles Sammelbegriffe für das alpine Krummholz und bezeichnen u. a. die Leg-Föhre, den Strauch der Heidel- oder Preiselbeeren und manchmal auch die Grün-Erle (im Allgemeinen *Luttern* genannt – im Fersentalerischen wird die Alpenrose *Lutter* genannt). Zunterstauden nennt man die Alpenrose in Schnals, Martell, Hinterpasseier und Ridnaun. In Martell werden die Blüten *Sunntaroasn*

787 Zingerle (1891), S. 1
788 Insam (1936), S. 76

(„Sonntagrosen“) genannt, eine Einblendung des Sonntags in das Wort *Zuntrroasn*. Im Ötztal sind es die *Psunterlen* bzw. *Zinterlen*[789].

Das Wort „Zunter“ leitet sich von ahd. *zuntara* = „Zunderschwamm, Zündstoff; Fackel“ ab, dies zu germ. **tundrō*, das sich ursprünglich auf das Föhrenholz bezogen hatte, das durch den Harzreichtum zum Feuermachen (Heizen, Kochen, Aromatisieren) auf den Almen genutzt wurde (Leg-Föhre → *Pinus mugo*). Das „Zündende“ der Zuntern unterstreicht einmal mehr die Nähe zum *Fuirstroach*, dem Blitz.

Ein weiterer Kollektivname für Sträucher des Krummholzgürtels – dazu zählt auch die Alpenrose – lautet *Zë*^{i}*tn*, *Zatn* (v. a. Tauferer Ahrntal) oder *Zettn* (Hochpustertal). Dieses Wort stammt aus ahd. *zata*, *zote*, *zotte*, mhd. *zote*, *zotte* = „Zottiges; Haarbüschel, Flausch“[790].

Ein besonderer Name der Alpenrose ist die *Pugsschtau* („Buchsstaude“) in Laurein, die eine Parallele im *Almbuxbaum*[791] im Drautal findet. Die immergrünen Blätter von Buchs und Alpenrose ähneln einander. In Olang ist in der Fachliteratur die Holzblume und in Sexten die Schifterbrume erwähnt. Letzterer Ausdruck stammt vielleicht von mhd. *schift* = „abschüssige Stelle“[792]. Der zweite Wortbestandteil *Prume* bedeutet „Gestrüpp“ (als Kollektiv *bramach* = „Dornengestrüpp“; zu ahd. *brāma* = „Dornhecke“ < idg. *b*^{h}*erem-* = „hervorstechen, Spitze, Kante“[793], vgl. dazu Brombeere → *Vaccinium uliginosum* agg., *Vaccinium vitis-idaea*).

• Ribes

Johannisbeere | Ribes | Brüscia da ajies, Ajia | Ejia da mont, Ejia salvera

Felsen-Johannisbeere in Blüte und in Frucht (*Ribes petraeum*)

Grossulariaceae – Strauch, Frucht eine saftige Beere.
In Südtirol sind drei Arten einheimisch: *Ribes alpinum* (Alpen-Johannisbeere), *Ribes petraeum* (Felsen-Johannisbeere) und *Ribes uva-crispa* (Stachelbeere). Daneben werden zwei nicht einheimische Arten, die Rote und Schwarze Johannisbeere (*Ribes rubrum*, *R. nigrum*), als Kultursorten in den Gärten angepflanzt.
Ribes alpinum: 80–150 cm hoch, Blütezeit Mai, Blüten in aufrechten Trauben, Früchte dunkelrot, fad schmeckend. Vorkommen in frischen (Schlucht-)Wäldern, auf Kalk. In Südtirol zerstreut, besonders in den Dolomiten.
Ribes petraeum: 1–2 m hoch, Blütezeit Mai–Juni, Blüten in hängenden Trauben, Früchte rot, wohlschmeckend. Vorkommen in Bergwäldern und Gebüsch, kalkmeidend. Häufigste Art, verbreitet in ganz Südtirol mit größeren Verbreitungslücken in zentralen Bereichen des Landes.
Ribes uva-crispa: 60–120 cm hoch, Blütezeit April–Mai, Blüten einzeln oder selten zu 2–3, Frucht grünlich oder bräunlich-purpurn. Vorkommen in Gebüschen, an Waldrändern. In Südtirol nur im Wipptal, Brixner Becken und Pustertal wild vorkommend.

---

789 Ötztaler Dialektwörterbuch, http://oetztalermuseen.at/dialektwoerterbuch/?dir=32&name-directory-search-value=alpenrose&dir=32#name_directory_position; abgerufen am 15.09.2022
790 Köbler (2014), https://www.koeblergerhard.de/mhd/mhd_z.html; abgerufen am 23.02.2022
791 Dalla Torre (1895), S. 58
792 Köbler (2014), https://www.koeblergerhard.de/mhd/mhd_s.html; abgerufen am 14.03.2022
793 Köbler (2014), https://www.koeblergerhard.de/ahd/ahd_b.html; abgerufen am 14.03.2022

Im Folgenden werden alle Arten von *Ribes* behandelt, da die mda. Bezeichnungen meist sowohl für die einheimischen Arten als auch für die Kultursorten gelten. Wenn es sich explizit um die kultivierte Rote Johannisbeere handelt, wird dem Beleg ein (r) angehängt.

Mundartlich	Belegorte
Zaufn (Pl.)	Langtaufers, Burgeis, Taufers i. M., Matsch, Schluderns (r), Prad, Stilfs
Zaufaschtaud (f.)	Prader Berg
Siaslzaufn (Pl.)	St. Valentin a. d. H.
Risl (Pl.)	Ridnaun, Telfes
Risspëire (f.)	Pfitsch
Ruewes[794] *(f.)*	Jenesien
Ribeslen (Pl.)	Kurtatsch
Ribisl (Pl.)	Vöran (r), Ridnaun (r), Villnöß
Saurpëir (f.)	Schnals, Naturns, Martell[795]
Sauschpa (Pl.)	Vals/Mühlbach, Pfunders (r), Gsies (r), Sexten[796]
Sauʳschzpa (Pl.)	Ahrntal, Getzenberg/Kiens (r)
Siëʳschzpa, Siëschpa[797] *(Pl.)*	Antholz
Såntahånspëir (f.)	Schlanders
Hånnisbeir[798] *(f.), Hannisperlan (Pl.)*[799]	Antholz, Toblach
Johanneswaimer (Pl.)	Proveis
-baimerler (Pl.)	Laurein (r)
Johanneswaimerla (n.)	Kaltern
Johånneswaimer (Pl.)	Villanders
Wållwaimer (Pl.)	Welschnofen
Gårtnwaimer[800] *(Pl.)*	Latzfons (r)
-waimerler (Pl.)	Unterland (r)

Ribes uva-crispa (Stachelbeere)

Pfruslschtaude (f.)	Ridnaun, Fleins/Freienfeld
Rusilerschtaude (f.)	Pflersch
Rusln (Pl.)	Ahrntal
Russl (f.)	Terenten, Getzenberg/Kiens, Olang
Russelen[801] *(Pl.)*	ohne genaue geografische Angabe
Trumbl (f.)	Pfunders
Schtoflpëire[802] *(f.)*	Stuls
Mosarelle[803] *(f.)*	Sexten
Meischlizn[804] *(Pl.)*	Prägraten/Osttirol
Aischlitzn[805]*, Ainschlizn*[806] *(Pl.)*	Pustertal, Matrei/Osttirol
Meinschgëtze[807] *(f.)*	Defereggen/Osttirol

---

794 Schatz (1955), S. 494
795 Pfitscher (2001), S. 95
796 Stauder (2019), S. 185
797 Pallhuber (2016), S. 141, als „wilde Johannisbeere“
798 Pallhuber (2016), S. 140
799 Mittich-Steinwandter (2023, Nr. 2), S. 25
800 Bibliotheksgruppe Latzfons (2004), S. 38, Fink (1972), S. 93
801 Pfaff (1927), S. 109
802 Schatz (1955), S. 593
803 Stauder (2019), S. 132
804 Schöpf (1866), S. 431
805 Dalla Torre (1895), S. 59
806 Marzell (1943–1979), Bd. 3, Sp. 1359
807 Schatz (1955), S. 421

HERKUNFT UND BEDEUTUNG

Die Obervinschger **Zaufen** finden deutliche Parallelen im Rätoromanischen *uzūa* = „Johannisbeere“ sowie *uzūn* = „Heidelbeerstrauch“[808]. Diese beiden Wörter stammen entweder aus vorröm. **atsōwa* oder sind Ergebnis einer Zusammensetzung aus lat. *acidus* = „scharf, sauer“ und *uva* = „Traube“ (ergibt in etwa „saure Traube, Sauerbeere“). Diese Zusammensetzung ergab **azuva*, was über Engadinisch *uzua* schließlich zur Vinschger *Zaufe* führte. Die ladinischen Bezeichnungen *ajia* (Gadertal) und *ejia* (Gröden) leiten sich ebenfalls von lat. *acidus* = „sauer“ ab.

Die Namen **Risl** bzw. Rislstaude (Wipptal) sowie die weitum bekannten **Ribisl/Riwisl** sind Entlehnungen zum Artnamen *Ribes*. Der Begriff „Ribisl“ ist in Österreich, Bayern und im ehemals deutschen Sudetenland belegt, als *Ripps*, *Räibs* oder *Riewel* jedoch auch in Norddeutschland. Der Name erscheint erstmals im 18. Jh. als *Ribesel, Riebeselstrauch* oder *Rübizelstaude*.[809]

Der botanische Artname *Ribes* geht auf das Arabische zurück. Dorthin gelangte er als Lehnwort aus dem Persischen, wo damit ursprünglich eine in Syrien und Persien vorkommende Rhabarber-Art bezeichnet wurde. Die Übertragung des Begriffs *Ribes* auf die Johannisbeere erfolgte im 16. Jh., entweder weil aus den Johannisbeeren wie aus der Rhabarber-Art ein säuerlich schmeckendes Magenmittel gewonnen wurde oder weil die Johannisbeere mit der Zeit als Ersatz für ausländische Rhabarber-Arten in den heimischen Gärten gezogen wurde.[810]

Auf den säuerlichen Geschmack der Johannisbeere weist die **Sauerbeere** im Mittelvinschgau und v. a. im Pustertal hin – im dortigen charakteristischen Dialekt freilich als *Sau*^{r}*schzpa* bezeichnet. Wildformen werden aber auch mit einem süßlichen Geschmack in Verbindung gebracht, wie die Süßlzaufen (Vinschger Oberland) und die Süßbeeren (Antholz; mda. *Siaschpa*) verraten.

Nach der Zeit der Rotfärbung der Beeren, die in der Regel auf die Tage um den Johannistag (24. Juni) fällt, werden die Früchte Johannisbeeren (Santa-Hans-Beere im Vinschgau, Hansbeere in Antholz) genannt.

Auf die Traubenform der Rispe verweisen die zahlreichen Bezeichnungen mit *Waimerlen* („Weinbeerlein“, „Träublein“) wie die Johannes-, Wald- oder Gartenwaimerlen. So heißen die Johannisbeeren am Deutschnonsberg, im Unterland und im rechten Eisacktal.

Die Stachelbeere weist eine Reihe von besonderen und schwer zu erklärenden Bezeichnungen auf: **Pfrusl**, *Ruseler*, *Rusl* und *Russl* (Pustertal, Wipptal; darüber hinaus aber auch in Innsbruck [*Russelen*[811]], dem Ober- und Unterinntal sowie in Baden[812]). Sie haben eine lautliche Nähe zu den *Pfrouslen* (→ *Rosa*) und damit zum vorrömischen Pflanzennamen **frosula* = „Hagebutte“. Andererseits wird die Stachelbeere in vielen deutschen Mundarten *Krusel-* bzw. *Gruselbeere*[813] genannt. Dies wird mit dem nicht mehr gebräuchlichen Substantiv *krausel*, *kräusl*, *krusel*[814] = „Krug“ erklärt, was auf die krug- bzw. fassförmigen Früchte anspielen könnte. Der Wortbestandteil *Krusel* könnte dabei das mittellateinische Art-Epitheton *grossularia* gebildet haben.

---

808 Schorta (1985), Bd. 2, 1. Halbband, S. 355
809 Vgl. dazu Marzell (1943–1979), Bd. 3, Sp. 1377, 1378
810 Marzell (1943–1979), Bd. 3, Sp. 1378
811 Dalla Torre (1895), S. 59
812 Marzell (1943–1979), Bd. 3, Sp. 1360, 1363
813 Marzell (1943–1979), Bd. 3, Sp. 1346–1348
814 Grimm (1838–2016), https://woerterbuchnetz.de/?sigle=DWB#4; abgerufen am 16.03.2022

Nach der Ballonform der Früchte wird die Stachelbeere in Pfunders *Trumbl* („Trommel") genannt, die Stuller Stoflbeere ist wohl verhört für *Stochlbeere*.

Die rätselhafte *Mosarelle* in Sexten findet von der Endung her einen Anklang in den *Haarellen*[815] (Drautal/Osttirol), deren Name von den behaarten Früchten stammt – ganz ähnlich wie im Falle der Villgratter *Rauchba*[816] (Rauchbeere; zu mda. *rauch* = „rauh, haarig"). Das anlautende /M/ in Mosarelle könnte von den Drautaler Bezeichnungen *Mauscheln*, *Maucheln*, *Mäuserling*[817] (jeweils Namen für die Stachelbeere) beeinflusst worden sein.

Die für das Iseltal belegten Formen *Meischlizen* (Prägraten), *Meinschgetze* (Defereggen) und *Ainschlitzen* (Matrei in Osttirol) sind mutmaßlich alpenslawischer Herkunft.

• Rosa

Rose | Rosa | Rösa salvaria, Rösa da trognora; Cognora (Frucht) | Rojula salvera, Spinacians da redëus; Puc da cëura, Pintraponzes, Stropacui (Früchte)

Rosaceae – Strauch, Zweige mit geraden bis sichelförmigen Stacheln (nicht „Dornen"); Früchte („Hagebutten") sind Sammelfrüchte, deren Fruchtfleisch aus dem fleischigen Blütenboden entstehen und die eigentlichen Früchte, kleine Nüsschen, einschließen. Die Nüsschen sind mit widerhakenbestückten Härchen bedeckt.

Die Gattung *Rosa* ist in Südtirol mit ca. 20 einheimischen Arten (Wildrosen) vertreten. Sie sind teils schwer auseinanderzuhalten und werden daher auch oft falsch angesprochen. Bezeichnungen wie „Hunds-Rose" (*Rosa canina*) geben ohne taxonomische Referenz keine sichere Auskunft darüber, was tatsächlich gemeint ist, da es dazu unterschiedlich enge bzw. weite Artauffassungen (Abgrenzung gegenüber ähnlichen Arten) gibt.

Rosen sind ein wichtiger Bestandteil der Südtiroler Kulturlandschaft, sind sie doch wesentlich an der Zusammensetzung von Feldgehölzen, Trockengebüschen auf Weidefluren und Hecken an Wald- und Wegrändern beteiligt. Sie wachsen vornehmlich auf warmen Böden in sonnigen Lagen vom Tal bis in die mittlere Bergstufe. Lediglich die Hängefrüchtige Rose (*Rosa pendulina*) reicht über die Waldgrenze hinaus. Eine besondere Vielfalt an Rosen-Arten findet sich an den Trockenhängen des Vinschgaus.

Drei der rund 20 Wildrosen-Arten Südtirols: Apfel-Rose (*Rosa villosa*), Hängefrüchtige Rose (*Rosa pendulina*), Rotblättrige Rose (*Rosa glauca*).

815 Rauschenfels (1801), S. 217
816 Lang-Reitstätter (1935), S. 83
817 Marzell (1943–1979), Bd. 3, Sp. 1359

Im Rahmen unserer Erhebungen war es nicht möglich herauszufinden, ob einzelne Rosen-Arten, die sich gut von anderen abgrenzen lassen, eigene mundartliche Bezeichnungen führen. Es scheint aber, dass Wildrosen alle „in einen Topf geworfen“ werden. Insofern ist eine Einschränkung der dialektalen Bezeichnungen auf die Hunds-Rose (*Rosa canina*) nicht gerechtfertigt, zumal diese nur eine von mehreren anderen häufigen Arten (z. B. *Rosa corymbifera*, *R. dumalis*, *R. rubiginosa*, *R. subcanina*) ist. Bei der folgenden Auflistung der Vernakular-Bezeichnungen sind Sträucher und Früchte gleichermaßen angeführt.

Mundartlich		Belegorte
Strauch	Früchte	
Pfrouslschtaud (f.) *-schtau (f.)*	*Pfrousl (f.), -lan, -len (Pl.)*	Langtaufers[818], Rojen, St. Valentin a. d. H., Schluderns, Taufers i. M., Stilfs, Schlanders, Martell[819], Schnals, Ötztal[820], Naturns, Partschins, Dorf Tirol, Ulten, Laurein, St. Felix, Vöran
	Pfrousle (Pl.)	Matsch
Dournpischl (n.)	*Pfrouslen (Pl.)*	Schnals
Hëtschepëtschschtau (f.)		Sarntal, Vöran (Strauch auch *Wilde Roas*), Mölten, Afing
	Hëtschepëtsch (f.), -n (Pl.)	Platt/Passeier, Andrian, Flaas
	Hëitschapëitsch (f.)	Kaltern, Kurtatsch, Tramin, Neumarkt, Ritten;
-schtauda (f.)		Tiers, Villanders, Latzfons[821], Villnöß
	Öitschapöitsch[822]	Lajen
Dournschtauda (f.)	*Hëtschapëtsch (f.)*	Kastelruth
Dournschtaudn (Pl.)	*Hetschepetsch (f.)*	St. Leonhard/Brixen
	Hetschipetsch (f.)	Ploseberg/Brixen[823], Ehrenburg
Dournschtaude (f.)	*Dournëpfl (Pl.)*	Ridnaun
	Dornäpfelen[824]	Lüsen
	Hoornepfl[825]	Vahrn
Dëurnschtaude (f.)	*Dëurnëpfl (Pl.)*	Terenten
Dournschtaude (f.)	*Dournëpfl (m.)*	Getzenberg/Kiens
	Töüngëpfl (Pl.)	Ahrntal
Döirnschtaude (f.)	*Döirnepfl*[826]	Antholz
Tournschtaude (f.)	*Dournëpfl (Pl.)*	Prags
	Tourëpfl[827] *(m., Pl.)*	Sexten
	Tournëpfl (Pl.)	Vierschach
	Tourëpf (m.)	Winnebach
	Tourëpfl[828] *(Pl.)*	Toblach

818 Joos (2010), S. 566
819 Pfitscher (2001), S. 81
820 Ötztaler Dialektwörterbuch, http://oetztalermuseen.at/dialektwoerterbuch/?dir=32&name-directory-search-value=hagebutte&dir=32#name_directory_position; abgerufen am 15.09.2022
821 Bibliotheksgruppe Latzfons (2004), S. 50
822 Fill (2016), o. S.
823 Jocher (2010), S. 511
824 Prosch (1923), S. 257
825 Wirth (2021), S. 353
826 Pallhuber (2016), S. 139
827 Stauder (2019), S. 219
828 Mittich-Steinwandter (2023, Nr. 3), S. 39

Hëitschapëitsch (f.)	*Dournëipff*[829] *(Pl.)*	Truden
	Purzlen (Pl.)	Aldein
	Porzln[830] *(Pl.)*	Deutschnofen, Eggen
Dournschtau (f.)	*Porzln (Pl.)*	Welschnofen
	Ōrschpurzln (Pl.)	Welschnofen
Proslschtau (f.)	*Prosl*[831] *(f.)*	Welschnofen
	Ōrschpåppe[832]	Jaufental
	Ōrschpåppl[833]	Kiens
	Ōrschmå'schtra (m.)	Getzenberg/Kiens
Cesón de stropacúi (m.)	*Stropacúi (Pl.)*	Buchholz, Laag
	Fåckl (f. Sg.), -lin (Pl.)[834]	Passeier
	Schnåpspundlen[835]	Lana
	Lauspanzelen[836]	Altrei
Hoggldöirn[837] *(Pl.)*		Ulten
Kåtzndourn[838] *(m.)*		Lappach
Reasln, Reaslen (Pl.)		Algund, Schenna
Huntsroas[839] *(f.)*		Ritten
Puttlroas[840] *(f.)*		Wangen
	Lulln[841] *(Pl.)*	Passeier (veraltet)
	Aunitschen[842] *(Pl.)*	Pustertal, mutmaßlich Osttirol
	Naunitzen[843] *(Pl.)*	Prägraten/Osttirol

Prumm pinni assou taasi
prumm pinni assou taab
Di Pfrousln sain fuirroat
und fuirroat ischs Laap

— Luis Stefan Stecher, Korrnrliadr, S. 107

HERKUNFT UND BEDEUTUNG

Die meisten Bezeichnungen der Rose betreffen die Frucht, die berühmte Hagebutte. In Südtirol lassen sich aus der Fülle der mundartlichen Bezeichnungen einige Haupttypen herauslesen:

Vom Vinschgau (früher auch Burggrafenamt) bis zum Tschögglberg dominiert der Name **Pfrousl**, der seine Fortsetzung in Oberinntal, Vorarlberg und Schwaben findet. Die Heckenbezeichnung lautet Pfrouslstaude. Dieser Name findet eine

829 Ortner (2005), S. 428
830 Zelger (2004), S. 20
831 Schatz (1955), S. 112
832 Wirth (2021), S. 351
833 Wirth (2021), S. 351
834 Haller & Lanthaler (2004), S. 54
835 Wirth (2021), S. 356
836 Abram (2006), S. 856
837 Lösch (1989), S. 95
838 Fink (1972), S. 148
839 Fink (1960), S. 115
840 Fink (1972), S. 58
841 Haller & Lanthaler (2004), S. 266
842 Schöpf (1866), S. 23
843 Schöpf (1866), S. 463

Anknüpfung im Bündnerromanischen *frousla* und kann mit der typischen Anlautverstärkung *fr-* zu *pfr-* erklärt werden. Das Romanische *frousla* (der Strauch heißt im rätoromanischen Engadin *froslér*) leitet sich vom wahrscheinlich vorrömischen Pflanzenwort **frosula* = „Hagebutte" ab[844]. Eine Verwandtschaft zu lat. *rosa* = „Rose" ist nicht gesichert. Die Regglberger Mundartgruppe *Porzln, Purzln* ist Ergebnis der Konsonantenumstellung (Metathese) von *Pfrosl/Prosl* zu *Porzl*.

Östlich an die Pfrosl schließt mit der **Hetschepetsch** (zahlreiche mundartliche Varianten) das größte Mundartareal an, das sich von Passeier über Burggrafenamt, Etschtal, Unterland/Überetsch, Tschögglberg, Sarntal, Eisacktal bis ins Brixner Becken erstreckt. Die Bezeichnung der Hecke lautet Hetschepetschstaude bzw. Dornstaude, letztere besonders in jenen Gebieten, wo der Strauch von der Frucht unterschieden wird, wie z. B. im Eisacktal. „Hetschepetsch" ist am meisten in der bairischen Mundart-Region verbreitet (*Hetschen* in Wien, *Hetschenbeere* im Böhmerwald). Ausgangspunkt des Namens dürfte das „Heckenpetzl" sein, eine mit dem schwäbisch-alemannischen „Hagebützl" verwandte Bezeichnung, in Standarddeutsch Hagebutte. Aus dem *Heckenpetzl* entstand das *Heckenpetschl* und durch Assimilation an das /tsch/ in *-petschl* schließlich das *Hetschenpetschl* bzw. die *Hetschepetsch*.[845] *Petzl* bzw. *Bützl* sind Verkleinerungen von *Petz* bzw. *Putz,* mit dem in der Volkssprache ein Zwerg bzw. ein Geist bezeichnet wurde. Dieser *Putz* (auch die Stübchen im Apfel*putz* werden von einem Geist bewohnt) kommt im bekannten Kinderlied von August H. Hoffmann von Fallersleben (1843) vor: *Ein Männlein steht im Walde ganz still und stumm / Es hat von lauter Purpur ein Mäntlein um.*

Das dritte Südtiroler Großareal der Volksnamen der Hagebutte betrifft die **Dornäpfel**. Diese kommen im Wipptal, im Brixner Becken und im gesamten Pustertal vor. Eine Insel bildet diesbezüglich Truden. Die mit Stacheln bewehrte Rose bildet ein Gestrüpp und die behaarte Frucht wird als Apfel angesehen. Wie die Rose gehört der Apfel zu den Rosengewächsen.

Eine weitere Mundartgruppe stellt die darmreizende Wirkung der haarigen Früchte in den Mittelpunkt: am Regglberg heißt die Hagebutte **Arschpurzl**, im Pustertal und Wipptal sind es die Arschmarterer bzw. die Arschpappl. Diese Namen sind überraschend alt, schon in ahd. Glossen ist vom *ars-chicili*[846] die Rede – denn wenn man die Hagebutte samt Samen isst, könnte ein unangenehmer Juckreiz am Darmausgang folgen. Der deutsche Botaniker und Arzt Hieronymus Bock schreibt in seinem *Kreüterbuch* von 1551: *Wir Teütschen behalten ein namen / nemlich Rosen / vnd so die frucht rot würt / nennet man sie Büttel / Butzen / vnd Arßkitzeln*[847]. Der mda. Namensbestandteil *-påppl* lässt freilich auch an mda. *Påppm* = „Gesäßbacken" denken. In den italienischen Mundart-Gebieten zwischen Laag und Salurn liegt die ähnliche Benennung *stropacúi* (< it. mda. *stropár* = „verschließen") vor, ein Begriff, den man in etwa mit „Arsch-Stopfer" übersetzen könnte.

Es gibt noch weitere tal- bzw. ortstypische Namen der Rose, wie z. B. die *Fåckl* in Passeier, deren Name wohl von den ab dem Spätherbst feuerroten Hagebutten herrührt: Diese erinnern an brennende Fackeln.

---

844 Schorta (1985), S. 153
845 Marzell (1943–1979), Bd. 3, Sp. 1409
846 Marzell (1943–1979), Bd. 3, Sp. 1418
847 Bock (1551), S. 373; https://daten.digitale-sammlungen.de/0009/bsb00091270/images/index.html?id=00091270&groesser=&fip=eayaweayafsdrxdsydxsqrseayaxsyzts&no=44&seite=790; abgerufen am 30.03.2022

Die in der Literatur angeführten Hornäpfel (Vahrn; „haarige Dornäpfel" > Hornäpfel), Puttlrose (Wangen; *Puttl* < Butte), Hundsrose (Ritten; soll als Gegengift nach Bissen tollwütiger Hunde eingesetzt worden sein) sowie Hage(l)dorn (Ulten) sind Anlehnungen an die Hochsprache, während die Lananer Schnapsbundl = „Schnapsflasche" auf die Form der Hagebutte anspielt.

In Osttirol sind die Bezeichnungen *Aunitschen* bzw. *Naunitzen* verbreitet. Dabei handelt es sich am ehesten um eine Übertragung von alpenrom. **alnitšja* = „Erle; Grün-Erle" (lad. *aunic* = „Erle"). Die Übertragung scheint aufgrund der Verschiedenheit der Sträucher unerklärlich, am ehesten ähneln die verholzten Fruchtstände der Schwarz-Erle den Hagebutten.

WISSENSWERTES

Das Fruchtfleisch liefert Tee und ein Vitamin-C-reiches Mark. In Stilfs wurden *Pfrouslan klauppet Marmlāt z'kochn* („Hagebutten gepflückt, um Marmelade zu kochen"). Nach G. Prosch (Lüsen) liefern die Dornäpfel einen sehr guten Ersatzkaffee.

Die Volksheilkunde verwendet die Kerne bei Blasen- und Nierensteinen. Dies geht wohl auf die Signaturenlehre zurück, welche die Heilwirkungen von Pflanzen von ihrem Erscheinungsbild ableitet.[848]

• Rumex acetosa

Wiesen-Sauerampfer | Romice acetosa (Erba brusca) | Ajia | Ejia

Polygonaceae – krautig, mehrjährig, 30–80 cm hoch. Blütezeit Mai–Juli. Vorkommen auf frischen Fettwiesen und -weiden, Stickstoffzeiger. Weit verbreitet vom Tal bis in die Bergstufe, wo er vom sehr ähnlichen und von der breiten Bevölkerung nicht unterschiedenen *Rumex alpestris* (auf Almweiden und in Hochstaudenfluren) abgelöst wird.

Mundartlich	Belegorte
Zirå̱mpfn (Pl.)	Rojen, Langtaufers[849], St. Valentin a. d. H., Taufers i. M.
Saᵘrå̱mpfr (m.)	Mittelvinschgau
Sairå̱mpfr (Pl.)	Schnals
Sarå̱mpfer (Pl.)	Martell, Dorf Tirol
Sauråmpf, Sauerång (m.)	Proveis
Saurå̱mpfer (m. Sg., Pl.)	Passeier[850], Kaltern, Vals/Mühlbach
-schtingl (Pl.)	Platt/Passeier
Saurå̱mpfn (Pl.)	Burgeis, Afing, Villnöß, Ridnaun
Saurå̱mpfe (Pl.)	Pfitsch

848 Spohn et al. (2015), S. 410
849 Joos (2010), S. 567
850 Haller & Lanthaler (2004), S. 192

Saurumpfn (Pl.)	Rodeneck, Getzenberg/Kiens, Terenten
Sauråmpfa (Pl.)	Kiens, Prags, Vierschach
Sau^{e}rånzn (Pl.)	Welschnofen
Sauerplattlen (Pl.)	Kastelruth
Sauraschtingl (Pl.)	Pfunders
Sauschtingl (Pl.)	Ahrntal
Åmpfoschtingl[851]	Antholz
Sairatschtingl (Pl.)	Gsies
Sairantschtinggl[852] *(m. Sg., Pl.)*	Sexten
Psairich[853] *(m.)*	Pfeffersberg/Brixen
K^{a}rschigglan, Wisak^{a}rschigglan (Pl.)	Matsch
K^{e}rschittlan (Pl.)	Matsch
Tschūtscha (f.)	Laurein
Agriói, pan e vín (Pl.)	Laag
Wainplëitschn[854] *(Pl.)*	Altrei
Wounznplëirtsch[855] *(f.)*	Tramin
Gråmpa (f.), Gråmpm (Pl.)	Latzfons[856]

Amåll drau reggn und Sauråmpfa gipp viel Milch!

— Spruch aus Prags

HERKUNFT UND BEDEUTUNG

In Südtirol sind überwiegend mundartliche Varianten des Büchernamens **Sauerampfer** in Gebrauch, allerdings mit einer von der Standardsprache abweichenden Betonung auf dem /a/ von -ampfer. Der erste Wortbestandteil „sauer" wird im Obervinschgau zu /zir/, ansonsten öfter zu /sar/ abgeschwächt. In Welschnofen (und im Zillertal[857]) ist die besondere Endung *-rånzn* belegt, vielleicht in Angleichung an einen Tragesack (Ranzen). Die umgelautete Form „säuer" erscheint in den *Sairat-* bzw. *Sairantstinggl* im Pustertal (Gsies, Sexten).

In Tiers werden die Berg-Kratzdisteln (*Cirsium alsophilum*), die gerne in Hochstaudenfluren vorkommen, als *Råmpfn* bezeichnet.

Das ahd. *amphara* (> mhd. *ampfer*) = „Ampfer" leitet sich von germ. **amprō* ab und ist mit lat. *amarus* = „bitter" urverwandt. Das rekonstruierte idg. Adjektiv lautet **om-* bzw. **ōmos* = „roh, bitter, scharf". Etymologisch gesehen steckt im „Sauerampfer" eine Verdoppelung des Wortes „sauer".[858]

Der Matscher Name **Karschiggla** (auch *Karschittla*) verrät die gemeinsame Sprachwurzel mit dem Bündnerromanischen, denn der Sauerampfer heißt im Engadin *arschücla* (< mittellateinisch *acidula* = „Sauerampfer").[859] *Karschiggla* ist

851 Pallhuber (2016), S. 139
852 Stauder (2019), S. 184
853 Fink (1972), S. 27
854 Abram (2006), S. 859
855 Wirth (2021), S. 382
856 Bibliotheksgruppe Latzfons (2004), S. 42, als „Sauerampfer; breitblättriges Gras"
857 Dalla Torre (1895), S. 60
858 Köbler (2014); http://www.koeblergerhard.de/ahd/ahd_a.html; abgerufen am 31.03.2022
859 Schorta (1985), Bd. 2, S. 4

zudem der Name eines Ackers in Matsch. Die **Tschutscha** in Laurein ist ein Italianismus, der auf das Kauen bzw. Saugen (it. mda. *ciuciár* = „saugen") Bezug nimmt. Auf den essigsauren Geschmack verweist das it. *agrióì* (lat. *acer* = „scharf") bzw. *pan e vin* („Brot und Wein"; beides in Laag). Die deutsche Entsprechung zum „pan e vin" sind die Weinplötschen im nahen Altrei. Mit Grampen (Latzfons) werden in der Regel die Blätter des Wiesen-Bärenklaus (→ *Heracleum sphondylium*) bezeichnet.

BESONDERHEITEN UND WISSENSWERTES

Durstigen Kindern in Laag hat man früher geraten, die Stängel dieser Pflanze zu kauen (Gewöhnliche Berberitze → *Berberis vulgaris*), auch in Pfunders hat man die *Schtingl gikoit* („Stängel gekaut"). Sauerampfer wurde in Vals (Mühlbach) in geringer Menge auch der grünen Fülle der „Tirschtlan" beigemengt.

Waren die *Sauschtingl* im Ahrntal „durre", dann wurden sie sogar geraucht – eine Genusspflanze auch für den Menschen. In Schwaben und Bayern wird die Pflanze als Wilder Tabak bezeichnet, die Blätter und die großen braunen Früchte wurden unter den Tabak gemischt.[860]

Für den sauren Geschmack sind übrigens Oxalsäure und Kaliumoxalat verantwortlich. Junge Blätter lassen sich als Salatbeigabe und in Suppen verwenden. Größere Mengen führen jedoch zu Durchfällen und Erbrechen und können durch Bildung von Kaliumoxalat Nierenschäden verursachen.[861]

• Rumex alpinus

Alpen-Ampfer | Romice alpino | Ajia | Ejia

Polygonaceae – krautig, mehrjährig, 50–100 cm hoch. Blütezeit Juni–August. Vorkommen in sehr nährstoffreichen Lägerfluren, in Hochstaudenfluren, um Almhütten. Düngungszeiger. In allen Berggebieten Südtirols verbreitet, vor allem in der montanen und subalpinen Stufe.

Mundartlich	Belegorte
Plerchn (Pl.)	Rojen, Langtaufers[862], Martell, Ridnaun, Telfes, Pflersch, Flains, Pfitsch, Trens
Plëlchen[863] (Pl.)	Sölden/Ötztal
Poppaplerchn (Pl.)	Matsch
Plerche, Pletsche (f.)	Platt/Passeier
Plearsch (f.)	Schlanders
Kië-, Kü^{e}pletsch (f.)	Durnholz, Sarntal
Kuaplëtschn (Pl.)	Afing

860 Marzell (1943–1979), Bd. 3, Sp. 1524
861 Spohn et al. (2015), S. 20
862 Joos (2010), S. 567, als „verschiedene Arten der Sauerampfer"
863 Ötztaler Dialektwörterbuch, http://oetztalermuseen.at/dialektwoerterbuch/?dir=32&name-directory-search value=ampfer&dir=32#name_directory_position; abgerufen am 15.09.2022

Såttlpletschn (Pl.), Fåcknpletscha[864] *(f.)*	Villanders
Påchplëtschn (Pl.)	Kastelruth
Schaispletschn (Pl.)	Kiens
Fåcknplërtschn (Pl.)	Vöran
Fåcknplëtschn (Pl.)	Ritten
Fåckaplåttn (Pl.)	Schnals
Planatschn (Pl.)	Stilfs, Prad
Lobisn, Lobispletschn (Pl.)	Ulten, Unsere Liebe Frau im Walde, Laurein, Vals/Mühlbach
Kuilåbbisn (Pl.)	Pfunders
Schmålzlåbbisn (Pl.)	Ahrntal
Låbbisse (f.)	Getzenberg/Kiens, Sexten[865]

Der Alpen-Sauerampfer trägt mehr mundartliche Bezeichnungen als sein Pendant auf den Wiesen, vor allem wegen seiner riesigen Blätter. Diese heißen in Südtirol **Pletschen** bzw. *Plötschen* (Sarntal, Ritten, Eisacktal), *Plörtschen* (Tschögglberg) oder *Plerchn* (Vinschgau, Hinterpasseier, Wipptal) sowie **Lobisen** (Ulten, Deutschnonsberg, Pustertal). Mit den genannten Begriffen werden artübergreifend und allgemein die großen Pflanzenblätter von Huflattich, Pestwurz und Alpen-Ampfer, aber auch von Kultursorten wie dem Weißkohl (*Kobispletschn*) bezeichnet. Das mhd. *blateche* bzw. *bletiche* = „Ampfer, Klette" (ahd. *bletahha*) ist eine Ableitung zu ahd. *blat* = „Blatt" und bedeutet wörtlich „großes Blatt, Blattwerk".[866]

In Schnals gibt es die Sonderform *Platten* (vgl. dazu die „Blacken" bzw. „Blackten" im alemannischen Sprachraum, dies zu mhd. *blatche*) und in Stilfs die *Planatschen* (das romanische Wort **plan-* = „Fläche, Ebene" ist mit den *Pletschen* eine Symbiose eingegangen; die Vorstellung des großen und flachen Pflanzenblattes, ausgedrückt durch die romanische Endung *-atsch*, mag zur Bildung dieses Begriffes beigetragen haben).

In Ulten, Deutschnonsberg und v. a. im Pustertal hat sich das romanische Lehnwort *Lobise* (mda. *Låbbisse*, *Lobisn*) erhalten, dies zu lat. *lapathium* = „Sauerampfer" bzw. *lappa* = „Klette"[867]. Die Örtlichkeit *Lavazé* am gleichnamigen Joch hat ihren Namen von den dortigen Ampferbeständen. Auf gedüngten Almlägern bildet der Alpen-Ampfer Massenbestände. In St. Gertraud/Ulten gibt es die *Lobesböden*, im Sarntal und auf dem Ritten jeweils *Lobis-Höfe*, in Vals die Alm *Lobiseben*, in Prettau die *Lobisaue*, in Ahornach die Bergwiese *Lobissa* usw.

Dalla Torre gibt für den Alpen-Ampfer zusätzlich die volkstümlichen Formen *Pfobesn*, *Vobis-* bzw. *Fabespletzen*[868] an, die im nordöstlichen Tirol, im Zillertal und Defereggen (*Fouwespflotschn*[869]) verbreitet sind. Diese Varianten scheinen eine Kreuzung aus alpenrom. *faba* = „Bohne; Eisenhut" und den *Lobisn* = „Sauerampfer" zu sein. Ampfer und Eisenhut sind beide Vertreter der Lägerflora.

---

864 Wirth (2021), S. 360
865 Stauder (2019), S. 122
866 Köbler (2014), https://www.koeblergerhard.de/mhd/mhd_b.html; abgerufen am 01.04.2022
867 Meyer-Lübke (19926), S. 353
868 Dalla Torre (1895), S. 60
869 Schatz (1955), S. 182

Die Nähe zu den Almställen – er wächst dort, *wo die Sur oigrunnen isch* („wo das Mistwasser heruntergeflossen ist") – kommt in den *Kuhpletschen* (Sarntal, Afing) sowie den *Kuhlobisn* (Pfunders) zum Ausdruck.

Die gemähten und getrockneten Pletschen werden von Rindern gerne gefressen. Früher wurden in der Nähe der Alphütten Ampfergärten angelegt. Die Blätter wurden geerntet, abgebrüht und als Schweinefutter verwendet, was uns in Matsch von Gewährsleuten bestätigt wurde. Damit sind auch die Namen *Fåckenpletschen* (Eisacktal) bzw. *-plötschen* (Ritten, Tschögglberg), *Schweinspletschn*[870] (Oetz) sowie die *Fåckaplåttn* in Schnals leicht zu erklären. Darüber hinaus lassen sich Blätter und Stiele des Alpen-Ampfers milchsauer vergären und als Lebensmittel verzehren.[871]

Im Gegensatz dazu versucht man heutzutage die *Plerchen* auf den Almen durch Ausstechen zu dezimieren. In Stilfs weiß man, dass neben den *Planatschen* nichts mehr wächst, denn diese hätten *Wurzn wia di Eartëpfl!*

Eine Besonderheit sind die *Sattelpletschen* in Villanders. Dieser Name kommt daher, dass der Alpen-Ampfer beim Gasteiger-*Sattel* (Villanderer Alm) massenhaft vorkommt.

WEITERE BEZEICHNUNGEN UND VOLKSTÜMLICHE ANWENDUNGEN

In Matsch nennt man den Alpen-Ampfer auch *Poppaplerchen*, wahrscheinlich weil die Blätter als Kleidungsstücke für Puppen und als Kinderspielzeug Verwendung fanden[872]. Die *Scheißpletschen* in Kiens weisen auf die Nähe der Pflanze zum Almläger hin, aber auch auf den Gebrauch als Klopapier und mitunter sogar als Windelersatz bei Kleinkindern. In Kiens wurden die Blätter ins Wasser getaucht und den Schweinen aufgelegt, wenn ihnen zu heiß war. Die Blätter wirken kühlend und wurden u. a. beim Abstillen und bei Brustwarzen-Entzündungen[873] eingesetzt.

Die *Schmalzlabisen* im Ahrntal beziehen sich auf die Verwendung der großen Ampferblätter als „Frischhaltefolie" für die Butter. Auch im Sarntal erinnert man sich: In den Pletschen wurden die *Schmålzknölln inggschlogn*. In Pfunders wurde die Almbutter in Körben transportiert, die Butterknollen waren in die *Kuhlabesen* eingewickelt, so dass sie nicht zerdrückt wurden. In Kastelruth wurde die frisch getriebene Butter zum Kühlen in die Brunnentröge gelegt und dann in die riesigen Blätter der *Bachplötschen* eingewickelt.

Aus Villgraten weiß man: Zwischen den großen Blättern der *Stankaplotschn* („Stinkerplotschen") bzw. der *Sauwasen* verpackt die Bäuerin Eier in einem *Zëggerle* (Handkörbchen). Mit ihnen oder mit Huflattichblättern schlägt sie das frische Butterknöllele ein, das sie zum *Nachschaun gian* (Krankenbesuche) mitnimmt.[874]

---

870 Ötztaler Dialektwörterbuch, http://oetztalermuseen.at/dialektwoerterbuch/?dir=32&name-directory-searchvalue=ampfer&dir=32#name_directory_position; abgerufen am 15.09.2022
871 Vgl. dazu ausführlich Machatschek (1999), S. 27–47
872 Marzell (1943–1979), Bd. 3, Sp. 1533
873 Marzell (1943–1979), Bd. 3, Sp. 1533
874 Lang-Reitstätter (1935), S. 81

• Salix

Weide | Salice | Salesc/Lëgn da tortes | Salesc/Lën da torta

Salicaceae – Laubgehölze, darunter fallen Bäume (bis 30 m), Sträucher und Zwergsträucher (teils nur wenige cm hoch).
In Südtirol sind 26 einheimische Arten nachgewiesen, der Großteil davon sind Sträucher und Zwergsträucher, nur wenige Arten bilden Bäume aus (*Salix alba*, *S. triandra*, meist auch *S. caprea*, *S. daphnoides*, *S. pentandra*). Blütezeit je nach Höhenlage unterschiedlich, aber immer früh in der Vegetationszeit. Weibliche und männliche Blüten in Kätzchen angeordnet und nach Pflanzen getrennt.

Silber-Weide (*Salix alba*), Sal-Weide (*Salix caprea*)

Mundartliche Bezeichnungen tragen in Südtirol vor allem die Sal-Weide (*Salix caprea*) und die „Kopfweiden". Letztere schließen kultivierte Formen der Silber-Weide (*Salix alba*), der Purpur-Weide (*Salix purpurea*), der Fahl-Weide (*Salix × rubens*) und der Korb-Weide (*Salix viminalis*) ein, die durch regelmäßigen Schnitt („Schneitelung") ihre typische Gestalt erhalten.

Inwieweit unter den bei *Salix caprea* gelisteten Namen auch andere, ähnliche höherwüchsige Weiden-Arten gemeint sind (z. B. *Salix appendiculata*), ist unklar, erscheint aber wahrscheinlich.

(Kopf-)Weiden

Mundartlich	Belegorte
Fë̱ler, Fë̱^{i}ler (m.)	Prad, Laurein, Lana, Andrian, Kaltern, Vöran, Naturns
Fë̱^{i}lerwidn (Pl.), -wit (f.), -wide (f.)	Martell[875], Algund, Lana, St. Walburg/Ulten, Unsere Liebe Frau im Walde, Laurein, Proveis, Afing, Welschnofen, Kastelruth, Villnöß, Villanders
Fë̱^{i}lewide (f.)	Ploseberg/Brixen[876]
Feelar[877] (m.)	Sarntal

875 Pfitscher (2001), S. 27
876 Jocher (2010), S. 511
877 Gruber (2005), S. 55

Fë̠^{i}lawidn (Pl.)	Ridnaun
Fe̠llawidn (Pl.)	St. Leonhard/Brixen
Fë̠^{i}lerpam (m.)	Überetsch, Villnöß, Latzfons[878]
Fe̠^{i}lerwipam[879] (m.)	Deutschnofen
Fë̠^{i}lerschtock (m.)	Ritten
Widn (Pl.)	Schluderns, Stilfs, Naturns, Mölten, Kiens
Fèleri (Pl.)	Salurn
Stropár (m.)	Laag
Salgár (m.)	Salurn

Planoal an a Soal, Matsch an a Këtt, Stilz an a Wid, pålls pricht, sein ålli drnid![880]

— Spruch aus Stilfs

Die in weiten Teilen Südtirols verbreitete Bezeichnung für die Kopfweide lautet **Feler** (in den italienischen Mundarten des Unterlandes und des Cembratales ist das Lehnwort *fèleri* gebräuchlich). Dieser Baumname leitet sich von mhd. *velwe* (Nebenform *velbe*), ahd. *felwa*, *felwar*, *velber*[881] = „Weide, Silber-Weide" ab, dies zu germ. **felwō* = „Weidenbaum", idg. **peleu-* = „Sumpf" < idg. **pel-* = „gießen, fließen, schütten, füllen, schwimmen"[882]. Das Wort „Feler" ist also der Staunässe-Toleranz der Weiden geschuldet, die insbesondere den Uferbereich der Stehgewässer sowie Flusssäume besiedeln.

Vincent van Gogh – Weiden bei Sonnenuntergang (1888)

Neben „Feler" ist auch der Name **Widen** („Feler-Wid", „Felerwid-Baum") in Verwendung. Dabei handelt es sich um die nicht diphthongierte Form des Büchernamens „Weide", zu mhd. *wīde*, ahd. *wīda* = „Weidenbaum", germ. **wīthwō*, idg. **uoituā* = „Gedrehtes, Gerte, Weide" < idg. Verbalwurzel **u̯ei-* = „drehen, biegen"[883]. Der Baumname leitet sich also vom Gebrauch der Ruten zum Flechten und Binden ab.

WEIDENRUTEN ZUM BEFESTIGEN

Die Jahr für Jahr gestutzte „Kopfweide" wurde und wird z.T. immer noch neben Wasserläufen, Abzugsgräben und bei den „Tschötten" angepflanzt. Im Spätwinter werden die biegsamen „Felerruten" geerntet, die man früher zum Rebenbinden im Perglbau benötigte. Das Dreigestirn aus Esskastanie (*castanētum*; Weinbergholz), Weinrebe (*vinētum*) und Weide (*salicētum*) ist Teil der römischen Weinkultur, die im Gefolge der römischen Eroberung auch in den inneralpinen Tälern Fuß fasste.

---

878 Bibliotheksgruppe Latzfons (2004), S. 33
879 Zelger (2004), S. 28
880 „Planeil an einem Seil, Matsch an einer Kette, Stilfs an einer Weide, wenn es bricht, liegen alle unten!"
881 Marzell (1943–1979), Bd. 4, Sp. 10
882 Pokorny (1959), S. 799
883 Köbler (2014); http://www.koeblergerhard.de/ahd/ahd_w.html; abgerufen am 24.10.2022

Außerhalb des Südtiroler Weinbau-Gebietes wurden die Gerten der Felberweide zum Zäunen und zum Binden von *Kentln*, Körben und Kraxen verwendet. Vor allem aber wurde der Speck in der Selchkammer bzw. *Rāchkuchl* mit Hilfe der Weidenruten an die Specklatten angebunden.

ORTS-, HOF- UND FLURNAMEN

Fëler und Weiden bilden den Benennungsanlass zahlreicher Flur- und Hofnamen: Auf der Töll (Partschins), direkt an der Etsch, befindet sich der ehemalige *Fëlerwirt*; ein Teil der weiten Ebene zwischen Algund und Meran ist die *Felmau* (< Felbenau) und eine Bergwiese in St. Felix am Deutschnonsberg nennt sich *Fël*^{e}*rin*. In Laag liegen die beiden Flurbezirke *Palù dei fèleri* und *Palù de le stròpe* (it. mda. *la stròpa* = „Felerbandl").

Hauptsächlich im Pustertal stößt man häufig auf den Hof- und Flurnamentyp „Weidach" bzw. „Weida": Ein Innichner Ortsteil heißt *Weida*, weiters gibt es die Hofnamen *Weidach* (Prags), *Weida* (Mühlwald), *Weidacher* (Antlas und Klobenstein/Ritten) sowie *Weida* mehrmals als Flurname in Gsies, Gais, Uttenheim, Weißenbach/Ahrntal, Terenten, Weitental und Pfunders. All diese Namen leiten sich von ahd. *wīdahi* = „Weidengebüsch" ab.

Salix caprea

Mundartlich	Blütenstand	Belegorte
Sålchn (Pl.), Sålch (f.)		Prader Berg, Martell[884], St. Walburg/Ulten, Laurein, Marlinger Berg, Schenna, Truden[885]
Så̲lchnhëgge (f.)		Ulfas/Passeier
Så̲lchaschtaud (f.)		Stilfs
Sål (f.)		Aldein
Salgár (m.)		Salurn
På̲lmkatzlschtau (f.)		Aldein
På̲lmschtaud (f.)		Schlanderser Sonnenberg
-pam (m.); -pame (Pl.)		Olang, St. Magdalena/Gsies; Pfunders
-weide(n)[886] *(f., Pl.)*		ohne genaue geografische Angabe
Pålbm[887] *(f.)*		Ahrntal
Kå̲tznpålm[888] *(f.)*		Ulten
	På̲lmkatzlen; -lan (Pl.)	Mölten, Villanders; St. Leonhard/Brixen, Langtaufers[889]
	-katzler; -katzla^{r} *(Pl.)*	Afing; Ridnaun
	-kåtzn (Pl.)	Tiers
	På̲lgnkatzl^{a}*r*[890] *(Pl.)*	Sarntal

884 Pfitscher (2001), S. 111
885 Ortner (2005), S. 428
886 Schöpf (1866), S. 485; Pfaff (1927), S. 136
887 Duregger et al. (2009), S. 172, als „Palmweiden"
888 Lösch (1989), S. 96, als „Weidenkätzchen"
889 Joos (2010), S. 565
890 Gruber (2005), S. 143, als „Palmkätzchen"

Muindlschtaud (f.)		Margreid
	Muinzalan (Pl.)	Kaltern, Tramin
Mincerlár (m.)	*Míncerli (Pl.)*	Salurn, Laag

HERKUNFT UND BEDEUTUNG

Im Westen und Süden Südtirols (Vinschgau, Burggrafenamt) ist das Wort **Salch** (*Sålch, Sålche*) bzw. *Sålchn* für die Sal-Weide durchaus noch geläufig. Deren Blätter werden *sållenes Lap* genannt. Das Mundartwort *Sålch* hängt etymologisch natürlich eng mit dem Wortbestandteil „Sal-“ in Sal-Weide zusammen und ist mit lat. *salix, -icis* = „Weide“ (it. *sálice*, it. mda. *salgár*) verwandt. In ahd. Glossen erscheint der Baumname als *salaha, saliha*[891] bzw. *salha*, im Mhd. als *salhe*. Dies lässt sich auf germ. **salhō* und des Weiteren auf idg. **salik-*, **salk-* = „(Sal-)Weide“ < **sal-* = „schmutzig, grau“ (vgl. dazu frz. *sale* = „schmutzig“) zurückführen. Das Benennungsmotiv ist letztlich die grau-grüne, schmutzig erscheinende Rinde der Sal-Weide. Diese enthält entzündungshemmende Salicylsäure, die u. a. Bestandteil des Medikaments Aspirin© ist.

Das Wort *Sålch* ist in verschiedenen Hof- und Flurnamen enthalten: *Salchtal* (Schenna), *Salcher* (Schalders, Franzensfeste, St. Lorenzen, Jaufental, St. Johann/ Ahrntal u.v.m.), *Salche* (Asten, Pens), *Salcherbachl* (Schenna), *Sallris* (Tirol), *Schletsch* bzw. *Schletschen* (Hofnamen in Rotwand/Ritten sowie in Villnöß) sowie *Salesëi* („Ort mit Weidengebüsch“) im ladinischen Buchenstein.

Neben der grau-grünen Rinde bilden die Weidenkätzchen einen zweiten Benennungsstrang. Schon im Spätwinter erscheinen die grauen Blütenstände der männlichen Sal-Weide an den Knospen und zeitig im Vorfrühling (März, April) brechen aus ihnen gelbe Blüten hervor. Der weiche pelzige Blütenstand erinnert an ein Katzenfell, daher die bekannten Pålmkatzlen. In den deutschen Dialekten des Unterlandes trägt die *Muindlstaud* die *Muinzalan*, in den italienischen Mundarten bringt der *mincerlar* die *mincerli* hervor. *Muinz* bzw. *micio* sind jeweils Kosewörter für die Katze. Auch im Gadertalischen (*iac* bzw. *minai*) und im Grödnerischen (*giac*) werden die Blüten „Kätzchen“ genannt.

Gebinde aus Weidenruten und Haselnusszweigen sind wichtiger Bestandteil des österlichen Brauchtums am Palmsonntag. In den Alpen ersetzt der *Pålmpuschn* das orientalische Königssymbol, den Palmwedel, womit Jesus bei seinem Einzug in Jerusalem der Weg gestreut wurde. Daher stammen natürlich die Namen Palmbaum, Palmkätzchenstaude bzw. -hecke für die Sal-Weide.

Neben den Bäumen gibt es zahlreiche kleinwüchsige Weiden der Gebirge, z. B. die Art *Salix retusa* (Stumpfblättrige Weide), deren wollige Blüte in Ulten als *Jochwoll* gesammelt und bei wunden Füßen als Heilmittel verwendet wird.

891 Marzell (1943–1979), Bd. 4, Sp. 21

• Silene dioica

Rote Lichtnelke | Silene dioica | Nagola de pre | Negula de pra, Negula de mei

Caryophyllaceae – krautig, mehrjährig, 30–80 cm hoch. Blütezeit April–September. Vorkommen in frischen Fettwiesen, Hochstaudenfluren, Gebüschen. Verbreitet in ganz Südtirol vom Tal bis ca. 2000 m.

Mundartlich	Belegorte
Pluatschwitzer (m. Sg., Pl.)	St. Valentin a. d. H., Schluderns, Lichtenberg, Stilfs, Prad, Eyrs, Schlanders, Martell, St. Gertraud/Ulten, Lana, Tisens, Schenna, Passeier, Vöran, Mölten, Flaas, Ritten, Welschnofen, Völser Aicha, Latzfons[892], Milland, St. Andrä/Brixen
-schwitzerlen (Pl.)	Matsch
Plüetschwitzar	Sarntal
Pluatschwitza	Ridnaun
Pluitschwitza (Pl.)	Antholz[893], Prags, Sexten, Vierschach, Winnebach
Blutschtinke	Antholz[894]
Pluatstrëpfl (n.), -er (Pl.)	Proveis, Laurein, Naturns, Ridnaun
Pluatstropfn (Pl.)	Vöran
Pëttfetzer (Pl.)	Mittelvinschgau, Martell, Schnals, Partschins, St. Gertraud/Ulten, Welschnofen
Pëttfetzare (Pl.)	Pfitsch
Fetzeler (Pl.)	Ulten
Kuatuttn (Pl.)	Telfes, Pflersch, Ritzail
Kua-, Kuitutte (f.)	Vals/Mühlbach
Giggeriggīhāndl (n.), -en (Pl.)	Pfitsch, Mühlen/Taufers
Giggeriggīhadlen (Pl.)	Ahrntal
Gugguhale[895] (Pl.)	Sölden, Längenfeld/Ötztal
Jousefpluam (f), -pluamen (Pl.)	Taufers i. M., Martell
Jousila (Pl.)	Ridnaun
Jousiler (Pl.)	Wiesen/Pfitsch
Antounjuspluaman (Pl.)	Rojen
Schpitzpuibm (Pl.)	Getzenberg/Kiens
Ålte Puibm (Pl.)	Olang
Schpinnradl (n.)	Villnöß
Wië lenger wië liëber, Je lenger je liëber	St. Walburg/Ulten

892 Bibliotheksgruppe Latzfons (2004), S. 91
893 Pallhuber (2016), S. 139
894 Müller (1985), S. 148
895 Ötztaler Dialektwörterbuch, http://oetztalermuseen.at/dialektwoerterbuch/?dir=32&name-directory-searchvalue=gugguhale&dir=32#name_directory_position; abgerufen am 15.09.2022

HERKUNFT UND BEDEUTUNG

Die mundartlichen Namen dieser bekannten Wiesenblume sind vielgestaltig. Für Südtirol kristallisieren sich keine geschlossenen Mundart-Areale heraus, vielmehr überschneiden sich diese und die Blume trägt in manchen Orten gleich mehrere Bezeichnungen, z. B. in Ridnaun (*Pluetschwitzer*, *Pluetstrëpfl*, *Jousila*) oder in Ulten (*Pluetschwitzer*, *Pëttfetzer*, *Fetzeler*, *Je länger je lieber*).

Die weitaus häufigste Bezeichnung lautet **Blutschwitzer**, ein Name, der an das Leiden Christi in der Passion gemahnt. Dieser Name erstreckt sich in mundartlichen Varianten über ganz Südtirol. Eine Abwandlung davon ist das **Blutströpfl**, das am westlichen Deutschnonsberg sowie in Naturns, Vöran und Ridnaun gebräuchlich ist.

Die **Bettfetzer** (wörtlich „Bettnässer"; Mittelvinschgau, Martell, Schnals, Ulten, Welschnofen und Pfitsch) spielen auf die harntreibende Wirkung bestimmter Kräuter an, obwohl die Rote Lichtnelke weder als Nahrungsmittel noch als Heilkraut verwendet wird.

Auch das Benennungsmotiv der **Kuhtutten** (wörtlich „Kuh-Euter") ist nicht erkennbar, denn es ist keine Ähnlichkeit mit solchen auszumachen.

Die *Giggerigihadlen* im Tauferer Ahrntal sind wohl nach dem roten Gockelkamm benannt. Der Hornklee (→ *Lotus corniculatus*) und die Esparsette (*Giggerhāndl*, *Hāndlklea*) weisen denselben Mundartnamen auf, der sich jedoch auf die Blütenform und nicht auf die Blütenfarbe, bezieht.

Die **Joseler** (*Jousl* ist Abkürzung von Josef; Wipptal) und die Josefsblume (Vinschgau) kann man auch nicht mit der Blütezeit rund um das Patrozinium des hl. Josef am 19. März erklären. Die Blüte der Antoniusblumen in der Höhenlage von Rojen (1900 m) im Vinschger Oberland fällt wenigstens mit dem Feiertag des hl. Antonius von Padua am 13. Juni zusammen.

Und so geht es weiter mit Namen, für die scheinbar kein Benennungsmotiv auszumachen ist: Spitzbuben, Alte Buben (beides im Pustertal; im Schwäbischen *Bubennägele*[896]), Spinnradl (aufgrund der Kronblätter, die ein Speichenrad bilden?) sowie der Satzname *Je länger je lieber* (Ulten), der in abgewandelter Form (*Je länger je freundlicher*) bereits um 1600 in einem Herbar für diese Pflanze aufscheint[897]. *Je länger je lieber* ist übrigens Büchername des Gartengeißblattes (*Lonicera caprifolium*).

• Silene vulgaris

Klatschnelke, Aufgeblasenes Leimkraut | Silene rigonfia | Sgrijorun, Rosera | Griji, Riji, Stlupëc

Caryophyllaceae – krautig, mehrjährig, Blüten mit aufgeblasenem, kahlem und netznervigem Kelch. In Südtirol kommen zwei Unterarten vor, subsp. *vulgaris* (Gewöhnliche Klatschnelke, 20–50 cm hoch, aufrecht, Blütezeit Juni–Oktober, Vorkommen in trockenen Wiesen, Waldschlägen, auf schottrigen Ruderalstellen, sehr häufig und in allen Höhenstufen) und subsp. *glareosa* (Schutt-Klatschnelke, 10–30 cm hoch, niederliegend, Blütezeit Juli–August, Vorkommen in Kalkschutthalden der Gebirge).

---

896 Marzell (1943–1979), Bd. 3, Sp. 115
897 Marzell (1943–1979), Bd. 3, Sp. 117, 118

Mundartlich	Belegorte
Schnë̱ll^{e}r (m. Pl.); -ar	Rojen, Burgeis, Matsch, Taufers i. M., Stilfs, Göflan, Goldrain, Martell, St. Leonhard i. P., Schenna, Tisens, Vöran, Mölten, Andrian, Aldein, Welschnofen, Ritten; Sarntal
-len; -lan; -ler; -lar (Pl.)	Schluderns, Prad, Partschins, Lana, Kastelruth; Langtaufers[898]; St. Walburg/Ulten; Sarntal
Schnë̱lleler (Pl.)	Laurein
Schnë̱^{i}ler (Pl.), -len	Kaltern, Tramin, Kurtatsch, Neumarkt
Schnë̱llkraut (n.)	Algund, Afing
Schnë̱llwurzn (Pl.)	Schnals, Naturns
Schnë̱llpatzlen (Pl.)	Montan
Schnë̱i̱lapatzl (n.)	Margreid
He̱mmetschnëller (Pl.)	Ulten
Kå̱tznschnëller (Pl.)	Steinegg
Pfne̱tscher (Pl.); -ar	Flaas, Ritten, Villanders, Albions; Durnholz
Pfna̱tscherlen (Pl.)	Schlanders, Lüsen[899]
Pfnå̱tscher (Pl.); -ar	Naturns, Tisens, Pens, Villnöß, Milland, St. Leonhard/Brixen; Schalders
Pfnå̱tscha, Pfnå̱tscholan (Pl.)	Rodeneck, Vals/Mühlbach, Vintl, Weitental, Pfunders, Terenten, Getzenberg/Kiens, Kiens, Weißenbach/Ahrntal, Gais, Olang, Vierschach
Pfnå̱tschapluime (f.)	Gais
Pfnåtscha̱ntscha[900] (m.)	Antholz
Pfå̱tscha (m.)	Sexten[901], Innervillgraten[902]
Schnålsn, Schnå̱lzer (Pl.)	Platt/Passeier
Schnålzn (Pl.)	Wiesen/Pfitsch, Telfes
Schnålze[903] (f.)	Jaufental
Schnå̱lza (m. Pl.)	Ridnaun, Steinhaus/Ahrntal
Schnå̱lzare, Schnë̱lzare (Pl.)	Pfitsch
Schnë̱lzpåtzn (Pl.)	Pflersch
Karn (Pl.)	Barbian, Villanders
Karrn (Pl.)	Vierschach
Kerre (Pl.)	Vals/Mühlbach
Tuscher (Pl.)	Platt/Passeier, Ulten
Knå̱ler (Pl.), Hå̱snearl (n.)	Kaltern
Klå̱tscholan (Pl.)	Meransen
Sgrinsói (m. Pl.), sciopéte (f. Pl.)	Laag
Hāndrakraut (n.)	Gsies
Schnå̱ppar	Pens

Silene vulgaris

---

898 Joos (2010), S. 567
899 Prosch (1923), S. 255
900 Fink (1972), S. 35, als „Pflanze Taubenkropf"
901 Stauder (2019), S. 152
902 Lang-Reitstätter (1935), S. 81
903 Schatz (1955), S. 543, als „Kropfnelke"

Die Karn tian Milch und Schmålz narn![904]

— Spruch aus Villanders

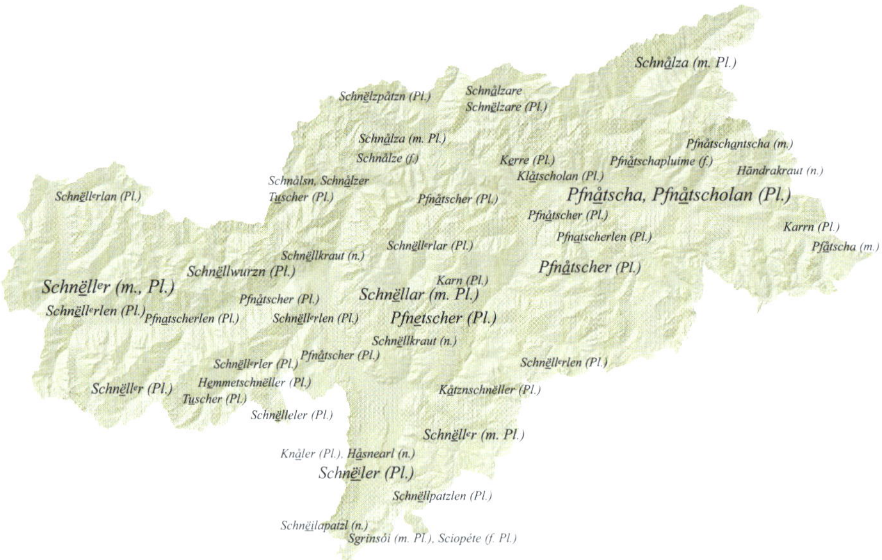

HERKUNFT UND BEDEUTUNG

Mit dieser Wiesenblume hat wohl schon jedes Kind einmal gespielt: Der aufgeblasene Kelch wird auf den Handrücken gelegt und mit der freien Hand zum Platzen gebracht, wobei der charakteristische Knall entsteht. Es verwundert somit kaum, dass für die Klatschnelke allein in Südtirol 19 verschiedene Bezeichnungen erfragt werden konnten, deren Basis die verschiedenen mundartlichen Bezeichnungen für das Knallen sind.

Vom Vinschgau über das Burggrafenamt bis zum Unterland sagt man zum Knallen *schnëlln* = „platzen, bersten, knallen"; das Peitschenknallen heißt dementsprechend *Goaßlschnëlln*. Im Unterland wird dem Schnöllen noch der *Påtzn* bzw. das *Pazl* („Knolle aus weicher Masse") hinzugefügt, womit der aufgeblasene Kelch gut beschrieben wird.

Verstreut ist das Mundartareal des Verbs *pfnåtschn* bzw. *pfnetschn* = „dumpf knallen". Es reicht vom Tschögglberg über Sarntal, Eisacktal bis ins Pustertal. In Sexten fällt das /n/ aus und man sagt *Pfåtscha*.

Im Wipptal, Ahrntal und teils im Hinterpasseier wird *schnålzn* bzw. *schnëlzn* verwendet, um die Klatschnelke zu bezeichnen; man kann mit der *Goaßl*, der Zunge oder den Fingern *schnålzn* („schnipsen"). Im Wipptal kennt man den Kinderreim *Mattla, mattla, pumm!* Bei „pumm" (auf 3) wird an der Stirn mit der Klatschnelke *geschnålzt*.

904 „Die Klatschnelke nährt Milch und Butter" (= fördert die Milchleistung)

Im Eisack- und im Pustertal wird die Pflanze vereinzelt noch *Karn*, *Karrn* bzw. *Kerre* genannt. Dieses Phytonym geht auf mhd. *kerren* = „schrill schreien“ < ahd. *kerran* = „ächzen, knarren, lärmen“ < idg. **ger-* = „schreien, tönen, knarren“ zurück.[905] In der deutschen Sprachinsel Lusern (Trentino) kennt man die *Khern*[906], im benachbarten ehemals deutschen Vallarsa die *cherni*[907].

Im Italienischen und Ladinischen herrschen ebenfalls Anspielungen auf den Knall vor: *sgrinsói* und *sciopéte* in Laag (darüber hinaus *sgrinsoi* in Fai, *sgrizoi* in Mezzolombardo[908]), *sgrijorun*, *griji*, *riji* und *stlupëc* in den ladinischen Talschaften. Letztere sind mit oberitalienisch *scopo*, furlanisch *sklop* = „Knall“ vergleichbar[909].

Weniger bodenständige Verben wie *tuschn*, *knålln* und *klåtschn* lehnen sich bereits an die Standardsprachen an. Die *Håsnearlen* („Hasenöhrlein“) in Kaltern haben den Namen von der Form der Blätter.

Und die blassrosa Silene. Hier heißt sie Sclopit. Die Blüte besteht zum größten Teil aus einer zweiteiligen Blase. Kinder zupfen die Blüte ab und drücken sie auf den Rücken der zur Faust geballten Hand, so dass sie mit zwei kurzen Knallen platzen. Das hört sich an wie Sclo-pit. Die Blume ist benannt nach diesem Laut der berstenden Blüte. Die Blätter des Sclopit erntet man vor der Blüte. Sie sind spitz und schmal und haben ein helles, etwas stumpfes Grün. Jeder kennt seine Plätze mit Sclopit, manche geben sie preis, andere behalten sie für sich.

— Esther Kinsky, Rombo, S. 19, 20

905 Köbler (2014); http://www.koeblergerhard.de/ahd/ahd_k.html; abgerufen am 07.04.2022
906 Marzell (1943–1979), Bd. 4, Sp. 319
907 Pedrotti & Bertoldi (1930), S. 368
908 Pedrotti & Bertoldi (1930), S. 369
909 Marzell (1943–1979), Bd. 4, Sp. 323

VERWENDUNG ALS NAHRUNGSMITTEL

Pfnåtschoplattlen bilden in Vals (Gemeinde Mühlbach) die Basis für die *Tirschtlfille*, wofür neben den *Pfnåtscha* auch die *Hauslobisn* (Guter Heinrich) und die Brennnessel verwendet werden. In Vierschach werden *Karrn* für die Krapfen als grüne Fülle gesammelt und in Gsies werden die Kinder im Frühsommer hinaus geschickt, um *Handrakraut* zu sammeln, das als Füllung für die Schlutzkrapfen verwendet wird. In Sexten konnten wir selbst beobachten, wie die Blätter der *Pfåtscha* für den Risotto gesammelt werden. Auch in Laurein wurde uns mitgeteilt, dass die Blätter wie Spinat zubereitet und köstlich schmecken würden.

WISSENSWERTES

Der lateinische Gattungsname *Silene* geht auf Silen zurück, in der griechischen und römischen Mythologie der dickbäuchige und kahlköpfige Begleiter des Weingottes Dionysos bzw. Bacchus. Die bauchigen Kelche umgeben später auch die reifen Kapseln.[910]

• Sorbus aucuparia

Eberesche, Vogelbeere | Sorbo degli uccellatori | Manëster | Menester

Rosaceae – Baum, 3–15 m hoch, mit Fiederblättern. Blütezeit Mai–Juli, Blüten in Doldentrauben, unangenehm riechend, Früchte (botanisch keine „Beeren", sondern Apfelfrüchte) leuchtend orange-rot. Vorkommen in lichten Wäldern und auf Waldschlägen über nährstoffarmen Böden. Vom Tal bis zur Waldgrenze, in allen Landesteilen häufig.

Die Eberesche in Blüte und in Frucht

910 Spohn et al. (2015), S. 142

Mundartlich	Belegorte
Pflanze	
Moschp^{e}r (f. Sg., Pl.)	St. Walburg/Ulten, Naturns, Algund, Vöran, Mölten, Flaas, Afing, Ritten, Deutschnofen[911], Welschnofen, Villanders, Verdings, Kastelruth, Fleins/Freienfeld, Pflersch
-schtau (f.)	Aldein
-pam (m.)	Passeier[912]
Mōschp^{e}rpam (m.)	Kurtatsch
Mouschp^{e}r, Mëuschp^{e}r	Villnöß, Latzfons[913]
Moschpëir (f.)	Vals/Mühlbach, St. Leonhard/Brixen
-pam (m.)	Ridnaun
Mosch'pë^{i}re (f.)	Ratschings, Sterzing
Moschhëgge (f.)	Platt/Passeier
Möschp^{a}r (Pl.), -pam (m.)	Durnholz, Sarntal
Moschpa (m.)	Vals/Mühlbach, Terenten, Getzenberg/Kiens, Kiens, Olang, Prags, Vierschach
Mouschpa (m.)	Sexten[914]
Mo^{u}sch, Mo^{u}schpëi^{e}r (f.)	Laurein, Proveis
Mosch; Mosche (f.), Moschn (Pl.)	Ulten[915], Welschnofen[916]; Jaufental[917], Lüsen[918]
Mösche (f.); Möschn; Möschpa (Pl.)	Ahrntal[919], St. Magdalena/Gsies; Antholz[920]; Vierschach
Faulpam (m.)	Burgeis, Stilfs, Martell, Naturns
Faulpëirpam (m.)	Matsch
Maulpëirpam (m.)	Schluderns
Pëirnpam (m.), Moschpam (m.)[921]	Fersental (Trentino)
Zurgln[922] *(Pl.)*	Etsch (unspezifische geografische Angabe)
Zurggl[923] *(f.)*	Schrambach
Katzanes Holz (n.)	Pfunders
Témbel (m.)	Buchholz, Salurn, Laag
Früchte	
Moschp^{e}r (f.)	Platt/Passeier, Aldein
Mōschp^{e}r (f.)	Kurtatsch
Moschpëir(e); Fouglpëir(e) (f.)	Passeier[924]; Ulten[925], Tiers, Pfitsch[926]
Fëgglpearn (Pl.)	Pfunders
Faulpëir (f.)	Stilfs, Sölden[927]
Maulpëir (f.)	Tramin

911 Zelger (2004), S. 58
912 Haller & Lanthaler (2004), S. 67
913 Bibliotheksgruppe Latzfons (2004), S. 75
914 Stauder (2019), S. 133
915 Lösch (1989), S. 97
916 Schatz (1955), S. 433
917 Schatz (1955), S. 433
918 Prosch (1923), S. 256
919 Duregger et al. (2009), S. 171
920 Schatz (1955), S. 433
921 Marchesoni & Toller (2015), S. 219
922 Schatz (1955), S. 737
923 Fink (2003), S. 386
924 Haller & Lanthaler (2004), S. 141
925 Fink (1972), S. 83
926 Christensen (2014), S. 43
927 Ötztaler Dialektwörterbuch, http://oetztalermuseen.at/dialektwoerterbuch/?dir=32&name-directory-searchvalue=vogel&dir=32#name_directory_position; abgerufen am 15.09.2022

HERKUNFT UND BEDEUTUNG

In der Literatur scheint noch die eigentliche Bezeichnung des Baumes, nämlich **Mosch** (in den Pusterer Seitentälern auch *Mösch*) auf. *Moschper*, *Moschpa* („Moschbeere") usw. bezeichnete früher in erster Linie die Früchte, heute aber auch den Baum. Ähnlich verhält es sich mit der standarddeutschen Vogelbeere, die für den Baum und die Beere gilt. Wenn explizit der Baum gemeint ist, wird dies mit dem Zusatz *-schtau*, *-hëgge* oder *-pam* verdeutlicht.

Herkunft und Bedeutung der Begriffe Mosch bzw. Moschbeere sind ungeklärt. Einerseits ist es naheliegend an eine „Moosbeere" zu denken (das /s/ vor /p/ wird zu /sch/ und das lange /o/ verkürzt), da die Eberesche auch Moore besiedelt. Mit „Moosbeere" wird im Pustertal und im Zillertal verallgemeinernd aber auch die Heidelbeere, Moosbeere (*Vaccinium oxycoccos*) usw. bezeichnet[928]. In der zimbern-deutschen Sprachinsel Lusern (Trentino) heißt die Vogelbeere *Muasesch* („Moosesche")[929].

Andererseits bedeutet mda. *moschig* = „faulig, von abgestandenem ersticktem Holz", *möscheret* = „nach Moos riechend, fäulig" sowie *mëscherek* = „brüchig, morsch wie Eschenholz"[930]. Somit könnte der Name auf das rasch morsch werdende Holz oder auf die unangenehm riechende Blüte verweisen.

Das zur Fäulnis neigende Holz bildet auch das Benennungsmotiv der Eberesche im Obervinschgau, nämlich **Faulbaum**, nicht zu verwechseln mit dem Gewöhnlichen Faulbaum (*Frangula alnus*), der gewöhnlich keine mundartlichen Bezeichnungen trägt. Die Früchte heißen im Obervinschgau dann auch *Faulbeere*, in Tramin sogar *Maulbeere*.

Die *Zurgln* oder *Zurggln* sind üblicherweise die Früchte des Europäischen Zürgelbaumes (*Celtis australis*), scheinen aber in tiefen Lagen (Eisacktal, Etschtal) vereinzelt auch die Vogelbeere bezeichnet zu haben. Das „katzane Holz" in Pfunders ist eine Übertragung des mundartlichen Namens der Robinie (*Katzian* oder *Katzi* u. Ä., dies zu „Akazie") auf die Eberesche.

Vergleichsweise alte Namen haben die romanischen Sprachen in Südtirol bewahrt: In Laag, Buchholz und Salurn ist die Bezeichnung *(el) témbel* üblich. *Temul* oder *temel* ist von der Westschweiz bis ins Trentino die Bezeichnung der Vogelbeere. Der vorrömische Stamm **tam-* oder **tem-* bezeichnete Sträucher, deren Schösser als Stangen zum Einpferchen und zum Bau einfacher Verhaue verwendet wurden (vgl. Grödn. *tambra* = „Stadel"). Andererseits wurden die Beeren zur Herstellung berauschender Getränke verwendet, daher die mundartliche Nebenbedeutung von *témbel,* nämlich „Tölpel" (lat. *temetum* = „ein berauschendes Getränk"[931]). Auch heute denkt man bei den *Moschpern* an ein geschätztes Destillat.

Das gad. *manëster* sowie das grödn. *menester* finden im Fassanischen *melëster* und im Comelico als *mlèstar* ihre Fortsetzung. Ansetzen ließe sich der vorrömische Wortstamm **mel-* sowie das phytonymische Wortbildungselement **-str-*, das ursprünglich einen beerentragenden Strauch der Alpen bezeichnet haben muss und sich mit der Zeit auf den Vogelbeerbaum verengte.[932]

Die Vogelbeere erscheint in zahlreichen Flurnamen Südtirols: *Manestra* ist Waldname in Tiers, was belegt, dass dort über das Mittelalter hinaus eine alpenromanische Bauernbevölkerung ansässig war; *Manestrëi* ist Weidename

---

928 Schatz (1955), S. 432
929 Marzell (1943–1979), Bd. 4, Sp. 419
930 Schatz (1955), S. 433
931 Hubschmied (1950), S. 24, 25
932 Hubschmied (1950), S. 19, 20

im ladinischen Campill. Der Mengenname *Moscha* (< *Moschach* = „Gegend mit Vogelbeerbäumen") findet sich häufig, so im Tauferer Ahrntal, Antholz, Weitental und Winnebach. Ein *Moschat* kennt man in Gsies, verschiedene *Moschäcker* in Laurein, Radein, Petersberg, Deutsch- und Welschnofen.

WISSENSWERTES

Vögel fressen im Winter die Früchte, daher der verbreitete Name „Vogelbeere". Der Artname *aucuparia* (zu lat. *avis* = „Vogel" und *capere* = „fangen") kommt davon, dass Früchte Vögel anlocken, was es den Menschen leicht machte die Vögel zu erbeuten. Die Bezeichnung „Eberesche" ist erst ab dem 16. Jh. nachweisbar und geht wahrscheinlich auf die frühere Verwendung der Beeren zur Schweinemast zurück, kaum jedoch auf „Aberesche" i.S. von „falsche, minderwertige Esche", wie gerne kolportiert wird.[933]

Hoch geschätzt wird der aus den Vogelbeeren gewonnene, nach Marzipan duftende Edelbrand, der *Moschpeler* bzw. *Fouglpëireler*, in Ulten auch *Vogelschnaps*[934], im Ötztal *Föugelar*[935]. Mit der begehrten Spirituose wird sparsam umgegangen, denn für 1 lt. Brand werden 30–50 kg Früchte benötigt!

Die rohen *spearen* Früchte können durch die enthaltene Parasorbinsäure zu Erbrechen und Durchfall führen. Nach den ersten Nachtfrösten – oder zu Marmelade verkocht – entsteht Sorbinsäure und die Früchte werden bekömmlich.[936]

• Stipa pennata agg.

Artengruppe Federgras | Gruppo di stipa piumosa | Cianon, lerba pluma

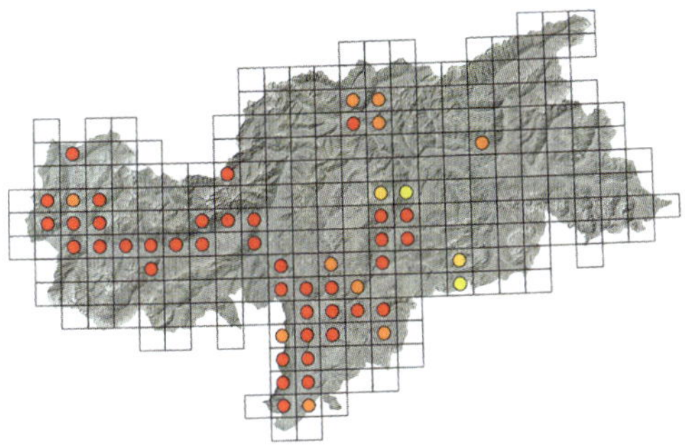

Poaceae – krautig, mehrjährig, 30–100 cm hoch. Blütezeit Mai–Juni, die Blütenspelzen sind mit langen, fedrig behaarten Grannen versehen. *Stipa pennata* agg. umfasst mehrere Klein-Arten, die nur anhand mikroskopischer Merkmale sicher zu unterscheiden sind. In Südtirol kommen drei Arten vor: *S. pennata* s.str. (Grauscheidiges Federgras), *S. eriocaulis* (Zierliches Federgras) und die sehr seltene *S. epilosa* (Kahles Federgras). Vorkommen nur in Trockenrasen und Felssteppen auf trockensten Böden. In Südtirol in den wärmsten und trockensten Bereichen der meisten Haupttäler, besonders im Vinschgau.

Zierliches Federgras (*Stipa eriocaulis*)

---

933 Spohn et al. (2015), S. 412
934 Fink (1972), S. 83
935 Ötztaler Dialektwörterbuch, http://oetztalermuseen.at/dialektwoerterbuch/?dir=32&name-directory-searchvalue=vogel&dir=32#name_directory_position; abgerufen am 15.09.2022
936 Spohn et al. (2015), S. 412

Mundartlich	Belegorte
Tjuhuifëdᵉrn (Pl.)	Burgeis, Eyrs
Tschuhuifëdᵉrn (Pl.)	Schluderns
Fåltsch (m.)	Laas
Wettergros (n.)	Schlanders
Pergféider (f.)	Kaltern
Schitznschmelbm (Pl.)	Kastelruth
Fraudnhor (n.)	Villanders
Cavei de vècia, cao de vècia	Laag

Strauß	
Waudl (m.)	Burgeis, Kastelruth
Flaum (m.)	Eyrs
Gamspårt (m.)	Allitz

HERKUNFT UND BEDEUTUNG

In Südtirol ist das Federgras an warme Standorte (Vinschger Sonnenberg, Unterland und Eisacktal) gebunden, gilt als Schmuckblume und dient nebenher als Wetteranzeiger.

Im Obervinschgau wird das Gras *Tjuhui-* bzw. *Tschuhuifedern* genannt, wohl deshalb, weil es von übermütigen Burschen als Schmuck auf die Hüte gesteckt wird und diese ihrer Freude durch einen Jauchzer (*Tjuhui*) Ausdruck verleihen.

Ein Strauß Federgras wird Waudl bzw. Flaum, in Allitz Gamsbart genannt. Daraus macht man in Eyrs den *Wetterknuidl*, der als natürlicher Barometer dient. Auch aus Laas im Vinschgau weiß man, dass das Federgras auf Luftfeuchtigkeit reagiert: Bei Trockenheit spreizen sich die Haare ab und die Grannen verwandeln sich in Flugorgane[937]. Das Gras verdreht sich, es wird *rutschlt*. Bei hoher Luftfeuchtigkeit hingegen liegen die Haare den Grannen an und das Gras bleibt gerade. Aus diesem Grund heißt das Federgras in Schlanders auch Wettergras.

In Laas heißt das Federgras *Fåltsch*. In Zeiten der Heunot im Frühjahr musste man am Vinschger Sonnenberg für die Kälber *fåltschn giën*, d. h. das *feartige* und *fourfeartige Gros* (= dürres Gras der Vorjahre) abmähen, womit allerdings nicht nur das Federgras gemeint war.
Die Bezeichnung *Fåltsch* kommt von rom. *faltšare* = „mit der Sichel oder Sense mähen" (< lat. *falx, -cis* = „Sichel"). In Passeier nennt man das Altgras den *Åltfåltsch*[938], in Lappach und Antholz die *Åltraich(e)*[939]. Wird eine Wiese nur alle zwei oder drei Jahre gemäht, wird sie *gg'ëltnet* = „geältnet"[940], gewissermaßen zum „Altern" gebracht.

Die Kastelruther Bezeichnung Schützenschmelbe kommt daher, dass sich die dortigen Schützen gerne einen Waudl Federgras auf den Schützenhut stecken. *Schmelbm* ist die Eisacktaler Allgemeinbezeichnung für alle Arten von Süßgräsern (→ *Briza media*).

937 Spohn et al. (2015), S. 450
938 Haller & Lanthaler (2004), S. 33
939 Fink (1972), S. 8; Schatz (1955), S. 16; zu ahd. *riuhi* „rauh, behaart, struppig"
940 Fink (1972), S. 8, 68

In Villanders werden die Federn mit dem Haar von Frauen (Frauenhaar) verglichen, in Laag speziell mit dem weißen Haar alter Frauen, daher der Name *cavei de vecia* („Haare einer alten Frau“) bzw. *cao de vecia* („Haupt einer alten Frau“).

• Tanacetum vulgare

Rainfarn | Tanaceto comune | Erba dal lat | Ciof dal lat

Asteraceae – krautig, mehrjährig, 40–120 cm hoch. Blütezeit Juli–Oktober. Vorkommen an Wegen und Böschungen, Ufern und auf Schuttplätzen, oft in größeren Beständen. Zerstreut in allen Landesteilen vom Tal bis ca. 1500 m.

Mundartlich	Belegorte
Fotrkraut (n.)	Burgeis, Matsch, Taufers i. M., Prad, Stilfs, Laas, Schlanders
Püibmkraut (n.)	Steinhaus/Ahrntal
Muaterkraut (n.)	Gargazon
Muitokraut (n.)	Getzenberg/Kiens
Hexnkraut (n.); -schtaude (f.)	Luttach; St. Johann/Ahrntal
Raffaelkraut (n.)	Olang
Rafflgros[941] *(n.)*	Villgraten
Wurmkraut (n.)	Kastelruth
Wurmfarn[942]	ohne genaue geografische Angabe
Grimmenkraut (n.)	Martell
Ruan-; Ruamfåll (m.)	Naturns, Ridnaun; Sterzing, Pfitsch
Roan-, Ruenfel[943]*; Roanfl*[944]	ohne genaue geografische Angabe; Pustertal
Ruanfårm (m.)	Fuchsberg/Naturns, Katharinaberg/Schnals
Tanaéda (f.)	Laag
Ëwigkaitler (Pl.)	Dorf Tirol

Die Namensvielfalt dieses in den Bauerngärten häufig angepflanzten Heilkrautes ist beachtlich. Vom Obervinschgau bis Schlanders wird der Rainfarn als **Vaterkraut** bezeichnet. In Steinhaus/Ahrntal erklärt man sich den Namen **Bubenkraut** damit, dass dieses Kraut bei Prostata-Problemen anzuwenden sei, vielleicht daher Vaterkraut, i.S. von „Kraut für den alten Vater“?

Der Name **Mutterkraut** ist in Schnals schon für die Moschus-Schafgarbe → *Achillea moschata* reserviert und für *Tanacetum vulgare* in Südtirol spärlich belegt. Das „Mutterkraut“ bezieht sich auf die Anwendung bei Frauenkrankheiten. Bereits der Arzt Theodor Jacob Tabernaemontanus wusste: *Reynfahrnkraut erwärmet vnd*

941 Lang-Reitstätter (1935), S. 84
942 Matscher (1950), S. 441
943 Pfaff (1927), S. 115
944 Wirth (2021), S. 375

stärcket die Mutter [= Gebärmutter] *vnd Geburt Glieder*[945]. In der Homöopathie findet Rainfarn bei Uteruskrämpfen als krampflösendes Mittel Anwendung[946]. Die Pflanze wurde früher in hoher Dosierung auch als Abtreibungsmittel verwendet, was die Gefahr einer tödlichen Vergiftung in sich barg, denn die ätherischen Öle des Rainfarns enthalten giftiges Thujon[947]. Die adventive, nicht heimische Art *Tanacetum parthenium* (in Tramin *Muatergramiln* „Mutterkamillen") heißt mit deutschem Büchernamen übrigens Mutterkraut.

Abtreibungen wurden als Hexenwerk betrachtet, vielleicht stammt daher die im Ahrntal übliche Bezeichnung **Hexenkraut**.

Auf die dem Heilkraut zugeschriebene Wirkung beziehen sich die Namen Rafflgras bzw. **Raphaelskraut** (Pustertal). Der Erzengel Raphael wird im Lorscher Arzneibuch aus dem 8. Jh. als „Medizin Gottes" bezeichnet (*Angelus Rafahel, qui dicitur medicina dei*), weil er den alttestamentlichen Tobias auf seiner Reise begleitete und ihm ein Hilfsmittel gegen die Erblindung seines Vaters Tobit gab.

Auf eine Notbehandlung verweist die Bezeichnung **Grimmenkraut** (nur in Martell; mda. *Grimmen* „Blinddarm-Durchbruch", früher häufige Todesursache). Der *Grimmenpliamltee*[948] wurde jedoch auch bei generellen Leibschmerzen, Durchfall und Bauchgrippe getrunken. Auf die Behandlung von Darmwürmern verweisen die Namen **Wurmkraut** sowie Wurmfarn. Tabernaemontanus: *Reynfahrn Blumen vnnd Samen gepüluet / vnnd mit Wein vnnd Honig getruncken / tödtet die Würm vnd treibet sie auß / legt auch darneben das Bauchwehethum vnnd schmertzen im Leib.*[949]

Im naturnahen Garten können Aufgüsse aus den Blättern des Rainfarns gegen Blattläuse helfen. Getrocknet in den Schrank gelegt, sollen sie auch Kleidermotten vertreiben.[950]

Die Bezeichnungen *Ruan-* bzw. *Ruamfåll* (Wipptal) sowie *Ruanfårm* (Schnals und Naturns) sind mundartliche Varianten des bücherdeutschen Namens Rainfarn und gehen auf ahd. *reinfano* = „Rainfahne"[951] zurück. Die gelben Doldenknöpfchen dieser hohen Pflanze wurden vielleicht als Grenzzeichen („Fahne") am Ackerrain stehen gelassen. Ab dem 15. Jh. (*reynefar, reinfarn*[952]) erfolgte die Einbeziehung des Zusatzes „Farn" wegen der farnähnlichen Blätter.

Getrocknete Rainfarnblüten wurden auch als „Ewigkeitler" auf dem Trachtenhut getragen. Neben Rainfarn werden zu diesem Zweck auch Katzenpfötchen (*Antennaria* sp.) sowie Strohblumen (*Helichrysum* sp.) verwendet.

Der Rainfarn ist außerdem ein verehrter Bestandteil des Stilfser Frauenbuschens; er kommt auch in den Schnalser Kräuterpinggl bzw. den Sterzinger Hochunserfrauen-Buschen. Er wird während des Unwetters verbrannt und schützt auf diese Weise das Heim vor Blitzeinschlag. Daher rühren auch die beiden Bezeichnungen *Donnerrute* und *Blitzkraut*[953]. Nicht nur in Südtirol, auch im Rheinischen und in der Oberpfalz[954] bildet der Rainfarn einen zentralen Bestandteil im dort „Krautwisch" genannten Kräuterbuschen.

---

945 Tabernaemontanus (1613), S. 41
https://www.digitale-sammlungen.de/de/view/bsb11057665?page=63; abgerufen am 25.10.2022
946 Marzell (1943–1979), Bd. 4, Sp. 593
947 Spohn et al. (2015), S. 300
948 Pfitscher (2001), S. 37
949 Tabernaemontanus (1613), S. 41
https://www.digitale-sammlungen.de/de/view/bsb11057665?page=63; abgerufen am 25.10.2022
950 Spohn et al. (2015), S. 300
951 Marzell (1943–1979), Bd. 4, Sp. 581
952 Marzell (1943–1979), Bd. 4, Sp. 582
953 Pfaff (1927), S. 137
954 Marzell (1943–1979), Bd. 4, Sp. 594

• Taraxacum

Löwenzahn | Tarassaco | Salata de pre, Dënt de liun, Polënta (Früchte: löm, baudl) | Pulëntes, Zicoria, Ciof dla eves

Löwenzahn aus der Artengruppe des Gewöhnlichen Löwenzahns (*Taraxacum* sect. *Taraxacum*)

Asteraceae – krautig, mehrjährig, 2–50 cm hoch, mit typischer grundständiger Blattrosette und blattlosem Blütenschaft, auf dem der Blütenkorb sitzt. Blütezeit April–Juli, Frucht mit einem gestielten Schirmchen (bestehend aus fedrigen Borstenhaaren, die von den zu einem Haarkranz umgebildeten Kelchblättern stammen) versehen, das der Verbreitung dient („Fallschirm").

Die Gattung *Taraxacum* weist in großen Teilen eine Fortpflanzungsstrategie auf, bei der die Samen auf ungeschlechtlichem Wege entstehen. Mutationen können so dazu führen, dass sich – durch fehlende Rückkreuzungen – leicht neue Merkmale durchsetzen und damit neue fixierte Formen („Kleinarten") entstehen. In Südtirol sind bislang knapp 50 solcher Kleinarten nachgewiesen, es dürften aber um ein Vielfaches mehr vorkommen. Die Bestimmung von *Taraxacum*-Arten ist eine Sache von absoluten Experten. Löwenzähne finden sich in allen Höhenlagen, dabei sind einzelne Arten und Artengruppen auf bestimmte Lebensräume konzentriert: So sind u. a. in alpinen Lebensräumen die Artengruppen des Alpen-Löwenzahns (*Taraxacum* sect. *Alpina*) und des Schwärzlichen Löwenzahns (*Taraxacum* sect. *Alpestria*) vertreten, in Feuchtlebensräumen jene des Sumpf-Löwenzahns (*Taraxacum* sect. *Palustria*), in trockenen Lebensräumen jene des Schwielen-Löwenzahns (*Taraxacum* sect. *Erythrosperma*) und in (Fett-)Wiesen und auf Ruderalflächen der Tieflagen jene des Gewöhnlichen Löwenzahns (*Taraxacum* sect. *Taraxacum*)

Der Löwenzahn ist *die* Wiesenblume schlechthin und weist eine dementsprechende Fülle an volkstümlichen Bezeichnungen auf. Allein in Südtirol konnten 29 Namen für Blätter, Blüten und Fruchtstand erfragt bzw. der einschlägigen Literatur entnommen werden. Die Namen beziehen sich auf die mannigfache Nutzung als Nahrungsmittel, Futter- und Spielpflanze. Allerdings sind keine sehr alten Blumennamen darunter, denn das massenhafte Auftreten fällt erst in die letzten Jahrzehnte, seit die übermäßige Düngung dieser Art zugute kommt. Auch wenn der Laie nicht zwischen den zahlreichen Löwenzahn-Arten unterscheidet, die mundartlichen Bezeichnungen sind letztlich vor allem auf die Artengruppe des Gewöhnlichen Löwenzahns zu beziehen, denn diese ist die vorherrschende in der Kulturlandschaft.

Mundartlich	Pflanzenteil	Belegorte
Zigori; Zigouri (m.)	Blatt	Algund, Meran, Schenna, Tisens, Unsere Liebe Frau im Walde, St. Felix, Vöran, Kaltern, Ritten, Brixen, Milland, Schabs, Freienfeld; Partschins, Welschnofen, Latzfons
Zigore; Zigoure (m.)		Sarntal; Ulfas/Passeier, Mölten, Terenten

Zigorri; Zigorre (m.)		Kurtatsch; Getzenberg/ Kiens
Zickåri (m.)		Tramin
Ziggouri; Ziggori (m.)		Aldein; Spinges, Montan
Rossziggouri (f.)		Tramin, Kurtatsch
Zigouripluam (f.)	Blüte	Plaus
Wisasoulat[955] *(m.)*	Blatt	Langtaufers
Fåckaploam, -pluam (f.)	Blüte	St. Valentin a. d. H., Planeil, Schluderns, Matsch, Taufers i. M., Laatsch, Prad, Trafoi, Eyrs
Fåcknpluam (f.), -en (Pl.)		Laas, Schlanders, Martell, Ulten, Kastelbell-Tschars[956], Naturns, Plaus
Fåcknpliëml (n.), -lar (Pl.)[957]		Sarntal
Fåcknpuschn (Pl.)		Ulten, Flaas, Sarntal, Durnholz, Latzfons
Fåcknzenn (Pl.)	Blatt	Unsere Liebe Frau im Walde
Schwãipluam (f.), -en (Pl.)	Blüte	Schnals, Naturns
Schwaiplüemen[958] *(Pl.)*	Blüte	Sölden, Längenfeld (Ötztal)
Schwaikraiter[959] *(Pl.)*	Blatt	Tumpen (Ötztal)
Kroutn-, Krotnkraut (n.)	Blatt	Lana[960], Tisens, Terlan, Eppan, Deutschnofen[961]
Denti de cáin (Pl.)		Salurn, Laag
Huntnzånn (m.), -zenn (Pl.)		Proveis, Laurein
Huntnzenn (Pl.)[962]		Fersental
Huntsolet, -sålet (m.)		Kaltern
Huntploam (f.)	Blüte	Kurtatsch
Rearlkraut (n.)	Blatt	Ritten, Villanders, Verdings, Tiers, Völser Aicha, Seis, Kastelruth, Lajen, Villnöß
Schwaireare[963] *(Pl.)*	Blatt	Sölden, Längenfeld (Ötztal)

955 Joos (2010), S. 567
956 Kaserer (2007), S. 11
957 Gruber (2005), S. 54
958 Ötztaler Dialektwörterbuch, http://oetztalermuseen.at/dialektwoerterbuch/?dir=32&name-directory-search-value=%C3%B6wenzahn&dir=32#name_directory_position; abgerufen am 15.09.2022
959 Ötztaler Dialektwörterbuch, http://oetztalermuseen.at/dialektwoerterbuch/?dir=32&name-directory-search-value=%C3%B6wenzahn&dir=32#name_directory_position; abgerufen am 15.09.2022
960 Sagmeister (2009), S. 20
961 Zelger (2004), S. 49
962 Marchesoni & Toller (2015), S. 217
963 Ötztaler Dialektwörterbuch, http://oetztalermuseen.at/dialektwoerterbuch/?dir=32&name-directory-search-value=%C3%B6wenzahn&dir=32#name_directory_position; abgerufen am 15.09.2022

Milchpischl (m.)	Blüte	Ridnaun, Telfes
Milchpuschn (Pl.)		Ulfas/Passeier
Milchpluame (f.)		Platt/Passeier, Mareit, Gasteig/Ratschings, Pflersch, Pfitsch[964]
Milchpluime (f.), -pluim (Pl.)		Antholz
Kuapluame (f.); Kuapluamen (Pl.)		Pfitsch; St. Valentin a. d. H.
Hunschritt[965] (m.)	Blatt	Kiens
Hosngros (n.)		Gasteig/Ratschings
Genseplüi (f.), -plüime (f.) -*plüim (Pl.)*	Blüte	Ahrntal, Weißenbach, Mühlwald
Genspliëblan (Pl.)	Blüte	Prettau
Gensegråss; -gros (n.)	Blatt	Ahrntal, Prettau, Weißenbach/Ahrntal; Pfitsch
Sunnenpluim (f.)	Blüte	Vals/Mühlbach
Gelpluim (f.), Maidnpluime[966] (f.)	Blüte	Gsies
Maidnpluime[967] (f.), -pluim (Pl.)		Sexten
Maipluime (f.)		Vierschach
Raditschn (Pl.)	Blatt	Prags, Vierschach, Toblach[968]
Plattlgros (n.)		Tschögglberg
Rouserer[969]	Blatt	Tramin
Ggaunggl (Pl.)	Fruchtstand	St. Magdalena/Gsies
Latearnlan (Pl.)	Fruchtstand	Prags
Kåtzn[970] (Pl.)	Fruchtstand	Sexten
Waudl[971] (Pl.)	Fruchtstand	Deutschnofen
Plåserlen[972] (Pl.)	Fruchtstand	Tramin
Plosa (Pl.)	Fruchtstand	Pfunders

964 Christensen (2014), S. 114
965 Schatz (1955), S. 277
966 Insam (1954), S. 342
967 Stauder (2019), S. 127
968 Mittich-Steinwandter (2024, Nr. 1), S. 26
969 Wirth (2021), S. 375
970 Stauder (2019), S. 110
971 Zelger (2004), S. 89
972 Wirth (2021), S. 373

HERKUNFT UND BEDEUTUNG

Die Blattrosette des Löwenzahns wird zeitig im Frühjahr in Wiesen und an Waldrändern „gestochen" (ausgegraben) und als schmackhafter gesunder Wildsalat zubereitet. Die in der Pflanze enthaltenen Bitterstoffe lindern Galle- und Verdauungsstörungen. Im bairischen (1780 *Wilder Zikori*, Wien; 1806 *Cichorien*, um Salzburg[973]) und alemannischen (*Zigori-chrut*, Kanton Uri[974]) Sprachraum – und damit auch in Tirol – heißen die jungen Blätter **Zigori**, *Ziggorre* usw. Dies ist das Ergebnis einer Übertragung des botanischen Artnamens *Cichorium (intybus)* „Gewöhnliche Wegwarte" auf den Löwenzahn, da aus der Wurzel der Wegwarte und wohl auch des Löwenzahns früher ein Kaffee-Ersatz gewonnen wurde. Das Wort Zichorie leitet sich von gr. *kichórion*, *kichóreia* ab, dessen weitere Herkunft unbekannt ist.[975] Der Begriff *Chicorée* ist Französisch und bezeichnet die Salatzüchtung *Cichorium intybus* var. *foliosum*.

In Langtaufers kennt man den Wiesensalat, im Gadertal die *salata de pre* und in Kaltern den Hundssalat. In Prags und in Vierschach werden die Blätter *Raditschen* genannt (alpenrom. **raditšja* = „Wurzel"; gemeint ist die dicke Pfahlwurzel; in Buchenstein nennt man die Wurzeln *radicia*[976]) und im Frühjahr geht man entsprechend „Raditschen stechen".

Im gesamten Vinschgau wird die Pflanze **Fackenblume** (mda. *Fåck* = „Schwein") genannt, in Schnals Schweinblume. In einem Areal, das sich von Ulten über den Tschögglberg, das Sarntal bis nach Latzfons/Eisacktal erstreckt, ist hingegen der Name Fackenbuschen (mda. *Puschn* = „Blumen") verbreitet. Bezeichnungen mit „Schwein" bzw. *Fåck* weisen einerseits auf die Gewöhnlichkeit der Pflanze hin, andererseits graben Schweine auf der Frühlingsweide nach der nahrhaften Löwenzahnwurzel bzw. fressen die Blätter.

Im Etschtal, teilweise Überetsch und vereinzelt auf dem Regglberg kennt man das **Krötenkraut** (mda. *Krotnkraut*), wohl aufgrund des gewöhnlichen Vorkommens bzw. einer gewissen Geringschätzung. Auch blüht der Löwenzahn in tieferen Lagen bereits im April zur Zeit der Krötenwanderung. Der Name *Krottenkraut* u. Ä. ist im alemannischen und bairischen Dialektraum verbreitet.

Die **Fackenzähne**, Hundenzähne (Deutschnonsberg, Fersental) bzw. *denti de cain* (Salurn; *denti de cagn*[977] um Trient) beziehen sich auf die schrotsägeförmigen Blätter, ganz ähnlich wie der Büchername „Löwenzahn", eine Übersetzung von gr. *leontodon* (*leon* = „Löwe" und *odóntos* = „Zahn").

Im Eisacktal ist ein weiterer Namentyp verbreitet: das **Röhrlkraut**, das sich auf die Röhrenstängel der Pflanze bezieht. Schon im 16. Jh. sind die Bezeichnungen *Rörlinkrut und Rörlkraut*[978] belegt. Kinder haben früher mit den Stängeln gespielt: Man hielt diese so lange ins Wasser, bis sie sich aufrollten und spalteten. Danach wurden die Rohre ineinander gesteckt und aus ihnen „Wasserleitungen" gebastelt, mit denen man „Wasser gekehrt" hat, wie sich eine Gewährsperson aus Villnößschmunzelnd erinnert. Dies ist auch der Grund, warum der Löwenzahn in Mölten auch als *Schpuzer* („Spritzer") bezeichnet wurde. Aus den Röhrchen wurden zusätzlich Ringe oder Kränze angefertigt und aus Löwenzahnwurzeln wurde der „Röhrltee" für Lungenkranke bereitet.

---

973 Marzell (1943–1979), Bd. 4, Sp. 649
974 Marzell (1943–1979), Bd. 4, Sp. 649
975 Marzell (1943–1979), Bd. 1, Sp. 1384, 1385
976 Pedrotti & Bertoldi (1930), S. 396
977 Pedrotti & Bertoldi (1930), S. 396
978 Marzell (1943–1979), Bd. 4, Sp. 607

Im Wipptal, im hinteren Passeier und teilweise in Antholz wird der Löwenzahn aufgrund seines weißen Milchsaftes **Milchblume** bzw. Milchbüschl genannt (mda. *der Pischl* = „Blume"). Aus Tartsch ist das *Milchkraut* für *Leontodon hispidus* bekannt. Die Bezeichnung Kuhblume (Pfitsch, St. Valentin auf der Haide) soll mit der milchfördernden Eigenschaft der „Milchblume" zu tun haben.

In Mühlwald, Ahrntal und Prettau wird der Löwenzahn als **Gänseblume** (mda. *di Genspliëblan*, *Genseplüime* u. Ä.) bezeichnet, das Kraut ist das Gänsegras. Im Ahrntal weiß man: Wenn Gäns e und Schafe im Frühjahr in den Löwenzahnwiesen weiden, dann wächst danach nicht mehr viel davon. Auch in Mühlwald wird beobachtet, dass der Löwenzahn vor allem von Gänsen gefressen wird. Gänse hielt man in den kalten Pusterer Seitentälern wegen ihrer wärmenden Daunenfedern.

Im Hochpustertal (Gsies, Sexten, Vierschach) ist der Löwenzahn aufgrund der Hauptblütezeit im Mai einfach die **Maienblume** (mda. *di Maidnpluime*). In Gsies wird er übrigens nur Gelpluime genannt, es ist also die „gelbe Blume" schlechthin, wie übrigens auch in Wetzlar in Mittelhessen[979]. In Gröden und Gadertal wird die Löwenzahnblüte mit dem gelben Maisbrei, der *pulënta*, verglichen.

Das Plattlgras am Tschögglberg rührt wahrscheinlich von der flachen gedrückten Blattrosette her. Im Grödnerischen wird auf die gute Bienentracht hingewiesen, denn dort wird die Pflanze u. a. *ciof dla eves* („Bienenblume") genannt.

Ein noch bekannteres Kinderspiel als das Basteln von Kränzen und Leitungen ist das Wegblasen der einzelnen, mit einem „Fallschirm" ausgestatteten Früchte. In Ladinien heißen die Schirmchen *löms* („Lichtlein"). In Prags ging man als Kind *Latearnlan plosn* („Laternchen blasen"), in Tramin wird die Pusteblume *Plåserlen* („Blaserlen"), in Pfunders *Plosa* („Blaser") genannt, in Deutschnofen sind es die *Waudl* („Schopf"), im Gadertal die *baudl*, in Sexten die *Kåtzn* (aufgrund der weichen Härchen?) und in Gsies die *Gaunggl*, womit eigentlich der runde Haarknoten der Frauen bezeichnet wird.

• Thymus

Quendel, Thymian | Timo | Timian, Messaron | Tim de ciamp, Mesaron de pra

Lamiaceae – Zwergstrauch mit kriechenden Stängeln, 5–20 cm hoch. Blütezeit Mai–September.

Neben dem Echten Thymian (*Thymus vulgaris*), einer mediterranen, nicht einheimischen Art, die in den Gärten als Gewürzkraut kultiviert wird, kommen in Südtirol mindestens drei wild wachsende Arten und mehrere Unterarten vor:

Thymus pulegioides (Arznei-Quendel): mit scharf vierkantigen Blühtrieben; subsp. *pulegioides* verbreitet in ganz Südtirol in Magerwiesen und -weiden; subsp. *carniolica* verbreitet in Trockenrasen vor allem des Vinschgaus.

Thymus praecox (Kriech-Quendel): Blühtriebe mit rundlichem Querschnitt, mit langen vegetativen Kriechtrieben; subsp. *praecox* verbreitet in Trockenrasen und Föhrenwäldern der Haupttäler, subsp. *polytrichus* in Schuttfluren und Magerrasen aller Hochlagen Südtirols.

Innsbrucker Quendel (*Thymus oenipontanus*) und Gebirgs-Kriech-Quendel (*Thymus praecox* subsp. *polytrichus*)

979 Marzell (1943–1979), Bd. 4, Sp. 610

Thymus oenipontanus (Innsbrucker Quendel): mit aufsteigenden Trieben, die meisten mit einem Blütenstand endend; verbreitet in Trockenrasen der wärmsten Lagen, besonders im Tal der Etsch.

Vom Laien werden die einzelnen wild wachsenden Arten in der Regel nicht unterschieden.

Mundartlich	Belegorte
Karwendl, -wendelen (Pl.)	Rojen, Martell, Naturns, Tramin, Gsies
Kᵉrwendl (m.)	Matsch, Stilfs
Kårwendlan (Pl.)	Schluderns
Karwendlkraut (n.)	Taufers i. M.
Grawendlen (Pl.)	Schnals
Kowendl, Kåwendli[980] *(m.)*	Sarntal
Lawendl (m.)	Schlanders, Pfitsch
Kwendla	Kastelruth
Kuendl (f., m.)	St. Walburg/Ulten, Vöran, Mölten, Ridnaun, Terenten, Toblach
Kbendl, Kuendl (m.)	Laurein
Kuenggl[981] *(m.)*	Sexten
Moserun (m.)	Villanders
Wilder Maserun (m.)	Villnöß
Roandermaserun (m.)	Lüsen[982], Villnöß
Kranzlkraut (n.)	Verdings, Latzfons[983], Villanders[984], Pustertal
Jungfer(n)zucht (f.)	Eisacktal[985], Brixen[986]
Paidnplua[987] *(n.)*	ohne genaue geografische Angabe
Paidnpluime[988] *(f.)*	Pustertal
Genëisiger Schtrëip[989] *(f.)*	Afing
Waichis	Mühlwald

Karwendlkraut und Haberraut vertreibt alle Bettelhaut![990]

— Spruch aus dem Eggental

980 Gruber (2005), S. 98, als „wilder Thymian"
981 Stauder (2019), S. 170, als „Sand-Thymian"
982 Prosch (1923), S. 256
983 Bibliotheksgruppe Latzfons (2004), S. 62
984 Fink (1972), S. 160
985 Dalla Torre (1895), S. 68, als „*Thymus serpyllum*"
986 Pritzel & Jessen (1882), S. 401, als „*Thymus serpyllum*"
987 Fink (1972), S. 28
988 Kerschbaumer-Sigmund (1985), S. 111, als „*Thymus serpyllum*"
989 Fink (1972), S. 142, als „Feldthymian"
990 „Quendel und Edelraut' vertreiben jede Teufelshaut"; aus: Zingerle (1891), S. 39

HERKUNFT UND BEDEUTUNG

Verbreitet sind mundartliche Abwandlungen des Büchernamens *Quendel*, der im Vinschgau zu *Krwendl*, in Schnals zu *Grawendl* und im Sarntal zu *Kowendl* „zerdehnt“ wurde. Die Lautähnlichkeit und der Wohlgeruch führten sogar zur Übertragung *Lawendl* (Echter Lavendel, *Lavandula angustifolia*). Auch das für Nordtirol belegte *Kundl-*, *Kudl-* oder *Kuttelkraut*[991] wird auf das Wort „Quendel“ zurückgeführt. Dieses lautet in ahd. Glossen *kwenela*, *chenela*, *quonila* usw.[992] und bezeichnete die würzig duftenden Lippenblütler *Thymus*, *Satureja* (heute: *Clinopodium*) sowie *Origanum*. Es handelt sich um eine Entlehnung aus lat. *cunīla*, *conīla*, dies letztlich zu gr. *koníle*. Bemerkenswert ist, dass *Conilum* in den romanischen Sprachen nicht bewahrt, sondern durch *Thymus* ersetzt wurde.

Im Eisacktal wird für den Quendel hie und da der Mundartname *Wilder Maserun* bzw. *Roandermaserun* (mda. *Roander* = „Abhänge, Böschungen“) gebraucht, so auch im Grödnerischen *mesaron de pra*. Das mda. *Maserun* steht im Allgemeinen für das Gewürzkraut Majoran.

Der Name *Paidnplua* („Bienenblüte“) bzw. *Paidnpluime* („Bienenblume“) kommt von der ergiebigen Bienenweide; zu mda. *di Pai(e)* = „Biene“ und *der Plua* = „Blüte“.

Eine Besonderheit ist die humorvolle Bezeichnung *Genëisiger Strëip* („Jenesier Streu“). In den warmen Lehnen zwischen Bozen und Jenesien wächst reichlich Quendel, von dem man spöttisch meint, dass er von den *Nëisingern*, den Einwohner Jenesiens, als Stallstreu verwendet werde. Eine Befragung in Afing ergab jedoch, dass damit das kultivierte Bohnenkraut (*Satureja hortensis*) gemeint sei. Möglicherweise sind mit *Nëisinger Strëip* in der Bozner Umgebung alle – auch wild wachsende – Lippenblütler der Gattungen *Thymus*, *Clinopodium* und *Origanum* gemeint, ähnlich wie im Falle von *kwenela* (Quendel).

Im Eisacktal kennt man das *Kranzlkraut*, weil aus dem Quendel die Jungfrauenkränze bei kirchlichen Prozessionen angefertigt wurden. Dem Volksglauben nach schützen die zu Fronleichnam geweihten Kränzchen vor Blitzeinschlägen.[993]

Mit den Jungferkränzen einher geht der Name Jungfer(n)zucht, der seine Entstehung einer Legende verdankt. Als die Jungfrau Maria über das Gebirge zu Elisabeth ging, ließ sie sich ermattet auf das weiche, wohlriechende Thymiankraut nieder, das dadurch für alle Zeiten geheiligt wurde. Bei ihrer Vermählung mit dem hl. Josef setzte sie sich einen Kranz blühenden Quendels auf das Haupt – als Zeichen der jungfräulichen Josefsehe. Die *Krawendelen* bilden als geweihte Kräuter einen Teil des Kräuterbuschens, schützen vor „Anzettelungen“ böser Geister und den Nachstellungen des „Wilden Mannes“.[994] In Mühlwald ist *Waichis* („Geweihtes“) Teil des Kräuterbuschens.

VOLKSMEDIZINISCHES

Der Arznei-Quendel (*Thymus pulegioides*) riecht besonders würzig, manchmal duftet er sogar intensiv nach Zitrone. Die Früchtchen tragen nahrhafte Ölkörperchen und werden von Ameisen in ihre Bauten geschleppt. Die ätherischen Öle lindern Katarrhe der Atemwege. *Thymus* kommt von altgr. *thymiama* = „Räucherwerk“, dies zum Verb *thyein* = „rauchen, opfern“. In der Antike bildete Thymian wie Weihrauch eine aromatische Beigabe in Opferfeuern.[995]

---

991 Rauschenfels (1801), S. 220; Schöpf (1866), S. 351
992 Marzell (1943–1979), Bd. 4, Sp. 700
993 Marzell (1943–1979), Bd. 4, Sp. 707
994 Pfaff (1926), S. 143, 144
995 Spohn et al. (2015), S. 496

• Tragopogon

Bocksbart | Barba di becco | Tuia

Asteraceae – krautig, mehrjährig, 20–70 cm hoch. In Südtirol sind zwei Arten vertreten. *Tragopogon orientalis* (Großblütiger Wiesen-Bocksbart) mit Hüllblättern des Blütenkorbes, die die Zungenblüten nicht überragen. Vorkommen in Fettwiesen und an Wegrändern, vom Tal bis 2000 m, in ganz Südtirol.
Tragopogon dubius (Großer Bocksbart) mit Hüllblättern des Blütenkorbes, die die Zungenblüten deutlich überragen. Vorkommen auf trockenen Standorten, v. a. in Trockenrasen, vom Tal bis 1500 m, in den warmen Lagen Südtirols.

Die mundartlichen Bezeichnungen unterscheiden die beiden Arten nicht.

Mundartlich	Belegorte
Pogspårt (m.)	Naturns
-parschtl (n.)	Olang
Pöck-, Pockpå^rscht (m.)	Antholz[996], Getzenberg/Kiens
Pockparschte (Pl.)	Terenten
Pugspårt (m.)	Ober-, Mittelvinschgau, Prags, Vierschach
-pårtn (Pl.)	Taufers i. M., Stilfs
Pugs^erlan (Pl.)	Matsch, Langtaufers[997]
Pogster (m.)	Pflersch
Pogsta (Pl.)	Ridnaun, Telfes, Gasteig/Ratschings
Tugsta (m.), Tugstare (Pl.)	Pfitsch
Barba de bégh (f.)	Buchholz, Laag
Goaspårt (m.)	Ritten, Tiers, Villanders, Ploseberg/Brixen[998]
Fugspårt (m.)	Ulten
Tschūtschn (Pl.)	Burgeis

Großblütiger Wiesen-Bocksbart (Tragopogon orientalis) und Großer Bocksbart (Tragopogon dubius)

Die mundartlichen Bezeichnungen weichen nur gering von der standarddeutschen Bezeichnung Bocksbart ab. Im Vinschgau (*Pugsbårt*) ist es zu einer Angleichung an den Buchsbaum gekommen. In den Seitentälern rund um Sterzing hingegen wurde der *-bart* zu *-ter* bzw *-ta* reduziert (*Pogsta*), in Pfitsch wechselte zusätzlich der Anlaut von *P-* zu *T-*, es entstand der *Tugsta* bzw. im Pfitscher Plural die *Tugstare*. Analog zum Bocksbart ist in den italienischen Mundartgebieten des Unterlandes die Bezeichnung *barba de begh* („Bocksbart") verbreitet.

996 Pallhuber (2016), S. 139
997 Joos (2010), S. 568
998 Jocher (2010), S. 511, als „Wiesenbockskraut"

Der geschlossene Fruchtstand dieser bekannten Wiesenblume erinnert an den Bart eines Ziegenbocks, daher der wissenschaftliche Name *Tragopógon* (altgr. *tragos* = „Bock“ und *pogon* = „Bart“).

Im Eisacktal wird der Ziegenbock durch die Geiß (Geißbart), in Ulten durch den Fuchs (Fuchsbart) ersetzt. Am Ploseberg wird die nur am Vormittag geöffnete Blüte des Bocksbartes *Goaspårtplue* genannt.

Viele Gewährspersonen erinnern sich schmunzelnd daran, wie sie als Kinder die süßlichen Stängel des Bocksbartes gekaut bzw. ausgesaugt haben, davon zeugt der Name *Tschūtschn* (Burgeis; mda. *tschutschn* = „saugen, auslutschen“, Lehnwort zu rom. *ciucár* = „saugen“). Die jungen Sprosse und die Pfahlwurzel eignen sich über das Nuckeln hinaus auch als Wildgemüse.

In der Fraktion Wiesen bei Sterzing ist der Merksatz bekannt: *Wenn der Pocksta blüht, wird es Zeit zu mähen!*

• Trollius europaeus

Europäische Trollblume | Botton d’oro | Tornedöra, Popo ghel | Buton d’or

Ranunculaceae – krautig, mehrjährig, 20–50 cm hoch. Blütezeit Mai–Juli. Vorkommen in Sumpf- und Moorwiesen, Hochstaudenfluren und frischen Rasen vom Tal bis über die Waldgrenze. Verbreitet in ganz Südtirol.

Mundartlich	Belegorte
Totter-, Dotterpluam, -ploam (f.)	Rojen, Schluderns, Matsch, Stilfs, Prad, Schlanders, Martell, Algund, Vöran, Aldein, Laag, Tiers, Völser Aicha, St. Leonhard/Brixen
Touterploam (f.)	Kaltern
Dottopuschn (Pl.)	Terenten
Putterknoll, -knolle, -knolla, -knöll (f.) *-knolln, -knölliler (Pl.)*	Partschins, Schenna, St. Walburg/Ulten, Tisens, Tramin, Neumarkt, Aldein, Welschnofen, Durnholz, Ritten, Tiers, Kastelruth, Villnöß, Villanders, Verdings, Milland, St. Leonhard/Brixen, Freienfeld, Mareit, Ridnaun, Sterzing, Pflersch, Pfitsch, Vals/Mühlbach
Puttoknolle (f.) (m.) *-knoll (Pl.)*	Rodeneck, Kiens, Getzenberg/Kiens, Terenten, Olang, Gsies, Prags, Toblach[999], Sexten[1000], Vierschach, Winnebach
Putterpluam (f.)	Milland
Puttrpliamlan (Pl.)	Langtaufers[1001]
Puttopluim (Pl.)	Pfunders
Putternåpfn (Pl.)	Ridnaun
Schmålzknoll(e), -knolln; -knöll(e) (f.)	Schnals, Naturns, Platt/Passeier, Unsere Liebe Frau im Walde, Mölten, Pens, Tiers; Steinhaus/Ahrntal

999 Mittich-Steinwandter (2023, Nr. 1), S. 29
1000 Stauder (2019), S. 170
1001 Joos (2010), S. 567

-knélliler (Pl.)	Laurein
-kachelen (Pl.)	Schlanders
-pundl (f.), -pundele (n.)	Martell, Lüsen[1002], Flaas, Afing, Sarnthein
-knuidl (Pl.)	Ulfas/Passeier
-patzlen (Pl.)	Weißenbach/Ahrntal
-pfandler (Pl.)	Ulten
-ploaman, -pliamlan (Pl.)	Stilfs, Langtaufers[1003]
-pullilan (Pl.)	Villgraten[1004]
Schmelzpundl (f.), -pfandl (n.)	Prad, Martell[1005], Naturns, Prettau[1006]
Pumperschlëigl (Pl.)	Truden
Rolln (Pl.)	Taufers i. M.
Mousglogge (f.)	Villanders[1007]

HERKUNFT UND BEDEUTUNG

Die südtirolweiten Bezeichnungen dieser bekannten Blume ähneln einander stark und sind geografisch nicht scharf abgrenzbar. Farbe und Form des Blütenkopfes werden mit dem Eidotter (Dotterblume), der Butter (Butterknolle) sowie dem Schmalz (Schmalzknolle) verglichen. Die Namen überschneiden sich teilweise mit jenen für die Gewöhnliche Sumpfdotterblume → *Caltha palustris*.

Im Obervinschgau, aber auch verstreut in anderen Landesteilen herrscht der Typ **Dotterblume** vor. Farbe und Form des kugeligen Blütenkopfes ähneln einem Eidotter bzw. dem Eigelb. Weiter verbreitet ist jedoch die Butterknolle, wie die Blume im Burggrafenamt, Unterland, Eisack-, Wipp- und Pustertal genannt wird. Dabei wird der Blütenkopf mit der frisch getriebenen gelben Almbutter verglichen, die zu Knollen bzw. *Knélliler* („Kügelchen") geformt und – in *Plëtschen* (→ *Rumex alpinus*) eingewickelt – transportiert wird. In Ridnaun gibt es die Sonderform Butternapfen (mda. *Nåpf* = „kleine tiefe gedrechselte Holzschüssel für Milch, Käse und Nägel").

Alternativ zur Butterknolle kennt man in Schnals, Passeier, Ahrntal usw. die **Schmalzknolle**. Schmalz wird aus Butter durch Erhitzen und Klären gewonnen. Darüber hinaus werden mit *Schmålz* auch verschiedene Arten tierischen Fettes bezeichnet. Das Wort geht auf ahd. *smalz*, germ. *smalta-* = „Geschmolzenes" und letztlich auf idg. **meld-* = „schlagen, zermalmen, weich"[1008] zurück.

Die kugelige Blüte der Trollblume wird darüber hinaus auch mit einer *Kåchl* = „Schüssel", *Pundl* = „Kanne; Gefäß aus Blech oder Holz; Bottich"[1009], einem *Knuidl* = „Knäuel", *Patzl* = „kleiner Batzen", *Pfandl* = „kleine Pfanne", oder einer *Pulle* = „Gefäß, Kufe" (Lehnwort aus lat. *ampulla* = „Krug, Flasche"[1010]) verglichen.

Aus den gängigen Benennungsmotiven stechen zwei Ausnahmen heraus: die Pumperschlögel aus Truden, die an die Trommelschlägel zum „Pumpern" erinnern, die Moosglocke aus Villanders, die allerdings nicht mehr erfragt werden konnte, und die Rollen aus Taufers im Münstertal. Letztere sind am ehesten mit den eingerollten Blütenköpfen zu erklären, eine „Rolle" bezeichnet nämlich etwas Kugeliges. Die Münstertaler Rollen bilden die Fortsetzung der *rolls* aus Ramosch (Unterengadin) sowie der *Rollblumen* des gesamten alemannischen Dialekt-

1002 Prosch (1923), S. 255
1003 Joos (2010), S. 567
1004 Lang-Reitstätter (1935), S. 81
1005 Pfitscher (2001), S. 99
1006 Duregger et al. (2009), S. 172
1007 Fink (1972), S. 194
1008 Köbler (2014); http://www.koeblergerhard.de/ahd/ahd_s.html; abgerufen am 25.04.2022
1009 Schatz (1955), S. 119
1010 Schatz (1955), S. 118

Raumes[1011]. Übrigens leitet sich auch der Büchername *Trollblume* vom Verb *trollen* = „rollen, wälzen“ ab.

In Vals (Mühlbach) und im Wipptal wird die Alpen-Grasnelke bzw. Schlernhexe (*Armeria alpina*) „Gamsrollen“ genannt, auch diese weist einen kugeligen Blütenstand auf.

WISSENSWERTES

Nur kleine Fliegen und Käfer gelangen in die Blüte der Trollblume. Wichtigste Bestäuber sind Fliegenarten, die ihre Eier in der Blüte ablegen. Ihre Larven fressen von den sich entwickelnden Samen. Da meist nicht viele Larven in einer Blüte fressen, verbleiben der Pflanze genügend Samen, um sich zu vermehren.[1012]

• Tussilago farfara

Huflattich | Tossilaggine comune |
Flu de lavac, Lavac blanch, Erba de merz |
Pleces de liever, Lavac

Asteraceae – krautig, mehrjährig, 5–15 cm hoch (wenn blühend). Blütezeit Februar–Juni (je nach Höhenlage), Blütenstängel erscheinen früher als die grundständigen Laubblätter. Vorkommen auf lehmigen, wasserzügigen Böden in einer Reihe von offenen Lebensräumen, wie Straßenrändern, Schuttplätzen, Sandgruben, Ufern, Äckern. Überall häufig, vom Tal bis über die Waldgrenze.

Mundartlich	Pflanzenteil	Belegorte
Såntplertsch (f.), -plertschn	Blatt	Martell[1013], Schnals, Vöran, Mölten
-plerchn (Pl.)		Taufers i. M.
-pliëmlen, -ler (Pl.)	Blütenkorb	Schnals, Passeier
-lobisn, -lobesn (Pl.)	Blatt	St. Walburg/Ulten, Proveis, Laurein
Lānplëtsch[1014] (f.)		Afing
-plertschn (Pl.)		Flaas
Luemplëtschn[1015] (Pl.)		Tiers
Påchplëtschn (Pl.)		Kastelruth
-lobisn[1016], -låbbisn (f. Pl.)		Lüsen, Getzenberg/Kiens
-gansl (n.)		Vals/Mühlbach
-pliëmlan (Pl.)	Blütenkorb	St. Magdalena/Gsies
-pischilan (Pl.)		Pfunders

1011 Marzell (1943–1979), Bd. 4, Sp. 821, 822
1012 Spohn et al. (2015), S. 290
1013 Pfitscher (2001), S. 111
1014 Fink (1972), S. 170
1015 Robatscher (2003), S. 144
1016 Prosch (1923), S. 256

Eisltritt; -trit (m.)	Blatt	Aldein, Ahrntal[1017], Prettau[1018]; Kaltern, Tramin
Pei de múl (Pl.)		Laag
Mërzapleaml; -pliaml (n.)	Blütenkorb	Stilfs, Prad, Lichtenberg, Schluderns, Matsch; Rojen, Langtaufers[1019], St. Valentin a. d. H., Taufers i. M.
Mërz(n)pliëml (n.), -lan (Pl.)		Martell, Afing, Lüsen[1020], Prags, Toblach
-pecher (m.)		Naturns, Plaus
Mërschz-Waigerle (n.)		Pfitsch
Jöüsefnpliëblan (Pl.)		Ahrntal, Weißenbach
Påchreasl[1021], Saidnreasl (n.)		Sexten
Huaschtnpliëml (n.)		Milland

HERKUNFT UND BEDEUTUNG

Der Volksmund unterscheidet beim Huflattich Blätter und Blüten, da beides zeitlich getrennt erscheint.

Viele volkstümlichen Bezeichnungen beziehen sich auf die Vorliebe des Huflattichs für Lehm- und Tonmergelböden, wie sie an Grabenrändern und Geländeabbrüchen häufig sind. An sandigen Standorten siedelt sich der Huflattich als Pionier an.

Im Obervinschgau kennt man die **Sandplerchen** (in der Gemeinde Graun im Vinschgau gibt es auf 1900 m einen steilen Waldhang, das *Såntplerchroan*), in Ulten und am Deutschnonsberg die Sandlobesen, in Tiers die Luemplötschen (mda. *Luem* = „Lehm") und in Flaas am Tschögglberg die Lahnplertschen (mda. *Lan* = „Erdrutsch, Lawine"). Kombiniert wird der Standort mit der mundartlichen Allgemeinbezeichnung für große Blätter: Plerchen, Plörtschen, Lobisen (in Ladinien *lavac*) u. Ä. (Alpen-Ampfer → *Rumex alpinus*). Die Nähe zu den Wildbächen kommt in den Pusterer **Bachlobisen** sowie in den Valser Bachgansln zum Ausdruck. Mit den *Gansln* könnte die Blüte gemeint sein: knallgelb wie ein Gänseschnabel. In Laurein wird mit *Ganzl* allerdings die Herbstrübe (*Brassica rapa* subsp. *rapa*) bezeichnet. In Gröden werden die Huflattichblätter *pleces de liever* (in etwa „Hasenplötschen") genannt.

Auf die Form des Blattes beziehen sich die Bezeichnungen **Eseltritt** (Unterland, Regglberg, Ahrntal) sowie *pei de mul* („Maultiertritt, -huf"; Laag). Die Blätter ähneln in der Tat dem Hufabdruck eines beschlagenen Pferdes, Esels oder Maultieres. Bereits im Jahre 1534 ist der *Eselshuff*[1022] belegt, ein Rückgriff auf das lat. *ungula asinina* („Eselshuf)"[1023]. Auch der deutsche Büchername Huflattich greift dieses Benennungsmotiv auf.

Auf die frühe Blüte, die an begünstigten Standorten manchmal im Februar und auch schon mal im Januar erscheint, verweisen die Bezeichnungen **Märzenblüml** (Vinschgau, auch Pustertal; im 17. und 18. Jh. *Mertzenblume*[1024]), Märzenbecher (Naturns), *erba de merz* (Gadertal) sowie März-Waigerle (Pfitsch). Das Pfitscher

1017 Duregger et al. (2009), S. 171
1018 Kerschbaumer-Sigmund (1985), S. 11, 71
1019 Joos (2010), S. 567
1020 Prosch (1923), S. 256
1021 Stauder (2019), S. 158
1022 Marzell (1943–1979), Bd. 4, Sp. 853
1023 Marzell (1943–1979), Bd. 4, Sp. 851
1024 Marzell (1943–1979), Bd. 4, Sp. 859

Waigerle ist wohl in Anlehnung an *Faigl* bzw. *Faigele* („Veilchen“) entstanden. Im Ahrntal wird die Blüte wegen des Namenstages des hl. Josef am 19. März (Blütezeit) Josefenblümlein genannt.

Die seidig glänzende Blütenfarbe war für die Sextner Anlass genug, die kleine Blume Bach- oder Seidenrösl zu nennen – allerdings hat der Huflattich mit einer Rose im botanischen Sinne nichts zu tun.

Nach der volksmedizinischen Anwendung wird der Huflattich mitunter auch Hustenblüml genannt.

Der Huflattich teilt viele Bezeichnungen mit der von Standort und Blatt sehr ähnlichen Pestwurz (v. a. *Petasites albus*). Die Blätter der Pestwurz werden als *Såntplerchn* (Passeier), *Såntplattlen* (Stilfs), *Påchpletschn* (Villanders), *Luempletschn* (Tiers), *Påch-Låwisse* (Olang), *Waislåbbisn* (Sexten) oder *Ëisltritt* (Ahrntal) bezeichnet.

VOLKSMEDIZINISCHE ANWENDUNG

Bei offenen Füßen, Entzündungen bzw. *Gschwëirer* („Geschwüren“) wurde der Huflattich als kühlende Auflage verwendet. Im Ahrntal wusste man sich nach langen Fußmärschen (etwa bei Wallfahrten) zu helfen: *åffton Kirrfaschtn gie, håt ma Ëisltritt af di Plouton augilëgg* („nach der Kirchwallfahrt hat man Eseltritt auf die Blasen aufgelegt“).

Darüber hinaus enthält die Pflanze Schleimstoffe, die Husten und Heiserkeit lindern (das lat. *tussilago* setzt sich aus *tussis* = „Husten“ sowie *agere* = „vertreiben“ zusammen). Wildpflanzen enthalten jedoch auch giftige Pyrrolizidin-Alkaloide.[1025]

• Vaccinium uliginosum agg.

Artengruppe Rauschbeere | Gruppo di mirtillo falso | Müscia, Misciagnora | Pudlëusa

Ericaceae – Zwergstrauch mit sommergrünen Laubblättern, Frucht blau. Dazu zählen zwei genetisch und karyologisch gut getrennte, aber morphologisch einigermaßen sicher nur durch die Blütengröße unterscheidbare Sippen:

Vaccinium gaultherioides (Kleinblättrige Rauschbeere): 5–15 cm hoch, niederliegend bis aufsteigend, Blätter meist schmäler als 1 cm, grau-grünlich. Vorkommen in bodensauren Zwergstrauchheiden der subalpinen und alpinen Stufe. In allen Gebirgen Südtirols sehr häufig.

Vaccinium uliginosum (Moor-Rauschbeere): 30–60 cm hoch, aufrecht, Blätter oft breiter als 1 cm und deutlich blaugrün. Vorkommen in Hochmooren und feuchten bodensauren Zwergstrauchheiden vom Tal bis an die Waldgrenze. In Südtirol zerstreut, vor allem in der östlichen Landeshälfte.

Im Herbst färbt sich der „Rausch“, der gemeinsam mit der Gämsheide (*Kalmia procumbens*) die windausgesetzten Bergrücken besiedelt, auffallend rot.

Kleinblättrige Rauschbeere (*Vaccinium gaultherioides*), Moor-Rauschbeere (*Vaccinium uliginosum*)

1025 Spohn et al. (2015), S. 292

Die beiden Sippen der Rauschbeere werden von der Bevölkerung nur ausnahmsweise differenziert. Rein aufgrund der Häufigkeit sind die allermeisten Bezeichnungen auf die Kleinblättrige Rauschbeere zu beziehen.

Mundartlich	Art	Belegorte
Rausch (m.)	*V. gaultherioides*	Burgeis
Rauschpëir(e) (f.)	*V. gaultherioides*	Burgeis, Stilfs, Laas, Ulten, Lana, Ridnaun, Sterzing
Schwintlpëir(e) (f.)	*V. gaultherioides*	Schnals, Freienfeld, Pflersch
Schwingglpëire (f.)	*V. gaultherioides*	Stuls, Platt/Passeier
Schturlpëir(e) (f.)	*V. ulig., gaulth.*	Flaas, Sarntal, Passeier[1026]
Lauspëir (f.)	*V. gaultherioides*	Ritten, Kastelruth, Seis[1027]
Fåltschpëir (f.)	*V. gaultherioides*	Laas
Mëlpëir (f.)	*V. gaultherioides*	Untervinschgau
Rosspëir (f.)	*V. gaultherioides*	Barbian
Rossschwårzper (Pl.)	*V. gaultherioides*	Feldthurns, Latzfons, Villanders
Përnschbårzper (Pl.)	*V. gaultherioides*	Laurein
Jouchschwårzper (Pl.)	*V. ulig., gaulth.*	Truden[1028], Eggental[1029]
Mousschtaudn (Pl.)	*V. gaultherioides*	Latzfons
Mousfåckn (Pl.)	*V. gaultherioides*	Villnöß, Vierschach
Mousefåckn, Mosefåckn	*V. gaultherioides*	St. Leonhard/Brixen, Vals/Mühlbach, Pfunders
Mousefackla (Pl.)	*V. ulig., gaulth.*	Pfitsch
Mossefåckn (Pl.)	*V. gaultherioides*	Kiens[1030], Getzenberg/Kiens, Terenten
Mössefåckn (Pl.)	*V. gaultherioides*	Ahrntal, Antholz[1031], Gsies
Fouglpëir (f.)	*V. gaultherioides*	Vals/Mühlbach
Plobpëir (f.)	*V. gaultherioides*	Schluderns, Matsch
Plobpëir (f.)	*V. uliginosum*	Burgeis
Pfrumml[1032] (f.)	*V. ulig., gaulth.*	Mauls
Fåcknpë[1033] (f.)	*V. ulig., gaulth.*	Ahrntal
Moosefacken[1034] (Pl.)	*V. uliginosum*	Lüsen
Mosifåcke (m.)	*V. uliginosum*	Olang
Këisslpëir[1035] (m.)	*V. ulig., gaulth.*	Sexten
Krāpa (Pl.)	*V. gaultherioides*	Mühlwald

1026 Dalla Torre (1895), S. 71
1027 Marzell (1943–1979), Bd. 4, Sp. 961
1028 Ortner (2005), S. 428
1029 Kühebacher (1975), S. 386
1030 Erardi-Gasser (1988), S. 526, als „Rauschbeere"
1031 Pallhuber (2016), S. 121, als „Rauschbeere, meist oberhalb der Baumgrenze"
1032 Fink (1972), S. 36, als „Sumpfheidelbeere"
1033 Moser (2015), S. 69
1034 Prosch (1923), S. 256
1035 Stauder (2019), S. 102

HERKUNFT UND BEDEUTUNG:

Die Früchte dieser Artengruppe tragen meist den Gegensatznamen zu den wohlschmeckenden Heidelbeeren („Schwarzbeeren"), nämlich Falschbeere, Jochbeere (Vorkommen auch oberhalb der Baumgrenze; Regglberg), Bärenbeeren (Laurein) und Ross(schwarz)beeren (Eisacktal).

Zudem gelten diese „Nicht-Heidelbeeren" als berauschend und es wird einem von ihrem Genuss schwindelig. Davon zeugen die Namen Schwindelbeere (Schnals, Passeier, Wipptal), Sturlbeere (Tschögglberg, Sarntal; mda. *Schturl* = „Aufgeregtheit, Zorn"[1036]) und eben Rauschbeere (Vinschgau, Burggrafenamt, Wipptal). Bislang konnte allerdings keine psychotrope Substanz, die eine berauschende Wirkung entfalten würde, entdeckt werden. Daher könnte der schmarotzende Schlauchpilz *Monilia megalospora* für Schwindelgefühl und Erbrechen nach dem Genuss größerer Mengen dieser Beeren verantwortlich sein. Der etwas unscharfe Pflanzenname „Rausch" (vgl. *Rauschgranten* → *Arctostaphylus uva-ursi*) könnte am Ende gar nichts mit einem Rausch zu tun haben, sondern auf eine frühe Entlehnung zu lat. *rūscum* = „Strauch; Mäusedorn" zurückgehen[1037].

Ebenfalls auf eine der Rauschbeeren bezieht sich die Bezeichnung Lausbeere (Ritten, Kastelruth), die eine Entsprechung im Grödnerischen *pudlëusa* findet (grödn. *podli* = „Läuse").

Ursprünglich wohl auf die Moor-Rauschbeere (*V. uliginosum*) bezogen sich die im Pustertal wohlbekannten *Mossefåcken* (frei übersetzt: „Moosschweine"), ein Name, der heute auch für *V. gaultherioides* und mitunter für die Heidelbeere verwendet wird. Die *Fåckn* („Schweine") sind vielleicht auf unheimliche Mooswesen zurückzuführen. Für die Region Bern sind jedenfalls die Pflanzennamen *Moosgogg* und *Moosputz*[1038] belegt. „Gogg" und „Putz" bezeichnen Schreckgestalten.

Eine weitere Überlegung: Der Namensbestandteil *Fåcken* (1801 erwähnt Candidus von Rauschenfels für das nahe Lienz die *Moosevaccen*) könnte eine frühe Entlehnung aus romanisch *vaccinum* = „Beerenstrauch" sein. In Vierschach und Sexten (Hochpustertal) wird aber gerade die Sumpfdotterblume (→ *Caltha palustris*) mit *Mossefåck* angesprochen – bei gleichzeitig genauer mundartlicher Abgrenzung zu den *Mousfåckn* (Rauschbeere)! Im ladinischen Gadertal hat sich mit *müscia* = „Moos" quasi die Kurzform von *Mossefåckn* etabliert.

Weitere Bezeichnungen, die sich ursprünglich auf die Moor-Rauschbeere beziehen, sind die Kesselbeere (Sexten; die Früchte sind etwas länglich und ähneln einem Kessel) und die Plobbeere (Burgeis; mda. *plob* = „blau"; die Moor-Rauschbeere hat eine hellere und leuchtendere Farbe als die Heidelbeere). In Burgeis wird deutlich zwischen der Rauschbeere (*V. gaultherioides*) und der Plobbeere (*V. uliginosum*) unterschieden.

Nah verwandt mit den „Rauschbeeren" ist die Artengruppe **Moosbeere** (*Vaccinium oxycoccos* agg.) mit den in Südtirol vorkommenden Arten *Vaccinium microcarpum* und *Vaccinium oxycoccos*. Beide Arten werden mit keinen besonderen mundartlichen Bezeichnungen angesprochen. Die **Krähenbeere** (*Empetrum hermaphroditum*), mitunter auch als *Rauschber*[1039] bezeichnet, gehört nicht zur Gattung *Vaccinium*.

1036 Schatz (1955), S. 617
1037 Hubschmid (1950), S. 84
1038 Marzell (1943–1979), Bd. 1, Sp. 745
1039 Moser (2015), S. 239, als „*Empetrum nigrum*"

Die viel gesammelte **Heidelbeere** (*Vaccinium myrtillus*) hat in den deutschen Mundarten Südtirols verhältnismäßig wenige Bezeichnungen. Sie wird allgemein *Schwårzper*, *Schbòrzber*[1040], *Schwåschzpa*, *Zwåschpa* („Schwarzbeere") oder *Mouspëir* (Vent, Ötztal) genannt. Die Staude heißt *Schwårzperzëite* (Passeier), *Zëtn* (Martell, Wipptal), *Schwåschzpaprååm* (Ahrntal) oder *Zwåschpaprume* (Sexten). Zu den Grundwörtern **Zete** → *Pinus mugo*, *Rhododendron* sowie **Prum(e)** → *Berberis vulgaris*, *Rhododendron*, *Vaccinium vitis-idaea*.

Im Gegensatz dazu haben der italienische Mundartraum und die dolomitenladinischen Idiome die alten, vorrömischen Bezeichnungen der Heidelbeere bewahrt: *dlasena* (Gadertal), *giásena* (Laag, Buchholz), *gialvëija* (Gröden), *cialvese* (Fassa) sowie *calvese*[1041] (Fleims). Es ist anzunehmen, dass die Räter dem Sammeln der Heidelbeere große Aufmerksamkeit schenkten, dienten die Beeren doch als Nahrungs-, Heil- und Färbemittel. Das Wort *Giasena* leitet sich von galloromanisch *glastum*[1042] > *glastena* = „bläulich färbende Beere" ab. Im Irischen gibt es das Farbadjektiv *glass* = „grün, grau, blau"[1043]. Damit ist das Wort mit dem deutschen *Glast* = „Glanz, Schimmer" und *Glas* urverwandt.

In *gialvëija* und *calvese* dagegen steckt die vorröm. Silbe **kel-*, **kāl-* = „graue, schwärzliche Farbtöne", womit *gialvëija* mit *Holunder* und dem russischen *kalína* = „Wolliger Schneeball" urverwandt sein dürfte und durchwegs Stauden mit schwarzen Beeren bezeichnet.[1044]

Abschließend wechseln wir von der dürren Sprachwissenschaft zur „saftigen" Volkskunde: Die Antholzer erhielten von ihren Nachbarn, den Rasnern, den Spottnamen *Ploᵘbföizza*[1045] („Blaumünder"), denn die Bewohner des hinteren Tales kamen im Sommer mit blaugefärbten Lippen und Zungen „aufs Land", nachdem sie längs des Weges *Schwårschzpa* gegessen hatten.

• Vaccinium vitis-idaea

Preiselbeere | Mirtillo rosso | Granëta | Granëta

Ericaceae – Zwergstrauch mit immergrünen Laubblättern, 10–20 cm hoch, Frucht rot. Vorkommen in bodensauren Föhren- und Fichtenwäldern, Zwergstrauchheiden, Mooren. In ganz Südtirol häufig, hauptsächlich zwischen 1000 und 2300 m.

Mundartlich	Pflanzenteil	Belegorte
Grantn (Pl.), Grant(e) (f.)	Frucht	Naturns/Nörderberg, Algund, Schenna, Ulten, Laurein, Lana, Tisens, Unsere Liebe Frau im Walde, Vöran, Mölten, Flaas, Afing, Sarntal, Durnholz, Kaltern, Tramin, Kurtatsch, Truden, Welschnofen, Ritten, Verdings, Feldthurns,

1040 Fersental; Marchesoni & Toller (2015), S. 220
1041 Pedrotti & Bertoldi (1930), S. 415
1042 Wiktionary; https://en.wiktionary.org/wiki/glastum; abgerufen am 28.04.2022
1043 Pokorny (1959), S. 432
1044 Pokorny (1959), S. 547, 548
1045 Pallhuber (2016), S. 15

		Tiers, Kastelruth, Lajen, Villnöß, Freienfeld, Lüsen[1046], Vals/Mühlbach, Pfunders, Terenten, Kiens, Ahrntal, Olang, Antholz, Gsies, Prags, Sexten[1047],Vierschach
-schtau (f.)	Pflanze	Durnholz
-rautsch (m.)	Pflanze	Laurein
Grentn (Pl.)	Frucht	Aldein, Deutschnofen[1048]
Granéle (f. Pl., it.)	Frucht	Buchholz, Laag
Gglanan (Pl.)	Frucht	Rojen, Langtaufers[1049], St. Valentin a. d. H., Stilfs
Gglane (Pl.)	Frucht	Matsch
Glanen (Pl.)	Frucht	Schluderns, Taufers i. M., Lichtenberg, Prad, Martell, Schlanders, Tschars[1050], Schnals, Naturns/Sonnenberg, Tall/Schenna
Glane (Sg.), Glan (Pl.)	Frucht	Passeier
-zëtn (Pl.)	Pflanze	Passeier
Gglan (Pl.)	Frucht	Ridnaun, Telfes, Pflersch, Pfitsch
-zëtn (Pl.)	Pflanze	Wipptal, Jaufental[1051]
Pråm (f.), Pråmin (Pl.),	Pflanze	Sarntal[1052]
Praml (n., Dim.), Praml^{a}r (Dim. Pl.)		Sarntal
Prum[1053], Brumm[1054]	Pflanze	Pustertal, Antholz
Grantenbrum[1055]	Pflanze	Villgraten
Pumbl[1056] (f.)		Etsch
Pumblpëir[1057] (f.)	Frucht	Vinschgau

Pätschln sain pächi,
unt Glaanen sain saur,
unta rutschltr Korrnr
ischmr liawr assa Paur

— Luis Stefan Stecher, Korrnliadr, S. 88

1046 Prosch (1923), S. 256
1047 Stauder (2019), S. 76
1048 Zelger (2004), S. 34
1049 Joos (2010), S. 568
1050 Kaserer (2007), S. 13
1051 Schatz (1955), S. 726
1052 Gruber (2005), S. 70
1053 Fink (1972), S. 49
1054 Pallhuber (2016), S. 139
1055 Lang-Reitstätter (1935), S. 82
1056 Schatz (1955), S. 118
1057 Schatz (1955), S. 118

MUNDART-AREALE

Quer durch Südtirol verläuft eine scharfe Grenze zwischen *Grantn/Grentn* und *Glanen*. Die **Glanen** sind inneralpin das dominierende Appellativ für die Preiselbeere (Vinschgau, Passeier, Wipptal, Zillertal). Das **Granten**-Areal schließt südlich und nördlich davon an und betrifft in Südtirol das Burggrafenamt, Ulten, Etschtal, Regglberg (hier die nicht umgelauteten *Grentn*), Sarntal, Eisacktal, Pustertal und Ladinien (*granëtas*). Im Trentinischen (Piné) kennt man die *gránteni*[1058], im zimbrischen Wörterbuch ist das *Grandala*[1059] notiert, in Roana/Robaan, einer der Sieben Gemeinden auf der Hochfläche von Asiago, die *Rendelen*[1060]. Im Oberinntal sind ebenfalls die *Grantn*, im Unterinntal die *Granggln* bzw. die *Grengge*[1061] gebräuchlich.

Manchmal geht die Grenze zwischen *Grantn* und *Glan* durch Gemeinden hindurch, wie z. B. in Naturns (Nörderberg: *Grantn*, Sonnenberg: *Glanen*) oder in Schenna (im Dorf: *Grantn*, in Tall: *Glanen*). Die *Glanenbödelen* in Tabland (Partschins) belegen, dass die *Glanen* einst bis zur Etsch/Passer reichten, aber gegenüber den *Grantn* an Boden verlieren. Im Wipptal ist dies schon aufgefallen: *Früeger hot mar allm Glan g'sog; heinte sogn die Jungen mehrer Granten*[1062].

HERKUNFT UND BEDEUTUNG

Einer Erklärung zufolge leitet sich das Wort Glan aus ahd. *glan* = „mild, süß" < germ. *glana*, *glanaz* = „glänzend"[1063] ab, u. a. weil das Blattwerk im Herbst brennend rot erscheint[1064].

Der Innsbrucker Namenkundler Karl Finsterwalder hingegen stellt das Wort *Glan* in die Nähe von lat. *glans* = „Eichel". Dieses Wort dient in romanischen Sprachen u. a. zur Bezeichnung der Fichtenzapfen (Val d'Isère) und anderer gerundeter Gegenstände. In S. Lorenzo in Banale bei Trient heißen die Preiselbeeren *glandóni*.[1065]

An früherer Stelle[1066] bringt Finsterwalder das freilich nicht belegte Wort **kran* = „beerentragender Strauch" ins Spiel. Besonders angesichts des engl. *cranberry* = „Preisel-" oder „Kranbeere" (→ *Juniperus communis*) ist es naheliegend, dass das /l/ in Glan an Stelle eines ursprünglichen /r/ aufgetreten ist. Nach dieser Lesart weist der Begriff „Kran" eine Urverwandtschaft mit lat. *granum* = „Korn" > lad. *granëta* = „Körnchen" auf. Im Zuge der Eindeutschung im Früh- und Hochmittelalter erfolgte eine Rückwanderung des Akzentes von lad. *granëta* zu *gráneta*, daher die heutigen Granten. Die *Granten* haben also nichts mit mda. *grantig* = „übellaunig, mürrisch" zu tun.

Im Sarntal und Pustertal wird der Strauch der Preiselbeere u. a. *Prum* bzw. *Prumbl* genannt. Aus dem Vinschgau ist die *Pumbl* belegt, womit heute ausschließlich die Gewöhnliche Berberitze (→ *Berberis vulgaris*) bezeichnet wird. *Prum* bedeutet so viel wie „Gestrüpp" (< ahd. *brāma* = „Dornhecke" < idg. *b^herem-* = „hervorstechen, Spitze, Kante"[1067]).

Die mit Vorliebe gesammelten Glanen bzw. Granten haben das Flurnamenbild Südtirols bereichert: Der entlegene Hof zu *Glanegg* (Rabenstein/Passeier) ist schon im Meinhardinischen Urbar 1288 verzeichnet: *der hof ze Claneke giltet 800 chaes*[1068]. Weiters gibt es das *Glanköpfl* in Langtaufers sowie den *Glanberg* am

1058 Pedrotti & Bertoldi (1930), S. 420
1059 Resch (2014); abgerufen am 04.05.2022
1060 Marzell (1943–1979), Bd. 4, Sp. 970
1061 Schatz (1955), S. 250
1062 Schricker (1989), S. 46
1063 Köbler (2014); https://www.koeblergerhard.de/mhd/mhd_g.html; abgerufen am 04.05.2022
1064 Moser (2015), S. 99
1065 Finsterwalder (1964), S. 250f
1066 Finsterwalder (1939), Bd. 1, S. 151–155
1067 Köbler (2014), https://www.koeblergerhard.de/ahd/ahd_b.html; abgerufen am 14.03.2022
1068 Tarneller (1909), S. 221

Brenner. Auf der „Granten-Seite" gibt es den *Grantenbühl* in Himmelfahrt/Ritten, einen *Grantboden* in Lappach oder den *Granteknott* in Sexten.

KULINARISCH-MEDIZINISCHE ANWENDUNGEN

Im Herbst wird es Zeit *in di Glan zi giën*, also Preiselbeeren zu sammeln. Diese werden mit besonderer Vorliebe zu Marmeladen und Kompotten eingekocht und als Beilage zu Fleisch, speziell zu Wild, gereicht. In Martell werden die eingesottenen Preiselbeeren *Glanan-Insutt*[1069] genannt. In Pfitsch bewahrte man die gekochte Marmelade in Behältern aus Steingut auf[1070].

Die Beeren gelten als kühlend und blutreinigend, insbesondere das *Glan-* bzw. *Grantnwåsser.* Dieses gewinnt man, indem man die Beeren übergießt und monatelang „ziehen" lässt. Es ist ein Heilmittel gegen Fieber und Blasenentzündungen[1071]. Im Vinschgau war einst der *Pumbltrånk*[1072] bekannt. In Bozen wurde das Grantenwasser früher zur Weinbereitung angewendet und die Preiselbeere daher „Traube des Nordländers" genannt.[1073]

VOLKSKUNDLICHES

Der *Prumkrånz* ist ein aus Ästen der Preiselbeeren gewundener Kopfschmuck, in den gelegentlich auch ein Spiegel eingeflochten wird. Diesen Kranz stellt der Senner her und setzt ihn der schönsten Kuh zum Almabtrieb auf. Dort, wo dann der Bauer dem Almvieh mit dem ganzen Glockenzeug und Kopfputz entgegenkommt, wandert der Preiselbeerkranz vom Kopf der Kranzkuh auf den der Lieblingskalbin des Senners.[1074]

Den Beeren werden Unheil abwehrende Kräfte nachgesagt, denn eine bekannte Sage behauptet, dass diese Beeren vom Teufel erschaffen worden seien, doch habe Gott nachträglich, damit sie den Menschen nicht schädlich werden können, auf der Unterseite ein Kreuz draufgemacht![1075]

• Veratrum album

Weißer Germer | Veratro comune | Arosch | Rosch

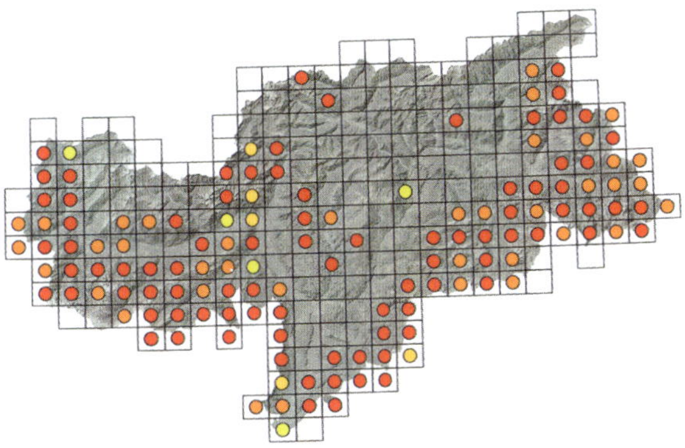

Melanthiaceae – krautig, mehrjährig, 50–150 cm hoch, Laubblätter schraubig angeordnet, den Blattnerven entlang gefaltet. Blütezeit Juni–August, Blüten hellgrün (subsp. *lobelianum*), in einem endständigen, traubig-rispigen Blütenstand. Vorkommen in Hochstaudenfluren und Weiderasen, auf Viehlagerplätzen, meist zwischen 1500 und 2300 m. In Südtirol in den meisten Gebirgen, aber mit auffallenden Lücken v. a. in den Ötztaler, Sarntaler, Stubaier und westlichen Zillertaler Alpen.

1069 Pfitscher (2001), S. 33
1070 Christensen (2014), S. 53, 54
1071 Dalla Torre (1895), S. 71
1072 Schöpf (1866), S. 520
1073 Dalla Torre (1895), S. 71
1074 Fink (1972), S. 49
1075 Dalla Torre (1895), S. 71

Mundartlich	Belegorte
Hemmern (Pl.)	Ulten, Proveis, Platt/Passeier
-kraut (n.)	Platt/Passeier, Unsere Liebe Frau im Walde
Hemmer (Pl.)	Aldein
Hemmerin (f.)	Laurein
Hëimen (Pl.)	Rojen
Hëimern (Pl.)	Stilfs, Martell
Heam^{e}rn (Pl.)	Reschen
Hiëm^{e}rn (Pl.)	Laas
Heemit[1076]	Feldthurns
Heemat[1077]	Lüsen
Hammån[1078] *(Pl.)*	Antholz
Håmmon (Pl.)	Prags
Hambra[1079] *(m.)*	Sexten
Håmmerschtingl (m. Pl.)	Welschnofen, Deutschnofen[1080]
Hemmerwurz (f.)	Sarntal
Håmmerwurza (f.)	Kastelruth
Hammowu^{r}schze (f.)	Gsies
Lauskraut (n.)	Naturns, Kastelruth, Schlerngebiet[1081]
Malånzn (Pl.)	Taufers i. M., Schlinig
Gerwl[1082] *(m.)*	ohne genaue geografische Angabe

HERKUNFT UND BEDEUTUNG

Im gesamten südbairischen Mundartraum, und damit auch in Südtirol, trägt diese Giftpflanze der Almwiesen die mda. Bezeichnung **Hemmern**, ein Wort, dem das ahd. Phytonym *hemera* = „Nieswurz, Weißer Germer" < germ. **hamiro* < idg. **kemero-* = „Nieswurz"[1083] zugrunde liegt. Urverwandt ist der Begriff damit mit Russisch *Tschemeriza* sowie Tschechisch *Čemeriče* < altslawisch *čemeri* = „Gift". Bei Dioskurides, einem griechischen Arzt der Antike, ist gr. *kámmaron* ein Synonym zu *akóniton*, dem Eisenhut (→ *Aconitum*).[1084]

Im Vinschgau fällt die Zerdehnung des betonten /e/ zu /ëi/ (Stilfs, Rojen) bzw. /ia/ (Laas) auf, während am Regglberg, im Eisack- und Pustertal eine Annäherung an das Wort „Hammer" vorliegt. In Feldthurns und Lüsen liegt den Quellen zufolge eine Angleichung an mda. *Hëimet*, *Hemmet* = „Hemd" vor. Im Sarntal, Eisacktal und Gsies hat sich die schon um 1600 in der Landesbeschreibung von Marx Sittich von Wolkenstein[1085] aufscheinende Bezeichnung Hammerwurz erhalten, nach dem dicken schwarzen Wurzelstock der Pflanze, während der kräftige Stängel in der Bezeichnung Hammerstingl (Welsch-, Deutschnofen) anklingt.

1076 Wirth (2021), S. 364
1077 Wirth (2021), S. 364
1078 Pallhuber (2016), S. 140
1079 Stauder (2019), S. 86
1080 Zelger (2004), S. 37
1081 Wirth (2021), S. 368
1082 Fink (1972), S. 101
1083 Köbler (2014), http://www.koeblergerhard.de/ahd/ahd_h.html; abgerufen am 05.05.2022
1084 Marzell (1943–1979), Bd. 4, Sp. 1017
1085 Sittich von Wolkenstein (um 1600), S. 54

Die Hemmern sind auch im Südtiroler Flurnamenbild anzutreffen: So gibt es nahe der Prader Alm in Stilfs das *Hemerbödele*, in Martell die *Hemrast* und den *Hemersattel*, in Pfelders den *Hemmerboden*, in Schenna und in Hafling den *Hemmerling* und in der Almregion zwischen Ritten, Barbian und Villanders den *Hemmer-* bzw. *Hammerwald*.

Das Lauskraut (Naturns, Schlerngebiet) findet Parallelen in der Lauswurz (Allgäu, Vorarlberg, Ostschweiz). Der Absud der Pflanze wurde zum Vertreiben der Läuse an Mensch und Tier gebraucht.[1086]

Der *Gerwl* ist auf den Büchernamen Germer zurückzuführen, wobei das /m/ durch ein /w/ ersetzt wurde, ein nicht seltener Vorgang. Das Standardwort Germer geht auf ahd. *germara* = „Nieswurz" (vgl. russisch *tscheremscha*, gr. *krómuon*) zurück und soll mit dem Pflanzennamen *Rams* verwandt sein, der Pflanzen mit scharfem (z. B. Bärlauch), giftigem, aber auch heilkräftigem Saft bezeichnet.[1087]

Ein bündnerromanisches Lehnwort ist in Taufers im Münstertal und Schlinig gebräuchlich, nämlich *Malånzen*. Dieses findet Parallelen im Unterengadinischen Vallader *malóm* = „Germer"[1088] bzw. *malón*[1089] in Fai und Rabbi (Sulzberg) sowie *malám*[1090] in Bormio; es könnte auf ein vorrömisches Phytonym **mal-amo-*[1091] = „Germer; Herbstzeitlose" zurückgehen und somit eine Giftpflanze bezeichnen. Die Kapselfrüchte des Weißen Germers werden in Prad – wie im Fall der Herbstzeitlosen – *Facklan* („kleine Schweine") genannt.

WISSENSWERTES

Vergiftungen mit dem Weißen Germer führen zu Niesen, Tränenfluss, Schluckproblemen, Schwindel, Lähmungen, Blutdruckabfall, Tod durch Herzstillstand oder Atemlähmung. Die giftigen Alkaloide können auch intakte Haut durchdringen. Im Altertum stellte man Pfeilgift aus der Pflanze her.[1092]

Dalla Torre berichtet, dass die getrocknete Pflanze ab und zu sogar geraucht wurde.[1093]

• Verbascum

Königskerze | Verbasco | Ciandëra de re | Santa Pulonia/Ciofs dla Madona[1094]

Scrophulariaceae – krautig, zwei- oder mehrjährig, 50–150(200) cm hoch. Laubblätter in einer grundständigen Rosette und wechselständig am Stängel. Blütezeit Sommer, Blüten zahlreich in langen ährigen, rispigen oder traubigen Blütenständen.

In Südtirol kommen 8 einheimische Arten vor, am verbreitetsten sind *Verbascum lychnitis* (Mehl-Königskerze), *V. thapsus* (Kleinblütige Königskerze), *V. densiflorum* (Großblütige Königskerze), *V. nigrum* (Dunkle Königskerze) und *V. chaixii* (Chaix-Königskerze). Vorkommen vor allem auf Schuttplätzen, Ödflächen, Waldschlägen und an Wegrändern, einige auch in Trockenrasen (*V. chaixii*, *V. lychnitis*).

1086 Marzell (1943–1979), Bd. 4, Sp. 1020
1087 Marzell (1943–1979), Bd. 4, Sp. 1016
1088 Dicziunari Vallader, hgg. von der Uniun dals Grischs; http://www.udg.ch/dicziunari/vallader/idx_nor_rm/q:malom; abgerufen am 05.05.2022
1089 Pedrotti & Bertoldi (1930), S. 427
1090 Pedrotti & Bertoldi (1930), S. 427
1091 Schorta (1985), S. 196
1092 Spohn et al. (2015), S. 186
1093 Dalla Torre (1895), S. 72
1094 Insam (1954), S. 344

So höech wi do wågst, söffl Schnea wescht![1095]

— Spruch aus dem Ahrntal

Mehl-Königskerze (*Verbascum lychnitis*), Großblütige Königskerze (*Verbascum densiflorum*), Chaix-Königskerze (*Verbascum chaixii*)

Mundartlich	Belegorte
Himmlprånt (m.)	Schluderns, Matsch, Stilfs, Schlanders, Martell, Naturns, Schnals, Afing, Sarntal, Ritten, Tiers, Kastelruth, Villanders, Villnöß, St. Leonhard/Brixen, Ridnaun, Pfitsch, Vals/Mühlbach, Terenten, Kiens, Ahrntal, Antholz, Olang, St. Magdalena/Gsies, Prags, Villgraten[1096]
-prount (m.)	Kaltern
Kinigkërz (f.)	St. Walburg/Ulten
Wetterkërze (f.)	Trens
Frauenkerze[1097] *(f.)*	ohne genaue geografische Angabe
Unserfraudnkraut[1098] *(n.)*	Lajen
Hearngoasl (f.)	Kaltern
Gottsgno	Sarntal

Die volkstümlichen Bezeichnungen gelten im Allgemeinen für alle Arten, ohne groß zu unterscheiden.

In der bodenständigen Mundart wird die auffallende Blume meist **Himmelbrand** genannt, ein Name, der bereits in den ahd. Glossen als *himilpranda* oder *himilprand*[1099] belegt ist. Die Pflanze hat eine Beziehung zum Feuer („Brand"),

1095 „So hoch wie er [der Himmelbrand] wächst, so viel Schnee wird" [ist im kommenden Winter zu erwarten]
1096 Lang-Reitstätter (1935), S. 82
1097 Pritzel & Jessen (1882), S. 429
1098 Insam (1954), S. 344
1099 Marzell (1943–1979), Bd. 4, Sp. 1030

gleicht selbst einer brennenden Fackel und gilt deshalb nach den Prinzipien der sympathischen Magie als Blitzschutz. Ein alter Brandsegen lautet dann auch: „Unsere liebe Frau geht über das Land / sie trägt den Himmelbrand in ihrer Hand".[1100] Auch hat man zerstoßene Blätter auf Brandwunden gelegt bzw. daraus Umschläge bei Verbrennungen hergestellt.[1101]

Der Büchername **Königskerze** dringt immer stärker in die Mundart ein. Diese Bezeichnung ist bereits im Ahd. als *kunges kerze* bzw. *kunigskerz*[1102] belegt und verweist auf das kerzenartige Aussehen und die königliche Würde der hochgewachsenen Pflanze. Im Bozner Unterland sollen die Blütenstängel sogar in Pech getaucht und als Fackeln benützt worden sein.[1103]

Die Bezeichnung Wetterkerze geht auf den schon erwähnten Bezug zu Feuer und Blitz zurück. Laut Volksmeinung zeigt das massenhafte Vorkommen einen strengen Winter an. Im Ahrntal schließt man von der Wuchshöhe der Kerze auf die Höhe des zu erwartenden Schnees. In Trens meint man dagegen, einen recht heißen Sommer erwarten zu können. Heiße Sommer – kalte Winter, diese Faustregel gilt in der volkstümlichen Meteorologie nach wie vor!

Als „Zepter Mariens" bildet die Frauenkerze den „feurigen" Mittelpunkt des Kräuterbuschens. Zu Pulver zerstoßen, werden die Unwetter förmlich *ferrächt* („verraucht"). Die große Ehrerbietung gegenüber der Königskerze drückt sich in der Bezeichnung Gottsgnade[1104] (Sarntal) aus. Diesen Namen hörten wir jedoch nur einmal als Zweitnamen.

In Sterzing weiß man: *Zi denn Kraut håt sich der Tuifl nia zuigitraut!* („An dieses Kraut hat sich der Teufel nie herangetraut"). Zur Passion Christi gehört der Name Herrengeißel, der uns in Kaltern als Zweitname für den Himmelbrand genannt wurde.

WISSENSWERTES

Die Blüten der Großblütigen Königskerze (*Verbascum densiflorum*) enthalten Schleimstoffe, Saponine und Flavonoide. Sie wirken reizlindernd auf die Schleimhäute des Rachens. Die leuchtend violette Färbung der Staubblatthaare der Schwarzen Königskerze (*Verbascum nigrum*) bildet einen schönen Kontrast zum Gelb der Blüten und Staubbeutel, was auf Insekten sehr attraktiv wirkt.[1105]

• Viburnum lantana

Wolliger Schneeball | Viburno lantana | Bala de nëi | Siena da roles, Bala de nëif de lana

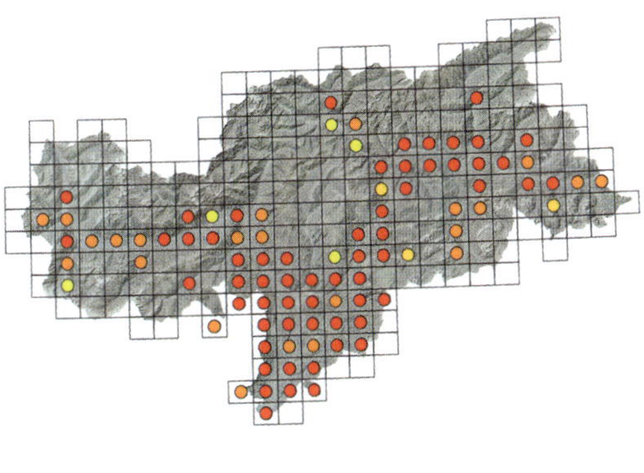

Viburnaceae – Strauch, 1–3 m hoch. Blütezeit April–Juni, Früchte erst rot, dann schwarz. Vorkommen in trockenwarmen Mischwäldern, Föhrenwäldern, an sonnigen Waldrändern. In allen Haupttälern Südtirols, vor allem in den südlichen Landesteilen. Vom Tal bis ca. 1500 m.

1100 zit. nach Marzell (1943–1979), Bd. 4, Sp. 1031
1101 Marzell (1943–1979), Bd. 4, Sp. 1031
1102 Marzell (1943–1979), Bd. 4, Sp. 1027
1103 Moser (2015), S. 132
1104 Fink (1972), S. 105, erwähnt für das Sarntal die *Gottsgno*, aber ohne Angabe der Art
1105 Spohn et al. (2015), S. 288

Mundartlich		Belegorte
Strauch:	Früchte:	
Schlingpam (Pl.)		Ritten
Schlingpamene Widn (Pl.)	*Kåtzndrë̍ck (m.)*	Aldein, Kastelruth
Schlimpamene Wit (f.)	*Kåtzndrëck (m.)*	Laurein
Schlingwit (f.)		Kaltern
Schlingpantlen (Pl.)		Tramin
Schlingstrauch (m.), Schlingele (n.)[1106]		ohne genaue geografische Angabe
	Merda gáta,	
	Merda de gát (f.)	Laag
	Pёrndrëck (m.)	Laag
	Kësslpë̍r (f.)	Tiers
	Schlimmpë̍r (f.)[1107]	Deutschnofen
Pummazainen (Pl.)		Prad
Pummaduerzn (Pl.)		Taufers i. M.

HERKUNFT UND BEDEUTUNG

Die gewöhnliche Bezeichnung des Wolligen Schneeballs lautet **Schlingbaum** (*Schlingpam*) bzw. *Schlingpamene Widn* („Schlingbaumene Widen") und bezieht sich auf die zähen, biegsamen Zweige, die zum Befestigen und Verbinden (Um- und Einschlingen) von Behältnissen, wie z. B. Körben verwendet wurden. Mit den *Widn* („Weiden") bzw. *Fëlerwidn* („Kopfweiden") teilt der Strauch die Verwendung als Flechtreis. Das lat. Art-Epitheton *lantana* (zu lat. *lentus* = „biegsam, zäh"[1108]) wurde 1561 vom Zürcher Arzt, Naturforscher und Botaniker Conrad Gesner gebildet.

Der Geruch der schwarzen und roten Früchte erinnert dagegen an den Kot von Haustieren bzw. an Wildlosung, daher die Bezeichnung Katzen- bzw. Bärendreck, von den Italienern in Laag auch *merda gáta* genannt. Nicht nur die Früchte, auch die Blüten riechen durch Methylamin unangenehm nach Harn oder Fisch[1109].

Auf die längliche kesselförmige Beere verweisen die Tierser Kesselbeeren, womit im Sarntal und unteren Eisacktal allerdings die Felsenbirne (→ *Amelanchier ovalis*) bezeichnet wird.

Im Obervinschgau, wo bis ins 17. Jh. noch romanischsprachige Bauern anzutreffen waren, konnten zwei besondere Bezeichnungen dokumentiert werden: in Prad die *Pummazainen*, in Taufers im Münstertal die *Pummaduerzen*. Heinrich Marzell gibt für den Obervinschgau die Namenform *Pummenaien*[1110] an und der Brixner Volkskundler Hans Fink notiert für Glurns die *Pumpazaine*[1111], die er mit der Hagebutte gleichsetzt. Dabei handelt es sich sicherlich um den Wolligen Schneeball. *Pumma-* bzw. *Pumpazain* leitet sich vielleicht vom romanischen Diminutiv *pomatsīna* = „Äpfel-

---

1106 Dalla Torre (1895), S. 73
1107 Moser (2015), S. 262
1108 Marzell (1943–1979), Bd. 4, Sp. 1092
1109 Spohn et al. (2015), S. 434
1110 Marzell (1943–1979), Bd. 4, Sp. 1101
1111 Fink (1972), S. 56

chen, Beerlein" (im Sinne eines Rossapfels) ab, während man *Pummaduerz* (im Unterengadiner Vallader *pomaduor*[1112]) frei mit „Bärendreck" (lat. *pomus* = „Apfel" und *ursus* = „Bär") übersetzen könnte.

VERWENDUNG IN HANDWERK UND TECHNIK

Am Ritten und in Kastelruth erinnert man sich noch gut daran, dass man beim Körbemachen die biegsamen Reiser des Wolligen Schneeballs verwendete, vor allem um den oberen Abschluss des Korbes zu flechten. Das Holz des Schneeballs wurde in Aldein für Rechenzähne gebraucht, außerdem hat man aus den Zweigen *Schap* (Bündel von Stroh, Heu oder Reisig) gemacht.

Die Zweige wurden auch zum Binden von Heuballen und Getreidegarben verwendet, die weichen Triebe statt Schnürsenkel zum Befestigen der Holzschuhe am Fuß benutzt[1113].

• Viscum album

Weiße Mistel | Vischio comune | Mistl | Visch

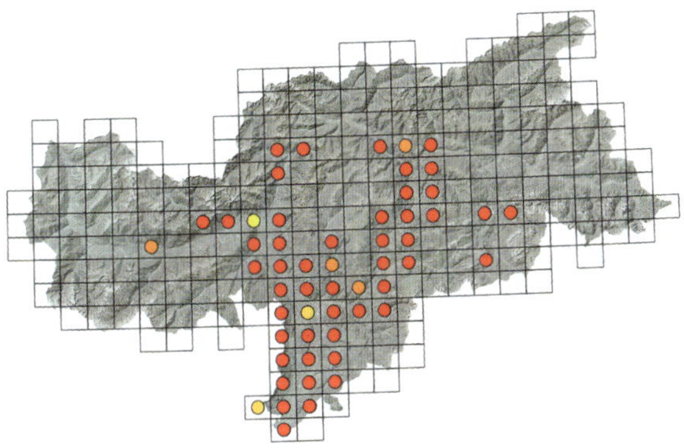

Viscaceae – Strauch, auf Bäumen sitzender Halbschmarotzer mit immergrünen Laubblättern, 40–80 cm hoch. Blütezeit Februar–Mai.
Die Mistel ist in Mitteleuropa und Südtirol durch drei Sippen vertreten, die alle zum Formenkreis der Weißen Mistel gehören. Sie unterscheiden sich nur schwach voneinander, vor allem in der Frucht und durch ihre Wirtsspezifität: *Viscum album* subsp. *laxum* (Föhren-Mistel), die häufigste Mistel in Südtirol, wächst (und schmarotzt) auf Rot-Föhren, die seltene *V. album* subsp. *abietis* (Tannen-Mistel) ausschließlich auf Tannen. Auf Laubbäume (v. a. Linden, Apfel- und Birnbäume, Pappeln) spezialisiert ist hingegen subsp. *album* (Laubholz-Mistel). Vorkommen im südlichen und mittleren Teil Südtirols, vor allem im Etsch- und Eisacktal, in der Peripherie fehlend. Vom Tal bis 1000 m, selten darüber.

Föhren-Mistel (*Viscum album* subsp. *laxum*)

1112 Dicziunari Vallader, hgg. von der Uniun dals Grischs; http://www.udg.ch/dicziunari/vallader/details_rm/159534; abgerufen am 10.06.2022
1113 Dalla Torre (1895), S. 73

Mundartlich	Belegorte
Ëlderle (n.); Ëlderla (m.)	Ritten; Latzfons[1114], Verdings
Ëlderer (Pl.), Ëldera (n.)	Afing, Kastelruth
Hölderla (n.) (m.)	Lajen[1115], Völs am Schlern[1116]
Hëldra (Pl.), Hëlderla[1117] (m.)	Tiers
Wintergrean (n.)	Kaltern, Tramin, Kurtatsch
Wintergriën (n.)	Vöran
Wintergrün[1118] (n.)	Pustertal
Nistl[1119]	Kiens
Mischggl[1120] (f.)	Passeier
Muschgl[1121] (f.)	Lüsen
Gruschgl[1122] (f.), Gruschgln (Pl.)	Feldthurns, Eisacktal
Ruschgl[1123] (f.)	Ploseberg/Brixen
Hexnpëisn[1124] (m.)	Ritten

> Wenn d'r Fugs amåll Ëld'rla schaist, nor d'rfōchsch'n nimm'r![1125]
>
> — Spruch aus Latzfons

HERKUNFT UND BEDEUTUNG

Auf Spaziergängen durch Rot-Föhrenwälder stößt man immer wieder auf den gelbgrünen Halbschmarotzer, denn von den Ästen fallen hie und da Pflanzenteile und die weißen, schleimigen Beeren herab. Volkstümliche Bezeichnungen trägt die Mistel vor allem im Eisacktal, um Bozen und im Unterland, diese Täler bilden auch das Hauptverbreitungsgebiet der Weißen Mistel in Südtirol.

Beidseits des Eisacktales kommt der Typ **Ölderle/Ölderer** bzw. Hölderle/Hölderer vor. Während Hölderle Anklänge an den Holunder (mda. *Houler* < *Holder*, ahd. *holuntar*) aufweist – beide Pflanzen sind Heil- und waren einst auch Kultpflanzen – könnte Ölder mit dem Pflanzennamen **al(d)ira* (vgl. engl. *alder* = „Erle") verglichen werden.

Im Südtiroler Unterland, am Tschögglberg und im Pustertal wird die Mistel **Wintergrün** genannt, weil die immergrüne Mistel im kahlen winterlichen Geäst besonders auffällt. Das Mistelgrün wird neben dem *Mies* zur Verschönerung der Krippe gesammelt. In der Adventszeit heißt es in Kurtatsch: *a Wintergrean waar aa nou za houln!* („ein Wintergrün wäre auch noch zu holen"). Im Eisacktal, wo *Hölderla* vorherrscht, wird allerdings der Efeu als „Wintergrün" bezeichnet.

1114 Bibliotheksgruppe Latzfons (2004), S. 28
1115 Fill (2016), ohne Seitenangabe
1116 Wirth (2021), S. 360
1117 Robatscher (2003), S. 135
1118 Rauschenfels (1801), S, 222
1119 Wirth (2021), S. 370
1120 Haller & Lanthaler (2004), S. 139
1121 Fink (1972), S. 197
1122 Fink (1972), S. 110
1123 Jocher (2010), S. 511
1124 Wirth (2021), S. 364
1125 „Wenn der Fuchs Mistelbeeren scheißt, dann kann er nicht mehr eingefangen werden"; in: Bibliotheksgruppe Latzfons (2004), S. 28

Im Brixner Raum, im nördlichen Eisacktal und in Passeier sind mundartliche Varianten des Büchernamens „Mistel" gebräuchlich, wie z. B. *Mischggl* (Passeier), *Muschggl* (Lüsen), *Gruschggl* (Feldthurns) und *Ruschggl* (St. Andrä). Die Konsonantenkombination *-stl* (Mistl) wird in den Tiroler Mundarten öfter zu *-ggl*, man kennt dies von der *Tischggl* („Distel") und vom Passeirer *Raschggl* („Rastl"). In den ehemals romanisch geprägten Talschaften rund um Brixen kam es zusätzlich zur Einblendung von rom. *muscu* = „Moos" (vgl. *Masigga* < **muscu siccu* = „trockenes Moos" → *Cetraria islandica*). Dies könnte zu *Muschggl* geführt haben und in weiterer Folge zu *Ruschggl* bzw. *Gruschggl*, vielleicht unter dem Einfluss von *Rispa / Rüschgga*, womit früher im Pustertal das Isländische Moos bezeichnet wurde. In Baden und Böhmen heißt die Mistel *Gnischbl*, im Rheinland *Rispel* bzw. *Ristel*[1126].

Der Bezeichnung Hexenbesen am Ritten spielt auf das busch- bzw. nestartige Gewächs an, das für Schadenzauber verwendet wurde.

WISSENSWERTES

Die Mistel ist ein Halbschmarotzer und saugt aus ihrem Wirtsbaum Wasser und Nährsalze, während sie die Kohlenhydrate selbst bildet. Die Samen werden von Vögeln wie der Mistel-Drossel verbreitet, die Beeren wurden früher zu Vogelleim verkocht. Das lat. *viscidus* bzw. *viscosus* = „klebrig" (vgl. *Viskosität* = „Zähflüssigkeit" oder *viskös* = „zäh") leitet sich von lat. *viscum* = „Mistel" ab! Die Mistel selbst enthält giftige Lektine und Viscotoxine.[1127]

MAGISCHES UND VOLKSMEDIZINISCHES

Den Kelten galten Misteln als Zauberpflanzen, den Germanen als Glücksbringer zur Wintersonnenwende. Eichenmisteln wurden einst von kleinen Kindern am Hals getragen, um Krankheiten vorzubeugen. Als Pulver soll die Mistel gegen Fallsucht helfen. Die Mistel, ein „Hexenkraut", wurde auch Trudenfuß genannt.[1128] Der Drudenfuß oder Pentagramm ist ein Schutzzeichen gegen Hexen und üble Einflüsse. Die „Drud" wird in einem Dorf in Niederösterreich dadurch vertrieben, dass man an das eigene Haustor einen Drudenfuß und einen Mistelzweig hängt.[1129]

Die keltische Tradition des Aufhängens von Mistelzweigen über der Türschwelle kann als apotropäische, Dämonen abwehrende Handlung gedeutet werden. Freigebige Küsse sollen alles Bedrückende vertreiben. Auch ist überliefert, dass gallische Druiden die Misteln mit goldenen Sicheln ernteten und bei ihren Kulthandlungen verwendeten, nachzulesen bei Asterix!

1126 Marzell (1943–1979), Bd. 4, Sp. 1200
1127 Spohn et al. (2015), S. 262
1128 Matscher (1949), S. 189
1129 Marzell (1943–1979), Bd. 4, Sp. 1201

• MUNDARTLICHE PFLANZENNAMEN SÜDTIROLS ZUM NACHSCHLAGEN

Der folgenden Aufstellung können alle bislang aus Südtirol bekannt gewordenen mundartlichen Pflanzen-Bezeichnungen, die einer Art bzw. Gattung zuordenbar sind, entnommen werden. Einträge von Arten in der Literatur, deren mundartliche Bezeichnung lediglich die allgemeine Ortsangabe „Tirol“ oder „Südtirol“ enthielt, sind nicht berücksichtigt.
Die Tabelle ist alphabetisch nach dem wissenschaftlichen (lateinischen) Pflanzennamen geordnet.
Die einzelnen Zeilen umfassen folgende Informationen:

1. Wissenschaftlicher Artname,
2. deutscher Büchername,
3. mundartlicher Name,
4. Belegorte bzw. -gebiete für den entsprechenden mundartlichen Namen (vgl. Punkt 3). Die einigen Ortsnamen nach- und hochgestellte Zahl bezieht sich auf die entsprechende, in der nächsten Spalte (siehe Punkt 5) angeführte Literaturquelle.
5. Quelle: Literaturquelle, welcher der mundartliche Name entnommen ist. Eine fehlende Quellenangabe bedeutet, dass der mundartliche Name im Zuge der Felderhebungen im Rahmen des Projektes „Pfrouslschtaud und Tschuferniggele“ erstmals erfasst oder wiederbestätigt wurde. Eine vorangestellte Zahl bezieht sich auf einen oder mehrere in der vorangegangenen Spalte „Belegorte“ (siehe Punkt 4) genannten Fundorte.

   Auf das Anführen von Gewährspersonen sowie von Zusatzbemerkungen wird hier verzichtet; solche und weitere Informationen sind in der Datenbank des Naturmuseums Südtirol abgelegt.

Abkürzungen:

(f.) weiblich, (m.) männlich, (n.) sächlich
(Dim.) Diminutiv = Verkleinerungsform
(Sg.) Singular, (Pl.) Plural
(it.) italienisch
Zur Aussprache der mundartlichen Bezeichnungen die in der Rubrik Verwendete Abkürzungen und Zeichen erklärten Sonderzeichen beachten.
Für das Auffinden lokaler Pflanzen-Bezeichnungen sind prinzipiell zwei Ansätze möglich: Entweder direkt über den lateinischen Pflanzennamen in der folgenden alphabetischen Aufstellung oder indirekt über den deutschen Büchernamen, der dem Index am Ende des Buches zu entnehmen ist und über den der lateinische Artname ermittelt werden kann.

Einigen lateinischen Artnamen sind Sonderzeichen nachgestellt:

[ ] Die Zuweisung zu dieser Pflanzenart erfolgt durch die Autoren des vorliegenden Buches, und zwar aufgrund der plausibelsten Interpretation. Die zitierte Literatur ist diesbezüglich nämlich nicht ganz eindeutig.

? Bei der in der zitierten Literatur genannten Art könnte es sich evtl. um eine andere Art (oder sogar Gattung) handeln, da die Bezeichnung entweder nicht eindeutig ist oder vom Autor möglicherweise falsch interpretiert ist.

@ Die Zuweisung des mundartlichen Namens zu dieser Art erscheint nicht plausibel, weil die Art im Gebiet, wo dieser Namen verwendet wird, nicht vorkommt. Entweder liegt eine falsche Artzuweisung in der zitierten Literatur vor oder der Name bezieht sich möglicherweise auf eine (im Gebiet) kultivierte Pflanze.

* Es handelt sich um eine in Südtirol nicht einheimische und ausschließlich kultivierte Art.

Wissenschaftlicher Artname	Allgemeiner deutscher Büchername	Mundartlicher Name	Belegorte	Quelle
Abies alba	Gewöhnliche Tanne	Avéz (m., it.)	Salurn	
Abies alba	Gewöhnliche Tanne	Tåån (f.)	Unterland, Reggelberg	
Abies alba	Gewöhnliche Tanne	Tånn (f.)	Vinschgau, Burggrafenamt, Eppan, Ritten	
Abies alba	Gewöhnliche Tanne	Tånn (f.), -in (Pl.), Tandl (Dim. Sg.), -lar (Dim. Pl.)	Sarntal	Gruber (2005), S. 196
Abies alba	Gewöhnliche Tanne	Tånne (f.); -a (f.)	Passeier, Wipptal, Pustertal; Eisacktal	
Abies alba	Gewöhnliche Tanne	Tåun (f.)	Truden	Ortner (2005), S. 428
Acer pseudoplatanus	Berg-Ahorn	Åcho (m.), Åchån (Pl.)	Pustertal, Pfunders	
Acer pseudoplatanus	Berg-Ahorn	Asér (m., it.)	Buchholz	
Acer pseudoplatanus	Berg-Ahorn	Masolp^{e}r (f.)	Fennberg[1], Kurtatsch[2]	[1]Fink (1972), S. 187 [2]Wirth (2021), S. 354
Acer pseudoplatanus	Berg-Ahorn	Ōch^{e}r (f., m.), Ōch^{e}rn (Pl.)	St. Walburg, Laurein, Unsere Liebe Frau im Walde, Schenna, Vöran, Ridnaun, Sterzing, Pflersch	
Acer sp.	Ahorn	Aachrli (Dim.), -lar (Dim. Pl.)	Sarntal	Gruber (2005), S. 131
Acer sp.	Ahorn	Åcher (f.)	Jaufental	Schatz (1955), S. 10
Acer sp.	Ahorn	Åchorn (f.)	Pustertal	Schatz (1955), S. 10
Acer sp.	Ahorn	Ahournpame (Pl.)	Sexten	Stauder (2019), S. 44
Acer sp.	Ahorn	År (f.)	Welschnofen	Schatz (1955), S. 10
Acer sp.	Ahorn	Or (f.)	Deutschnofen	Zelger (2004), S. 59
Achillea atrata @	Schwarze Schafgarbe	Jochsëifa	Kastelbell-Tschars	Wirth (2021), S. 366
Achillea clavennae	Weiße Schafgarbe	Abrauten	Pustertal	Rauschenfels (1801), S. 221
Achillea clavennae	Weiße Schafgarbe	Bergwermuth	Pustertal	Rauschenfels (1801), S. 221
Achillea clavennae	Weiße Schafgarbe	Weisser Speck [*recte* Speick]	Pustertal	Rauschenfels (1801), S. 221
Achillea millefolium	Echte Schafgarbe	Åchalkraut, Ōchalkraut (n.)	Pustertal	Moser (2015), S. 13, 207
Achillea millefolium	Echte Schafgarbe	Gouchal[1], Ggouchal, Gouchl (m.)	Antholz, Olang, Ridnaun	[1]Müller (1985), S.148
Achillea millefolium	Echte Schafgarbe	Kāchlblüah (f.)	Lüsen	Prosch (1923), S. 256
Achillea millefolium	Echte Schafgarbe	Kōchal, Fōchal (m.)	Sexten	Kerschbaumer-Sigmund (1985), S. 120
Achillea millefolium	Echte Schafgarbe	Kråmpfkraut (n.)	Kastelruth	
Achillea millefolium	Echte Schafgarbe	Pauchweakraut (n.)	Vierschach	

Achillea millefolium	Echte Schafgarbe	Touchal, Tōchal (m.)	Ried/Reischach, Ahrntal, Mühlwald, Gsies	
Achillea [millefolium]	[Echte] Schafgarbe	Ti^{e}schlplui (n.)	Pustertal (alt)	Fink (1979), S. 86 als „Schafgarbe“
Achillea moschata	Moschus-Schafgarbe	Hoberraut (m.)	Villanders, Verdings, Latzfons	
Achillea moschata	Moschus-Schafgarbe	Jochgårbe (f.)	Ried/Reischach	
Achillea moschata	Moschus-Schafgarbe	Jochgråmille (f.)	Passeier[1], Pfitsch, Pfunders	[1]Haller & Lanthaler (2004), S. 110
Achillea moschata	Moschus-Schafgarbe	Jochifer (m.)	Taufers i. M., Schluderns, Matsch, Stilfs, Trafoi, Prad, Eyrs, Schenna	
Achillea moschata	Moschus-Schafgarbe	Jochifi	Martell	
Achillea moschata	Moschus-Schafgarbe	Jochsëifa (m.)	Langtaufers[1], Rojen, St. Valentin a. d. H.	[1]Joos (2010), S. 569
Achillea moschata	Moschus-Schafgarbe	Jochsifer (m.)	Schlanders	
Achillea moschata	Moschus-Schafgarbe	Jöch-Tschenggilar (Pl.)	Sarntal, Tschögglberg	
Achillea moschata	Moschus-Schafgarbe	Muaterkraut (n.)	Schnals, Naturns, Lana	
Achillea moschata	Moschus-Schafgarbe	Oberraut (m.)	Ulten, Laurein, Proveis	
Achillea moschata	Moschus-Schafgarbe	Ogeraut (m.)	Durnholz, Sarntal	
Achillea moschata	Moschus-Schafgarbe	Perg-Schofgårbe (f.)	Vierschach	
Achillea moschata	Moschus-Schafgarbe	Perk-Gromille (f.)	Ahrntal	
Achillea moschata	Moschus-Schafgarbe	Weißes Oberraut (n.)	St. Gertraud/Ulten	
Achillea [moschata]	[Moschus-]Schafgarbe	Joch-Ogiraut (m.)	Sarntal	Gruber (2005), S. 95, als „Alpenschafgarbe“
Achillea sp.	Schafgarbe	Fochal (n.)	Pustertal	Fink (1972), S. 83
Achillea sp.	Schafgarbe	Hoberraut (n.)	Lüsen	Prosch (1923), S. 256
Achillea sp.	Schafgarbe	Ife (Pl.)	Taufers i. M.	Schatz (1955), S. 310 als „Schafgarbe im Hochgebirge“
Aconitum lycoctonum	Wolfs-Eisenhut	Wolfwurz	Pustertal	Rauschenfels (1801), S. 220
Aconitum napellus	Blauer Eisenhut	Wolfswurzn (Pl.)	Langtaufers[1], Laas, Katharinaberg/ Schnals, Schlanders	[1]Joos (2010), S. 571
Aconitum napellus	Blauer Eisenhut	Wolfwurz (f.)	Matsch	
Aconitum sp.	Eisenhut	Gëlschtern (Pl.)	Ulten	Schatz (1955), S. 232 Lösch (1989), S. 94, als „Blauer Eisenhut“
Aconitum sp.	Eisenhut	Muatergottes-Patschlen (Pl.)	Burgeis	
Aconitum sp.	Eisenhut	Muatergottes-Schlapplen (Pl.)	Taufers i. M.	
Aconitum sp.	Eisenhut	Nårrnkappl (n.)	Passeier	Fink (1972), S. 199, als „Blauer Eisenhut“
Aconitum sp.	Eisenhut	Nollwüschze (f.)	Rein in Taufers	

Aconitum sp.	Eisenhut	Paterpåtschn (Pl.)	um Klausen	Fink (1972), S. 25, als „Blauer Eisenhut“
Aconitum sp.	Eisenhut	Wolfiswurze (f.)	Antholz[1], östliches Pustertal[2]	[1]Müller (1985), S. 148 [2]Schatz (1955), S. 711
Aconitum sp.	Eisenhut	Wolfiswurzen (Pl.)	Lüsen	Prosch (1923), S. 256
Aconitum sp.	Eisenhut	Wolfwurzn (Pl.)	Stilfs	
Aconitum tauricum	Tauern-Eisenhut	Patterknoschpm (Pl.)	Pfitsch	
Aconitum tauricum	Tauern-Eisenhut	Wolfiswuschze (f.)	Ahrntal	
Aconitum tauricum	Tauern-Eisenhut	Wolfswurzn (Pl.); Wolfwurschzn (Pl.)	Kastelruth; Pfunders	
Adenostyles alpina	Grüner Alpendost	Schtoanpletsche (f.)	Sterzing	Fink (1972), S. 255 als „Kahler Alpendost“
Adenostyles sp.	Alpendost	Såntplerche (f.), Såndplerchen (Pl.)	Passeier	Haller & Lanthaler (2004), S. 193
Aegopodium podagraria	Geißfuß	Giersch (m.)	allgemein verbreitet	
Aegopodium podagraria	Geißfuß	Hunfiase (Pl.)	Fleins/Freienfeld, Telfes	
Aegopodium podagraria	Geißfuß	Hunschritt (m.)	Toblach	Mittich-Steinwandter (2024, Nr. 2), S. 40
Aegopodium podagraria	Geißfuß	Hunschtuze (m.), -schtuzn (Pl.)	Sexten[1], Vierschach, St. Magdalena/Gsies	[1]Stauder (2019), S. 94
Aegopodium podagraria	Geißfuß	Rindogråss (n.)	Weißenbach/Ahrntal	
Aegopodium podagraria	Geißfuß	Rosskiem (m.)	Olang	
Aesculus hippocastanum	Gewöhnliche Rosskastanie	Fexiërkëschtn (Pl.); Vexiarkeschtn (Pl.)	Sarntal; Passeier[1]	[1]Moser (2015), S. 327
Aesculus hippocastanum	Gewöhnliche Rosskastanie	Lexirkëschte (f.)	Eisacktal[1], Pustertal[2]	[1]Fink (2003), S. 377 [2]Kerschbaumer-Sigmund (1985), S. 113
Aesculus hippocastanum	Gewöhnliche Rosskastanie	Rossköschte (f.)	Pustertal	Kerschbaumer-Sigmund (1985), S. 12, 16, 113
Aesculus hippocastanum	Gewöhnliche Rosskastanie	Wilda Keschtn (Pl.)	Pustertal	Kerschbaumer-Sigmund (1985), S. 113
Aesculus hippocastanum	Gewöhnliche Rosskastanie	Ziërkëschpam (m.)	Andrian	
Aesculus hippocastanum	Gewöhnliche Rosskastanie	Ziërkëschtn (Pl.), -këischt (f.)	Lana, Kaltern	
Agrimonia eupatoria	Gewöhnlicher Odermennig	Singakraut (n.)	Ridnaun	
Agrostemma githago	Gewöhnliche Kornrade	Kournnagele (n.)	Barbian	Fink (1972), S. 158 als „Ackerrade“
Agrostemma githago	Gewöhnliche Kornrade	Kournroase (f.)	Passeier	Fink (1972), S. 158 als „Kornrade“
Agrostemma githago	Gewöhnliche Kornrade	Rad, Rade	Pustertal	Rauschenfels (1801), S. 220
Agrostemma githago	Gewöhnliche Kornrade	Rått (m.)	Langtaufers[1], Matsch, Taufers i. M., Schlanders, Martell, Naturns	[1]Joos (2010), S. 569
Agrostemma githago	Gewöhnliche Kornrade	Rot (f., m.)	Ulten, Lüsen	

Agrostemma githago	Gewöhnliche Kornrade	Rottn (Pl.)	Etschtal	Wirth (2021), S. 375
Agrostemma githago	Gewöhnliche Kornrade	Rout (m.)	Ritten, Verdings, Latzfons	
Ailanthus altissima	Götterbaum	Schtink^{e}r (m.)	Tramin	
Ailanthus altissima	Götterbaum	Schtinkpam (m.)	Montan[1], Kaltern, Kurtatsch	[1]Schweiggl (2003), S. 16
Ajuga pyramidalis	Pyramiden-Günsel	Kantige Pamlen (Pl.)	St. Leonhard/Brixen	
Ajuga pyramidalis	Pyramiden-Günsel	Kërzn (Pl.)	Ritzail	
Ajuga pyramidalis	Pyramiden-Günsel	Kirchtu^{e}rn (m.)	Pfitsch	Christensen (2014), S. 91
Ajuga pyramidalis	Pyramiden-Günsel	Kuëtuttn (m.)	Eggental	Fink (1972), S. 165
Ajuga pyramidalis	Pyramiden-Günsel	Oaschterpamler (Pl.)	Ritzail	
Ajuga pyramidalis	Pyramiden-Günsel	Pamla (Pl.)	Pfitsch	
Ajuga pyramidalis	Pyramiden-Günsel	Pamlen (n. Pl.)	Schnals	
Alcea rosea *	Gewöhnliche Stockrose	Schtångenroasn (Pl.)	Villnöß	
Alchemilla alpina agg.	Artengruppe Alpen-Silbermantel	Fraunmantele (n.)	Eisacktal	Fink (2003), S. 373 als „Silbermantel“
Alchemilla sp.	Frauenmantel	Fra(u)mantala (Pl.)	Rojen	
Alchemilla sp.	Frauenmantel	Framantele, -ile (n.)	Prad, Schlanders, Kaltern, Tramin, Fleins/Freienfeld, Sterzing, Ridnaun, Pflersch, Kiens, Ahrntal	
Alchemilla sp.	Frauenmantel	Mantele-, Mantilekraut (n.)	Platt/Passeier, Schenna, Lana, St. Walburg/Ulten, Kastelruth	
Alchemilla sp.	Frauenmantel	Måntlkraut (n.)	Schnals	
Alchemilla sp.	Frauenmantel	Muitomantilan (Pl.)	St. Magdalena/Gsies	
Alchemilla sp.	Frauenmantel	Schiënau (m.), Schiënauplattl (n.)	Latzfons	Bibliotheksgruppe Latzfons (2004), S. 102
Alchemilla sp.	Frauenmantel	Schiënaukraut (n.)	Latzfons	Bibliotheksgruppe Latzfons (2004), S. 102
Alchemilla sp.	Frauenmantel	Taumantele, -ile (n.)	Prags, Vierschach	
Alchemilla [sp.]	Frauenmantel	Schiënaukraut (n.)	Feldthurns[1], Pustertal[2]	[1]Fink (1972), S. 241 als „Alchemilla vulgaris“ [2]Kerschbaumer-Sigmund (1985), S. 58 als „Alchemilla vulgaris“ (= A. acutiloba; taxonomisch sehr schwierige Gattung; hier ist sicher nicht ausschließlich A. vulgaris gemeint)
Alchemilla [sp.]	Frauenmantel	Zinausplattl (n.)	Lüsen	Fink (1972), S. 313 als „Alchemilla vulgaris“ (siehe Anmerkung zu „Schiënaukraut“)
Alliaria petiolata	Lauchkraut	Knouflekraut (n.)	Vöran	

Allium ampeloprasum subsp. *porrum* *	Lauch	Pori (m.), Poure (m.)	Laurein, Passeier	
Allium cepa *	Zwiebel	Zwifal (m.)	Weißenbach/Ahrntal	
Allium cepa *	Zwiebel	Zwifl (m.)	Pfitsch; allgemein verbreitet	
Allium cepa *	Zwiebel	Zwifla (m.)	Truden, Deutschnofen, Eggen, Latzfons	
Allium cepa *	Zwiebel	Zwifle (n.)	Mölten	
Allium oleraceum	Glocken-Lauch	Wilder Zwifl (m.)	Kastelruth	
Allium sativum *	Knoblauch	Knëufla (m.)	Latzfons	Bibliotheksgruppe Latzfons (2004), S. 60
Allium sativum *	Knoblauch	Knoffla (m.)	Olang, Vierschach	
Allium sativum *	Knoblauch	Knöffla (m.)	Weißenbach/Ahrntal	
Allium sativum *	Knoblauch	Knofla (m.)	Ritten	
Allium sativum *	Knoblauch	Knoufl (m.)	Passeier, Ridnaun	
Allium sativum *	Knoblauch	Knoufla (m.)	Kastelbell-Tschars[1], Deutschnofen[2], Schluderns, Truden, Welschnofen, Deutschnofen, Ritten, Afing, Latzfons	[1]Kaserer (2007), S. 25 [2]Zelger (2004), S. 47
Allium sativum *	Knoblauch	Knoufli (m.)	Sarntal	Gruber (2005), S. 104
Allium schoenoprasum	Schnitt-Lauch	Schnitl (m.)	Kastelruth	
Allium schoenoprasum	Schnitt-Lauch	Schnitla (m.)	Truden, Welschnofen	
Allium schoenoprasum	Schnitt-Lauch	Schnittl (m.)	Schenna, Passeier, Pflersch	
Allium schoenoprasum	Schnitt-Lauch	Schnittla (m.)	Martell, Naturns, Laurein, Latzfons, Ridnaun, Pfitsch, Fleins/Freienfeld, Weißenbach/Ahrntal, Olang	
Allium schoenoprasum	Schnitt-Lauch	Schnittle (m.)	Mölten	
Allium schoenoprasum	Schnitt-Lauch	Schnittli (m.)	Sarntal	
Allium sphaerocephalon	Kugel-Lauch	Wild^{e}r Knoufla (m.)	Taufers i. M., Stilfs	
Allium ursinum	Bär-Lauch	Ai de l'órs (m., it.)	Buchholz	
Allium ursinum	Bär-Lauch	Knofflakraut (n.)	Vierschach	
Allium victorialis	Allermannsharnisch	Pergknoufla (m.)	Naturns	
Allium victorialis	Allermannsharnisch	Wildknoufla (m.)	Matsch	
Allium victorialis	Allermannsharnisch	Zwiflkraut (n.)	Stuls	
Alnus alnobetula	Grün-Erle	Elze (f.)	Sexten	Stauder (2019), S. 56
Alnus alnobetula	Grün-Erle	Lutt^{e}rhëggn (Pl.)	Unsere Liebe Frau im Walde, Naturns, Passeier	

Alnus alnobetula	Grün-Erle	Lutt^{e}rn (Pl.)	Eisacktal, Pustertal[1], Lüsen[2], Schluderns, Laas, Naturns, Ulten, Laurein, Unsere Liebe Frau im Walde, Passeier, Sarntal, Villanders	[1]Schatz (1955), S. 401 als „Bergerle“ [2]Prosch (1923), S. 256
Alnus alnobetula	Grün-Erle	Lutt^{e}rschtaudn (Pl.)	Langtaufers[1], Eisacktal[2], Rojen, Stilfs, Prad, Schlanders, Passeier, Verdings, Latzfons, Villnöß, Brixen, Schalders, Ridnaun	[1]Joos (2010), S. 566 [2]Schatz (1955), S. 401 als „Bergerle“
Alnus alnobetula	Grün-Erle	Lutton (Pl.)	Pfunders, Antholz, St. Magdalena/Gsies	
Alnus alnobetula	Grün-Erle	Luttoschtaudn (Pl.)	Kiens, Ahrntal	
Alnus alnobetula	Grün-Erle	Unt^{e}rn (Pl.)	Pfitsch	
Alnus glutinosa	Schwarz-Erle	Auníc (m., it.)	Buchholz	
Alnus glutinosa ?	Schwarz-Erle	Littrli, -lar (Pl.)	Sarntal	Gruber (2005), S. 117 als „Schwarzerle“
Alnus incana	Grau-Erle	Ëi^{o}rl (f.)	Sterzing, Pfitsch, Kiens	
Alnus incana	Grau-Erle	Ëirlschtaudn (Pl.)	Pfitsch	
Alnus incana	Grau-Erle	Elze (f.)	Sexten	Stauder (2019), S. 56
Alnus sp.	Erle	Ëi^{e}rl (f.), Ëi^{e}rl^{e}r (Pl.)	Laurein	
Alnus sp.	Erle	Ëiol (Pl.)	Ahrntal	
Alnus sp.	Erle	Ëirl (f.), Ëirlan	Kastelbell-Tschars[1], Pfitsch[2], Martell	[1]Kaserer (2007), S. 9 [2]Christensen (2014), S. 32
Alnus sp.	Erle	Ëirlin (Pl.)	Passeier	Haller & Lanthaler (2004), S. 51
Alnus sp.	Erle	Öirln (Pl.)	Ulten	Lösch (1989), S. 97
Alnus sp.	Erle	Öörl (f.), -n (Pl.), Öörli (Dim.), -lar (Dim. Pl.)	Sarntal	Gruber (2005), S. 137
Alnus sp.	Erle	Örl (Pl.)	Antholz	Müller (1985), S. 148
Alopecurus pratensis	Wiesen-Fuchsschwanzgras	Fugsschweafe (Pl.)	Ridnaun	
Aloysia citrodora *	Zitronenverbene, -strauch	Aloisischtock	Unterland	Menghin (1884), S. 157
Aloysia citrodora *	Zitronenverbene, -strauch	Lamuni	Obermais	
Aloysia citrodora *	Zitronenverbene, -strauch	Limõuniplũa (f.)	St. Walburg/Ulten	
Amaranthus caudatus *	Hängender Fuchsschwanz	Heargoutsgoaslen (Pl.)	Tramin	Wirth (2021), S. 397
Amaranthus caudatus *	Hängender Fuchsschwanz	Schtairauch (m.)	Schlanders	
Amaranthus caudatus *	Hängender Fuchsschwanz	Schtaurach, Schtur, Schturach	Vinschgau	Pfaff (1927), S. 137
Amaranthus cruentus *	Rispen-Fuchsschwanz	Unsers Herrn Geisel (f.)	Etschland (Landschaft um Bozen)	Menghin (1884), S. 144

Amaranthus sp.	Fuchsschwanz	Hunta (Pl.)	Kastelruth	
Amaranthus sp.	Fuchsschwanz	Moulgn (Pl.)	Tramin	Wirth (2021), S. 370 als „Amarant“
Amaranthus sp.	Fuchsschwanz	Schtaiern (Pl.)	Pinzon, Kaltern	
Amelanchier ovalis	Gewöhnliche Felsenbirne	Amerikanische Ëdlwais	Laurein	
Amelanchier ovalis	Gewöhnliche Felsenbirne	Ciasponári (Pl., it.)	Laag	
Amelanchier ovalis	Gewöhnliche Felsenbirne	Ëidlwaisschtaud, -schtaude (f.)	Montan[1], Villnöß	[1]Schweiggl (2003), S. 16
Amelanchier ovalis	Gewöhnliche Felsenbirne	Fålsche Ëidlwais (Pl.)	Ritten, Laag	
Amelanchier ovalis	Gewöhnliche Felsenbirne	Këislpëirn (Pl.)	Villnöß	
Amelanchier ovalis	Gewöhnliche Felsenbirne	Kësslpëir (f.)	Afing[1], Deutschnofen[2], Völser Aicha	[1]Fink (1966b), S. 151 [2]Zelger (2004), S. 45
Amelanchier ovalis	Gewöhnliche Felsenbirne	Kësslpëirschtau’ (f.)	Sarntal, Aldein	
Amelanchier ovalis	Gewöhnliche Felsenbirne	Mëlper (m.), -ëpfl (m.)	Passeier	
Amelanchier ovalis	Gewöhnliche Felsenbirne	Schpu’pëi^{e}r (f.)	Laurein	Kollmann (2012), S. 140
Amelanchier ovalis	Gewöhnliche Felsenbirne	Schpuni (Pl.)	Kaltern, Tramin	Wirth (2021), S. 357
Amelanchier ovalis	Gewöhnliche Felsenbirne	Schpuni-, Gschpunikigelen (Pl.)	Tramin	
Amelanchier ovalis	Gewöhnliche Felsenbirne	Schpuniraiser (Pl.)	Bozner Unterland	Moser (2015), S. 288
Amelanchier ovalis	Gewöhnliche Felsenbirne	Schpunt (m.)	Deutschnofen	Zelger (2004), S. 75
Amelanchier ovalis	Gewöhnliche Felsenbirne	Zischgge (f.)	Passeier	Haller & Lanthaler (2004), S. 252
Amelanchier ovalis	Gewöhnliche Felsenbirne	Zischpelen, Zīschpelen (Pl.)	Laag, Kurtatsch	
Amelanchier ovalis	Gewöhnliche Felsenbirne	Zischpeler (Pl.)	Ulten	
Amelanchier ovalis	Gewöhnliche Felsenbirne	Zischpl (f.)	Naturns	
Amelanchier ovalis	Gewöhnliche Felsenbirne	Zischpm (Pl.)	Schnals	
Amelanchier ovalis	Gewöhnliche Felsenbirne	Zwischpalan (Pl.)	Burgeis, Taufers i. M., Schluderns	
Amelanchier ovalis	Gewöhnliche Felsenbirne	Zwischprlan (Pl.)	Stilfs	
Anagallis arvensis	Acker-Gauchheil	Goldhühnerdarm	Pustertal	Rauschenfels (1801), S. 217

Anemone [*trifolia*]	[Dreiblättriges] Windröschen	Fåschtfaielan (Pl.)	Salurn	Schatz (1955), S. 158 als „Buschwindröschen" (damit ist eigentlich Anemone nemorosa gemeint; im Südtiroler Unterland ist jedoch A. trifolia bei weitem vorherrschend und aspektbildend)
Anemone baldensis	Monte-Baldo-Windröschen	Aurellele (n.)	Lüsen	Moser (2015), S. 26
Anemone baldensis	Monte-Baldo-Windröschen	Kuaschell (f.)	Eggental	Moser (2015), S. 167
Angelica sylvestris	Wilde Engelwurz	Wålthourn (n.)	Kaltern	
Angelica [*sylvestris*]	[Wilde] Engelwurz	Hailiggaistwurzl (f.)	Pfeffersberg/Brixen	Fink (1972), S. 114 als „Brustwurzel, Angelica"
Angelica [*sylvestris*]	[Wilde] Engelwurz	Lubestecken, Lubittn (Pl.)	Ahrntal	Staudacher (1934), S. 139 als „Erzengelwurz, *Archangelica officinalis*" (damit ist die als Heilpflanze angebaute Angelica archangelica gemeint; die Beschreibung im Text lässt vermuten, dass es sich aber um die in Südtirol wildwachsende A. sylvestris handelt)
Angelica [*sylvestris*]	[Wilde] Engelwurz	Lütschteckn (Pl.)	Passeier	
Antennaria carpatica, A. dioica	Karpaten-Katzenpfötchen, Gewöhnliches K.	Pernpråtzn (Pl.)	Kastelruth	
Antennaria dioica	Gewöhnliches Katzenpfötchen	Englwurz (f.)	Welschnofen	Wirth (2021), S. 360 als „Gnaphalium dioicum"
Antennaria dioica	Gewöhnliches Katzenpfötchen	Haitschapratzl (n.)	Ritten	Fink (1972), S. 121
Antennaria dioica	Gewöhnliches Katzenpfötchen	Kåtznpråtzn (Pl.)	St. Leonhard/Brixen	
Antennaria dioica	Gewöhnliches Katzenpfötchen	Kåtznwaim^{e}r	Latzfons	Wirth (2021), S. 367
Antennaria dioica	Gewöhnliches Katzenpfötchen	Måideler (Pl.)	Eisacktal	
Antennaria dioica	Gewöhnliches Katzenpfötchen	Përnpråtzn (Pl.)	Martell	
Antennaria dioica	Gewöhnliches Katzenpfötchen	Schtroapluame (f.)	Sterzing	
Antennaria sp.	Katzenpfötchen	Ëwigkaitler (Pl.)	Ritten	
Antennaria sp.	Katzenpfötchen	Kasepappile (n.), -pappilan (Pl.)	Sexten	Stauder (2019), S. 100
Antennaria sp.	Katzenpfötchen	Kåtznpatschler (Pl.)	Vöran	
Antennaria sp.	Katzenpfötchen	Knöpflan (Pl.)	Antholz	Müller (1985), S. 148
Antennaria sp.	Katzenpfötchen	Pëirnpratzlen, -pratzl^{e}r (Pl.)	Naturns, Katharinaberg/ Schnals	
Antennaria sp.	Katzenpfötchen	Schtroapliamla (Pl.)	Pfitsch	

Antennaria sp.	Katzenpfötchen	Schtua'mëirl[e]r (Pl.)	Welschnofen	
Anthericum liliago	Astlose Zaunlilie	Luisschtearn (m.)	Vöran	
Anthericum liliago	Astlose Zaunlilie	Muatergotteslilie (f.)	Flaas	
Anthericum liliago	Astlose Zaunlilie	Muatergottesschtearn (m.)	Völser Aicha	
Anthriscus sylvestris	Wiesen-Kerbel	Carevâci (Pl., it.)	Laag	
Anthriscus sylvestris	Wiesen-Kerbel	Kiemstingl (m.)	Langtaufers	Joos (2010), S. 568
Anthriscus sylvestris	Wiesen-Kerbel	Oaschterpaml (n.), -er (Pl.)	Ploseberg/Brixen[1], Ritzail, Flains	[1]Jocher (2010), S. 511 als „Wiesenkerbel“
Anthriscus sylvestris	Wiesen-Kerbel	Rosskiem (m.)	St. Walburg/Ulten, Terenten	
Anthriscus sylvestris	Wiesen-Kerbel	Rosskim (m.)	Stilfs, Martell, St. Gertraud/Ulten, Platt/Passeier, Sarntal, Ritten, Welschnofen, Ridnaun, Pfitsch, St. Magdalena/Gsies	
Anthriscus sylvestris	Wiesen-Kerbel	Rosskimbl (m.)	Naturns	
Anthriscus sylvestris	Wiesen-Kerbel	Rösskimm, -kimml (m.)	Antholz	Pallhuber (2016), S. 141 als „Wiesenkerbel“
Anthriscus sylvestris	Wiesen-Kerbel	Rössschtingl (m.)	Ahrntal	
Anthriscus sylvestris	Wiesen-Kerbel	Rossschtingl (Pl.)	Kastelruth	
Anthriscus sylvestris	Wiesen-Kerbel	Rouskim (m.)	Laurein	
Anthriscus sylvestris	Wiesen-Kerbel	Schtingl (Pl.)	Schlanders, Kastelruth	
Anthyllis vulneraria	Echter Wundklee	Apothekerklee (m.)	Weitental	
Anthyllis vulneraria	Echter Wundklee	Himmlschlissl (m.)	Sarntal, Bozner Unterland, Bruneck, Prags	
Anthyllis vulneraria	Echter Wundklee	Hosnpråtzn (Pl.)	Vöran, Mölten	
Anthyllis vulneraria	Echter Wundklee	Kåtznpråtzn (Pl.)	Ritten	
Anthyllis vulneraria	Echter Wundklee	Knëdl (m. Sg., Pl.)	Taufers i. M.	
Anthyllis vulneraria	Echter Wundklee	Maulwurfpråtze (f.)	Olang	
Anthyllis vulneraria	Echter Wundklee	Muitogottespatschl (n.)	Vierschach	
Anthyllis vulneraria	Echter Wundklee	Pearnpråtzn (Pl.), -pråtza (f.), pratzl (n.)	Feldthurns[1], Ploseberg/Brixen[2], Flaas, Ritten, Eggen, Welschnofen, Latzfons, Villnöß, Ritzail	[1]Fink (1972), S. 29 als „Alpenwundklee“ [2]Jocher (2010), S. 511
Anthyllis vulneraria	Echter Wundklee	Peaterschlissl (m.)	Sarntal	
Anthyllis vulneraria	Echter Wundklee	Pëirntåtzn, Pëirnståtzn (Pl.)	Afing, Pfitsch	
Anthyllis vulneraria	Echter Wundklee	Perispråtze (f.), -pråtzn (Pl.)	Sexten	Stauder (2019), S. 147
Anthyllis vulneraria	Echter Wundklee	Schlisslpluime (f.)	Pfalzen	
Anthyllis vulneraria	Echter Wundklee	Unser Frauen Krapflein	Pustertal	Rauschenfels (1801), S. 220 Schöpf (1866), S. 740
Anthyllis vulneraria subsp. *alpicola*	Alpen-Wundklee	Unser Frauen Krapflein	Pustertal	Kerner (1871), S. 136 als „Anthyllis alpestris“

Antirrhinum majus *	Großes Löwenmaul	Giggrl^{a}n (Pl.)	Prad	
Antirrhinum majus *	Großes Löwenmaul	Leibmgousch, Lebgosch (f.)	Kurtatsch	
Antirrhinum majus *	Großes Löwenmaul	Lewngëschl (n.)	Naturns	
Antirrhinum majus *	Großes Löwenmaul	Löibmgöschler (Pl.)	Ulten	Lösch (1989) S. 96 als „Löwenmaul"
Antirrhinum majus *	Großes Löwenmaul	Maulauraisser (m.)	Ploseberg/Brixen	Jocher (2010), S. 511 als „Löwenmaul"
Antirrhinum majus *	Großes Löwenmaul	Plepperate Puschn (Pl.)	Eisacktal	Fink (1972), S. 42 als „Löwenmaul"
Antirrhinum majus *	Großes Löwenmaul	Pulaleggn (Pl.)	Tramin	
Antirrhinum majus *	Großes Löwenmaul	Schnabelen	Tramin	Wirth (2021), S. 399 als „Löwenmaul"
Antirrhinum majus *	Großes Löwenmaul	Schofmailele (n.)	Pustertal	Pfaff (1927), S. 120 Fink (1972), S. 226 als „Löwenmaul"
Apium graveolens *	Echter Sellerie	Groases Suppmkraut (n.)	Ridnaun	
Apium graveolens *	Echter Sellerie	Schellala (n.)	Tramin, Neumarkt, Ritten, Kastelruth, Villanders	
Apium graveolens *	Echter Sellerie	Schellela, Schellel (n.)	Welschnofen	
Apium graveolens *	Echter Sellerie	Schellele (n.)	Naturns, Meran, Schenna, Lana, Ulten, Mölten, Vöran	
Apium graveolens *	Echter Sellerie	Schelleler (Pl.)	Deutschnofen, Ridnaun	
Apium graveolens *	Echter Sellerie	Schellila (n.)	Latzfons	
Apium graveolens *	Echter Sellerie	Schellile (n.)	Antholz[1], Sexten[2], Passeier, Ridnaun, Getzenberg/Kiens, Ahrnta	[1]Pallhuber (2016), S. 141 [2]Stauder (2019), S. 187
Apium graveolens *	Echter Sellerie	Schellilekraut (n.)	Villnöß	
Apium graveolens *	Echter Sellerie	Schelliler, Schellaler (Pl.)	Laurein	
Apium graveolens *	Echter Sellerie	Schellili (n.)	Martell	
Apium graveolens *	Echter Sellerie	Suppmkraitl (n.)	Pfitsch	Christensen (2014), S. 193
Aquilegia atrata	Schwarzviolette Akelei	Antoniusglëiggl (n.)	Tramin	
Aquilegia atrata	Schwarzviolette Akelei	Antoniusgloggn (Pl.)	Kaltern, Montan, Aldein	
Aquilegia atrata	Schwarzviolette Akelei	Toiflskralle (f.)	Vintl	
Aquilegia atrata	Schwarzviolette Akelei	Tuiflskåppm (Pl.)	Völser Aicha	
Aquilegia sp.	Akelei	Mandl in t'Heach (n.)	Schnals	
Aquilegia sp.	Akelei	Tonnigglogge (f.)	Lajen	Fink (1985), S. 435
Aquilegia [sp.]	Akelei	Glockenmodl	Unterland	Menghin (1884), S. 157 als „Aquilegia vulgaris" (es wird wohl nicht zwischen der wild wachsenden A. atrata und der kultivierten und manchmal verwilderten A. vulgaris unterschieden)

Arabidopsis thaliana	Ackerkresse	Pëttfetzer (Pl.)	St. Walburg/Ulten	
Arctium lappa	Große Klette	Horkleiwer (m.)	Afing	Fink (1972), S. 122 als „Große Klette“
Arctium sp.	Klette	Klebbon (Pl.)	Prags, Vierschach	
Arctium sp.	Klette	Klëber (Pl.)	Schlanders	
Arctium sp.	Klette	Klë^{i}ber (Pl.)	Vöran, Afing	
Arctium sp.	Klette	Klë^{i}bern (Pl.)	Tiers	
Arctium sp.	Klette	Kleppr (Pl.); Kleppm (Pl.)	Taufers i. M., Stilfs, Schluderns, Schlanders; Passeier	
Arctium sp.	Klette	Klepprschtaud (f.)	Vinschgau	Schatz (1955), S. 339 als „Klette“
Arctium sp.	Klette	Klewer (Pl.)	Pustertal	Moser (2015), S. 157
Arctium sp.	Klette	Pétole (Pl., it.)	Laag	
Arctium sp.	Klette	Piker (m.)	Kaltern	
Arctium sp.	Klette	Schtupfa (Pl.)	Ahrntal, St. Magdalena/Gsies	
Arctium sp.	Klette	Tawaggschtaudn (Pl.)	Villanders	
Arctostaphylos uva-ursi	Echte Bärentraube	Fålsche Glan (Pl.)	Platt/Passeier	
Arctostaphylos uva-ursi	Echte Bärentraube	Fetzkraut (n.)	Eisacktal[1], Pustertal[2], St. Leonhard/Brixen	[1]Fink (2003), S. 372 als „Bärentraube“ [2]Kerschbaumer-Sigmund (1985), S. 36
Arctostaphylos uva-ursi	Echte Bärentraube	Fugsgrantn (Pl.)	Ritten	
Arctostaphylos uva-ursi	Echte Bärentraube	Grantnrautsch (m.)	Laurein	
Arctostaphylos uva-ursi	Echte Bärentraube	Jauschgrantn (Pl.), Wilder Jausch (m.)	Barbian, Villnöß	
Arctostaphylos uva-ursi	Echte Bärentraube	Mealëpfelen (Pl.)	Ritten	
Arctostaphylos uva-ursi	Echte Bärentraube	Mealgrantn (Pl.)	Vöran, Tiers	
Arctostaphylos uva-ursi	Echte Bärentraube	Mëlgrant(e) (f.), -grantn (Pl.)	Truden[1], Lana, Welschnofen, Vals/Mühlbach, Pfunders, Olang	[1]Ortner (2005), S. 428
Arctostaphylos uva-ursi	Echte Bärentraube	Melgrante (f.), -grantn (Pl.)	Sexten[1], Getzenberg/Kiens, Terenten, Prags	[1]Stauder (2019), S. 130
Arctostaphylos uva-ursi	Echte Bärentraube	Mëlgrentn (Pl.)	Aldein	
Arctostaphylos uva-ursi	Echte Bärentraube	Melligrante (f.)	Gsies	
Arctostaphylos uva-ursi	Echte Bärentraube	Mellpa (Pl.)	Vierschach	
Arctostaphylos uva-ursi	Echte Bärentraube	Mëlpëir (f.) (Pl.)	Langtaufers[1], Rojen, Burgeis, Schluderns, Matsch, Stilfs, Schnals, Passeier, Vöran, Völser Aicha	[1]Joos (2010), S. 572
Arctostaphylos uva-ursi	Echte Bärentraube	Mosse-, Mousfåckn (Pl.)	Prags, Vierschach	
Arctostaphylos uva-ursi	Echte Bärentraube	Përngrantn (Pl.)	Laurein	
Arctostaphylos uva-ursi	Echte Bärentraube	Rausch (f.)	Afing, Ritten	

Arctostaphylos uva-ursi	Echte Bärentraube	Rauschgrant (f.), -grantn (Pl.)	um Brixen[1], Sarnthein, Durnholz, Ritten, Villanders, Kastelruth, Villnöß, Kiens, Ahrntal	[1]Schatz (1955), S. 475 als „Bärentrauben, falsche Preiselbeerstauden"
Arctostaphylos uva-ursi	Echte Bärentraube	Rauschpëir (f.), -pëirn (Pl.)	Langtaufers[1], Matsch, Ulten, Mölten, Flaas, Sarntal, Ritten	[1]Joos (2010), S. 572
Arctostaphylos uva-ursi	Echte Bärentraube	Rossgrante (f.)	Latzfons	Fink (1972), S. 219 als „Immergrüne Bärentraube"
Arctostaphylos uva-ursi	Echte Bärentraube	Wilda Grantn (Pl.)	Pustertal	Kerschbaumer-Sigmund (1985) S. 36
[*Arctostaphylos uva-ursi*]	[Echte Bärentraube]	Rauschpeer (m.)	Tiers	Robatscher (2003), S. 148 als „Traubenblätterbeere"
Aristolochia clematitis	Gewöhnliche Osterluzei	Pålfiareschtaud (f.)	Kaltern	
Armeria alpina	Alpen-Grasnelke	Gamsrolln (Pl.)	Fleins/Freienfeld, Vals/Mühlbach	
Armeria alpina	Alpen-Grasnelke	Grosnagila (Pl.)	Pfitsch	
Armeria alpina	Alpen-Grasnelke	Schlearnhex (f.)	Bozen[1], Unterland[2], Andrian, Tiers, Kastelruth, Villnöß	[1]Schatz (1955), S. 531 [2]Menghin (1884), S. 157 als „Statice alpina"
Armeria alpina	Alpen-Grasnelke	Waudl (m.)	Eisacktal	Fink (2003), S. 370 als „Schlernhexe"
Armoracia rusticana	Kren, Meerrettich	Krea (m.)	Matsch, Martell, Kastelbell-Tschars, Naturns, Passeier, Andrian, Kaltern, Tramin, Aldein, Deutschnofen, Welschnofen, Latzfons, Getzenberg/Kiens	
Armoracia rusticana	Kren, Meerrettich	Kreaburz (f.)	Laurein	
Armoracia rusticana	Kren, Meerrettich	Kreawurz (f.)	Welschnofen	
Armoracia rusticana	Kren, Meerrettich	Krien (m.)	Antholz[1], St. Magdalena/Gsies	[1]Pallhuber (2016), S. 140
Armoracia rusticana	Kren, Meerrettich	Kriun (m.)	Antholz	Pallhuber (2016), S. 140
Arnica montana	Arnika	Åltvoter[1], Altvatermark[2]	Sarntal	[1]Schöpf (1866), S. 786 [2]Matscher (1954), S. 157
Arnica montana	Arnika	Anika (n.)	Prettau[1], Pustertal[2]	[1]Kerschbaumer-Sigmund (1985) S. 33; [2]Schatz (1955), S. 30 als „Arnika"
Arnica montana	Arnika	Krieger	Latzfons	Kerschbaumer-Sigmund (1985), S. 33
Arnica montana	Arnika	Mandl-Arnika (m.)	St. Andrä/Brixen	Fink (1972), S. 184 als „Bergwohlverleih"
Arnica montana	Arnika	Modapusche (m.)	Oberpustertal	Fink (1972), S. 182
Arnica montana	Arnika	Ogsnpluime (f.)	Sexten[1], Oberpustertal[2], St. Magdalena/Gsies	[1]Fink (1972), S. 205 [2]Kerschbaumer-Sigmund (1985), S. 33

Arnica montana	Arnika	Schneaperga (m.)	Lüsen	Fink (1966d), S. 50
Arrhenatherum elatius	Glatthafer	Telfer Schmelchn (Pl.)	Telfes	
Artemisia absinthium	Echter Wermut	Johånnisgurt	Pustertal	Kerschbaumer-Sigmund (1985), S. 136
Artemisia absinthium	Echter Wermut	Mè de maístro (m., it.)	Laag, Salurn	
Artemisia absinthium	Echter Wermut	Mermat (m.)	Martell	Pfitscher (2001), S. 69
Artemisia absinthium	Echter Wermut	Ogiraut (m.)	Sarntal	Gruber (2005), S. 132
Artemisia absinthium	Echter Wermut	Përrmant (m.); -mat	Sexten[1], Gsies; Laurein	[1]Stauder (2019), S. 150
Artemisia absinthium	Echter Wermut	Wër^{b}mt (m.)	Passeier	Haller & Lanthaler (2004), S. 243
Artemisia absinthium	Echter Wermut	Wërrmat (m.)	Martell, Rodeneck, Ridnaun, Pfunders, Kiens, Antholz	
Artemisia absinthium	Echter Wermut	Wërrmet (m.)	Schluderns, Schlanders, Schnals, Algund, Afing, Ritten, Welschnofen	
Artemisia absinthium	Echter Wermut	Wërrmit (m.)	Sarntal	
Artemisia absinthium	Echter Wermut	Wërrmp (m.)	Etsch (unspezifische geografische Angabe)[1], Villanders, Kastelruth	[1]Schatz (1955), S. 701
Artemisia absinthium	Echter Wermut	Wërrmuet (m.)	Rojen	
Artemisia absinthium	Echter Wermut	Werwat (m.)	Elvas	Schatz (1955), S. 701
Artemisia campestris	Feld-Beifuß	Schpettldrot (m.)	Matsch, Schluderns, Naturns	
Artemisia dracunculus *	Estragon	Ëssigkraut (n.)	Kastelruth	
Artemisia dracunculus *	Estragon	Perktumm (m.)	St. Magdalena/Gsies	
Artemisia mutellina	Echte Edelraute	Ëidlaraut	Schluderns	
Artemisia mutellina	Echte Edelraute	Ëidlarauta (Pl.)	Rojen	
Artemisia mutellina	Echte Edelraute	Ëidl-Hoberraut (m.)	Villanders	
Artemisia mutellina	Echte Edelraute	Guldiger Oberraut (m.)	Ulten	
Artemisia mutellina	Echte Edelraute	Håbboraut (m.)	St. Magdalena/Gsies	
Artemisia mutellina	Echte Edelraute	Hoberraut (n.)	Freienfeld	
Artemisia mutellina	Echte Edelraute	Jochgramilln (Pl.)	Pflersch	
Artemisia mutellina	Echte Edelraute	Ob^{e}rraut (f., n.)	Martell, Schnals	
Artemisia mutellina	Echte Edelraute	Ogiraut (n.)	Sarntal, Ridnaun	
Artemisia mutellina	Echte Edelraute	Ograut (n.)	Schenna, Dorf Tirol	
Artemisia mutellina	Echte Edelraute	Owerraut (m., n.)	Ulfas/Passeier	
Artemisia [*mutellina*]	[Echte] Edelraute	Åggeraut (m.)	Pustertal	Schatz (1955), S. 7, als „Edelraute"
Artemisia [*mutellina*]	[Echte] Edelraute	Ëidlåbboraut	Antholz	Pallhuber (2016), S. 139, als „Edelraute"
Artemisia [*mutellina*]	[Echte] Edelraute	Ëidl-Ogiraut (n.)	Sarntal	Gruber (2005), S. 131, als „Edelraute"

Artemisia [mutellina]	[Echte] Edelraute	Howerraut (m.)	Jaufental	Schatz (1955), S. 7, als „Edelraute“
Artemisia [mutellina]	[Echte] Edelraute	Obᵉrraut (f., n.)	Tschars	Kaserer (2007), S. 34, als „Edelraute“
Artemisia vulgaris	Gewöhnlicher Beifuß	Fålscher Wërrmet; -mat (m.)	Vöran; Pfunders	
Artemisia vulgaris	Gewöhnlicher Beifuß	Johånnisgurt (m.)	Afing	Fink (1972), S. 142
Artemisia vulgaris	Gewöhnlicher Beifuß	Schousmålte (f.)	Freienfeld	
Artemisia vulgaris	Gewöhnlicher Beifuß	Sunnwendgirtl (m.)	um Bozen	Fink (1972), S. 267
Artemisia vulgaris	Gewöhnlicher Beifuß	Tånnafraia-Schtëck (Pl.)	Langtaufers	Joos (2010), S. 569
Artemisia vulgaris	Gewöhnlicher Beifuß	Tschafraian (Pl.)	Schluderns	
Artemisia vulgaris	Gewöhnlicher Beifuß	Tschafraia-Schtingl (Pl.)	Matsch	
Artemisia vulgaris	Gewöhnlicher Beifuß	Tschiggfraiaschtingl (Pl.)	Tartsch	
Artemisia vulgaris	Gewöhnlicher Beifuß	Wilder Wërrmuet; -met; -mat (m.)	Burgeis, Taufers i. M.; Kurtatsch, Villnöß; St. Leonhard/Brixen, Martell, Stilfs	
Artemisia vulgaris	Gewöhnlicher Beifuß	Wildo Wërrmat (m.)	Steinhaus/Ahrntal	
Artemisia [vulgaris]	[Gewöhnlicher] Beifuß	Schusmålte (f.)	Ritten	Schatz (1955), S. 558, als „eine Beifußart“
[*Artemisia vulgaris*]	[Gewöhnlicher Beifuß]	Rousmålte (f.)	Afers	Fink (1972), S. 219, als „wilder Wermut“
Arum sp.	Aronstab	Schaferkell (f.)	Tschögglberg	Fink (1972), S. 226 als „Blume Aronstab“
Aruncus dioicus	Wald-Geißbart	Fålsche Schpargl (Pl.)	Mölten, Vöran	
Aruncus dioicus	Wald-Geißbart	Giggerschtizn (Pl.)	Andrian	
Aruncus dioicus	Wald-Geißbart	Giggerstizzn (Pl.)	Vals/Mühlbach	Wirth (2021), S. 362 als „Geißbart“
Aruncus dioicus	Wald-Geißbart	Hūnschtizn (Pl.)	Afing	
Aruncus dioicus	Wald-Geißbart	Schpårgln (Pl.)	Laurein	
Aruncus dioicus	Wald-Geißbart	Spársi (Pl., it.)	Buchholz	
Aruncus dioicus	Wald-Geißbart	Wilde Schpårgl (f.)	Aldein	
Aruncus dioicus	Wald-Geißbart	Wilder Schpargl (m.)	Schenna, Passeier, Vintl, Getzenberg/ Kiens, Weißenbach/ Ahrntal	
Aruncus dioicus	Wald-Geißbart	Wilder Schpårgl (m.), Wilde Schpårglen (Pl.)	Kaltern, St. Leonhard/Brixen	
Asparagus densiflorus *	Zier-Spargel	Fraunhåår (Pl.)	Kaltern	
Asparagus officinalis	Garten-Spargel	Grålkraut (n.)	Pustertal	Schatz (1955), S. 248 als „Spargel“
Asplenium ruta-muraria	Mauer-Streifenfarn	Wainkraut (n.)	Eisacktal	Fink (2003), S. 372 als „Mauerraute“
Asplenium septentrionale	Nordischer Streifenfarn	Harngras	Pustertal	Rauschenfels (1801), S. 222 als „Acrostichum septentrionale“
Asplenium trichomanes	Schwarzstieliger Streifenfarn	Mauerpfårm (m.)	Kastelruth	

Astragalus glycyphyllos	Süßer Tragant	Stragel (m.)	Brixen	Dalla Torre (1895), S. 13
Athyrium sp., *Dryopteris* sp.	Frauenfarn, Wurmfarn	Fårm (m.)	Naturns, Plaus	
Athyrium sp., *Dryopteris* sp.	Frauenfarn, Wurmfarn	Loaterfårbr (m.)	Taufers i. M.	
Athyrium sp., *Dryopteris* sp.	Frauenfarn, Wurmfarn	Loaterfårm (m.)	Karthaus/Schnals, Naturns, St. Walburg/Ulten	
Athyrium sp., *Dryopteris* sp.	Frauenfarn, Wurmfarn	Loaterpfårm (m.)	Mölten, Sarnthein, Kastelruth	
Athyrium sp., *Dryopteris* sp.	Frauenfarn, Wurmfarn	Loatopfårfl (f.)	Getzenberg/Kiens	
Athyrium sp., *Dryopteris* sp.	Frauenfarn, Wurmfarn	Pfårfl	Gsies, Vals/Mühlbach	
Atriplex sp. ?	Melde	Målgge (f.)	Pustertal	Schatz (1955), S. 411 als „Melde" (die deutsche Bezeichnung meint die Gattung Atriplex; umgangssprachlich wird so auch die Gattung Chenopodium bezeichnet)
Atriplex sp. ?	Melde	Mölggn (Pl.)	Ulten	Angaben aus Citizen Science (siehe Anmerkung zu „Målgge")
Atropa bella-donna	Tollkirsche	Huntrspëir (Pl.)	Eisacktal	Fink (2003), S. 377
Avena fatua	Flug-Hafer	Blindhaber	Pustertal	Rauschenfels (1801), S. 216
Avena sativa *	Saat-Hafer	Fuat^{e}r (n.)	St. Walburg/Ulten, Passeier, Sarntal	
Avena sativa *	Saat-Hafer	Håbbo (m.)	Sexten[1], Terenten, St. Magdalena/Gsies	[1]Stauder (2019), S. 91
Avena sativa *	Saat-Hafer	Håb^{e}r (m.)	Pfitsch[1], Kaltern, Truden, Ridnaun	[1]Christensen (2014), S. 66
Avena sativa *	Saat-Hafer	Håwwo (m.)	Pustertal	Schatz (1955), S. 268 als „Hafer"
Avena sativa *	Saat-Hafer	Hob^{e}r (m.)	Deutschnofen[1], Stilfs, Naturns, Ulten, Passeier, Ritten	[1]Zelger (2004) S. 40
Avena sativa *	Saat-Hafer	Houb^{e}r (m.)	Latzfons[1], Prad	[1]Bibliotheksgruppe Latzfons (2004), S. 49
Avena sativa *	Saat-Hafer	Howr (m.)	Sarntal	Gruber (2005), S. 85
Bellis perennis	Gewöhnliches Gänseblümchen	Månalan (Pl.)	Weißenbach/ Ahrntal, Terenten	
Bellis perennis	Gewöhnliches Gänseblümchen	Månatlan (Pl.)	Ahrntal	
Bellis perennis	Gewöhnliches Gänseblümchen	Margerittelen (Pl.)	Taufers i. M.	
Bellis perennis	Gewöhnliches Gänseblümchen	Marienbischelen (Pl.)	Unteres Etschtal	Insam (1954), S. 344
Bellis perennis	Gewöhnliches Gänseblümchen	Moidila (Pl.)	Feldthurns	

Bellis perennis	Gewöhnliches Gänseblümchen	Mounalan (Pl.)	Tramin	
Bellis perennis	Gewöhnliches Gänseblümchen	Mounatlen (Pl.)	Matsch, Schnals	
Bellis perennis	Gewöhnliches Gänseblümchen	Mouniler (Pl.)	Martell	
Bellis perennis	Gewöhnliches Gänseblümchen	Muetergottesbleaml (n.)	Unteres Etschtal	Insam (1954), S. 344
Bellis perennis	Gewöhnliches Gänseblümchen	Muinelen (Pl.)	Lana, St. Gertraud/Ulten	
Bellis perennis	Gewöhnliches Gänseblümchen	Muinggele (n.)	Algund	
Bellis perennis	Gewöhnliches Gänseblümchen	Mumeler, Muneler; Muniler (Pl.)	Villanders; Kastelruth	
Bellis perennis	Gewöhnliches Gänseblümchen	Munatl (n.), Munatlan (Pl.)	Antholz[1], Sexten[2], Olang, Prags, Toblach[3]	[1]Pallhuber (2016), S. 140 [2]Stauder (2019), S. 134 [3]Mittich-Steinwandter (2023, Nr. 1), S. 29
Bellis perennis	Gewöhnliches Gänseblümchen	Munelen (Pl.)	Ritten	
Bellis perennis	Gewöhnliches Gänseblümchen	Munila, Muniler (Pl.)	Ridnaun, Pfitsch	
Berberis vulgaris	Gewöhnliche Berberitze	Dö^{i}rnstaude (f.)	Antholz	Pallhuber (2016), S. 139
Berberis vulgaris	Gewöhnliche Berberitze	Dourn-, Doarnschtau (f.)	Laurein, Afing	
Berberis vulgaris	Gewöhnliche Berberitze	Dourn-, Tournwaimerle-schtaude (f.)	Kastelruth, Villnöß	
Berberis vulgaris	Gewöhnliche Berberitze	Dournschtaud(e) (f.)	Lüsen[1], Martell, Pfitsch, Getzenberg/ Kiens	[1]Prosch (1923), S. 255
Berberis vulgaris	Gewöhnliche Berberitze	Dournwaimerlen (Pl.)	Truden	Ortner (2005), S. 428
Berberis vulgaris	Gewöhnliche Berberitze	Draidourn (m.)	Vöran	
Berberis vulgaris	Gewöhnliche Berberitze	Ë^{i}sigwaimerlen (Pl.)	Altrei[1], Unterland	[1]Abram (2006), S. 855
Berberis vulgaris	Gewöhnliche Berberitze	Ëssigpanzelen (Pl.)	Eppan[1], Lana, Andrian, Oberinn	[1]Wirth (2021), S. 352
Berberis vulgaris	Gewöhnliche Berberitze	Ëssigpë^{i}r (f.)	Prad	
Berberis vulgaris	Gewöhnliche Berberitze	Foie de cáora (f., Pl., it)	Laag	
Berberis vulgaris	Gewöhnliche Berberitze	Guggulaber (Pl.)	Tramin	
Berberis vulgaris	Gewöhnliche Berberitze	Håggedoan, Hågedourn (m.)	Sarntal, Pustertal	Schatz (1955), S. 270
Berberis vulgaris	Gewöhnliche Berberitze	Hogldë^{i}rn (Pl.)	Grissian, Sirmian	Insam (1936), S. 72
Berberis vulgaris	Gewöhnliche Berberitze	Pan e vín (it.)	Buchholz	

Berberis vulgaris	Gewöhnliche Berberitze	Pfrumbl (f.), Pfrumml (f.)	Wipptal[1], Ridnaun	[1]Schricker (1989), S. 67
Berberis vulgaris	Gewöhnliche Berberitze	Plitzerlen (Pl.)	Klobenstein	
Berberis vulgaris	Gewöhnliche Berberitze	Poasldorn	Sarntal	Marzell (1943–1979), Bd. 1, Sp. 572
Berberis vulgaris	Gewöhnliche Berberitze	Poaslpë^{i}r (f.), -schtaud (f.)	Ulfas/Passeier	
Berberis vulgaris	Gewöhnliche Berberitze	Poaslschtaude	Ulfas/Passeier	
Berberis vulgaris	Gewöhnliche Berberitze	Proml (f.)	Welschnofen	Schatz (1955), S. 101
Berberis vulgaris	Gewöhnliche Berberitze	Prumml (f.)	Lüsen[1], Antholz[2], Sexten[3], Telfes, Pfitsch, Vals/ Mühlbach, Pfunders, Terenten, Olang, Prags, Vierschach	[1]Prosch (1923), S. 255 [2]Pallhuber (2016), S. 139 [3]Stauder (2019), S. 167
Berberis vulgaris	Gewöhnliche Berberitze	Prummlpë^{i}r (f.)	Brixen, Sarntal[1], Antholz[2]	[1]Dalla Torre (1895), S. 14 [Brummelbör]; [2]Pallhuber (2016), S. 139
Berberis vulgaris	Gewöhnliche Berberitze	Prummlschtau; -schtaude (f.)	Ahrntal; Telfes	
Berberis vulgaris	Gewöhnliche Berberitze	Pumml, -n, -en, -an (f. Sg., Pl.), -schtaud(n) (f., Pl.), -pëir (f.), -dëirn (Pl.)	Langtaufers[1], Martell[2], Rojen, St. Valentin a. d. H., Matsch, Schluderns, Taufers i. M., Stilfs, Prad, Eyrs, Schlanders, Schnals, Naturns, St. Walburg, Ulten	[1]Joos (2010), S. 566 [2]Pfitscher (2001), S. 87
Berberis vulgaris	Gewöhnliche Berberitze	Sauerdournschtaude (f.)	St. Leonhard/Brixen	
Berberis vulgaris	Gewöhnliche Berberitze	Sauerlap (n.)	Kaltern	Wirth (2012), S. 356
Berberis vulgaris	Gewöhnliche Berberitze	Sauerpenzeler (Pl.)	Deutschnofen	Zelger (2004), S. 67
Berberis vulgaris	Gewöhnliche Berberitze	Sauerplattlen (Pl.)	Kastelruth	
Berberis vulgaris	Gewöhnliche Berberitze	Schtupfaschtaude (f.)	Antholz[1], Olang	[1]Müller (1985), S. 148
Berberis vulgaris	Gewöhnliche Berberitze	Zë^{i}tnwaimerlen (Pl.)	Kaltern	
Beta vulgaris convar. *cicla* *	Mangold	Piase (f.), Piasel (n.)	Deutschnofen	Zelger (2004), S. 17 als „Beta vulgaris ssp. vulgaris convar. cicla“

Beta vulgaris convar. *cicla* *	Mangold	Piasl (m., f.)	Naturns, Völlan, Obermais, Platt/Passeier, Kastelruth, Brixen, St. Leonhard/ Brixen, Fleins/ Freienfeld, Ridnaun, Sterzing, Pflersch, Getzenberg/Kiens, Weißenbach/ Ahrntal, Toblach[1]	[1]Mittich-Steinwandter (2023, Nr. 2), S. 25
Beta vulgaris convar. *cicla* *	Mangold	Piasle (m.)	Afing, Sarntal	
Beta vulgaris convar. *cicla* *	Mangold	Piaslkraut (n.), -plëtschn (Pl.)	Ridnaun, Terenten	Wild (2005), S. 24
Beta vulgaris convar. *cicla* *	Mangold	Piësl (n.)	Jaufental, Pustertal	Schatz (1955), S. 77
Beta vulgaris convar. *cicla* *	Mangold	Piësla (m.)	Latzfons[1], Welschnofen, Deutschnofen, Tiers	[1]Bibliotheksgruppe Latzfons (2004), S. 89
Beta vulgaris convar. *cicla* *	Mangold	Piusl, Piosl	Antholz, Sexten	Stauder (2019), S. 154
Beta vulgaris convar. *cicla* *	Mangold	Schnittpiasl (m.)	Rodeneck	
Beta vulgaris var. *rapacea* *	Gewöhnliche Runkelrübe, Futterrübe	Dickruap (f.)	Taufers i. M.	
Beta vulgaris var. *rapacea* *	Gewöhnliche Runkelrübe, Futterrübe	Piosl (m.)	Olang	
Beta vulgaris var. *rapacea* *	Gewöhnliche Runkelrübe, Futterrübe	Ruebm (Pl.), Rabītscha (f.)	Truden	Ortner (2005), S. 432 als „Runkelrübe“
Beta vulgaris var. *rapacea* *	Gewöhnliche Runkelrübe, Futterrübe	Runggl (f.)	Kastelruth, Ridnaun	
Beta vulgaris var. *rapacea* *	Gewöhnliche Runkelrübe, Futterrübe	Rungglplërtschn, -plëtschn (Pl.) -plertschn (Pl.)	Mölten, Prags, Riffian, Kuens	
Beta vulgaris var. *rapacea* *	Gewöhnliche Runkelrübe, Futterrübe	Runglroun (f.)	Martell	Pfitscher (2001), S. 93 als „Runkelrübe“
Beta vulgaris var. *rapacea* *	Gewöhnliche Runkelrübe, Futterrübe	Runglruab (f.); Rungglrüibm (Pl.)	Martell[1]; Weißenbach/Ahrntal	[1]Pfitscher (2001), S. 93 als „Runkelrübe“
Beta vulgaris var. *vulgaris* *	Rote Bete	Essroun (f.)	Naturns	
Beta vulgaris var. *vulgaris* *	Rote Bete	Rånen (Pl.), Rone (f.), Ron (Pl.)	Getzenberg/Kiens, Passeier	
Beta vulgaris var. *vulgaris* *	Rote Bete	Rounen (Pl.)	Martell	
Beta vulgaris var. *vulgaris* *	Rote Bete	Runen (Pl.), Run (Pl.)	Villnöß, Mölten, Toblach[1]	[1]Mittich-Steinwandter (2023, Nr. 3), S. 39
Betula pendula	Gewöhnliche Birke	Bedól (m., it.)	Salurn	
Betula pendula	Gewöhnliche Birke	Laichtholz (n.)	Martell	

Betula pendula	Gewöhnliche Birke	Pirch (f.); -n, -l, -lar	Martell, Laurein, St. Walburg/Ulten, Vöran, Villanders; Sarntal	
Betula pendula	Gewöhnliche Birke	Pirche (f.)	Passeier, Feldthurns, Ridnaun, Pfunders, Ahrntal, St. Magdalena/Gsies	
Bidens bipinnata	Fiederblättriger Zweizahn	Laitiger Puebm (Pl.)	um Bozen	Fink (1972), S. 174
Bidens bipinnata	Fiederblättriger Zweizahn	Laitntuifelen (Pl.)	um Bozen	Wirth (2021), S. 368
Bidens bipinnata	Fiederblättriger Zweizahn	Pétole (Pl., it.)	Laag	
Bidens bipinnata	Fiederblättriger Zweizahn	Schtupferlen (Pl.)	Bozen	
Blechnum spicant	Rippenfarn	Fëdrpfårfl (f.)	Eisacktal	Fink (2003), S. 377 als „Rippenfarn“
Botrychium lunaria	Gewöhnliche Mondraute	Hurengras	Pustertal	Rauschenfels (1801), S. 222 als „Osmunda lunaria“
Botrychium lunaria	Gewöhnliche Mondraute	Lunglkraut (n.)	Ulten	
Botrychium [*lunaria*]	[Gewöhnliche] Mondraute	Mauraut (Pl.)	Ulten	Lösch (1989), S. 96 als „Mondraute“
Brachypodium rupestre	Felsen-Zwenke	Gearschtgrous (n.)	Langtaufers	Joos (2010), S. 572
Brachypodium rupestre	Felsen-Zwenke	Gerschtgros (n.)	Burgeis, Schlanders	
Brachypodium rupestre	Felsen-Zwenke	Schian-Annele-Gros (n.)	Tschars	
Brassica napus subsp. *rapifera* *	Kohlrübe, Steckrübe	Åck^{e}rruap (f.)	Taufers i. M.	
Brassica napus subsp. *rapifera* *	Kohlrübe, Steckrübe	Dickruap (f.)	Taufers i. M.	
Brassica napus subsp. *rapifera* *	Kohlrübe, Steckrübe	Kropfkëll (f.)	Vinschgau	Fink (1972), S. 163 als „Kohlrübe“
Brassica napus subsp. *rapifera* *	Kohlrübe, Steckrübe	Peime (f. Sg., Pl.); Pëima (Pl.)	Lüsen[1], Kiens; Prags, Toblach[2]	[1]Schatz (1955), S. 97 als „Kohlrübe“ [2]Mittich-Steinwandter (2023, Nr. 3), S. 39
Brassica napus subsp. *rapifera* *	Kohlrübe, Steckrübe	Ruap (f.)	Naturns	
Brassica napus subsp. *rapifera* *	Kohlrübe, Steckrübe	Schteckwurz (f.)	Naturns	
Brassica napus subsp. *rapifera* *	Kohlrübe, Steckrübe	Tuschn (Pl.)	Taufers i. M., Laas, Naturns, Mölten, Fleins/Freienfeld, Ridnaun	
Brassica oleracea *	Kohl	Fakenkobis (m.)	Passeier	Pfaff (1927), S. 107 als „Brassica oleracea var. acephala, je nach Farbe und Beschaffenheit Grünkohl, Blaukohl, Braunkohl, Krauskohl“
Brassica oleracea subsp. *botrytis* *	Blumenkohl	Karfiöl (m.)	Antholz	

Brassica oleracea subsp. *botrytis* *	Blumenkohl	Karfioul, -fiol (m.)	allgemein verbreitet	
Brassica oleracea subsp. *capitata* var. *alba* *	Weißkohl	Kååbis (m.)	Kaltern	
Brassica oleracea subsp. *capitata* var. *alba* *	Weißkohl	Kobas, -bes, -bis (m.)	Deutschnofen, Eggen, Mölten, Pfitsch, Antholz, Toblach[1]	[1]Mittich-Steinwandter (2022, Nr. 4), S. 36
Brassica oleracea subsp. *capitata* var. *alba* *	Weißkohl	Zëttlkraut (n.)	Pfitsch	Christensen (2014), S. 206
Brassica oleracea subsp. *capitata* *	Kohl	Kååbes (m.)	Truden	Ortner (2005), S. 432 als „Kohlsorten“
Brassica oleracea subsp. *capitata* *	Kohl	Kobas (m.)	Kastelbell-Tschars	Kaserer (2007), S. 25
Brassica oleracea subsp. *capitata* *	Kohl	Kobiskraut (n.)	Passeier	Haller & Lanthaler (2004), S. 119
Brassica oleracea subsp. *capitata* *	Kohl	Kowas (m.)	Martell	Pfitscher (2001), S. 61
Brassica oleracea subsp. *gongylodes* *	Kohlrabi	Koulrabe (m.)	Passeier	
Brassica rapa subsp. *rapa* *	Herbstrübe	Fetzruabm (Pl.)	St. Leonhard/Brixen	
Brassica rapa subsp. *rapa* *	Herbstrübe	Ganzl (f. Sg., Pl.)	Laurein	
Brassica rapa subsp. *rapa* *	Herbstrübe	Påssl (f.), Påsseler (Pl.)	Passeier, Eisacktal	
Brassica rapa subsp. *rapa* *	Herbstrübe	Rabitschn (Pl.)	Laurein	
Brassica rapa subsp. *rapa* *	Herbstrübe	Ruebm, Rüebm (Pl.)	Stilfs, Mölten	
Brassica rapa subsp. *rapa* *	Herbstrübe	Ruep (f.)	Kastelruth	
Brassica rapa subsp. *rapa* *	Herbstrübe	Ruibm (Pl.)	Prags, St. Magdalena/Gsies	
Briza media	Gewöhnliches Zittergras	He^{a}rzlan (Pl.)	Stilfs	
Briza media	Gewöhnliches Zittergras	He^{r}schzlschmelle (f.)	Olang	
Briza media	Gewöhnliches Zittergras	Herzlschmelbm (Pl.)	Verdings, Villanders, Kastelruth	
Briza media	Gewöhnliches Zittergras	Herzlschmelling (m.)	Welschnofen	
Briza media	Gewöhnliches Zittergras	Herzlschmelln (Pl.)	Sarntal, Villnöß	
Briza media	Gewöhnliches Zittergras	Heschzlschmell (Pl.)	Ahrntal	
Briza media	Gewöhnliches Zittergras	Muetergotteshe^{a}rzlan (Pl.)	Stilfs	
Briza media	Gewöhnliches Zittergras	Muetergottestrënen (Pl.)	Völser Aicha	

Briza media	Gewöhnliches Zittergras	Pfitscha Fleache (Pl.)	Ridnaun, Sterzing, Pfitsch, Pflersch	
Briza media	Gewöhnliches Zittergras	Trënengros (n.)	Völser Aicha	
Briza media	Gewöhnliches Zittergras	Wånzn (Pl.)	Villnöß	
Briza media	Gewöhnliches Zittergras	Zitergrås (n.)	Kaltern	Wirth (2021), S. 382
Briza media	Gewöhnliches Zittergras	Zitt^{e}rgros (n.)	Naturns	
Briza media	Gewöhnliches Zittergras	Zitt^{e}rherzlen (Pl.)	Schlanders	
Briza media	Gewöhnliches Zittergras	Zitterkraut (n.)	Vöran	
Briza media	Gewöhnliches Zittergras	Zitt^{e}rlen, -lan (Pl.)	Burgeis, Taufers i. M., Matsch, Prad, Schlanders, Naturns, Tramin	
Briza media	Gewöhnliches Zittergras	Zitterlisl (f.)	St. Leonhard/Brixen	
Briza media	Gewöhnliches Zittergras	Zitterpappele (n.)	Flaas	
Briza media	Gewöhnliches Zittergras	Zitterschmelbm (Pl.)	Kastelruth	
Briza media	Gewöhnliches Zittergras	Zitterschmelliler (Pl.)	Afing	
Briza media	Gewöhnliches Zittergras	Zittoschmelle (f.)	Oberes Pustertal	Wirth (2021), S. 382
Briza media	Gewöhnliches Zittergras	Zittrli (n.)	Langtaufers	Joos (2010), S. 572
Bromus hordeaceus	Weiche Trespe	Wild^{e}r Hōbr (m.)	Schlanders	
Buxus sempervirens *	Gewöhnlicher Buchsbaum	Puxpam (m.)	Passeier	Haller & Lanthaler (2004), S. 182
Calendula officinalis *	Garten-Ringelblume	Knëidlpischn (Pl.)	Taufers i. M.	
Calendula officinalis *	Garten-Ringelblume	Luggistuifl (m.)	Sarntal, Afing	
Calendula officinalis *	Garten-Ringelblume	Pat^{e}rpuschn; -pūschn (Pl.)	St. Walburg/Ulten, Kastelruth; Truden[1]	[1]Wirth (2021), S. 372 als „Ringelblume“
Calendula officinalis *	Garten-Ringelblume	Rendilan (Pl.)	Terenten	
Calendula officinalis *	Garten-Ringelblume	Studentenpluime (f.)	Pustertal	Kerschbaumer-Sigmund (1985), S. 112
Calendula officinalis *	Garten-Ringelblume	Toatnpluam (f.)	Martell	Pfitscher (2001), S. 115 als „Ringelblume“
Calendula officinalis *	Garten-Ringelblume	Toatnpluam (f.)	Naturns	
Calendula officinalis *	Garten-Ringelblume	Toatnpusche	Pustertal	Kerschbaumer-Sigmund (1985), S. 112
Calendula officinalis *	Garten-Ringelblume	Toatnpuschn (m.)	Feldthurns	Fink (1972), S. 276 als „Ringelblume“
Calendula officinalis *	Garten-Ringelblume	Trendilan (Pl.)	Terenten	
Calendula officinalis *	Garten-Ringelblume	Tuotnpuschn (Pl.)	Rodeneck	
Calendula officinalis *	Garten-Ringelblume	Wëtterpuschn (Pl.)	Kastelruth	

Calluna vulgaris	Besenheide	Ålbrausch (m.)	Burgeis	
Calluna vulgaris	Besenheide	Hada (m. Sg., Pl.)	Prags, Gsies	
Calluna vulgaris	Besenheide	Hadach	Pustertal	Rauschenfels (1801), S. 219 als „Erica vulgaris“
Calluna vulgaris	Besenheide	Hade (m.)	Vierschach	
Calluna vulgaris	Besenheide	Herbischthade (m.)	Sexten	Stauder (2019), S. 89
Calluna vulgaris	Besenheide	Hërbschthoadera (n.)	St. Leonhard/Brixen	
Calluna vulgaris	Besenheide	Hërbschthoad^{e}rlan (Pl.)	Schlanders	
Calluna vulgaris	Besenheide	Hoada (m. Sg., Pl.)	Pfitsch, Ahrntal	
Calluna vulgaris	Besenheide	Hoadalan (Pl.)	Rojen	
Calluna vulgaris	Besenheide	Hoadara; -era (n. Sg., Pl.)	Villanders; Kiens	
Calluna vulgaris	Besenheide	Hoadere (m.)	Ridnaun	
Calluna vulgaris	Besenheide	Hoad^{e}rlan; -len (Pl.)	Langtaufers[1], Schluderns, Matsch; Algund	Joos (2010), S. 572
Calluna vulgaris	Besenheide	Hoad^{e}rler (Pl.)	Platt/Passeier, St. Leonhard in Passeier	
Calluna vulgaris	Besenheide	Hoad^{e}rn (Pl.)	Martell, Ulten, Naturns, Plaus, Schnals	
Calluna vulgaris	Besenheide	Hoadra (m., n.)	Deutschnofen[1], Unterpustertal[2], Welschnofen, Latzfons, Verdings, Pfunders, Vals/ Mühlbach, Getzenberg/Kiens	[1]Zelger (2004), S. 36 [2]Kerschbaumer-Sigmund (1985), S. 65
Calluna vulgaris	Besenheide	Ho^{a}dre (m.)	Vöran, Sarntal	
Calluna vulgaris	Besenheide	Jöchho^{a}d^{e}re	Afing	
Calluna vulgaris	Besenheide	Promen (Pl.)	Laurein	
Calluna vulgaris	Besenheide	Summerhoad^{e}ra (m.)	Ritten	
Calluna vulgaris	Besenheide	Zuntern (Pl.)	Passeier	
Caltha palustris	Gewöhnliche Sumpfdotterblume	Butterblume	Antholz	Müller (1985), S. 148
Caltha palustris	Gewöhnliche Sumpfdotterblume	Dottopluame (f.)	Meransen	
Caltha palustris	Gewöhnliche Sumpfdotterblume	Dottopuschn (m.); -pischl (m.)	Mühlbach, Rodeneck; Ridnaun/ Braunhofe	
Caltha palustris	Gewöhnliche Sumpfdotterblume	Fetzkåchlen (Pl.)	Naturns, Plaus	
Caltha palustris	Gewöhnliche Sumpfdotterblume	Glitznpfandl (n.)	Pfitsch	Christensen (2014), S. 55, 232
Caltha palustris	Gewöhnliche Sumpfdotterblume	Mousefåcke (m.) -n (Pl.)	Sexten, Vierschach	
Caltha palustris	Gewöhnliche Sumpfdotterblume	Mouspischl (m.)	Ridnaun/Gasse	
Caltha palustris	Gewöhnliche Sumpfdotterblume	Putterknolln (m.)	Latzfons	Bibliotheksgruppe Latzfons (2004), S. 95

Caltha palustris	Gewöhnliche Sumpfdotterblume	Putterpliamlan (Pl.)	Langtaufers	Joos (2010), S. 567
Caltha palustris	Gewöhnliche Sumpfdotterblume	Puttoknolle (f.)	Vintl	
Caltha palustris	Gewöhnliche Sumpfdotterblume	Schmålzkåchl (f.)	Laas	
Caltha palustris	Gewöhnliche Sumpfdotterblume	Schmålzpluam (f.); -pliamlan (Pl.); -pluama (f.)	Burgeis, Taufers i. M.; Langtaufers[1]; Kastelruth	[1]Joos (2010), S. 567
Caltha palustris	Gewöhnliche Sumpfdotterblume	Schmålzpundl (f.)	Sarntal	Gruber (2005), S. 169
Caltha palustris	Gewöhnliche Sumpfdotterblume	Schmëlzkachile (n.)	Oberes Pustertal	Wirth (2021), S. 376
Caltha palustris	Gewöhnliche Sumpfdotterblume	Schmëlzpfandl (n.)	Latzfons, Mareit, Spinges, Terenten	
Calystegia sepium	Gewöhnliche Zaunwinde	Menúdole (Pl., it.)	Laag	
Calystegia sepium	Gewöhnliche Zaunwinde	Wicki (Pl.)	Deutschnofen	
Calystegia sepium	Gewöhnliche Zaunwinde	Wintelen (Pl.)	Eppan	
Calystegia sepium	Gewöhnliche Zaunwinde	Wintn (Pl.)	Kurtatsch, Deutschnofen	
Campanula rotundifolia agg.	Artengruppe Rundblättrige Glockenblume	Antåniusglëggl (Pl.)	Vöran	
Campanula rotundifolia agg.	Artengruppe Rundblättrige Glockenblume	Fingerglëggler (Pl.)	Afing	
Campanula sp.	Glockenblume	Campanèle (Pl., it.)	Buchholz	
Campanula sp.	Glockenblume	Fing^{e}rhiat (Pl.)	Stilfs, Schluderns, Martell	
Campanula sp.	Glockenblume	Fing^{e}rhiatlan, -len (Pl.)	Taufers i. M., Matsch, Schlanders; Naturns, Untervinschgau	
Campanula sp.	Glockenblume	Glëggler (Pl.)	Ritten	
Campanula sp.	Glockenblume	Plobe Glëggla^{r} (Pl.)	Ridnaun	
Campanula sp.	Glockenblume	Tounisglëgglar (Pl.)	Sarntal	
Campanula sp.	Glockenblume	Tuninggläggl (n.)	Pflersch	Fink (1972), S. 277
Cannabis sativa	Hanf	Cánef (m., it.)	Buchholz	
Cannabis sativa	Hanf	Fimml (m.)	Ulten	Lösch (1989), S. 94 „männlicher Hanf“
Cannabis sativa	Hanf	Hånifschtauda (f.)	Feldthurns	Wirth (2021), S. 400 als „Hanf“
Cannabis sativa	Hanf	Hånnaf; -ef; -if (m.)	St. Magdalena/ Gsies; Pustertal[1], Ahrntal; Eisacktal[2], Sexten[3], Sarntal	[1]Schatz (1955), S. 277 [2]Fink (2003), S. 359 [3]Stauder (2019), S. 91 als „Hanf“

Cannabis sativa	Hanf	Hårf (m.)	Passeier[1], Etsch (unspezifische geografische Angabe)[2], Etschland (Landschaft um Bozen)[3], Laurein	[1]Haller & Lanthaler (2004), S. 92; [2]Schatz (1955), S. 279; [3]Schöpf (1866), S. 245 als „Hanf"
Cannabis sativa	Hanf	Hor (n. Sg., Pl.)	Passeier[1], Mölten, Vöran	[1]Haller & Lanthaler (2004), S. 99 als „Hanf"
Cannabis sativa	Hanf	Hounif (m.)	Kaltern	
Cannabis sativa	Hanf	Hunif (m.)	Welschnofen	Schatz (1955), S. 277 als „Hanf"
Capsella bursa-pastoris	Gewöhnliches Hirtentäschel	Taschlkraut (n.)	Ulten, Vöran, Kastelruth	
Cardamine amara	Bitteres Schaumkraut	Krëss (f., m.)	Ulten, Pfunders, Ridnaun, Pfitsch, Kastelruth	
Cardamine amara	Bitteres Schaumkraut	Påchkrëss (f.)	Prags, Dietenheim	
Cardamine amara	Bitteres Schaumkraut	Pachlkrëss (f.)	Innichen, Vierschach	
Cardamine amara	Bitteres Schaumkraut	Prummkrëss (m.)	St. Magdalena/Gsies	
Cardamine amara	Bitteres Schaumkraut	Prunnenkrësse (f.)	Lajen	
Cardamine amara	Bitteres Schaumkraut	Tschëttkrëss (n.)	Ulten	
Cardamine enneaphyllos	Neunblatt-Zahnwurz	Scharniggl	Deutschnofen[1], Pustertal[2]	[1]Moser (2015), S. 253 [2]Rauschenfels (1801), S. 220 als „Dentaria enneaphylla"
Cardamine pratensis	Wiesen-Schaumkraut	Lelle (m.)	Tschötsch	Fink (1972), S. 175
Cardamine pratensis	Wiesen-Schaumkraut	Tille (m.)	Lüsen	Prosch (1923), S. 255
Carduus acanthoides?	Weg-Ringdistel	Wettoroase (f.)	Pustertal	Fink (1972), S. 302 als „Wegdistel" (ob unter Wegdistel die Weg-Ringdistel gemeint ist oder einfach nur eine Distel am Wegrand ist hier unklar)
Carex sp.	Segge	Ëiggima (m.)	Sexten	Stauder (2019), S. 55
Carlina acaulis	Silberdistel	Dischgglen (Pl.)	Naturns, Plaus	
Carlina acaulis	Silberdistel	Einhacken	Pustertal	Rauschenfels (1801), S. 221
Carlina acaulis	Silberdistel	Ëisldëirn (Pl.)	Laurein	
Carlina acaulis	Silberdistel	Oanhoggn (m.)	Brixen	Fink (1979), S. 78
Carlina acaulis	Silberdistel	Wetterdistel	Pustertal	Rauschenfels (1801), S. 221
Carlina acaulis	Silberdistel	Wetterdorn	Völser Aicha	
Carlina acaulis	Silberdistel	Wisegrint (m.)	Ahrntal	Fink (1979), S. 306 als „Wetterrose, Silberstern"
Carlina acaulis	Silberdistel	Wissekas, Wisnkas	Antholz	Pallhuber (2016), S. 141
Carlina vulgaris	Gewöhnliche Golddistel	Goltischggl (f.)	Schlanders	
Carum carvi	Echter Kümmel	Kiëm (m.)	Martell[1], Ulten[2], Pfitsch[3], Platt/Passeier, Tiers, Pfunders, Kiens, Terenten	[1]Pfitscher (2001), S. 57 [2]Lösch (1989), S. 95 [3]Christensen (2014), S. 90

Carum carvi	Echter Kümmel	Kim (m.)	Schluderns, Taufers i. M., Martell, Laurein, Schenna, St. Leonhard in Passeier, Sarntal, Ritten, Welschnofen, Kastelruth, Villanders, Ridnaun, Jaufental, Pflersch, Pfitsch, Ahrntal, Gsies	
Carum carvi	Echter Kümmel	Kim^{b}l (m.)	Kaltern, Villanders, St. Magdalena/Gsies	
Carum carvi	Echter Kümmel	Kime (m.)	Lüsen	Schatz (1955), S. 361 als „Kümmel“
Carum carvi	Echter Kümmel	Kimschtingl (m. Pl.)	Taufers i. M.	
Carum carvi	Echter Kümmel	Kumach	Pustertal	Rauschenfels (1801), S. 218
Carum carvi	Echter Kümmel	Kummat (m.)	Unteres Pustertal	Kerschbaumer (1985), S. 87
Carum carvi	Echter Kümmel	Proatkiem (m.)	Ulten	Wirth (2021), S. 374 als „Carum“
[*Carum carvi*] ?	„Bergkümmel“	Mataunkime	Lüsen	Prosch (1923), S. 256 als „Cuminum montanum, Bergkümmel“ (völlig unklar, was mit C. montanum gemeint ist); Schatz (1955), S. 418 als „Bergkümmel“ (damit wird Laserpitium siler bezeichnet, das aber im Gebiet fehlt. Oder ist doch Mutellina adonidifolia gemeint? Siehe dort)
Castanea sativa	Europäische Edelkastanie	Castegnár (m., it.)	Buchholz	
Castanea sativa	Europäische Edelkastanie	Këischpam (m.)	Kaltern	
Castanea sativa	Europäische Edelkastanie	Këschtn (Pl.)	Martell	
Castanea sativa	Europäische Edelkastanie	Këschtnpam (m.)	Ritten, Eisacktal	
Castanea sativa	Europäische Edelkastanie	Kësch^{t}pam (m.)	Passeier, Schenna, Andrian, Vöran	
Castanea sativa	Europäische Edelkastanie	Marunzkëschtn (Pl.)	Taufers i. M.	
Celtis australis	Europäischer Zürgelbaum	Bagolár (m., it.)	Laag, Salurn	
Celtis australis	Europäischer Zürgelbaum	Tschischkalapam (m.)	Salurn	
Celtis australis	Europäischer Zürgelbaum	Zirgelen (Pl.)	Andrian	
Celtis australis	Europäischer Zürgelbaum	Zurgala, -pam (m.)	Kaltern, Tramin, Kurtatsch	
Celtis australis	Europäischer Zürgelbaum	Zurgglen (Pl.)	Kastelruth	

Celtis australis	Europäischer Zürgelbaum	Zurgglpam (m.)	Passeier	Haller & Lanthaler (2004), S. 255
Celtis australis	Europäischer Zürgelbaum	Zurglpam (m.)	Terlan	
Centaurea jacea	Wiesen-Flockenblume	Drummlschlouger (m.)	Ritten	
Centaurea scabiosa	Skabiosen-Flockenblume	Pint^{e}rschlëigl (Pl.)	Stilfs, Trens	
Centaurea scabiosa	Skabiosen-Flockenblume	Trummlschlëigl (m.)	Etschland (Landschaft um Bozen)	Fink (1972), S. 281 als „Scabiosenflockenblume“
Centaurium erythraea	Echtes Tausendguldenkraut	Fiebokraut (n.)	Pustertal	Kerschbaumer (1985), S. 13, 129
Centaurium [erythraea]	[Echtes] Tausendguldenkraut	Fieberkraut (n.)	Eisacktal	Fink (2003), S. 372 als „Tausendguldenkraut“
Ceratonia siliqua *	Johannisbrotbaum	Pockstare (Pl.)	Sterzing	
Ceratonia siliqua *	Johannisbrotbaum	Poggsalen (Pl.), Poggsile (n.)	Kastelruth, Toblach[1]	[1]Mittich-Steinwandter (2022, Nr. 4), S. 36
Ceratonia siliqua *	Johannisbrotbaum	Poggshearndlen (Pl.)	Kastelruth	
Ceratonia siliqua *	Johannisbrotbaum	Puggselen (Pl.), Puggsile (n.)	Lana, Passeier	
Cetraria islandica	Isländisches Moos	Gasestraube (f.), -straubm (Pl.)	Sexten	Stauder (2019), S. 67 als „Sammelbegrif für Rentierflechte und Isländisches Moos“
Cetraria islandica	Isländisches Moos	Gaslschtraube (f.)	Vierschach	
Cetraria islandica	Isländisches Moos	Gässchtraube (f.), -schtraubm (Pl.)	Olang, Prags, St. Magdalena/Gsies	
Cetraria islandica	Isländisches Moos	Goaspårt (m.)	Eisacktal	Fink (2003), S. 377
Cetraria islandica	Isländisches Moos	Goasschtraubm (Pl.)	Latzfons[1], Lüsen[2], Antholz[3], Platt/Passeier, Schenna, Sarntal, Afing, Ritten, Villanders, Villnöß, Brixen, Freienfeld, Ridnaun, Pfitsch, Terenten, Getzenberg/Kiens, Olang	[1]Bibliotheksgruppe Latzfons (2004), S. 41 [2]Prosch (1923), S. 255 [3]Pallhuber (2016), S. 139
Cetraria islandica	Isländisches Moos	Goasschtrauwe (f.)	Ploseberg/Brixen	Jocher (2010), S. 511
Cetraria islandica	Isländisches Moos	Iserear[1]; Isere, Misere[2]	Ulten; Passeier	[1]Lösch (1989), S. 95 Schöpf (1866), S. 288, 439 [2]Dalla Torre (1895), S. 24
Cetraria islandica	Isländisches Moos	Lunglkraut (n.)	Ulten, Laurein, Tisens, Flaas, Afing, Ritten	
Cetraria islandica	Isländisches Moos	Lunglmiës (n.)	Welschnofen[1], Schnals, Naturns, Aldein, Kastelruth	Schatz (1955), S. 399
Cetraria islandica	Isländisches Moos	Masigga; Masigg	Langtaufers[1], Rojen, Burgeis, Planeil; Taufers i. M.	[1]Joos (2010), S. 568
Cetraria islandica	Isländisches Moos	Masitt; Mesitta; Musitt	Mals[1], Burgeis; Matsch; Stilfs	[1]Fink (1972), S. 187

Cetraria islandica	Isländisches Moos	Turatee, Duratee	Martell[1], Schluderns, Stilfs, Laas	[1]Pfitscher (2001), S. 119
Cetraria islandica	Isländisches Moos	Turltee	Tanas, Allitz	
Chamaecytisus purpureus	Purpur-Zwerggeißklee	Boche de león (Pl., it.)	Laag	
Chelidonium majus	Schöllkraut	Haislkraut (n.)	Schluderns	
Chelidonium majus	Schöllkraut	Tschillkraut (n.)	Pfeffersberg/ Brixen[1], Pustertal[2]	[1]Fink (1972), S. 283 als „Schellkraut"; [2]Christensen (1985), S. 125
Chelidonium majus	Schöllkraut	Wa^{r}schznkraut (n.)	Pustertal[1], Ahrntal	Kerschbaumer-Sigmund (1985), S. 125
Chelidonium majus	Schöllkraut	Warzakraut (n.)	Stilfs, Schluderns	
Chelidonium majus	Schöllkraut	Warznkraut (n.)	Martell, Naturns, St. Walburg/Ulten, Tisens, Platt/ Passeier, Mölten, Vöran, Andrian, Afing, Durnholz, Tiers, Kastelruth, Ridnaun, Fleins/ Freienfeld, Prags	
Chelidonium majus	Schöllkraut	Wëirznkraut (n.)	Aldein	
Chelidonium majus	Schöllkraut	Werznkraut (n.)	Vierschach	
Chelidonium majus	Schöllkraut	Weschznkraut (n.)	Gsies	
Chenopodium album	Weißer Gänsefuß	Farinèi (Pl., it.)	Laag	
Chenopodium album	Weißer Gänsefuß	Målggn (Pl.)	St. Walburg/Ulten, Afing, Neumarkt	
Chenopodium album	Weißer Gänsefuß	Måltn (Pl.)	Ridnaun, Wiesen, Fleins/ Freienfeld, Mauls, St. Leonhard/ Brixen, Villanders, Kastelruth, Tiers, Tramin, Ritten, Mölten, Vöran	
Chenopodium album	Weißer Gänsefuß	Moltnschtau (f.); Moltn (Pl.)	Tisens; Kastelruth	
Chenopodium album	Weißer Gänsefuß	Ribes (m.)	Laurein	
Chenopodium album	Weißer Gänsefuß	Schaiskraut (n.)	Burgeis, Taufers i. M., Laas	
Chenopodium album	Weißer Gänsefuß	Schaismålggn (Pl.)	Schlanders, Martell, Prad, Lana	
Chenopodium album	Weißer Gänsefuß	Schaismålt (Sg., f.)	Schlanders	
Chenopodium album	Weißer Gänsefuß	Schaismelggn (Pl.)	Schluderns	
Chenopodium bonus-henricus	Guter-Heinrich	Fåckak^{a}rschigglan (Pl.)	Matsch	
Chenopodium bonus-henricus	Guter-Heinrich	Fållischa Schpinat (m.)	Getzenberg/Kiens	
Chenopodium bonus-henricus	Guter-Heinrich	Fålscher Schpinat (m.)	Vöran	
Chenopodium bonus-henricus	Guter-Heinrich	Feltschpinat (m.)	Toblach[1]	[1]Mittich-Steinwandter (2023, Nr. 2), S. 25
Chenopodium bonus-henricus	Guter-Heinrich	Fuamkraut (n.)	Ridnaun	

Chenopodium bonus-henricus	Guter-Heinrich	Hauslobise; -låbisse (f.)	Vals/Mühlbach; Ahrntal	
Chenopodium bonus-henricus	Guter-Heinrich	Huamkraut (n.); Hoamolan[1], Hoamkraut (n.)	St. Walburg/Ulten, Laurein; Sarntal	[1]Fink (1966a), S. 487
Chenopodium bonus-henricus	Guter-Heinrich	Låbbisn (Pl.)	Kiens	
Chenopodium bonus-henricus	Guter-Heinrich	Plëtschnkraut (n.)	Afing	
Chenopodium bonus-henricus	Guter-Heinrich	Schaiskraut (n.)	Burgeis, Tartsch, Matsch, Schluderns, Taufers i. M., Stilfs, Ritten	
Chenopodium bonus-henricus	Guter-Heinrich	Schaismålbme (f.), -målbmin (Pl.)	Passeier	Haller & Lanthaler (2004), S. 193
Chenopodium bonus-henricus	Guter-Heinrich	Schaismåltn (Pl.)	Schnals, Ulfas/Passeier	
Chenopodium bonus-henricus	Guter-Heinrich	Sëliger Hainrich (m.)	Trens	
Chenopodium bonus-henricus	Guter-Heinrich	Wilder Schpinat (m.)	Vöran, Ritten, Kastelruth, Villanders, Wiesen, St. Leonhard/Brixen, Getzenberg/Kiens, Terenten, Gsies, Prags, Vierschach	
[*Chenopodium bonus-henricus*]	[Guter-Heinrich]	Tschamaun (m.)	Tiers	Robatscher (2003), S. 157 als „wilder Spinat" (aus unseren Erhebungen geht hervor, dass damit häufig Ch. bonus-henricus gemeint ist)
Chenopodium sp.	Gänsefuß	Mölggn (Pl.)	Ulten	
Chenopodium sp.	Gänsefuß	Schaiskraut (n.)	Laas	
Chenopodium sp.	Gänsefuß	Schaismålggn (Pl.)	Untervinschgau	
Chrysanthemum sp. *	Chrysantheme	Ållerhailignpluam (f.)	Naturns	
Chrysosplenium alternifolium	Wechselblättriges Milzkraut	Froschpluame (f.)	Mareit	
Chrysosplenium alternifolium	Wechselblättriges Milzkraut	Krätzenkraut (n.)	Pustertal	Rauschenfels (1801), S. 219
Chrysosplenium alternifolium	Wechselblättriges Milzkraut	Zittriche	Pustertal	Rauschenfels (1801), S. 219
Cicer arietinum *	Kichererbse	Spitzöl	Unterland	Menghin (1884), S. 157
Cichorium endivia *	Endivie	Antifi (m.), tife (m.)	Brixen, Lüsen, Olang, Gsies, Passeier	Fink (1972), S. 10 als „Salatpflanze Endivie"
Cichorium endivia *	Endivie	Åntifi (m.)	Matsch, Schalders, Terenten	Fink (1972), S. 10 als „Salatpflanze Endivie"
Cichorium endivia *	Endivie	Entife (m.)	Pfeffersberg/Brixen	Fink (1972), S. 10 als „Salatpflanze Endivie"
Cichorium endivia *	Endivie	Entifi (m.)	Kampenn b. Bozen[1], Aldein[2]	[1]Fink (1972), S. 10 als „Salatpflanze Endivie", [2]Taschner (1969), S. 193

Cichorium intybus	Gewöhnliche Wegwarte	Årme-Sinder-Pluam (f.)	Vöran	
Cichorium intybus	Gewöhnliche Wegwarte	Zigori (f.)	Sarntal	[1]Gruber (2005), S. 222 als „Zichorie"
Cichorium intybus	Gewöhnliche Wegwarte	Zigori (f.)	Ritten, Kastelruth	
Cichorium intybus	Gewöhnliche Wegwarte	Zigoure (m.)	Afing	
Cinnamomum verum *	Ceylon-Zimtbaum	Zimmant (m.), Zimit (m.)	Toblach[1], Passeier	[1]Mittich-Steinwandter (2023, Nr. 3), S. 38
Cirsium alsophilum	Berg-Kratzdistel	Råmpfm (Pl.)	Tiers	
Cirsium eriophorum	Wollkopf-Kratzdistel	Dånn^{e}rtischggln (Pl.)	Katharinaberg	
Cirsium eriophorum	Wollkopf-Kratzdistel	Rosstischggl (f.)	Matsch, Stilfs, Schlanders	
Cirsium eriophorum	Wollkopf-Kratzdistel	Schwaizertischggl (f.)	Tschars	
Cirsium erisithales	Klebrige Kratzdistel	Råmpfm (Pl.)	Tiers	
Cirsium heterophyllum	Filz-Kratzdistel	Housnoarn (Pl.)	Sarntal	
Cirsium heterophyllum	Filz-Kratzdistel	Schofzungin (Pl.)	Platt/Passeier	
Cirsium palustre	Sumpf-Kratzdistel	Moustischggl (f.)	Stilfs	
Cirsium spinosissimum	Alpen-Kratzdistel	Fåckntischggl (f.)	Villnöß	
Cirsium spinosissimum	Alpen-Kratzdistel	Kuitischtl (f.)	Pfunders	
Cirsium spinosissimum	Alpen-Kratzdistel	Rössgischggl (f.)	Sarntal	
Cirsium spinosissimum	Alpen-Kratzdistel	Rosstischgl (f.)	Schluderns	
Cirsium spinosissimum	Alpen-Kratzdistel	Silbertischggl (f.)	Schlanders	
Citrus ×limon *	Zitrone	Limouni (Pl.)	Kastelruth	
Citrus sinensis *	Orange	Pomerantschn (Pl.)	Kastelruth	
Citrus sinensis *	Orange	Pummerantschn (Pl.)	Martell[1], Schluderns, Pfitsch	[1]Pfitscher (2001) S. 87
Cladonia sp.	Rentierflechte	Gasestraube (f.) -straubm	Sexten	Stauder (2019), S. 67 als „Sammelbegrif für Rentierflechte und Isländisches Moos"
Cladonia sp.	Rentierflechte	Lunglgrous (n.)	Prettau	Fink (1972), S. 180
Cladonia [sp.]	Rentierflechte	Miserëi	Langtaufers	Joos (2010), S. 568 als „Becherflechte, Cladonia rangiferina" (sicher nicht nur artspezifisch)
Clematis alpina	Alpen-Waldrebe	Flëdomaise (Pl.)	Sterzing	
Clematis alpina	Alpen-Waldrebe	Gråfatscholln (Pl.)	Eggen	
Clematis alpina	Alpen-Waldrebe	Ïëlrëibm (Pl.)	Ritten	
Clematis alpina	Alpen-Waldrebe	Niëln (Pl.)	Proveis, Rabenstein/Passeier	
Clematis alpina	Alpen-Waldrebe	Puebmholz (n.)	Pfeffersberg/Brixen	Fink (1972), S. 55 als „Alpenwaldrebe"
Clematis alpina	Alpen-Waldrebe	Rafatschålln (Pl.), Rafatscholln	Welschnofen	
Clematis alpina	Alpen-Waldrebe	Schellplue (n.)	Eisacktal	Fink (1972), S. 229
Clematis alpina	Alpen-Waldrebe	Wilder Ëfai (m.)	Pfitsch	

Clematis alpina	Alpen-Waldrebe	Wilder Hopfn (m.)	Stilfs	
Clematis recta @	Aufrechte Waldrebe	Gummrëiwe (f.)	Pfeffersberg/Brixen	Fink (1979), S. 80 als „Steife Waldrebe, Clematis erecta"
Clematis recta @	Aufrechte Waldrebe	Kinderholz (n.)	Brixen	Fink (1979), S. 81 als „Steife Waldrebe, Clematis erecta"
Clematis recta @	Aufrechte Waldrebe	Kunrëiwe (f.)	Natz	Fink (1979), S. 82 als „Steife Waldrebe, Clematis erecta"
Clematis sp.	Waldrebe	Råggatschålln (Pl.)	Deutschnofen	Zelger (2004), S. 62
Clematis vitalba	Gewöhnliche Waldrebe	Cavicióni (Pl., it.)	Laag	
Clematis vitalba	Gewöhnliche Waldrebe	Ealrëibm (Pl.)	Tramin	
Clematis vitalba	Gewöhnliche Waldrebe	Hialerrëibm (Pl.)	St. Michael/Eppan	
Clematis vitalba	Gewöhnliche Waldrebe	Iëln (Pl.)	Radein, Mölten	
Clematis vitalba	Gewöhnliche Waldrebe	Iëlrëip (f.), -rëibm (Pl.)	Kaltern, St. Pauls, Tramin, Kurtatsch	
Clematis vitalba	Gewöhnliche Waldrebe	Niëln (Pl.)	Schlanders, Kuens, Schenna, Lana, Andrian	
Clematis vitalba	Gewöhnliche Waldrebe	Niëlrëip (f.)	Andrian	
Clematis vitalba	Gewöhnliche Waldrebe	Råfatschoidn (Pl.)	Tiers, Völser Aicha	
Clematis vitalba	Gewöhnliche Waldrebe	Rafatschoien (Pl.)	Steinegg	
Clematis vitalba	Gewöhnliche Waldrebe	Vedición (m., it.)	Laag	
Clematis vitalba	Gewöhnliche Waldrebe	Zëitn (Pl.)	Truden[1], Montan, Branzoll	[1]Ortner (2005), S. 428 als „Waldrebe, Clematis"
Clinopodium alpinum	Alpen-Steinquendel	Kwendl (m.)	Vierschach	
Clinopodium nepeta	Kleinblütige Bergminze	Hoachmuet	Naturns/Fuchsberg	
Colchicum autumnale	Gewöhnliche Herbstzeitlose	Facklan (Pl.)	Salurn[1], Stilfs	[1]Schatz (1955), S. 154 als „Zeitlosen"
Colchicum autumnale	Gewöhnliche Herbstzeitlose	Fåckn (Pl.)	Seis[1], Unsere Liebe Frau im Walde, Tiers, Villnöß	[1]Marzell (1943–1979), Bd. 1, Sp. 1087, führt den Seiser Beleg Fåcknpletschn für die Blätter der Herbstzeitlosen an
Colchicum autumnale	Gewöhnliche Herbstzeitlose	Ggungglan (Pl.)	Langtaufers	Wirth (2021), S. 363
Colchicum autumnale	Gewöhnliche Herbstzeitlose	Glåtsche (f.)	Laurein	
Colchicum autumnale	Gewöhnliche Herbstzeitlose	Glutschn (Pl.)	Taufers i. M., Matsch	
Colchicum autumnale	Gewöhnliche Herbstzeitlose	Henntoat (m.)	Vintl	Fink (1972), S. 122

Colchicum autumnale	Gewöhnliche Herbstzeitlose	Hërbeschtmangeler (Pl.)	Laurein	
Colchicum autumnale	Gewöhnliche Herbstzeitlose	Lodn (m. Sg., Pl.)	Prags	
Colchicum autumnale	Gewöhnliche Herbstzeitlose	Nåckete Kattl (f.)	Tiers	Fink (1972), S. 199 als „Zeitlose“
Colchicum autumnale	Gewöhnliche Herbstzeitlose	Pergjagerle (n.)	um Bozen	Fink (1972), S. 30 als „Zeitlose“
Colchicum autumnale	Gewöhnliche Herbstzeitlose	Schemmer	Pustertal	Rauschenfels (1801), S. 219
Colchicum autumnale	Gewöhnliche Herbstzeitlose	Schmålzer (Pl.)	Aldein	
Colchicum autumnale	Gewöhnliche Herbstzeitlose	Wilde Gens (Pl.)	Vöran	
Colchicum autumnale	Gewöhnliche Herbstzeitlose	Zaitiloase (f.)	Pfitsch	Christensen (2014), S. 202
Colchicum autumnale	Gewöhnliche Herbstzeitlose	Zaitloasn (Pl.)	Taufers i. M., Mölten, Welschnofen, Kastelruth, Weißenbach/Ahrntal	
Colchicum autumnale	Gewöhnliche Herbstzeitlose	Zaizlen (Pl.)	Aldein	
[*Colchicum autumnale*]	[Gewöhnliche Herbstzeitlose]	Glutschn (Pl.)	Glurns	Fink (1972), S. 104 als „Frühlingssafran“ (der deutsche Name ist irreführend, denn es ist die Herbstzeitlose gemeint, wie aus unseren eigenen Erhebungen hervorgeht)
Coleus sp. *	Buntnessel	Graif mi net un (n.)	Villanders	Fink (1972), S. 107
Colutea arborescens	Blasenstrauch	Schnëller (Pl.)	Lana	
[*Conium maculatum*]	[Flecken-Schierling]	Oaschtopaml (n.)	Pustertal	Fink (1972), S. 208 als „Schierling“
[*Conium maculatum*]	[Flecken-Schierling]	Schirlink (m.)	Pustertal	Schatz (1955), S. 524 als „Schierling“
Consolida regalis	Feld-Rittersporn	Hourkiëm (m)	Ritten	Fink (1972), S. 122
Consolida sp.	Rittersporn	Hoachgimuat (m.)	Passeier	Haller & Lanthaler (2004), S. 97
Convallaria majalis	Maiglöckchen	Fålgerlen (Pl.)	Tisens	
Convallaria majalis	Maiglöckchen	Fildrafaldra	Terenten, Kiens, Pfalzen, St. Lorenzen	
Convallaria majalis	Maiglöckchen	Köflreasl (n.)	Mühlwald	
Convallaria majalis	Maiglöckchen	Konfol	Jenesien	Schatz (1955), S. 349
Convallaria majalis	Maiglöckchen	Maigloggn (Pl.); -glëggl (Dim.); -glëggilan (Dim. Pl.)	Naturns; Olang; Meransen, Vintl	
Convallaria majalis	Maiglöckchen	Moidnriaslan (Pl.)	Gais	
Convolvulus arvensis	Acker-Winde	Schaiswickn, Wickn (Pl.)	Vöran	
Convolvulus arvensis	Acker-Winde	Schlinggros (n.)	Schlanders	
Convolvulus arvensis	Acker-Winde	Wicki (Pl.)	Deutschnofen	

Convolvulus arvensis	Acker-Winde	Wīntala (n.)	Kaltern	
Convolvulus arvensis	Acker-Winde	Wint^{e}le (n.)	Eisacktal	Fink (1985), S. 435 als „Ackerwinde“
Convolvulus arvensis	Acker-Winde	Wintn (Pl.)	Deutschnofen	
Convolvulus arvensis	Acker-Winde	Wīntn (Pl.)	Kurtatsch, Tramin	
Coriandrum sativum *	Echter Koriander	Gglånd^{e}r (m.)	Sarntal[1], Sterzing	[1]Gruber (2005), S. 67
Coriandrum sativum *	Echter Koriander	Glando (m.)	Kiens, Terenten	
Coriandrum sativum *	Echter Koriander	Wånznkraut (n.)	Kastelruth	
Cornus mas	Gelber Hartriegel	Cornál (m., it.)	Salurn, Laag	
Cornus mas	Gelber Hartriegel	Ganelle (f.)	St. Andrä/Brixen, Lüsen	Fink (2003), S. 377
Cornus mas	Gelber Hartriegel	Ganellschtauda (f.)	Tiers, Kastelruth	
Cornus mas	Gelber Hartriegel	Garnelln (Pl.)	Vöran, Kaltern, Aldein, Karneid, Tiers, Völser Aicha	
Cornus mas	Gelber Hartriegel	Garnellschtaud (f.), -schtauda (f.)	Karneid, Kastelruth	
Cornus mas	Gelber Hartriegel	Ggornellpam (m.)	Welschnofen	Schatz (1955), S. 245 als „Kornelle“
Cornus mas	Gelber Hartriegel	Granelln (Pl.)	Lana, Andrian, Kaltern, Tramin, Kurtinig, Villanders	
Cornus mas	Gelber Hartriegel	Graneln (Pl.)	Kurtatsch	
Cornus mas	Gelber Hartriegel	Grinelln (Pl.)	Sarntal	
Cornus mas	Gelber Hartriegel	Ragganelle (f.)	Natz	Fink (1972), S. 209
Cornus mas @	Gelber Hartriegel	Garnellan (Pl.)	Prad	
Cornus sanguinea	Roter Hartriegel	Fezalaschtaud (f.), Pluatfezn (Pl.)	Kaltern	
Cornus sanguinea	Roter Hartriegel	Pluatruatn (Pl.)	Tramin, Kurtatsch	
Cornus sanguinea	Roter Hartriegel	Sanguignól (m., it.)	Salurn	
Corydalis solida	Finger-Lerchensporn	Rotzkachelen (Pl.)	St. Pauls	
Corydalis solida	Finger-Lerchensporn	Rotzklachl (f., m., n., Pl.)	Naturns, Partschins, Ulten, Schenna, Mölten, Terlan, Girlan, Ritten, Milland	
Corydalis sp.	Lerchensporn	Rotzklachl	Ploseberg/Brixen[1], Tisens	[1]Jocher (2010), S. 511
Corylus avellana	Europäische Hasel	Hasalaschtaud (f.)	Kurtatsch, Kaltern	
Corylus avellana	Europäische Hasel	Haslschtaud (f.)	Kaltern	
Corylus avellana	Europäische Hasel	Håsslnussschtaude (f.)	Steinhaus	
Corylus avellana	Europäische Hasel	Hådsslschtaudn (Pl.)	Getzenberg/Kiens	
Corylus avellana	Europäische Hasel	Hoslnussschtaud (f.)	Stilfs	
Corylus avellana	Europäische Hasel	Hoslschtaudn (Pl.)	Martell, Prader Berg, Passeier	
Corylus avellana	Europäische Hasel	Noselár (m., it.)	Buchholz, Salurn	
Corylus avellana	Europäische Hasel	Wiltnuss (f.)	Welschnofen	Wirth (2021), S. 357

Cotinus coggygria	Europäischer Perückenstrauch	Rauschalap (n.)	Montan[1], Neumarkt, Tramin	[1]Schweiggl (2003), S. 16
Cotoneaster integerrimus	Gewöhnliche Steinmispel	Melper	Pustertal	Rauschenfels (1801), S. 220 als „Mespilus cotoneaster"
Cotoneaster sp.	Steinmispel	Mëlpëir (Pl.)	Eisacktal	Fink (2003), S. 373
Crataegus monogyna	Eingriffliger Weißdorn	Dörnstaude (f.)	Antholz	Müller (1985), S. 148
Crataegus monogyna	Eingriffliger Weißdorn	Fraudnëpfilan (Pl.)	Pustertal	Kerschbaumer-Sigmund (1985), S. 135
Crataegus monogyna	Eingriffliger Weißdorn	Frauenëpfl (m.); Frauëpfl (Pl.)	Glurns[1]; Stilfs	[1]Fink (1972), S. 86 als „Weißdorn"
Crataegus monogyna	Eingriffliger Weißdorn	Frauengl (Pl.)	Taufers i. M.	
Crataegus monogyna	Eingriffliger Weißdorn	Mealëpfeler (Pl.)	Vöran	
Crataegus monogyna	Eingriffliger Weißdorn	Mëlëipfelen (Pl.); -ëipfala (n.)	Tramin[1], Kurtatsch; Kaltern	[1]Wirth (2021), S. 354
Crataegus monogyna	Eingriffliger Weißdorn	Mëlëpfeler (Pl.)	St. Walburg/Ulten, Mölten	
Crataegus monogyna	Eingriffliger Weißdorn	Mëlpë^{i}r (f.)	Wiesen	
Crataegus monogyna	Eingriffliger Weißdorn	Melperdëirn (Pl.)	Ulten	
Crataegus monogyna	Eingriffliger Weißdorn	Muatrgottesëpfalan (Pl.)	Burgeis, Schluderns	
Crataegus monogyna	Eingriffliger Weißdorn	Muet^{e}rgottesbirlen (Pl.)	Truden	Insam (1954), S. 345
Crataegus monogyna	Eingriffliger Weißdorn	Muitogottesëpfilan (Pl.)	Pustertal	Kerschbaumer-Sigmund (1985), S. 135
Crataegus monogyna	Eingriffliger Weißdorn	Winterkearschn (Pl.)	Welschnofen, Deutschnofen	
Crataegus [*monogyna*]	[Eingriffliger] Weißdorn	Winterkearschtn (Pl.)	Deutschnofen	Zelger (2004), S. 86 als „Weißdorn, Gattung Crataegus"
Crepis aurea	Gold-Pippau	Rinderplueme (f.)	Latzfons	Fink (1972), S. 216
Crocus albiflorus	Alpen-Krokus	Eartkas (m.)	um Sterzing	Fink (1972), S. 69 als „Krokus"
Crocus albiflorus	Alpen-Krokus	Englschtan (m. Sg.), -schtane (Pl.)	Sexten	Stauder (2019), S. 56 als „Frühlingskrokus"
Crocus albiflorus	Alpen-Krokus	Gåndl (Sg., Pl.)	Vals/Mühlbach	
Crocus albiflorus	Alpen-Krokus	Mangele (n. Sg.), Mangeler (Pl.)	Proveis, Laurein, Unsere Liebe Frau im Walde, St. Felix	
Crocus albiflorus	Alpen-Krokus	Månglschtoandl (n.)	Lüsen	Fink (1972), S. 184 als „Frühlingssafran"
Crocus albiflorus	Alpen-Krokus	Mengilan (Pl.)	Prettau	
Crocus albiflorus	Alpen-Krokus	Menglschtane, -schtanlan (Pl.)	Vierschach, Winnebach	
Crocus albiflorus	Alpen-Krokus	Menglschtoatlan (Pl.)	Steinhaus	
Crocus albiflorus	Alpen-Krokus	Menglschtualan (Pl.)	Weißenbach/Ahrntal	
Crocus albiflorus	Alpen-Krokus	Menglschtuandl, -schtoandl (n. Sg.), -an (Pl.)	Antholz[1], Meransen, Vintl, Weitental, Pfunders, Oberwielenbach, Gais	[1]Pallhuber (2016), S. 140 als „Krokus"

Crocus albiflorus	Alpen-Krokus	Oaschto-, Ueschtokaslen (Pl.)	Vintl, Kiens, Terenten	
Crocus albiflorus	Alpen-Krokus	Oaschtogglaslan (Pl.)	Getzenberg/Kiens	
Crocus albiflorus	Alpen-Krokus	Saiteleaslan (Pl.)	Rodeneck	
Crocus albiflorus	Alpen-Krokus	Schaiterloasn (Pl.), -loasa (Sg. f.)	Latzfons	
Crocus albiflorus	Alpen-Krokus	Schtålitzlan (Pl.)	Gsies	
Crocus albiflorus	Alpen-Krokus	Tschåndl (Sg., Pl.)	Mühlbach	
Crocus albiflorus	Alpen-Krokus	Weigloas (f.)	Ritten	Fink (1972), S. 299 als „Wilde Frühlingszeitlose"
Crocus albiflorus	Alpen-Krokus	Zaitëisl (Pl.)	Gasse/Ridnaun	
Crocus albiflorus	Alpen-Krokus	Zaiteloase, Saiteloase (f.)	Ploseberg/Brixen[1], St. Leonhard/Brixen	[1]Jocher (2010), S. 511 als „Frühlingszeitlose"
Crocus albiflorus	Alpen-Krokus	Zaiterloasn (Pl.)	Villanders	
Crocus albiflorus	Alpen-Krokus	Zaiti-; Zaitoloasn (Pl.); Zaitiloase (f.)	Ridnaun, Fleins/ Freienfeld, Pflersch; Pfitsch; Schalders	
Crocus albiflorus	Alpen-Krokus	Zaitloasn (Pl.)	Langtaufers[1], Deutschnofen[2], Rojen, St. Valentin a. d. H., Schluderns, Taufers i. M., Matsch, Prad, Stilfs, Martell, Schnals, Naturns, Platt/ Passeier, Algund, Ulten, Vöran, Mölten, Afing, Sarntal	[1]Joos (2010), S. 566 [2]Zelger (2004), S. 88 als „Krokus, Gattung Crocus"
Crocus albiflorus	Alpen-Krokus	Zentiloasn (Pl.)	Telfes	
Cucumis sativus *	Gurke	Ggim^{e}rla (n.)	Kaltern	
Cucumis sativus *	Gurke	Ggimm^{e}rling (m.)	Kastelbell-Tschars[1], Schluderns, Martell, Laurein, Meran, Passeier, Lana, Mölten	[1]Kaserer (2007), S. 13
Cucumis sativus *	Gurke	Gim^{e}rla (m.)	Truden	Ortner (2005), S. 432
Cucumis sativus *	Gurke	Gimmerlen (Pl.)	Prad, Tramin	
Cuscuta [sp.]	Teufelszwirn	Hiend^{e}rdarm (Pl.)	Eisacktal	Fink (2003), S. 373 als „Kleeseide" (auch wenn mit Kleeseide eigentlich Cuscuta epithymum gemeint ist, ist generell wohl kaum anzunehmen, dass diese von der Nesselseide C. europaea unterschieden wird)
Cuscuta epilinum	Lein-Teufelszwirn	Saide (f.)	Pustertal	Wirth (2021), S. 375
Cuscuta epithymum	Quendel-Teufelszwirn	Kleasaida (f.)	Kastelruth	
Cyanus segetum	Kornblume	Kouraploam (f.)	Matsch, Schluderns, Stilfs	
Cyanus segetum	Kornblume	Kournpischilar (Pl.)	Sarntal	

Cyanus segetum	Kornblume	Roggapluamen (Pl.), -pluama (Sg. f.)	Ritten, Villanders, Verdings, Latzfons, Kastelruth; Feldthurns	
Cyanus segetum	Kornblume	Roggeler (Pl.)	Aldein	
Cyanus segetum	Kornblume	Roggepluamen (Pl.)	Ulten, Laurein	
Cyanus segetum	Kornblume	Roggeplue (f.)	Ploseberg/Brixen	Jocher (2010), S. 512
Cyanus segetum	Kornblume	Roggetoat, -tuat (m.)	Pustertal, Terenten	Schatz (1955), S. 489
Cyanus segetum	Kornblume	Roggnnaggilan (Pl.)	Ahrntal	
Cyanus segetum	Kornblume	Röggnpluamen (Pl.)	Afing	
Cyclamen purpurascens	Alpen-Zyklame	Hagglziacher (Pl.)	Kaltern	
Cyclamen purpurascens @	Alpen-Zyklame	Dörrübl	Pustertal	Rauschenfels (1801), S. 217 als „Cyclamen europaeum"
Cyclamen purpurascens @	Alpen-Zyklame	Fraudnschuich (m.)	Lüsen	Fink (1972), S. 86 als „Alpenveilchen"
Cyclamen purpurascens @	Alpen-Zyklame	Hoslkraut (n.)	Latzfons	Fink (1972), S. 119 als „Alpenveilchen"
Cydonia oblonga	Quitte	Kittëpfl (m.), Kittn (Pl.)	Deutschnofen, Eggen	Zelger (2004), S. 46
Cynodon dactylon	Gewöhnliches Hundszahngras	Gram (f., Pl., it.)	Laag	
Cynodon dactylon	Gewöhnliches Hundszahngras	Gråmmen (Pl.)	St. Pauls/Eppan	
Cynodon dactylon	Gewöhnliches Hundszahngras	Groumen (Pl.)	Terlan	
Cynodon dactylon	Gewöhnliches Hundszahngras	Hëinenstizn (Pl.)	Kaltern	
Cynodon dactylon	Gewöhnliches Hundszahngras	Pulelen (Pl.)	Kaltern	Wirth (2021), S. 374 as „Hundszahngras, Cynodon"
Cynoglossum officinale	Gewöhnliche Hundszunge	Kleppr	Langtaufers	Joos (2010), S. 569
Cypripedium calceolus	Frauenschuh	Frailan in der Ggūtschn	Altrei	Insam (1954), S. 346
Cypripedium calceolus	Frauenschuh	Frauenschiachile (n.)	Vierschach	
Cypripedium calceolus ?	Frauenschuh	Paterkouschpm (Pl.)	Latzfons	Fink (1972), S. 25 als „Alpenpflanze, Frauenschuh" (der Zusatz „Alpenpflanze" macht eine Zuordnung zur Orchidee etwas ungewiss)
Dactylis glomerata	Gewöhnliches Knäuelgras	Hundsgras, Stockgras (n.)	Pustertal	Rauschenfels (1801), S. 216
Dactylis glomerata	Gewöhnliches Knäuelgras	Knåttlschmelchn (Pl.)	Telfes	
Dactylorhiza fuchsii	Fuchs-Fingerwurz	Frognetlång	Pflersch	
Dactylorhiza sp., *Orchis* sp.	Fingerwurz, Knabenkraut	Fotzwång	Villnößs	
Dactylorhiza sp., *Orchis* sp. ?	Fingerwurz, Knabenkraut	Fotzwång (f.)	Ritten	Fink (1972), S. 85 als „Knabenkraut, fabaria"

Dactylorhiza sp., *Orchis* sp.	Fingerwurz, Knabenkraut	Pettlpråtz (f.)	Prags	Fink (1972), S. 32 als „Knabenkraut“
Dactylorhiza sp., *Orchis* sp.	Fingerwurz, Knabenkraut	Pruchwurze (f.)	Lajener Ried	Fink (1972), S. 53 als „Knabenkraut“
[*Dactylorhiza* sp., *Orchis* sp.]	[Fingerwurz, Knabenkraut]	Fraudnkchraut, Unserfraudnkchraut (n.)	Sarntal	Insam (1954), S. 145–146 als „Knabenkraut, Orchis latifolia“ (= Dactylorhiza majalis, steht aber wohl stellvertretend für mehrere Arten)
[*Dactylorhiza* sp., *Orchis* sp.]	[Fingerwurz, Knabenkraut]	Modalan (Pl.)	Gsies	Insam (1954), S. 145–146 als „Knabenkraut, Orchis latifolia“ (siehe Anmerkung zu „Fraudnkchraut, Unserfraudnkchraut“)
[*Dactylorhiza* sp., *Orchis* sp.]	[Fingerwurz, Knabenkraut]	Toiflschlissl	Rein in Taufers	Insam (1954), S. 145–146 als „Knabenkraut, Orchis latifolia“ (siehe Anmerkung zu „Fraudnkchraut, Unserfraudnkchraut“)
[*Dactylorhiza* sp., *Orchis* sp.]	[Fingerwurz, Knabenkraut]	Tuiflswurz, Bettlprotzn, Tuiflsprotzn	Dolomitengebiet	Insam (1954), S. 145–146 als „Knabenkraut, Orchis latifolia“ (siehe Anmerkung zu „Fraudnkchraut, Unserfraudnkchraut“)
Dahlia sp. *	Dahlie	Georginen (Pl.)	Welschnofen	
Dahlia sp. *	Dahlie	Orginin (Pl.)	Platt/Passeier	
Daphne cneorum	Flaumiges Steinröslein	Schtoanreasl (n.)	um Bozen[1], Laag, Kastelruth	[1]Wirth (2021), S. 379
Daphne mezereum	Gewöhnlicher Seidelbast	Kellerhåls	Truden	Wirth (2021), S. 367
Daphne mezereum	Gewöhnlicher Seidelbast	Pockpëirschtaud (f.)	Schnals	
Daphne striata	Kahles Steinröslein	Ålmrausch (m.)	Ritten, Pfunders	
Daphne striata	Kahles Steinröslein	Koufl-, Knottnreasl (n.)	Ulten	Lösch (1989), S. 96 als „Steinröschen“
Daphne striata	Kahles Steinröslein	Laitnpischiler (Pl.)	Laurein	
Daphne striata	Kahles Steinröslein	Schtanreasl (n.)	Innichen	
Daphne striata	Kahles Steinröslein	Schtoanreasl (n.)	um Bozen, Kastelruth	Wirth (2021), S. 379
Daphne striata	Kahles Steinröslein	Schtuannagiler (Pl.)	Pflersch	
Daphne striata	Kahles Steinröslein	Tånderpuschn (Pl.)	Aldein	
Daphne striata	Kahles Steinröslein	Wilder Flider (m.)	Vals/Mühlbach	
Daphne striata	Kahles Steinröslein	Zielånt (m.)	Martell	
Daphne [*striata*]	[Kahles] Steinröslein	Ålmerle (n.), Almerlen (Pl.)	Mals	Laner (1950), S. 339, 340 als „Daphne“ (die Beschreibung im Text lässt vermuten, dass D. striata gemeint ist)
Daucus carota ?	Karotte	Fouglnest (n.)	Pfeffersberg/Brixen	Fink (1972), S. 83 als „Wilde Möhre, pastinaca erratica“

Daucus carota subsp. *sativa* *	Karotte	Gealruabm (Pl.)	Mölten, Tiers	
Daucus carota subsp. *sativa* *	Karotte	Gëilaruaba (f.)	Latzfons	Bibliotheksgruppe Latzfons (2004), S. 38
Daucus carota subsp. *sativa* *	Karotte	Gela Ruibm (Pl.)	Antholz, Toblach[1]	[1]Mittich-Steinwandter (2023, Nr. 2), S. 25
Daucus carota subsp. *sativa* *	Karotte	Gelbe Ruabm (Pl.)	Sulden, Ritten	
Daucus carota subsp. *sativa* *	Karotte	Gëlriebe (f.), -riebm (Pl.)	Passeier	
Daucus carota subsp. *sativa* *	Karotte	Gëlruab (f.)	Naturns, Kaltern	
Daucus carota subsp. *sativa* *	Karotte	Gelruabm (Pl.)	Truden	Ortner (2005), S. 432
Daucus carota subsp. *sativa* *	Karotte	Gëlwurzn (Pl.)	Taufers i. M., Stilfs, Schluderns, Naturns	
Daucus carota subsp. *sativa* *	Karotte	Meang (Pl.)	Weißenbach/Ahrntal	
Daucus carota subsp. *sativa* *	Karotte	Mëirlan (Pl.), Mearlan (Pl.)	Prags, Vierschach, Toblach[1]	[1]Mittich-Steinwandter (2023, Nr. 2), S. 25
Daucus carota subsp. *sativa* *	Karotte	Wurzn (Pl.)	St. Walburg/Ulten	
Deschampsia sp. ?	Gewöhnliche Rasenschmiele	Schmelle (f.), Schmell (Pl.)	Sexten	Stauder (2019), S. 191 als „Schmiele (Gras-Gattung: Deschampsia), auch allg.: Grashalm"
Dianthus barbatus	Bart-Nelke	Fiërwitznagelen (Pl.)	Villnöß	
Dianthus barbatus	Bart-Nelke	Flaisige Puebm (Pl.)	Ritten	
Dianthus barbatus	Bart-Nelke	Modapusche (m.), Modapischilan (Pl.)	Vals/Mühlbach	
Dianthus barbatus	Bart-Nelke	Prennita Liube (f.)	Antholz	Wirth (2021), S. 398 als „Bartnelke"
Dianthus carthusianorum	Kartäuser-Nelke	Kreuznagelen (Pl.)	Obervinschgau	Pfaff (1927), S. 138 als „Karthäußernelke"
Dianthus carthusianorum	Kartäuser-Nelke	Pårschtnagile (n.)	Olang	
Dianthus caryophyllus *	Garten-Nelke	Kastelruther Nagelen (Pl.)	Kastelruth	
Dianthus deltoides	Heide-Nelke	Feldnägelen (n.)	Pustertal	Rauschenfels (1801), S. 219
Dianthus seguieri	Séguier-Nelke	Schtoanagala (Pl.)	Kaltern	Wirth (2021) S. 378
Dianthus sp.	Nelke	Gröitschnageler (Pl.)	Ulten	Lösch (1989) S. 94 als „wilde Nelke"
Dianthus sp.	Nelke	Künigfarbene Nagelen	Lüsen	Prosch (1923), S. 257
Dianthus sp.	Nelke	Nagala (n.)	Kaltern	
Dianthus sp.	Nelke	Nagelen (Pl.)	Kastelbell-Tschars, Meran, Schenna, Vöran	
Dianthus sp.	Nelke	Nageler (Pl.)	Ulten, Ridnaun	
Dianthus sp.	Nelke	Naggilan (Pl.)	Antholz[1], Sexten[2], Ahrntal	[1]Müller (1985), S. 148 [2]Stauder (2019), S. 135

Dianthus sp.	Nelke	Nagilan (Pl.)	Latzfons, Rodeneck, Pfitsch	
Dianthus sp.	Nelke	Nagila^{r} (Pl.)	Sterzing	
Dianthus sp.	Nelke	Nagile (n.)	Passeier, Pfitsch	
Dianthus sp.	Nelke	Nagiler (Pl.)	Afing	
Dianthus sp.	Nelke	Nagili (n.), Nagilar (Pl.)	Sarntal	Gruber (2005), S. 126
Dianthus sp.	Nelke	Nogl (m.)	Ratschings	Fink (1972), S. 199
Dianthus sp.	Nelke	Pergnagelen (Pl.)	Taufers i. M.	
Dianthus sp.	Nelke	Schtoannagilan (Pl.)	Rodeneck	
Dianthus sylvestris	Wilde Nelke	Knottnnagele (n.); -nagilar, -nagiler (Pl.)	Afing[1], Schlanders, Algund; Sarntal; Laurein	[1]Fink (1972), S. 156 als „Steinnelke"
Dianthus sylvestris	Wilde Nelke	Kouflnagiler, -nagila (Pl.)	Platt/Passeier, Pfitsch	
Dianthus sylvestris	Wilde Nelke	Pergnagele (n.)	Naturns	
Dianthus sylvestris	Wilde Nelke	Schtoannagalen; -nagiler (Pl.)	Schluderns, Andrian, Kaltern, Laag, Villanders, Kastelruth; Villnöß, Afing, Ploseberg	
Dianthus sylvestris	Wilde Nelke	Schtuannageler; -nagilar; -nagiler (Pl.)	Schlanders, Schenna; Ridnaun; Passeier, Laurein, Welschnofen, Pflersch	
Dianthus [*sylvestris*]	[Wilde] Nelke	Knottnreasl (n.)	Reinswald	Fink (1972), S. 156 als „Alpennelke, Dianthus alpinus" (D. alpinus kommt in Südtirol nicht vor, gemeint ist sicher D. sylvestris)
Dianthus [*sylvestris*]	[Wilde] Nelke	Kouflnagele (n.)	Eisacktal	Fink (1972), S. 157 als „Alpennelke" (siehe Anmerkung „Knottnreasl")
Digitalis sp.	Fingerhut	Wållglogg (f.)	Sarntal	Fink (1972), S. 295
Digitaria sanguinalis	Bluthirse	Tirgggrås	Tramin	Wirth (2021), S. 379
Dioscorea communis	Schmerwurz	Taiflswurz (f.)	Kaltern	
Diphasiastrum alpinum	Alpen-Bärlapp	Lausnudl (f.)	Laas	
Diplotaxis sp.	Doppelsame	Riggla	Unterland	Menghin (1884), S. 156 als „Diplotaxis crucifera" (missverständliche Formulierung; soll wohl bedeuten: Gattung Diplotaxis, Familie Cruciferae)
Diplotaxis tenuifolia	Schmalblättriger Doppelsame	Ruggola	um Bozen	Wirth (2021), S. 375
Doronicum clusii	Clusius-Gämswurz	Schneawårgr (Pl.)	Laas	
Dryas octopetala	Silberwurz	Herzkraut (n.)	Vierschach	
Dryas octopetala	Silberwurz	Schtraichricharin (f.)	Lüsen	Fink (1972), S. 263
Dryopteris filix-mas	Echter Wurmfarn	Hennpfårfl (f.)	Pustertal	Kerschbaumer-Sigmund (1985), S. 11, 139

Dryopteris sp.	Wurmfarn	Luatopfärfl (f.)	Antholz	Pallhuber (2016), S. 140 als „Wurmfarn“
Dryopteris sp.	Wurmfarn	Wånznwurz (f.)	Afing	Fink (1972), S. 297 als „Wurmfarn“
Echinochloa crus-galli	Hühnerhirse	Grenfe	Pustertal	Rauschenfels (1801), S. 216 als "Panicum crus galli"
Echinops sphaerocephalus	Bienen-Kugeldistel	Tåndrkugl (f.)	Sonnenberg/ Schlanders	
Echinops sphaerocephalus	Bienen-Kugeldistel	Tundrkugl (f.)	Taufers i. M., Schluderns, Matsch, Stilfs, Schlanders	
Elymus repens	Acker-Quecke	Åckowuschze, Wuschze (f.)	Olang	
Elymus repens	Acker-Quecke	Gårtnlitzn (Pl.)	Schnals	
Elymus repens	Acker-Quecke	Grååmen (Pl.)	Aldein, Kurtatsch	
Elymus repens	Acker-Quecke	Gråmmen (Pl.); Gråmme (f.)	Naturns, Schenna, Ulten, Laurein, Lana, Vöran, Mölten; Passeier	
Elymus repens	Acker-Quecke	Groumen (Pl.)	Sarnthein, Tramin	
Elymus repens	Acker-Quecke	Grumen (Pl.), Grum (m. Sg.)	Pens, Afing, Ritten, Welschnofen, Tiers, Völser Aicha, Villanders	
Elymus repens	Acker-Quecke	Grummen (Pl.)	Kastelruth	
Elymus repens	Acker-Quecke	Litzn (Pl.)	Schlanders	
Elymus repens	Acker-Quecke	Lutzn (Pl.)	Stilfs[1], Burgeis, Matsch, Taufers i. M.	[1]Fink (1972), S. 181 als „Ackerquecke“
Elymus repens	Acker-Quecke	Luzn (Pl.)	Sonnenberg/ Schlanders	
Elymus repens	Acker-Quecke	Rinderwurzn (Pl.)	Wiesen/Pfitsch	
Elymus repens	Acker-Quecke	Spulwurz	Pustertal	Rauschenfels (1801), S. 216 als „Triticum repens“
Elymus repens	Acker-Quecke	Wuʳschzgros (n.)	Terenten	
Elymus repens	Acker-Quecke	Wurza (f. Sg.), Wurzn (Pl.)	Völs am Schlern	
Elymus [*repens*]	[Acker-]Quecke	Ëcherlegros, Eacherlegros (n.)	Albeins	Fink (1972), S. 66 als „Schließgras“, Fink (2003), S. 374 als „Quecke“
Elymus [*repens*]	[Acker-]Quecke	Ggråmmlwurze (f.)	Eisacktal	Fink (1972), S. 106 als „Schließgras“
Elymus [*repens*]	[Acker-]Quecke	Gråm (f.), Graml (n. Dim.), -lar (Pl.)	Sarntal	Gruber (2005), S. 71 als „Quecke“
Elymus [*repens*]	[Acker-]Quecke	Gråmmen (Pl.)	Kastelbell-Tschars	[1]Kaserer (2007), S. 15 als „Quecke“
Epilobium angustifolium	Schmalblättriges Weidenröschen	Fetzkraut (n.)	Ridnaun	
Epilobium angustifolium	Schmalblättriges Weidenröschen	Foirkraut (n.)	Rodeneck, Terenten	

Epilobium angustifolium	Schmalblättriges Weidenröschen	Foirprånt (m.)	Vals/Mühlbach	
Epilobium angustifolium	Schmalblättriges Weidenröschen	Goashaxn (Pl.)	Pfitsch	
Epilobium angustifolium	Schmalblättriges Weidenröschen	Goaskiachl (n., m., Pl.)	Langtaufers[1], Martell[2], St. Valentin a. d. H., Schluderns, Matsch, Stilfs, Schnals, Flaas	[1]Joos (2010), S. 570 [2]Pfitscher (2001), S. 35
Epilobium angustifolium	Schmalblättriges Weidenröschen	Roats Fraudnkraut (n.)	Sarntal	
Epilobium fleischeri @	Fleischers Weidenröschen	Gilge (f.), Påchgilge (f.)	Afing	Fink (1972), S. 20, 102 als „Fleischers Weidenröschen"
Epilobium montanum	Berg-Weidenröschen	Geißküchel (n.)	Obervinschgau	Pfaff (1927), S. 138
Equisetum arvense	Acker-Schachtelhalm	Cóe de gát (Pl., it.)	Laag	
Equisetum arvense	Acker-Schachtelhalm	Fugsschwoaf (m.)	Platt in Passeier	
Equisetum arvense	Acker-Schachtelhalm	Kåtzaschweaf (Pl.)	Ober- und Mittelvinschgau	
Equisetum arvense	Acker-Schachtelhalm	Kåtznschwaf (m. Sg.), -e (Pl.)	Gsies, Prags, Vierschach	
Equisetum arvense	Acker-Schachtelhalm	Kåtznschwånz (m.)	Naturns, Plaus, Vöran, Völser Aicha, Pfitsch, Terenten	
Equisetum arvense	Acker-Schachtelhalm	Kåtznschwoaf (m.), Kåtznschweaf, -schweafe (Pl.)	Partschins, Proveis, Laurein, Mölten, Sarntal, Tiers, Verdings, Latzfons, St. Leonhard/Brixen, Ridnaun, Sterzing, Vals/Mühlbach, Getzenberg/Kiens	
Equisetum arvense	Acker-Schachtelhalm	Kåtznschwoafe (Pl.)	Antholz	Pallhuber (2016), S. 140
Equisetum arvense	Acker-Schachtelhalm	Pfaifnputza (Pl.)	Vierschach	
Equisetum sp.	Schachtelhalm	Kåtzaschweaf (Pl.)	St. Valentin a. d. H., Taufers i. M., Prad, Stilfs	
Equisetum sp.	Schachtelhalm	Kåtznschwaf (m.)	Olang, Gsies, Toblach[1]	[1]Mittich-Steinwandter (2022, Nr. 4), S. 37
Equisetum sp.	Schachtelhalm	Kåtznschwånz (m.)	Lana, Laag, Ritten, Fleins/Freienfeld, Pfitsch, Ahrntal	
Equisetum sp.	Schachtelhalm	Kåtznschweafa (Pl.); -schweafe (Pl.)	Villanders, Feldthurns; Fleins/ Freienfeld, Pflersch	
Equisetum sp.	Schachtelhalm	Kåtznschwoaf (m.), -schweaf (Pl.); -schwo^{a}f (m.)	Lüsen[1], Martell, Schnals, Ulten, Schenna, Passeier, Vöran, Sarntal, Kaltern, Tramin, Aldein, Deutschnofen, Welschnofen, Kastelruth; Durnholz	[1]Prosch (1923), S. 255
Equisetum sp.	Schachtelhalm	Pfånneglitz (m.)	Ulten	Lösch (1989), S. 96

Equisetum sylvaticum	Wald-Schachtelhalm	Fraudnhour (Pl.), Fain Kåtznschweafa (Pl.)	Villanders	
Equisetum telmateia	Riesen-Schachtelhalm	Katznschweif	Unterland	Menghin (1884), S. 156
Erica carnea	Schnee-Heide	Brocón (m., it.)	Laag	
Erica carnea	Schnee-Heide	Hada (m.)	Olang, Prags	
Erica carnea	Schnee-Heide	Hadach	Pustertal	Rauschenfels (1801), S. 219
Erica carnea	Schnee-Heide	Hade (m.)	Sexten[1], Vierschach, Toblach[2]	[1]Stauder (2019), S. 84 [2]Mittich-Steinwandter (2023, Nr. 3), S. 40
Erica carnea	Schnee-Heide	Håd^{e}re (m.)	Mölten, Sarntal	
Erica carnea	Schnee-Heide	Hadern (f.)	Deutschnofen, Eggen	
Erica carnea	Schnee-Heide	Hadra	Olang	Bildungsausschuss Olang (2013), S. 19
Erica carnea	Schnee-Heide	Hoada (m. Sg., Pl.)	Antholz[1], Pfitsch, Ahrntal	[1]Pallhuber (2016), S. 140 als „Erika, Heidekraut“
Erica carnea	Schnee-Heide	Hoader (f.)	Passeier	
Erica carnea	Schnee-Heide	Hoadera, Hoadara (f., m., n., Pl.)	Ploseberg/Brixen[1], Vöran, Welschnofen, Afing, Villanders, Kastelruth, Villnöß, Kiens	[1]Jocher (2010), S. 511
Erica carnea	Schnee-Heide	Hoadere (m.)	Fleins/Freienfeld, Pflersch, Ridnaun	
Erica carnea	Schnee-Heide	Hoad^{e}rlan (Pl.); Hoaderlen (Pl.)	Schluderns, Matsch, Prad, Stilfs, Trafoi, Kastelbell-Tschars[1], Martell[2]; Naturns, Plaus	
Erica carnea	Schnee-Heide	Hoadern (Pl.)	Schenna, Lana, Ulten, Unsere Liebe Frau im Walde, Laurein, Tramin, Kaltern, Aldein, Altrei	
Erica carnea	Schnee-Heide	Hoadra (m., n., Pl.)	Katharinaberg/ Schnals, Ritten, Welschnofen, Deutschnofen, Eggen, Karneid, Tiers, Lajen, Latzfons, Sterzing, Pfitsch, Rodeneck, Vals/Mühlbach, Terenten, Kiens	
Erica carnea	Schnee-Heide	Hoadre (m.)	Flaas, Barbian, Verdings, Jaufental	
Erica carnea	Schnee-Heide	Hoadri (m.)	Sarntal	Gruber (2005), S. 76 als „Heidekraut“
Erica carnea	Schnee-Heide	Huadra (m.)	Unteres Pustertal, Mühlbach, Pfalzen, Oberwielenbach/ Percha	

Erica carnea	Schnee-Heide	Låndhåådre	Sarntal	
Erica carnea	Schnee-Heide	Langeshoad^{e}rlan (n. Pl.)	Sonnenberg/ Schlanders	
Erica carnea	Schnee-Heide	Nëisinger Schtrëip (f.)	Afing	
Erica carnea	Schnee-Heide	Perghoad^{e}re (f.)	Afing	
Erica carnea	Schnee-Heide	Schneahade (m.)	Vierschach	
Erica carnea	Schnee-Heide	Zuntern (Pl.)	Passeier	
Eriophorum sp.	Wollgras	Mousfëid^{e}rn (Pl.)	Villanders	
Eriophorum sp.	Wollgras	Mousreasler (Pl.)	Ulten	Lösch (1989), S. 97
Eriophorum sp.	Wollgras	Pirschtngros (n.)	Naturns	
Eriophorum sp.	Wollgras	Saichnschopp, Saichwurzar[1], Saichwurzlwaudl (Pl.)	Martell	[1]Pfitscher (2001), S. 109 als „Wollgraswurzeln“
Eriophorum sp.	Wollgras	Schle^{a}rnhexn	Völser Aicha	
Eriophorum sp.	Wollgras	Waudele (n.), Waudilan (Pl.)	Ulten[1], Ploseberg/ Brixen[2]	[1]Lösch (1989), S. 97 [2]Jocher (2010), S. 512
Eriophorum sp.	Wollgras	Waudl (f.)	Martell	Pfitscher (2001), S. 121 als „Wollgrasbüschel“
Eriophorum sp.	Wollgras	Wudelen (Pl.)	Naturns, Plaus	
Eriophorum sp.	Wollgras	Wurz^{e}r; Wurzergros (n.)	Martell[1]; Naturns	[1]Pfitscher (2001), S. 125 als „Wollgraswurzeln“
[*Eriophorum* sp.]	[Wollgras]	Wisnwolle (f.)	St. Andrä/Brixen	Fink (1972), S. 306 als „Mattenflachs (Wildpflanze)“
Eruca [*sativa*] *	[Echte] Senfrauke	Rickelsalat (m.)	Etschland (Landschaft um Bozen)	Schöpf (1866), S. 553 als „Art Gartenkresse, Eruca“
Euonymus europaeus	Gewöhnlicher Spindelstrauch	Goaszugger (m.)	Kaltern, Überetsch	
Euonymus europaeus	Gewöhnlicher Spindelstrauch	Pfaffenkappl	Pustertal	Rauschenfels (1801), S. 217
Euonymus europaeus	Gewöhnlicher Spindelstrauch	Pfåffnhiatl (n.)	Naturns	
Euonymus europaeus	Gewöhnlicher Spindelstrauch	Pischofskapplen (Pl.)	Untervinschgau	
Euphorbia cyparissias	Zypressen-Wolfsmilch	Houzn (Pl.)	Tiers, Völs, Barbian, Villanders, Latzfons, Kastelruth, Trens	
Euphorbia cyparissias	Zypressen-Wolfsmilch	Krotengras	Pustertal	Rauschenfels (1801), S. 220
Euphorbia cyparissias	Zypressen-Wolfsmilch	Toan	Tiers, Völs, Kastelruth	Wirth (2021), S. 379
Euphorbia cyparissias	Zypressen-Wolfsmilch	Warzengras	Pustertal	Rauschenfels (1801), S. 220
Euphorbia cyparissias	Zypressen-Wolfsmilch	Warznkraut (n.)	Villanders	
Euphorbia sp.	Wolfsmilch	Holzkraut (n.) [*recte* Hotzkraut?]	Ritten	Fink (1979), S. 81
Euphorbia sp.	Wolfsmilch	Hotzkraut (n.)	Ritten	Heyl (1897), S. 794
Euphorbia sp.	Wolfsmilch	Houzn (Pl.)	Lajen[1], Eisacktal[2], Kastelruth	[1]Fill (2016), ohne Seitenangabe [2]Fink (2003), S. 377

Euphorbia sp.	Wolfsmilch	Werrnkraut (n.)	Passeier	
Euphrasia officinalis	Wiesen-Augentrost	Hërwischtgreggn (Pl.)	Telfes, Jaufental	
Euphrasia officinalis	Wiesen-Augentrost	Schobou (m.), Schowo (m.)	Sarntal	
Euphrasia sp.	Augentrost	Milchschimpl (m.)	Seiser Alm	Fink (1972), S. 191
Euphrasia sp.	Augentrost	Milchteater (m.), -teate (m.)	Ulten[1], Deutschnonsberg[2], Antholz[3]	[1]Lösch (1989), S. 96 [2]Insam (1959), S. 98 [3]Müller (1985), S. 148
Euphrasia sp.	Augentrost	Wissegrint (m.)	Mühlwald	
Euphrasia sp.	Augentrost	Zigerkraut (n.)	um Sterzing	Fink (1972), S. 312
Fagopyrum esculentum *	Echter Buchweizen	Hadn (m.), Hoadn (m.)	Pustertal	Schatz (1955), S. 271 als „Buchweizen"
Fagopyrum esculentum *	Echter Buchweizen	Hoadaplente	Antholz	Müller (1985), S. 148
Fagopyrum esculentum *	Echter Buchweizen	Plent (m.)	St. Walburg/Ulten, Mölten, Vöran, Ritten, Sarntal, Latzfons, Villanders, Kastelruth	
Fagopyrum esculentum *	Echter Buchweizen	Plente (m.)	Vals/Mühlbach	
Fagopyrum esculentum *	Echter Buchweizen	Plentn (m.)	Lüsen[1], Eisacktal[2], Naturns, Passeier, Kastelruth	[1]Prosch (1923), S. 255 [2]Fink (2003), S. 359
Fagopyrum esculentum *	Echter Buchweizen	Schwå^{r}schzplente (m.)	Terenten	
Fagopyrum esculentum *	Echter Buchweizen	Schwårzer Plentn (m.)	Lüsen	Prosch (1923), S. 255
Fagopyrum esculentum *	Echter Buchweizen	Schwårzplent (m.), Schwårzplente (m.),	Tiers, Toblach[1]	[1]Mittich-Steinwandter (2023, Nr. 1), S. 28
Fagopyrum esculentum *	Echter Buchweizen	Schwårzplentn	Martell	
Fagus sylvatica	Europäische Buche	Fó (m., it.), fóvi (Pl., it.)	Buchholz, Salurn	
Fagus sylvatica	Europäische Buche	Puech (f.)	Burggrafenamt, Überetsch, Unterland	
Fagus sylvatica	Europäische Buche	Püech (f.)	Sarntal, Tschögglberg	
Fagus sylvatica	Europäische Buche	Pueche (f.)	Passeier	
Fagus sylvatica	Europäische Buche	Puiche (f.)	Pustertal	
Festuca valesiaca agg.	Artengruppe Walliser Schwingel	Plobhuanz (m.)	Schlanders, Martell, Naturns	
Festuca valesiaca agg.	Artengruppe Walliser Schwingel	Schluziger Huanz (m.)	Schlanders	
Festuca valesiaca [*agg.*]	Artengruppe Walliser Schwingel	Plouw^{e}r Håns (m.)	Vinschgau	Fink (1979), S. 77 als „Festuca vallesiaca" (es handelt sich um einen Komplex ähnlicher, schwer zu unterscheidender Arten)
Filipendula ulmaria	Echtes Mädesüß	Schpīrschtaud (f.)	Tramin	
Filipendula ulmaria	Echtes Mädesüß	Summerheilpflånz (f.)	Kaltern	

Foeniculum vulgare *	Echter Fenchel	Sennef (m.)	Terenten	
Foeniculum vulgare *	Echter Fenchel	Sennefl (m.)	Gsies[1], Ahrntal	[1]Kerschbaumer (1985), S. 56
Foeniculum vulgare *	Echter Fenchel	Sennif (m.)	Getzenberg/Kiens	
Foeniculum vulgare *	Echter Fenchel	Sennifl (m.)	Kiens	Schatz (1955), S. 572
Foeniculum vulgare *	Echter Fenchel	Sennifle (m.)	St. Magdalena/Gsies	
Fragaria moschata	Zimt-Erdbeere	Schtoukerp^{e}r (m.)	Kaltern	
Fragaria sp.	Erdbeere	Eapa (f., m.)	Kiens, Olang	
Fragaria sp.	Erdbeere	Eapa (Pl.)	Pfunders, Prags, Steinhaus	
Fragaria sp.	Erdbeere	Eap^{e}r (Pl.)	Tiers[1], St. Walburg/Ulten, Kurtatsch, Kastelruth	[1]Robatscher (2003), S. 127
Fragaria sp.	Erdbeere	Eapr (m. Sg., Pl.)	Ritten, Welschnofen, Latzfons	
Fragaria sp.	Erdbeere	Earpëir (f.)	Stilfs	
Fragaria sp.	Erdbeere	Earpëire (f.)	Pfitsch	
Fragaria sp.	Erdbeere	Earpr (f.)	Algund, Aldein	
Fragaria sp.	Erdbeere	Easchpa	St. Magdalena/Gsies	
Fragaria sp.	Erdbeere	Easchpa (m. Sg., Pl.)	Sexten[1], östliches Pustertal[2]	[1]Stauder (2019), S. 54 [2]Schatz (1955), S. 149
Fragaria sp.	Erdbeere	Erp^{e}r (Pl.)	Andrian, Kaltern, Vöran	
Fragaria sp.	Erdbeere	Heaber (m.), Heapa	Lüsen	Prosch (1923), S. 256
Fragaria sp.	Erdbeere	Heapr (Pl.)	Villnöß	
Fragaria sp.	Erdbeere	Iëpa (Pl.)	Terenten, Olang	
Fragaria vesca	Wald-Erdbeere	Rothbeer	Pustertal	Rauschenfels (1801), S. 220
Frangula alnus	Gewöhnlicher Faulbaum	Hundsper	Pustertal	Rauschenfels (1801), S. 217 als „Rhamnus frangula"
Frangula alnus	Gewöhnlicher Faulbaum	Pulferschtau (f.)	Ritten	Fink (1972), S. 56
Fraxinus excelsior	Gewöhnliche Esche	Ësch (f.); Ë^{i}schn (Pl.); Ëschn (m.), Ësche (f.)	Burggrafenamt; Laurein, Pfitsch; Passeier	
Fraxinus excelsior	Gewöhnliche Esche	Frásen (m., it.)	Buchholz, Salurn	
Fraxinus excelsior	Gewöhnliche Esche	Mousësch (f.)	Naturns	
Fraxinus excelsior	Gewöhnliche Esche	Wåsserësche (f.)	Lajen	
Fraxinus ornus	Manna-Esche	Ëisch (f.)	Kaltern	
Fraxinus ornus	Manna-Esche	Maipfaiflen (Pl.)	Tramin	
Fraxinus ornus	Manna-Esche	Schtuanësch, -e (f.)	Naturns, Passeier	
Fraxinus sp.	Esche	Esch (f.)	Aldein	Taschner (1969), S. 54
Fraxinus sp.	Esche	Ëschn (m.)	Passeier	
Fraxinus sp.	Esche	Musch (f.), Muschn (Pl.)	Hafling	Schatz (1955), S. 439
Fraxinus sp.	Esche	Ösch (f.), -n, -l, -lar	Sarntal	Gruber (2005), S. 139
Fuchsia sp. *	Fuchsie	Gleggler (Pl.), Gleggl (n.)	Platt/Passeier	

Fumaria officinalis	Echter Erdrauch	Åckåkraut (n.)	Pustertal	Kerschbaumer-Sigmund (1985), S. 55
Gaillardia sp. *	Kokardenblume	Luggistoifl (m.)	Afing	Fink (1972), S. 180
Galanthus nivalis *	Schneeglöckchen	Menglstoandl (n.)	Ahrntal	Schatz (1955), S. 423 als „Schneeglöcklein"
Galanthus nivalis *	Schneeglöckchen	Richtigs Schneagléggl (n.)	Kaltern	
Galeopsis sp.	Hohlzahn	To^{a} (m.)	Afing	
Galeopsis tetrahit	Gewöhnlicher Hohlzahn	Ålto Pui (m.), Ålte Puibm (Pl.)	Sexten	Stauder (2019), S. 139
Galeopsis tetrahit	Gewöhnlicher Hohlzahn	To^{a} (m.)	Sarntal	
Galeopsis tetrahit	Gewöhnlicher Hohlzahn	Toam (m.)	Ritten, St. Leonhard/Brixen	
Galeopsis tetrahit	Gewöhnlicher Hohlzahn	Toan (m.)	Kastelruth, Prags, St. Magdalena/ Gsies, Vierschach	
Galeopsis tetrahit	Gewöhnlicher Hohlzahn	Tua' (m.)	Laurein, Aldein	
Galeopsis tetrahit	Gewöhnlicher Hohlzahn	Tuen (m.)	Pflersch, Sexten	
Galeopsis tetrahit	Gewöhnlicher Hohlzahn	Tuenschtaudn (Pl.)	Ridnaun	
Galeopsis tetrahit	Gewöhnlicher Hohlzahn	Tüi (m.)	Ahrntal	
Galeopsis tetrahit	Gewöhnlicher Hohlzahn	Tuim, -e (m.)	Kiens	
Galeopsis tetrahit	Gewöhnlicher Hohlzahn	Tuin (m.)	Antholz[1], Terenten	[1]Wirth (2021), S. 380
Galinsoga ciliata, G. parviflora	Zottiges Franzosenkraut, Kleinblütiges F.	Aisnponerkraut (n.)	Kastelruth	
Galinsoga ciliata, G. parviflora	Zottiges Franzosenkraut, Kleinblütiges F.	Giftigs Gros (n.)	Welschnofen	
Galinsoga ciliata, G. parviflora	Zottiges Franzosenkraut, Kleinblütiges F.	Kamillngros (n.)	Teis	
Galinsoga ciliata, G. parviflora	Zottiges Franzosenkraut, Kleinblütiges F.	Këiflguatergros (n.)	Kastelbell	
Galinsoga ciliata, G. parviflora	Zottiges Franzosenkraut, Kleinblütiges F.	Kluen-Tuenschtaudn (Pl.)	Ridnaun	
Galinsoga ciliata, G. parviflora	Zottiges Franzosenkraut, Kleinblütiges F.	Knopfgros (n.)	Kastelbell	
Galinsoga ciliata, G. parviflora	Zottiges Franzosenkraut, Kleinblütiges F.	Mischtkraut (n.)	Welschnofen	
Galinsoga ciliata, G. parviflora	Zottiges Franzosen-kraut, Kleinblütiges F.	Mussolinikraut (n.)	Lana	

Galinsoga ciliata, G. parviflora	Zottiges Franzosen-kraut, Kleinblütiges F.	Nåchtschotn (m.)	Sarntal	
Galinsoga ciliata, G. parviflora	Zottiges Franzosen-kraut, Kleinblütiges F.	Pöckschigros (n.)	Afing	
Galinsoga ciliata, G. parviflora	Zottiges Franzosen-kraut, Kleinblütiges F.	Poneler-, Ponelekraut (n.)	Brixen	
Galinsoga ciliata, G. parviflora	Zottiges Franzosen-kraut, Kleinblütiges F.	Schëllpagråss (n.)	Weißenbach/Ahrntal	
Galinsoga ciliata, G. parviflora	Zottiges Franzosen-kraut, Kleinblütiges F.	Schmigros (n.)	Laurein	
Galinsoga ciliata, G. parviflora	Zottiges Franzosen-kraut, Kleinblütiges F.	Tartaråttigros (n.)	Laas, Schlanders	
Galinsoga ciliata, G. parviflora	Zottiges Franzosen-kraut, Kleinblütiges F.	Wëbergros (n.)	Afing	
Galinsoga ciliata, G. parviflora	Zottiges Franzosen-kraut, Kleinblütiges F.	Wilder Plentn (m.)	Prad	
Galinsoga sp.	Franzosenkraut	Rëgglagros (n.)	Brixen	Fink (1972), S. 214
Galinsoga sp.	Franzosenkraut	Rusnkraut (n.)	um Brixen	Fink (1966c), S. 298
Galium aparine	Kletten-Labkraut	Ålto Pui (m.), Ålte Puibm (Pl.)	Sexten	
Galium aparine	Kletten-Labkraut	Klebbo, -n (Pl.)	Sexten[1], Vierschach	[1]Stauder (2019), S. 104
Galium aparine	Kletten-Labkraut	Klëb^{e}r (m.)	Schlanders	
Galium aparine	Kletten-Labkraut	Klë^{i}ba (Pl.)	Telfes	
Galium aparine	Kletten-Labkraut	Klë^{i}b^{e}r (m. Sg., Pl.)	Langtaufers, Stilfs, Vöran, Mölten, Brixen	
Galium aparine	Kletten-Labkraut	Klë^{i}bergros (n.)	Afing	
Galium aparine	Kletten-Labkraut	Klë^{i}bern (Pl.)	Ulten, Proveis, Flaas, Sarntal, Ritten, Aldein, Villanders	
Galium aparine	Kletten-Labkraut	Muinilan (Pl.)	Getzenberg/Kiens	
Galium aparine	Kletten-Labkraut	Noblsum (m.)	Sarntal	Fink (1972), S. 198 als „Kleberkraut, aparine"
Galium aparine	Kletten-Labkraut	Riën (m.)	Kastelruth	
Galium aparine	Kletten-Labkraut	Wickl (Pl.), Wicklgros (n.)	Terenten	
Galium odoratum @	Waldmeister	Wåltmäschto (m.)	Sexten	Fink (1972), S. 295 als „Waldmeister, Meisterwurz" (widersprüchlich, wohl die Meisterwurz gemeint, siehe dort)
Galium verum	Gelbes Labkraut	Floakraut (n.)	Taufers i. M.	
Galium verum	Gelbes Labkraut	Inso Fraudnbëttstroa (n.)	Pustertal	Kerschbaumer-Sigmund (1985), S. 14, 88
Galium verum	Gelbes Labkraut	Nid^{e}runs^{e}rfrauapluascht (m.)	Schlanders	
Genista sp.	Ginster	Earepfriem	Barbian	Wirth (2021), S. 360 als „Ginster" (ob die Gartenpflanze gemeint ist?)

Genista tinctoria	Färber-Ginster	Tschifreiden, Tschifrein'n	Ulten	Dalla Torre (1895), S. 32
Gentiana acaulis	Stängelloser Enzian	Gugga (m.), Guggn (Pl.)	Ahrntal	
Gentiana acaulis	Stängelloser Enzian	Guggapfous (m.)	Katharinaberg	
Gentiana acaulis	Stängelloser Enzian	Gugge (f.), Guggez (m.), Guggn (Pl.)	Vals/Mühlbach	
Gentiana acaulis	Stängelloser Enzian	Guggerhantsch, -er (Pl.)	Milland, Sulden	
Gentiana acaulis	Stängelloser Enzian	Guggerhantschigg (Pl.)	Dorf Tirol	
Gentiana acaulis	Stängelloser Enzian	Guggerpfousn (Pl.)	Unser Frau/Schnals, Naturns	
Gentiana acaulis	Stängelloser Enzian	Guggnschüiche (Pl.)	Ahrntal	
Gentiana acaulis	Stängelloser Enzian	Guggohantscha (Sg., Pl.)	Meransen, Pfunders, Terenten	
Gentiana acaulis	Stängelloser Enzian	Guggrschua (Pl.)	Sulden	
Gentiana acaulis	Stängelloser Enzian	Guggu (m. Sg., Pl.)	Vöran, Mölten, Flaas, Afing, Ritten, Sarntal	
Gentiana acaulis	Stängelloser Enzian	Guggu-, Guggnschua (Pl.)	Laurein, Proveis	
Gentiana acaulis	Stängelloser Enzian	Gugguhantsch (m.)	Latzfons, Verdings, Villanders	
Gentiana acaulis	Stängelloser Enzian	Gugguhantscha (Sg., Pl.)	St. Leonhard/Brixen, Lüsen, Rodeneck, Meransen, Vintl, Terenten, Kiens, Getzenberg/Kiens, Oberwielenbach, Gais, Gsies, Winnebach	
Gentiana acaulis	Stängelloser Enzian	Gugguhantschag (Pl.)	Ridnaun	
Gentiana acaulis	Stängelloser Enzian	Gugguhantschar (m.)	Schalders	
Gentiana acaulis	Stängelloser Enzian	Gugguhantsche (m., Pl.)	Schenna, Passeier	
Gentiana acaulis	Stängelloser Enzian	Gugguhantschig (Pl.)	Jaufental[1]	Schatz (1955), S. 263 als „der stengellose Enzian"
Gentiana acaulis	Stängelloser Enzian	Gugguhatscha (Sg., Pl.)	Winnebach	
Gentiana acaulis	Stängelloser Enzian	Gugguschtifl (Pl.)	Tisens, Völser Aicha	
Gentiana acaulis	Stängelloser Enzian	Gugguschua (m. Sg., Pl.)	Ulten, Unsere Liebe Frau im Walde, Aldein, Deutschnofen, Eggen	
Gentiana acaulis	Stängelloser Enzian	Hantschigg (Pl.)	Villnöß	
Gentiana acaulis	Stängelloser Enzian	Pfåffahousn (Pl.), -hëisl (n.)	Schlanders, Martell, Stilfs	
Gentiana acaulis	Stängelloser Enzian	Pfåffn (Pl.)	Langtaufers, Mühlbach	
Gentiana acaulis	Stängelloser Enzian	Pfåtscha (Pl.)	Vierschach, Innichen	
Gentiana acaulis	Stängelloser Enzian	Pfloud^{e}rn (Pl.)	Dörfl/ St. Valentin a. d. H.	
Gentiana acaulis	Stängelloser Enzian	Pfnåtscha (m.)	Taisten, Gsies, Prags	
Gentiana acaulis	Stängelloser Enzian	Pfnåtschantscha (Pl.)	Antholz	
Gentiana acaulis	Stängelloser Enzian	Pfnåtschar (m.)	Sarntal	

Gentiana acaulis	Stängelloser Enzian	Plobhousn (Pl.)	Matsch	
Gentiana acaulis	Stängelloser Enzian	Tuscher (m.)	Kastelruth	
Gentiana acaulis, G. clusii	Stängelloser Enzian, Clusius-E.	Flópi (Pl., it.)	Laag	
Gentiana acaulis, G. clusii	Stängelloser Enzian, Clusius-E.	Guggehantsche (m. Sg.), -hantschare (Pl.)	Pfitsch	
Gentiana acaulis, G. clusii	Stängelloser Enzian, Clusius-E.	Guggohåntsche (m.), -håntschn (Pl.)	Sexten	
Gentiana acaulis, G. clusii	Stängelloser Enzian, Clusius-E.	Gugguhåntscha, Guggihåntscha (Pl.)	Vierschach	
Gentiana acaulis, G. clusii	Stängelloser Enzian, Clusius-E.	Gugguhantschig (Pl.)	Fleins/Freienfeld, Pflersch	
Gentiana acaulis, G. clusii	Stängelloser Enzian, Clusius-E.	Gugguschua (m. Sg., Pl.)	Welschnofen, Tiers	
Gentiana acaulis, G. clusii	Stängelloser Enzian, Clusius-E.	Pfnåtschantscha (m.)	Olang	
Gentiana [acaulis, clusii]	[Stängelloser, Clusius-] Enzian	Gguggumaie (f.)	Pfitsch	Fink (1972), S. 111 als „kurzstengeliger Enzian"
Gentiana [acaulis, clusii]	[Stängelloser, Clusius-] Enzian	Heargottshëisl[1] (n.), -hëisl^{e}r[2] (Pl.)	Vinschgau, Obervinschgau	[1]Fink (1972), S. 123 als „kurzstengeliger Enzian" [2]Insam (1954), S. 345 als „großblütiger Enzian"
Gentiana asclepiadea	Schwalbenwurz-Enzian	Schwålbmschwånz (m.)	Eppan, Deutschnofen	Fink (1972), S. 245 als „Gebirgsblume Schwalbenwurzenzian"
Gentiana cruciata ?	Kreuz-Enzian	Kreuzblum	Pustertal	Rauschenfels (1801), S. 218 (ob wirklich dieser seltene Enzian gemeint ist?)
Gentiana cruciata ?	Kreuz-Enzian	Toiflskraut (n.)	Lüsen	Fink (1972), S. 274 (siehe Anmerkung zu „Kreuzblum")
Gentiana lutea @	Gelber Enzian	Enzianwurz, -wurzn (f. Sg., Pl.)	Pustertal	Rauschenfels (1801), S. 218 (G. lutea fehlt im Südtiroler Pustertal, wohl Gentiana punctata gemeint)
Gentiana lutea @	Gelber Enzian	Enziganwuschze	Prettau	Kerschbaumer-Sigmund (1985), S. 52 (G. lutea fehlt im Gebiet, sicher Gentiana punctata gemeint)
Gentiana lutea @	Gelber Enzian	Pfnåtscha	Gsies	Kerschbaumer-Sigmund (1985), S. 52 (siehe Anmerkung zu „Enziganwuschze")
Gentiana lutea @	Gelber Enzian	Pfnutschhantscha (Pl.)	Antholz	Kerschbaumer-Sigmund (1985), S. 52 (siehe Anmerkung zu „Enziganwuschze")
Gentiana nivalis	Schnee-Enzian	Klewerschiss (m.)	Pustertal	Fink (1972), S. 144
Gentiana punctata	Tüpfel-Enzian	Enza-, Enzerwurz (f.)	Laurein, Villanders	
Gentiana punctata	Tüpfel-Enzian	Enzianwu^{r}schze (f.)	Pfunders	
Gentiana punctata	Tüpfel-Enzian	Enzianwurzn (Pl.)	Rojen, Ritten, St. Leonhard/Brixen	

Gentiana punctata	Tüpfel-Enzian	Enzn (Pl.), Enzian (m.)	Platt/Passeier	
Gentiana punctata	Tüpfel-Enzian	Enznwurschzn (Pl.)	Pfitsch	
Gentiana punctata	Tüpfel-Enzian	Gëler Enzian (m.)	Naturns, St. Leonhard/Brixen	
Gentiana [punctata]	[Tüpfel-]Enzian	Enzianwurz, -wurzn (f. Sg., Pl.)	Martell	Pfitscher (2001), S. 25 als „Gelber Enzian" (der Gelbe Enzian fehlt im Gebiet, gemeint ist sicher der viel häufigere, ebenfalls gelbblühende Tüpfel-Enzian)
Gentiana [punctata]	[Tüpfel-]Enzian	Giftianwurze (f.)	St. Andrä	Fink (1972), S. 102 als „Pannonischer Enzian" (die rotblühende G. pannonica ist nur aus dem Obervinschgau bekannt; im Gebiet kommt nur die gelbblühende G. punctata vor und es handelt sich wohl um eine Namensverwechslung)
Gentiana [punctata]	[Tüpfel-]Enzian	Kraizwurze (f.)	Latzfons	Fink (1972), S. 162 als „Gelber Enzian" (siehe Anmerkung zu „Enzianwurz")
Gentiana sp.	Enzian	Gugguhantschig	Mareit	
Gentiana sp.	Enzian	Pfåffnhëisl (n.)	Naturns	
Gentiana sp.	Enzian	Schlouppm (Pl.)	Altrei	Abram (2006), S. 857 als „Enzianblüten"
Gentiana sp.	Enzian	Schueschterschtiĕlele (n.)	Eisacktal	Fink (2003), S. 377
Gentiana verna	Frühlings-Enzian	Ciúci (Pl., it.)	Buchholz	
Gentiana verna	Frühlings-Enzian	Fraudnschiĕchler (Pl.)	Unterland	Insam (1954), S. 345
Gentiana verna	Frühlings-Enzian	Gugguschiĕchlen (Pl.)	Montan	Insam (1954), S. 345
Gentiana verna	Frühlings-Enzian	Herrgottsnagalan (Pl.)	St. Valentin a. d. H., Stilfs	
Gentiana verna	Frühlings-Enzian	Housapfeffer (Pl.)	Prad	
Gentiana verna	Frühlings-Enzian	Krafiĕslen (Pl.)	Percha, Getzenberg/Kiens	
Gentiana verna	Frühlings-Enzian	Krahaxn (Pl.)	Terenten, Unterinn	
Gentiana verna	Frühlings-Enzian	Kralfiuslan (Pl.)	Antholz	
Gentiana verna	Frühlings-Enzian	Kräschtiz (m.)	Reinswald[1], Sarnthein	[1]Fink (1972), S. 159
Gentiana verna	Frühlings-Enzian	Muatergotteschiĕchler (Pl.)	Unterland	Insam (1954), S. 345
Gentiana verna	Frühlings-Enzian	Paterschtifl (Pl.)	Ulten	
Gentiana verna	Frühlings-Enzian	Pfåffahëisl (n.), -er (Pl.)	St. Walburg/Ulten	
Gentiana verna	Frühlings-Enzian	Pfåffahëislen (Pl.)	Schlanders	
Gentiana verna	Frühlings-Enzian	Pfåffahousn (Pl.)	Martell	
Gentiana verna	Frühlings-Enzian	Schueschtanagilen (Pl.)	Pfitsch	
Gentiana verna	Frühlings-Enzian	Schü^{e}schtarzweck (m.)	Pens	

Gentiana verna	Frühlings-Enzian	Schueschternagalan (Pl.)	Sulden, Stilfs, Schluderns, Matsch, Taufers i. M., Langtaufers, Rojen	
Gentiana verna	Frühlings-Enzian	Schueschternagelen (Pl.)	Tisens, Unsere Liebe Frau im Walde, Laurein, Tiers, Kastelruth, Milland, St. Leonhard/Brixen, Lüsen	
Gentiana verna	Frühlings-Enzian	Schueschternageler (Pl.)	Aldein, Welschnofen, Ritten, Villnöß	
Gentiana verna	Frühlings-Enzian	Schueschternagiler (Pl.)	Pflersch, Ridnaun	
Gentiana verna	Frühlings-Enzian	Schueschterschtiëlele (n.)	Unser Frau/Schnals, Katharinaberg, Vöran, Mölten, Afing	
Gentiana verna	Frühlings-Enzian	Schuesterfailele (n.)	Reinswald	Fink (1972), S. 243 als „Frühlingsenzian“
Gentiana verna	Frühlings-Enzian	Schüischtanougl (m.), -nëggl (Pl.)	Weißenbach/ Ahrntal, Steinhaus	
Gentiana verna	Frühlings-Enzian	Schuischtaschtiolile (n.), -lan (Pl.)	Olang, Antholz, St. Magdalena/ Gsies, Prags, Sexten	
Gentiana verna	Frühlings-Enzian	Schu^{i}schtonaggilan (Pl.)	Pfunders, Getzenberg/Kiens, Vals/Mühlbach	
Gentiana verna	Frühlings-Enzian	Tintnpliaml (n.)	Vierschach	
Gentiana verna, G. bavarica	Frühlings-Enzian, Bayerischer Enzian	Schueschternagalan (Pl.)	Rojen	
Gentiana verna, G. bavarica, G. brachyphylla	Frühlings-Enzian, Bayerischer Enzian, Kurzblättriger Enzian	Guggemoidile (n.)	Pfitsch	
Gentiana verna, G. bavarica, G. brachyphylla	Frühlings-Enzian, Bayerischer Enzian, Kurzblättriger Enzian	Schueschternagelen (Pl.)	Schenna, Andrian	
Gentiana verna, G. bavarica, G. brachyphylla	Frühlings-Enzian, Bayerischer Enzian, Kurzblättriger Enzian	Schueschterschtiëlile (n.)	Platt/Passeier	
Geranium robertianum	Stink-Storchschnabel	Pluatschwitzer (Pl.)	Untervinschgau	
Geranium robertianum	Stink-Storchschnabel	Schtinkkraut (n.)	Ritten	
Geranium robertianum	Stink-Storchschnabel	Schtorchakraut (n.)	Schluderns	
Geranium sp.	Storchschnabel	Ueblkraut (n.)	Unterland	Menghin (1884), S. 133
Geranium sylvaticum	Wald-Storchschnabel	Pumpelepuschn (m.)	Platt/Passeier	
Geranium sylvaticum	Wald-Storchschnabel	Schtorchnpiss (m.)	Ridnaun/Braunhofe	
Geum montanum	Berg-Nelkenwurz	Peatospartl (n.), -partlan (Pl.)	Sexten	Stauder (2019), S. 149
Geum montanum	Berg-Nelkenwurz	Pluatwurz (f.)	Langtaufers	Joos (2010), S. 569
Geum rivale	Bach-Nelkenwurz	Herz-Jesu-Gléggl (n.)	Sterzing, Wiesen/ Pfitsch, Trens	
Geum rivale	Bach-Nelkenwurz	Kuischelle (f.)	Pfalzen	

Geum rivale	Bach-Nelkenwurz	Påchprunelle (f.)	Pfitsch	
Geum rivale	Bach-Nelkenwurz	Pluatschwitzer	Pustertal	
Geum rivale	Bach-Nelkenwurz	Pluatstrëpfler (Pl.)	Pflersch	
Geum rivale	Bach-Nelkenwurz	Pluatstropfn (m.)	Wipptal	
Geum rivale	Bach-Nelkenwurz	Pluitstrëpfl (n.)	Vierschach	
Geum rivale	Bach-Nelkenwurz	Pluitstropfn (m.)	Niederdorf	
Geum rivale	Bach-Nelkenwurz	Wåsserglëggl (n.)	Deutschnofen	
Geum rivale	Bach-Nelkenwurz	Wolwurz (f.)	Ulten	
Glechoma hederacea	Gewöhnliche Gundelrebe	Kranzlkraut (n.)	Eisacktal[1], Pustertal[2]	[1]Fink (2003), S. 372 [2]Kerschbaumer-Sigmund (1985), S. 15, 60
Globularia bisnagarica	Hochstänglige Kugelblume	Knopfpluamen (Pl.)	Laag	
Globularia bisnagarica	Hochstänglige Kugelblume	Pinterschlëigala (n.)	Kurtinig	
Globularia cordifolia	Herzblättrige Kugelblume	Waibl (n.)	Regglberg	Fink (1972), S. 299
Globularia sp.	Kugelblume	Monelen (Pl.)	Unterland	Menghin (1884), S. 156 als „Globularien"
Globularia sp.	Kugelblume	Schofkëpflen (Pl.)	Tiers	
Gymnadenia conopsea	Langspornige Händelwurz	Fingerhuit, Rueter Fingerhuit	Lüsen	Fink (1972) S. 81 als „Langspornige Höswurz"
Hackelia deflexa	Klettenkraut	Kleppr	Langtaufers	Joos (2010), S. 569
Hedera helix	Gewöhnlicher Efeu	Eafe (f.)	Ridnaun	Wild (2005), S. 39
Hedera helix	Gewöhnlicher Efeu	Eapam (m.)	Kastelbell-Tschars[1], Naturns, Laurein, Passeier, Algund, Schenna, Kaltern, Tramin	[1]Kaserer (2007), S. 8
Hedera helix	Gewöhnlicher Efeu	Epam (m.)	Welschnofen	Schatz (1955), S. 139
Hedera helix	Gewöhnlicher Efeu	Eppich (m.)	Sarntal	Pfaff (1927), S. 136
Hedera helix	Gewöhnlicher Efeu	Wint^{e}rgriën (n.)	Eisacktal[1], Kastelruth, Verdings, Latzfons, Villanders	[1]Fink (2003), S. 373
Hedera sp.	Efeu	Elldrn (f.)	Feldthurns	Fink (2003), S. 377 als „Efeuart"
Helianthus tuberosus	Topinambur	Rusische Erdäpfel (Pl.)	um Brixen	Fink (1966c), S. 298 als „Knollensonnenblume"
Helichrysum orientale *	Orient-Strohblume	Strohreasl (n.)	Pustertal	Pfaff (1927), S. 122
Helichrysum sp. *	Strohblume	E^{a}wikitar (m.), -li (Dim.), -lar (Dim. Pl.)	Sarntal	Gruber (2005), S. 52 als „gelbe Strohblume, Cianus immortalis" (Cianus immortalis ist nicht eruierbar)
Helichrysum sp. *	Strohblume	Stroareasl (n.)	Pustertal	Fink (1972), S. 263 als „Immortelle"
Helleborus niger *	Schwarze Nieswurz	Krīschtrous (f.)	Kurtatsch	
Helleborus niger *	Schwarze Nieswurz	Schnearosn (f., Pl.)	Andrian	

Hepatica nobilis	Gewöhnliches Leberblümchen	Faililar (Pl.)	Südliches Sarntal	
Hepatica nobilis	Gewöhnliches Leberblümchen	Fåschtnfaielen (Pl.)	Kurtatsch	
Hepatica nobilis	Gewöhnliches Leberblümchen	Fåschtnschtearn (m.)	Kaltern, Branzoll, Auer, Neumarkt, Montan, Aldein	
Hepatica nobilis	Gewöhnliches Leberblümchen	Himmelsstern (m.)	Unterland	Menghin (1884), S. 156 als „Anemona hepatica“
Hepatica nobilis	Gewöhnliches Leberblümchen	Himmlpliamlen (Pl.)	Stilfes	
Hepatica nobilis	Gewöhnliches Leberblümchen	Hundsfailele (n.)	Eisacktal	Fink (1972), S. 134
Hepatica nobilis	Gewöhnliches Leberblümchen	Mërznpecher (m.)	Karneid	
Hepatica nobilis	Gewöhnliches Leberblümchen	Mërznpischelen (Pl.)	Steinegg	
Hepatica nobilis	Gewöhnliches Leberblümchen	Mërznpleaml (n.)	Tramin	
Hepatica nobilis	Gewöhnliches Leberblümchen	Mërznpliëmlen (Pl.)	Ritten, Kastelruth	
Hepatica nobilis	Gewöhnliches Leberblümchen	Niggelen (Pl.)	Terlan	
Hepatica nobilis	Gewöhnliches Leberblümchen	Pfuscheniggele, Puscheniggele (n.); Pfutscheniggelen (Pl.)	Tisens, Unsere Liebe Frau im Walde, Völlan; Prissian	
Hepatica nobilis	Gewöhnliches Leberblümchen	Sch^{a}rniggelen (Pl.)	Prad, Taufers i. M.	
Hepatica nobilis	Gewöhnliches Leberblümchen	Toatnfaileler (Pl.)	Villanders	
Hepatica nobilis	Gewöhnliches Leberblümchen	Tschufeniggelen (Pl.)	Nals, Terlan	
Hepatica nobilis	Gewöhnliches Leberblümchen	Tschuferniggelen (Pl.)	Andrian, Vilpian	
Hepatica nobilis	Gewöhnliches Leberblümchen	Viòle (Pl., it.)	Buchholz	
Hepatica nobilis	Gewöhnliches Leberblümchen	Viòle máte (Pl., it.)	Laag	
Heracleum sphondylium	Wiesen-Bärenklau	Bráncole (f., Pl., it.)	Laag	
Heracleum sphondylium	Wiesen-Bärenklau	Fåcknpletschn (Pl.)	Villanders	
Heracleum sphondylium	Wiesen-Bärenklau	Ggouchar (f.)	Sarntal	
Heracleum sphondylium	Wiesen-Bärenklau	Gråmpm (Pl.), Gråmpe (f., Sg.); Ggråmpe (f.), Ggråmpm (Pl.)	Lüsen[1], Antholz[2], Martell, Verdings, St. Leonhard/ Brixen, Ridnaun, Pfunders; Passeier	[1]Prosch (1923), S. 256 [2]Pallhuber (2016), S. 140
Heracleum sphondylium	Wiesen-Bärenklau	Gråmpmschtingl (Pl.)	Martell	
Heracleum sphondylium	Wiesen-Bärenklau	Grånkn (Pl.)	Vöran	
Heracleum sphondylium	Wiesen-Bärenklau	Groametschtingl (Pl.)	Kastelruth, Villanders	
Heracleum sphondylium	Wiesen-Bärenklau	Gruametschtingl (Pl.)	Tisens	

Heracleum sphondylium	Wiesen-Bärenklau	Hosngros (n.)	Flains	
Heracleum sphondylium	Wiesen-Bärenklau	Hosnkraut (n.)	Martell	
Heracleum sphondylium	Wiesen-Bärenklau	Hosnpletschn (Pl.), -plëtschn	Gasteig/Ratschings, Vierschach, Innichen	
Heracleum sphondylium	Wiesen-Bärenklau	Kråmpm (Pl.)	Villnöß	
Heracleum sphondylium	Wiesen-Bärenklau	Låwise (f.)	Olang	
Heracleum sphondylium	Wiesen-Bärenklau	Milchmåltn (Pl.)	Stilfs	
Heracleum sphondylium	Wiesen-Bärenklau	Paucholdo, -oldon (Pl.)	Sexten	Stauder (2019), S. 148
Heracleum sphondylium	Wiesen-Bärenklau	Pearagråmpfn (Pl.)	Rojen	
Heracleum sphondylium	Wiesen-Bärenklau	Pearagråmpm (Pl.)	Stilfs, Schluderns	
Heracleum sphondylium	Wiesen-Bärenklau	Pearagråntn (Pl.)	Langtaufers[1], Matsch	[1]Joos (2010), S. 568 [Bäiragrontn]
Heracleum sphondylium	Wiesen-Bärenklau	Pearapråtzn (Pl.)	Burgeis, Taufers i. M.	
Heracleum sphondylium	Wiesen-Bärenklau	Pearnprånggn (Pl.)	Vöran	
Heracleum sphondylium	Wiesen-Bärenklau	Pë^{i}rn-, Pearngråmpm (Pl.)	Naturns, Schnals	
Heracleum sphondylium	Wiesen-Bärenklau	Pë^{i}rntåtzn (Pl.)	Schlanders, Welschnofen	
Heracleum sphondylium	Wiesen-Bärenklau	Prånggn (Pl.)	Ulten, Proveis, Laurein, Tisens, Lana	
Heracleum sphondylium	Wiesen-Bärenklau	Pråntn (Pl.)	Ulten	
Heracleum sphondylium	Wiesen-Bärenklau	Rosski^{e}m (m.)	Lüsen[1], Schnals, Sarntal, Tiers	[1]Prosch (1923), S. 25
Heracleum sphondylium	Wiesen-Bärenklau	Rosskime (m.)	Pflersch	
Heracleum sphondylium	Wiesen-Bärenklau	Rosskimschtingl (Pl.)	Getzenberg/Kiens	
Heracleum sphondylium	Wiesen-Bärenklau	Rossschtingl, Rossfenichl	Pustertal	Rauschenfels (1801), S. 218
Heracleum sphondylium	Wiesen-Bärenklau	Rouskimbl (m.)	Truden	Wirth (2021), S. 375
Heracleum sphondylium	Wiesen-Bärenklau	Roussekime (m.)	Sexten	Stauder (2019), S. 148
Heracleum sphondylium	Wiesen-Bärenklau	Schterf (Pl.)	St. Valentin a. d. H.	
Herniaria [*glabra*]	[Kahles] Bruchkraut	Horlikraut (n.)	Sarntal	Gruber (2005), S. 84 als „Harnkraut“
Hieracium pilosella	Mausohr-Habichtskraut	Mausoarn (Pl.)	Ulten	
Hippophaë rhamnoides	Sanddorn	Gries-, Handbeer	Pustertal	Rauschenfels (1801), S. 222
Hippophaë rhamnoides	Sanddorn	Hougldëirn (Pl.)	Langtaufers	Joos (2010), S. 566
Hippophaë rhamnoides	Sanddorn	Plobdëirn (Pl.)	Stilfs, Prad, Schlanders	
Honorius sp.	Honoriusmilchstern	Rotzklachl (f., Pl.)	Meran	
Hordeum murinum	Mäuse-Gerste	Schliafrle (n.), Schliaf^{e}r (Pl.)	Schlanders	
Hordeum vulgare *	Saat-Gerste	Gerscht, Gearscht (f.); Gerschte (f.)	allgemein verbreitet; Passeier	
Hordeum vulgare *	Saat-Gerste	Sichlgerschte (f.)	Unterpustertal	Kerschbaumer-Sigmund (1985), S. 59
Humulus lupulus	Echter Hopfen	Fioranzési (Pl., it.)	Salurn	

Humulus lupulus	Echter Hopfen	Zëitn (Pl.)	Ritten, Montan, Branzoll	
Humulus lupulus	Echter Hopfen	Zëtn (Pl.)	Laurein	
Humulus lupulus ?	Echter Hopfen	Tschottnschloger (m.)	Unteres Eisacktal	Fink (1972), S. 284, als „wilder Hopfen" (der Zusatz „wegen Ähnlichkeit der Blüte mit dem Topfen" ist unklar und verweist möglicherweise sogar auf Clematis, siehe dort)
Hylotelephium telephium agg.	Artengruppe Rote Fetthenne	Warschznkraut (n.)	Pfitsch	
Hyoscyamus niger	Schwarzes Bilsenkraut	Schtinkkraut (n.)	Pfunders	
Hyoscyamus niger	Schwarzes Bilsenkraut	Zahnkraut	Pustertal	Rauschenfels (1801), S. 217
Hypericum perforatum	Echtes Johanniskraut	Liëbskraut (n.)	Pustertal	Kerschbaumer-Sigmund (1985), S. 78
Hypericum perforatum	Echtes Johanniskraut	Unserfraudnkraut (n.)	Villnöß	Insam (1954), S. 344
Hypericum perforatum	Echtes Johanniskraut	Wundokraut (n.)	Pustertal	Kerschbaumer-Sigmund (1985), S. 78
Hyssopus officinalis *	Echter Ysop	Jousefskraut (n.)	Kastelruth	
Ilex aquifolium	Europäische Stechpalme	Vivalór (m., it.)	Buchholz	
Impatiens noli-tangere	Gewöhnliches Springkraut	Målte, Påchmålte (f.)	Olang	
Impatiens walleriana *	Fleißiges Lieschen	Herzjesuplieml (n.)	Oberes Pustertal	Fink (1972), S. 124 als „Impatiens sultani"
Impatiens walleriana *	Fleißiges Lieschen	Wåsserreasler (Pl.)	Ulfas/Passeier	
Iris [×*sambucina*] *	[Holunder-] Schwertlilie	Muitogöttisplui (n.)	Pfunders	Fink (1972), S. 195 als „Blaue Schwertlilie"
Iris germanica *	Deutsche Schwertlilie	Schmerzhåfte Muetergottesplui (f.)	Pfunders	Insam (1954), S. 345
Iris sp.	Schwertlilie	Fledomaus (f.)	St. Lorenzen	Fink (1972), S. 82
Iris sp.	Schwertlilie	Sabl (Pl.)	Pfitsch	
Jacobaea abrotanifolia	Eberrauten-Greiskraut	Waiwele-Arnika	St. Andrä	Fink (1972), S. 300 als „Stabwurzblättriges Kreuzkraut"
Jacobaea vulgaris	Jakobs-Greiskraut	Francisciblume	Pustertal	Rauschenfels (1801), S. 221 als „Senecio jacobaea"
Jovibarba globifera *	Kugel-Hauswurz	Fuierkraut (n.)	um Sterzing	Fink (1972), S. 78 als „Kurzhaarige Hauswurz, sempervivum hirtum" (wenn wirklich J. globifera gemeint ist, dann kommt nur eine Gartenform in Frage)
Juglans regia	Echte Walnuss	Nogára (f., it.)	Laag, Salurn	
Juglans regia	Echte Walnuss	Nusspam (m.)	allgemein verbreitet	
Juncus jacquinii	Gämsen-Simse	Gamsgras	Pustertal	Rauschenfels (1801), S. 219
Juncus jacquinii	Gämsen-Simse	Gamsschmelche (f.)	Vals/Mühlbach	

Juncus sp.	Simse	Gamsporscht (m.)	Ridnaun	
Juncus trifidus	Dreiblättrige Simse	Gamsburst	Pustertal	Rauschenfels (1801), S. 219
Juncus trifidus	Dreiblättrige Simse	Gamshor (n.)	Seis	Fink (1972), S. 92
Juncus trifidus	Dreiblättrige Simse	Gamsporscht (m.), -përschte (Pl.)	Passeier	
Juniperus communis	Gewöhnlicher Wacholder	Ginéver (m., it.)	Buchholz	
Juniperus communis	Gewöhnlicher Wacholder	Granewitt	Ritten	
Juniperus communis	Gewöhnlicher Wacholder	Knarbet (f.), -betn (Pl.)	St. Pankraz, St. Walburg/Ulten, Unsere Liebe Frau im Walde, Laurein, Proveis	
Juniperus communis	Gewöhnlicher Wacholder	Knërbet (f.), Knårbet[1]	St. Nikolaus/Ulten, St. Gertraud/Ulten	Schöpf (1866), S. 327 als „Wacholder"
Juniperus communis	Gewöhnlicher Wacholder	Kranawet, -bet	Kurtatsch, Kaltern	
Juniperus communis	Gewöhnlicher Wacholder	Kranawitt, -bitt (f.)	Stilfs, Prad, Schluderns, Tramin, Tiers	
Juniperus communis	Gewöhnlicher Wacholder	Kranawittschtauda (f.)	Latzfons	
Juniperus communis	Gewöhnlicher Wacholder	Kranebitter (m.)	Aldein, Deutschnofen	
Juniperus communis	Gewöhnlicher Wacholder	Kranewetter (m.)	Tisens	
Juniperus communis	Gewöhnlicher Wacholder	Kranewitt(e), -bitt(e), -wittn, -bittn	Matsch, Schlanders, Martell, Naturns, Andrian, Afing, Sarntal, Aldein, Welschnofen, Völser Aicha, Kastelruth, Terenten, Ahrntal, Olang, Toblach[1]	[1]Mittich-Steinwandter (2023, Nr. 1), S. 28
Juniperus communis	Gewöhnlicher Wacholder	Kranewitta (m.)	Prags, Vierschach	
Juniperus communis	Gewöhnlicher Wacholder	Kranewitthëgge (f.), -hëggn (Pl.)	Passeier	
Juniperus communis	Gewöhnlicher Wacholder	Kranewittschtaude; -schtaud; -schtau	Pfitsch, Klerant, St. Leonhard/ Brixen, Vals/ Mühlbach, Pfunders, Getzenberg/Kiens; Vöran, Mölten; Flaas	
Juniperus communis	Gewöhnlicher Wacholder	Krannewitta (m.)	Sexten	
Juniperus communis	Gewöhnlicher Wacholder	Krannewittaschtaude (f.)	Antholz	
Juniperus communis	Gewöhnlicher Wacholder	Krarbet	St. Gertraud/Ulten	
Juniperus communis	Gewöhnlicher Wacholder	Krëimet	Deutschnofen	Schatz (1955), S. 353 als „Wacholder"
Juniperus communis	Gewöhnlicher Wacholder	Miëte (f.)	Pflersch, Ridnaun	

Juniperus communis	Gewöhnlicher Wacholder	Reckolda (m.)	Kiens	Schatz (1955), S. 481 als „Wacholder“
Juniperus communis subsp. *nana*	Zwerg-Wacholder	Knarbet (f.)	Ulten	
Juniperus communis subsp. *nana*	Zwerg-Wacholder	Miëta, Miëteschtauda (f.)	Latzfons	
Juniperus communis subsp. *nana*	Zwerg-Wacholder	Miëte, -schtaudn (f.)	Pfitsch[1], Ploseberg/ Brixen[2], St. Leonhard/Brixen, Getzenberg/Kiens	[1]Christensen (2014), S. 114 als „Bergwacholder“; [2]Jocher (2010), S. 511
Juniperus communis subsp. *nana*	Zwerg-Wacholder	Zatn (Pl.)	Ahrntal	
Juniperus sabina	Stink-Wacholder	Sëifat	Schlanders	
Juniperus sabina	Stink-Wacholder	Sëife (f.); Sëfn; Sëifn (Pl.);	Jaufental[1]; Pfitsch, Fleins/Freienfeld	[1]Schatz (1955), S. 567 als „Sebenbaum“
Juniperus sabina	Stink-Wacholder	Sëif^{e}rshëgg (f.)	Naturns	
Juniperus sabina	Stink-Wacholder	Sëifetn (Pl.)	Schnals	
Juniperus sabina	Stink-Wacholder	Sëiflschtaude (f.)	Passeier	
Juniperus sabina	Stink-Wacholder	Sëifte (f.)	Latzfons	Fink (1972), S. 247 als „Sebenbaum“
Juniperus sabina	Stink-Wacholder	Tuien (Pl.)	Sterzing	
Kalanchoe blossfeldiana *	Flammendes Käthchen	Lumpmlisl (f.)	Afing	Fink (1972), S. 180
Kalmia procumbens	Gämsheide	Gamfennach [recte Gamsfennach]	Pustertal	Rauschenfels (1801), S. 217 als „Azalea procumbens“
Kalmia procumbens	Gämsheide	Gamshadach	Pustertal	Rauschenfels (1801), S. 217 als „Azalea procumbens“
Kalmia procumbens	Gämsheide	Gamshoadara	Ritten, Villanders	
Kalmia procumbens	Gämsheide	Gamshoadra (m.)	Ridnaun	Fink (1972), S. 92 als „Azalea procumbens“
Kalmia procumbens	Gämsheide	Hiandowade (f.)	Sexten	Stauder (2019), S. 89 als „Loiseleuria procumbens“
Kalmia procumbens	Gämsheide	Pëlschterle-Flox (m.)	Sarntal	
Knautia arvensis	Wiesen-Witwenblume	Greateler (Pl.)	Welschnofen	
Knautia arvensis	Wiesen-Witwenblume	Hansl und Greatl	Villanders	
Knautia arvensis	Wiesen-Witwenblume	Höüsnknëpfe, -lan (Pl.)	Ahrntal, Rodeneck	
Knautia arvensis	Wiesen-Witwenblume	Huischtnplieml (n.)	Olang	
Knautia arvensis	Wiesen-Witwenblume	Knëpfe (Pl.)	St. Magdalena/Gsies	
Knautia arvensis	Wiesen-Witwenblume	Paterknëpfe (Pl.)	Villnöß, Aldein	
Knautia arvensis	Wiesen-Witwenblume	Pinterschlëigl (Pl.)	Martell, Ulten, Schenna, Sarntal, Afing	
Knautia arvensis	Wiesen-Witwenblume	Trummlschloger (m.), Trummlschleger (m.)	Lana, Ritten	
Knautia arvensis	Wiesen-Witwenblume	Wisaknëpfl (n.)	Mittelvinschgau	
Knautia arvensis	Wiesen-Witwenblume	Wisnknopf (m.), Wisnknëpf, -e (Pl.)	Vöran, St. Leonhard/Brixen, Ridnaun, Vierschach	

Kobresia myosuroides	Nacktried	Hålbwais (n.)	Rojen, Schluderns	
Laburnum alpinum	Alpen-Goldregen	Éghel (m., it.)	Buchholz	
Laburnum alpinum	Alpen-Goldregen	Iël (f.), Iëln (Pl.)	Truden[1], Aldein	[1]Ortner (2005), S. 428 als „Goldregen“
Laburnum alpinum	Alpen-Goldregen	Īglschtau; -schtaud (f.)	Laurein; Kaltern	
Laburnum sp.	Goldregen	Iël (m.)	Eisacktal	Fink (2003), S. 373
Lactuca sativa *	Garten-Salat	Solant (m.)	Prags	
Lactuca sativa *	Garten-Salat	Solet (m.), Solit (m.)	allgemein verbreitet, Passeier	
Lactuca sativa *	Garten-Salat	Soulant (m.)	Toblach	
Lagenaria siceraria *	Flaschenkürbis	Zuggele	Unterland	Menghin (1884), S. 157 als „Lagenaria vulgaris“
Lamium album	Weiße Taubnessel	Hëinigpluame (f.)	Fleins/Freienfeld	
Lamium album	Weiße Taubnessel	Hīërprennnëisl (Pl.)	Schnals	
Lamium album	Weiße Taubnessel	Plinte Prennëssl (f.)	Passeier	
Lamium album	Weiße Taubnessel	Sutzë^{i}ssl	Sexten	Fink (1972), S. 268
Lamium album	Weiße Taubnessel	Wilde Prennnëisl (f.)	Ritten	
Lamium album	Weiße Taubnessel	Zuckonëssl (f.)	Vierschach	
Lamium [*album*]	[Weiße] Taubnessel	Sutzë^{i}ssl	Sexten	Stauder (2019), S. 210 als „Taubnessel“
Lamprocapnos spectabilis *	Tränendes Herz	Herzlschtau (f.)	Welschnofen	
Lamprocapnos spectabilis *	Tränendes Herz	Herzmariaplieml (n.)	Tschögglberg	Fink (1972), S. 124 als „Diclytra spectabilis“
Lamprocapnos spectabilis *	Tränendes Herz	Jungfraudnherz (n.)	Ulten	Lösch (1989), S. 95
Lamprocapnos spectabilis *	Tränendes Herz	Kiniherz (n.)	Ulten	
Lappula squarrosa	Gewöhnlicher Igelsame	Kleppr	Langtaufers	Joos (2010), S. 569
Larix decidua	Europäische Lärche	Lärch (f.)	Truden[1], Kaltern	[1]Ortner (2005), S. 428
Larix decidua	Europäische Lärche	Larch (f., m.)	Langtaufers, Martell, Schlanders, Kastelbell-Tschars, Naturns, St. Walburg/Ulten, Laurein, Passeier, Sarntal, Ritten, Villanders, Ridnaun, Fleins/Freienfeld, Pfitsch, Pflersch	
Larix decidua	Europäische Lärche	Larche (f.)	Pfitsch	
Larix decidua	Europäische Lärche	Lärchnpam (m.)	Kurtatsch	
Larix decidua	Europäische Lärche	Láres (m., it.)	Buchholz	
Larix decidua	Europäische Lärche	Lerch (f., m.)	Ritten, Aldein, Welschnofen, Kastelruth, Feldthurns, Pfunders, Pustertal, Ahrntal, Vierschach, St. Magdalena/Gsies	

Larix decidua	Europäische Lärche	Lerche (m.)	Sexten	Tscholl (2001), S. 47
Laserpitium latifolium	Breitblättriges Laserkraut	Goaskiëchl (n.)	Laurein	
Lathyrus sp.	Platterbse	Årwase	Feldthurns, Lüsen	Wirth (2021), S. 359
Lathyrus sp.	Platterbse	Wilde Årbisn (Pl.)	St. Leonhard/Brixen	
Lathyrus vernus	Frühlings-Platterbse	Muatergottesschiëchlen (Pl.)	Lana	
Laurus nobilis *	Echter Lorbeer	Lorbatlap (n.)	Sterzing	
Laurus nobilis *	Echter Lorbeer	Lorb^{e}rlap (n.)	Kastelruth	
Laurus nobilis *	Echter Lorbeer	Lorper (m.)	Passeier	
Laurus nobilis *	Echter Lorbeer	Walsch (m.)	Vierschach	
Lavandula angustifolia *	Echter Lavendel	Ëidlschpigget (m.)	Welschnofen	
Lavandula angustifolia *	Echter Lavendel	Fendlkraut (n.)	Laurein	
Lavandula angustifolia *	Echter Lavendel	Grawendl (m.)	Welschnofen	
Lavandula angustifolia *	Echter Lavendel	Gwendl, -dla (m.)	Aldein, Welschnofen	
Lavandula angustifolia *	Echter Lavendel	Humblkraut (n.)	Vöran	
Lavandula angustifolia *	Echter Lavendel	Kuendl (m.)	Laurein, Antholz	
Lavandula angustifolia *	Echter Lavendel	Schmëckete (n.)	Lana	
Lavandula angustifolia *	Echter Lavendel	Schpaik (m.)	Kastelruth	
Lavandula angustifolia *	Echter Lavendel	Schpickat (n.)	Taufers i. M.	
Lavandula angustifolia *	Echter Lavendel	Schpicket (m.)	Deutschnofen[1], Burgeis, Meran, St. Walburg/Ulten, Sarntal, Milland	[1]Zelger (2004), S. 73
Lavandula angustifolia *	Echter Lavendel	Schpickit (m.), -li, -lar	Sarntal	Gruber (2005), S. 175
Lavandula angustifolia *	Echter Lavendel	Schpiget (m.)	Tramin	
Lavandula angustifolia *	Echter Lavendel	Schpigget (m.)	Afing, Lana	
Lavandula angustifolia *	Echter Lavendel	Schpiggit (m.)	Latzfons	Bibliotheksgruppe Latzfons (2004), S. 108
Lavandula angustifolia *	Echter Lavendel	Schpiggl (m.)	Passeier	
Lavandula angustifolia *	Echter Lavendel	Waingat-Schpigget (m.)	Villanders	Fink (2003), S. 372
Lemna minor ?	Kleine Wasserlinse ?	Wåssermiës (n.)	um Sterzing	Fink (1972), S. 298 als „Meerlinse, Lens palustris"
Leontodon hispidus	Gewöhnlicher Leuenzahn	Milchkraut (n.)	Tartsch	

Leontopodium nivale	Edelweiß	Waisn (Pl.)	Sarntal	
Leucanthemopsis alpina	Alpenmargerite	Himmlhëllare (Pl.)	Pfitsch	Christensen (2014), S. 73 als „Alpenmargerite“
Leucanthemum ircutianum	Fettwiesen-Margerite	Såntiga Hånsr (Pl.)	Langtaufers	Joos (2010), S. 568
Leucanthemum vulgare agg.	Artengruppe Gewöhnliche Margerite	Floachkraut (n.)	Lüsen	Fink (1972), S. 83 als „Chrisanthemum leucanthemum“
Leucanthemum vulgare agg.	Artengruppe Gewöhnliche Margerite	Greatlan (Pl.)	Matsch	
Leucanthemum vulgare agg.	Artengruppe Gewöhnliche Margerite	Himmlhëll	Stilfs	
Leucanthemum vulgare agg.	Artengruppe Gewöhnliche Margerite	Himml-Hëll(e)-Fëgfuir	Prad, Schlanders, Naturns, Schnals, Platt/Passeier, Ulten, Ridnaun, Afing, Ritten, Welschnofen	
Leucanthemum vulgare agg.	Artengruppe Gewöhnliche Margerite	Himml-Hëlla-Fëgfoir	Tiers	
Leucanthemum vulgare agg.	Artengruppe Gewöhnliche Margerite	Himmlhëllare (Pl.)	Pfitsch	
Leucanthemum vulgare agg.	Artengruppe Gewöhnliche Margerite	Himml-Hëlle-Feggföire	Antholz	
Leucanthemum vulgare agg.	Artengruppe Gewöhnliche Margerite	Himml-Hëlle-Feggfuir	Villanders, Kiens, Terenten	
Leucanthemum vulgare agg.	Artengruppe Gewöhnliche Margerite	Himml-Hëlle-Wëgfuir	Ridnaun	Wild (2005), S. 58
Leucanthemum vulgare agg.	Artengruppe Gewöhnliche Margerite	Himmlhëllpluamen (Pl.)	Martell	
Leucanthemum vulgare agg.	Artengruppe Gewöhnliche Margerite	Jungf^{e}rle (n.), Jungf^{e}rlar (Pl.)	Durnholz, Sarntal	
Leucanthemum vulgare agg.	Artengruppe Gewöhnliche Margerite	Junkfraudn (Pl.)	Ahrntal	
Leucanthemum vulgare agg.	Artengruppe Gewöhnliche Margerite	Kuipluame (f.)	Winnebach	
Leucanthemum vulgare agg.	Artengruppe Gewöhnliche Margerite	Waispluamen (Pl.)	Ulten	Lösch (1989), S. 100
Leucojum vernum	Frühlings-Knotenblume	Merznpech^{e}r (Pl.)	Prad, Obervinschgau, Schlanders, St. Leonhard in Passeier	(die Angaben aus dem Vinschgau beziehen sich sicher ausschließlich auf kultivierte Pflanzen, zumal die Art dort nicht wild vorkommt)

Leucojum vernum	Frühlings-Knotenblume	Mërznpecher (Pl.)	Vöran	
Leucojum vernum	Frühlings-Knotenblume	Schneaglëgglen (Pl.)	Kaltern, Überetsch, Andrian, Lana	
Leucojum vernum	Frühlings-Knotenblume	Schneaglëggler (Pl.)	St. Leonhard in Passeier	
Levisticum officinale *	Liebstöckel	Ludeschteckn (m.)	Ridnaun	
Levisticum officinale *	Liebstöckel	Lütschteck	Naturns, Martell	
Levisticum officinale *	Liebstöckel	Luwisteckn (n.)	Ahrntal	Schatz (1955), S. 390 als „Liebstöckel"
Levisticum officinale *	Liebstöckel	Magekraut (n.); Maggikraut (n.)	Passeier; Kastelruth, Getzenberg/Kiens	
Ligustrum vulgare	Gewöhnlicher Liguster	Pockpëir (f.)	Laas	
Lilium bulbiferum	Feuer-Lilie	Feldlilie	Pustertal	Rauschenfels (1801), S. 218
Lilium bulbiferum	Feuer-Lilie	Giglio de San Gioán (m., it.)	Buchholz	
Lilium bulbiferum	Feuer-Lilie	Gilga (f.)	Tiers	
Lilium bulbiferum	Feuer-Lilie	Gilge (f.)	Platt/Passeier, Sterzing, Pfitsch	Christensen (2014), S. 51
Lilium bulbiferum	Feuer-Lilie	Gilgg (f.)	Ridnaun	
Lilium bulbiferum	Feuer-Lilie	Gilgn (Pl.)	Ritten, Naturns, Passeier, Sarntal, Terenten, Villnöß	
Lilium bulbiferum	Feuer-Lilie	Johånnipuschn (Pl.)	Laurein	Fink (1972), S. 142
Lilium bulbiferum	Feuer-Lilie	Schtoangilgn (Pl.)	St. Leonhard/Brixen	
Lilium bulbiferum	Feuer-Lilie	Tåndåbusche (m.)	Antholz	Pallhuber (2016), S. 141
Lilium bulbiferum	Feuer-Lilie	Tåndopluime (f.)	Prags, Antholz, Olang	Müller (1985), S. 148
Lilium bulbiferum	Feuer-Lilie	Tåndopuschn (Pl.)	Pfunders	
Lilium martagon	Türkenbund-Lilie	Goldëpfelen (Pl.)	Schnals	
Lilium martagon	Türkenbund-Lilie	Goldwurz (f.)	Ulten[1], Sarntal[2], Pustertal[3]	[1]Lösch (1989), S. 94 [2]Fink (1972), S. 105 als „Heilpflanze Türkenbund" [3]Rauschenfels (1801), S. 218
Lilium martagon	Türkenbund-Lilie	Sillichwurz	Pustertal	Rauschenfels (1801), S. 218
Lilium martagon	Türkenbund-Lilie	Sillin (m.)	Latzfons	Fink (1972), S. 249 als „Türkenbund"
Lilium martagon	Türkenbund-Lilie	Silling	Pustertal	Rauschenfels (1801), S. 218
Lilium martagon	Türkenbund-Lilie	Wilda Lilie (f.)	Meransen	
Lilium sp.	Lilie	Gilgn (Pl.)	Sarntal, Kastelruth, Eisacktal, Ridnaun, Rodeneck, Kiens, Ahrntal	
Lilium sp.	Lilie	Gilln (Pl.)	Afing	

Linaria vulgaris	Gewöhnliches Leinkraut	Fotz, Fotzmaul (n.)	Feldthurns	Fink (1972), S. 84 fälschlich als „Cinaria vulgaris“ Wirth (2021), S. 361
Linum usitatissimum *	Echter Lein	Flågs (m.)	Passeier, Vöran, Mölten, Sterzing, Pfitsch	
Linum usitatissimum *	Echter Lein	Håår (n.)	Toblach	Mittich-Steinwandter (2023, Nr. 4), S. 39
Linum usitatissimum *	Echter Lein	Hålmhår (m.)	Vinschgau	Schatz (1955), S. 275, 279 als „Flachs“
Linum usitatissimum *	Echter Lein	Hårf (m.)	Ulten	Lösch (1989), S. 95 als „Flachs“
Linum usitatissimum *	Echter Lein	Hor (m., n., Pl.)	Sexten[1], Stilfs, Martell, Ulten, Laurein, Sarntal, Ridnaun, Kastelruth, Eisacktal, St. Magdalena/Gsies, Telfes, Prags, Vierschach	[1]Stauder (2019), S. 93 als „Flachs“
Linum usitatissimum *	Echter Lein	Hou (n.)	Ahrntal	
Linum usitatissimum *	Echter Lein	Hour (n.)	Langtaufers[1], Antholz[2], Kastelruth, Sterzing, Getzenberg/Kiens, Olang	[1]Joos (2010), S. 569 [2]Müller (1985), S. 148
Linum usitatissimum *	Echter Lein	Lainen (m. Sg., Pl.)	Andrian	
Linum usitatissimum *	Echter Lein	Linnsat	Gsies[1], Toblach[2]	[1]Kerschbaumer-Sigmund (1985), S. 89 [2]Mittich-Steinwandter (2023, Nr. 1), S. 28
Lithospermum officinale ?	Echter Steinsame	Stoansum (m.)	Latzfons	Fink (1972), S. 255 als „Meer-Hirse“ (möglicherweise ist die häufigere *Buglossoides arvensis* agg. gemeint)
Lolium perenne	Ausdauernder Lolch	Rinderwurzn (Pl.)	Wiesen/Pfitsch	
Lolium perenne	Ausdauernder Lolch	Wu^{r}schzgros (n.)	Terenten	
Lolium temulentum	Taumel-Lolch	Loelli	Pustertal	Rauschenfels (1801), S. 216
Lolium temulentum	Taumel-Lolch	Wildhaber	Pustertal	Rauschenfels (1801), S. 216
Lonicera sp. ?	Heckenkirsche	Meißelstaude (f.)	Lüsen	Prosch (1923), S. 257 als „vermutlich Heckenkirsche, Lonicera“
Lonicera xylosteum	Gewöhnliche Heckenkirsche	Fåckapëir (f.)	Stilfs	
Lonicera xylosteum	Gewöhnliche Heckenkirsche	Prëzelepë^{i}r (f.)	Schluderns, Taufers i. M.	
Lotus corniculatus	Gewöhnlicher Hornklee	Frauenschühlein	Pustertal	Rauschenfels (1801), S. 221
Lotus corniculatus	Gewöhnlicher Hornklee	Ggiggeriggīschiëdlan (Pl.)	Lüsen	Prosch (1923), S. 255

Lotus corniculatus	Gewöhnlicher Hornklee	Giggerhounen (Pl.)	Martell	
Lotus corniculatus	Gewöhnlicher Hornklee	Giggeriggihändlen (Pl.)	St. Leonhard/Brixen	
Lotus corniculatus	Gewöhnlicher Hornklee	Giggrlen, Giggrlan (Pl.)	Taufers i. M., Stilfs, Schlanders	
Lotus corniculatus	Gewöhnlicher Hornklee	Giggrschnabelen (Pl.)	Matsch	
Lotus corniculatus	Gewöhnlicher Hornklee	Himmlmuitopatschl (n.)	Olang	
Lotus corniculatus	Gewöhnlicher Hornklee	Himblschlappalan (Pl.)	Rodeneck	
Lotus corniculatus	Gewöhnlicher Hornklee	Marienschüe (Pl.)	Afing	
Lotus corniculatus	Gewöhnlicher Hornklee	Muetergottespatschler, -patschlen (Pl.)	Flaas, Untervinschgau	
Lotus corniculatus	Gewöhnlicher Hornklee	Muitogottespatschl (n.)	Olang	
Lotus corniculatus	Gewöhnlicher Hornklee	Muitogottesschiëchl (n.)	Terenten	
Lotus [*corniculatus*]	[Gewöhnlicher] Hornklee	Muetergottesschiëchl (n.)	Ploseberg/Brixen	Jocher (2010), S. 511 als „Hornklee"
Lunaria annua	Zweijährige Mondviole	Soldi de pinòcchio (Pl., it.)	Laag	
Luzula [*campestris* agg.]	[Artengruppe] Hügel-Hainsimse	Marbl (m.)	Ahrntal[1], Gsies[1], Passeier	[1]Malfèr (1953), S. 370 als „Luzula campestris" (gemeint ist sicher der Artenkomplex)
Luzula sp.	Hainsimse	Marwl (m.)	Sarntal	Gruber (2005), S. 119
Luzula sp.	Hainsimse	Pimsl (Pl.)	Ritzail	
Lychnis flos-cuculi	Kuckucks-Lichtnelke	Pluatschwitzer (Pl.)	Vöran, Völser Aicha	
Lychnis flos-cuculi	Kuckucks-Lichtnelke	Pluatschwitz^{e}rlen (Pl.)	Tramin	Wirth (2021), S. 373 als „Kuckucksnelke"
Lycopodium clavatum	Keulen-Bärlapp	Kråmpfkraut (n.)	St. Leonhard/Brixen	
Lycopodium clavatum	Keulen-Bärlapp	Wåltschtap (m.)	Sterzing	
Lycopodium sp.	Bärlapp	Lauskraut (n.)	Taufers i. M.	
Lycopodium sp.	Bärlapp	Lauswurz (f.)	Kastelruth	
Lycopodium sp.	Bärlapp	Wåltmandler (Pl.)	Trens	
Lycopodium sp., [*Diphasiastrum* sp.]	Bärlapp, [Flachbärlapp]	Go^{a}sschtraubm	Sarntal	Gruber (2005), S. 61 als „Bärlapp"
Lycopodium sp., [*Diphasiastrum* sp.]	Bärlapp, [Flachbärlapp]	Toifls strumpfpånt	Pustertal	Schatz (1955), S. 638 als „Bärlapp"
Lycopodium sp., [*Diphasiastrum* sp.]	Bärlapp, [Flachbärlapp]	Wåltmandl (n.)	Feldthurns	Fink (1972), S. 295 als „Bärlapp"
Lycopodium sp., [*Diphasiastrum* sp.]	Bärlapp, [Flachbärlapp]	Wåltschtap (m.)	Pfitsch	Christensen (2014), S. 219 als „Bärlapp"
Lythrum salicaria @	Gewöhnlicher Blutweiderich	Goaßkiachl (n.)	Ulten	Lösch (1989), S. 94 als „Blutweiderich"
Maianthemum bifolium	Gewöhnliches Schattenblümchen	Fålsches Maiggléggl (Pl.)	Vöran	
Malus domestica *	Kultur-Apfel	Ëpflpam (m.)	allgemein verbreitet	

Malus domestica *	Kultur-Apfel	Pomár (m., it.)	Buchholz	
Malva neglecta	Weg-Malve	Kasepappele; -pappile (n.)	Ploseberg/Brixen[1], Villnöß; Olang	[1]Jocher (2010), S. 511
Malva neglecta	Weg-Malve	Kasepappilen; -pappilan (Pl.)	Getzenberg/ Kiens, Prags; Pfunders, Vals/ Mühlbach, Terenten, Weißenbach/Ahrntal	
Malva neglecta	Weg-Malve	Kaslkraut (n.)	Taufers i. M.	
Malva neglecta	Weg-Malve	Kaspapala (n.)	Kaltern	
Malva neglecta	Weg-Malve	Kaspapelen (n. Sg., Pl.)	Kurtatsch	
Malva neglecta	Weg-Malve	Kaspappele (n.); -pappelen (Pl.); -pappilen (Pl.)	Schlanders, Ulten, Völser Aicha, Durnholz; Prad, Schnals, Naturns, Untervinschgau, Lana, Tramin, Neumarkt, Ritten, Vöran, Eisacktal, Tiers, Kastelruth, Lajen; Villnöß, Martell, Platt/ Passeier, Fleins/ Freienfeld, Pflersch, Welschnofen	
Malva neglecta	Weg-Malve	Kaspappeler (Pl.)	Villanders, Afing	
Malva neglecta	Weg-Malve	Kaspappilar (Pl.)	Sterzing, Pfitsch, Ridnaun, Sarntal	
Malva neglecta	Weg-Malve	Kaspapplen (Pl.)	Stilfs, Schluderns	
Malva neglecta	Weg-Malve	Kaspåppln (Pl.)	Laurein	
Malva sp.	Malve	Cotolétte (Pl., it.)	Laag	
Malva sp.	Malve	Hanselen (Pl.)	Lana	
Malva sp.	Malve	Hansili in dr Heach (n.)	Sarntal	Gruber (2005), S. 78
Malva sp.	Malve	Kaspappilan (Pl.)	Rodeneck	
Malva sp.	Malve	Kaspappiler (Pl.)	Latzfons	Bibliotheksgruppe Latzfons (2004), S. 58
Malva sylvestris	Große Malve	Hansele in der Heach (n.)	Ulten	
Malva sylvestris	Große Malve	Kasepappiler (Pl.)	Latzfons	Kerschbaumer- Sigmund (1985), S. 96
Malva sylvestris	Große Malve	Kaspappelen (n. Sg., Pl.)	Andrian	
Malva sylvestris	Große Malve	Kaspappilan (Pl.)	Oberpustertal	Kerschbaumer- Sigmund (1985), S. 96
Marrubium vulgare	Gewöhnlicher Andorn	Helfkraut (n.)	Ritten	Fink (1972), S. 121 (Marrubium vulgare ist für den Ritten nur historisch bekannt; ob die Gartenpflanze gemeint ist?)
Marrubium vulgare	Gewöhnlicher Andorn	Mueterkraut (n.)	Pfeffersberg/Brixen, Eisacktal	Fink (1972), S. 195
Marrubium vulgare	Gewöhnlicher Andorn	Perghopfn (m.)	Lüsen	Fink (1972), S. 30 (siehe Anmerkung zu „Helfkraut“)

Marrubium vulgare @	Gewöhnlicher Andorn	Muitogöttisprennessl (m.)	Ahrntal	Fink (1972), S. 195 (die Art ist wildwachsend weder historisch noch rezent aus dem Pustertal belegt; entweder handelt es sich um kultivierte Pflanzen oder um eine andere Art)
Matricaria chamomilla	Echte Kamille	Gamilln (Pl.)	Pustertal[1], Kastelruth	[1]Schatz (1955), S. 202 als „Kamille“
Matricaria chamomilla	Echte Kamille	Ggomill (f.)	Terenten, Antholz	
Matricaria chamomilla	Echte Kamille	Gomilbm (Pl.)	Vierschach, Prags	
Matricaria chamomilla	Echte Kamille	Gramill (f.), Gramilln (Pl.)	Kastelbell-Tschars[1], Naturns, Laurein, Kaltern, Ritten, Rodeneck, Ridnaun	[1]Kaserer (2007), S. 15
Matricaria chamomilla	Echte Kamille	Gramille (f.)	Fleins/Freienfeld, Sterzing, Pflersch	
Matricaria chamomilla	Echte Kamille	Gråmille (f.)	Passeier[1], Pfitsch	[1]Haller & Lanthaler (2004), S. 84
Matricaria chamomilla	Echte Kamille	Gråmilln (Pl.)	Afing, Sarntal, Tramin	
Matricaria chamomilla	Echte Kamille	Gromill; -e (f.)	Ahrntal, Vals/ Mühlbach, Getzenberg/Kiens; Pfunders	
Matricaria chamomilla	Echte Kamille	Kamillman (Pl.)	Matsch	
Matricaria chamomilla	Echte Kamille	Kårmill[b]man (Pl.)	Schluderns	
Matricaria chamomilla	Echte Kamille	Komilbm	Toblach	Mittich-Steinwandter (2024, Nr. 2), S. 39
Matricaria chamomilla	Echte Kamille	Kramill (f.)	Aldein	Taschner (1969), S. 170
Matricaria chamomilla	Echte Kamille	Kramilln (Pl.)	Villanders, Ulten	
Matricaria chamomilla	Echte Kamille	Millepliëml (n.), -pliëmla (Pl.)	Sterzing, Pfitsch	
Matricaria chamomilla	Echte Kamille	Muatrkraut (n.)	Prad	
Matricaria discoidea	Knopf-Kamille	Fåll[i]sche Gromill (f.)	Getzenberg/Kiens	
Matricaria discoidea	Knopf-Kamille	Wilde Ggomill (f.)	Terenten	
Matricaria discoidea	Knopf-Kamille	Wilde Millepliëmla (Pl.)	Pfitsch	
Medicago sativa	Blaue Luzerne	Erba spágna (f., it.)	Buchholz	
Medicago sativa	Blaue Luzerne	Schtoanklea (m.)	Andrian, Kastelruth	
Medicago sativa	Blaue Luzerne	Schtuanklea (m.)	Aldein	
Medicago sativa	Blaue Luzerne	Spa'ja	Laurein	
Melampyrum pratense	Gewöhnlicher Wachtelweizen	Taubmwoaz (m.)	Steinegg	
Melampyrum sp.	Wachtelweizen	Taubmwoaze (m.)	Trens	
Melampyrum sp.	Wachtelweizen	Taubwoaz (n.)	Ritten	
Melampyrum sp.	Wachtelweizen	Taumwoaz (m.)	Kaltern, Kastelruth	
Melissa officinalis *	Echte Melisse	Hennigpluime (f.)	Pustertal	Kerschbaumer-Sigmund (1985), S. 13, 100

Melissa officinalis *	Echte Melisse	Riëchnessl (f.)	Pustertal	Kerschbaumer-Sigmund (1985), S. 100
Melissa [officinalis] *	[Echte] Melisse	Melitze (f.)	Pustertal	Schatz (1955), S. 422 als „Melisse“
Mentha longifolia	Ross-Minze	Påchminze (f.)	Eisacktal	Fink (2003), S. 372 als „Mentha sylvestris“
Mentha ×piperita *	Pfeffer-Minze	Minze (f.), Minzn (Pl.)	Antholz[1], allgemein verbreitet	Pallhuber (2016), S. 140
Menyanthes trifoliata	Fieberklee	Wasserklee	Pustertal	Rauschenfels (1801), S. 217
Mercurialis annua	Garten-Bingelkraut	Schaisgrås (n.)	Kaltern	
Mespilus germanica *	Echte Mispel	Ëschpelen (Pl.)	Kastelruth	
Mespilus germanica *	Echte Mispel	Espeler (Pl.)	Ulten	Lösch (1989), S. 93 als „Mispel“
Mespilus germanica *	Echte Mispel	Nëischpala (n.)	Kaltern	
Mespilus germanica *	Echte Mispel	Zwëschpile (n.)	Kiens	Schatz (1955), S. 740 als „Mispel“
Moneses uniflora	Moosauge	Ggschamigs Lisile (n.)	St. Leonhard/Brixen	
Moneses uniflora	Moosauge	Gschamigs Kattele (n.)	Lajen[1], Vals/ Mühlbach	[1]Fink (1972), S. 147 als „Einblütiges Wintergrün“
Moneses uniflora	Moosauge	Kattele (n.)	Lajen	Fink (1972), S. 147 als „Einblütiges Wintergrün“
Morus alba	Weißer Maulbeerbaum	Murn (Pl.)	Andrian	
Morus nigra	Schwarzer Maulbeerbaum	Murbam (m.)	Bozen	Dalla Torre (1895), S. 43
Morus sp.	Maulbeerbaum	Mallp^{e}rpam, Mållp^{e}rpam (m.)	Welschnofen, Ritten, Kastelruth, Eisacktal	
Morus sp.	Maulbeerbaum	Morár (m., it.)	Salurn	
Morus sp.	Maulbeerbaum	Muern (Pl.)	Truden	Ortner (2005), S. 428
Morus sp.	Maulbeerbaum	Muir (f.), Muirn (Pl.)	Vinschgau	Schatz (1955), S. 438
Morus sp.	Maulbeerbaum	Mur, Mure (f.), Murn (Pl.)	Welschnofen, Eisacktal, Kiens	Schatz (1955), S. 438
Morus sp.	Maulbeerbaum	Murpam (m.)	Vinschgau[1], Kaltern, Laag, Salurn	[1]Schatz (1955), S. 438
Mutellina adonidifolia	Alpen-Mutterwurz	Bedaun	Pustertal	Rauschenfels (1801), S. 218 als „Phellandrium mutellina“
Mutellina adonidifolia	Alpen-Mutterwurz	Copriz	Pustertal	Rauschenfels (1801), S. 218 als „Phellandrium mutellina“
Mutellina adonidifolia	Alpen-Mutterwurz	Madaun	Pustertal	Rauschenfels (1801), S. 218 als „Phellandrium mutellina“
Mutellina adonidifolia	Alpen-Mutterwurz	Marbl (m.)	Taufers i. M., Burggrafenamt, Ritzail, Ridnaun, Sterzing	
Mutellina adonidifolia	Alpen-Mutterwurz	Marwl (m.)	Pflersch	
Mutellina adonidifolia	Alpen-Mutterwurz	Matau’ (m.)	Sarntal	

Mutellina adonidifolia	Alpen-Mutterwurz	Mataun (m.); Mataun (n.),	Langtaufers[1], Brixen[2], Taufers i. M., Sarntal; Passeier	[1]Joos (2010), S. 572 [2]Pritzel & Jessen (1882), S. 238
Mutellina adonidifolia	Alpen-Mutterwurz	Mutt und Marbl	Ahrntal	
[*Mutellina adonidifolia*]	[Alpen-Mutterwurz]	Mott (n.)	Flaggertal	Fink (1972), S. 195 als „Alpenbärenwurz" (Bärenwurz ist vieldeutig: Athamanta cretensis, Meum athamanticum, Mutellina adonidifolia – letztere für das Gebiet am plausibelsten)
Myosotis sp.	Vergissmeinnicht	Himmlpliëmlen (Pl.)	Franzensfeste	
Myosotis sp.	Vergissmeinnicht	Kåtznaiglan (Pl.)	Weißenbach/Ahrntal	Duregger et al. (2009), S. 171
Myosotis sp.	Vergissmeinnicht	Kinnigaiglan (Pl.)	Steinhaus/Ahrntal	
Myosotis sp.	Vergissmeinnicht	Marienstearn (m.)	Kurtatsch	Fink (1972), S. 185
Myosotis sp.	Vergissmeinnicht	Mëineler (Pl.)	St. Valentin/Villnöß	
Myosotis sp.	Vergissmeinnicht	Muttergottesäuglein (n.)	Lüsen	Prosch (1923), S. 255
Myosotis sp.	Vergissmeinnicht	Waiberaigler (Pl.)	Ulten	Lösch (1989), S. 100
Myricaria germanica	Deutsche Tamariske	Maruschggl	Prad	
Myricaria germanica	Deutsche Tamariske	Tomrischt (f.), -l (Dim.), -lar (Dim. Pl.)	Sarntal	Gruber (2005), S. 196 als „Tamariske"
Myristica fragrans *	Muskatnussbaum	Muschggitnusse (f.)	Passeier	
Narcissus poëticus *	Dichter-Narzisse	Moadnpliëmblan (Pl.)	Pfunders	
Narcissus poëticus *	Dichter-Narzisse	Moidnreaslan (Pl.)	Terenten	
Narcissus sp. *	Narzisse	Englsiess (m.)	Lüsen	Fink (1972), S. 68
Narcissus sp. *	Narzisse	Moadnbliambln (Pl.)	Pfunders	Insam (1954), S. 342
Narcissus sp. *	Narzisse	Moidnreaslan (Pl.)	Rodeneck	
Nardus stricta	Bürstling	Eggima (m.)	Oberes Pustertal	Fink (1972), S. 213 als „Bürstlingsgras"
Nardus stricta	Bürstling	Fåx (m.)	St. Magdalena/Gsies	
Nardus stricta	Bürstling	Pirschtling (m.)	Lana, St. Walburg/ Ulten, Laurein, Unsere Liebe Frau im Walde, Kastelruth	
Nardus stricta	Bürstling	Pīrschtling (m.)	Aldein	
Nardus stricta	Bürstling	Pi^{r}schtlink (m.)	Terenten	
Nardus stricta	Bürstling	Pischtlig (m.)	Pfitsch	
Nardus stricta	Bürstling	Pischtling (m.)	Ahrntal	
Nardus stricta	Bürstling	Porscht (m.)	Fleins/Freienfeld, Ridnaun, Pflersch	
Nardus stricta	Bürstling	Porschtn (Pl.)	Prags	
Nardus stricta	Bürstling	Pourscht (m.)	Langtaufers[1], Stilfs	Joos (2010), S. 572
[*Nardus stricta*]	[Bürstling]	Piërschtling (m.)	Tiers	Robatscher (2003), S. 143 als „alpines Büschelgras" (mehrdeutig)

Nasturtium officinale, [*Cardamine amara*]	Echte Brunnenkresse, [Bitteres Schaumkraut]	Påchkrëss (f.)	Pustertal[1], Laas, Ritten, Villanders, Lajen, Antholz,	[1]Kerschbaumer-Sigmund (1985), S. 12, 47 als „Nasturtium officinale" (im Pustertal nur in der Brunecker Gegend vorkommend; offensichtlich ist auch die überall häufige Cardamine amara gemeint) Angaben aus Citizen Science beziehen sich stets auf Nasturtium officinale. Aber auch hier ist wohl C. amara eingeschlossen, weil auch aus Gebieten genannt, wo N. officinale nicht vorkommt.
Nasturtium officinale, [*Cardamine amara*]	Echte Brunnenkresse, [Bitteres Schaumkraut]	Pachlkresse (f.)	Innichen	(siehe Anmerkung zu „Påchkrëss")
Nasturtium officinale, [*Cardamine amara*]	Echte Brunnenkresse, [Bitteres Schaumkraut]	Wåss[e]rkrëss (f.)	Prad, Passeier, Lana, Tramin, Neumarkt	(siehe Anmerkung zu „Påchkrëss")
Nasturtium officinale, [*Cardamine amara*]	Echte Brunnenkresse, [Bitteres Schaumkraut]	Wildo Krëss (m.)	Oberpustertal	Kerschbaumer-Sigmund (1985), S. 16, 47 als „Nasturtium officinale" (siehe Anmerkung zu „Påchkrëss")
Nigella sativa *	Schwarzkümmel	Grettl in do Staude (f.)	Sexten	Stauder (2019), S. 77
Nigritella nigra agg.	Artengruppe Schwarzes Kohlröschen	Ålmmunilan (Pl.)	Rodeneck	
Nigritella nigra agg.	Artengruppe Schwarzes Kohlröschen	Bubenkraut (n.)	Pustertal	Rauschenfels (1801), S. 222 als „Satyrium nigrum"
Nigritella nigra agg.	Artengruppe Schwarzes Kohlröschen	Mäuneler (Pl.)	Ulten	Lösch (1989), S. 96
Nigritella nigra agg.	Artengruppe Schwarzes Kohlröschen	Mearl (n.), Mëirler (Pl.)	Deutschnofen[1], Welschnofen	[1]Wirth (2021), S. 369
Nigritella nigra agg.	Artengruppe Schwarzes Kohlröschen	Muffeler (Pl.)	Ulten	Lösch (1989), S. 97 als „Brunelle"
Nigritella nigra agg.	Artengruppe Schwarzes Kohlröschen	Nosnpliëta (Pl.)	Rodeneck, Kiens, Vierschach	
Nigritella nigra agg.	Artengruppe Schwarzes Kohlröschen	Nousepliëta (Pl.)	Antholz	Pallhuber (2016), S. 141
Nigritella nigra agg.	Artengruppe Schwarzes Kohlröschen	Pettlpråtz (f.)	Prags	Fink (1972), S. 32 als „Brunelle"
Nigritella nigra agg.	Artengruppe Schwarzes Kohlröschen	Pfaitspluame (f.), -in (Pl.)	Passeier	Haller & Lanthaler (2004), S. 168
Nigritella nigra agg.	Artengruppe Schwarzes Kohlröschen	Pluitschwitza (m. Sg., Pl.), -ale	Olang, Kiens, Rein in Taufers, Gsies	
Nigritella nigra agg.	Artengruppe Schwarzes Kohlröschen	Prantali (n.)	Langtaufers[1], St. Valentin a. d. H.	[1]Joos (2010), S. 571
Nigritella nigra agg.	Artengruppe Schwarzes Kohlröschen	Praunell(e) (f.), -nelln (Pl.)	Ploseberg/Brixen[1], Lüsen[2], Passeier, Schenna, Sarntal, St. Leonhard/Brixen	[1]Jocher (2010), S. 511 [2]Prosch (1923), S. 256

Nigritella nigra agg.	Artengruppe Schwarzes Kohlröschen	Prunell (Pl.)	Sexten	Stauder (2019), S. 168 als „Schwarzes Kohlröschen, Nigritella nigra“
Nigritella nigra agg.	Artengruppe Schwarzes Kohlröschen	Pruneln (Pl.)	Kaltern	
Nigritella nigra agg.	Artengruppe Schwarzes Kohlröschen	Veitsblume	Ulten	[1]Heyl (1897), S. 795 als „Brunelle“
Nigritella nigra agg.	Artengruppe Schwarzes Kohlröschen	Vituskraut	Ulten	Lösch (1989), S. 99 als „Brunelle“
Nigritella rhellicani	Gewöhnliches Kohlröschen	Fetzelen (Pl.)	St. Walburg/Ulten	
Nigritella rhellicani	Gewöhnliches Kohlröschen	Moda, Modalan (Pl.)	Gsies	
Nigritella rhellicani	Gewöhnliches Kohlröschen	Noseplië̈ta (Pl.)	Mühlbach, Rodeneck, Pfunders, Terenten, Getzenberg/Kiens	
Nigritella rhellicani	Gewöhnliches Kohlröschen	Nosnpliëtare (m. Sg., Pl.)	Pfitsch	
Nigritella rhellicani	Gewöhnliches Kohlröschen	Nosnpliëtolan (Pl.)	Gsies	
Nigritella rhellicani	Gewöhnliches Kohlröschen	Pfaitspischele (n.)	Laurein	
Nigritella rhellicani	Gewöhnliches Kohlröschen	Pfaitspliëmler (n.)	Proveis	
Nigritella rhellicani	Gewöhnliches Kohlröschen	Pluatschwitzer (m. Sg., Pl.)	Villnöß	
Nigritella rhellicani	Gewöhnliches Kohlröschen	Pluatstrëpfl (n.)	St. Leonhard/Brixen	
Nigritella rhellicani	Gewöhnliches Kohlröschen	Plüitströpfn (Pl.)	Ahrntal	
Nigritella rhellicani	Gewöhnliches Kohlröschen	Prantalen (Pl.)	Rojen, Schluderns, Matsch, Taufers i. M., Stilfs, Martell	
Nigritella rhellicani	Gewöhnliches Kohlröschen	Prantelen (Pl.)	Schnals, Naturns	
Nigritella rhellicani	Gewöhnliches Kohlröschen	Praunell(e) (f.), -nelln (Pl.)	Schlanders, Vöran, Mölten, Pflersch	
Nigritella rhellicani	Gewöhnliches Kohlröschen	Praunellile (n.); -er (Pl.)	Vals/Mühlbach; Villanders	
Nigritella rhellicani	Gewöhnliches Kohlröschen	Pronelle (f.)	St. Valentin a. d. H.	
Nigritella rhellicani	Gewöhnliches Kohlröschen	Prunell; -e (f.)	Algund, Aldein, Ritten, Kastelruth; Fleins/Freienfeld, Ridnaun, Afing	
Nigritella rhellicani	Gewöhnliches Kohlröschen	Prunellila[r], -ila (Pl.)	Telfes, Vals/ Mühlbach	
Nigritella rhellicani	Gewöhnliches Kohlröschen	Prũnelliler (Pl.)	Ulten	
Ocimum basilicum *	Basilikum	Gaslgun (m.) (n.), Ggaslggun (m.)	Kastelruth, Seis	
Ocimum basilicum *	Basilikum	Paslakon	Kaltern	

Ocimum basilicum *	Basilikum	Påsleggun (m.)	Welschnofen	Schatz (1955), S. 49
Ocimum basilicum *	Basilikum	Paslggu (m.)	Vöran, Mölten, Sarnthein, Welschnofen	
Ocimum basilicum *	Basilikum	Paslgguam (n.)	Passeier	
Ocimum basilicum *	Basilikum	Paslgũa (m.)	St. Walburg/Ulten, Laurein	
Ocimum basilicum *	Basilikum	Paslguam (m.)	Kastelbell-Tschars[1], Martell, Schenna	[1]Kaserer (2007), S. 4
Ocimum basilicum *	Basilikum	Paslgun (n.)	Tiers	Robatscher (2003), S. 142
Ocimum basilicum *	Basilikum	Paslkuam (m.)	Naturns	
Ocimum basilicum *	Basilikum	Påsslggumm (m.)	Riffian	
Ocimum basilicum *	Basilikum	Passlgu (n.)	Deutschnofen	Zelger (2004), S. 16
Ocimum basilicum *	Basilikum	Passlkum (m.)	Latzfons[1], Villnöß	[1]Bibliotheksgruppe Latzfons (2004), S. 85
Ocimum basilicum *	Basilikum	Passlkun	Mölten	
Ocimum basilicum *	Basilikum	Schmëcker (m.)	St. Pauls/Eppan, Kastelruth, Seis	
Ocimum basilicum *	Basilikum	Schmëckerkraut (n.)	Afing	
Onobrychis viciifolia	Gewöhnliche Esparsette	Hāndlklea (m.)	Trens, Wiesen/Pfitsch	
Onobrychis viciifolia agg.	Artengruppe Gewöhnliche Esparsette	Giggrhānlen, -hāndlen (Pl.)	Schlanders	
Onobrychis viciifolia agg.	Artengruppe Gewöhnliche Esparsette	Kiëchlschpiss (m.)	Taufers i. M.	
Ononis sp.	Hauhechel	Wëtzstoankraut (n.)	Lajen	Fink (1972), S. 303 als „Hauhechel"
Ononis spinosa	Dornige Hauhechel i. w. S.	Ëisldearn (Pl.)	Afing	
Ononis spinosa	Dornige Hauhechel i. w. S.	Kuitischgl (f.)	Lüsen	Fink (1972), S. 164 als „Dorniger Hauhechel"
Ophrys insectifera	Fliegen-Ragwurz	Paterkittile (n.)	Völs am Schlern	
Ophrys insectifera	Fliegen-Ragwurz	Paterrëckl (n.)	Unterland	
Opuntia [*humifusa*]	[Kleiner] Feigenkaktus	Tuiflspråtz (f.)	Gries, Bozen	Fink (1972), S. 274 als „Opuntia vulgaris" (damit wird in Südtirol seit historischen Zeiten O. humifusa bezeichnet; ob auch andere Arten gemeint sind?)
Opuntia sp.	Feigenkaktus	Pettlprätz (f.)	Gries, Bozen	Gams (1949), S. 135, Fink (1972), S. 32 als „Cactus opuntia"
Opuntia sp.	Feigenkaktus	Tuiflsprätz (f.)	Gries, Bozen	Gams (1949), S. 135
Origanum dictamnus *	Diptam-Dost	Stubmhuckerle (n.)	Pustertal	Pfaff (1927), S. 131
Origanum majorana *	Majoran	Masserãu (m.)	Ulten	Lösch (1989), S. 96
Origanum majorana *	Majoran	Måsseru, Måserũ (m.)	Deutschnofen[1], Welschnofen	Zelger (2004), S. 58

Origanum majorana *	Majoran	Masserun	Schenna, Lana, Villnöß	
Origanum majorana *	Majoran	Måss^{e}run (m.)	Kastelruth	
Origanum majorana *	Majoran	Massrõu (m.)	Schnals	
Origanum majorana *	Majoran	Misroun	Martell	Pfitscher (2001), S. 71
Origanum majorana *	Majoran	Misruan (n.)	Naturns	
Origanum majorana *	Majoran	Mouseråån (n.)	Passeier	Haller & Lanthaler (2004), S. 141
Origanum majorana *	Majoran	Musrañ, -rañdl (Dim.), -lar (Dim. Pl.)	Sarntal	Gruber (2005), S. 125
Origanum majorana *	Majoran	Mussorun (m.)	Latzfons	Bibliotheksgruppe Latzfons (2004), S. 76
Origanum majorana *	Majoran	Roandomaserun (m.)	Lüsen	Schatz (1955), S. 468
Origanum majorana *	Majoran	Wurschtkraut (n.)	Naturns	
Origanum vulgare	Gewöhnlicher Dost	Wöülgimüit	Ahrntal	
Ornithogalum umbellatum agg.	Artengruppe Dolden-Milchstern	Gschpibme Gerscht (f.)	Tisens	
Orobanche sp.	Sommerwurz	Schnaidegrås (n.)	Sexten	Fink (1972), S. 239 als „Sommerwurze“
Orobanche sp.	Sommerwurz	Sëignsnwurze (f.)	Latzfons	Fink (1972), S. 247 als „Sommerwurze“
Orobanche sp.	Sommerwurz	Stierkraut (n.)	Eisacktal	Fink (2003), S. 373
Orobanche [sp.]	Sommerwurz	Stierkraut	Pustertal	Rauschenfels (1801), S. 220 als „Orobanche major“ (= Orobanche caryophyllacea, steht aber wohl stellvertretend für mehrere Arten)
Ostrya carpinifolia	Europäische Hopfenbuche	Cárpen (m., it.)	Buchholz	
Ostrya carpinifolia	Europäische Hopfenbuche	Schtoanpuach (f.)	Montan[1], Andrian, Kaltern, Kurtatsch, Laag	[1]Schweiggl (2003), S. 16
Oxalis acetosella	Wald-Sauerklee	Fëigeleproat (n.)	Naturns	
Oxalis acetosella	Wald-Sauerklee	Fiëberklea (m.)	Mals	
Oxalis acetosella	Wald-Sauerklee	Gguggugsklea; Gguggklea (m.)	Brixen, St. Leonhard/Brixen; Langtaufers	
Oxalis acetosella	Wald-Sauerklee	Gguggugskraut (n.)	Niederdorf	
Oxalis acetosella	Wald-Sauerklee	Ggugguplattln (Pl.)	Kastelruth, Schlerngebiet	
Oxalis acetosella	Wald-Sauerklee	Gguggupreatlan, -plattlan (Pl.)	Burgeis, Taufers i. M.	
Oxalis acetosella	Wald-Sauerklee	Gguggupreatlen (Pl.)	Stilfs, Matsch, Laas, Schlanders	
Oxalis acetosella	Wald-Sauerklee	Gguggupreatler, -plattler (Pl.)	Aldein	
Oxalis acetosella	Wald-Sauerklee	Gguggurout (n.)	Langtaufers[1], Bozen	[1]Joos (2010), S. 570
Oxalis acetosella	Wald-Sauerklee	Goaspappelen (Pl.)	Matsch	
Oxalis acetosella	Wald-Sauerklee	Guggusрreatl (n.)	Schluderns	

Oxalis acetosella	Wald-Sauerklee	Himml(s)prout; -proat (n.)	Partschins, Missian, Eppan, Ratschings, Mareit; Ridnaun, Pfitsch, Gais, Prags, Gsies, Innichen, Winnebach	
Oxalis acetosella	Wald-Sauerklee	Himmlmilch und Himmlpröet	Weißenbach/Ahrntal	
Oxalis acetosella	Wald-Sauerklee	Himmlpappiler (Pl.)	Pflersch	
Oxalis acetosella	Wald-Sauerklee	Himmlpreatlen (Pl.)	Plaus, Naturns	
Oxalis acetosella	Wald-Sauerklee	Himmlpröet (n.)	Steinhaus	
Oxalis acetosella	Wald-Sauerklee	Hosnklea (m.)	Mühlbach	
Oxalis acetosella	Wald-Sauerklee	Kas(e) und Proat	Vierschach, Sexten, Innichen, Toblach, Getzenberg/Kiens	
Oxalis acetosella	Wald-Sauerklee	Kasepappilan (Pl.)	Sexten, Toblach	
Oxalis acetosella	Wald-Sauerklee	Kaspappele (n.)	Bruneck	
Oxalis acetosella	Wald-Sauerklee	Pan de cúco (m., it.)	Laag	
Oxalis acetosella	Wald-Sauerklee	Pitterla (Pl.)	Pfitsch	
Oxalis acetosella	Wald-Sauerklee	Sauerpappelen (Pl.)	Tisens	
Oxalis acetosella	Wald-Sauerklee	Zuggerpreatl (n.)	Lüsen	Prosch (1923), S. 255
Oxalis [*acetosella*]	[Wald-]Sauerklee	Ggugguplattln (Pl.)	Tiers	Wirth (2021), S. 363 als „Sauerklee"
Oxalis [*acetosella*]	[Wald-]Sauerklee	Kassepappilan (Pl.)	Antholz	Pallhuber (2016), S. 140 als „Sauerklee"
Oxalis [*acetosella*]	[Wald-]Sauerklee	Nunnafirzlen (Pl.)	Glurns	Fink (1972), S. 203 als „Sauerklee"
Oxalis [*acetosella*]	[Wald-]Sauerklee	Putterpreatler (Pl.)	Ulten	Lösch (1989), S. 93 als „Sauerklee"
Pachypleurum mutellinoides	Einfache Zwergmutterwurz	Motaun (m.)	Vals/Mühlbach, Meransen	
Paeonia officinalis *	Arznei-Pfingstrose	Påppl (f.)	Kastelruth	
Paeonia officinalis *	Arznei-Pfingstrose	Pòpola (f., it.)	Laag	
Paeonia sp. *	Pfingstrose	Tondopluime (f.), -pluim (Pl.)	Sexten	Stauder (2019), S. 218
Panicum miliaceum *	Echte Hirse	Brein	Pustertal	Rauschenfels (1801), S. 216
Panicum miliaceum *	Echte Hirse	Hattelhirse	Pustertal	Rauschenfels (1801), S. 216
Panicum [*miliaceum*] *	[Echte] Hirse	Hirsche	Pustertal	Schatz (1955), S. 297 als „Hirse"
Papaver alpinum	Alpen-Mohn	Schmëlzpfandler (Pl.)	Ridnaun	
Papaver rhoeas	Klatsch-Mohn	Fāndler (Pl.)	Laurein	
Papaver rhoeas	Klatsch-Mohn	Fāndlkraut (n.)	Lajen	
Papaver rhoeas	Klatsch-Mohn	Hegsnfuito (n.)	Pfunders	Kerschbaumer-Sigmund (1985), S. 28
Papaver rhoeas	Klatsch-Mohn	Mogn (Pl.)	Deutschnofen[1], Eggen, Telfes	[1]Zelger (2004), S. 57, 69

Papaver rhoeas	Klatsch-Mohn	Mougn (Pl.), Mouge (Sg.)	Pustertal	Kerschbaumer-Sigmund (1985), S. 28
Papaver rhoeas	Klatsch-Mohn	Wilder Mogn (m.)	Ridnaun	Wirth (2021), S. 381
Papaver rhoeas, P. dubium	Klatsch-Mohn, Schmalköpfiger M.	Paterpuschn (Pl.)	Kaltern, Tramin	
Papaver rhoeas, P. dubium	Klatsch-Mohn, Schmalköpfiger M.	Saumogn, -måågn (m.)	Naturns, Kurtatsch	
[*Papaver rhoeas, P. dubium*]	[Klatsch-Mohn, Schmalköpfiger M.]	Patterpuschn (Pl.)	Überetsch	Fink (1979), S. 77 als „wilder Mohn“
[*Papaver rhoeas, P. dubium*]	[Klatsch-Mohn, Schmalköpfiger M.]	Saumogn (m.)	Feldthurns	Fink (1972), S. 225 als „wilder Mohn“
Papaver somniferum *	Schlaf-Mohn	Moge (Sg.)	Sterzing	
Papaver somniferum *	Schlaf-Mohn	Mogn (m. Sg., Pl.)	Deutschnofen[1], Naturns, Pfitsch, Sterzing, Pfunders	[1]Zelger (2004), S. 57
Papaver somniferum *	Schlaf-Mohn	Mogn (m.)	Naturns	
Papaver somniferum *	Schlaf-Mohn	Mougn (m. Sg., Pl.)	Aldein, Villnöß, Prags	
Papaver somniferum *	Schlaf-Mohn	Mo^{u}gn (Pl.)	Mölten, Vöran	
Papaver sp.	Mohn	Hansele in der Leit (n.)	Ulten	Lösch (1989), S. 94
Papaver sp.	Mohn	Moge (f.)	Pfitsch	Christensen (2014), S. 117
Papaver sp.	Mohn	Mogñ (f.)	Sarntal	Gruber (2005), S. 122
Papaver sp.	Mohn	Mogn (meist im Pl.)	Stilfs, Martell, Ulten, Platt/Passeier, Ritten, Altrei, Villanders, Ridnaun, Sexten	
Papaver sp.	Mohn	Mougn (Pl.)	Sarntal, Aldein, Eisacktal, St. Leonhard/Brixen, Terenten, Vals/Mühlbach, Getzenberg/Kiens, Ahrntal, Antholz, Toblach[1]	[1]Mittich-Steinwandter (2023, Nr. 4), S. 39
Paradisea liliastrum	Weiße Trichterlilie	Perglilie (f.)	Schlanders	
Parietaria judaica, P. officinalis	Ausgebreitetes Glaskraut, Aufrechtes G.	Schneggngrås (n.)	Kaltern, Tramin, Kurtatsch, Laag, Neumarkt	
Parietaria officinalis	Aufrechtes Glaskraut	Schneggnkraut (n.)	Andrian	
Parietaria sp.	Glaskraut	Schneggngros (n.)	Untervinschgau	
Paris quadrifolia	Vierblättrige Einbeere	Oampëir (f.)	Pustertal	Schatz (1955), S. 12 als „giftige Einbeere“
Parthenocissus quinquefolia agg.	Artengruppe Wilder Wein	Fouglwaimerla (n.)	Kaltern	
Pedicularis [*rostratocapitata*] ?	[Kopfiges] Läusekraut	Einhacken	Pustertal	Rauschenfels (1801), S. 220 als „Pedicularis rostrata“ (der Name P. rostrata ist mehrdeutig, wahrscheinlich ist P. rostratocapitata gemeint)
Pedicularis palustris	Sumpf-Läusekraut	Lauskraut	Pustertal	Rauschenfels (1801), S. 220

Pedicularis sp.	Läusekraut	Froschgosch (f.)	Afing	Fink (1972), S. 86 als „beblättertes Läusekraut“ (unklar, welche Art gemeint ist, zumal das Durchblätterte Läusekraut = Pedicularis foliosa im Gebiet nicht vorkommt)
Pedicularis sp.	Läusekraut	Oanhouggn (m.)	Eisacktal	Fink (2003), S. 154 als „rotblühende Pedicularis-Art (Heideblume)“
Pedicularis verticillata	Quirl-Läusekraut	Klẽwer (m.)	Lüsen	Fink (1972), S. 154
Pedicularis verticillata ?	Quirl-Läusekraut	Ggamskrëss (m.)	Feldthurns	Fink (1972), S. 92 als „wirtelblättriges Läusekraut“ (ob wirklich das Quirl-Läusekraut gemeint ist?)
Pelargonium odoratissimum *	Duft-Pelargonie	Klu^{e}gplattlar (m. Sg.), -li (Dim.), -lar (Dim. Pl.)	Sarntal	Gruber (2005), S. 71, 103
Pelargonium odoratissimum *	Duft-Pelargonie	Kluegplattler (m.)	Ritten	Fink (1972), S. 155
Pelargonium sp. *	Pelargonie, Geranie	Gran	Rodeneck	
Pelargonium sp. *	Pelargonie, Geranie	Grob (n.), Grobplattl (n.), Grouwegrob (n.)	Afing, Pustertal	Fink (1972), S. 109 als „Fensterblume, eine Art Pelargonie“
Pelargonium sp. *	Pelargonie, Geranie	Grouplattlar (Pl.)	Sarnthein	
Pelargonium sp. *	Pelargonie, Geranie	Prennete Liab (f.)	Lajen[1], Ritten, Villanders	[1]Fill (2016), ohne Seitenangabe als „Geranie“
Pelargonium sp. *	Pelargonie, Geranie	Prennete Liabe (f.)	Platt/Passeier	
Pelargonium sp. *	Pelargonie, Geranie	Prennita Liab (f.)	Latzfons	
Pelargonium sp. *	Pelargonie, Geranie	Prinnate Liab (f.)	Eisacktal	
Pelargonium sp. *	Pelargonie, Geranie	Prinnati Li^{e}w (f.)	Sarntal	Gruber (2005), S. 38 als „Geranie“
Pelargonium sp. *	Pelargonie, Geranie	Prinnatliab (f.)	Kastelbell-Tschars[1], Ulten	[1]Kaserer (2007), S. 6 als „Geranie“
Pelargonium sp. *	Pelargonie, Geranie	Prinneti Liabm (Pl.)	Aldein	Taschner (1969), S. 78
Pelargonium sp. *	Pelargonie, Geranie	Schtinka (Pl.)	Ahrntal	
Pelargonium sp. *	Pelargonie, Geranie	Stinkete hóaffert (f.)	Villnöß	Fink (1972), S. 260 als „Geranie“
Persicaria bistorta	Schlangen-Knöterich	Nåtternzungen (Pl.)	Kastelruth	
Persicaria maculosa	Floh-Knöterich	Flokraut (n.)	Flaas	
Petasites albus	Weiße Pestwurz	Påchpletschn (Pl.)	Villanders	
Petasites albus	Weiße Pestwurz	Såntplattlen (Pl.)	Stilfs	
Petasites albus	Weiße Pestwurz	Såntplerchn (Pl.)	Platt/Passeier	
Petasites albus	Weiße Pestwurz	Waislobbise (f.), -lobbisn (Pl.)	Sexten	Stauder (2019), S. 232
Petasites hybridus	Gewöhnliche Pestwurz	Påchlåwise (f.)	Olang	
Petasites sp.	Pestwurz	Ëisltritt (Pl.)	Ahrntal	
Petasites sp.	Pestwurz	Låbbassn (Pl.)	Vierschach	

Petasites sp.	Pestwurz	Låbbisn (Pl.)	Prags	
Petasites sp.	Pestwurz	Lobisn (Pl.)	Tisens	
Petasites sp.	Pestwurz	Luempletschn (Pl.)	Tiers	
Petasites sp.	Pestwurz	Såntlobes (Pl.)	Ulten	
Petroselinum crispum *	Echte Petersilie	Graitla (n.)	Ritten	
Petroselinum crispum *	Echte Petersilie	Kluans Suppmkraut (n.)	Ridnaun	
Petroselinum crispum *	Echte Petersilie	Kraitl (n.)	Schenna, Passeier, Villanders, Kastelruth	
Petroselinum crispum *	Echte Petersilie	Kraitla (m., n.)	Taufers i. M., Prad, Schluderns, Martell, Schnals, Kastelbell-Tschars, Naturns, Laurein, Tramin, Truden, Altrei, Deutschnofen, Welschnofen, Tiers, Latzfons	
Petroselinum crispum *	Echte Petersilie	Kraitle (n.)	Lana, Völlan, St. Walburg/Ulten, Vöran, Mölten	
Petroselinum crispum *	Echte Petersilie	Kreitli (n.)	Sarntal	
Petroselinum crispum *	Echte Petersilie	Pietosill	Getzenberg/Kiens	
Petroselinum [crispum] *	[Echte] Petersilie	Peaterzipfl, Peateripfl, Peaterzimml (m.)	Pustertal	Schatz (1955), S. 63 als „Petersilie, Petroselinum“
Petunia sp. *	Petunie	Friëmësserle (n.)	Vinschgau	Fink (1972), S. 87
Peucedanum ostruthium	Meisterwurz	Horstrinze (f.)	Kiens	Schatz (1955), S. 613 als „Imperatoria ostruthium“
Peucedanum ostruthium	Meisterwurz	Mâschtowurschze (f.)	Olang	
Peucedanum ostruthium	Meisterwurz	Mâschtowurze (f.), -wurzn (Pl.)	Sexten	Stauder (2019), S. 126
Peucedanum ostruthium	Meisterwurz	Moascht^{e}rwu^{r}schze (f.)	Sterzing, Pfitsch	
Peucedanum ostruthium	Meisterwurz	Muaschtåwu^{r}schze (f.)	Antholz	Pallhuber (2016), S. 140
[Peucedanum ostruthium]	[Meisterwurz]	Wåltmâschto (m.)	Sexten	Fink (1972), S. 295 „Pflanze Waldmeister, Meisterwurz“ (siehe Anmerkung unter Galium odoratum)
Phaseolus vulgaris *	Gartenbohne	F^{e}rsëil (f.), F^{e}rsëiln (Pl.)	Prad, Martell, Naturns, Kaltern, Mölten, Vöran, Ritten, Truden	
Phaseolus vulgaris *	Gartenbohne	F^{e}rsëln (Pl.)	Welschnofen	
Phaseolus vulgaris *	Gartenbohne	Fisëile (f.); Fisëil (f.), Fisëiln (Pl.)	Passeier; Latzfons, Getzenberg/Kiens, Toblach[1]	[1]Mittich-Steinwandter (2023, Nr. 2), S. 25
Phaseolus vulgaris *	Gartenbohne	Fosëil, -e (f.), Fosëil (Pl.)	Sexten[1], Pfunders	[1]Stauder (2019), S. 63
Phaseolus vulgaris *	Gartenbohne	Puschpoan (f.)	Toblach	Mittich-Steinwandter (2023, Nr. 2), S. 25
Phaseolus vulgaris *	Gartenbohne	Schoadlan; -len (Pl.)	Kastelbell-Tschars[1], Schluderns, ; Naturns	Kaserer (2007), S. 47
Phaseolus vulgaris *	Gartenbohne	Schoadl^{e}r (Pl.)	Deutschnofen	Zelger (2004), S. 67

Phaseolus vulgaris *	Gartenbohne	Schoadln (Pl.)	Laurein	
Phaseolus [*vulgaris*] *	[Gartenbohne]	Buin (f.)	Antholz	Müller (1985), S. 148 als „Bohne“
Phaseolus [*vulgaris*] *	[Gartenbohne]	Sëile (f.)	Passeier	Schatz (1955), S. 174 als „Phaseolus“
Phlox sp. *	Flammenblume	Flux (m.)	Kiens	Schatz (1955), S. 182
Phlox sp. *	Flammenblume	Hundertnageler (Pl.)	Afing	Fink (1972), S. 134
Phlox sp. *	Flammenblume	Tausntnageler (Pl.)	Afing	Fink (1972), S. 272
Phragmites australis	Gewöhnliches Schilf	Binse	Pustertal	Rauschenfels (1801), S. 216 als „Arundo phragmites“
Phragmites australis	Gewöhnliches Schilf	Carécia (f., it.)	Laag	
Phragmites australis	Gewöhnliches Schilf	Mosefēdo (f.)	Sexten	Fink (1972), S. 194 als „Schilfrohr“
Phragmites australis ?	Gewöhnliches Schilf	Mouskolbm (m.)	Vinschgau	Schatz (1955), S. 432 als „Schilfrohr“ (ob hier Typha sp. gemeint ist?)
Phragmites australis	Gewöhnliches Schilf	Nunnen (Pl.)	Passeier	Fink (1972), S. 203 als „Schilfgräser“
Phragmites australis	Gewöhnliches Schilf	Peanzggn (Pl.)	Glurns, Prad, Eyrs[1]	[1]Fink (1972), S. 27 als „Schilf“
Phragmites australis	Gewöhnliches Schilf	Pimmise (f.), Pimmisn (Pl.)	Pfitsch[1], Fleins/Freienfeld	[1]Christensen (2014), S. 142 als „Binse- Schilf“
Phragmites australis	Gewöhnliches Schilf	Schtrëip (f.)	Lana, Tramin	
Phragmites australis	Gewöhnliches Schilf	Schtrëipear (f.)	Kaltern	
[*Phragmites australis*]	[Gewöhnliches Schilf]	Pea^{n}schgn (Pl.)	Vinschgau	Schatz (1955), S. 60 als „Binsen“
Physalis alkekengi	Gewöhnliche Blasenkirsche	Mouspoupala (n.)	Kaltern	
Phyteuma orbiculare	Rundköpfige Teufelskralle	Tuiflhëirndlen (Pl.)	Stilfes	
Phyteuma orbiculare	Rundköpfige Teufelskralle	Tuiflkral (f.)	Langtaufers	Joos (2010), S. 567
Picea abies	Gewöhnliche Fichte	Faicht (f.)	Vinschgau, Burggrafenamt, Tschögglberg, Regglberg, Sarntal	
Picea abies	Gewöhnliche Fichte	Faichta (f.)	Latzfons, Eisacktal	
Picea abies	Gewöhnliche Fichte	Faichte (f.)	Eisacktal[1], Passeier, Wipptal, Pustertal	[1]Fink (2003), S. 359
Picea abies	Gewöhnliche Fichte	Faichtnpam (m.)	Kurtatsch	
Picea abies	Gewöhnliche Fichte	Foichte (f.), Foichtn (Pl.)	Weißenbach/Ahrntal	
Picea abies	Gewöhnliche Fichte	Péc (m., it.)	Salurn	
Pimpinella anisum *	Anis	Anes (m.)	Kastelruth	
Pimpinella major	Große Bibernelle	Bibernellnwurz (f.)	St. Walburg/Ulten	
Pimpinella major	Große Bibernelle	Pockwurz (f.)	Vöran	
Pimpinella major	Große Bibernelle	Pöckwurz (f.)	St. Walburg/Ulten	
Pimpinella major	Große Bibernelle	Pockwurze (f.)	Lüsen[1], Platt/ Passeier, Trens	[1]Fink (1972), S. 46

Pimpinella saxifraga	Kleine Bibernelle	Pockwurschze (f.)	Pustertal	Kerschbaumer-Sigmund (1985), S. 41
Pimpinella saxifraga	Kleine Bibernelle	Pöckwurschze (f.)	Ahrntal	
Pimpinella saxifraga	Kleine Bibernelle	Pockwurz (f.)	Matsch, Schluderns, Kastelruth	
Pimpinella saxifraga	Kleine Bibernelle	Pockwurzl (f.)	St. Leonhard/Brixen	
Pimpinella sp.	Bibernelle	Héargotsport (m.)	Villnöß	Fink (1972), S. 123
Pimpinella sp.	Bibernelle	Pockwurz (f.)	Rojen, Martell	
Pimpinella sp.	Bibernelle	Pockwurzn (Pl.)	Schnals	
Pinguicula vulgaris	Gewöhnliches Fettkraut	Schmerkraut (n.)	Pustertal	Rauschenfels (1801), S. 215
Pinguicula vulgaris, P. leptoceras	Gewöhnliches Fettkraut, Dünnsporniges F.	Flaischfresserlen (Pl.)	Ritten	
Pinguicula vulgaris, P. leptoceras	Gewöhnliches Fettkraut, Dünnsporniges F.	Fluigafress^{e}r (Pl.)	Stilfs	
Pinguicula vulgaris, P. leptoceras	Gewöhnliches Fettkraut, Dünnsporniges F.	Kapelliler (Pl.)	Ulfas/Passeier	
Pinus cembra	Zirbe	Petschlpam (m. Sg., Pl.)	Langtaufers[1], Rojen, Reschen, Graun, St. Valentin a. d. H., Stilfs, Mals, Prad, Martell	[1]Thöni (2010), S. 56
Pinus cembra	Zirbe	Zirb (f.)	Aldein	
Pinus cembra	Zirbe	Zirbernusbaum	Pustertal	Rauschenfels (1801), S. 222
Pinus cembra	Zirbe	Zir^{b}me (f.)	Passeier[1], Sexten[2]	[1]Haller & Lanthaler (2004), S. 252 [2]Stauder (2019), S. 242
Pinus cembra	Zirbe	Zirm (m.), -li (Dim.), -lar (Dim. Pl.)	Sarntal	Gruber (2005), S. 223
Pinus cembra	Zirbe	Zirmpam (m.)	Proveis	
Pinus mugo	Leg-Föhre	Fërchschtaude (f.)	Pfitsch	
Pinus mugo	Leg-Föhre	Kniëholz (n.)	Brenner[1], St. Leonhard/Brixen	[1]Fink (1972), S. 156
Pinus mugo	Leg-Föhre	Lātsch (f.), Lātschn (Pl.)	Naturns, Kastelruth, Meran	
Pinus mugo	Leg-Föhre	Leachtschuppe (f.)	Antholz	Fink (1972), S. 173
Pinus mugo	Leg-Föhre	Miga (f.), Mign, Migschtaudn (Pl.)	Tiers[1], Völs am Schlern, Seis[2]	[1]Robatscher (2003), S. 140 [2]Marzell (1943–1979), Bd. 3, Sp. 774
Pinus mugo	Leg-Föhre	Raisch(e) (f.), Raischn (Pl.)	Feldthurns[1], Vöran, Sarntal, Durnholz, Latzfons, Verdings, Schalders	[1]Wirth (2021), S. 356
Pinus mugo	Leg-Föhre	Raisch(n)schtauda, -schtaud (f.)	Villanders, Ritten	
Pinus mugo	Leg-Föhre	Tschugge (f.)	Pfitsch	Christensen (2014), S. 205
Pinus mugo	Leg-Föhre	Tschupp (f.)	St. Valentin a. d. H.	Schatz (1955), S. 662

Pinus mugo	Leg-Föhre	Zatn (Pl.)	Villnöß[1], Steinhaus, Ahrntal, Kiens	[1]Kühebacher (1975), S. 387
Pinus mugo	Leg-Föhre	Zatschtaudn (Pl.)	Kiens	Schatz (1955), S. 722
Pinus mugo	Leg-Föhre	Zetn (Pl.)	Innichen	Kühebacher (1975), S. 387
Pinus mugo	Leg-Föhre	Zētn (Pl.)	Eggental[1], Aldein, Trens	[1]Kühebacher (1975), S. 387
Pinus mugo	Leg-Föhre	Zette (f.), Zettn[1] (Pl.)	Sexten	[1]Stauder (2019), S. 240
Pinus mugo	Leg-Föhre	Zirmen (Pl.), Eazirb	Laurein	
Pinus mugo	Leg-Föhre	Zundrn (Pl.)	Schluderns	
Pinus mugo	Leg-Föhre	Zuntr (f.), Zuntrn (Pl.)	Langtaufers[1], Rojen, St. Valentin a. d. H., Burgeis, Taufers i. M., Trafoi, Ulten, Pflersch	[1]Joos (2010), S. 565
Pinus mugo	Leg-Föhre	Zūntrn (Pl.), Zūntrschtaud (f.)	Kurtatsch, Kaltern	
Pinus mugo	Leg-Föhre	Zurgglschtaudn (Pl.)	Lüsen	Prosch (1923), S. 256
Pinus [*mugo*]	[Leg-Föhre]	Zëietschtau (f.)	Welschnofen	Schatz (1955), S. 726 als „Zwergkiefer"
Pinus nigra	Schwarz-Föhre	Pína (f., it.)	Buchholz	
Pinus nigra	Schwarz-Föhre	Pini dópi (Pl., it.)	Laag	
Pinus nigra	Schwarz-Föhre	Schwåårzfōrch (f.)	Truden	Ortner (2005), S. 428
Pinus nigra	Schwarz-Föhre	Schwårzfēirch (f.)	Kaltern	
Pinus sylvestris	Rot-Föhre	Fë^{i}r (f.), Fë^{i}rn (Pl.)	Deutschnofen[1], Welschnofen, Villanders	[1]Zelger (2004), S. 28
Pinus sylvestris	Rot-Föhre	Feirch (f.)	Kaltern	
Pinus sylvestris	Rot-Föhre	Fērch (f.), Fērchn (Pl.)	Kastelbell-Tschars[1], Schluderns, Martell, Schlanders, Naturns, St. Walburg/Ulten, Unsere Liebe Frau im Walde, Algund, Vöran, Sterzing	[1]Kaserer (2007), S. 10
Pinus sylvestris	Rot-Föhre	Fērche (f.)	Jaufental[1], Passeier	Schatz (1955), S. 185
Pinus sylvestris	Rot-Föhre	Fērr (f.)	Prader Berg	
Pinus sylvestris	Rot-Föhre	Fērra (f.)	Kastelruth	
Pinus sylvestris	Rot-Föhre	Fērrn (Pl.)	St. Magdalena/Gsies, Stilfs	
Pinus sylvestris	Rot-Föhre	Forch (f.)	Laurein	
Pinus sylvestris	Rot-Föhre	Forche (f.), Fōrch (f.)	Truden[1], Bozen, Aldein	[1]Ortner (2005), S. 428
Pinus sylvestris	Rot-Föhre	Förche (f.), Förchn (Pl.)	Antholz[1], Andrian, Ahrntal	[1]Müller (1985), S. 148
Pinus sylvestris	Rot-Föhre	Fōrchnpam (m.), Fōrch (f.)	Kurtatsch	
Pinus sylvestris	Rot-Föhre	Pin (m., it.)	Buchholz, Laag	
Pinus uncinata @	Haken-Föhre	Tschirpe (f.)	Schalders	Fink (1972), S. 253, 283 als „aufrecht stehende Legföhre, Spirke"

Pisum sativum *	Kultur-Erbse	Årbas (f.), Arbasn (Pl.)	St. Valentin a. d. H., Martell, Kastelbell, Laurein, Prags, Antholz	
Pisum sativum *	Kultur-Erbse	Årbes (f.)	Tiers	
Pisum sativum *	Kultur-Erbse	Arbis (f.)	Naturns	
Pisum sativum *	Kultur-Erbse	Årbisa (f.), Årbisn (Pl.)	Latzfons	[1]Bibliotheksgruppe Latzfons (2004), S. 18
Pisum sativum *	Kultur-Erbse	Arbisn (f.)	Platt/Passeier	
Pisum sativum *	Kultur-Erbse	Årbisse (f.)	Pfitsch	Christensen (2014), S. 19
Pisum sativum *	Kultur-Erbse	Arwas (f.)	Langtaufers	
Pisum sativum *	Kultur-Erbse	Årwas (Pl.)	Terenten	
Pisum sativum *	Kultur-Erbse	Arweis	Aldein	
Pisum sativum *	Kultur-Erbse	Arwis (f.), -n (Pl.), -li (Dim.), -lar (Dim. Pl.)	Sarntal	Gruber (2005), S. 23
Pisum sativum *	Kultur-Erbse	Krummschoadlan (Pl.)	Burgeis	
Pisum sativum *	Kultur-Erbse	Putschan	Altrei	Abram (2006), S. 857
Pisum sativum *	Kultur-Erbse	Schoadln (Pl.)	Langtaufers	Joos (2010), S. 569 als „Pisum sativum ssp. arvense"
Pisum sativum *	Kultur-Erbse	Wilde Schoadlan (Pl.)	Graun im Vinschgau	
Plantago alpina	Alpen-Wegerich	Rūtsch (m.)	Passeier	
Plantago lanceolata	Spitz-Wegerich	Schåfzunge (f.)	Pustertal	Kerschbaumer-Sigmund (1985), S. 126
Plantago lanceolata	Spitz-Wegerich	Schpitzwëg^{a}r (m.)	Sarntal	
Plantago lanceolata	Spitz-Wegerich	Schpitzwëgerit, -ich (m.)	Passeier	
Plantago lanceolata	Spitz-Wegerich	Schpitzweggra (m.)	Sterzing, Pfunders, Ahrntal, Antholz	
Plantago lanceolata	Spitz-Wegerich	Schpitzwegra (m.)	Pfitsch	
Plantago lanceolata	Spitz-Wegerich	Schpitzwëier (m.)	Kaltern	
Plantago lanceolata	Spitz-Wegerich	Schpitzwëiger (m.)	Martell	
Plantago major	Breit-Wegerich	Fouglfuater (n.)	Kurtatsch	
Plantago major	Breit-Wegerich	Fouglwirschtl (n.)	um Klausen	Fink (1972), S. 84
Plantago major	Breit-Wegerich	Pëttfetzer (Pl.)	Ploseberg/Brixen	Jocher (2010), S. 512
Plantago major	Breit-Wegerich	Proatwëg^{a}r (m.)	Sarntal	
Plantago major	Breit-Wegerich	Proatwëg^{a}ra (m.)	Ulten	Lösch (1989), S. 93
Plantago major	Breit-Wegerich	Proatwëgerit, -ich (m.)	Passeier	
Plantago major	Breit-Wegerich	Proatweggra (m.)	Antholz	Müller (1985), S. 148
Plantago major	Breit-Wegerich	Proatwegra (m.)	Terenten	
Plantago major	Breit-Wegerich	Proatwëig^{e}r (m.)	Martell	
Plantago major	Breit-Wegerich	Proatwëigr (m.)	Obervinschgau	
Plantago major	Breit-Wegerich	Sintnpletschn (Pl.)	Ridnaun	
Plantago major, P. media	Breit-Wegerich, Mittlerer Wegerich	Hatala (n.)	Kaltern	
Plantago major, P. media	Breit-Wegerich, Mittlerer Wegerich	Weggra (m.)	Ahrntal	
Plantago sp.	Wegerich	Lugnkraut (n.)	Villanders	Fink (1972), S. 180

Plantago sp.	Wegerich	Schofzunge (f.), Wegwart (m.)	Eisacktal	Fink (1972), S. 226, Fink (2003), S. 373
Plantago sp.	Wegerich	Weggra (m.)	Prags	
Plantago sp.	Wegerich	Wëigplattler (Pl.)	Vöran	
Poa alpina	Alpen-Rispengras	Knottfëider (f.)	Glurns	Fink (1972), S. 156
Poa alpina	Alpen-Rispengras	Madaun	Sterzinger Gegend	Malfèr (1953), S. 370
Poa alpina	Alpen-Rispengras	Ritschlgros (n.)	Latzfons	Fink (1972), S. 222
Poa alpina	Alpen-Rispengras	Wånznschmell (f.)	Afing	Fink (1972), S. 297
Polemonium caeruleum *	Blaues Sperrkraut	Aisngros (n.)	Pfitsch	
Polemonium caeruleum *	Blaues Sperrkraut	Himmlsloater (f.)	Latzfons	Fink (1972), S. 126
Polemonium [caeruleum] *	[Blaues] Sperrkraut	Jõggisstob (m.)	Latzfons	Fink (1972), S. 141 als „Sperrkraut"
Polygala chamaebuxus	Buchs-Kreuzblume	Erpslan (Pl.)	Naturns, Plaus	
Polygala chamaebuxus	Buchs-Kreuzblume	Fraudnschiëchlen; -schiëchlan (Pl.)	Ritten; Vals/ Mühlbach, Terenten	
Polygala chamaebuxus	Buchs-Kreuzblume	Fraudnschiëdlar (Pl.)	Sarntal	
Polygala chamaebuxus	Buchs-Kreuzblume	Fraudnschua (Pl.)	Ritten	
Polygala chamaebuxus	Buchs-Kreuzblume	Gugguhāndlen (Pl.)	Villnöß	
Polygala chamaebuxus	Buchs-Kreuzblume	Hāndler (Pl.)	Proveis	
Polygala chamaebuxus	Buchs-Kreuzblume	Holzhåckale (n.); -håckolan (Pl.)	Sand in Taufers; Vintl, Ellen	
Polygala chamaebuxus	Buchs-Kreuzblume	Hölzknechte (Pl.)	Ahrntal, Weißenbach	
Polygala chamaebuxus	Buchs-Kreuzblume	Honigkampelen (Pl.)	Andrian	
Polygala chamaebuxus	Buchs-Kreuzblume	Honigplattlen (Pl.)	Laag	
Polygala chamaebuxus	Buchs-Kreuzblume	Hunfuas (m.), Hunfiëslen (Pl.)	Villanders	
Polygala chamaebuxus	Buchs-Kreuzblume	Kiëgrantn (Pl.)	Mühlbach	
Polygala chamaebuxus	Buchs-Kreuzblume	Muatergottespatschlen (Pl.)	Montan, Pinzon, Steinegg	
Polygala chamaebuxus	Buchs-Kreuzblume	Muatergottespatschler (Pl.)	Welschnofen	
Polygala chamaebuxus	Buchs-Kreuzblume	Muatergottesschiëchlen (Pl.)	Riffian, Eppan, Tramin, Neumarkt, Gummer	
Polygala chamaebuxus	Buchs-Kreuzblume	Muitogottespatschlan (Pl.)	Vals/Mühlbach	
Polygala chamaebuxus	Buchs-Kreuzblume	Oar in Schmålz	Ulten, Afing	
Polygala chamaebuxus	Buchs-Kreuzblume	Peckehāndlen (Pl.)	Passeier	
Polygala chamaebuxus	Buchs-Kreuzblume	Peggehāndl, -hāndler (Pl.)	Tisens, Ulten	
Polygala chamaebuxus	Buchs-Kreuzblume	Pullelen und Ggiggerlen (Pl.)	Kastelruth	
Polygala chamaebuxus	Buchs-Kreuzblume	Scarpéte de la Madòna, scarpéte (Pl., it.)	Laag	
Polygala chamaebuxus	Buchs-Kreuzblume	Schmëckale (n.)	Toblach	
Polygala chamaebuxus	Buchs-Kreuzblume	Sigrant (m.)	Sexten	Stauder (2019), S. 205

Polygala chamaebuxus	Buchs-Kreuzblume	Schpeckehåndler (Pl.)	Ulten	
Polygala chamaebuxus	Buchs-Kreuzblume	Taibala (n. Sg.), Taibalan (Pl.)	Kaltern	
Polygala chamaebuxus	Buchs-Kreuzblume	Wåltmyrte (f.)	Meransen	
Polygonatum odoratum	Echtes Salomonssiegel	Fåckntuttn (Pl.)	Vierschach	
Polygonatum odoratum	Echtes Salomonssiegel	Maiglëggl (n.)	Olang	
Polygonatum odoratum	Echtes Salomonssiegel	Salomonschlë^{i}gl (m.)	Vöran	
Polygonatum odoratum	Echtes Salomonssiegel	Weiswurz	Pustertal	Rauschenfels (1801), S. 218 als „Convallaria polygonatum“
Polygonatum odoratum	Echtes Salomonssiegel	Wilde Maiglëggl^{e}n (Pl.)	Ritten	
Polygonatum odoratum, P. multiflorum	Echtes Salomonssiegel, Vielblütiges S.	Goastuttn (Pl.)	Kaltern	
Polygonum aviculare	Gewöhnlicher Vogelknöterich	Fëigelekraut (n.)	Lana	
Polygonum aviculare	Gewöhnlicher Vogelknöterich	Hansl und Greatl	Kastelruth	
Polygonum aviculare	Gewöhnlicher Vogelknöterich	Heinzl beim Weg	Unterland	Menghin (1884), S. 157
Polygonum aviculare	Gewöhnlicher Vogelknöterich	Hoanzelen (Pl.)	Girlan	
Polygonum aviculare	Gewöhnlicher Vogelknöterich	Hoanzlgros (n.)	Sarntal	
Polygonum aviculare	Gewöhnlicher Vogelknöterich	Huanzlgros (n.)	Lana	
Polygonum aviculare	Gewöhnlicher Vogelknöterich	Pflåschterklea (m.)	Laurein	
Polygonum [aviculare]	[Gewöhnlicher] Vogelknöterich	Kearlkraut (n.)	Tramin	Wirth (2021), S. 367 als „Vogelknöterich“
Polypodium vulgare	Gewöhnlicher Tüpfelfarn	Sieswi^{r}schzl (n.); -wi^{r}schzlan (Pl.)	Olang; Terenten	
Polypodium vulgare	Gewöhnlicher Tüpfelfarn	Sieswirziler (Pl.)	Afing	
Polypodium vulgare	Gewöhnlicher Tüpfelfarn	Sieswirzl (n.)	Pustertal[1], Überetsch, Kiens	[1]Rauschenfels (1801), S. 222
Polypodium vulgare	Gewöhnlicher Tüpfelfarn	Sieswirzlan (n., Sg., Pl.)	Taufers i. M., Stilfs	
Polypodium vulgare	Gewöhnlicher Tüpfelfarn	Sieswirzlar (Pl.)	Sarntal	
Polypodium vulgare	Gewöhnlicher Tüpfelfarn	Sieswirzler (Pl.)	Villnöß	
Polypodium vulgare	Gewöhnlicher Tüpfelfarn	Sieswurz (f.)	Ulten, Schlanders	
Polypodium vulgare	Gewöhnlicher Tüpfelfarn	Sieswuschze (f.)	Ahrntal	
Polypodium vulgare	Gewöhnlicher Tüpfelfarn	Sioswirzl (n.), -wirzlan (Pl.)	Sexten	Stauder (2019), S. 207
Polypodium vulgare	Gewöhnlicher Tüpfelfarn	Zuggerwirzl (n.)	Kastelruth	
Populus nigra	Schwarz-Pappel	Åålber (m.)	Kurtatsch	

Populus nigra	Schwarz-Pappel	Ålb^{e}r (m.)	Prad, Schlanders, Lana, Kaltern, Margreid, Tiers, Völs, Kastelruth, Ritten	
Populus nigra	Schwarz-Pappel	Ålbra, Ålbera (f.)	Laag, Unterland	
Populus sp.	Pappel	Ålber (f.)	Passeier	Haller & Lanthaler (2004), S. 32
Populus sp.	Pappel	Ålber (m.)	Lana	Sagmeister (2009), S. 7
Populus tremula	Zitter-Pappel	Åschp (f.)	Kastelbell-Tschars[1], Prader Berg, Laurein, Sarntal, Aldein	[1]Kaserer (2007), S. 35
Populus tremula	Zitter-Pappel	Åschpa (f.)	Tiers[1], Pustertal[2]	[1]Robatscher (2003), S. 122 [2]Schatz (1955), S. 32
Populus tremula	Zitter-Pappel	Åschpe (f.)	Passeier, Antholz[1]	[1]Müller (1985), S. 148
Populus tremula	Zitter-Pappel	Aschpm (Pl.)	Ahrntal	Duregger et al. (2009), S. 171
Populus tremula	Zitter-Pappel	Åschpm (Pl.)	Martell, St. Walburg/Ulten, Algund, Platt/Passeier, Laurein, Aldein, Villanders, Villnöß, Getzenberg/Kiens	
Populus tremula	Zitter-Pappel	Drëimala (n.)	Kaltern	
Populus tremula	Zitter-Pappel	Sålch (f.), -n (Pl.), Salchl (Dim.), -lar (Dim. Pl.)	Sarntal	Gruber (2005), S. 162 als „Zitterespe“
Populus tremula	Zitter-Pappel	Ziterpam (m.)	Kaltern	
Portulaca [*oleracea*]	[Gewöhnlicher] Portulak	Purglkraut (n.)	Villanders	Fink (1972), S. 57 als „Portulaca“
Potentilla alba	Weißes Fingerkraut	Mårtashantl (n.)	Villanders	Fink (1966a), S. 492
Potentilla anserina	Gänse-Fingerkraut	Gensegros (n.)	Sterzing	
Potentilla anserina	Gänse-Fingerkraut	Krămpfkraut (n.)	Pustertal[1], Brixen	[1]Kerschbaumer-Sigmund (1985), S. 30
Potentilla anserina	Gänse-Fingerkraut	Lenzel (f.), Lenzeler (Pl.)	Deutschnofen	Zelger (2004), S. 52
Potentilla anserina	Gänse-Fingerkraut	Schmëlzpfandlen (Pl.)	Kastelruth	
Potentilla erecta	Blutwurz	Milchkraut (n.)	Lüsen	Fink (1972), S. 191
Potentilla erecta	Blutwurz	Pluatwurz (f.)	Naturns	
Potentilla erecta	Blutwurz	Pluatwurzn (Pl.)	Villanders	
Potentilla erecta	Blutwurz	Pluitwurze (f.)	Pustertal	Moser (2015), S. 40
Potentilla erecta	Blutwurz	Schmëlzpfandlen (Pl.)	Vierschach	
Potentilla sp.	Fingerkraut	Fimfplattl (n.)	Barbian	Fink (1972), S. 88 als „Fünffingerkraut“
Potentilla sp.	Fingerkraut	Schmålzpleaml (n.)	Vinschgau	Schatz (1955), S. 538
Prenanthes purpurea	Hasenlattich	Milchschtingl (m.)	Kaltern	
Primula auricula	Alpen-Aurikel	Gelber Speick	Pustertal	Rauschenfels (1801), S. 217
Primula auricula	Alpen-Aurikel	Plåttennigl (n.)	Prags	
Primula auricula	Alpen-Aurikel	Plåttëënile (n.)	Innichen	

Primula auricula @	Alpen-Aurikel	Peatergläggl (n.)	Eisacktal	Fink (1972), S. 31 (im Bereich des Eisacktales nur im Wipptal und in Gröden vorkommend)
Primula auricula @	Alpen-Aurikel	Peatergstamm (n.)	Ritten	Fink (1972), S. 31 als „Aurikel" (ob wirklich P. auricula gemeint? Siehe Anmerkung zu „Schwintlpuschn", unter Primula [sp.])
Primula auricula @	Alpen-Aurikel	Schroufnpuschn (m.)	Afers	Fink (1972), S. 242 als „gelbe Aurikel, Primula auricula"
Primula auricula @	Alpen-Aurikel	Schtoanagelen (Pl.)	Tiers, Völs, Kastelruth	Wirth (2021), S. 378 als „Primula auricula"
Primula elatior	Hohe Primel	Fålscher Himmlschlissl (m.)	St. Leonhard in Passeier	
Primula elatior	Hohe Primel	Himblschlissl (m.)	Olang	
Primula elatior	Hohe Primel	Himmlschlissl (m. Sg., Pl.)	Langtaufers[1], Rojen, Schlanders, Naturns, Plaus, Andrian, Partschins, Aldein, Kastelruth, St. Leonhard/Brixen, Trens, Ridnaun, Sterzing, Vals/Mühlbach, Pfunders, Kiens	[1]Joos (2010), S. 567
Primula elatior	Hohe Primel	Peaterschlissl (m. Sg., Pl.)	Pustertal[1], Sterzing, Pflersch	[1]Rauschenfels (1801), S. 217 [Peterschlüssel]
Primula elatior	Hohe Primel	Sanktpeterschlüssel	Brixen	Pritzel & Jessen (1882), S. 308
Primula [*elatior, veris*]	[Hohe, Arznei-] Primel	Himblschlissl (Pl.)	Antholz	Pallhuber (2016), S. 140 als „Schlüsselblume, Primel"
Primula [*elatior, veris*]	[Hohe, Arznei-] Primel	Peater-, Peatoschlissl (Pl.)	Sarntal[1], Antholz[2]	[1]Gruber (2005), S. 144 als „Himmelschlüssel" [2]Pallhuber (2016), S. 140 als „Schlüsselblume, Primel"
Primula farinosa	Mehl-Primel	Ëislfårz (m.)	Völser Aicha, Gufidaun	
Primula farinosa	Mehl-Primel	Haislschtinker (Pl.)	Tiers	
Primula farinosa	Mehl-Primel	Kåtzanaiglan (Pl.)	Stilfs	
Primula farinosa	Mehl-Primel	Kåtznaugn (Pl.)	Mittelvinschgau	
Primula farinosa	Mehl-Primel	Kin[n]igaigl (n.), -aiglan (Pl.)	Weißenbach/ Ahrntal[1], Antholz[2], Sexten[3], Pfunders, Getzenberg/Kiens, Olang, Prags, Innichen, Vierschach	[1]Duregger et al. (2009), S. 171; [2]Pallhuber (2016), S. 140; [3]Stauder (2019), S. 103
Primula farinosa	Mehl-Primel	Måidile (n.), -er (Pl.)	Lajen[1], Latzfons, Villnöß, St. Andrä/Brixen	[1]Insam (1954), S. 344
Primula farinosa	Mehl-Primel	Måidnpliëndl (n.)	Sarntal	Gruber (2005), S. 119
Primula farinosa	Mehl-Primel	Maipliëml (n.)	Flaas	

Primula farinosa	Mehl-Primel	Mousaigl (n.)	Sarntal	Gruber (2005), S. 123
Primula farinosa	Mehl-Primel	Mousfetzerle (n.)	Eggental	Fink (1972), S. 194
Primula farinosa	Mehl-Primel	Mousprimele (n.)	Sarntal	
Primula farinosa	Mehl-Primel	Mousreasl (n.)	Sterzing	Fink (1972), S. 194
Primula farinosa	Mehl-Primel	Praunaigla (Pl.)	Pfitsch	Mair (2017), S. 348
Primula farinosa	Mehl-Primel	Prunnaigilan (Pl.)	Taisten, Gsies	
Primula farinosa	Mehl-Primel	Rossdrëck (m.)	Ritten	
Primula farinosa	Mehl-Primel	Rossggougln (Pl.)	Vöran, Mölten	
Primula farinosa	Mehl-Primel	Rossprimelen (Pl.)	Schluderns	
Primula farinosa	Mehl-Primel	Rossschtinker (Pl.)	Mölten, Vöran, Ritten	
Primula farinosa	Mehl-Primel	Schtinkmåidel[1] (n.); -måideler[2] (Pl.)	Aldein; Ploseberg/Brixen	[1]Fink (1979), S. 84; [2]Jocher (2010), S. 511
Primula farinosa	Mehl-Primel	Zinthëlzler (Pl.)	Ulten	
Primula glutinosa	Klebrige Primel	Blauer Schpaik (m.)	Eisacktal[1], Pustertal[2]	[1]Pritzel & Jessen (1882), S. 309 [2]Rauschenfels (1801), S. 217
Primula glutinosa	Klebrige Primel	Schpaik (m.)	Langtaufers[1], Antholz[2], Sexten[3], Rojen, Matsch, Schluderns, Schlanders, Schnals, St. Walburg/Ulten, Algund, Schenna, Passeier, Villanders, Villnöß, St. Leonhard/ Brixen, Fleins/ Freienfeld, Sterzing, Ridnaun, Pflersch, Pfitsch, Terenten, Pfunders, Vals/ Mühlbach, Ahrntal, St. Magdalena/ Gsies, Vierschach	[1]Joos (2010), S. 571 [2]Müller (1985) S. 148 [3]Stauder (2019), S. 194
Primula hirsuta	Drüsige Primel	Knöttnre^{a}sl (n.), -re^{a}slar (Pl.)	Sarntal	
Primula hirsuta	Drüsige Primel	Knottnreaslen (Pl.)	Ulten, Martell	
Primula hirsuta	Drüsige Primel	Knottreasl (n.)	Schlanders	
Primula hirsuta	Drüsige Primel	Kouflnagila (n.)	um Sterzing	
Primula hirsuta	Drüsige Primel	Kouflreasl (n.), -er (Pl.)	Schnals, Naturns, Lana, Schenna, Passeier	
Primula hirsuta	Drüsige Primel	Plåttinigl (n.), -er (Pl.)	Pflersch	
Primula hirsuta	Drüsige Primel	Plåttntinigl (n.), -er	Fleins/Freienfeld	
Primula hirsuta	Drüsige Primel	Plåttntinile (n.), -tiniler, -tinila (Pl.)	Mareit, Ridnaun	
Primula hirsuta	Drüsige Primel	Roats Plåttennigl (n.)	Pflersch	
Primula hirsuta ?	Drüsige Primel	Schroufnroase (f.)	Afers	Fink (1972), S. 242 als „Leimprimel, primula viscosa“
Primula hirsuta	Drüsige Primel	Schtuanreasl (n.)	Passeier	

Primula [*hirsuta*]	[Drüsige] Primel	Plåttennigl (n.)	Pfitsch	Christensen (2014), S. 143 als „Felsenprimel"
Primula minima	Zwerg-Primel	Rossschpeik	Antholz	Müller (1985), S. 148 als „Zwergprimel"
Primula minima	Zwerg-Primel	Rousseschpaik (m.)	Sexten	Stauder (2019), S. 181
Primula sp.	Primel	Pietoschlissl	Olang	Bildungsausschuss Olang (2013), S. 19
Primula [sp.]	Primel	Schwintlpuschn (m.)	Schnals	Fink (1972), S. 246 als „Bergaurikel" (als „Aurikel" wird allgemein Primula auricula bezeichnet; diese ist hier sicher nicht gemeint, weil sie in den Ötztaler Alpen fehlt. Es ist unklar, ob eine Alpen-Primel gemeint ist oder gar P. veris)
Primula veris	Arznei-Primel	Ciao de San Péro (Pl., it.)	Laag	
Primula veris	Arznei-Primel	Ciao del paradís (Pl., it.)	Buchholz	
Primula veris	Arznei-Primel	Geler Peaterschlissl (m.)	Mölten	
Primula veris	Arznei-Primel	Himblschlissl (m. Sg., Pl.)	Martell, Olang, Ahrntal, Toblach[1]	[1]Mittich-Steinwandter (2023, Nr. 1), S. 29 als „Schlüsselblume"
Primula veris	Arznei-Primel	Himmlschlissl (m. Sg., Pl.)	Rojen, Langtaufers, Schluderns, Stilfs, Schlanders, Naturns, Plaus, Partschins, Algund, St. Leonhard in Passeier, Schenna, Tisens, St. Walburg/Ulten, Laurein, Vöran, Afing, Sarntal, Andrian, Kaltern, Tramin, Aldein, Welschnofen, Ritten, St. Leonhard/Brixen, Villnöß, Villanders, Latzfons, Kastelruth, Vals/Mühlbach, Terenten, Kiens, Prags, St. Magdalena/Gsies	
Primula veris	Arznei-Primel	Peaterglëggila (n.), Peaterglëggil[e]r (Pl.)	Verdings, Latzfons	
Primula veris	Arznei-Primel	Peat[e]rschlissl (m. Sg., Pl.)	Unterland[1], Passeier, Schenna, Algund, Lana, Vöran, Flaas, Trens, Mareit, Ridnaun	[1]Menghin (1884), S. 156 [Peterschlüssel] als „Primula officinalis"
Primula veris	Arznei-Primel	Peatoschlissl (m. Sg., Pl.)	Latzfons, Sexten[1], Toblach[2], Vierschach	[1]Stauder (2019), S. 149 [2]Mittich-Steinwandter (2023, Nr. 1), S. 29 als „Schlüsselblume"
Primula veris	Arznei-Primel	Peatrusschlissl (Pl.)	Getzenberg/Kiens	
Primula veris	Arznei-Primel	Petunele (n.)	Latzfons[1], Franzensfeste[2]	[1]Kerschbaumer-Sigmund (1985), S. 122; [2]Moser (2015), S. 35 [Betunele]

Primula veris	Arznei-Primel	Piatoschlissl (m.)	Geiselsberg	
Primula veris	Arznei-Primel	Sanktpeterschlüssel	Brixen	Pritzel & Jessen (1882), S. 308
Primula vulgaris	Erd-Primel	Himmlschlissl	Unterland	Menghin (1884), S. 156 als „Primula acaulis"
Primula vulgaris	Erd-Primel	Sankt-Romediger-Pischelen	St. Felix, Unsere Liebe Frau im Walde	
Prunus armeniaca *	Aprikose	Armelín (m., it.)	Buchholz	
Prunus armeniaca *	Aprikose	Marilla-; Marilln-; Marīlnpam (m.)	Vinschgau; Burggrafenamt, Pustertal; Unterland	
Prunus avium	Kirsche	Ciaresár (m., it.)	Buchholz, Laag	
Prunus avium	Kirsche	Kearschtn (Pl.)	Prad	
Prunus avium	Kirsche	Kerschn (Pl.)	Ritten	
Prunus avium	Kirsche	Kerschpam (m.)	Burggrafenamt, Unterland	
Prunus avium	Kirsche	Kerschtapam (m.)	Obervinschgau	
Prunus avium	Kirsche	Kerschtnpam (m.)	Etsch (unspezifische geografische Angabe)	Schatz (1955), S. 332
Prunus domestica s. lat. *	Pflaume i.w.S. (inkl. Kriechen, Zwetschke)	Brugnára (f., it.)	Buchholz, Laag	
Prunus domestica s. lat. *	Pflaume i.w.S. (inkl. Kriechen, Zwetschke)	Ōrschmårterer (Pl.), Ōrschmarterer (Pl.)	Villnöß, Kastelruth	
Prunus domestica s. lat. *	Pflaume i.w.S. (inkl. Kriechen, Zwetschke)	Pfraume (f.), Pfraum (Pl.)	Sexten	Stauder (2019), S. 152 als „Pflaume"
Prunus domestica s. lat. *	Pflaume i.w.S. (inkl. Kriechen, Zwetschke)	Pfraumen (f. Pl.), Pfraumer (m.)	Naturns, Passeier	
Prunus domestica s. lat. *	Pflaume i.w.S. (inkl. Kriechen, Zwetschke)	Pfraumpam (m.)	Aldein	
Prunus domestica s. lat. *	Pflaume i.w.S. (inkl. Kriechen, Zwetschke)	Zewëschp (f.)	Welschnofen	Schatz (1955), S. 740 als „Zwetschke"
Prunus domestica s. lat. *	Pflaume i.w.S. (inkl. Kriechen, Zwetschke)	Ziwëischpmpam (m.)	Kaltern	
Prunus domestica s. lat. *	Pflaume i.w.S. (inkl. Kriechen, Zwetschke)	Zwëschggn (Pl.)	Außerpasseier	
Prunus domestica s. lat. *	Pflaume i.w.S. (inkl. Kriechen, Zwetschke)	Zwëschp, Zwëschpe (f.), Zwëschpm (Pl.)	Martell, Mölten, Pustertal	
Prunus domestica s. lat. *	Pflaume i.w.S. (inkl. Kriechen, Zwetschke)	Zwëschpa (f.)	Kastelruth	
Prunus domestica subsp. *insititia* var. *viridiflava* *	Ringlotte (= Reine Claude)	Ārschmarterer (Pl.); Ārschmarterlen (Pl.)	Kaltern; Tramin	
Prunus domestica subsp. *insititia* var. *viridiflava* *	Ringlotte (= Reine Claude)	Ōrschmårterer (m.), -li, -lar	Sarntal	Gruber (2005), S. 138
Prunus domestica subsp. *insititia* var. *viridiflava* *	Ringlotte (= Reine Claude)	Ōrschmarterer (Pl.)	Mölten	
Prunus domestica subsp. *insititia* var. *viridiflava* *	Ringlotte (= Reine Claude)	Ringlour (m.)	Naturns	

Prunus dulcis *	Mandel	Mandorlár (m., it.)	Buchholz	
Prunus mahaleb	Steinweichsel	Fouglkerscht (f.); Foglkerschn (Pl.)[1]	Montan[1], Kaltern	[1]Schweiggl (2003), S. 16
Prunus mahaleb	Steinweichsel	Pockpëirschtaud (f.), Pockpëir (f.)	Burgeis, Taufers i. M., Schluderns, Matsch	
Prunus padus	Traubenkirsche	Åntlasschtaude (f.), -schtaudn (Pl.)	Sexten	Stauder (2019), S. 142
Prunus padus	Traubenkirsche	Elgsen, Eleggsen	Wipptal	Dalla Torre (1895), S. 56
Prunus padus	Traubenkirsche	Eltschaschtaud (f.)	Reschen, Graun/ Vinschgau, Langtaufers, Prader Berg	
Prunus padus	Traubenkirsche	Eltschn (Pl.), Eltsch (Sg. f.)	St. Valentin a. d. H., Mals, Schluderns, Taufers i. M., Prad, Stilfs, Laas, Schlanders, Martell	
Prunus padus	Traubenkirsche	Eltschnschtaude (f.)	Pfitsch	
Prunus padus	Traubenkirsche	Elze (f.), Elzn (Pl.)	St. Leonhard/Brixen, Ridnaun, Pflersch, Pfunders, Kiens, Ahrntal, Olang, Vierschach	
Prunus padus	Traubenkirsche	Elznpam (m.)	Eisacktal, Pustertal	Schatz (1955), S. 145
Prunus padus	Traubenkirsche	Elznschtaude (f.)	Olang	
Prunus padus	Traubenkirsche	Måidn (Pl.)	Taufers i. M.	
Prunus persica *	Pfirsich	Persegár (m., it.)	Buchholz, Laag	
Prunus persica *	Pfirsich	Pferscher, Pfearscher (m.)	allgemein verbreitet	
Prunus spinosa	Schlehe	Brugnaról (m., it.)	Buchholz	
Prunus spinosa	Schlehe	Hoggedörn	Antholz	Müller (1985), S. 148
Prunus spinosa	Schlehe	Kësslpëirschtaude (f.)	Laurein	
Prunus spinosa	Schlehe	Maulklemmer (m. Pl.)	Tiers	
Prunus spinosa	Schlehe	Schleach (f.); -e (f.); -n (Pl.)	Prad, Stilfs, Schluderns, Schlanders, Ulten, Andrian, Kaltern, Tramin, Kurtatsch, Vöran, Partschins, Passeier, St. Leonhard/ Brixen, Rodeneck, Terenten	
Prunus spinosa	Schlehe	Schlearndëirn, -ëpfl (Pl.)	Ritten, Kastelruth, Villanders	
Prunus spinosa	Schlehe	Winterkearschtn (Pl.)	Welschnofen	Schatz (1955), S. 708
Prunus spinosa	Schlehe	Wintrpfraumen (Pl.)	Deutschnofen	Zelger (2004), S. 86
Prunus spinosa	Schlehe	Zischpl (f.)	Ulten	Lösch (1989), S. 100
Pteridium aquilinum	Adlerfarn	Hiënerfårm (m.)	Ritten	
Pteridium aquilinum	Adlerfarn	Hiënerfårn	Völser Aicha	

Pteridium aquilinum	Adlerfarn	Pfårfl (f.)	Ploseberg/ Brixen[1], Terenten, Getzenberg/Kiens	[1]Jocher (2010), S. 511
Pteridium aquilinum	Adlerfarn	Pfårm	Tiers, Völs, Kastelruth	Wirth (2021), S. 350
Pteridium aquilinum	Adlerfarn	Schtockfårm (m.)	Schnals	
Pulicaria sp. ?	Flohkraut	Muggnkraut (n.)	Pfeffersberg/Brixen	Fink (1972), S. 196 als „Flohkraut" (das eigentliche Flohkraut fehlt im Gebiet; möglicherweise Ableitung von Mückenkraut, das für verschiedene Arten stehen kann)
Pulmonaria australis	Südliches Lungenkraut	Antouniusschlissl (m.)	Kaltern	
Pulmonaria australis	Südliches Lungenkraut	Hansl und Greatl	Stilfs, Fleins/ Freienfeld	
Pulmonaria australis	Südliches Lungenkraut	Himmlschlissl (Pl.)	Ulten, Lana, Flaas	
Pulmonaria australis	Südliches Lungenkraut	Kuatuttn (Pl.)	Wiesen/Pfitsch	
Pulmonaria australis	Südliches Lungenkraut	Peaterschlissl (Pl.)	Matsch, Sonnenberg/ Schlanders, Schnals, Naturns, Tisens, Vöran, Afing, Ritten	
Pulmonaria australis	Südliches Lungenkraut	Peatoschlissl (Pl.)	Rodeneck	
Pulmonaria australis	Südliches Lungenkraut	Peatrusschlissl (m.)	Kastelruth	
Pulmonaria australis	Südliches Lungenkraut	Plobe, -w-, Plouba, -w- Himblschlissl (Pl.)	Martell, Untervinschgau, St. Gertraud/Ulten, Laurein, Mölten, Aldein, Villanders, Vals/Mühlbach, St. Leonhard/Brixen	
Pulmonaria australis	Südliches Lungenkraut	Plober Peaterschlissl (m.)	Mölten	
Pulmonaria australis	Südliches Lungenkraut	Wilde Himmlschlissl (Pl.)	St. Leonhard/Brixen	
Pulmonaria australis, P. officinalis	Südliches Lungenkraut, Echtes L.	Pëttfetzer (m.)	Welschnofen	
Pulmonaria officinalis	Echtes Lungenkraut	Lunglkraut	Pustertal	Rauschenfels (1801), S. 216
Pulmonaria sp.	Lungenkraut	Hensl und Grëtl (n.)	Franzensfeste, Terenten	
Pulmonaria sp.	Lungenkraut	Plouwa, Plauer Himmlschlissl (Pl.)	Obervinschgau; Kaltern	Wirth (2021), S. 373
Pulmonaria sp.	Lungenkraut	Pokkraut (n.)	Pfeffersberg/Brixen, Eisacktal	Fink (1972), S. 46, Fink (2003), S. 377
Pulsatilla alpina subsp. *apiifolia*	Gelbe Alpen-Küchenschelle	Anemonen (Pl.)	Ridnaun	

Pulsatilla alpina subsp. *apiifolia*	Gelbe Alpen-Küchenschelle	Flånderer Ggītschn, Flånderer Huern (Pl.)	Villnöß	
Pulsatilla alpina subsp. *apiifolia*	Gelbe Alpen-Küchenschelle	Hansele (n.), Hanselan[1] (Pl.)	Martell	[1]Pfitscher (2001), S. 41
Pulsatilla alpina subsp. *apiifolia*	Gelbe Alpen-Küchenschelle	Honenfiës (Pl.)	Laurein	
Pulsatilla alpina subsp. *apiifolia*	Gelbe Alpen-Küchenschelle	Hounaschtuzn (Pl.)	Matsch	
Pulsatilla alpina subsp. *apiifolia*	Gelbe Alpen-Küchenschelle	Pergmandlen (Pl.)	Rojen	
Pulsatilla alpina subsp. *apiifolia*	Gelbe Alpen-Küchenschelle	Wåltmandl (n.)	Ulten	Lösch (1989), S. 100
Pulsatilla alpina subsp. *apiifolia*	Gelbe Alpen-Küchenschelle	Waudiler (Pl.)	Stuls	
Pulsatilla alpina subsp. *apiifolia*	Gelbe Alpen-Küchenschelle	Wilde Buben (Pl.)	Trafoi	Dalla Torre (1905), S. 20
Pulsatilla alpina subsp. *apiifolia*	Gelbe Alpen-Küchenschelle	Zourniger Jager (m.)	Passeier	
Pulsatilla alpina [subsp. *apiifolia*]	[Gelbe] Alpen-Küchenschelle	Kuaschell (f.)	Eggental	Fink (1972), S. 164 als „Alpen-Windröschen"
Pulsatilla montana	Berg-Küchenschelle	Ålte Ggītsche (f.)	Sexten	
Pulsatilla montana	Berg-Küchenschelle	Cioíte (Pl., it.)	Laag	
Pulsatilla montana	Berg-Küchenschelle	Kåppinocke (f.), -nockn (Pl.)	Pfitsch	
Pulsatilla montana	Berg-Küchenschelle	Kuaschell (f.)	Laurein, Vöran, Mölten	
Pulsatilla montana	Berg-Küchenschelle	Kuchaschell (f.)	St. Walburg/Ulten	
Pulsatilla montana	Berg-Küchenschelle	Oaschterglëggl (n.)	Tramin, Kurtatsch	
Pulsatilla montana	Berg-Küchenschelle	Oaschterglogg(e) (f.), -gloggn (Pl.)	Schluderns, Schlanders, Latsch, Naturns, Algund, Lana, Andrian, Tramin, Neumarkt, Laag, Unterland, Vöran, Mölten, Welschnofen, Ritten, Villanders, Villnöß, Pairdorf, St. Leonhard/Brixen, Fleins/Freienfeld, Pflersch, Kiens	
Pulsatilla montana	Berg-Küchenschelle	Oaschterglougg (f.)	Kaltern	
Pulsatilla montana	Berg-Küchenschelle	Pfaffenblumen (Pl.)	Klausen	Dalla Torre (1895), S. 11 als „Anemone montana"
Pulsatilla montana	Berg-Küchenschelle	Pfåffn (Pl.)	Verdings, Latzfons, Villnöß	
Pulsatilla montana	Berg-Küchenschelle	Pfåffngloggn (Pl.)	Telfes, Flains	
Pulsatilla montana	Berg-Küchenschelle	Pfåffnkåppm (Pl.)	Sarntal	
Pulsatilla montana	Berg-Küchenschelle	Pfåffokåppm (Pl.)	Vals/Mühlbach	
Pulsatilla montana	Berg-Küchenschelle	Ueschtoglogge (Pl.)	Mühlbach, Rodeneck, Terenten	
Pulsatilla montana	Berg-Küchenschelle	Wolfgloggn (Pl.)	Matsch	

Pulsatilla [*montana*]	[Berg-]Küchenschelle	Pfåffn (m.); -plue (m.)	Pfeffersberg[1]; Ploseberg/Brixen[2]	[1]Fink (1972), S. 33 als „Bergwindröschen“ [2]Jocher (2010), S. 511 als „Osterglocke“
Pulsatilla [*montana*]	[Berg-]Küchenschelle	Pfåffnkĕchin (f.)	Schalders	Fink (1972), S. 33 als „Bergwindröschen“
Pulsatilla sp.	Küchenschelle	Pfåffn (Pl.)	Latzfons	
Pulsatilla sp.	Küchenschelle	Pubikĕpfla (Pl.)	Sterzing	
Pulsatilla sp.	Küchenschelle	Wolfsgglĕgglan (Pl.)	Schluderns	wahrscheinlich auf P. montana zu beziehen
Pulsatilla vernalis	Frühlings-Küchenschelle	Ålte Ggītsche (f.), -n (Pl.)	Sexten, Vierschach	
Pulsatilla vernalis	Frühlings-Küchenschelle	Ëislglogge (f.)	Latzfons	Fink (1972), S. 70 als „Frühlingsanemone“
Pulsatilla vernalis	Frühlings-Küchenschelle	Ëisloarn (Pl.)	Ulten	
Pulsatilla vernalis	Frühlings-Küchenschelle	Ëislschĕlln (Pl.)	Laurein	
Pulsatilla vernalis	Frühlings-Küchenschelle	Gåmpermandler (Pl.)	Proveis	
Pulsatilla vernalis	Frühlings-Küchenschelle	Hodell (f.)	St. Magdalena/Gsies	
Pulsatilla vernalis	Frühlings-Küchenschelle	Kåppinocke (f.), -nockn (Pl.)	Pfitsch	
Pulsatilla vernalis	Frühlings-Küchenschelle	Kuaschell (f.)	Aldein	
Pulsatilla vernalis	Frühlings-Küchenschelle	Kuchaschell (f.), -schelln (Pl.)	Langtaufers[1], Stilfs	[1]Joos (2010), S. 568
Pulsatilla vernalis	Frühlings-Küchenschelle	Kuchlmuinzn (Pl.)	Vierschach	
Pulsatilla vernalis	Frühlings-Küchenschelle	Oascht^{e}rgglëëggln (Pl.)	Kurtatsch	
Pulsatilla vernalis	Frühlings-Küchenschelle	Oascht^{e}rgloggn (Pl.)	Afing, Vöran, Villanders	
Pulsatilla vernalis	Frühlings-Küchenschelle	Oaschtogloggn (Pl.)	Getzenberg/Kiens	
Pulsatilla vernalis	Frühlings-Küchenschelle	O^{e}schtåglöggn (Pl.)	Antholz	Pallhuber (2016), S. 141
Pulsatilla vernalis	Frühlings-Küchenschelle	Pfåff^{e}rkåpp (f.)	Durnholz	
Pulsatilla vernalis	Frühlings-Küchenschelle	Pfåffn (Pl.)	Pfunders	
Pulsatilla vernalis	Frühlings-Küchenschelle	Pfåffnkappl (n.)	Ritten	
Pulsatilla vernalis	Frühlings-Küchenschelle	Pfåffnkåppm (Pl.)	Sarntal	
Pulsatilla vernalis	Frühlings-Küchenschelle	Pfåffnzagl (m., Pl.)	Rabenstein, Hinterpasseier	
Pulsatilla vernalis	Frühlings-Küchenschelle	Pfåffo^{r}skåppe (f.), -kåppm (Pl.)	Vals/Mühlbach	
Pulsatilla vernalis	Frühlings-Küchenschelle	Rossgloggn (Pl.)	Allitz	

Pulsatilla vernalis	Frühlings-Küchenschelle	Schneaflocke (f.)	St. Andrä	Fink (1966d), S. 50
Pulsatilla vernalis	Frühlings-Küchenschelle	Schneaglëgglan (Pl.)	Schluderns	
Pulsatilla vernalis	Frühlings-Küchenschelle	Schneagloggn (Pl.)	Vernagt/Schnals	
Pulsatilla vernalis	Frühlings-Küchenschelle	Ueschtogloggn (Pl.)	Terenten	
Pulsatilla vernalis	Frühlings-Küchenschelle	Waudile (n.), -er (Pl.)	Platt, Hinterpasseier	
Pulsatilla vernalis	Frühlings-Küchenschelle	Wolfpluam (f.)	St. Valentin a. d. H.	
Pulsatilla vernalis	Frühlings-Küchenschelle	Wolfsgloggn (Pl.)	Matsch	
Pulsatilla vernalis	Frühlings-Küchenschelle	Wollhuntler (Pl.)	Ulten	
Pulsatilla vernalis	Frühlings-Küchenschelle	Zaitiwëlfe, Zatiwëlfe (Pl.)	Ridnaun	
Pulsatilla vernalis	Frühlings-Küchenschelle	Zöetata Ggītschn (Pl.)	Weißenbach/Ahrntal	
Pulsatilla vernalis	Frühlings-Küchenschelle	Zöetata Püibm (Pl.)	Steinhaus	
Punica granatum *	Granatapfel	Malgrant (m.)	Kurtatsch	Fink (1972), S. 184
Pyrus communis *	Kultur-Birne	Perár (m., it.)	Buchholz	
Pyrus communis *	Kultur-Birne	Pir, Palapir (f.)	Vinschgau	
Pyrus communis *	Kultur-Birne	Pirnpam (m.)	Getzenberg/Kiens	
Pyrus communis *	Kultur-Birne	Pirpam (m.)	allgemein verbreitet	
Pyrus pyraster	Europäische Wild-Birne	Putzpirn (Pl.)	Villnöß	
Quercus pubescens	Flaum-Eiche	Oach (f.)	Naturns	
Quercus sp.	Eiche	Oᵃch (f.)	Sarntal	
Quercus sp.	Eiche	Oach (f.), Oachn (Pl.)	Vinschgau, Burggrafenamt, Überetsch, Unterland, Regglberg	
Quercus sp.	Eiche	Oacha (f.)	Kastelruth, Eisacktal	
Quercus sp.	Eiche	Oache (f.)	Wipptal, Pustertal	
Quercus sp.	Eiche	Róver (m., it.)	Buchholz	
Ranunculus acris	Scharfer Hahnenfuß	Fissikatoᵘri (m.)	Deutschnofen[1], Katharinaberg/Schnals	[1] Zelger (2004), S. 28
Ranunculus acris	Scharfer Hahnenfuß	Glitzerpfandl (n.), -ar Pl.)	Durnholz, Sarntal	
Ranunculus acris	Scharfer Hahnenfuß	Glitzerpfånne (f.), -in (Pl.)	Platt/Passeier	
Ranunculus acris	Scharfer Hahnenfuß	Glitznpfandl (n.), -en (Pl.)	Ritten, Afing	
Ranunculus acris	Scharfer Hahnenfuß	Glitznpfånnen (Pl.)	Pflersch	
Ranunculus acris	Scharfer Hahnenfuß	Milchteater (Pl.)	St. Walburg/Ulten	
Ranunculus acris	Scharfer Hahnenfuß	Pfånnenglitz (m.), Pfånneglitz (m.)	Naturns, Prissian	
Ranunculus acris	Scharfer Hahnenfuß	Putterknëlleler (Pl.)	Welschnofen	

Ranunculus acris	Scharfer Hahnenfuß	Schmålzkachelen (Pl.)	Schlanders, Tisens, Andrian, Terlan	
Ranunculus acris	Scharfer Hahnenfuß	Schmålzkåchl (Pl.)	Nals	
Ranunculus acris	Scharfer Hahnenfuß	Schmålzkachlen (Pl.)	Matsch	
Ranunculus acris	Scharfer Hahnenfuß	Schmålzpfandl (n.)	Ahrntal	
Ranunculus acris	Scharfer Hahnenfuß	Schmålzpluam (n.), -pleamlen (Pl.)	Obervinschgau, Schluderns	
Ranunculus acris	Scharfer Hahnenfuß	Schmëlzpfandl (n.), -en, -an, -er, -ar (Pl.)	Martell, Partschins, Algund, Schenna, Lana, Ulten, Welschnofen, Flaas, Pens, Ritten, Völser Aicha, Latzfons, Villnöß, St. Leonhard/Brixen, Ridnaun, Telfes, Vals/Mühlbach, Rodeneck, Terenten, Kiens, Olang, Antholz, Prags, Vierschach	
Ranunculus acris, R. bulbosus	Scharfer Hahnenfuß, Knolliger H.	Putterpliëmlan (Pl.)	Langtaufers	Joos (2010), S. 567
Ranunculus acris, R. bulbosus	Scharfer Hahnenfuß, Knolliger H.	Schmålzpfandler (Pl.)	Vöran	
Ranunculus acris, R. bulbosus	Scharfer Hahnenfuß, Knolliger H.	Schmålzpliamlan (Pl.)	Langtaufers	Joos (2010), S. 567
Ranunculus acris, R. bulbosus, R. repens	Scharfer Hahnenfuß, Knolliger H., Kriech-H.	Schmëlzpfandlen (Pl.)	Tramin	
Ranunculus acris, R. montanus, R. repens	Scharfer Hahnenfuß, Berg-H., Kriech-H.	Schmëlzpfandler (Pl.)	Fleins/Freienfeld	
Ranunculus bulbosus	Knolliger Hahnenfuß	Schmëlzpfandler (Pl.)	Afing	
Ranunculus bulbosus	Knolliger Hahnenfuß	Zängerkraut	Pustertal	Rauschenfels (1801), S. 220
Ranunculus glacialis	Gletscher-Hahnenfuß	Gamskrëss (f.)	Glurns[1], Schnals, Platt/Passeier, Sarnthein	[1]Fink (1972), S. 92 als „Gletscherhahnenfuß“
Ranunculus glacialis	Gletscher-Hahnenfuß	Ribiol, Tribiol	Pustertal	Rauschenfels (1801), S. 220
Ranunculus sp.	Hahnenfuß	Glitzerpfandl (n.), -lan (Pl.)	Antholz	
Ranunculus sp.	Hahnenfuß	Glitzerpfånne (f.), -en (Pl.)	Stuls	
Ranunculus sp.	Hahnenfuß	Glitznpfandl (n.)	Pfitsch	
Ranunculus sp.	Hahnenfuß	Glitznpfandl (n.), -en (Pl.)	Lüsen	Prosch (1923), S. 255
Ranunculus sp.	Hahnenfuß	Krafiës (Pl.)	Kastelruth, Tiers, Völs	Wirth (2021), S. 368
Ranunculus sp.	Hahnenfuß	Pérgéaperer (Pl.)	Feldthurns	Fink (1972), S. 29 als „Kerbblättriger Hahnenfuß, Ranunculus crenatus“ (der weißblühende R. crenatus kommt in Südtirol nicht vor; unklar, welche Art tatsächlich gemeint ist)

Ranunculus sp.	Hahnenfuß	Schmålzkachala (n.)	Kaltern	
Ranunculus sp.	Hahnenfuß	Schmålzkachelen (Pl.)	Untervinschgau	
Ranunculus sp.	Hahnenfuß	Schmålzpfandl (n.)	Passeier	Haller & Lanthaler (2004), S. 200
Ranunculus sp.	Hahnenfuß	Schmëlzpfandl (n.)	Latzfons[1], Pfitsch[2], Ahrntal[3], Algund, Eisacktal, Antholz	[1]Bibliotheksgruppe Latzfons (2004), S. 104 [2]Christensen (2014), S. 172; [3]Duregger et al. (2009), S. 172
Ranunculus sp.	Hahnenfuß	Schmëlzpfandlen (Pl.)	Tramin, St. Leonhard/ Brixen, Vals/ Mühlbach, Prags, Vierschach	
Ranunculus sp.	Hahnenfuß	Schmölzpfandl (n.)	Lana	Sagmeister (2009), S. 30
Raphanus raphanistrum	Acker-Rettich	Waiso Tille (m.)	Olang	
Raphanus sativus *	Garten-Rettich	Rati (m.)	Matsch	
Raphanus sativus *	Garten-Rettich	Ratti (Pl.)	Mölten	
Raphanus [*sativus*] *	[Garten-]Rettich	Ratig (m.)	Passeier	Haller & Lanthaler (2004), S. 183 als „Rettich“
Raphanus [*sativus*] *	[Garten-]Rettich	Rattich (m.)	Antholz[1], Kastelruth	[1]Pallhuber (2016), S. 141 als „Rettich“
Raphanus sativus subsp. *sativus* *	Radieschen	Monitrattig (m.)	Moos/Passeier	Haller & Lanthaler (2004), S. 140
Raphanus sativus subsp. *sativus* *	Radieschen	Mounat-Rati (m.)	Naturns	
Raphanus sativus subsp. *sativus* *	Radieschen	Mounet-Rati (Pl.)	Sarntal	
Raphanus sativus subsp. *sativus* *	Radieschen	Munet-Ratelen (Pl.)	Lana	
Raphanus sativus subsp. *sativus* *	Radieschen	Munet-Ratich (m.)	Welschnofen	
Raphanus sativus subsp. *sativus* *	Radieschen	Munet-Rattich (m.)	Lajen[1], Kastelruth	[1]Fill (2016), ohne Seitenangabe
Raphanus sativus subsp. *sativus* *	Radieschen	Rati	Prad	
Raphanus sativus subsp. *sativus* *	Radieschen	Rattichlan (Pl.)	Antholz	Pallhuber (2016), S. 141
Reseda [*lutea*]	[Wilde] Resede	Feilstingl (m.)	Ulten	Lösch (1989), S. 93 als „Reseda“
Reseda [*lutea*]	[Wilde] Resede	Nåchtfaial (n.)	Kiens	Schatz (1955), S. 443 als „Reseda“
Reseda [*lutea*]	[Wilde] Resede	Nåchtfeilar (m.), -li (Dim.), -lar (Dim. Pl.)	Sarntal	Gruber (2005), S. 126 als „Reseda“
Reseda [*lutea*]	[Wilde] Resede	Tausntgruch (m.)	Ulten	Lösch (1989), S. 99 als „Reseda“
Rhamnus cathartica	Gewöhnlicher Kreuzdorn	Schwarze Hundsber	Pustertal	Rauschenfels (1801), S. 217
Rheum rhabarbarum *	Rhabarber	Rawarwara (m.)	Pustertal	Schatz (1955), S. 465

Rhinanthus alectorolophus	Zottiger Klappertopf	Klåff (m.)	Langtaufers[1], Burgeis, Taufers i. M., Schlanders, Naturns, St. Walburg/Ulten, Ridnaun	[1]Joos (2010), S. 569
Rhinanthus alectorolophus	Zottiger Klappertopf	Klåpf (m.)	Aldein, Rodeneck	
Rhinanthus glacialis	Grannen-Klappertopf	Klåff (m.)	Platt/Passeier	
Rhinanthus sp.	Klappertopf	Gschlåff (m., n.)	Seis[1],Tiers, Völs, Kastelruth	[1]Fink (1972), S. 97
Rhinanthus sp.	Klappertopf	Klåff (m.)	Jaufental[1], Rojen, Schluderns, Matsch, Stilfs, Martell, Schnals, Lana	[1]Schatz (1955), S. 337
Rhinanthus sp.	Klappertopf	Klåftr (m.)	Burgeis	
Rhinanthus sp.	Klappertopf	Klåpf (m.)	Ulten, Proveis, Laurein, Mölten, Vöran, Ritten, Sarntal, Welschnofen, Tiers, Villnöß, Villanders, St. Andrä, Brixen, Lüsen, Vals/ Mühlbach, Terenten, Kiens	
Rhinanthus [sp.]	Klappertopf	Klapf	Pustertal	Rauschenfels (1801), S. 220 als „Rhinanthus crista-galli" (das alte Synonym ist vieldeutig, am Ende ist aber wohl die Gattung als Ganzes gemeint)
Rhodiola rosea @	Echte Rosenwurz	Frauenzopf	Pustertal	Rauschenfels (1801), S. 222 (die Art fehlt im gesamten Pustertal; ob Kultursorten gemeint sind?)
Rhododendron ferrugineum	Rostblättrige Alpenrose	Ålbroas (f.)	Schlanders	
Rhododendron ferrugineum	Rostblättrige Alpenrose	Ålmrausch (m.)	Naturns	
Rhododendron ferrugineum	Rostblättrige Alpenrose	Ålmroas (f.), -roasn (Pl.)	Völs am Schlern, Gsies, Sexten	Wirth (2021), S. 351
Rhododendron ferrugineum	Rostblättrige Alpenrose	Ålpmroasn (Pl.)	Tisens[1], Laurein, Truden	[1]Wirth (2021), S. 351
Rhododendron ferrugineum	Rostblättrige Alpenrose	Ålpmrousn (Pl.)	Altrei[1], Kaltern	[1]Wirth (2021), S. 351
Rhododendron ferrugineum	Rostblättrige Alpenrose	Roaswåltschtauda (f.)	Villanders	
Rhododendron ferrugineum	Rostblättrige Alpenrose	Sunntaroasn (Pl.)	Martell	
Rhododendron ferrugineum	Rostblättrige Alpenrose	Wållroas (f.), -roasn (Pl.)	Vöran, Mölten, Afing	
Rhododendron ferrugineum	Rostblättrige Alpenrose	Zëitn (Pl.)	Ulten	

Rhododendron ferrugineum	Rostblättrige Alpenrose	Zë^{i}tn, -puschn (f.)	Schluderns, Naturns, Sarntal, Durnholz	
Rhododendron ferrugineum	Rostblättrige Alpenrose	Zette, Zettnstaude (f.)	Olang	
Rhododendron ferrugineum	Rostblättrige Alpenrose	Zundrschtaudn (Pl.)	Schnals	
Rhododendron ferrugineum	Rostblättrige Alpenrose	Zunter (f.), Zuntern (Pl.)	Platt/Passeier	
Rhododendron hirsutum	Bewimperte Alpenrose	Ålmrausch (m.)	Kaltern, Welschnofen, Kastelruth, St. Leonhard/ Brixen, Olang	
Rhododendron hirsutum	Bewimperte Alpenrose	Ålpmrousn (Pl. f.)	Kurtatsch	
Rhododendron hirsutum	Bewimperte Alpenrose	Holzpluime (f.)	Olang	Fink (1972), S. 131
Rhododendron hirsutum @	Bewimperte Alpenrose	Wållroas (f.), -roasn (Pl.)	Jenesien[1], Sarntal[2]	[1]Wirth (2021), S. 357 [2]Schatz (1955), S. 685 als „behaarte Alpenrose"
Rhododendron sp.	Alpenrose	Ålbreaslan (Pl.)	Taufers i. M.	
Rhododendron sp.	Alpenrose	Ålbroas (f.)	Rojen, St. Valentin a. d. H., Burgeis, Stilfs	
Rhododendron sp.	Alpenrose	Ålbroasn (Pl.)	Matsch	
Rhododendron sp.	Alpenrose	Ålmrësn (Pl.)	Pfunders	
Rhododendron sp.	Alpenrose	Ålpmroasn (Pl.)	Aldein	
Rhododendron sp.	Alpenrose	Doaswåltschtaud (f.)	Hafling	Fink (1972), S. 63
Rhododendron sp.	Alpenrose	Melcherroase (f.)	Brennergegend	Fink (1972), S. 189
Rhododendron sp.	Alpenrose	Oswaldstaude (f.), -strauch (m.)	Hafling[1], Sarntal[2]	[1]Matscher (1954), S. 158; [2]Dalla Torre (1895), S. 58
Rhododendron sp.	Alpenrose	Pugsschtau (f.)	Laurein	Fink (1972), S. 54
Rhododendron sp.	Alpenrose	Schiftoprume (f.)	Sexten	Stauder (2019), S. 189
Rhododendron sp.	Alpenrose	Tånd^{e}rpischl (f., m., Pl.)	Telfes, Mareit, Ridnaun, Pfitsch	
Rhododendron sp.	Alpenrose	Tånderpuschn (Pl.)	Sarntal[1], Deutschnofen[2], Lajen[3], Passeier, Unsere Liebe Frau im Walde, St. Felix, Villnöß, St. Leonhard/ Brixen, Kastelruth	[1]Gruber (2005), S. 196, 212, 225 [2]Zelger (2004). S. 81 [3]Fill (2016), ohne Seitenangabe
Rhododendron sp.	Alpenrose	Tånderroasn (Pl.)	Lüsen	Prosch (1923), S. 255
Rhododendron sp.	Alpenrose	Tånderschtauda (f.)	Kastelruth, Völs, Tiers	Wirth (2021), S. 357
Rhododendron sp.	Alpenrose	Tånderzëtn (Pl.)	Jaufental	Schatz (1955), S. 726
Rhododendron sp.	Alpenrose	Tåndopusche (m.), -puschn (Pl.)	Prettau[1], Rodeneck, Vals/Mühlbach, Terenten, Kiens, Getzenberg/Kiens, Oberwielenbach, Weißenbach/Ahrntal	[1]Duregger et al. (2009), S. 172

Rhododendron sp.	Alpenrose	Tåundrpuschn (Pl.)	Truden	
Rhododendron sp.	Alpenrose	Tunderpuschn (Pl.)	Welschnofen	
Rhododendron sp.	Alpenrose	Wållrå^{a}s (f.)	Sarntal	
Rhododendron sp.	Alpenrose	Wållroas (f.), -roasn (Pl.)	Flaas, Ritten	
Rhododendron sp.	Alpenrose	Wållroasa (f.)	Latzfons	
Rhododendron sp.	Alpenrose	Wåltroasa (f.)	Villanders	
Rhododendron sp.	Alpenrose	Zāschtn (Pl.)	Weißenbach/Ahrntal	
Rhododendron sp.	Alpenrose	Zatn (Pl.)	Prettau, Weißenbach/ Ahrntal[1]	Duregger et al. (2009), S. 173
Rhododendron sp.	Alpenrose	Zëitn (Pl.)	Schlanders	Fink (2003), S. 377
Rhododendron sp.	Alpenrose	Zëtn (Pl.)	Algund, Proveis, Pfunders, St. Magdalena/Gsies	
Rhododendron sp.	Alpenrose	Zētnpuschn (m.)	Aberstickl[1], Vöran	[1]Insam (1936), S. 76
Rhododendron sp.	Alpenrose	Zettn	Antholz[1], Vierschach	[1]Pallhuber (2016), S. 141
Rhododendron sp.	Alpenrose	Zuntern (Pl.); Zuntere (f.)	Martell[1]; Jaufental[2]	[1]Pfitscher (2001), S. 129 [2]Schatz (1955), S. 736
Rhododendron sp.	Alpenrose	Zunterplie (m.)	Jaufental	Schatz (1955), S. 92
Rhododendron sp.	Alpenrose	Zunterschtaudn (Pl.)	Ridnaun	
Rhododendron sp.	Alpenrose	Zuntrroas (f.)	Martell	Pfitscher (2001), S. 129
Rhodothamnus chamaecistus @	Europäische Zwergalpenrose	Schtoanroase (f.)	Latzfons	Fink (1972), S. 255 als „Zwerg-Alpenrose“
Ribes nigrum *	Schwarze Johannisbeere	Gårtnwaimo (Pl.)	Pustertal	Kerschbaumer-Sigmund (1985), S. 75
Ribes nigrum *	Schwarze Johannisbeere	Saurschzpa (Pl.)	Pustertal	Kerschbaumer-Sigmund (1985), S. 75
Ribes nigrum *	Schwarze Johannisbeere	Schwårschza Johånnisbeern (Pl.)	Pustertal	Kerschbaumer-Sigmund (1985), S. 75
Ribes petraeum	Felsen-Johannisbeere	Saurpëir (f.)	Pustertal[1], Schnals	[1]Rauschenfels (1801), S. 217 [Sauerbeer]
Ribes petraeum	Felsen-Johannisbeere	Sau^{r}schzpa (Pl.)	Ahrntal	
Ribes petraeum	Felsen-Johannisbeere	Sauschpa (Pl.)	Vals/Mühlbach	
Ribes petraeum	Felsen-Johannisbeere	Zaufaschtaud (f.)	Prader Berg	
Ribes petraeum	Felsen-Johannisbeere	Zaufn (Pl.)	Langtaufers, Prad	
Ribes [*petraeum*]	[Felsen-] Johannisbeere	Sië^{r}schzpa, Sięschpa (Pl.)	Antholz	Pallhuber (2016), S. 141 als „wilde Johannisbeere“
Ribes rubrum *	Rote Johannisbeere	Johannesbaimerler (Pl.)	Laurein	
Ribes rubrum *	Rote Johannisbeere	Sau^{r}schzpa (Pl.)	Getzenberg/Kiens	
Ribes rubrum *	Rote Johannisbeere	Sauschpa (Pl.)	Pfunders, St. Magdalena/Gsies	
Ribes rubrum *	Rote Johannisbeere	Zaufn (Pl.)	Schluderns	
Ribes [*rubrum*]	[Rote] Johannisbeere	Gårtnwaimer (Pl.), -ler (Pl. Dim.)	Latzfons[1], Unterland[2]	[1]Bibliotheksgruppe Latzfons (2004), S. 38, Fink (1972), S. 93; [2]Moser (2015), S. 91 als „Johannisbeere“

Ribes sp.	Johannisbeere	Hånnisbeir (f.)	Antholz	Pallhuber (2016), S. 140
Ribes sp.	Johannisbeere	Hannisperlan (Pl.)	Toblach	Mittich-Steinwandter (2023, Nr. 2), S. 25
Ribes sp.	Johannisbeere	Johånneswaimer (Pl.)	Villanders	
Ribes sp.	Johannisbeere	Johanneswaimerla (n.)	Kaltern	
Ribes sp.	Johannisbeere	Johanniswaimer (Pl.)	Proveis	
Ribes sp.	Johannisbeere	Risl (Pl.)	Ridnaun, Telfes	
Ribes sp.	Johannisbeere	Risspëire (f.)	Pfitsch	
Ribes sp.	Johannisbeere	Ruewes (f.)	Jenesien	Schatz (1955), S. 494
Ribes sp.	Johannisbeere	Såntahånspëir (f.)	Schlanders	
Ribes sp.	Johannisbeere	Saurpëir (f.)	Martell[1], Naturns	[1]Pfitscher (2001), S. 95
Ribes sp.	Johannisbeere	Sauschpa (m, f.)	Sexten[1], Vals/ Mühlbach	[1]Stauder (2019), S. 185 als „wilde Johannisbeere (Ribes rubrum var. rubrum)"
Ribes sp.	Johannisbeere	Siëslzaufn (Pl.)	St. Valentin a. d. H.	
Ribes sp.	Johannisbeere	Wållwaimer (Pl.)	Welschnofen	
Ribes sp.	Johannisbeere	Zaufn (Pl.)	Burgeis, Matsch, Taufers i. M.	
Ribes uva-crispa	Stachelbeere	Aischlitzen	Pustertal	Dalla Torre (1895), S. 59 als „Ribes grossularia"
Ribes uva-crispa	Stachelbeere	Haarrellen	Pustertal	Rauschenfels (1801), S. 217 als „Ribes grossularia"
Ribes uva-crispa	Stachelbeere	Mosarelle (f.)	Sexten	Stauder (2019), S. 132 als „Wilde Stachelbeere (Ribes uva-crispa var. uva-crispa)"
Ribes uva-crispa	Stachelbeere	Pfruslschtaude (f.)	Ridnaun, Fleins/ Freienfeld	
Ribes uva-crispa	Stachelbeere	Rusilerschtaude (f.)	Pflersch	
Ribes uva-crispa	Stachelbeere	Rusln (Pl.)	Ahrntal	
Ribes uva-crispa	Stachelbeere	Russl (f.)	Terenten, Getzenberg/Kiens, Olang	
Ribes uva-crispa	Stachelbeere	Trumbl (f.)	Pfunders	
Ribes uva-crispa *	Stachelbeere	Schtoflpëire (f.)	Stuls, Passeier	Schatz (1955), S. 593 als „Stachelbeere" (die Art fehlt im Passeier; es ist offenbar die Gartenpflanze gemeint)
Robinia pseudacacia	Gewöhnliche Robinie	Arcáz (m., it.)	Salurn	
Robinia pseudacacia	Gewöhnliche Robinie	Kazi (m.)	Kaltern, Schlanders	
Robinia pseudacacia	Gewöhnliche Robinie	Kazjan (Pl.)	Lana, Schenna, Platt/Passeier	
Robinia pseudacacia	Gewöhnliche Robinie	Kazjen (Pl.)	Montan[1], Eppan, Kurtatsch	[1]Schweiggl (2003), S. 16
Robinia pseudacacia	Gewöhnliche Robinie	Rubin (f.)	Laurein	
Rosa sp.	Rose, „Hagebutte"	Cesón de stropacúi (m., it.), stropacúi (Pl., it.)	Buchholz, Laag	

Rosa sp.	Rose, „Hagebutte“	Dëurnschtaude (f.), -ëpfl (Pl.)	Terenten	
Rosa sp.	Rose, „Hagebutte“	Döirnschtaude (f.), -ëpfl	Antholz	Pallhuber (2016), S. 139
Rosa sp.	Rose, „Hagebutte“	Dournpischl (n.)	Schnals	
Rosa sp.	Rose, „Hagebutte“	Dournschtau (f.)	Welschnofen	
Rosa sp.	Rose, „Hagebutte“	Dournschtauda (f.)	Kastelruth	
Rosa sp.	Rose, „Hagebutte“	Dournschtaude (f.), -ëpfl (m.)	Ridnaun, Getzenberg/Kiens	
Rosa sp.	Rose, „Hagebutte“	Dournschtaudn (Pl.)	St. Leonhard/Brixen	
Rosa sp.	Rose, „Hagebutte“	Fåckl (f. Sg.), -lin (Pl.)	Passeier	Haller & Lanthaler (2004), S. 54
Rosa sp.	Rose, „Hagebutte“	Hëitschapë[i]tsch (f.); Hëtschapëtsch (f.)	Kaltern, Tramin, Kurtatsch, Neumarkt, Truden, Aldein, Ritten; Kastelruth	
Rosa sp.	Rose, „Hagebutte“	Hëitschepëitsch -schtauda (f.)	Latzfons[1], Tiers, Villanders, Villnöß	[1]Bibliotheksgruppe Latzfons (2004), S. 50
Rosa sp.	Rose, „Hagebutte“	Hëtschepëtsch (f.), -n (Pl.)	Platt/Passeier, Andrian, Flaas	
Rosa sp.	Rose, „Hagebutte“	Hëtschepëtschschtau (f.)	Vöran, Mölten, Afing, Sarntal	
Rosa sp.	Rose, „Hagebutte“	Hetschipetsch (f.); Hetschepetsch (f.)	Ploseberg/Brixen[1], Ehrenburg; St. Leonhard/Brixen	[1]Jocher (2010), S. 511
Rosa sp.	Rose, „Hagebutte“	Hoggldöirn (Pl.)	Ulten	Lösch (1989), S. 95
Rosa sp.	Rose, „Hagebutte“	Hoornëpfl	Vahrn	Wirth (2021), S. 353
Rosa sp.	Rose, „Hagebutte“	Huntsroas (f.)	Ritten	Fink (1960), S. 115
Rosa sp.	Rose, „Hagebutte“	Kåtzndourn (m.)	Lappach	Fink (1972), S. 148
Rosa sp.	Rose, „Hagebutte“	Lauspanzelen (Pl.)	Altrei	Abram (2006), S. 856
Rosa sp.	Rose, „Hagebutte“	Lulln (Pl.)	Passeier	Haller & Lanthaler (2004), S. 266
Rosa sp.	Rose, „Hagebutte“	Öitschapöitsch	Lajen	Fill (2016), ohne Seitenangabe
Rosa sp.	Rose, „Hagebutte“	Ōrschmå[r]schtra (m.)	Getzenberg/Kiens	
Rosa sp.	Rose, „Hagebutte“	Ōrschpåppe; -påppl	Jaufental; Kiens	Wirth (2021), S. 351
Rosa sp.	Rose, „Hagebutte“	Ōrschpurzln (Pl.)	Welschnofen	
Rosa sp.	Rose, „Hagebutte“	Pfrousle (Pl.)	Matsch	
Rosa sp.	Rose, „Hagebutte“	Pfrouslschtaud (f.), Pfrousl (f.), -lan, -len (Pl.)	Langtaufers[1], Martell[2], Kastelbell-Tschars[3], Rojen, St. Valentin a. d. H., Schluderns, Taufers i. M., Stilfs, Schlanders, Schnals, Naturns, Partschins, Dorf Tirol, Ulten, Laurein, St. Felix, Vöran	[1]Joos (2010), S. 566 als „Heckenrose, Rosa canina“ (siehe Anmerkung zu „Dornäpfelen“, unter Rosa [sp.]); [2]Pfitscher (2001), S. 81; [3]Kaserer (2007), S. 37
Rosa sp.	Rose, „Hagebutte“	Porzln (Pl.)	Welschnofen	
Rosa sp.	Rose, „Hagebutte“	Proslstau (f.), Prosl (f.)	Welschnofen	Schatz (1955), S. 112

Rosa sp.	Rose, „Hagebutte“	Pumpazaine (Pl.)	Glurns	Fink (1972), S. 56 als „Hagebutte“
Rosa sp.	Rose, „Hagebutte“	Purzlen (Pl.)	Aldein	
Rosa sp.	Rose, „Hagebutte“	Reasln, Reaslen (Pl.)	Algund, Schenna	
Rosa sp.	Rose, „Hagebutte“	Schnåpspundlen	Lana	Wirth (2021), S. 356
Rosa sp.	Rose, „Hagebutte“	Töüngëpfl (Pl.)	Ahrntal	
Rosa sp.	Rose, „Hagebutte“	Tourë^{i}pfl (m., Pl.); Tournëpfl (Pl.); Tourëpf (m.)	Toblach[1], Sexten[2]; Vierschach; Winnebach	[1]Mittich-Steinwandter (2023, Nr. 3), S. 39 [2]Stauder (2019), S. 219
Rosa sp.	Rose, „Hagebutte“	Tournschtaude (f.)	Prags	
Rosa sp.	Rose, „Hagebutte“	Wilde Roas (f.)	Vöran	
Rosa [sp.]	Rose, „Hagebutte“	Dornäpfelen (Pl.)	Lüsen	Prosch (1923), S. 257 als „Rosa canina“ (sicher nicht im engeren Sinne gemeint, sondern mehrere ähnliche Arten mit einschließend)
Rosa [sp.]	Rose, „Hagebutte“	Dournëipfl (Pl.)	Truden	Ortner (2005), S. 428 als „Heckenrose“ (siehe Anmerkung zu „Dornäpfelen“)
Rosa [sp.]	Rose, „Hagebutte“	Kåtzndourn (m.)	Lappach	Kerschbaumer-Sigmund (1985), S. 63 als „Rosa canina“ (siehe Anmerkung zu „Dornäpfelen“)
Rosa [sp.]	Rose, „Hagebutte“	Porzln (Pl.)	Deutschnofen	Zelger (2004), S. 20 als „Hagebutten (Rosa canina)“ (siehe Anmerkung zu „Dornäpfelen“)
Rosa [sp.]	Rose, „Hagebutte“	Puttlroas (f.)	Wangen	Fink (1972), S. 58 als „Hundsrose Cynosbatus“(siehe Anmerkung zu „Dornäpfelen“)
Rosmarinus officinalis *	Echter Rosmarin	Hoazatpliml (n.)	Pustertal	Kerschbaumer-Sigmund (1985), S. 13, 114
Rosmarinus officinalis *	Echter Rosmarin	Laitiger Strëip (f.)	um Bozen	Fink (1972), S. 174
Rosmarinus officinalis *	Echter Rosmarin	Schpicket (m.)	Matsch, St. Felix, Kastelruth	
Rosmarinus officinalis *	Echter Rosmarin	Spíc (m., it.)	Salurn, Laag	
Rubus idaeus	Himbeere	Ampomári (Pl., it.)	Laag	
Rubus idaeus	Himbeere	Ampómole (f., Pl., it.)	Buchholz	
Rubus idaeus	Himbeere	Himmpar (Pl.)	Sarntal	
Rubus idaeus	Himbeere	Himmp^{e}r (f. Pl.)	Aldein	
Rubus idaeus	Himbeere	Hīmpa (Pl.)	Pfunders, Getzenberg/Kiens, Prags, Antholz, Sexten	
Rubus idaeus	Himbeere	Hīmpëir (f.)	Stilfs, Pustertal	
Rubus idaeus	Himbeere	Hīmpëirl (n.)	Pustertal	Schatz (1955), S. 295

Rubus idaeus	Himbeere	Hīmp^{e}r (Pl.)	Passeier, Schenna, Afing	
Rubus idaeus	Himbeere	Himpfern (Pl.)	Ulten, Passeier, Unteres Pustertal	Schöpf (1866), S. 265
Rubus idaeus	Himbeere	Īmp^{e}r (f., m., Pl.)	Truden[1], Latzfons[2], Kastelruth, Tiers, Villanders	[1]Ortner (2005), S. 428 [2]Bibliotheksgruppe Latzfons (2004), S. 53
Rubus idaeus	Himbeere	Kåpplpëir (Pl.)	Eisacktal	Fink (2003), S. 377
Rubus saxatilis	Felsen-Himbeere	Gschpuelschp^{e}rn (Pl.)	St. Felix	
Rubus saxatilis	Felsen-Himbeere	Sai^{e}rling (m.)	Kaltern	
Rubus saxatilis	Felsen-Himbeere	Schpuelschp^{e}rn (Pl.)	Unsere Liebe Frau im Walde	
Rubus saxatilis	Felsen-Himbeere	Schtiëndelen (Pl.)	Weißenbach/Ahrntal	
Rubus saxatilis	Felsen-Himbeere	Schualapëire (f.)	Pfitsch	
Rubus saxatilis	Felsen-Himbeere	Schueschp^{e}r (f.)	Tiers	
Rubus saxatilis	Felsen-Himbeere	Steinbeer	Pustertal	Rauschenfels (1801), S. 220
Rubus sect. *Rubus*	Artengruppe Echte Brombeere	Morár (m., it.)	Laag	
Rubus sect. *Rubus*	Artengruppe Echte Brombeere	Muirn (Pl.)	Vinschgau[1], Taufers i. M., Stilfs, Prad, Schluderns	[1]Schatz (1955), S. 438
Rubus sect. *Rubus*	Artengruppe Echte Brombeere	Mur, Mura (f.), Mure (f.), Murn (Pl.)	Latzfons[1], Vöran, Mölten, Afing, Ritten, Kaltern, Tramin, Altrei, Aldein, Welschnofen, Tiers, Kastelruth, Villanders, Villnöß, St. Leonhard/ Brixen, Vals/ Mühlbach, Kiens	[1]Bibliotheksgruppe Latzfons (2004), S. 76
Rubus sect. *Rubus*	Artengruppe Echte Brombeere	Murbar (m.), -li, -lar	Sarntal	Gruber (2005), S. 124
Rubus sect. *Rubus*	Artengruppe Echte Brombeere	Murndourn (Pl.)	Villanders	
Rubus sect. *Rubus*	Artengruppe Echte Brombeere	Murp^{e}r (f.)	Truden	Ortner (2005), S. 428
Rubus sect. *Rubus*	Artengruppe Echte Brombeere	Murren (Pl.)	Lüsen	Prosch (1923), S. 255
Rubus sect. *Rubus*	Artengruppe Echte Brombeere	Murschtauda (f.)	Tiers	
Rubus sect. *Rubus*	Artengruppe Echte Brombeere	Prōmp^{e}r (m.)	Platt/Passeier	
Rubus sect. *Rubus*	Artengruppe Echte Brombeere	Proumen (Pl.)	Passeier	Schatz (1955), S. 101
Rubus sect. *Rubus*	Artengruppe Echte Brombeere	Pruml, Prumbl (f.)	Eisacktal, Pustertal	Schatz (1955), S. 101
Rubus sect. *Rubus*	Artengruppe Echte Brombeere	Prummlpëir (Pl.)	Eisacktal	Fink (2003), S. 377
Rubus sect. *Rubus*	Artengruppe Echte Brombeere	Prūmp^{e}r (f.)	Schenna	

Rubus sect. *Rubus*	Artengruppe Echte Brombeere	Prūmp^{e}rschtaud (f.)	Algund	
Rubus sect. *Rubus*	Artengruppe Echte Brombeere	Roái (m. Pl., it.)	Buchholz	
Rubus sect. *Rubus*	Artengruppe Echte Brombeere	Rufe (f.)	Pfeffersberg/Brixen	Fink (1972), S. 221
Rubus sect. *Rubus*	Artengruppe Echte Brombeere	Schbårze Hīmper (Pl.)	Laurein	
Rubus sect. *Rubus*	Artengruppe Echte Brombeere	Schwå^{r}schza Himmpa (Pl.)	Terenten, Getzenberg/Kiens	
Rubus sect. *Rubus*	Artengruppe Echte Brombeere	Zëitnmurn	Tramin	Wirth (2021), S. 358
Rubus [sect. *Rubus*]	[Artengruppe Echte] Brombeere	Kratzbeer	Pustertal	Rauschenfels (1801), S. 220 als „Rubus fruticosus“
Rudbeckia sp. *	Sonnenhut	Ålte Puibm	Getzenberg/Kiens	
Rumex acetosa	Wiesen-Sauerampfer	Agriói (Pl., it.)	Laag	
Rumex acetosa	Wiesen-Sauerampfer	Åmpfoschtingl	Antholz	Pallhuber (2016), S. 139 als „Sauerampfer“
Rumex acetosa	Wiesen-Sauerampfer	Gråmpa (f.), Gråmpm (Pl.)	Latzfons	Bibliotheksgruppe Latzfons (2004), S. 42 als „Sauerampfer, breitblättriges Gras“
Rumex acetosa	Wiesen-Sauerampfer	K^{a}rschigglan, Wisak^{a}rschigglan (Pl.), K^{e}rschittlan (Pl.)	Matsch	
Rumex acetosa	Wiesen-Sauerampfer	Pan e vín (Pl., it.)	Laag	
Rumex acetosa	Wiesen-Sauerampfer	Psairich (m.)	Pfeffersberg/Brixen	Fink (1972), S. 27 als „Sauerampfer“
Rumex acetosa	Wiesen-Sauerampfer	Sairåmpfr (Pl.)	Schnals	
Rumex acetosa	Wiesen-Sauerampfer	Sairantschtinggl (m. Sg., Pl.)	Sexten	Stauder (2019), S. 184
Rumex acetosa	Wiesen-Sauerampfer	Sairatschtingl (Pl.)	Gsies	
Rumex acetosa	Wiesen-Sauerampfer	Saråmpfer (Pl.)	Martell, Dorf Tirol	
Rumex acetosa	Wiesen-Sauerampfer	Sauerplattlen (Pl.)	Kastelruth	
Rumex acetosa	Wiesen-Sauerampfer	Sauråmpf, Sauerång (m.)	Proveis	
Rumex acetosa	Wiesen-Sauerampfer	Sauråmpfa (Pl.)	Kiens, Prags, Vierschach	
Rumex acetosa	Wiesen-Sauerampfer	Sauråmpfe (Pl.)	Pfitsch	
Rumex acetosa	Wiesen-Sauerampfer	Sauråmpfer (m.)	Passeier[1], Kaltern, Vals/Mühlbach	[1]Haller & Lanthaler (2004), S. 192
Rumex acetosa	Wiesen-Sauerampfer	Sauråmpferschtingl (Pl.)	Platt/Passeier	
Rumex acetosa	Wiesen-Sauerampfer	Sauråmpfn (Pl.)	Burgeis, Afing, Villnöß, Ridnaun	
Rumex acetosa	Wiesen-Sauerampfer	Sa^{u}råmpfr (m.)	Mittelvinschgau	
Rumex acetosa	Wiesen-Sauerampfer	Sau^{e}rånzn (Pl.)	Welschnofen	
Rumex acetosa	Wiesen-Sauerampfer	Sauraschtingl (Pl.)	Pfunders	
Rumex acetosa	Wiesen-Sauerampfer	Saurumpfn (Pl.)	Rodeneck, Getzenberg/Kiens, Terenten	

Rumex acetosa	Wiesen-Sauerampfer	Sauschtingl (Pl.)	Ahrntal	
Rumex acetosa	Wiesen-Sauerampfer	Tschütscha (f.)	Laurein	
Rumex acetosa	Wiesen-Sauerampfer	Wainplëitschn (Pl.)	Altrei	Abram (2006), S. 859 als „Sauerampfer“
Rumex acetosa	Wiesen-Sauerampfer	Wounznplëirtsch (f.)	Tramin	Wirth (2021), S. 382 als „Sauerampfer“
Rumex acetosa	Wiesen-Sauerampfer	Zirâmpfn (Pl.)	Rojen, St. Valentin a. d. H., Taufers i. M.	
Rumex acetosa, R. acetosella	Wiesen-Sauerampfer, Zwerg-S.	Sa^{u}râmpfn (Pl.)	Matsch	
Rumex alpinus	Alpen-Ampfer	Fåcknplåttn (Pl.)	Schnals	
Rumex alpinus	Alpen-Ampfer	Fåcknplërtschn (Pl.)	Vöran	
Rumex alpinus	Alpen-Ampfer	Fåcknpletscha (f.)	Villanders	Wirth (2021), S. 360
Rumex alpinus	Alpen-Ampfer	Fåcknplëtschn (Pl.)	Ritten	
Rumex alpinus	Alpen-Ampfer	Kia-, Kü^{e}pletsch (f.)	Durnholz, Sarntal	
Rumex alpinus	Alpen-Ampfer	Kuaplëtschn (Pl.)	Afing	
Rumex alpinus	Alpen-Ampfer	Kuilåbbisn (Pl.)	Pfunders	
Rumex alpinus	Alpen-Ampfer	Låbbise (f.)	Sexten[1], Getzenberg/Kiens	[1]Stauder (2019), S. 122
Rumex alpinus	Alpen-Ampfer	Lobisn, Lobispletschn (Pl.)	Ulten, Unsere Liebe Frau im Walde, Laurein, Vals/ Mühlbach	
Rumex alpinus	Alpen-Ampfer	Morgntau (m.)	Meransen	Fink (1972), S. 194 als „Alpensauerampfer“
Rumex alpinus	Alpen-Ampfer	Påchplëtschn (Pl.)	Kastelruth	
Rumex alpinus	Alpen-Ampfer	Planatschn (Pl.)	Stilfs, Prad	
Rumex alpinus	Alpen-Ampfer	Plearsch (f.)	Schlanders	
Rumex alpinus	Alpen-Ampfer	Plerche, Pletsche (f.)	Platt/Passeier	
Rumex alpinus	Alpen-Ampfer	Plerchn (Pl.)	Rojen, Martell, Ridnaun, Telfes, Pflersch, Flains, Pfitsch, Trens	
Rumex alpinus	Alpen-Ampfer	Poppaplerchn (Pl.)	Matsch	
Rumex alpinus	Alpen-Ampfer	Såttlpletschn (Pl.)	Villanders	
Rumex alpinus	Alpen-Ampfer	Schaispletschn (Pl.)	Kiens	
Rumex alpinus	Alpen-Ampfer	Schmålzlåbbisn (Pl.)	Ahrntal	
Rumex crispus, R. obtusifolius	Krauser Ampfer, Stumpfblatt-A.	Pluatflaisch (n.)	Kaltern	
Rumex obtusifolius	Stumpfblatt-Ampfer	Kü^{e}pletschn (Pl.)	Sarntal	
Rumex obtusifolius	Stumpfblatt-Ampfer	Låbisn (Pl.)	Antholz	Pallhuber (2016), S. 140 als „Stumpfampfer“
Rumex obtusifolius	Stumpfblatt-Ampfer	Lengue de vàca (Pl. it.)	Laag	
Rumex obtusifolius	Stumpfblatt-Ampfer	Plëtschn (Pl.)	Vierschach	
Rumex obtusifolius	Stumpfblatt-Ampfer	Såntplerchn (Pl.)	Schlanders	
Rumex obtusifolius	Stumpfblatt-Ampfer	Wåssrplerchn (Pl.)	Schlanders	

Rumex scutatus	Schild-Sauerampfer	Zuggrplattlan (n. Pl.)	Burgeis	
Rumex sp.	Ampfer	Hauslåbbisn (Pl.)	Pfunders	
Rumex sp.	Ampfer	Låbbisn (Pl.)	St. Magdalena/Gsies	
Rumex sp.	Ampfer	Plerchn (Pl.)	Langtaufers	Joos (2010), S. 567
Rumex sp.	Ampfer	Ziråmpfn (Pl.)	Langtaufers	Joos (2010), S. 567
Ruscus aculeatus	Stechender Mäusedorn	Ggousmannschtaud, -schtau (f.)	Unterland[1], Tramin, Kaltern	[1]Menghin (1884), S. 157 [Cosmannstaude]
Ruscus aculeatus	Stechender Mäusedorn	Ggóusmasstau (f.)	Afing	Fink (1972), S. 158 als „Mäusedorn“
Ruscus aculeatus	Stechender Mäusedorn	Këirpëisn (m.), Pëisn (m.)	Ritten	Fink (1972), S. 150 als „Mausdorn“
Salix caprea	Sal-Weide	Mincerlár (m., it), Míncerli (Pl., it)	Salurn, Laag	
Salix caprea	Sal-Weide	Muindlschtaud (f.)	Margreid	
Salix caprea	Sal-Weide	Muinzalan (Pl.)	Kaltern, Tramin	
Salix caprea	Sal-Weide	Palmbaum	Pustertal	Rauschenfels (1801), S. 222
Salix caprea	Sal-Weide	Pålmkatzla^{r} (Pl.)	Ridnaun	
Salix caprea	Sal-Weide	Pålmkatzlen (Pl.)	Kaltern, Mölten, Villanders	
Salix caprea	Sal-Weide	Pålmkatzlan (Pl.)	Langtaufers[1], St. Leonhard/Brixen	[1]Joos (2010), S. 565
Salix caprea	Sal-Weide	Pålmkatzler (Pl.)	Passeier, Afing	
Salix caprea	Sal-Weide	Pålmkatzlschtau (f.)	Aldein	
Salix caprea	Sal-Weide	Pålmkåtzn (Pl.)	Tiers	
Salix caprea	Sal-Weide	Pålmpam (m.); -pame (Pl.)	Olang, St. Magdalena/Gsies; Pfunders	
Salix caprea	Sal-Weide	Pålmschtaud (f.)	Schlanderser Sonnenberg	
Salix caprea	Sal-Weide	Sål (f.)	Aldein	
Salix caprea	Sal-Weide	Sålchaschtaud (f.)	Stilfs	
Salix caprea	Sal-Weide	Sålchn (Pl.), Sålch (f.)	Martell[1], Truden[2], Prader Berg, St. Walburg/Ulten, Laurein, Marlinger Berg, Meran, Schenna	[1]Pfitscher (2001), S. 111 [2]Ortner (2005), S. 428
Salix caprea	Sal-Weide	Sålchnhëgge (f.)	Ulfas/Passeier	
Salix caprea	Sal-Weide	Salgár (m., it.)	Salurn	
Salix caprea, S. cinerea	Sal-Weide, Asch-W.	Muinzalan (Pl.)	Kaltern	
Salix [*caprea*]	[Sal-]Weide	Kåtznpålm (Pl.)	Ulten	Lösch (1989), S. 96 als „Weidenkätzchen“
Salix [*caprea*]	[Sal-]Weide	Pålbm (Pl.)	Ahrntal	Duregger et al. (2009), S. 172 als „Palmweiden“
Salix [*caprea*]	[Sal-]Weide	Pålgnkatzl^{a}r (Pl.)	Sarntal	Gruber (2005), S. 143 als „Palmkätzchen“
Salix retusa	Stumpfblättrige Weide	Jochwöll (f.), -woll (f.)	Ulten	

Salix sp.	Weide	Feelar (m.)	Sarntal	Gruber (2005), S. 55
Salix sp.	Weide	Feelarwied (f.)	Martell	Pfitscher (2001), S. 27
Salix sp.	Weide	Fëilawidn (Pl.)	Ridnaun	
Salix sp.	Weide	Fëilerpam (m.)	Latzfons[1], Überetsch, Villnöß	[1]Bibliotheksgruppe Latzfons (2004), S. 33
Salix sp.	Weide	Fëilerschtock (m.)	Ritten	
Salix sp.	Weide	Fëilewide (f.)	Ploseberg/Brixen	Jocher (2010), S. 511
Salix sp.	Weide	Fëilerwidn (Pl.), -wit (f.), -wide (f.)	Algund, Lana, St. Walburg/Ulten, Unsere Liebe Frau im Walde, Laurein, Proveis, Afing, Welschnofen, Kastelruth, Villnöß, Villanders	
Salix sp.	Weide	Fëilerwipam (m.)	Deutschnofen	Zelger (2004), S. 28
Salix sp.	Weide	Fëler, Fëiler (m.)	Tiers[1], Prad, Naturns, Laurein, Lana, Andrian, Kaltern, Vöran	[1]Robatscher (2003), S. 128
Salix sp.	Weide	Fèleri (Pl., it.)	Buchholz	
Salix sp.	Weide	Fellawidn (Pl.)	St. Leonhard/Brixen	
Salix sp.	Weide	Salgár (m., it.)	Salurn	
Salix sp.	Weide	Stropár (m., it.)	Laag	
Salix sp.	Weide	Widn (Pl.)	Schluderns, Stilfs, Martell, Naturns, Mölten, Kiens	
Salix viminalis	Korb-Weide	Feler (m.), Fëilerpam (m.)	Kaltern	
Salvia glutinosa	Klebriger Salbei	Ortiga máta (f., it.)	Buchholz	
Salvia glutinosa ?	Klebriger Salbei	Fleachekraut (n.)	Kiens	Schatz (1955), S. 180 als „Salvia glutinosa?“
Salvia officinalis *	Echter Salbei	Gårtnsålfl (m.)	Platt	
Salvia officinalis *	Echter Salbei	Gurglkraut (n.)	Seis	
Salvia officinalis *	Echter Salbei	Sååলfla (m.)	Truden	Ortner (2005), S. 432
Salvia officinalis *	Echter Salbei	Sålfa (m.)	Martell, St. Magdalena/Gsies	
Salvia officinalis *	Echter Salbei	Sålfal (m.)	Terenten, Ahrntal	
Salvia officinalis *	Echter Salbei	Sålfant (m.)	Sexten	Stauder (2019), S. 208
Salvia officinalis *	Echter Salbei	Sålfl (m.)	Etsch (unspezifische geografische Angabe)[1], Pustertal[2], Sterzing	[1]Schatz (1955), S. 502 [2]Kerschbaumer- Sigmund (1985), S. 116
Salvia officinalis *	Echter Salbei	Sålfla (m.)	Deutschnofen[1], Naturns, Welschnofen, Antholz	[1]Zelger (2004), S. 67
Salvia officinalis *	Echter Salbei	Sålfle (m.)	Ulten	
Salvia officinalis *	Echter Salbei	Sålfn (m.)	Passeier	
Salvia officinalis *	Echter Salbei	Taiflszunge (f.)	Pustertal	Kerschbaumer-Sigmund (1985), S. 15, 116

Salvia pratensis	Wiesen-Salbei	Plobe Ggiggrlan (n. Pl.)	Schlanders	
Salvia pratensis	Wiesen-Salbei	Sålfa (m.)	Stilfs	
Salvia pratensis	Wiesen-Salbei	Sålfant (m.)	Vierschach	
Salvia pratensis	Wiesen-Salbei	Sålfet	Proveis	
Salvia pratensis	Wiesen-Salbei	Sålfla (m.)	Lana, Tramin, Welschnofen, Tiers, Kastelruth	
Salvia pratensis	Wiesen-Salbei	Sålfle (m., n.)	St. Walburg/Ulten, Mölten, Vöran, Afing	
Salvia pratensis	Wiesen-Salbei	Sålfn (m.)	Flaas	
Salvia pratensis	Wiesen-Salbei	Wild^{e}r Sålfl (m.)	Platt/Passeier	
Salvia pratensis	Wiesen-Salbei	Wild^{e}r Sålfla (m.)	Villanders	
Salvia pratensis	Wiesen-Salbei	Wildsålfa (m.)	Taufers i. M.	
Salvia pratensis	Wiesen-Salbei	Wisnsålfla (m.)	Schluderns	
Salvia sp.	Salbei	Sålfal (m.)	Pustertal	Schatz (1955), S. 502
Salvia sp.	Salbei	Sålfl (m.)	Schenna	
Salvia sp.	Salbei	Sålfla (m.)	Schlanders, Ritten, Latzfons	
Salvia sp.	Salbei	Sålfle (m.)	Welschnofen	Schatz (1955), S. 502
Sambucus ebulus ?	Zwerg-Holunder	Nåchtschoutn (m.)	Feldthurns	Fink (2003), S. 377 als „Zwergholunder“
Sambucus nigra	Schwarzer Holunder	Hëula (m.); Höila (m.)	Terenten, Vals/ Mühlbach; Antholz[1]	[1]Pallhuber (2016), S. 140
Sambucus nigra	Schwarzer Holunder	Holer (m.)	Andrian	
Sambucus nigra	Schwarzer Holunder	Houla (m.)	Ridnaun, Pfitsch, Olang, Vierschach	
Sambucus nigra	Schwarzer Holunder	Houl^{a}r (m.)	Martell, Aldein, Sarntal	
Sambucus nigra	Schwarzer Holunder	Hould^{e}r (m.)	Schluderns	
Sambucus nigra	Schwarzer Holunder	Houl^{e}r (m.)	Prad, Kastelbell-Tschars, Vöran, Kaltern, Deutschnofen	
Sambucus nigra	Schwarzer Holunder	Houlerhëgge (f.)	Passeier	
Sambucus nigra	Schwarzer Holunder	Rechte Holer (m. Pl.)	Lüsen	Prosch (1923), S. 257
Sambucus nigra	Schwarzer Holunder	Rechto Houla (m.)	Pustertal	Kerschbaumer-Sigmund (1985), S. 69
Sambucus nigra	Schwarzer Holunder	Sambugár (it., m.)	Salurn	
Sambucus racemosa	Roter Holunder	Fëigglpëir (m.), -pëire (Pl.)	Sexten	Stauder (2019), S. 229
Sambucus racemosa	Roter Holunder	Fetzpë^{i} (f.)	Ahrntal	
Sambucus racemosa	Roter Holunder	Houldrschtaud (f.)	Langtaufers	Joos (2010), S. 566
Sambucus racemosa	Roter Holunder	Houl^{e}rpëirschtaud (f.)	Schnals	
Sambucus racemosa	Roter Holunder	Moschpërschtaude (f.)	Pfitsch	
Sambucus racemosa	Roter Holunder	Perghouler (m.)	Vöran	

Sambucus racemosa	Roter Holunder	Roate Houla; Roato Houla (m.)	Ridnaun; Olang, Prags	
Sambucus racemosa	Roter Holunder	Roat^{e}r Houl^{e}r (m.); Roate Houla (m.)	St. Walburg/Ulten	
Sambucus racemosa	Roter Holunder	Sambùch mát (m., it.)	Buchholz	
Sambucus racemosa	Roter Holunder	Schtink-; Schtinkaschtaude (f.)	Ahrntal[1]; Antholz[2]	[1]Fink (1985), S. 434 [2]Pallhuber (2016), S. 141
Sambucus racemosa	Roter Holunder	Schtinketo Houla (m.)	Prags	
Sambucus racemosa	Roter Holunder	Wilda Houla (m.)	St. Magdalena/Gsies	
Sambucus racemosa	Roter Holunder	Wilder Houler (m.)	Lüsen[1], Fleins/ Freienfeld, Pflersch	[1]Prosch (1923), S. 257 als „wilder Holunder"
Sanguisorba officinalis	Großer Wiesenknopf	Pluitstropfe (m.)	Prags	
Sanguisorba officinalis	Großer Wiesenknopf	Wiesenkölblein	Pustertal	Rauschenfels (1801), S. 216
Saponaria [officinalis]	[Gewöhnliches] Seifenkraut	Iwlkraut (n.)	Afing	Fink (1972), S. 289 als „das rohe Seifenkraut"
Satureja hortensis *	Echtes Bohnenkraut	Nëisinger Schtrëip (f.)	Afing	
Satureja hortensis *	Echtes Bohnenkraut	Patzltoag	Mauls, Trens, Stilfes	
Satureja hortensis *	Echtes Bohnenkraut	Seppele (n.)	Naturns	
Satureja hortensis *	Echtes Bohnenkraut	Wãikraut (n.)	St. Walburg/Ulten	
Satureja hortensis *	Echtes Bohnenkraut	Wainkraut (n.)	Unterland[1], Kastelruth	[1]Menghin (1884), S. 157
Saxifraga androsacea ?	Mannsschild-Steinbrech	Pauernsempf (m.)	Lüsen	Fink (1972), S. 26 als „mannschildartiger Steinbrech" (ob wirklich diese eher unscheinbare Art gemeint ist?)
Saxifraga oppositifolia	Gegenblättriger Steinbrech	Tuifls-Oupis	Schnals	
Saxifraga paniculata	Trauben-Steinbrech	Tschirtschlplueme (f.)	St. Andrä	Fink (1972), S. 285 als „Traubenartiger Steinbrech"
Scabiosa columbaria agg.	Artengruppe Tauben-Skabiose	Housnknopf (m.)	Rodeneck	
Scabiosa columbaria agg.	Artengruppe Tauben-Skabiose	Paterknëpfe (Pl.)	Villnöß	
Scabiosa columbaria agg.	Artengruppe Tauben-Skabiose	Pinterschlëigele (n.), -schlëigl (m., Pl.)	Meran, Schenna	
Scabiosa columbaria agg.	Artengruppe Tauben-Skabiose	Trummlschloger (m.), -schlëger (m.), -schlëgl (m.)	Lana, Ritten, Schnals	
Scabiosa sp., [*Knautia arvensis*]	Skabiose, [Wiesen-Witwenblume]	Wisnknopf (m.)	Oberes Pustertal	Wirth (2021), S. 381 als „Skabiose" (umgangssprachlich wird Knautia arvensis auch als „Skabiose" bezeichnet)
Secale cereale *	Saat-Roggen	Kourn (n.)	Kastelbell-Tschars[1], Naturns, St. Walburg/Ulten, Passeier, Sarntal	[1]Kaserer (2007), S. 26
Secale cereale *	Saat-Roggen	Rögga	Antholz	

Secale cereale *	Saat-Roggen	Rögge (m.)	St. Magdalena/Gsies	
Secale cereale *	Saat-Roggen	Rouggn (m.)	Truden	Ortner (2005), S. 432
Secale cereale *	Saat-Roggen	Schloufrogge (m.)	Olang	
Sedum acre	Scharfer Mauerpfeffer	Warzakraut (n.)	Taufers i. M.	
Sedum acre	Scharfer Mauerpfeffer	Warzengras	Pustertal	Rauschenfels (1801), S. 219
Sedum album	Weißer Mauerpfeffer	Mauernudl (f.)	Martell	
Sedum sp.	Mauerpfeffer	Mauermarbl (m.)	Latzfons	Fink (1972), S. 188
Sedum sp.	Mauerpfeffer	Mauernudl (f.)	Ritten, Tiers, Fleins/ Freienfeld, Pflersch	
Sedum sp.	Mauerpfeffer	Mauerrogge (m.)	Eisacktal	Fink (1972), S. 188
Sedum sp.	Mauerpfeffer	Stoanrogge (m.)	Lappach	Fink (1972), S. 255
Sempervivum sp.	Hauswurz	Stoanschmåttl (f.)	Unteres Eisacktal	Fink (1972), S. 255 als „Hauswurze“
Sempervivum sp.	Hauswurz	Warzakraut (n.)	St. Valentin a. d. H.	
Sempervivum sp.	Hauswurz	Warznkraut (n.)	Proveis	
Sempervivum sp.	Hauswurz	Werznkraut (n.)	Sexten	
Sempervivum [sp.]	Hauswurz	Dåchwurze (f.)	Mauls	Fink (1972), S. 60 „Hauswurz, Sempervivum tectorum“ (unklar, ob Hauswurz generell gemeint ist, zumal S. tectorum im Gebiet auch fehlt)
Sempervivum [sp.]	Hauswurz	Kåtznwaimer (Pl.)	Latzfons	Fink (1972), S. 148 als „Hauswurzart, Sempervivum tectorum“ (unklar, ob Hauswurz generell gemeint ist)
Sesleria sphaerocephala	Rundköpfiges Blaugras	Kugelgras (n.)	Pustertal	Rauschenfels (1801), S. 216 als „Cynosurus sphaerocephalus“
Setaria italica	Kolbenhirse	Fenich, Fenichhirse	Unterland[1], Pustertal[2]	[1]Menghin (1884), S. 157 [2]Rauschenfels (1801), S. 216 als „Panicum italicum“
Setaria viridis	Grüne Borstenhirse	Wilder Brein	Pustertal	Rauschenfels (1801), S. 216 als „Panicum viride“
Silene acaulis	Polster-Leimkraut	Pëlschterlen (Pl.), Pëlschterler (Pl.)	Villanders, Platt/Passeier	
Silene acaulis	Polster-Leimkraut	Polschternagalan (Pl.)	Stilfs	
Silene acaulis	Polster-Leimkraut	Polschternagelen (Pl.)	Naturns, Ulten	
Silene acaulis	Polster-Leimkraut	Tuiflwis (f.)	Schnals	
Silene acaulis	Polster-Leimkraut	Zigainerpolschter (m.)	Deutschnofen	Fink (1972), S. 312 als „stengelloses Leimkraut“
Silene dioica	Rote Lichtnelke	Ålte Puibm (Pl.)	Olang	
Silene dioica	Rote Lichtnelke	Antounjuspluaman (Pl.)	Rojen	
Silene dioica	Rote Lichtnelke	Blutschtinke	Antholz	Müller (1985), S. 148 als „Taglichtnelke“
Silene dioica	Rote Lichtnelke	Fetzeler (Pl.)	Ulten	

Silene dioica	Rote Lichtnelke	Giggeriggihadlen (Pl.)	Ahrntal	
Silene dioica	Rote Lichtnelke	Giggeriggihandl (n.), -en (Pl.)	Pfitsch, Mühlen/ Taufers	
Silene dioica	Rote Lichtnelke	Jousefpluam (f), -pluamen (Pl.)	Taufers i. M., Martell	
Silene dioica	Rote Lichtnelke	Jousila (Pl.)	Ridnaun	
Silene dioica	Rote Lichtnelke	Jousiler (Pl.)	Wiesen/Pfitsch	
Silene dioica	Rote Lichtnelke	Kua-, Kuitutte (f.)	Vals/Mühlbach	
Silene dioica	Rote Lichtnelke	Kuatuttn (Pl.)	Telfes, Pflersch, Ritzail	
Silene dioica	Rote Lichtnelke	Pëttfetzare (Pl.)	Pfitsch	
Silene dioica	Rote Lichtnelke	Pëttfetzer (Pl.)	Mittelvinschgau, Martell, Schnals, Partschins, St. Gertraud/Ulten, Welschnofen	
Silene dioica	Rote Lichtnelke	Pluatschwitza	Ridnaun	
Silene dioica	Rote Lichtnelke	Pluatschwitzer (m. Sg., Pl.)	Latzfons[1], St. Valentin a. d. H., Schluderns, Lichtenberg, Stilfs, Prad, Eyrs, Schlanders, Martell, St. Gertraud/Ulten, Lana, Tisens, Schenna, Passeier, Vöran, Mölten, Flaas, Ritten, Welschnofen, Völser Aicha, Milland, St. Andrä/Brixen	[1]Bibliotheksgruppe Latzfons (2004), S. 91
Silene dioica	Rote Lichtnelke	Pluatschwitzerlen (Pl.)	Matsch	
Silene dioica	Rote Lichtnelke	Pluatstrëpfl (n.), -er (Pl.)	Proveis, Laurein, Naturns, Ridnaun	
Silene dioica	Rote Lichtnelke	Pluatstropfn (m.)	Vöran	
Silene dioica	Rote Lichtnelke	Plü^{e}tschwitzar	Sarntal	
Silene dioica	Rote Lichtnelke	Pluitschwitza (m. Sg., Pl.)	Antholz[1], Prags, Sexten, Vierschach, Winnebach	[1]Pallhuber (2016), S. 139 als „Taglichtnelke“
Silene dioica	Rote Lichtnelke	Schpinnradl (n.)	Villnöß	
Silene dioica	Rote Lichtnelke	Schpitzpuibm (Pl.)	Getzenberg/Kiens	
Silene dioica	Rote Lichtnelke	Wië lenger wië lïëber, Je lenger je lïëber	Ulten	
Silene vulgaris	Klatschnelke	Håndrakraut (n.)	Gsies	
Silene vulgaris	Klatschnelke	Håsnearl (n.)	Kaltern	
Silene vulgaris	Klatschnelke	Hemmetschnëller (Pl.)	Ulten	
Silene vulgaris	Klatschnelke	Karn (Pl.)	Barbian, Villanders	
Silene vulgaris	Klatschnelke	Karrn (Pl.)	Vierschach	
Silene vulgaris	Klatschnelke	Kåtznschnëller (Pl.)	Steinegg	
Silene vulgaris	Klatschnelke	Kerre (f.)	Vals/Mühlbach	
Silene vulgaris	Klatschnelke	Klåtscholan (Pl.)	Meransen	
Silene vulgaris	Klatschnelke	Knåler (m.)	Kaltern	

Silene vulgaris	Klatschnelke	Pfåtscha (m. Sg., Pl.)	Sexten	Stauder (2019), S. 152
Silene vulgaris	Klatschnelke	Pfnåtscha, Pfnåtscholan (Pl.)	Rodeneck, Vals, Vintl, Weitental, Pfunders, Terenten, Getzenberg/Kiens, Kiens, Weißenbach/ Ahrntal, Gais, Olang, Vierschach	
Silene vulgaris	Klatschnelke	Pfnåtschantscha (m.)	Antholz	Fink (1972), S. 35 als „Pflanze Taubenkropf“
Silene vulgaris	Klatschnelke	Pfnåtschapluime (f.)	Gais	
Silene vulgaris	Klatschnelke	Pfnåtscher; -ar (Pl.)	Naturns, Tisens, Pens, Villnöß, Milland, St. Leonhard/ Brixen; Schalders	
Silene vulgaris	Klatschnelke	Pfnatscherlen (Pl.)	Lüsen[1], Schlanders	[1]Prosch (1923), S. 255
Silene vulgaris	Klatschnelke	Pfnetscher; -ar (Pl.)	Riffian, Flaas, Ritten, Albions/ Lajen, Villanders; Durnholz	
Silene vulgaris	Klatschnelke	Schnålsn (Pl.), Schnålzer (m.)	Platt/Passeier	
Silene vulgaris	Klatschnelke	Schnålza (m. Pl.)	Ridnaun, Steinhaus/Ahrntal	
Silene vulgaris	Klatschnelke	Schnålzare, Schnëlzare (Pl.)	Pfitsch	
Silene vulgaris	Klatschnelke	Schnålze (Pl.)	Jaufental	Schatz (1955), S. 543 als „Kropfnelke“
Silene vulgaris	Klatschnelke	Schnålzn (Pl.)	Wiesen/Pfitsch, Telfes	
Silene vulgaris	Klatschnelke	Schnåppar (Pl.)	Pens	
Silene vulgaris	Klatschnelke	Schnëilapatzl (n.)	Margreid	
Silene vulgaris	Klatschnelke	Schnë^{i}ler (Pl.), -len (Dim. Pl.)	Kaltern, Tramin, Kurtatsch, Neumarkt	
Silene vulgaris	Klatschnelke	Schnëlleler (Pl.)	Laurein	
Silene vulgaris	Klatschnelke	Schnëll^{e}r; -ar (m. Pl.)	Rojen, Burgeis, Matsch, Taufers i. M., Stilfs, Göflan, Goldrain, Martell, St. Leonhard in Passeier, Schenna, Tisens, Vöran, Mölten, Andrian, Aldein, Welschnofen, Ritten; Sarntal	
Silene vulgaris	Klatschnelke	Schnëllerlen; -lan; -ler; -lar (Pl.)	Langtaufers[1], Schluderns, Prad, Partschins, Lana, Kastelruth; St. Walburg/Ulten; Sarntal	[1]Joos (2010), S. 567
Silene vulgaris	Klatschnelke	Schnëllkraut (n.)	Algund, Afing	
Silene vulgaris	Klatschnelke	Schnëllpatzlen (Pl.)	Montan	
Silene vulgaris	Klatschnelke	Schnëllwurzn (Pl.)	Schnals, Naturns	

Silene vulgaris	Klatschnelke	Schnëlzpåtzn (Pl.)	Pflersch	
Silene vulgaris	Klatschnelke	Sgrinsói (m., Pl., it.), sciopéte (f., Pl., it.)	Laag	
Silene vulgaris	Klatschnelke	Tuscher (Pl.)	Platt/Passeier, Ulten	
Sinapis arvensis	Acker-Senf	Geldo Tille (m.)	Olang	
Sinapis arvensis	Acker-Senf	Rabatschëil	Langtaufers[1], Taufers i. M., St. Valentin a. d. H.	Joos (2010), S. 569
Sinapis arvensis	Acker-Senf	Rafitsch	Latzfons	
Sinapis arvensis	Acker-Senf	Rowatschëil	Schlanders	
Sinapis arvensis	Acker-Senf	Till (m.)	Ridnaun	
Sinapis arvensis	Acker-Senf	Tille (m.)	Getzenberg/Kiens, Terenten	
Solanum dulcamara	Bittersüßer Nachtschatten	Hiërschpëir (f.)	Schlinig	
Solanum dulcamara	Bittersüßer Nachtschatten	Huntispëire (f.)	Terenten	
Solanum dulcamara	Bittersüßer Nachtschatten	Mäuselholz	Pustertal	Rauschenfels (1801), S. 217
Solanum dulcamara	Bittersüßer Nachtschatten	Rote Hundsber	Pustertal	Rauschenfels (1801), S. 217
Solanum lycopersicum *	Tomate	Paradaisëpfl (m. Sg., Pl.)	Taufers i. M., Mölten, Welschnofen, Kastelruth, Latzfons	
Solanum lycopersicum *	Tomate	Paradais^{e}r (m. Sg., Pl.)	Prad, Schluderns, Latzfons, Tiers	
Solanum lycopersicum *	Tomate	Paredais (m.), -er	Passeier	
Solanum lycopersicum *	Tomate	Paredeisepfel	Lajen	Fill (2016), ohne Seitenangabe
Solanum lycopersicum *	Tomate	Pomadoure (Pl.)	Taufers i. M.	
Solanum nigrum	Schwarzer Nachtschatten	Nåchtschåtn (m.)	Kaltern	
Solanum tuberosum *	Kartoffel	Ear^{e}pfl (Pl.)	St. Magdalena/Gsies	
Solanum tuberosum *	Kartoffel	Eartëpfl (m. Sg., Pl.); Ëërtëpfl (m., Pl.)	Kastelbell-Tschars[1], Latzfons[2], Pfitsch[3], Pustertal[4], Mölten, Ritten, Wipptal, Antholz; Passeier	[1]Kaserer (2007), S. 9 [2]Bibliotheksgruppe Latzfons (2004), S. 24 [3]Christensen (2014), S. 31 [4]Kerschbaumer-Sigmund (1985), S. 12, 81
Solanum tuberosum *	Kartoffel	Eartöpfl (m.), Eartöpfli (Dim. Sg.), -lar (Dim. Pl.)	Sarntal	Gruber (2005), S. 51
Solanum tuberosum *	Kartoffel	Ertëipfl (Pl.)	Kaltern	
Solanum tuberosum *	Kartoffel	Grumpirn (f.)	Kastelruth	Schatz (1955), S. 81
Solanum tuberosum *	Kartoffel	Grundpiern (Pl.)	Ulten	Lösch (1989), S. 94
Solanum tuberosum *	Kartoffel	Ierëpfl (Pl.)	Terenten	
Solanum tuberosum *	Kartoffel	Tufl, Tuffl (f., m.)	Auer, Aldein, Truden, Altrei	
Soldanella alpina	Alpen-Soldanelle	Pfefferglogge (f.)	Oberes Eisacktal	Fink (1972), S. 34
Soldanella alpina	Alpen-Soldanelle	Schneaglëggl (n.); Schneaglëggla (Pl.)	Ritten; Ridnaun, Pfitsch	

Soldanella alpina	Alpen-Soldanelle	Schneanagele (n.)	Schlanders	Fink (1972), S. 239
Soldanella alpina ?	Alpen-Soldanelle	Tuninggglëggl (n.)	Latzfons	Fink (1972), S. 277 als „das Echte Alpenglöcklein"
Soldanella pusilla	Zwerg-Soldanelle	Ålmgleggl (n.); -glëggilan (Pl.)	Schlanders; Pfunders	
Soldanella pusilla	Zwerg-Soldanelle	Ålpmglogg (f.)	Naturns	
Soldanella pusilla	Zwerg-Soldanelle	Himmlgloggn (Pl.)	Schnals	
Soldanella pusilla	Zwerg-Soldanelle	Schneaglëggilan (Pl.)	Pfunders	
Soldanella pusilla	Zwerg-Soldanelle	Tuningsglëggler (Pl.)	Pflersch	
Soldanella [*pusilla, minima*]	[Zwerg-, Kleinste] Soldanelle	Sunnentau (m.)	Lüsen	Fink (1972), S. 266 als „Zwergalpenglöckchen" (in Lüsen sind beide kleinen Soldanella-Arten vertreten, die die Bevölkerung wohl kaum unterscheiden)
Soldanella sp.	Soldanelle	Ålmglëggele (n.); -gglëggile (n.)	Pfunders[1]; St. Leonhard/Brixen	[1]Fink (1972), S. 7
Soldanella sp.	Soldanelle	Frånznkittele (n.)	Villnöß	
Soldanella sp.	Soldanelle	Gglëggler (Pl.)	Kastelruth	
Soldanella sp.	Soldanelle	Glëggla (Pl.)	Sterzing	
Soldanella sp.	Soldanelle	Himmlsglëgglen (Pl.)	St. Gertraud/Ulten	
Solidago virgaurea	Echte Goldrute	Gelbes Frauenkraut (n.)	Sarntal	
Solidago virgaurea	Echte Goldrute	Johanniskraut (n.)	Pustertal	Pfaff (1927), S. 138
Solidago virgaurea	Echte Goldrute	Jousefkraut (n.)	Pustertal	Schatz (1955), S. 318
Solidago virgaurea	Echte Goldrute	Jöüsefskraut (n.)	Ahrntal	
Solidago virgaurea	Echte Goldrute	Niërnkraut (n.)	Schnals	
Solidago virgaurea	Echte Goldrute	Tonigkraut (n.)	Ritten	Wirth (2021), S. 380
Solidago virgaurea	Echte Goldrute	Unserfrauenkraut (n.)	Riol/Franzensfeste	Insam (1954), S. 344
Sonchus arvensis	Acker-Gänsedistel	Schweinmagn	Langtaufers	Joos (2010), S. 569
Sonchus asper	Dornige Gänsedistel	Saumo^{u}gn (m.)	Kastelruth	
Sorbus aria	Gewöhnliche Mehlbeere	Biancár (m., it.)	Buchholz	
Sorbus aria	Gewöhnliche Mehlbeere	Möllpr (Pl.)	Ulten	Lösch (1989), S. 97 als „Mehlbeere"
Sorbus aria	Gewöhnliche Mehlbeere	Pascht (m.)	Kaltern	
Sorbus aria	Gewöhnliche Mehlbeere	Plëintjar, Plëinggjar (f.)	Kaltern	
Sorbus aucuparia	Eberesche	Faulpam (Pl.)	Burgeis, Stilfs, Martell, Naturns	
Sorbus aucuparia	Eberesche	Faulpëir (f.)	Stilfs	
Sorbus aucuparia	Eberesche	Faulpëirpam (m.)	Matsch	
Sorbus aucuparia	Eberesche	Fëgglpearn (Pl.)	Pfunders	
Sorbus aucuparia	Eberesche	Fouglpëir(e) (f.); -pam (m.)	Ulten[1], Pfitsch[2], Tiers; Passeier	[1]Fink (1972), S. 83 [2]Christensen (2014), S. 43
Sorbus aucuparia	Eberesche	Katzanes Holz (n.)	Pfunders	
Sorbus aucuparia	Eberesche	Maulpëir (f.)	Tramin	

Sorbus aucuparia	Eberesche	Maulpëirpam (m.)	Schluderns	
Sorbus aucuparia	Eberesche	Mosch; Mosche (f.), Moschn (Pl.)	Ulten[1], Welschnofen[2]; Jaufental[3], Lüsen[4]	[1]Lösch (1989), S. 97 [2]Schatz (1955), S. 433 [3]Schatz (1955), S. 433 [4]Prosch (1923), S. 256
Sorbus aucuparia	Eberesche	Mösche (f.); Möschn; Möschpa (Pl.)	Ahrntal[1], St. Magdalena/Gsies; Antholz[2]; Vierschach	[1]Duregger et al. (2009), S. 171 [2]Schatz (1955), S. 433
Sorbus aucuparia	Eberesche	Moschhëgge (f.)	Platt/Passeier	
Sorbus aucuparia	Eberesche	Moschpa (m., f., Pl.)	Vals/Mühlbach, Terenten, Getzenberg/Kiens, Kiens, Olang, Prags, Vierschach	
Sorbus aucuparia	Eberesche	Möschp^{a}r (Pl.), -pam (m.)	Durnholz, Sarntal	
Sorbus aucuparia	Eberesche	Moschpëir (f.)	Vals/Mühlbach, St. Leonhard/Brixen	
Sorbus aucuparia	Eberesche	Moschpëirpam (m.)	Ridnaun	
Sorbus aucuparia	Eberesche	Moschp^{e}r (f. Sg., Pl.)	Deutschnofen[1], St. Walburg/Ulten, Naturns, Algund, Vöran, Mölten, Flaas, Afing, Ritten, Welschnofen, Villanders, Verdings, Kastelruth, Fleins/Freienfeld, Pflersch	[1]Zelger (2004), S. 58
Sorbus aucuparia	Eberesche	Moschp^{e}rpam (m.)	Passeier	Haller & Lanthaler (2004), S. 67
Sorbus aucuparia	Eberesche	Mōschp^{e}rpam (m.)	Kurtatsch	
Sorbus aucuparia	Eberesche	Moschp^{e}rschtau (f.)	Aldein	
Sorbus aucuparia	Eberesche	Mosch^{t}pë^{i}re (f.)	Ratschings, Sterzing	
Sorbus aucuparia	Eberesche	Mo^{u}sch, Mo^{u}schpëi^{e}r (f.)	Laurein, Proveis	
Sorbus aucuparia	Eberesche	Mouschpa (m.)	Sexten	Stauder (2019), S. 133
Sorbus aucuparia	Eberesche	Mouschp^{e}r, Mëuschp^{e}r (f.)	Latzfons[1], Villnöß	[1]Bibliotheksgruppe Latzfons (2004), S. 75
Sorbus aucuparia	Eberesche	Témbel (m., it.)	Buchholz, Salurn, Laag	
Sorbus aucuparia	Eberesche	Zurggl (f.)	Schrambach	Fink (2003), S. 386
Sorbus aucuparia	Eberesche	Zurgln (Pl.)	Etsch (unspezifische geografische Angabe)	Schatz (1955), S. 737
Sorbus torminalis	Elsbeere	Ciavardél (m., it.)	Buchholz	
Sorbus torminalis @	Elsbeere	Els (f.)	Oberes Eisacktal	Fink (2003), S. 67 als „Elsbeere" (ob unter Elsbeere hier etwas anderes gemeint ist als S. torminalis?)
Sorghum bicolor	Mohrenhirse	Sirch (m.), Sirchn (Pl.)	Laurein, Ulten	
Stellaria media (s. lat.)	Gewöhnliche Vogelmiere	Gentuél (m., it.)	Laag	

Stellaria media (s. lat.)	Gewöhnliche Vogelmiere	Heand^{e}r-; Hean^{e}rdarm (m. Sg., Pl.)	Stilfs, Kurtatsch; Kaltern, Tramin, Neumarkt	
Stellaria media (s. lat.)	Gewöhnliche Vogelmiere	Hennadarm (Pl.)	Schluderns	
Stellaria media (s. lat.)	Gewöhnliche Vogelmiere	Henngråss (n.)	Ahrntal	
Stellaria media (s. lat.)	Gewöhnliche Vogelmiere	Hië'rdarm (m. Sg., Pl.)	Schnals, St. Walburg/Ulten, Proveis, Laurein, Unsere Liebe Frau im Walde	
Stellaria media (s. lat.)	Gewöhnliche Vogelmiere	Hiënderdarbme (Pl.)	Ridnaun	
Stellaria media (s. lat.)	Gewöhnliche Vogelmiere	Hiënderdårm (Pl.)	Platt/Passeier, Vöran	
Stellaria media (s. lat.)	Gewöhnliche Vogelmiere	Hiëndodarm (m. Sg., Pl.)	Getzenberg/Kiens, Olang, Prags, Vierschach, St. Magdalena/ Gsies, Toblach[1]	[1]Mittich-Steinwandter (2024, Nr. 2), S. 40
Stellaria media (s. lat.)	Gewöhnliche Vogelmiere	Hiëndrderm (Pl.)	Deutschnofen	Zelger (2004), S. 39
Stellaria media (s. lat.)	Gewöhnliche Vogelmiere	Hiëner-; Hiënderdarm (m. Sg., Pl.)	Rojen, Taufers i. M., Schlanders, Untervinschgau, Lana, Ritten, Sarntal, Welschnofen, Tiers, Villnöß; Martell, Lana, Afing, Kastelruth, Villanders, Fleins/ Freienfeld, Sterzing, Pfitsch, Pflersch	
Stellaria media (s. lat.)	Gewöhnliche Vogelmiere	Hiondodårbm (m.), Hiondodarme (Pl.)	Sexten	Stauder (2019), S. 90
Stellaria media (s. lat.)	Gewöhnliche Vogelmiere	Pis de galína (m., it.)	Laag	
Stellaria media (s. lat.)	Gewöhnliche Vogelmiere	Pisaváche (f., Pl., it.)	Buchholz	
Stipa pennata agg.	Artengruppe Federgras	Cavei de vècia (Pl., it.), cao de vècia	Laag	
Stipa pennata agg.	Artengruppe Federgras	Fåltsch (m.)	Laas	
Stipa pennata agg.	Artengruppe Federgras	Fraudnhor (n.)	Villanders	
Stipa pennata agg.	Artengruppe Federgras	Pergfëider (f.)	Kaltern	
Stipa pennata agg.	Artengruppe Federgras	Schitznschmelbm (Pl.)	Kastelruth	
Stipa pennata agg.	Artengruppe Federgras	Tjuhuifëd^{e}rn (Pl.)	Burgeis, Eyrs	
Stipa pennata agg.	Artengruppe Federgras	Tschuhuifëd^{e}rn (Pl.)	Schluderns	
Stipa pennata agg.	Artengruppe Federgras	Wettergros (n.)	Schlanders	

Symphytum officinale	Echter Beinwell	Himmlbroat (n.)	Pustertal	Kerschbaumer-Sigmund (1985), S. 38
Symphytum officinale	Echter Beinwell	Schwarzwurz	Pustertal	Rauschenfels (1801), S. 216
Symphytum officinale	Echter Beinwell	Wållwurz (f.)	Schnals	Pfaff (1927), S. 116
Symphytum officinale	Echter Beinwell	Wåsserglöggl (n.)	Ulten	Lösch (1989), S. 100 als „Wallwurz"
Syringa vulgaris *	Gewöhnlicher Flieder	Spanischer Holler	Pustertal	Rauschenfels (1801), S. 215
Syzygium aromaticum *	Gewürznelke	Essnaggilan (Pl.)	Steinhaus	
Syzygium aromaticum *	Gewürznelke	Muschggetnagelen (Pl.)	Kastelruth	
Syzygium aromaticum *	Gewürznelke	Rasenagiler (Pl.)	Passeier	
Syzygium aromaticum *	Gewürznelke	Rasse Nagelen (Pl.)	Meran	
Syzygium aromaticum *	Gewürznelke	Rassnagila (n.)	Sterzing	
Syzygium aromaticum *	Gewürznelke	Rossanagelen (Pl.)	Prad	
Syzygium aromaticum *	Gewürznelke	Russanagali (n.)	Langtaufers	
Tagetes patula *	Gewöhnliche Samtblume	Schtinkalan (Pl.)	Getzenberg/Kiens	
Tagetes patula *	Gewöhnliche Samtblume	Toatnpuschn (Pl.)	Kastelruth	
Tagetes sp. *	Samtblume	Schtinkapanzilan (Pl.)	Ahrntal	
Tagetes sp. *	Samtblume	Schtinkende Hoaff^{e}rt (f.)	Kaltern	
Tagetes sp. *	Samtblume	Schtinknta Hoffahrt (f.)	Sexten	Stauder (2019), S. 197
Tagetes sp. *	Samtblume	Schtudentnpuschn (Pl.)	Afing	
Tagetes sp. *	Samtblume	Schtudentnreasl (n.)	Passeier	
Tagetes sp. *	Samtblume	Schussluggis	Sarntal	Wirth (2021), S. 399
Tanacetum parthenium	Mutterkraut	Muatergramiln (Pl.)	Tramin	
Tanacetum vulgare	Rainfarn	Ewigkaitler (Pl.)	Dorf Tirol	
Tanacetum vulgare	Rainfarn	Fotrkraut (n.)	Burgeis, Matsch, Taufers i. M., Prad, Stilfs, Laas, Schlanders	
Tanacetum vulgare	Rainfarn	Grimmenkraut (n.)	Martell	
Tanacetum vulgare	Rainfarn	Hexnkraut (n.); -schtaude (f.)	Luttach; St. Johann/Ahrntal	
Tanacetum vulgare	Rainfarn	Muaterkraut (n.)	Gargazon	
Tanacetum vulgare	Rainfarn	Muitokraut (n.)	Getzenberg/Kiens	
Tanacetum vulgare	Rainfarn	Püibmkraut (n.)	Steinhaus/Ahrntal	
Tanacetum vulgare	Rainfarn	Raffaelkraut (n.)	Olang	
Tanacetum vulgare	Rainfarn	Roanfl	Pustertal	Wirth (2021), S. 375
Tanacetum vulgare	Rainfarn	Ruan-; Ruamfåll (m.)	Naturns, Ridnaun; Sterzing, Pfitsch	
Tanacetum vulgare	Rainfarn	Ruanfårm (m.)	Fuchsberg/Naturns, Katharinaberg/ Schnals	
Tanacetum vulgare	Rainfarn	Tanaéda (f., it.)	Laag	
Tanacetum vulgare	Rainfarn	Wurmkraut (n.)	Kastelruth	

Taraxacum sp.	Löwenzahn	Denti de cáin (Pl., it.)	Salurn, Laag	
Taraxacum sp.	Löwenzahn	Fåckaploam, -pluam (f.)	St. Valentin a. d. H., Planeil, Schluderns, Matsch, Taufers i. M., Laatsch, Prad, Trafoi, Eyrs	
Taraxacum sp.	Löwenzahn	Fåcknpliëml (n.), -lar (Dim. Pl.)	Sarntal	Gruber (2005), S. 54
Taraxacum sp.	Löwenzahn	Fåcknpluam (f.), -en (Pl.)	Laas, Schlanders, Martell, Ulten, Kastelbell-Tschars[1], Naturns, Plaus	[1]Kaserer (2007), S. 11
Taraxacum sp.	Löwenzahn	Fåcknpuschn (Pl.)	Ulten, Flaas, Sarntal, Durnholz, Latzfons	
Taraxacum sp.	Löwenzahn	Fåcknzenn (Pl.)	Unsere Liebe Frau im Walde	
Taraxacum sp.	Löwenzahn	Gelpluim (f.)	St. Magdalena/Gsies	
Taraxacum sp.	Löwenzahn	Gensegråss; -gros (n.)	Ahrntal, Prettau, Weißenbach; Pfitsch	
Taraxacum sp.	Löwenzahn	Genseplüi (f.), -plüime (f.) -plüim (Pl.)	Weißenbach, Ahrntal, Mühlwald	
Taraxacum sp.	Löwenzahn	Genspliëblan (Pl.)	Prettau	
Taraxacum sp.	Löwenzahn	Ggaunggl (Pl.)	St. Magdalena/Gsies	
Taraxacum sp.	Löwenzahn	Hosngros (n.)	Gasteig/Ratschings	
Taraxacum sp.	Löwenzahn	Hunschritt (m.)	Kiens	Schatz (1955), S. 277
Taraxacum sp.	Löwenzahn	Huntnzånn (m.), -zenn (Pl.)	Laurein, Proveis	
Taraxacum sp.	Löwenzahn	Huntploam (f.)	Kurtatsch	
Taraxacum sp.	Löwenzahn	Huntsolet, -sålet (m.)	Kaltern	
Taraxacum sp.	Löwenzahn	Kåtzn (Pl.)	Sexten	Stauder (2019), S. 110 als „Pappus der Korbblütler – speziell des Löwenzahnes“
Taraxacum sp.	Löwenzahn	Kroutn-, Krotnkraut (n.)	Lana[1], Deutschnofen[2], Tisens, Terlan, Eppan	[1]Sagmeister (2009), S. 20 [2]Zelger (2004), S. 49 als „Taraxacum officinale“
Taraxacum sp.	Löwenzahn	Kuapluame (f.); -pluamen (Pl.)	Pfitsch; St. Valentin a. d. H.	
Taraxacum sp.	Löwenzahn	Latearnlan (Pl.)	Prags	
Taraxacum sp.	Löwenzahn	Maidnpluime (f.) -pluim (Pl.)	Gsies[1], Sexten[2]	[1]Insam (1954), S. 342 [2]Stauder (2019), S. 127
Taraxacum sp.	Löwenzahn	Maipluime (f.)	Vierschach	
Taraxacum sp.	Löwenzahn	Milchpischl (m.)	Ridnaun, Telfes	
Taraxacum sp.	Löwenzahn	Milchpluame (f.)	Pfitsch[1], Platt/Passeier, Mareit, Gasteig, Pflersch	[1]Christensen (2014), S. 114
Taraxacum sp.	Löwenzahn	Milchpluime (f.), -pluim (Pl.)	Antholz	
Taraxacum sp.	Löwenzahn	Milchpuschn (Pl.)	Ulfas/Passeier	
Taraxacum sp.	Löwenzahn	Plåserlen (Pl.)	Tramin	Wirth (2021), S. 373

Taraxacum sp.	Löwenzahn	Plattlgros (n.)	Tschögglberg	
Taraxacum sp.	Löwenzahn	Plosa (Pl.)	Pfunders	
Taraxacum sp.	Löwenzahn	Raditschn (Pl.)	Prags, Toblach[1], Vierschach	[1]Mittich-Steinwandter (2024, Nr. 1), S. 26
Taraxacum sp.	Löwenzahn	Rearlkraut (n.)	Ritten, Villanders, Verdings, Tiers, Völser Aicha, Seis, Kastelruth, Lajen, Villnöß	
Taraxacum sp.	Löwenzahn	Rossziggouri (f.)	Tramin, Kurtatsch	
Taraxacum sp.	Löwenzahn	Rouserer	Tramin	Wirth (2021), S. 375
Taraxacum sp.	Löwenzahn	Schwāipluam (f.), -en (Pl.)	Schnals, Naturns	
Taraxacum sp.	Löwenzahn	Sunnenpluim (f.)	Vals/Mühlbach	
Taraxacum sp.	Löwenzahn	Waudl (Pl.)	Deutschnofen	Zelger (2004), S. 85 als „Taraxacum officinale“
Taraxacum sp.	Löwenzahn	Zickåri (m.)	Tramin	
Taraxacum sp.	Löwenzahn	Ziggouri (m.); Ziggori (m.)	Aldein; Spinges	
Taraxacum sp.	Löwenzahn	Zigore; Zigoure (m.)	Sarntal; Ulfas/ Passeier, Mölten, Terenten	
Taraxacum sp.	Löwenzahn	Zigori; Zigouri (m.)	Deutschnofen[1], Algund, Meran, Schenna, Tisens, Unsere Liebe Frau im Walde, St. Felix, Vöran, Kaltern, Ritten, Brixen, Milland, Schabs, Freienfeld; Partschins, Welschnofen, Latzfons,	[1]Zelger (2004), S. 89 als „Taraxacum officinale“
Taraxacum sp.	Löwenzahn	Zigorri; Zigorre (m.)	Kurtatsch; Getzenberg/Kiens	
Taraxacum sp.	Löwenzahn	Zigouripluam (f.)	Plaus	
Taraxacum [sp.]	Löwenzahn	Feldblume	Pustertal	Rauschenfels (1801), S. 221 als „Leontodon taraxacum“
Taraxacum [sp.]	Löwenzahn	Kuheplume	Pustertal	Rauschenfels (1801), S. 221 als „Leontodon taraxacum“
Taraxacum [sp.]	Löwenzahn	Wilder Zichori	Pustertal	Rauschenfels (1801), S. 221 als „Leontodon taraxacum“
Taraxacum [sp.]	Löwenzahn	Wisasoulat (m.)	Langtaufers	Joos (2010), S. 567 als „Taraxacum officinale“
Taxus baccata	Europäische Eibe	Nas (m., it.)	Buchholz	
Taxus baccata	Europäische Eibe	Rouzkigalapam (m., Pl.)	Kaltern	
Thesium alpinum	Alpen-Bergflachs	Vermainkraut	Pustertal	Rauschenfels (1801), S. 217
Thesium bavarum	Großer Bergflachs	Velo de spòsa (m., it.)	Buchholz	

Thesium sp.	Bergflachs	Fetzkraut (n.)	Eisacktal	Fink (1972), S. 78 als „Gebirgsleinblatt, Bergflachs" (in Frage kommen neben T. alpinum v. a. auch T. linophyllum)
Thlaspi arvense	Acker-Hellerkraut	Taschlkraut (n.)	Kastelruth	
Thymus sp.	Thymian, Quendel	Kårwendlen (Pl.)	Schluderns	
Thymus sp.	Thymian, Quendel	Kranzlkraut (n.)	Villanders[1], Latzfons[2],	[1]Fink (1972), S. 160 [2]Bibliotheksgruppe Latzfons (2004), S. 62
Thymus sp.	Thymian, Quendel	Kuendl (f., m.)	St. Walburg/Ulten, Ridnaun	
Thymus sp.	Thymian, Quendel	Roandermaserun (m.)	Lüsen	
Thymus sp. *(praecox, pulegioides* u. a.)	Quendel, Thymian (Kriech-Q., Arznei-Q. u. a.)	Genëisiger Schtrëip (f.)	Afing	Fink (1972), S. 142 als „Feldthymian"
Thymus sp. *(praecox, pulegioides* u. a.)	Quendel, Thymian (Kriech-Q., Arznei-Q. u. a.)	Grawendlen (Pl.)	Schnals	
Thymus sp. *(praecox, pulegioides* u. a.)	Quendel, Thymian (Kriech-Q., Arznei-Q. u. a.)	Jungfer(n)zucht (f.)	Eisacktal[1], Brixen[2]	[1]Dalla Torre (1895), S. 68 als „Thymus serpyllum" [2]Pritzel & Jessen (1882), S. 401 als „Thymus serpyllum"
Thymus sp. *(praecox, pulegioides* u. a.)	Quendel, Thymian (Kriech-Q., Arznei-Q. u. a.)	Karwendl, -wendelen (Pl.)	Rojen, Martell, Naturns, Meran, Tramin, Gsies	
Thymus sp. *(praecox, pulegioides* u. a.)	Quendel, Thymian (Kriech-Q., Arznei-Q. u. a.)	Karwendlkraut (n.)	Taufers i. M.	
Thymus sp. *(praecox, pulegioides* u. a.)	Quendel, Thymian (Kriech-Q., Arznei-Q. u. a.)	Kbendl	Laurein	
Thymus sp. *(praecox, pulegioides* u. a.)	Quendel, Thymian (Kriech-Q., Arznei-Q. u. a.)	Krwendl (m.)	Matsch, Stilfs	
Thymus sp. *(praecox, pulegioides* u. a.)	Quendel, Thymian (Kriech-Q., Arznei-Q. u. a.)	Kowendl, Kåwendli[1] (m.)	Sarntal	Gruber (2005), S. 98 als „wilder Thymian"
Thymus sp. *(praecox, pulegioides* u. a.)	Quendel, Thymian (Kriech-Q., Arznei-Q. u. a.)	Kranzlkraut (n.)	Pustertal[1], Verdings	[1]Kerschbaumer-Sigmund (1985), S. 15, 111 als „Thymus serpyllum"
Thymus sp. *(praecox, pulegioides* u. a.)	Quendel, Thymian (Kriech-Q., Arznei-Q. u. a.)	Kuendl (f., m.)	Laurein, Mölten, Vöran, Terenten, Toblach[1]	[1]Mittich-Steinwandter (2024, Nr. 2), S. 39
Thymus sp. *(praecox, pulegioides* u. a.)	Quendel, Thymian (Kriech-Q., Arznei-Q. u. a.)	Kuenggl (m.)	Sexten	Stauder (2019), S. 170 als „Sand-Thymian"
Thymus sp. *(praecox, pulegioides* u. a.)	Quendel, Thymian (Kriech-Q., Arznei-Q. u. a.)	Kwendla	Kastelruth	
Thymus sp. *(praecox, pulegioides* u. a.)	Quendel, Thymian (Kriech-Q., Arznei-Q. u. a.)	Lawendl (m.)	Schlanders, Pfitsch	

Thymus sp. *(praecox, pulegioides* u. a.)	Quendel, Thymian (Kriech-Q., Arznei-Q. u. a.)	Moserun (m.)	Villanders	
Thymus sp. *(praecox, pulegioides* u. a.)	Quendel, Thymian (Kriech-Q., Arznei-Q. u. a.)	Paidnpluime (f.)	Pustertal	Kerschbaumer-Sigmund (1985), S. 111 als „Thymus serpyllum“
Thymus sp. *(praecox, pulegioides* u. a.)	Quendel, Thymian (Kriech-Q., Arznei-Q. u. a.)	Roandermaserun (m.)	Villnöß	
Thymus sp. *(praecox, pulegioides* u. a.)	Quendel, Thymian (Kriech-Q., Arznei-Q. u. a.)	Waichis	Mühlwald	
Thymus sp. *(praecox, pulegioides* u. a.)	Quendel, Thymian (Kriech-Q., Arznei-Q. u. a.)	Wilder Maserun (m.)	Villnöß	
Thymus vulgaris *	Echter Thymian	Gårtnkwendl (m.)	Pustertal	Kerschbaumer-Sigmund (1985), S. 130
Thymus vulgaris *	Echter Thymian	Kranzlkraut (n.)	Latzfons	Moser (2015), S. 163
Thymus vulgaris *	Echter Thymian	Paidnpluime (f.)	Pustertal	Kerschbaumer-Sigmund (1985), S. 130
Tilia sp.	Linde	Lint (f.)	Vinschgau, Burggrafenamt	
Tilia sp.	Linde	Linte, Lin (f.); Linnen (Pl.)	Welschnofen	Schatz (1955), S. 391
Tilia sp.	Linde	Līntnpam (m.)	Kaltern	Wirth (2021), S. 354
Tilia sp.	Linde	Teár (m., it.)	Buchholz	
Tragopogon orientalis	Großblütiger Wiesen-Bocksbart	Böckbårscht	Antholz	Pallhuber (2016), S. 139 als „Wiesen-Bocksbart“
Tragopogon orientalis	Großblütiger Wiesen-Bocksbart	Fugspårt (m.)	Ulten	
Tragopogon orientalis	Großblütiger Wiesen-Bocksbart	Goaspårt (m.)	Ploseberg/Brixen[1], Ritten, Tiers, Villanders	[1]Jocher (2010), S. 511 als „Wiesenbockskraut“
Tragopogon orientalis	Großblütiger Wiesen-Bocksbart	Pockpå^{r}scht (m.)	Getzenberg/Kiens	
Tragopogon orientalis	Großblütiger Wiesen-Bocksbart	Pockparschte (Pl.)	Terenten	
Tragopogon orientalis	Großblütiger Wiesen-Bocksbart	Pogsparschtl (n.)	Olang	
Tragopogon orientalis	Großblütiger Wiesen-Bocksbart	Pogsta (Pl.)	Ridnaun, Telfes, Gasteig/Ratschings	
Tragopogon orientalis	Großblütiger Wiesen-Bocksbart	Pogster (m.)	Pflersch	
Tragopogon orientalis	Großblütiger Wiesen-Bocksbart	Pugspårt (m.)	Prags, Vierschach	
Tragopogon orientalis	Großblütiger Wiesen-Bocksbart	Tschūtschn (Pl.)	Burgeis	
Tragopogon orientalis	Großblütiger Wiesen-Bocksbart	Tugsta (m.), Tugstare (Pl.)	Pfitsch	
Tragopogon sp.	Bocksbart	Barba de bégh (f., it.)	Buchholz, Laag	
Tragopogon sp.	Bocksbart	Pogspårt (m.)	Naturns	
Tragopogon sp.	Bocksbart	Pugs^{e}rlan (Pl.)	Langtaufers[1], Matsch	[1]Joos (2010), S. 568 als „Tragopogon pratensis“

Tragopogon sp.	Bocksbart	Pugspårt (m.)	Ober-, Mittelvinschgau	
Tragopogon sp.	Bocksbart	Pugspårtn (Pl.)	Taufers i. M., Stilfs	
Trifolium alpinum	Alpen-Klee	Marbl (m.)	Deutschnofen	Zelger (2004), S. 54
Trifolium pratense	Wiesen-Klee	Plattlklea (m.)	Kastelruth	
Trifolium pratense	Wiesen-Klee	Roatklea (m.)	St. Leonhard/Brixen	
Trifolium repens	Kriech-Klee	Waisklea (m.)	Kastelruth	
Trifolium sp.	Klee	Klea (m.)	allgemein verbreitet	
Trifolium sp.	Klee	Trifòi (m., it.)	Buchholz	
Trigonella caerulea *	Schabzigerklee	Proatklea (m.)	Passeier	
Trigonella caerulea *	Schabzigerklee	Zigainerkraut (n.)	Naturns, Brixen, Kastelruth	
Trigonella caerulea *	Schabzigerklee	Zigainokraut (n.)	Terenten, Antholz	
Triticum aestivum *	Saat-Weizen	Waze (m.)	Hochpustertal	
Triticum aestivum *	Saat-Weizen	Woaz (m.)	Vinschgau, Burggrafenamt, Unterland, Überetsch, Eisacktal	
Triticum aestivum subsp. *spelta* *	Dinkel	Peaterkourn	rechtes Eisacktal	Fink (1966a), S. 494
Triticum sp.	Weizen	Waz (m.)	Deutschnofen	Zelger (2004), S. 85
Triticum sp.	Weizen	Wo^{a}z (m.), We^{a}zl (Dim.), -lar (Dim. Pl.)	Sarntal	Gruber (2005), S. 211
Triticum sp.	Weizen	Woaze, Woazn (m.)	Passeier[1], Pfitsch[2], Pustertal	[1]Haller & Lanthaler (2004), S. 245; [2]Christensen (2014), S. 225
Trollius europaeus	Europäische Trollblume	Dottopuschn (Pl.)	Terenten	
Trollius europaeus	Europäische Trollblume	Mousglogge (f.)	Villanders	Fink (1972), S. 194
Trollius europaeus	Europäische Trollblume	Pumperschlëigl (Pl.)	Truden	
Trollius europaeus	Europäische Trollblume	Putterknoll, -knolle, -knolla, -knöll (f.), -knolln, -knölliler (Pl.)	Partschins, Schenna, St. Walburg/Ulten, Tisens, Tramin, Neumarkt, Aldein, Welschnofen, Durnholz, Ritten, Tiers, Kastelruth, Villnöß, Villanders, Verdings, Milland, St. Leonhard/ Brixen, Freienfeld, Mareit, Ridnaun, Sterzing, Pflersch, Pfitsch, Vals/ Mühlbach	
Trollius europaeus	Europäische Trollblume	Putternåpfn (Pl.)	Ridnaun	
Trollius europaeus	Europäische Trollblume	Putterpluam (f.)	Milland	

Trollius europaeus	Europäische Trollblume	Puttoknolle (f.) (m.)	Rodeneck, Kiens, Getzenberg/Kiens, Terenten, Olang, Gsies, Prags, Toblach[1], Sexten[2], Vierschach, Winnebach	[1]Mittich-Steinwandter (2023, Nr. 1), S. 29 [2]Stauder (2019), S. 170
Trollius europaeus	Europäische Trollblume	Puttopluim (f.)	Pfunders	
Trollius europaeus	Europäische Trollblume	Puttrpliamlan (Pl.)	Langtaufers	Joos (2010), S. 567
Trollius europaeus	Europäische Trollblume	Rolln (Pl.)	Taufers i. M.	
Trollius europaeus	Europäische Trollblume	Schmålzkachelen (Pl.)	Schlanders	
Trollius europaeus	Europäische Trollblume	Schmålzknëlliler (Pl.)	Laurein	
Trollius europaeus	Europäische Trollblume	Schmålzknoll(e), -knolln; -knöll(e) (f.)	Schnals, Naturns, Platt/Passeier, Unsere Liebe Frau im Walde, Mölten, Pens, Tiers; Steinhaus/Ahrntal	
Trollius europaeus	Europäische Trollblume	Schmålzknuidl (Pl.)	Ulfas/Passeier	
Trollius europaeus	Europäische Trollblume	Schmålzpatzlen (Pl.)	Weißenbach/Ahrntal	
Trollius europaeus	Europäische Trollblume	Schmålzpfandler (Pl.)	Ulten	
Trollius europaeus	Europäische Trollblume	Schmålzpliamlan (Pl.), -ploaman (Pl.)	Langtaufers[1], Stilfs	[1]Joos (2010), S. 567
Trollius europaeus	Europäische Trollblume	Schmålzpundl (f.), -pundele (n.)	Lüsen[1], Martell, Flaas, Afing, Sarnthein	[1]Prosch (1923), S. 255
Trollius europaeus	Europäische Trollblume	Schmëlzpfandl (n.)	Naturns	
Trollius europaeus	Europäische Trollblume	Schmëlzpundl (f.)	Prettau[1], Martell[2], Prad	[1]Duregger et al. (2009), S. 172; [2]Pfitscher (2001), S. 99
Trollius europaeus	Europäische Trollblume	Tott^{e}r-, Dott^{e}rpluam, -ploam (f.)	Rojen, Schluderns, Matsch, Stilfs, Prad, Schlanders, Martell, Algund, Vöran, Aldein, Laag, Tiers, Völser Aicha, St. Leonhard/Brixen	
Trollius europaeus	Europäische Trollblume	Touterploam (f.)	Kaltern	
Tussilago farfara	Huflattich	Ëisltritt; -trit (m.)	Ahrntal[1], Prettau[2], Aldein; Kaltern, Tramin	[1]Duregger et al. (2009), S. 171; [2]Kerschbaumer-Sigmund (1985), S. 11, 71
Tussilago farfara	Huflattich	Huaschtnpliëml (n.)	Milland	
Tussilago farfara	Huflattich	Jöüsefnpliëblan (Pl.)	Ahrntal, Weißenbach	
Tussilago farfara	Huflattich	Labessen, Weislabessen	Pustertal	Rauschenfels (1801), S. 221

Tussilago farfara	Huflattich	Lanplertschn (Pl.)	Flaas	
Tussilago farfara	Huflattich	Lanplëtsch (f.)	Afing	Fink (1972), S. 170
Tussilago farfara	Huflattich	Luemplëtschn (Pl.)	Tiers	Robatscher (2003), S. 144
Tussilago farfara	Huflattich	Mërschz-Waigerle (n.)	Pfitsch	
Tussilago farfara	Huflattich	Mërz(n)pecher (Pl.)	Naturns, Plaus	
Tussilago farfara	Huflattich	Mërz(n)pliëml (n.), -lan (Pl.)	Lüsen[1], Martell, Afing, Prags, Toblach	[1]Prosch (1923), S. 256
Tussilago farfara	Huflattich	Mërzapleaml; -pliaml (n.)	Stilfs, Prad, Lichtenberg, Schluderns, Matsch; Langtaufers[1], Rojen, St. Valentin a. d. H., Taufers i. M.	[1]Joos (2010), S. 567
Tussilago farfara	Huflattich	Merznpluime (f.)	Pustertal	Kerschbaumer-Sigmund (1985), S. 12, 71
Tussilago farfara	Huflattich	Påchgansl (n.)	Vals/Mühlbach	
Tussilago farfara	Huflattich	Påchlåwise (f.)	Pustertal	Fink (1972), S. 20
Tussilago farfara	Huflattich	Påchlobisn; -låbbisn (Pl.)	Lüsen[1]; Getzenberg/Kiens	[1]Prosch (1923), S. 256
Tussilago farfara	Huflattich	Påchpischilan (Pl.)	Pfunders	
Tussilago farfara	Huflattich	Påchplëtschn (Pl.)	Pustertal[1], Kastelruth	[1]Kerschbaumer-Sigmund (1985), S. 12, 71
Tussilago farfara	Huflattich	Påchpliëmlan (Pl.)	St. Magdalena/Gsies	
Tussilago farfara	Huflattich	Påchreasl (n.)	Sexten	Stauder (2019), S. 158
Tussilago farfara	Huflattich	Pei de múl (Pl., it.)	Laag	
Tussilago farfara	Huflattich	Saidnreasl (n.)	Sexten	
Tussilago farfara	Huflattich	Såntlobisn, -lobesn (Pl.)	St. Walburg/Ulten, Proveis, Laurein	
Tussilago farfara	Huflattich	Såntplerchn (Pl.)	Taufers i. M.	
Tussilago farfara	Huflattich	Såntplertsch (f.), -plertschn	Martell[1], Schnals, Vöran, Mölten	[1]Pfitscher (2001), S. 111
Tussilago farfara	Huflattich	Såntpliëmlen (n. Pl.); Såntpliëmler (n. Pl.)	Schnals; Passeier	
Typha latifolia	Breitblättriger Rohrkolben	Mouskolbm (m., Pl.)	Überetsch, Pfitsch	
Typha latifolia	Breitblättriger Rohrkolben	Pagafráti (Pl., it.)	Salurn, Laag	
Typha latifolia	Breitblättriger Rohrkolben	Pat^{e}rschwenz (Pl.)	Neumarkt	
Typha latifolia	Breitblättriger Rohrkolben	Pinterschlëigl (m.)	Naturns, Plaus, Tisens	
Typha latifolia	Breitblättriger Rohrkolben	Pinzn (Pl.)	Vöran	
Typha latifolia	Breitblättriger Rohrkolben	Plausch (m.)	Latzfons, Verdings	
Typha latifolia	Breitblättriger Rohrkolben	Ruasler (Pl.)	Schlanders	
Typha latifolia	Breitblättriger Rohrkolben	Schilfkolbm (m.)	Naturns, Plaus	

Typha sp.	Rohrkolben	Mouskolbm (m.)	Lana, Kaltern	
Typha sp.	Rohrkolben	Mouspoupala (n.)	Kaltern	
Typha sp.	Rohrkolben	Pinterschlëigl (m.)	Lana	
Typha sp.	Rohrkolben	Spottgewags (n.)	um Sterzing	Fink (1972), S. 253
Typha sp.	Rohrkolben	Waierschlëigl (m.)	Deutschnofen	Fink (1972), S. 300
Typha [sp.]	Rohrkolben	Mosnudl (m.)	Afing	Fink (1972), S. 194 als „Schmalblättriger Rohrkolben“ (die beiden Rohrkolben-Arten, T. angustifolia und T. latifolia, werden wohl kaum unterschieden)
Ulmus glabra	Berg-Ulme	Ilm (f.), Ilbmen (Pl.)	Laurein	
Ulmus glabra	Berg-Ulme	Ilmpam (m.)	Kurtatsch	
Ulmus glabra	Berg-Ulme	Ilp (f.), Ilmen (Pl.)	St. Walburg/Ulten	
Ulmus glabra	Berg-Ulme	Ólm (m., it.)	Buchholz	
Ulmus sp.	Ulme	Ilm (f.), Ilmen (Pl.)	Kaltern, Afing	
Ulmus sp.	Ulme	Ilw (f.), Ilwer	Ulten[1], Afing	[1]Lösch (1989), S. 95
Ulmus sp.	Ulme	Uele (f.), Iele (Pl.)	Eisacktal	Fink (2003), S. 386
Urtica dioica	Große Brennnessel	Nëssl (f.), Nësslan (Pl.)	Kastelbell-Tschars[1], Pustertal[2], Martell	[1]Kaserer (2007), S. 32 [2]Schatz (1955), S. 449
Urtica dioica	Große Brennnessel	Nëssln (f. Pl.)	Schlanders	
Urtica dioica	Große Brennnessel	Ortíga (f., it.)	Salurn	
Urtica dioica	Große Brennnessel	Prennëssl, -ëisl	Passeier	
Urtica dioica	Große Brennnessel	Saunëssl (f.)	Terenten	
Urtica dioica	Große Brennnessel	Wilde Prennessl (f.)	Platt/Passeier	
Usnea sp.	Baumbart	Barba de béch (f., it.)	Buchholz	
Usnea sp.	Baumbart	Pampårscht (m.)	Sterzing	
Usnea sp.	Baumbart	Pampårt (m.)	Kastelbell-Tschars[1], Deutschnofen[2], Latzfons[3], Naturns, Passeier, Vierschach	[1]Kaserer (2007), S. 4 [2]Zelger (2004), S. 15 [3]Bibliotheksgruppe Latzfons (2004), S. 84
Usnea sp.	Baumbart	Pamråck (m.)	Prags	
Usnea sp.	Baumbart	Råk (m.); Rakl (n.), -lar (Dim. Pl.)	Etsch (unspezifische geografische Angabe), Eisacktal, Pustertal[1], Welschnofen, St. Magdalena/Gsies; Sarntal	[1]Schatz (1955), S. 466
Usnea [sp.]	Baumbart	Pampårt (m.)	Langtaufers	Joos (2010), S. 568 als „Usnea barbata“ (sicher nicht streng artspezifisch gemeint)
Usnea [sp.]	Baumbart	Rock (m.)	Sexten	Stauder (2019), S. 176 als „Usnea filipendula“ (sicher nicht streng artspezifisch gemeint)
Vaccinium gaultherioides	Kleinblättrige Rauschbeere	Fåltschpëir (f.)	Laas	

Vaccinium gaultherioides	Kleinblättrige Rauschbeere	Fouglpëir (f.)	Vals/Mühlbach	
Vaccinium gaultherioides	Kleinblättrige Rauschbeere	Krăpa (Pl.)	Mühlwald	
Vaccinium gaultherioides	Kleinblättrige Rauschbeere	Lauspë^{i}r (f.)	Seis[1], Ritten, Kastelruth	[1]Marzell (1943–1979), Bd. 4, Sp. 961
Vaccinium gaultherioides	Kleinblättrige Rauschbeere	Mëlpë^{i}r (f.)	Untervinschgau	
Vaccinium gaultherioides	Kleinblättrige Rauschbeere	Mössefăcke (f.), -făckn (Pl.)	Ahrntal, Gsies	
Vaccinium gaultherioides	Kleinblättrige Rauschbeere	Mossefăckn (Pl.)	Getzenberg/Kiens, Terenten	
Vaccinium gaultherioides	Kleinblättrige Rauschbeere	Mousefăckn, Mosefăckn (Pl.)	St. Leonhard/Brixen, Vals/Mühlbach, Pfunders	
Vaccinium gaultherioides	Kleinblättrige Rauschbeere	Mousfăckn (Pl.)	Villnöß, Vierschach	
Vaccinium gaultherioides	Kleinblättrige Rauschbeere	Mousschtaudn (Pl.)	Latzfons	
Vaccinium gaultherioides	Kleinblättrige Rauschbeere	Përnschbårzper (Pl.)	Laurein	
Vaccinium gaultherioides	Kleinblättrige Rauschbeere	Plobpëir (f.)	Schluderns, Matsch	
Vaccinium gaultherioides	Kleinblättrige Rauschbeere	Rausch (m.)	Burgeis	
Vaccinium gaultherioides	Kleinblättrige Rauschbeere	Rauschpëir(e) (f.)	Burgeis, Stilfs, Laas, St. Walburg/Ulten, Lana, Ridnaun, Sterzing	
Vaccinium gaultherioides	Kleinblättrige Rauschbeere	Rossschwårzper (Pl.)	Feldthurns, Latzfons, Villanders	
Vaccinium gaultherioides	Kleinblättrige Rauschbeere	Schturlpëir (f.)	Sarntal	
Vaccinium gaultherioides	Kleinblättrige Rauschbeere	Schwingglpëir (Pl.)	Stuls, Platt/Passeier	
Vaccinium gaultherioides	Kleinblättrige Rauschbeere	Schwintlpëir(e) (f.)	Schnals, Freienfeld, Pflersch	
Vaccinium [gaultherioides]	[Kleinblättrige] Rauschbeere	Mossefăckn (Pl.)	Kiens	Erardi-Gasser (1988), S. 526 als „Rauschbeere, sie erreicht hier mit der Baumgrenze auch den Bergkamm"
Vaccinium [gaultherioides]	[Kleinblättrige] Rauschbeere	Mössefăckn (Pl.)	Antholz	Pallhuber (2016), S. 121 als „Rauschbeere, meist oberhalb der Baumgrenze"
Vaccinium myrtillus	Heidelbeere	Giásene (Pl., it.), Giasenári (Pl., it.)	Laag, Salurn, Buchholz	
Vaccinium myrtillus	Heidelbeere	Hoadaezëite	Pfitsch	Christensen (2014), S. 74, 188
Vaccinium myrtillus	Heidelbeere	Prom (f.), -in (Pl.), Praml (Dim.), -lar (Dim. Pl.)	Sarntal	Gruber (2005), S. 39
Vaccinium myrtillus	Heidelbeere	Prume (f.), Prum (Pl.)	Kiens	Schatz (1955), S. 101
Vaccinium myrtillus	Heidelbeere	Schwår^{ch}zpërzëtn (Pl.)	Ridnaun	Wild (2005), S. 117
Vaccinium myrtillus	Heidelbeere	Schwå^{r}schzpa (Pl.)	Pfunders, Olang	

Vaccinium myrtillus	Heidelbeere	Schwårzpa (Pl.)	Lüsen	Prosch (1923), S. 256
Vaccinium myrtillus	Heidelbeere	Schwårzpar (m.)	Sarntal	
Vaccinium myrtillus	Heidelbeere	Schwårzpë^{i}r (f.)	Stilfs, Langtaufers, Schluderns, Martell, Schlanders	
Vaccinium myrtillus	Heidelbeere	Schwårzpë^{i}rzë^{i}tn (Pl.)	Sterzing, Pfitsch	
Vaccinium myrtillus	Heidelbeere	Schwårzp^{e}r (f., m., Pl.)	Algund, Afing, Tiers, Villanders	
Vaccinium myrtillus	Heidelbeere	Schwårzp^{e}rschtaudn (Pl.)	Kaltern, Mölten	
Vaccinium myrtillus	Heidelbeere	Schwåschpa (Pl.)	Antholz[1], Vals/ Mühlbach, St. Magdalena/Gsies	[1]Müller (1985), S. 148
Vaccinium myrtillus	Heidelbeere	Schwåschzpapråm, Pråm (f.)	Ahrntal	
Vaccinium myrtillus	Heidelbeere	Zetn (Pl.)	Schenna, Platt/Passeier	
Vaccinium myrtillus	Heidelbeere	Zwåschpa (Pl.)	Taisten[1], Prags, Gsies, Vierschach	Kerschbaumer-Sigmund (1985), S. 66
Vaccinium myrtillus	Heidelbeere	Zwåschpaprume (m.), Zwåschpaprum (Pl.)	Sexten	Stauder (2019), S. 246
Vaccinium uliginosum	Moor-Rauschbeere	Moosefacken (Pl.)	Lüsen	Prosch (1923), S. 256
Vaccinium uliginosum	Moor-Rauschbeere	Mosifåcke (m.)	Olang	
Vaccinium uliginosum	Moor-Rauschbeere	Plobpëir (f.)	Burgeis	
Vaccinium uliginosum	Moor-Rauschbeere	Sturlber (f.)	Passeier	Dalla Torre (1895), S. 71
Vaccinium uliginosum agg.	Artengruppe Rauschbeere	Jouchschwårzper (Pl.)	Truden	Ortner (2005), S. 428 als „Rauschbeere“
Vaccinium uliginosum agg.	Artengruppe Rauschbeere	Mousefackla (Pl.)	Pfitsch	
Vaccinium uliginosum agg.	Artengruppe Rauschbeere	Schturlpë^{i}r (f.)	Flaas	
Vaccinium uliginosum [agg.]	[Artengruppe] Rauschbeere	Fåcknpë (f.)	Ahrntal	Moser (2015), S. 69 als „Vaccinium uliginosum“ (es sind wohl beide Arten aus der Artengruppe gemeint: V. uliginosum und V. gaultherioides)
Vaccinium uliginosum [agg.]	[Artengruppe] Rauschbeere	Jochschwarzbeere (f.)	Eggental	Kühebacher (1975), S. 386 als „Vaccinium uliginosum“ (siehe Anmerkung zu „Fåcknpë“)
Vaccinium uliginosum [agg.]	[Artengruppe] Rauschbeere	Këisslpëir (m.)	Sexten	Stauder (2019), S. 102 als „Vaccinium uliginosum“ (siehe Anmerkung zu „Fåcknpë“)
Vaccinium uliginosum [agg.]	[Artengruppe] Rauschbeere	Nebelber	Pustertal	Rauschenfels (1801), S. 219 als „Vaccinium uliginosum“ (siehe Anmerkung zu „Fåcknpë“)
Vaccinium uliginosum [agg.]	[Artengruppe] Rauschbeere	Pfrumml (f.)	Mauls	Fink (1972), S. 36, als „Sumpfheidelbeere“ (siehe Anmerkung zu „Fåcknpë“)
Vaccinium vitis-idaea	Preiselbeere	Gglan (Pl.)	Ridnaun, Telfes, Pflersch, Pfitsch	

Vaccinium vitis-idaea	Preiselbeere	Gglanan (Pl.)	Langtaufers[1], Rojen, St. Valentin a. d. H., Stilfs	[1]Joos (2010), S. 568
Vaccinium vitis-idaea	Preiselbeere	Gglane (Pl.)	Matsch	
Vaccinium vitis-idaea	Preiselbeere	Gglanzëtn (Pl.)	Jaufental[1], Wipptal	[1]Schatz (1955), S. 726
Vaccinium vitis-idaea	Preiselbeere	Glan (Pl.), -zëtn (Pl.), Glane (f. Sg.)	Passeier	
Vaccinium vitis-idaea	Preiselbeere	Glanen (Pl.)	Tschars[1], Schluderns, Taufers i. M., Lichtenberg, Prad, Martell, Schlanders, Schnals, Naturns/Sonnenberg, Tall/Schenna	[1]Kaserer (2007), S. 13
Vaccinium vitis-idaea	Preiselbeere	Granéle (Pl., it.)	Buchholz, Laag	
Vaccinium vitis-idaea	Preiselbeere	Grant(e) (f.), Grantn (Pl.)	Lüsen[1], Sexten[2], Naturns/Nörderberg, Algund, Schenna, Ulten, Laurein, Lana, Tisens, Unsere Liebe Frau im Walde, Vöran, Mölten, Flaas, Afing, Sarntal, Durnholz, Kaltern, Tramin, Kurtatsch, Truden, Welschnofen, Ritten, Verdings, Feldthurns, Tiers, Kastelruth, Lajen, Villnöß, Freienfeld, Vals/Mühlbach, Pfunders, Terenten, Kiens, Ahrntal, Olang, Antholz, Gsies, Prags, Vierschach	[1]Prosch (1923), S. 256 [2]Stauder (2019), S. 76
Vaccinium vitis-idaea	Preiselbeere	Grantnrautsch (m.)	Laurein	
Vaccinium vitis-idaea	Preiselbeere	Grantnschtau (f.)	Durnholz	
Vaccinium vitis-idaea	Preiselbeere	Grentn (Pl.)	Deutschnofen[1], Aldein	[1]Zelger (2004), S. 34
Vaccinium vitis-idaea	Preiselbeere	Pråm (f.), Pråmin (Pl.), Praml (Dim.), Pramlar (Dim. Pl.)	Sarntal	Gruber (2005), S. 70
Vaccinium vitis-idaea	Preiselbeere	Prum, Brumm	Pustertal[1], Antholz[2]	[1]Fink (1972), S. 49 [2]Pallhuber (2016), S. 139
Vaccinium vitis-idaea	Preiselbeere	Pumbl (f.)	Etsch (unspezifische geografische Angabe)	Schatz (1955), S. 118
Vaccinium vitis-idaea	Preiselbeere	Pumblpëir (f.)	Vinschgau	Schatz (1955), S. 118
Valeriana officinalis	Arznei-Baldrian	Augenwurz (f.)	Pustertal	Kerschbaumer-Sigmund (1985), S. 34
Valeriana officinalis	Arznei-Baldrian	Båldrianwurschze	Pustertal	Kerschbaumer-Sigmund (1985), S. 34
Valeriana officinalis	Arznei-Baldrian	Hexnkraut (n.)	Pustertal[1], Kastelruth	[1]Kerschbaumer-Sigmund (1985), S. 34
Valeriana officinalis	Arznei-Baldrian	Kåtznkraut (n.)	Stilfes, Kastelruth	

Valeriana officinalis	Arznei-Baldrian	Kåtznwurschzl (f.)	Pustertal	Kerschbaumer-Sigmund (1985), S. 11, 34
Valeriana officinalis	Arznei-Baldrian	Kåtznwurzl (f.)	Barbian, Feldthurns	
Valeriana officinalis	Arznei-Baldrian	Påldriåå	Weißenbach/Ahrntal	
Valeriana officinalis	Arznei-Baldrian	Paldrjan (m.)	Passeier	
Valeriana [*officinalis*]	[Arznei-]Baldrian	Falderian (m.)	Pustertal	Schatz (1955), S. 155 als „Baldrian“
Valerianella locusta	Gewöhnlicher Feldsalat	Ackersalat	Pustertal	Rauschenfels (1801), S. 216 als „Valerianella locusta olitoria“
Valerianella locusta	Gewöhnlicher Feldsalat	Inslsålet (m.)	Kaltern	
Valerianella locusta	Gewöhnlicher Feldsalat	Lusiói (Pl., it.)	Laag	
Valerianella locusta	Gewöhnlicher Feldsalat	Nisslsolet (m.)	Afing, Kastelruth	
Valerianella locusta	Gewöhnlicher Feldsalat	Nosiói (Pl., it.)	Buchholz	
Valerianella [*locusta*]	[Gewöhnlicher] Feldsalat	Nisslsolat (m.)	Kastelbell-Tschars	Kaserer (2007), S. 33 als „Feldsalat“
Veratrum album	Weißer Germer	Hambra (m.)	Sexten	Stauder (2019), S. 86
Veratrum album	Weißer Germer	Hammån (Pl.)	Antholz	Pallhuber (2016), S. 140
Veratrum album	Weißer Germer	Håmmerschtingl (m. Pl.)	Deutschnofen[1], Welschnofen	[1]Zelger (2004), S. 37
Veratrum album	Weißer Germer	Håmmerwurza (f.)	Kastelruth	
Veratrum album	Weißer Germer	Håmmon (Pl.)	Prags	
Veratrum album	Weißer Germer	Hammowu^{r}schze (f.)	Gsies	
Veratrum album	Weißer Germer	Heam^{e}rn (Pl.)	Reschen	
Veratrum album	Weißer Germer	Heemat	Lüsen	Wirth (2021), S. 364
Veratrum album	Weißer Germer	Heemit	Feldthurns	Wirth (2021), S. 364
Veratrum album	Weißer Germer	Hëimen (Pl.)	Rojen	
Veratrum album	Weißer Germer	Hëimern (Pl.)	Stilfs, Martell	
Veratrum album	Weißer Germer	Hemmer (Pl.)	Aldein	
Veratrum album	Weißer Germer	Hemmerin (f.)	Laurein	
Veratrum album	Weißer Germer	Hemmern (Pl.)	Ulten, Proveis, St. Felix, Unsere Liebe Frau im Walde, Platt/Passeier	
Veratrum album	Weißer Germer	Hemmernkraut (n.)	Platt/Passeier	
Veratrum album	Weißer Germer	Hemmerwurz (f.)	Sarntal	
Veratrum album	Weißer Germer	Hiam^{e}rn (Pl.)	Laas	
Veratrum album	Weißer Germer	Lauskraut (n.)	Schlerngebiet[1], Naturns, Kastelruth	[1]Wirth (2021), S. 368
Veratrum album	Weißer Germer	Malånzn (Pl.)	Taufers i. M., Schlinig	
Verbascum sp.	Königskerze	Gottsgno	Sarntal	
Verbascum sp.	Königskerze	Hearngoasl (n.)	Kaltern	

Verbascum sp.	Königskerze	Himmlprånt (m.)	Schluderns, Matsch, Schlanders, Martell, Naturns, Riffian, Schnals, Afing, Sarntal, Ritten, Tiers, Kastelruth, Villanders, St. Leonhard/ Brixen, Ridnaun, Pfitsch, Vals/ Mühlbach, Terenten, Kiens, Ahrntal, Antholz, Olang, St. Magdalena/ Gsies, Prags	
Verbascum sp.	Königskerze	Himmlprount (m.)	Kaltern	
Verbascum sp.	Königskerze	Kinigkërz (f.)	St. Walburg/Ulten	
Verbascum sp.	Königskerze	Unserfraudnkraut (n.)	Lajen	Insam (1954), S. 344
Verbascum sp.	Königskerze	Wetterkërze (f.)	Trens	
Verbascum thapsus	Kleinblütige Königskerze	Himmlprånt (m.)	Stilfs, Villnöß	
Verbascum thapsus ?	Kleinblütige Königskerze	Wetterkërze (f.)	Weißenbach	Schatz (1955), S. 702 als „kleinblumige Königskerze“
Veronica beccabunga	Bach-Ehrenpreis	Bachblume	Pustertal	Rauschenfels (1801), S. 215
Veronica chamaedrys	Gamander-Ehrenpreis	Mennotràie (f.) [= Männertreue]	Vierschach	
Veronica officinalis	Echter Ehrenpreis	Paiswurmkraut (n.)	Pustertal	Kerschbaumer-Sigmund (1985), S. 11, 48
Veronica officinalis	Echter Ehrenpreis	Viechkraut (n.)	Pustertal	Kerschbaumer-Sigmund (1985), S. 11, 48
Veronica officinalis	Echter Ehrenpreis	Wundkraut (n.)	Pustertal	Kerschbaumer-Sigmund (1985), S. 13, 48
Veronica sp.	Ehrenpreis	Òci de la Madòna (Pl., it.)	Laag	
Veronica sp.	Ehrenpreis	Paiswurmkraut (n.)	Eisacktal	Fink (2003), S. 372
Veronica sp.	Ehrenpreis	Plauaiglen (Pl.)	Laag	
Veronica sp.	Ehrenpreis	Wåssernelle (f.)	Lüsen	Fink (1972), S. 298
Veronica spicata	Ähriger Ehrenpreis	Pettlopis (m.)	Ritten	Schatz (1955), S. 64
Viburnum lantana	Wolliger Schneeball	Kësslpë^{i}r (f.)	Tiers	
Viburnum lantana	Wolliger Schneeball	Merda gáta, merda de gát (f., it.)	Laag	
Viburnum lantana	Wolliger Schneeball	Përndrëck (m.)	Laag	
Viburnum lantana	Wolliger Schneeball	Pummaduerzn (Pl.)	Taufers i. M.	
Viburnum lantana	Wolliger Schneeball	Pummazainen (Pl.)	Prad	
Viburnum lantana	Wolliger Schneeball	Schlimmpë^{i}r (f.)	Deutschnofen	Moser (2015), S. 262
Viburnum lantana	Wolliger Schneeball	Schlimpamene Wit (f.), Kåtzndrëck (m.)	Laurein	
Viburnum lantana	Wolliger Schneeball	Schlingpam (Pl.)	Ritten	
Viburnum lantana	Wolliger Schneeball	Schlingpamene Widn (Pl.), Kåtzndrëick (m.)	Aldein, Kastelruth	

Viburnum lantana	Wolliger Schneeball	Schlingpantlen (Pl.)	Tramin	
Viburnum lantana	Wolliger Schneeball	Schlingwit (f.)	Kaltern	
Viburnum opulus	Gewöhnlicher Schneeball	Schneballen	Pustertal	Rauschenfels (1801), S. 218
Viburnum opulus	Gewöhnlicher Schneeball	Wasserholler	Pustertal	Rauschenfels (1801), S. 218
Vicia cracca	Vogel-Wicke	Fouglårbise; -arbisn (Pl.)	Pfitsch; Ridnaun	
Vicia cracca	Vogel-Wicke	Fouglflitschn	Langtaufers	Joos (2010), S. 569
Vicia cracca	Vogel-Wicke	Pfitschårbasn (Pl.)	St. Magdalena/Gsies	
Vicia faba	Ackerbohne	Poan (f.)	Prags	
Vicia faba	Ackerbohne	Pũa (f.); Puan (Pl.); Puanen (Pl.)	St. Walburg/Ulten; Laurein; Martell, Naturns	
Vicia faba	Ackerbohne	Puffpuin (f.)	Oberes Pustertal	Fink (1972), S. 55
Vicia faba	Ackerbohne	Puin (f.)	Vals/Mühlbach, Pfunders	
Vicia sepium	Zaun-Wicke	Omoasenloatern (Pl.)	Pustertal	Dalla Torre (1895), S. 73
Vicia sp.	Wicke	Fitschn (Pl.)	Kaltern	
Vicia sp.	Wicke	Fītschnkigeler (Pl.)	St. Walburg/Ulten	
Vicia sp.	Wicke	Fouglfitschr	Martell	Pfitscher (2001), S. 121
Vicia sp.	Wicke	Wilde Årbisn (Pl.)	St. Leonhard/Brixen	
Vicia sp.	Wicke	Wildi Arbisn (Pl.)	Stilfs	
Vicia sp.	Wicke	Windlan (Pl.)	Taufers i. M.	
Vicia sp.	Wicke	Wintilan (Pl.)	Rodeneck	
Vicia sp.	Wicke	Wintn (Pl.)	Algund, Afing, Aldein	
Vicia [sp.]	Wicke	Fitsche (f.)	Kiens	Schatz (1955), S. 174 als Ackerwicke (als Ackerwicke wird generell V. hirsuta bezeichnet; damit ist sicher nicht diese unscheinbare Art gemeint, sondern Arten wie V. sepium und/oder V. cracca)
Vinca minor	Kleines Immergrün	Todtenkraut	Pustertal	Rauschenfels (1801), S. 218
Vinca sp.	Immergrün	Singerinen (Pl.)	Welschnofen	Schatz (1955), S. 576 als „Immergrün"
Viola arvensis	Acker-Stiefmütterchen	Åckerfaileler (Pl.)	Vöran	
Viola hirta	Wiesen-Veilchen	Huntsfaieler (Pl.)	Partschins	
Viola odorata	März-Veilchen	Mērznfaigl, -failile (n.)	Pustertal	Schatz (1955), S. 424 als „Märzenveilchen"
Viola sp.	Veilchen	Faiala (n.)	Tramin, Kaltern	
Viola sp.	Veilchen	Faiel, Faiele (n.); Faielen (n. Sg., Pl.)	Jaufental[1]; Eisacktal[2], Naturns, Andrian, Ritten, Kastelruth	[1]Schatz (1955), S. 160 [2]Fink (2003), S. 373
Viola sp.	Veilchen	Faigl (n.)	Jaufental[1], Pfitsch[2]	[1]Schatz (1955), S. 160 [2]Christensen (2014), S. 34

Viola sp.	Veilchen	Failile (n.); Faileler (Pl.)	Passeier; Deutschnofen[1], Laurein, Ulten, Algund	[1]Zelger (2004), S. 27
Viola sp.	Veilchen	Failila (n.)	Feldthurns	
Viola sp.	Veilchen	Faililan (Pl.)	Rodeneck	
Viola sp.	Veilchen	Faililer (Pl.)	St. Leonhard/Brixen	
Viola tricolor agg. (inkl. *V.* ×*wittrockiana*)	Artengruppe Gewöhnliches Stiefmütterchen	Himblmiatalan (Pl.)	Rein in Taufers	Insam (1954), S. 345
Viola tricolor agg. (inkl. *V.* ×*wittrockiana*)	Artengruppe Gewöhnliches Stiefmütterchen	Muaterbluamen (Pl.)	Ulten	Lösch (1989), S. 97
Viola tricolor agg. (inkl. *V.* ×*wittrockiana*)	Artengruppe Gewöhnliches Stiefmütterchen	Muatergottisschiachler (Pl.)	Platt/Passeier	
Viola tricolor agg. (inkl. *V.* ×*wittrockiana*)	Artengruppe Gewöhnliches Stiefmütterchen	Nåchtscheatla^{r} (Pl.)	Eisacktal[1], Ridnaun	[1]Fink (2003), S. 373
Viola tricolor agg. (inkl. *V.* ×*wittrockiana*)	Artengruppe Gewöhnliches Stiefmütterchen	Schwigerlen (Pl.)	Lüsen	Prosch (1923), S. 255
Viola tricolor agg. (inkl. *V.* ×*wittrockiana*)	Artengruppe Gewöhnliches Stiefmütterchen	Schwigolan	Antholz	Pallhuber (2016), S. 141
Viola tricolor agg. (inkl. *V.* ×*wittrockiana*)	Artengruppe Gewöhnliches Stiefmütterchen	Stuifmiaterle (n.)	Ulten	Lösch (1989) S. 99
Viscaria vulgaris	Gewöhnliche Pechnelke	Klëib^{e}r (m.)	Ploseberg/Brixen	Jocher (2010), S. 511 als „Pechnelke"
Viscaria vulgaris	Gewöhnliche Pechnelke	Nanneler (Pl.)	St. Valentin/Villnöß	
Viscaria vulgaris	Gewöhnliche Pechnelke	Ōrschklĕwar (m.), -li (Dim.), -lar (Dim. Pl.)	Sarntal	Gruber (2005), S. 138 als „Pechnelke"
Viscaria vulgaris	Gewöhnliche Pechnelke	Pechnagele (n.)	Naturns	
Viscaria vulgaris	Gewöhnliche Pechnelke	Pechnagile (n.)	Pfitsch, Olang	
Viscaria vulgaris	Gewöhnliche Pechnelke	Wisanagelen (n. Pl.)	Schlanders	
Viscum album	Weiße Mistel	Ëlderer (Pl.), Ëldera (n.)	Afing, Kastelruth	
Viscum album	Weiße Mistel	Ëlderla (m.); Ëlderle (n.)	Latzfons[1], Verdings; Ritten	[1]Bibliotheksgruppe Latzfons (2004), S. 28
Viscum album	Weiße Mistel	Gruschgl[1] (f.), Gruschgln (Pl.)	Feldthurns, Eisacktal	[1]Fink (1972), S. 110
Viscum album	Weiße Mistel	Hëldra (Pl.), Hëlderla[1] (m.)	Tiers	[1]Robatscher (2003), S. 135
Viscum album	Weiße Mistel	Hexnpëisn (m.)	Ritten	Wirth (2021), S. 364
Viscum album	Weiße Mistel	Hölderla (n.) (m.), Held(e)rla	Lajen[1], Völs am Schlern[2]	[1]Fill (2016), ohne Seitenangabe; [2]Wirth (2021), S. 360
Viscum album	Weiße Mistel	Mischggl (f.)	Passeier	Haller & Lanthaler (2004), S. 139

Viscum album	Weiße Mistel	Muschgl (f.)	Lüsen	Fink (1972), S. 197
Viscum album	Weiße Mistel	Nistl	Kiens	Wirth (2021), S. 370
Viscum album	Weiße Mistel	Ruschgl (f.)	Ploseberg/Brixen	Jocher (2010), S. 511
Viscum album	Weiße Mistel	Wintergrean (n.)	Kaltern, Tramin, Kurtatsch	
Viscum album	Weiße Mistel	Wintergriën (n.)	Vöran	
Viscum album	Weiße Mistel	Wintergrün	Pustertal	Rauschenfels (1801), S. 222
Vitis vinifera *	Echte Weinrebe	Baimer (Sg., Pl.)	Laurein	
Vitis vinifera *	Echte Weinrebe	Rĕw (f.), Rĕbm (Pl.), Rĕwl (Dim.), -lar (Dim. Pl.)	Sarntal	Gruber (2005), S. 160
Vitis vinifera *	Echte Weinrebe	Waimer (Pl.)	Passeier, Vöran	
Vitis vinifera *	Echte Weinrebe	Zottern	Klausen	Dalla Torre (1895), S. 74
Vitis vinifera *	Echte Weinrebe	Zwĕbm, Zwĕibm (Pl.)	Passeier, Toblach[1]	[1]Mittich-Steinwandter (2022, Nr. 4), S. 36
Xanthium sp.	Spitzklette	Puebmlais (Pl.)	um Bozen	Fink (1972), S. 55 als „Kleine Klette, Xanthium"
Zea mays *	Mais	Gelber Plentn	Meran	Wirth (2021), S. 396
Zea mays *	Mais	Guggurutz (m.)	Unsere Liebe Frau im Walde	
Zea mays *	Mais	Kukuruz	Pustertal	Wirth (2021), S. 396
Zea mays *	Mais	Plentn	Passeier	
Zea mays *	Mais	Tirgg (m.)	Lichtenberger Berg, Naturns, Laurein, Lana, Unterland, Mölten, Vöran, Sarntal, Tiers, Latzfons	
Zea mays *	Mais	Tīrgg (m.)	Truden	Ortner (2005), S. 432
Zea mays *	Mais	Tirgga	Deutschnofen	Zelger (2004), S. 81
Zea mays *	Mais	Tirgge (m.)	Ridnaun[1], Antholz[2], Sexten[3], Terenten	[1]Wild (2005), S. 105 [2]Müller (1985), S. 148 [3]Stauder (2019), S. 216
Zea mays *	Mais	Tirggn (m.)	Eisacktal[1], Passeier	[1]Fink (2003), S. 359
Zea mays *	Mais	Tirggplent (m.)	Latzfons	Bibliotheksgruppe Latzfons (2004), S. 116
Zea mays *	Mais	Walscher Plent (m.)	St. Walburg/Ulten	
Zinnia elegans *	Zinnie	Ålte Pua^{b}m (Pl.)	Eisacktal[1], Kaltern, Montan	[1]Fink (2003), S. 373 als „Zinien"

INDEX

Der folgende Index enthält alle im Buch behandelten deutschen Büchernamen. Dabei wird der Gattungsname vorangestellt und der Artname nachgestellt, im Falle der Mehl-Primel also: Primel, Mehl-Der Pfeil verweist auf den entsprechenden lateinischen Artnamen (in unserem Beispiel: *Primula farinosa*), nach dem in der Nachschlagetabelle alphabetisch gesucht werden kann.

A

Ackerbohne → Vicia faba
Adlerfarn → Pteridium aquilinum
Ahorn → Acer
Ahorn, Berg- → Acer pseudoplatanus
Akelei → Aquilegia
Akelei, Schwarzviolette → Aquilegia atrata
Allermannsharnisch → Allium victorialis
Alpendost → Adenostyles
Alpendost, Grüner → Adenostyles alpina
Alpenmargerite → Leucanthemopsis alpina
Alpenrose → Rhododendron
Alpenrose, Bewimperte → Rhododendron hirsutum
Alpenrose, Rostblättrige → Rhododendron ferrugineum
Ampfer → Rumex
Ampfer, Alpen- → Rumex alpinus
Ampfer, Krauser → Rumex crispus
Ampfer, Stumpfblatt- → Rumex obtusifolius
Andorn, Gewöhnlicher → Marrubium vulgare
Anis → Pimpinella anisum
Apfel, Kultur- → Malus domestica
Aprikose → Prunus armeniaca
Arnika → Arnica montana
Aronstab → Arum
Augentrost → Euphrasia
Augentrost, Wiesen- → Euphrasia officinalis
Aurikel, Alpen- → Primula auricula

B

Baldrian, Arznei- → Valeriana officinalis
Bärenklau, Wiesen- → Heracleum sphondylium
Bärentraube, Echte → Arctostaphylos uva-ursi
Bärlapp → Lycopodium
Bärlapp, Alpen- → Diphasiastrum alpinum
Bärlapp, Keulen- → Lycopodium clavatum
Basilikum → Ocimum basilicum
Baumbart → Usnea
Beifuß, Feld- → Artemisia campestris
Beifuß, Gewöhnlicher → Artemisia vulgaris
Beinwell, Echter → Symphytum officinale
Berberitze, Gewöhnliche → Berberis vulgaris
Bergflachs → Thesium
Bergflachs, Alpen- → Thesium alpinum
Bergflachs, Großer → Thesium bavarum
Bergminze, Kleinblütige → Clinopodium nepeta
Besenheide → Calluna vulgaris
Bete, Rote → Beta vulgaris var. vulgaris
Bibernelle → Pimpinella
Bibernelle, Große → Pimpinella major
Bibernelle, Kleine → Pimpinella saxifraga
Bilsenkraut, Schwarzes → Hyoscyamus niger
Bingelkraut, Garten- → Mercurialis annua
Birke, Gewöhnliche → Betula pendula
Birne, Europäische Wild- → Pyrus pyraster
Birne, Kultur- → Pyrus communis
Blasenkirsche, Gewöhnliche → Physalis alkekengi
Blasenstrauch → Colutea arborescens
Blaugras, Rundköpfiges → Sesleria sphaerocephala
Blumenkohl → Brassica oleracea subsp. botrytis
Bluthirse → Digitaria sanguinalis
Blutweiderich, Gewöhnlicher → Lythrum salicaria
Blutwurz → Potentilla erecta
Bocksbart → Tragopogon
Bocksbart, Großblütiger Wiesen- → Tragopogon orientalis
Bohnenkraut, Echtes → Satureja hortensis
Borstenhirse, Grüne → Setaria viridis
Brennnessel, Große → Urtica dioica
Brombeere, Artengruppe Echte → Rubus sect. Rubus
Bruchkraut → Herniaria
Bruchkraut, Kahles → Herniaria glabra
Brunnenkresse, Echte → Nasturtium officinale
Buche, Europäische → Fagus sylvatica
Buchsbaum, Gewöhnlicher → Buxus sempervirens

Buchweizen, Echter → Fagopyrum esculentum
Buntnessel → Coleus
Bürstling → Nardus stricta

C

Ceylon-Zimtbaum → Cinnamomum verum
Chrysantheme → Chrysanthemum

D

Dahlie → Dahlia
Dinkel → Triticum aestivum subsp. spelta
Doppelsame → Diplotaxis
Doppelsame, Schmalblättriger → Diplotaxis tenuifolia
Dost, Diptam- → Origanum dictamnus
Dost, Gewöhnlicher → Origanum vulgare

E

Eberesche → Sorbus aucuparia
Edelkastanie, Europäische → Castanea sativa
Edelraute, Echte → Artemisia mutellina
Edelweiß → Leontopodium nivale
Efeu → Hedera
Efeu, Gewöhnlicher → Hedera helix
Ehrenpreis → Veronica
Ehrenpreis, Ähriger → Veronica spicata
Ehrenpreis, Bach- → Veronica beccabunga
Ehrenpreis, Echter → Veronica officinalis
Ehrenpreis, Gamander- → Veronica chamaedrys
Eibe, Europäische → Taxus baccata
Eiche → Quercus
Eiche, Flaum- → Quercus pubescens
Einbeere, Vierblättrige → Paris quadrifolia
Eisenhut → Aconitum
Eisenhut, Blauer → Aconitum napellus
Eisenhut, Tauern- → Aconitum tauricum
Eisenhut, Wolfs- → Aconitum lycoctonum
Elsbeere → Sorbus torminalis
Endivie → Cichorium endivia
Engelwurz, Wilde → Angelica sylvestris
Enzian → Gentiana
Enzian, Bayerischer → Gentiana bavarica
Enzian, Clusius- → Gentiana clusii
Enzian, Frühlings- → Gentiana verna
Enzian, Gelber → Gentiana lutea
Enzian, Kreuz- → Gentiana cruciata
Enzian, Kurzblättriger → Gentiana brachyphylla
Enzian, Schnee- → Gentiana nivalis
Enzian, Schwalbenwurz- → Gentiana asclepiadea
Enzian, Stängelloser → Gentiana acaulis
Enzian, Tüpfel- → Gentiana punctata
Erbse, Kultur- → Pisum sativum
Erdbeere → Fragaria
Erdbeere, Wald- → Fragaria vesca
Erdbeere, Zimt- → Fragaria moschata
Erdrauch, Echter → Fumaria officinalis
Erle → Alnus
Erle, Grau- → Alnus incana
Erle, Grün- → Alnus alnobetula
Erle, Schwarz- → Alnus glutinosa
Esche → Fraxinus
Esche, Gewöhnliche → Fraxinus excelsior
Esche, Manna- → Fraxinus ornus
Esparsette, Artengruppe Gewöhnliche → Onobrychis viciifolia agg.
Esparsette, Gewöhnliche → Onobrychis viciifolia
Estragon → Artemisia dracunculus

F

Faulbaum, Gewöhnlicher → Frangula alnus
Federgras, Artengruppe → Stipa pennata agg.
Feigenkaktus → Opuntia
Feigenkaktus, Kleiner → Opuntia humifusa
Feldsalat, Gewöhnlicher → Valerianella locusta
Felsenbirne, Gewöhnliche → Amelanchier ovalis
Fenchel, Echter → Foeniculum vulgare
Fetthenne, Artengruppe Rote → Hylotelephium telephium agg.
Fettkraut, Dünnsporniges → Pinguicula leptoceras
Fettkraut, Gewöhnliches → Pinguicula vulgaris
Fichte, Gewöhnliche → Picea abies
Fieberklee → Menyanthes trifoliata
Fingerhut → Digitalis
Fingerkraut → Potentilla
Fingerkraut, Gänse- → Potentilla anserina
Fingerkraut, Weißes → Potentilla alba
Fingerwurz → Dactylorhiza
Fingerwurz, Fuchs- → Dactylorhiza fuchsii
Flachbärlapp → Diphasiastrum
Flammenblume → Phlox
Flammendes Käthchen → Kalanchoe blossfeldiana
Flaschenkürbis → Lagenaria siceraria
Fleißiges Lieschen → Impatiens walleriana
Flieder, Gewöhnlicher → Syringa vulgaris
Flockenblume, Skabiosen- → Centaurea scabiosa
Flockenblume, Wiesen- → Centaurea jacea

Flohkraut → Pulicaria
Föhre, Haken- → Pinus uncinata
Föhre, Leg- → Pinus mugo
Föhre, Rot- → Pinus sylvestris
Föhre, Schwarz- → Pinus nigra
Franzosenkraut → Galinsoga
Franzosenkraut, Kleinblütiges → Galinsoga parviflora
Franzosenkraut, Zottiges → Galinsoga ciliata
Frauenfarn → Athyrium
Frauenmantel → Alchemilla
Frauenschuh → Cypripedium calceolus
Fuchsie → Fuchsia
Fuchsschwanz → Amaranthus
Fuchsschwanz, Hängender → Amaranthus caudatus
Fuchsschwanz, Rispen- → Amaranthus cruentus
Fuchsschwanzgras, Wiesen- → Alopecurus pratensis
Futterrübe → Beta vulgaris var. rapacea

G

Gämsheide → Kalmia procumbens
Gämswurz, Clusius- → Doronicum clusii
Gänseblümchen, Gewöhnliches → Bellis perennis
Gänsedistel, Acker- → Sonchus arvensis
Gänsedistel, Dornige → Sonchus asper
Gänsefuß → Chenopodium
Gänsefuß, Weißer → Chenopodium album
Gartenbohne → Phaseolus vulgaris
Gauchheil, Acker- → Anagallis arvensis
Geißbart, Wald- → Aruncus dioicus
Geißfuß → Aegopodium podagraria
Geranie → Pelargonium
Germer, Weißer → Veratrum album
Gerste, Mäuse- → Hordeum murinum
Gerste, Saat- → Hordeum vulgare
Gewürznelke → Syzygium aromaticum
Ginster → Genista
Ginster, Färber- → Genista tinctoria
Glaskraut → Parietaria
Glaskraut, Aufrechtes → Parietaria officinalis
Glaskraut, Ausgebreitetes → Parietaria judaica
Glatthafer → Arrhenatherum elatius
Glockenblume → Campanula
Glockenblume, Artengruppe Rundblättrige → Campanula rotundifolia agg.
Golddistel, Gewöhnliche → Carlina vulgaris
Goldregen → Laburnum
Goldregen, Alpen- → Laburnum alpinum
Goldrute, Echte → Solidago virgaurea
Götterbaum → Ailanthus altissima
Granatapfel → Punica granatum
Grasnelke, Alpen- → Armeria alpina
Greiskraut, Eberrauten- → Jacobaea abrotanifolia
Greiskraut, Jakobs- → Jacobaea vulgaris
Gundelrebe, Gewöhnliche → Glechoma hederacea
Günsel, Pyramiden- → Ajuga pyramidalis
Gurke → Cucumis sativus
Guter-Heinrich → Chenopodium bonus-henricus

H

Habichtskraut, Mausohr- → Hieracium pilosella
Hafer, Flug- → Avena fatua
Hafer, Saat- → Avena sativa
Hagebutte → Rosa
Hahnenfuß → Ranunculus
Hahnenfuß, Gletscher- → Ranunculus glacialis
Hahnenfuß, Knolliger → Ranunculus bulbosus
Hahnenfuß, Scharfer → Ranunculus acris
Hainsimse → Luzula
Hainsimse, Hügel- → Luzula campestris
Händelwurz, Langspornige → Gymnadenia conopsea
Hanf → Cannabis sativa
Hartriegel, Gelber → Cornus mas
Hartriegel, Roter → Cornus sanguinea
Hasel, Europäische → Corylus avellana
Hasenlattich → Prenanthes purpurea
Hauhechel → Ononis
Hauhechel, Dornige → Ononis spinosa
Hauswurz → Sempervivum
Hauswurz, Kugel- → Jovibarba globifera
Heckenkirsche → Lonicera
Heckenkirsche, Gewöhnliche → Lonicera xylosteum
Heide, Schnee- → Erica carnea
Heidelbeere → Vaccinium myrtillus
Hellerkraut, Acker- → Thlaspi arvense
Herbstrübe → Brassica rapa subsp. rapa
Herbstzeitlose, Gewöhnliche → Colchicum autumnale
Himbeere → Rubus idaeus
Himbeere, Felsen- → Rubus saxatilis
Hirse, Echte → Panicum miliaceum
Hirtentäschel, Gewöhnliches → Capsella bursa-pastoris
Hohlzahn → Galeopsis

Hohlzahn, Gewöhnlicher → Galeopsis tetrahit
Holunder, Roter → Sambucus racemosa
Holunder, Schwarzer → Sambucus nigra
Holunder, Zwerg- → Sambucus ebulus
Honoriusmilchstern → Honorius
Hopfen, Echter → Humulus lupulus
Hopfenbuche, Europäische → Ostrya carpinifolia
Hornklee → Lotus
Hornklee, Gewöhnlicher → Lotus corniculatus
Huflattich → Tussilago farfara
Hühnerhirse → Echinochloa crus-galli
Hundszahngras, Gewöhnliches → Cynodon dactylon
Hundszunge, Gewöhnliche → Cynoglossum officinale

I

Igelsame, Gewöhnlicher → Lappula squarrosa
Immergrün → Vinca
Immergrün, Kleines → Vinca minor
Isländisches Moos → Cetraria islandica

J

Johannisbeere → Ribes
Johannisbeere, Felsen- → Ribes petraeum
Johannisbeere, Rote → Ribes rubrum
Johannisbeere, Schwarze → Ribes nigrum
Johannisbrotbaum → Ceratonia siliqua
Johanniskraut, Echtes → Hypericum perforatum

K

Kamille, Echte → Matricaria chamomilla
Kamille, Knopf- → Matricaria discoidea
Karotte → Daucus carota subsp. sativa
Kartoffel → Solanum tuberosum
Katzenpfötchen → Antennaria
Katzenpfötchen, Gewöhnliches → Antennaria dioica
Katzenpfötchen, Karpaten- → Antennaria carpatica
Kerbel, Wiesen- → Anthriscus sylvestris
Kichererbse → Cicer arietinum
Kirsche → Prunus avium
Klappertopf → Rhinanthus
Klappertopf, Grannen- → Rhinanthus glacialis
Klappertopf, Zottiger → Rhinanthus alectorolophus
Klatschnelke → Silene vulgaris
Klee → Trifolium
Klee, Alpen- → Trifolium alpinum
Klee, Wiesen- → Trifolium pratense
Klette → Arctium
Klette, Große → Arctium lappa
Klettenkraut → Hackelia deflexa
Knabenkraut → Orchis
Knäuelgras, Gewöhnliches → Dactylis glomerata
Knoblauch → Allium sativum
Knotenblume, Frühlings- → Leucojum vernum
Knöterich, Floh- → Persicaria maculosa
Knöterich, Schlangen- → Persicaria bistorta
Kohl → Brassica oleracea
Kohlrabi → Brassica oleracea subsp. gongylodes
Kohlröschen, Artengruppe Schwarzes → Nigritella nigra agg.
Kohlröschen, Gewöhnliches → Nigritella rhellicani
Kohlrübe → Brassica napus subsp. rapifera
Kokardenblume → Gaillardia
Kolbenhirse → Setaria italica
Königskerze → Verbascum
Königskerze, Kleinblütige → Verbascum thapsus
Koriander, Echter → Coriandrum sativum
Kornblume → Cyanus segetum
Kornrade Gewöhnliche → Agrostemma githago
Kratzdistel, Alpen- → Cirsium spinosissimum
Kratzdistel, Berg- → Cirsium alsophilum
Kratzdistel, Filz- → Cirsium heterophyllum
Kratzdistel, Klebrige → Cirsium erisithales
Kratzdistel, Sumpf- → Cirsium palustre
Kratzdistel, Wollkopf- → Cirsium eriophorum
Kren → Armoracia rusticana
Kreuzblume, Buchs- → Polygala chamaebuxus
Kreuzdorn, Gewöhnlicher → Rhamnus cathartica
Krokus, Alpen- → Crocus albiflorus
Küchenschelle → Pulsatilla
Küchenschelle, Alpen- → Pulsatilla alpina
Küchenschelle, Berg- → Pulsatilla montana
Küchenschelle, Frühlings- → Pulsatilla vernalis
Küchenschelle, Gelbe Alpen- → Pulsatilla alpina subsp. apiifolia
Kugelblume → Globularia
Kugelblume, Herzblättrige → Globularia cordifolia
Kugelblume, Hochstänglige → Globularia bisnagarica
Kugeldistel, Bienen- → Echinops sphaerocephalus
Kümmel, Echter → Carum carvi

L

Labkraut, Gelbes → Galium verum
Labkraut, Kletten- → Galium aparine
Lärche, Europäische → Larix decidua
Laserkraut, Breitblättriges → Laserpitium latifolium
Lauch → Allium ampeloprasum subsp. porrum
Lauch, Bär- → Allium ursinum
Lauch, Glocken- → Allium oleraceum
Lauch, Kugel- → Allium sphaerocephalon
Lauch, Schnitt- → Allium schoenoprasum
Lauchkraut → Alliaria petiolata
Läusekraut → Pedicularis
Läusekraut, Kopfiges → Pedicularis rostratocapitata
Läusekraut, Quirl- → Pedicularis verticillata
Läusekraut, Sumpf- → Pedicularis palustris
Lavendel, Echter → Lavandula angustifolia
Leberblümchen, Gewöhnliches → Hepatica nobilis
Leimkraut, Polster- → Silene acaulis
Lein, Echter → Linum usitatissimum
Leinkraut, Gewöhnliches → Linaria vulgaris
Lerchensporn → Corydalis
Lerchensporn, Finger- → Corydalis solida
Leuenzahn, Gewöhnlicher → Leontodon hispidus
Lichtnelke, Kuckucks- → Lychnis flos-cuculi
Lichtnelke, Rote → Silene dioica
Liebstöckel → Levisticum officinale
Liguster, Gewöhnlicher → Ligustrum vulgare
Lilie → Lilium
Lilie, Feuer- → Lilium bulbiferum
Lilie, Türkenbund- → Lilium martagon
Linde → Tilia
Lolch, Ausdauernder → Lolium perenne
Lolch, Taumel- → Lolium temulentum
Lorbeer, Echter → Laurus nobilis
Löwenmaul, Großes → Antirrhinum majus
Löwenzahn → Taraxacum
Lungenkraut → Pulmonaria
Lungenkraut, Echtes → Pulmonaria officinalis
Lungenkraut, Südliches → Pulmonaria australis
Luzerne, Blaue → Medicago sativa

M

Mädesüß, Echtes → Filipendula ulmaria
Maiglöckchen → Convallaria majalis
Mais → Zea mays
Majoran → Origanum majorana
Malve → Malva
Malve, Große → Malva sylvestris
Malve, Weg- → Malva neglecta
Mandel → Prunus dulcis
Mangold → Beta vulgaris convar. cicla
Margerite, Artengruppe Gewöhnliche → Leucanthemum vulgare agg.
Margerite, Fettwiesen- → Leucanthemum ircutianum
Mauerpfeffer → Sedum
Mauerpfeffer, Scharfer → Sedum acre
Mauerpfeffer, Weißer → Sedum album
Maulbeerbaum → Morus
Maulbeerbaum, Schwarzer → Morus nigra
Maulbeerbaum, Weißer → Morus alba
Mäusedorn, Stechender → Ruscus aculeatus
Meerrettich → Armoracia rusticana
Mehlbeere, Gewöhnliche → Sorbus aria
Meisterwurz → Peucedanum ostruthium
Melde → Atriplex
Melisse, Echte → Melissa officinalis
Milchstern, Artengruppe Dolden- → Ornithogalum umbellatum agg.
Milzkraut, Wechselblättriges → Chrysosplenium alternifolium
Minze, Pfeffer- → Mentha ×piperita
Minze, Ross- → Mentha longifolia
Mispel, Echte → Mespilus germanica
Mistel, Weiße → Viscum album
Mohn → Papaver
Mohn, Alpen- → Papaver alpinum
Mohn, Klatsch- → Papaver rhoeas
Mohn, Schlaf- → Papaver somniferum
Mohn, Schmalköpfiger → Papaver dubium
Mohrenhirse → Sorghum bicolor
Mondraute, Gewöhnliche → Botrychium lunaria
Mondviole, Zweijährige → Lunaria annua
Moosauge → Moneses uniflora
Muskatnussbaum → Myristica fragrans
Mutterkraut → Tanacetum parthenium
Mutterwurz, Alpen- → Mutellina adonidifolia

N

Nachtschatten, Bittersüßer → Solanum dulcamara
Nachtschatten, Schwarzer → Solanum nigrum
Nacktried → Kobresia myosuroides
Narzisse → Narcissus
Narzisse, Dichter- → Narcissus poëticus
Nelke → Dianthus

Nelke, Bart- → Dianthus barbatus
Nelke, Garten- → Dianthus caryophyllus
Nelke, Heide- → Dianthus deltoides
Nelke, Kartäuser- → Dianthus carthusianorum
Nelke, Séguier- → Dianthus seguieri
Nelke, Wilde → Dianthus sylvestris
Nelkenwurz, Bach- → Geum rivale
Nelkenwurz, Berg- → Geum montanum
Nieswurz, Schwarze → Helleborus niger

O

Odermennig, Gewöhnlicher → Agrimonia eupatoria
Orange → Citrus sinensis
Osterluzei, Gewöhnliche → Aristolochia clematitis

P

Pappel → Populus
Pappel, Schwarz- → Populus nigra
Pappel, Zitter- → Populus tremula
Pechnelke, Gewöhnliche → Viscaria vulgaris
Pelargonie → Pelargonium
Pelargonie, Duft- → Pelargonium odoratissimum
Perückenstrauch, Europäischer → Cotinus coggygria
Pestwurz → Petasites
Pestwurz, Gewöhnliche → Petasites hybridus
Pestwurz, Weiße → Petasites albus
Petersilie, Echte → Petroselinum crispum
Petunie → Petunia
Pfingstrose → Paeonia
Pfingstrose, Arznei- → Paeonia officinalis
Pfirsich → Prunus persica
Pflaume → Prunus domestica
Pippau, Gold- → Crepis aurea
Platterbse → Lathyrus
Platterbse, Frühlings- → Lathyrus vernus
Portulak, Gewöhnlicher → Portulaca oleracea
Preiselbeere → Vaccinium vitis-idaea
Primel → Primula
Primel, Arznei- → Primula veris
Primel, Drüsige → Primula hirsuta
Primel, Erd- → Primula vulgaris
Primel, Hohe → Primula elatior
Primel, Klebrige → Primula glutinosa
Primel, Mehl- → Primula farinosa
Primel, Zwerg- → Primula minima

Q

Quecke, Acker- → Elymus repens
Quendel → Thymus
Quitte → Cydonia oblonga

R

Radieschen → Raphanus sativus subsp. sativus
Ragwurz, Fliegen- → Ophrys insectifera
Rainfarn → Tanacetum vulgare
Rasenschmiele → Deschampsia
Rauschbeere, Artengruppe → Vaccinium uliginosum agg.
Rauschbeere, Kleinblättrige → Vaccinium gaultherioides
Rauschbeere, Moor- → Vaccinium uliginosum
Rentierflechte → Cladonia
Resede, Wilde → Reseda lutea
Rettich → Raphanus
Rettich, Acker- → Raphanus raphanistrum
Rettich, Garten- → Raphanus sativus
Rhabarber → Rheum rhabarbarum
Ringdistel, Weg- → Carduus acanthoides
Ringelblume, Garten- → Calendula officinalis
Ringlotte → Prunus domestica subsp. insititia var. viridiflava
Rippenfarn → Blechnum spicant
Rispengras, Alpen- → Poa alpina
Rittersporn → Consolida
Rittersporn, Feld- → Consolida regalis
Robinie, Gewöhnliche → Robinia pseudacacia
Roggen, Saat- → Secale cereale
Rohrkolben → Typha
Rohrkolben, Breitblättriger → Typha latifolia
Rose → Rosa
Rosenwurz, Echte → Rhodiola rosea
Rosmarin, Echter → Rosmarinus officinalis
Rosskastanie, Gewöhnliche → Aesculus hippocastanum
Runkelrübe, Gewöhnliche → Beta vulgaris var. rapacea

S

Salat, Garten- → Lactuca sativa
Salbei → Salvia
Salbei, Echter → Salvia officinalis
Salbei, Klebriger → Salvia glutinosa
Salbei, Wiesen- → Salvia pratensis
Salomonssiegel, Echtes → Polygonatum odoratum

Salomonssiegel, Vielblütiges → Polygonatum multiflorum
Samtblume → Tagetes
Samtblume, Gewöhnliche → Tagetes patula
Sanddorn → Hippophaë rhamnoides
Sauerampfer, Schild- → Rumex scutatus
Sauerampfer, Wiesen- → Rumex acetosa
Sauerampfer, Zwerg- → Rumex acetosella
Sauerklee, Wald- → Oxalis acetosella
Schabzigerklee → Trigonella caerulea
Schachtelhalm → Equisetum
Schachtelhalm, Acker- → Equisetum arvense
Schachtelhalm, Riesen- → Equisetum telmateia
Schachtelhalm, Wald- → Equisetum sylvaticum
Schafgarbe → Achillea
Schafgarbe, Echte → Achillea millefolium
Schafgarbe, Moschus- → Achillea moschata
Schafgarbe, Schwarze → Achillea atrata
Schafgarbe, Weiße → Achillea clavennae
Schaumkraut, Bitteres → Cardamine amara
Schaumkraut, Wiesen- → Cardamine pratensis
Schierling, Flecken- → Conium maculatum
Schilf, Gewöhnliches → Phragmites australis
Schlehe → Prunus spinosa
Schmerwurz → Dioscorea communis
Schneeball, Gewöhnlicher → Viburnum opulus
Schneeball, Wolliger → Viburnum lantana
Schneeglöckchen → Galanthus nivalis
Schöllkraut → Chelidonium majus
Schwarzkümmel → Nigella sativa
Schwertlilie → Iris
Schwertlilie, Deutsche → Iris germanica
Schwertlilie, Holunder- → Iris ×sambucina
Schwingel, Artengruppe Walliser → Festuca valesiaca agg.
Segge → Carex
Seidelbast, Gewöhnlicher → Daphne mezereum
Seifenkraut, Gewöhnliches → Saponaria officinalis
Sellerie, Echte → Apium graveolens
Senf, Acker- → Sinapis arvensis
Senfrauke, Echte → Eruca sativa
Silberdistel → Carlina acaulis
Silbermantel, Artengruppe Alpen- → Alchemilla alpina agg.
Silberwurz → Dryas octopetala
Simse → Juncus
Simse, Dreiblättrige → Juncus trifidus
Simse, Gämsen- → Juncus jacquinii
Skabiose → Scabiosa
Skabiose, Artengruppe Tauben- → Scabiosa columbaria agg.
Soldanelle → Soldanella
Soldanelle, Alpen- → Soldanella alpina
Soldanelle, Kleinste → Soldanella minima
Soldanelle, Zwerg- → Soldanella pusilla
Sommerwurz → Orobanche
Sonnenhut → Rudbeckia
Spargel, Garten- → Asparagus officinalis
Spargel, Zier- → Asparagus densiflorus
Sperrkraut, Blaues → Polemonium caeruleum
Spindelstrauch, Gewöhnlicher → Euonymus europaeus
Spitzklette → Xanthium
Springkraut, Gewöhnliches → Impatiens noli-tangere
Stachelbeere → Ribes uva-crispa
Stechpalme, Europäische → Ilex aquifolium
Steckrübe → Brassica napus subsp. rapifera
Steinbrech, Mannsschild- → Saxifraga androsacea
Steinbrech, Trauben- → Saxifraga paniculata
Steinmispel → Cotoneaster
Steinmispel, Gewöhnliche → Cotoneaster integerrimus
Steinquendel, Alpen- → Clinopodium alpinum
Steinröslein, Flaumiges → Daphne cneorum
Steinröslein, Kahles → Daphne striata
Steinsame, Echter → Lithospermum officinale
Steinweichsel → Prunus mahaleb
Stiefmütterchen, Acker- → Viola arvensis
Stiefmütterchen, Artengruppe Gewöhnliches → Viola tricolor agg.
Stockrose, Gewöhnliche → Alcea rosea
Storchschnabel → Geranium
Storchschnabel, Stink- → Geranium robertianum
Storchschnabel, Wald- → Geranium sylvaticum
Streifenfarn, Mauer- → Asplenium ruta-muraria
Streifenfarn, Nordischer → Asplenium septentrionale
Streifenfarn, Schwarzstieliger → Asplenium trichomanes
Strohblume → Helichrysum
Strohblume, Orient- → Helichrysum orientale
Sumpfdotterblume, Gewöhnliche → Caltha palustris

T

Tamariske, Deutsche → Myricaria germanica
Tanne, Gewöhnliche → Abies alba
Taubnessel, Weiße → Lamium album
Tausendguldenkraut, Echtes → Centaurium erythraea

Teufelskralle, Rundköpfige → Phyteuma orbiculare
Teufelszwirn → Cuscuta
Teufelszwirn, Lein- → Cuscuta epilinum
Teufelszwirn, Quendel- → Cuscuta epithymum
Thymian → Thymus
Thymian, Echter → Thymus vulgaris
Tollkirsche → Atropa bella-donna
Tomate → Solanum lycopersicum
Topinambur → Helianthus tuberosus
Tragant, Süßer → Astragalus glycyphyllos
Tränendes Herz → Lamprocapnos spectabilis
Traubenkirsche → Prunus padus
Trespe, Weiche → Bromus hordeaceus
Trichterlilie, Weiße → Paradisea liliastrum
Trollblume, Europäische → Trollius europaeus
Tüpfelfarn, Gewöhnlicher → Polypodium vulgare

U

Ulme → Ulmus
Ulme, Berg- → Ulmus glabra

V

Veilchen → Viola
Veilchen, März- → Viola odorata
Veilchen, Wiesen- → Viola hirta
Vergissmeinnicht → Myosotis
Vogelknöterich, Gewöhnlicher → Polygonum aviculare
Vogelmiere, Gewöhnliche → Stellaria media

W

Wacholder, Gewöhnlicher → Juniperus communis
Wacholder, Stink- → Juniperus sabina
Wacholder, Zwerg- → Juniperus communis subsp. nana
Wachtelweizen → Melampyrum
Wachtelweizen, Gewöhnlicher → Melampyrum pratense
Waldmeister → Galium odoratum
Waldrebe → Clematis
Waldrebe, Alpen- → Clematis alpina
Waldrebe, Aufrechte → Clematis recta
Waldrebe, Gewöhnliche → Clematis vitalba
Walnuss, Echte → Juglans regia
Wasserlinse, Kleine → Lemna minor
Wegerich → Plantago
Wegerich, Alpen- → Plantago alpina
Wegerich, Breit- → Plantago major
Wegerich, Mittlerer → Plantago media
Wegerich, Spitz- → Plantago lanceolata
Wegwarte, Gewöhnliche → Cichorium intybus
Weide → Salix
Weide, Asch- → Salix cinerea
Weide, Korb- → Salix viminalis
Weide, Sal- → Salix caprea
Weide, Stumpfblättrige → Salix retusa
Weidenröschen, Berg- → Epilobium montanum
Weidenröschen, Fleischers → Epilobium fleischeri
Weidenröschen, Schmalblättriges → Epilobium angustifolium
Wein, Artengruppe Wilder → Parthenocissus quinquefolia agg.
Weinrebe, Echte → Vitis vinifera
Weißdorn, Eingriffliger → Crataegus monogyna
Weißkohl → Brassica oleracea subsp. capitata (var. alba)
Weizen → Triticum
Weizen, Saat- → Triticum aestivum
Wermut, Echter → Artemisia absinthium
Wicke → Vicia
Wicke, Vogel- → Vicia cracca
Wicke, Zaun- → Vicia sepium
Wiesenknopf, Großer → Sanguisorba officinalis
Winde, Acker- → Convolvulus arvensis
Windröschen, Dreiblättriges → Anemone trifolia
Windröschen, Monte-Baldo- → Anemone baldensis
Witwenblume, Wiesen- → Knautia arvensis
Wolfsmilch → Euphorbia
Wolfsmilch, Zypressen- → Euphorbia cyparissias
Wollgras → Eriophorum
Wundklee, Alpen- → Anthyllis vulneraria subsp. alpicola
Wundklee, Echter → Anthyllis vulneraria
Wurmfarn → Dryopteris
Wurmfarn, Echter → Dryopteris filix-mas

Y

Ysop, Echter → Hyssopus officinalis

Z

Zahnwurz, Neunblatt- → Cardamine enneaphyllos
Zaunlilie, Astlose → Anthericum liliago
Zaunwinde, Gewöhnliche → Calystegia sepium
Zirbe → Pinus cembra

Zitrone → Citrus ×limon
Zitronenverbene → Aloysia citrodora
Zittergras, Gewöhnliches → Briza media
Zürgelbaum, Europäischer → Celtis australis
Zweizahn, Fiederblättriger → Bidens bipinnata
Zwenke, Felsen- → Brachypodium rupestre
Zwergalpenrose, Europäische → Rhodothamnus chamaecistus
Zwerggeißklee, Purpur- → Chamaecytisus purpureus
Zwergmutterwurz, Einfache → Pachypleurum mutellinoides
Zwetschke → Prunus domestica
Zwiebel → Allium cepa
Zyklame, Alpen- → Cyclamen purpurascens

LITERATURVERZEICHNIS

ABRAM H., 2006: Heimatbuch Altrei (Dorfbuch). Altrei

ANREITER P., CHAPMAN C. & RAMPL G., 2009: Die Gemeindenamen Tirols. Herkunft und Bedeutung. Innsbruck

AUCKENTHALER E., 1954: Geschichte der Höfe und Familien von Mareit und Ridnaun. Schlern-Schriften 121. Innsbruck

BAUR W. S., 2003: Puschtra Mund Art. Gedichte und Nachdichtungen in Pustertaler Mundart. Bozen

BERTOLDI V., 1923: Un ribelle nel regno de' fiori. I nomi romanzi del colchicum autumnale L. attraverso il tempo e lo spazio. Genève

BIBLIOTHEKSGRUPPE LATZFONS (Hrsg.), 2004: Gsågg unt d'rfrågg in Flåtzpis. Latzfonser Dialektwörter. Brixen

BILDUNGSAUSSCHUSS OLANG, 2013: Es ôtt kan Tschäppo. Dialektgut aus dem Raum Geiselsberg-Olang. Olang

BOCK H., 1539: New Kreütter Buch von Underscheydt, Würckung und Namen der Kreütter so in teütschen Landen wachsen (Digitalisat). Straßburg https://www.digitale-sammlungen.de/de/view/bsb11069345?page=2,3

BOCK H., 1551: Kreüterbuch, darinn Underscheidt Namen und Würckung der Kreutter, Stauden, Hecken unnd Beumen sampt ihren Früchten, so inn Deütschen Landen wachsen (Digitalisat). Straßburg. https://www.digitale-sammlungen.de/de/view/bsb00091270?page=6,7

CHRISTENSEN E., 2014: Maindr seggs. Ein Buch über den Pfitscher Dialekt. Bozen

DALLA TORRE K.W. v., 1882: Anleitung zur Beobachtung und zum Bestimmen der Alpenpflanzen. Innsbruck

DALLA TORRE K. W. v., 1895: Die volksthümlichen Pflanzennamen in Tirol und Vorarlberg nebst folkloristischen Bemerkungen zur Flora des Landes. Innsbruck

DALLA TORRE K. W. v., 1905: Die Alpenpflanzen im Wissensschatze der deutschen Alpenbewohner. Festschrift anläßlich der Generalversammlung des Vereins zum Schutz und zur Pflege der Alpenpflanzen zu Bamberg am 24. Juli 1905. Bamberg

DE RACHEWILTZ S., 1982: Der Wacholder im Tiroler Volksbrauch und -glauben. In: Der Schlern, 2, S. 79–83. Bozen

DE RACHEWILTZ S., 2015: Zur Kulturgeschichte des Mohns im historischen Tirol – Eine Einführung. In: Papaver – Mohn. Der Mohn in Mythologie, Volksmedizin, Speise- und Sachkultur Tirols. Schriften des Landwirtschaftsmuseums Brunnenburg Nr. 16, hgg. von S. DE RACHEWILTZ, A. RAUCHEGGER und C. GANNER, S. 9–33. Meran

DICZIUNARI VALLADER online, Rumantsch Vallader – Tudais-ch/Deutsch, hgg. von der Uniun dlas Grischs, Redaktion Gion TSCHARNER, 2013

DIE FLURNAMEN SÜDTIROLS – INOMS DI POSĆ DE SÜDTIROL – I NOMI GEOGRAFICI DELLA PROVINCIA DI BOLZANO. Sammlung/Inrescida/ Rilevamento – Kartografie/Cartografia – Datenbank/Banca Dac/ Banca dati, 2016. Veröffentlichungen des Naturmuseums Südtirol/ Pubblicazione Museo di Scienze Naturali dell'Alto Adige, Band/ volume 10. Bozen/Bulsan/Bolzano

DORNSEIFF F., 1933–1940: Der deutsche Wortschatz nach Sachgruppen. Berlin/Leipzig

DUREGGER J., FELDERER S. & MÜLLER J., 2009: Teldra Dialektpüich. Mit Gschichtlan fan Toule. Bozen

ERARDI-GASSER A., 1988: Heimatbuch der Gemeinde Kiens, hgg. vom Arbeitskreis Heimatbuch Kiens. Kiens

FILL A., 2016, Loidner Dialektwörter. Lajen

FINK H., 1960: Die Bedeutung des Wortes „Hund(t)" in Namen. In: Der Schlern, 3–4, S. 115–125. Bozen

FINK H., 1966a: Taufnamen im Spiegel der Mundarten Südtirols. In: Der Schlern, 10, S. 485–496. Bozen

FINK H., 1966b: Volksweisheit, Südtiroler Volksweisheiten. Aus der Reihe: An der Etsch und im Gebirge, 7

FINK H., 1966c: „rusisches". In: Der Schlern, 6, Schlern-Mitteilungen, S. 295–298. Bozen

FINK H., 1966d: „Schneabiges". In: Der Schlern, 1, Schlern-Mitteilungen, S. 50–51. Bozen

FINK H., 1972: Tiroler Wortschatz an Eisack, Rienz und Etsch, Nachlese zu Josef Schatz, Wörterbuch der Tiroler Mundarten, Schlern-Schriften 250. Innsbruck-München

FINK H., 1979: Neugesammelte Mundartausdrücke. In: Der Schlern, 2, S. 76–87. Bozen

FINK H., 1985: Zweite Nachlese von heimischen Mundartausdrücken. In: Der Schlern, 7, S. 430–436. Bozen

FINK H., 1989: Alber – Schabbock – Pfaffenköchin. Beitrag zur alpinen Dämonenkunde. In: Der Schlern, 1, S. 11–14. Bozen

FINK H., 2003: Eisacktaler Sagen, Bräuche und Ausdrücke. Faksimiledruck des 1957 erschienenen Werkes. Bozen

FINSTERWALDER K., 1938: Flur- und Ortsnamen von Salurn. In: Veröffentlichungen des Museums Ferdinandeum, 18, S. 643–694. Innsbruck

FINSTERWALDER K., 1939: Der Wacholder in der Tiroler Namengebung. In: Tiroler Heimatblätter, Jg. 17, S. 151–155. Innsbruck

FINSTERWALDER K., 1964: Die Herkunft des Wortes *„Glan"* für Preiselbeere. In: Der Schlern, 38, S. 250–251. Bozen

FINSTERWALDER K., 1975: Sprachschichten in den Ortsnamen Tirols. Beiträge und Begleittexte zum Tirol-Atlas. In: Tiroler Heimat (Anhang), 38, S. 247–259. Innsbruck

FINSTERWALDER K., 1994: Tiroler Familiennamenkunde. Sprach- und Kulturgeschichte von Personen-, Familien- und Hofnamen. Schlern-Schriften 284. Innsbruck

FINSTERWALDER K., 1995: Der Ortsname Folgaria und der Almname Folgarida als Zeugnisse für die „Westromania" im ehemaligen Welschtirol. In: Tiroler Ortsnamenkunde, Bd. 3. S. 1192, 1193. Innsbruck

FISCHER M. A., 2006: Botanisches Österreichisches Deutsch. In: MUHR R. & SELLNER M. B. (Hrsg.), Zehn Jahre Forschung zum Österreichischen Deutsch 1995–2006. Eine Bilanz, S. 187–216. Frankfurt a. M.

FISCHER M. A., ADLER W. & OSWALD K., 2008: Exkursionsflora für Österreich, Liechtenstein und Südtirol. 3. Aufl. der „Exkursionsflora von Österreich". Biologiezentrum der Oberösterreichischen Landesmuseen, Linz

FULTERER J., 2017: Kastelruth und seine Sprache – Glossar sammelt altes Wortgut. In: Der Schlern, 9–10, gesamtes Heft. Bozen

GAMS H., 1949: Namen, Herkunft und Einführungszeit der „Teufelspratzen". In: Der Schlern, 23, S. 135–137. Bozen

GRIMM J. & W., 1813: Altdeutsche Wälder, 1. Bd. Kassel

GRIMM J. & W., 1838–2016: Das deutsche Wörterbuch. Leipzig, Göttingen, Berlin. Online-Ausgabe der Universität Trier.

GRUBER A., 2005: Wörterbuch der Sarntaler Mundart. Bozen

HALLER H. & LANTHALER F., 2004: Passeirer Wörterbuch. St. Martin in Passeier

HEYL J. A., 1897: Volkssagen, Bräuche und Meinungen aus Tirol. Brixen

HUBSCHMID J., 1950: Vorindogermanische und jüngere Wortschichten in den romanischen Mundarten der Ostalpen. In: Zeitschrift für romanische Philologie 66, S. 1–94. Tübingen

INNERHOFER M., 1980: A Kraut mit tausnd Guldn, Mundartverse mit Noten von P. Hölzl und Bildern von S. Tatz-Borgogno. Bozen

INSAM M., 1936: Der Lautstand des Burggrafenamtes von Meran mit einer dialektgeographischen Studie. Leipzig

INSAM M., 1954: Blumen und Blumennamen um die Gottesmutter. In: Der Schlern 28, S. 341–346.

INSAM M., 1959: Von der Mundart und dem Brauchtum der Proveiser. Ein Beitrag zur Kenntnis der Deutschgegend am Nonsberg. Mit 5 Kartenskizzen. In: Schlern-Schriften, 191, S. 85–108. Innsbruck

Jocher H., 2010: Awoll asòu sąggsche! Wörterbuch Dialekt-Hochdeutsch. In: Dorf & Heimat. St. Andrä. Plabach, St. Leonhard, Rutzenberg, Karnol, Mairdorf, Mellaun, Klerant, hgg. vom Bildungsausschuss St. Andrä, S. 506–523. Brixen

Joos H., 2010: Tier- und Pflanzenwelt. In: Talbuch Langtaufers, S. 545–574. Graun im Vinschgau

Kaserer R., 2007: Südtiroler Mundart im Untervinschgau Kastelbell-Tschars. Kastelbell-Tschars

Kerner A. J., 1871: Die natürlichen Floren im Gelände der deutschen Alpen. In: Schaubach A.: Die deutschen Alpen für Einheimische und Fremde geschildert, S. 134–150. Jena

Kerschbaumer-Sigmund B., 1985: Heilkräuter im Pustertal und im Comelico, Fachglossar zur Volksmedizin im Deutschen, Italienischen und Ladinischen, Univ.-Dipl.-Arbeit. Innsbruck

Kinsky E., 2022: Rombo. Roman. Berlin

Klein, K. K., Schmitt, L. E. & Kühebacher E., 1965–1971: Tirolischer Sprachatlas. Marburg

Köbler G., 2014: Althochdeutsches Wörterbuch, 6. Aufl. http://www.koeblergerhard.de/ahdwbhin.html

Köbler G., 2014: Mittelhochdeutsches Wörterbuch, 3. Aufl. https://www.koeblergerhard.de/mhdwbhin.html

Kollmann C., 2012: Grammatik der Mundart von Laurein. Eine Laut- und Formenlehre aus synchroner, diachroner und kontrastiver Sicht. Bd. 147 der Zeitschrift für Dialektologie und Linguistik. Beihefte. Stuttgart

Kühebacher E., 1975: Eggental und Reggelberg dialektgeographisch betrachtet. In: Der Schlern, 8–9, S. 380–389. Bozen

Kühebacher E., 1995: Die Ortsnamen Südtirols und ihre Geschichte. Bd. 2: Die geschichtlich gewachsenen Namen der Täler, Flüsse, Bäche und Seen. Bozen

Kühebacher E., 1995: Die Ortsnamen Südtirols und ihre Geschichte. Bd. 1, 2. Aufl. Bozen

Kühebacher E., 2000: Die Ortsnamen Südtirols und ihre Geschichte. Bd. 3. Bozen

Laner H., 1950: Daphne – das „Almerle“. In: Der Schlern, 8–9, S. 339–340. Bozen

Lang-Reitstätter M., 1935: Wiese und Feld in Villgraten I. In: Wiener Zeitschrift für Volkskunde, 40, S. 70–89. Wien

Lang-Reitstätter M., 1936: Wiese und Feld in Villgraten II. In: Wiener Zeitschrift für Volkskunde, 41, S. 16–27. Wien

Lanthaler F., 2022: Hachl, Håmme, Hiintrooger. In: Dialekt und anderes; https://lanthaler.net/

Lauber K., Wagner G., Gygax A., 2012: Flora Helvetica, 5. Aufl. Bern

Lösch J., 1989: Hearsch n Gguggnei? Ultner Mundart. St. Gertraud/Ulten

Machatschek M., 1999: Nahrhafte Landschaft. Wien, Köln, Weimar

Mader I., 1937: Die Ortsnamen der Gemeinde Pfeffersberg bei Brixen am Eisack. Schlern-Schriften 37. Innsbruck

Mair J., 2017: Pfitscha Gschichtn. Gschichtn vi früha in Pfitscha Dialekt. Bozen

Malfèr V., 1953: Marbel und Madaun. In: Der Schlern, 8, S. 369, 370. Bozen

Marchesoni C. & Toller L., 2015: Lem der Bòlt. Storia e saperi del bosco nella comunità mòchena – Geschichte und Kenntnisse des Waldes der Fersentaler Gemeinschaft; hgg. vom Bersntoler Kulturinstitut – Istituto Culturale Mòcheno. Palai en Bersntol

Marzell H., 1943–1979: Wörterbuch der deutschen Pflanzennamen, 5 Bde. Köln. Bd. 1 [1943, Leipzig], Bd. 2 [1972, Leipzig], Bd. 3 [1977, Stuttgart-Wiesbaden; hgg. von H. Paul], Bd. 4 [1979, Stuttgart-Wiesbaden; hgg. von H. Paul], Bd. 5 [1958, Register, Leipzig])

Matscher H., 1949: Das Sammeln von Heilkräutern in der Volksmedizin. In: Der Schlern, 5, S. 187–190. Bozen

Matscher H., 1950: Die Dreißgenkräuter. In: Der Schlern, 12, S. 437–443. Bozen

Matscher H., 1954: Der Wurzgraber. In: Der Schlern, 4, S. 156–158. Bozen

Matthiolus P. A. & Camerarius J., 1590: Kreutterbuch Deß Hochgelehrten vnnd weltberühmten Herrn D. Petri Andreae Matthioli [... gemehret und verfertigt durch] Joachimum Camerarium. Frankfurt/Main; https://www.digitale-bibliothek-mv.de/viewer/image/PPN73182850X/3/

Menghin A., 1884: Aus dem deutschen Südtirol. Mythen, Sagen, Legenden und Schwänke, Sitten und Gebräuche, Meinungen, Sprüche, Redensarten etc. des Volkes an der deutschen Sprachgrenze. Meran

Meyer-Lübke W., 1992: Romanisches Etymologisches Wörterbuch, 6. Aufl. Heidelberg

Mittich-Steinwandter A. (2022–2024): *„Voschteasch du mi?“* – Unser Dialekt im Wandel der Zeit. In: 39034 Toblach INFO Dobbiaco, laufende Serie.

Moser H., 2015: Wörterbuch der Südtiroler Mundarten (in Zusammenarbeit mit R. Sedlaczek). Innsbruck-Wien

Müller H., 1985: Dorfbuch Antholz. Antholz

Ortner J., 2005: Schugl und Tufl – Ein Streifzug durch die Trudner Dialektlandschaft. In: Truden (Dorfbuch), S. 425–436. Lana

Ortner J., 2021: Tschanont, Lawod und Pummaduerz. Historische, sprachliche und wirtschaftliche Berührungspunkte zwischen dem Vinschgau und dem Engadin. In: Kulturelemente – Zeitschrift für aktuelle Fragen, 157, S. 7. Bozen

Ötztaler Dialektwörterbuch, 2022. http://oetztalermuseen.at/dialektwoerterbuch/

Pallhuber P. E., 2016: Antholzer Mundart. Mit Erzählungen und Wissenswertem aus Antholz. Brixen

Pedrotti G., 1926: Lessico botanico nelle valli ladine. In: Studi Trentini 7, S. 119–139. Trento

Pedrotti G. & Bertoldi V., 1930: Nomi dialettali delle piante indigene del Trentino e della Ladinia dolomitica. Trento

Pfaff W., 1926: Naturkundliches und Volkstümliches vom Thymian. In: Der Schlern, 4, S. 135–144. Bozen

Pfaff W., 1927: Unsere heimatlichen Bauerngärten, bäuerlichen Fensterpflanzen und Dorffriedhöfe. In: Der Schlern, 4, S. 101–140. Bozen

Pfeifer G., Mittermair M., Schwarz J. & Pixner A., 2017: Die Schildhöfe in Passeier (1317–2017). Fragen, Antworten, Bildergeschichten; hgg. vom Museum Passeier. St. Martin in Passeier

Pfitscher A., 2001: Martell. Sprache und Kultur; hgg. vom Bildungsausschuss Martell. Schlanders

Pokorny J., 1959: Indogermanisches Etymologisches Wörterbuch. Bern/München

Pritzel G. & Jessen K., 1882: Die deutschen Volksnamen der Pflanzen (alphabetisch geordnet nach den lateinischen Pflanzennamen). Beitrag zum deutschen Sprachschatze aus allen Mundarten und Zeiten zusammengestellt. Hannover

Prosch G., 1923: Etwas über volkstümliche Pflanzennamen. In: Der Schlern, 8, S. 255–257. Bozen

Quartu B. M., Kramer J. & Finke A., 1982–1988: Vocabulario Anpezan – Vocabolario ampezzano – Ampezzanisches Wörterbuch, 4 Bde. Gerbrunn

Rauschenfels C. v., 1801: Provincialbenennung einiger Pflanzen in Tyrol, im Pusterthale. In: Botanisches Taschenbuch für die Anfänger dieser Wissenschaft und der Apothekerkunst auf das Jahr 1801, S. 215–222. Regensburg

Resch F. H., 2014: Cimbrisch-deutsches Wörterbuch (Digitalisat), hgg. vom Cimbern Kuratorium Bayern e. V. Velden; https://www.cimbern-kuratorium-bayern.de/index.php/online-woerterbuch.html

Robatscher M., 2003: Tierser Lesebuch, mit einem Tierser Dialekt-Wörterbuch erstellt von L. Psenner und P. Damian unter der wissenschaftlichen Beratung von C. Kollmann, hgg. vom Bildungsausschuss Tiers. Tiers

Sagmeister A., 2009: Sou red man in Lana. Dialektwörtersammlung. Lana

Schatz J., 1955: Wörterbuch der Tiroler Mundarten, 2 Bde., Schlern-Schriften 119, 120. Innsbruck

Schiller F., 1784: Kabale und Liebe. Ein bürgerliches Trauerspiel in fünf Aufzügen. Mannheim
Schöpf J. B., 1866: Tirolisches Idiotikon. Innsbruck
Schorta A., 1985: Rätisches Namenbuch, Bd. 2: Etymologien, erster Halbband, 2. Aufl. Bern
Schricker G., 1989: Von auchn bis zuechn – Wörter aus einem Südtiroler Bergbauerntal [Ein Wipptaler Wörterbüchl]. München
Schweiggl M., 2003: Natur und Landschaft. In: Dorf Montan, Bd. 1, S. 12–30. Montan
Sittich von Wolkenstein M., um 1600: Tiroler Landesbeschreibung; in: Schlern-Schriften, 34, Landesbeschreibung von Südtirol (1934), hgg. von einer Arbeitsgemeinschaft von Innsbrucker Historikern. Innsbruck
Spohn M., Golte-Bechtle M. & Spohn R., 2015: Was blüht denn da? Kosmos-Naturführer, 59. Aufl. Stuttgart
Staudacher K., 1934: Lugedach. In: Der Schlern, 15. Bozen.
Stauder A., 2019: Segschta Wourt-Schätze. Kleines Lese- und Wörterbuch zur Sextner Mundart. Innsbruck
Stecher L. S., 2001: Korrnrliadr, Gedichte in Vintschger Mundart. Bozen
Stoiber E., 1994: Arzneipflanzen in der Volksmedizin in verschiedenen Gebieten Südtirols. Univ.-Dipl. Arbeit. Wien
Tabernaemontanus J. T., 1591: Neuw Kreuterbuch. Das ander Theyl (Digitalisat). Frankfurt/Main https://www.digitale-sammlungen.de/de/view/bsb11200334?page=7
Tabernaemontanus J. T., 1613: Neuw vollkommentlich Kreuterbuch (Digitalisat). Frankfurt/Main https://www.digitale-sammlungen.de/de/view/bsb11057665?page=7
Tarneller J., 1909: Die Hofnamen im Burggrafenamt und in den angrenzenden Gemeinden, 2. Teile. Wien
Tarneller J., 1984: Eisacktaler Höfenamen, hgg. von E. Dellago. St. Ulrich
Taschner E., 1969: Die Mundart von Aldein in Südtirol. Univ. Diss. Wien
Thöni M., 2010: Wia mr amearscht grött houbm oudr holt asou anaari ... Selten gewordene Mundartausdrücke aus Langtaufers (gesammelt im Zeitraum 1975–2010), in: Talbuch Langtaufers, S. 43–66. Graun im Vinschgau
Umweltgruppe Kaltern (Hrsg.), 2015: Begleitpflanzen in Kalterns Weinbergen [Kalender]. Kaltern
Unterhofer E. & Hager I., 2019: Die Lärche. Tradition & Heilkunde. Bozen
Videsott P., 2000: Ladinische Familiennamen – Cognoms Ladins; zusammengestellt und etymologisch gedeutet anhand der Enneberger Pfarrmatrikeln 1605–1784. Schlern-Schriften 311. Innsbruck
Wild M., 2005: Ridnauner Dialektwörterbuch. ’S Maul au tien. Innsbruck
Winkler R., 2000: Sagen aus dem Vinschgau, 3. Aufl. Bozen
Wirth H. O., 2021: Die belebte Natur in den Tiroler Dialekten. Ein Wörterbuch nach Themen. Kaltern
Wolff K. F., 2009: Dolomitensagen. Bozen (Lizenzausgabe von 1989)
Wopfner H., 1997: Bergbauernbuch. 3. Bd., Wirtschaftliches Leben. Aus dem Nachlaß herausgegeben von N. Grass unter Mitarbeit von D. Thaler. Schlern-Schriften 298. Innsbruck
Zamboni A., 2009: Nuove osservazioni su una glossa botanica mediolatina: Citamus Colchico. In: Linguistica 49,1, hgg. von der Universität Ljubljana, S. 247–256. Ljubljana
Zelger C., 2004: Wörterbuch für das Eggental. Die Mundarten der Orte Deutschnofen und Eggen. Bozen
Zingerle I. V., 1856: Die Oswaldlegende und ihre Beziehung zur deutschen Mythologie. Stuttgart
Zingerle I. V., 1874: Die pluemen der tugent des Hans Vintler. Innsbruck
Zingerle I. V., 1891: Sagen aus Tirol, 2. Aufl. Innsbruck